Handbuch der linearen Differentialgleichungen

A. D. Polyanin/V. F. Zaitsev

Handbuch der linearen Differentialgleichungen

Exakte Lösungen

Aus dem Russischen von Rolf Sulanke

Spektrum Akademischer Verlag Heidelberg · Berlin · Oxford

Originaltitel: Sprawotschnik po linejnym differenzialnym urawnenijam
Aus dem Russischen von Rolf Sulanke

Die Deutsche Bibliothek – CIP-Einheitsaufnahme

Polyanin, Andrej D.:
Handbuch der linearen Differentialgleichungen : exakte Lösungen / A. D. Polyanin ; V. F. Zaitsev. Aus dem Russ. von Rolf Sulanke. – Heidelberg ; Berlin ; Oxford : Spektrum, Akad. Verl., 1996
Einheitssacht.: Spravočnik po linejnym differencial'nym uravnenijam <dt.>
ISBN 3-8274-0011-2
NE: Zajcev, Valentin F.:

Produktion: Susanne Tochtermann
Einbandgestaltung: Kurt Bitsch, Birkenau
Druck und Verarbeitung: Franz Spiegel Buch GmbH, Ulm

Vorwort

Ein wichtiges, vielleicht das wichtigste Hilfsmittel zur Beschreibung von in Natur und Technik vorkommenden Prozessen und Erscheinungen sind die Differentialgleichungen. Daher haben exakte, in geschlossener Form dargestellte Lösungen von Differentialgleichungen seit jeher eine große Bedeutung für das richtige Verständnis der qualitativen Eigenschaften der zu untersuchenden Vorgänge und Systeme.

Gleichungen der angewandten und der theoretischen Physik enthalten oft Parameter oder Funktionen, die experimentell zu bestimmen und daher nicht streng fixiert sind. Derartige Gleichungen, die reale Vorgänge und Prozesse modellieren, sollten hinreichend einfach sein, so daß man sie analysieren und lösen kann. Es ist natürlich, als eines der möglichen Kriterien für die Einfachheit zu fordern, daß die modellierenden Gleichungen eine Lösung in geschlossener Form gestatten.

Sogar spezielle exakte Lösungen von Differentialgleichungen, die keinen expliziten physikalischen Sinn haben, können als Test für die Überprüfung der Korrektheit und die Abschätzung der Genauigkeit der verschiedenen numerischen, asymptotischen und approximativen analytischen Methoden bedeutungsvoll sein. Die Untersuchung von Modellgleichungen und Aufgaben, die exakte Lösungen besitzen, ist daher für die Erarbeitung neuer numerischer, asymptotischer und approximativer Methoden grundlegend; diese Methoden können dann auf kompliziertere Probleme angewandt werden, die keine exakte analytische Lösung besitzen.

Im ersten Teil des Buches werden über 2000 lineare gewöhnliche Differentialgleichungen mit ihren Lösungen beschrieben. Insgesamt werden etwa dreimal so viel lineare Differentialgleichungen zweiter, dritter und höherer Ordnungen angegeben wie in dem bekannten Handbuch „Differentialgleichungen, Lösungsmethoden und Lösungen" von E. Kamke (1961).

Besondere Aufmerksamkeit wird den Gleichungen gewidmet, die willkürliche Funktionen enthalten. In den übrigen Gleichungen treten ein oder mehrere freie Parameter auf (faktisch werden ganze Familien von gewöhnlichen Differentialgleichungen gleichzeitig betrachtet), deren Werte der Leser nach Belieben wählen kann.

Bei der Zusammenstellung des ersten Teils des Buches wurden häufig die Handbücher von E. Kamke (1961), G. M. Murphy (1960) und D. Zwillinger (1989) benutzt, die auch die grundlegenden Definitionen und die klassischen Lösungsmethoden der Theorie der gewöhnlichen Differentialgleichungen enthalten.

Zur Lösung wichtiger linearer Differentialgleichungen werden spezielle Funktionen (Besselsche, Legendresche, Mathieusche und andere Funktionen) benötigt; hierzu wurden die Handbücher von H. Bateman und A. Erdélyi (1953, 1955) und von M. Abramowitz und I. A. Stegun (1964) herangezogen.

In einigen Abschnitten werden auch asymptotische Lösungen angegeben, die in der theoretischen Physik oft vorkommen.

Im zweiten Teil des Buches werden einige lineare partielle Differentialgleichungen betrachtet, die in verschiedenen Anwendungen (in der Theorie des Massentransports, des Wärmemassentransports, der Hydrodynamik, der Theorie der Schwingungen, der Elektrostatik, der Radiotechnik u. a.) auftreten. Hierbei wurden Handbücher von E. Kamke (1965), von V. M. Babich, M. B. Kapelevic, S. G. Mikhlin u. a. (1964), von A. Butkovskij (1979) und von D. Zwillinger (1989) benutzt, in denen man auch die grundlegenden Definitionen und Lösungsmethoden für partielle Differentialgleichungen findet. Etwa 200 partielle Differentialgleichungen wurden neu aufgenommen.

Der leichteren Arbeit mit dem Buch dienen zwei Anhänge, in denen die grundlegenden Eigenschaften der elementaren und einiger spezieller Funktionen beschrieben sind, die in diesem Buch gebraucht werden. Ein Verzeichnis der benutzten Quellen findet man am Ende des Buches.

Ein detailliertes Inhaltsverzeichnis und ein Index helfen dem Leser, die gesuchten Gleichungen aufzufinden.

Die Autoren hoffen, daß das Buch einem breiten Leserkreis von Wissenschaftlern, Dozenten, Ingenieuren und Studenten von Nutzen sein wird, die auf Gebieten der Mathematik, der Mechanik oder der Physik arbeiten.

A. D. Polyanin
V. F. Zaitsev

Vorwort zur deutschen Ausgabe

Mit der Übersetzung des Handbuches der linearen Differentialgleichungen steht nun wieder eine umfangreiche Formelsammlung zur Verfügung, welche die ältere deutschsprachige Literatur dieses Gebiets wesentlich ergänzt und erweitert. Sie wird allen, die lineare Differentialgleichungen anzuwenden haben: Technikern, Ingenieuren und Naturwissenschaftlern, aber auch den in der Praxis tätigen Mathematikern, von großem Nutzen sein. Dem Charakter eines Nachschlagewerkes entsprechend werden die Elemente der Theorie der Differentialgleichungen, wie sie im mathematischen Grundstudium einschlägiger Fachrichtungen geboten werden, als bekannt vorausgesetzt; diese Vorkenntnisse werden jedoch nur in einem sehr beschränkten Umfang benötigt, so daß das Handbuch einem sehr breiten Leserkreis verständlich sein dürfte. Auch dem Anwender computer-algebraischer Programme, wie *Mathematica* oder *Maple*, kann das vorliegende Handbuch als Kontroll- oder Orientierungshilfe wertvolle Dienste leisten.

Die Übersetzung orientiert sich in Form und Inhalt möglichst genau am Original. Lediglich dieses Vorwort, ein Index und einige Literaturangaben wurden hinzugefügt. Das Literaturverzeichnis erhebt natürlich keinerlei Anspruch auf Vollständigkeit. Es enthält neben den von den Autoren angegebenen Büchern nur einige im deutschsprachigen Raum verbreitete Standardwerke, die dem Leser bei der Arbeit mit dem Handbuch von Nutzen sein können. Die Titel der russischsprachigen Werke wurden ins Deutsche übersetzt; sie sind durch den Vermerk (russ.) gekennzeichnet. Leider gibt es für die Transkription der russischen Namen zahlreiche, von Zeit und Ort abhängige Varianten, die dazu führen, daß dieselbe Person mit unterschiedlich transkribierten Namen zitiert wird. In diesem Buch wurde die im Zentralblatt für Mathematik in den letzten Jahren benutzte Transkription übernommen; die Kolleginnen und Kollegen, die eine andere Transkription ihres Namens bevorzugen, seien um Verständnis und Nachsicht gebeten. Die von den Autoren benutzte mathematische Symbolik entspricht dem heute international üblichen; sie wurde strikt beibehalten. An wenigen Stellen, die sehr spezielle technische oder mechanische Begriffe betreffen, wurden die im jeweiligen Fachgebiet gebräuchlichen Termini benutzt, die nicht im gleichen Maße wie die mathematischen Begriffe standardisiert sind.

Der Übersetzer dankt den Autoren für die schnelle Beantwortung einiger Fragen, die sich bei der Bearbeitung des Manuskripts ergaben. Ein besonderer Dank gebührt den Autoren dafür, daß sie Disketten des TEX-Quelltextes zur Verfügung stellten, die den Formelsatz bei der Herstellung des deutschen Quelltextes ganz wesentlich erleichterten. Die Übersetzung wurde auf der Basis der von E. Mattes implementierten deutschen Version EmTEX des von L. Lamport entwickelten LATEX-Programms hergestellt. Dem Entwickler von TEX, D. E. Knuth, den genannten und allen ungenannten Fachkollegen, die zur Verbreitung und Verbesserung dieses bewunderungswürdigen typografischen Systems beitrugen, sei ein aufrichtiger und herzlicher Dank ausgesprochen. Dem Spektrum Akademischer Verlag und seinen Mitarbeitern dankt der Übersetzer für Korrekturen und Hinweise bei der Bearbeitung des Manuskripts und die stets freundliche und angenehme Zusammenarbeit.

Berlin, im Januar 1996.

Rolf Sulanke

Inhaltsverzeichnis

Tabellenverzeichnis

Einige Bezeichnungen

1. In diesem Buch werden die unabhängige Variable der zu untersuchenden gewöhnlichen Differentialgleichung mit x und die gesuchte Funktion mit y bezeichnet. Die in den Lösungen auftretenden beliebigen Integrationskonstanten bezeichnen wir mit C, C_0, C_1, C_2, ...

2. Die ersten vier Ableitungen bezeichnen wir wie folgt:

$$y'_x = \frac{dy}{dx}, \quad y''_{xx} = \frac{d^2y}{dx^2}, \quad y'''_{xxx} = \frac{d^3y}{dx^3}, \quad y''''_{xxxx} = \frac{d^4y}{dx^4}.$$

Weiter sei $y_x^{(n)} = \dfrac{d^ny}{dx^n}$ für $n \geq 5$.

3. Die unabhängigen Variablen der zu betrachtenden partiellen Differentialgleichungen bezeichnen wir mit x, y, t und die gesuchte Funktion mit w.

4. Für die partiellen Ableitungen benutzen wir zwei Arten von Bezeichnungen:

Vollständige Notation:

$$\frac{\partial w}{\partial x}, \quad \frac{\partial w}{\partial y}, \quad \frac{\partial w}{\partial t}, \quad \frac{\partial^2 w}{\partial x^2}, \quad \frac{\partial^2 w}{\partial y^2}, \quad \frac{\partial^2 w}{\partial x \partial y}, \quad \frac{\partial^2 w}{\partial t^2}$$

und die entsprechende abgekürzte Notation:

$$\partial_x w, \quad \partial_y w, \quad \partial_t w, \quad \partial_{xx} w, \quad \partial_{yy} w, \quad \partial_{xy} w, \quad \partial_{tt} w.$$

5. An einigen Stellen wird ein Operator der Form $\left(f\dfrac{d}{dx}\right)^n g$ benutzt, der folgendermaßen definiert ist:

$$\left(f(x)\frac{d}{dx}\right)^n g(x) = f(x)\frac{d}{dx}\left[\left(f(x)\frac{d}{dx}\right)^{n-1} g(x)\right].$$

6. Mit einem Verweis auf Gleichung 2.3.5 ist die Gleichung 5 im Abschnitt 3 von Kapitel 2 gemeint, entsprechend in analogen Fällen.

Teil I

Lineare gewöhnliche Differentialgleichungen

Kapitel 1

Gleichungen erster Ordnung

Eine *lineare gewöhnliche Differentialgleichung erster Ordnung* hat die Gestalt[1]

$$g(x)y'_x = f_1(x)y + f_0(x).$$

Die Lösung[2] für beliebige Funktionen $f_0(x), f_1(x), g(x)$ erhält man aus

$$y = Ce^F + e^F \int e^{-F} \frac{f_0(x)}{g(x)}\, dx \qquad \text{mit} \quad F(x) = \int \frac{f_1(x)}{g(x)}\, dx.$$

Für die Berechnung der in dieser Formel bei gegebenen Funktionen $f_0(x)$, $f_1(x), g(x)$ auftretenden Integrale sind oft die bekannten Integraltafeln, zum Beispiel I. M. Ryzhik, I. S. Gradstein (1957) oder A. P. Prudnikov, Yu. A. Brychkov, O. I. Marichev, vol. 1–3 (1986–1988) nützlich.

[1] In diesem Buch werden Spezialfälle linearer Differentialgleichungen erster Ordnung mit konkret gegebenen Funktionen f_0, f_1, g nicht betrachtet. Derartige Gleichungen erkennt man leicht an ihrer äußeren Form und kann sie nach der oben angegebenen Formel lösen.

[2] Hier und im weiteren schreiben wir der Kürze halber oft 'Lösung' anstelle von 'allgemeine Lösung' und 'Gleichung' anstelle von 'Differentialgleichung'.

58. $xy''_{xx} + \frac{1}{2}y'_x + ay = 0.$

Lösung:

$$y = \begin{cases} C_1 \cos\sqrt{4ax} + C_2 \sin\sqrt{4ax} & \text{für } ax > 0, \\ C_1 \cosh\sqrt{4|ax|} + C_2 \sinh\sqrt{4|ax|} & \text{für } ax < 0. \end{cases}$$

59. $xy''_{xx} + ay'_x + (bx + c)y = 0.$

Das ist ein Spezialfall der Gleichung 2.2.103.

60. $xy''_{xx} + ny'_x + bx^{1-2n}y = 0.$

Für $n = 1$ ist das die Eulersche Gleichung 2.2.118. Für $n \neq 1$ wird die Lösung durch die folgenden Formeln gegeben:

$$y = \begin{cases} C_1 \sin\left(\frac{\sqrt{b}}{n-1}x^{1-n}\right) + C_2 \cos\left(\frac{\sqrt{b}}{n-1}x^{1-n}\right) & \text{für } b > 0, \\ C_1 \exp\left(\frac{\sqrt{-b}}{n-1}x^{1-n}\right) + C_2 \exp\left(\frac{-\sqrt{-b}}{n-1}x^{1-n}\right) & \text{für } b < 0. \end{cases}$$

61. $xy''_{xx} + (1 - 3n)y'_x - a^2n^2x^{2n-1}y = 0.$

Spezielle Lösung: $y_0 = (ax^n + 1)\exp(-ax^n)$.

62. $xy''_{xx} + ay'_x + bx^n y = 0.$

Für $n = -1$ oder $b = 0$ ist das die Eulersche Gleichung 2.2.118. Ist $n \neq -1$ und $b \neq 0$, so wird die Lösung durch Besselsche Funktionen gegeben:

$$y = x^{\frac{1-a}{2}}\left[C_1 J_\nu\left(\frac{2\sqrt{b}}{n+1}x^{\frac{n+1}{2}}\right) + C_2 Y_\nu\left(\frac{2\sqrt{b}}{n+1}x^{\frac{n+1}{2}}\right)\right],$$

mit $\nu = \dfrac{|1-a|}{n+1}$.

63. $xy''_{xx} + ay'_x + bx^n(-bx^{n+1} + a + n)y = 0.$

Spezielle Lösung: $y_0 = \exp\left(-\frac{b}{n+1}x^{n+1}\right)$.

64. $xy''_{xx} + axy'_x + ay = 0.$

Spezielle Lösung: $y_0 = xe^{-ax}$.

Tabelle 2.1: Spezialfälle der Kummerschen Funktion $\Phi(a, b; z)$

a	b	z	Φ	**Bezeichnungen**
a	a	x	e^x	—
1	2	$2x$	$\frac{1}{x} e^x \sinh x$	—
a	$a+1$	$-x$	$a x^{-a} \gamma(a, x)$	unvollständige Gammafunktion $\gamma(a,x) = \int_0^x e^{-t} t^{a-1}\, dt$
$\frac{1}{2}$	$\frac{3}{2}$	$-x^2$	$\frac{\sqrt{\pi}}{2} \operatorname{erf} x$	Wahrscheinlichkeitsintegral $\operatorname{erf} x = \frac{2}{\sqrt{\pi}} \int_0^x \exp(-t^2)\, dt$
$-n$	$\frac{1}{2}$	$\frac{x^2}{2}$	$\frac{n!}{(2n)!} \left(-\frac{1}{2}\right)^{-n} H_{2n}(x)$	Hermitesche Polynome $H_n(x) = (-1)^n e^{x^2} \frac{d^n}{dx^n}\left(e^{-x^2}\right)$, $n = 0,\ 1,\ 2,\ 3,\ \dots$
$-n$	$\frac{3}{2}$	$\frac{x^2}{2}$	$\frac{n!}{(2n+1)!} \left(-\frac{1}{2}\right)^{-n} H_{2n+1}(x)$	
$-n$	b	x	$\frac{n!}{(b)_n} L_n^{(b-1)}(x)$	Laguerresche Polynome $L_n^{(\alpha)}(x) = \frac{e^x x^{-\alpha}}{n!} \frac{d^n}{dx^n}\left(e^{-x} x^{n+\alpha}\right)$, $\alpha = b-1$, $(b)_n = b(b+1)\dots(b+n-1)$
$\nu + \frac{1}{2}$	$2\nu+1$	$2x$	$\Gamma(1+\nu) e^x \left(\frac{x}{2}\right)^{-\nu} I_\nu(x)$	modifizierte Besselsche Funktionen $I_\nu(x)$
$n+1$	$2n+2$	$2x$	$\Gamma\left(n+\frac{3}{2}\right) e^x \left(\frac{x}{2}\right)^{-n-\frac{1}{2}} I_{n+\frac{1}{2}}(x)$	

65. *Die ausgeartete hypergeometrische Gleichung*

$$xy''_{xx} + (b - x)y'_x - ay = 0.$$

Für $b \neq 0, -1, -2, -3, \dots$ erhält man eine Lösung durch die *Kummersche Reihe:*

$$\Phi(a, b; x) = 1 + \sum_{k=1}^{\infty} \frac{(a)_k}{(b)_k} \frac{x^k}{k!},$$

wobei $(a)_k = a(a+1)\dots(a+k-1)$, $(a)_0 = 1$ gelten. Im Falle $b > a > 0$ kann man diese Lösung als ein bestimmtes Integral darstellen:

$$\Phi(a, b; x) = \frac{\Gamma(b)}{\Gamma(a)\,\Gamma(b-a)} \int_0^1 e^{xt} t^{a-1} (1-t)^{b-a-1}\, dt,$$

wobei

$$\Gamma(z) = \int_0^\infty e^{-t} t^{z-1}\, dt$$

die *Gammafunktion* ist.

Wenn b keine ganze Zahl ist, so hat die allgemeine Lösung die Gestalt

$$y = C_1 \Phi(a, b; x) + C_2 x^{1-b} \Phi(a - b + 1,\ 2 - b;\ x).$$

In der Tabelle 2.1 sind einige Spezialfälle angeführt, in denen sich Φ durch einfachere Funktionen ausdrücken läßt.

Die Funktion Φ hat folgende Eigenschaften:

$$\begin{aligned}
\Phi(a, b; x) &= e^x \Phi(b - a,\ b;\ -x), \\
\frac{d^n}{dx^n} \Phi(a, b; x) &= \frac{(a)_n}{(b)_n} \Phi(a + n,\ b + n;\ x).
\end{aligned}$$

Ihr asymptotisches Verhalten wird beschrieben durch

$$\Phi(a, b; x) \to \frac{\Gamma(b)}{\Gamma(a)} e^x x^{a-b} \left[1 + O\left(\frac{1}{|x|}\right)\right] \qquad \text{für } x \to +\infty,$$

$$\Phi(a, b; x) \to \frac{\Gamma(b)}{\Gamma(b - a)} (-x)^{-a} \left[1 + O\left(\frac{1}{|x|}\right)\right] \qquad \text{für } x \to -\infty.$$

Die folgende Funktion ist eine Lösung der ausgearteten hypergeometrischen Gleichung:

$$\Psi(a, b; x) = \frac{\Gamma(1 - b)}{\Gamma(a - b + 1)} \Phi(a, b; x) + \frac{\Gamma(b - 1)}{\Gamma(a)} x^{1-b} \Phi(a - b + 1,\ 2 - b;\ x).$$

Der Grenzübergang $b \to n$ ergibt für ganzzahliges n:

$$\begin{aligned}
\Psi(a, n; x) &= \frac{(-1)^{n-1}}{n!\,\Gamma(a - n)} \Bigg\{ \Phi(a, n+1; x) \ln x \\
&\quad + \sum_{r=0}^{\infty} \frac{(a)_r}{(n + 1)_r} [\psi(a + r) - \psi(1 + r) - \psi(1 + n + r)] \frac{x^r}{r!} \Bigg\} \\
&\quad + \frac{(n - 1)!}{\Gamma(a)} \sum_{r=0}^{n-1} \frac{(a - n)_r}{(1 - n)_r} \frac{x^{r-n}}{r!},
\end{aligned}$$

wobei $n = 0, 1, 2, \ldots$ gilt (im Fall $n = 0$ ist die letzte Summe fortzulassen); $\psi(z) = [\ln \Gamma(z)]'_z$ ist die *logarithmische Ableitung der Gammafunktion*:

$$\psi(1) = -\gamma, \quad \psi(n) = -\gamma + \sum_{k=1}^{n-1} k^{-1}$$

und $\gamma = 0.5572\ldots$ die *Eulersche Konstante*.

Für negative Zahlen b kann man die Funktion Ψ folgendermaßen beschreiben:

$$\Psi(a,b;x) = x^{1-b}\Psi(a-b+1,\ 2-b;\ x);$$

das gilt für alle Werte von x.

Ist $b \neq 0,\ -1,\ -2,\ -3,\ \ldots$, so erhält man die allgemeine Lösung der ausgearteten hypergeometrischen Gleichung in der Form

$$y = C_1\Phi(a,b;x) + C_2\Psi(a,b;x)$$

und für $b = 0,\ -1,\ -2,\ -3,\ \ldots$ in der Gestalt

$$y = x^{1-b}\big[C_1\Phi(a-b+1,\ 2-b;\ x) + C_2\Psi(a-b+1,\ 2-b;\ x)\big].$$

Die Funktionen Φ und Ψ sind ausführlich in dem Buch von H. Bateman und A. Erdélyi, Band 1 (1953) beschrieben, siehe auch Anhang B.

66. $xy''_{xx} + (ax+b)y'_x + c[(a-c)x+b]y = 0.$

Spezielle Lösung: $y_0 = e^{-cx}$.

67. $xy''_{xx} + (2ax+b)y'_x + a(ax+b)y = 0.$

Lösung: $y = e^{-ax}(C_1 + C_2x^{1-b})$.

68. $xy''_{xx} + [(a+b)x+n+m]y'_x + (abx+an+bm)y = 0,$

wobei n und m natürliche Zahlen sind; $a \neq b$ oder $n \neq m$.

Lösung:

$$y = C_1e^{-ax}\frac{d^{m-1}}{dx^{m-1}}x^{-n}e^{(a-b)x} + C_2e^{-bx}\frac{d^{n-1}}{dx^{n-1}}x^{-m}e^{(b-a)x}.$$

69. $xy''_{xx} + (ax+b)y'_x + (cx+d)y = 0.$

Das ist ein Spezialfall der Gleichung 2.2.103.

70. $xy''_{xx} - (ax+1)y'_x - bx^2(bx+a)y = 0.$

Spezielle Lösung: $y_0 = \exp\Big(-\frac{bx^2}{2}\Big)$.

71. $xy''_{xx} - (2ax+1)y'_x + (bx^3+a^2x+a)y = 0.$

Lösung:

$$y_0 = e^{ax}\Big[C_1\sin\Big(\frac{x^2}{2}\sqrt{b}\Big) + C_2\cos\Big(\frac{x^2}{2}\sqrt{b}\Big)\Big].$$

72. $xy''_{xx} + (ax + b)y'_x + cx(-cx^2 + ax + b + 1) = 0.$

Spezielle Lösung: $y_0 = \exp\Bigl(-\frac{cx^2}{2}\Bigr)$.

73. $xy''_{xx} - (2ax^2 + 1)y'_x + bx^3 y = 0.$

Lösung:

$$y = C_1 \exp\bigl[\tfrac{1}{2}(a + \sqrt{a^2 - b})x^2\bigr] + C_2 \exp\bigl[\tfrac{1}{2}(a - \sqrt{a^2 - b})x^2\bigr].$$

74. $xy''_{xx} + (abx^2 + b - 5)y'_x + 2a^2(b - 2)x^3 y = 0.$

Spezielle Lösung: $y_0 = (ax^2 + 1)\exp(-ax^2)$.

75. $xy''_{xx} + (ax^2 + bx)y'_x - [acx^2 + (a + bc + c^2)x + b + 2c]y = 0.$

Spezielle Lösung: $y_0 = xe^{cx}$.

76. $xy''_{xx} + (ax^2 + bx + 2)y'_x + by = 0.$

Spezielle Lösung: $y_0 = a + \frac{b}{x}$.

77. $xy''_{xx} + (ax^2 + bx + c)y'_x + (2ax + b)y = 0.$

Durch Integration erhält man folgende lineare Gleichung erster Ordnung:

$$xy'_x + (ax^2 + bx + c - 1)y = C.$$

78. $xy''_{xx} + (ax^2 + bx + c)y'_x + (c - 1)(ax + b)y = 0.$

Spezielle Lösung: $y_0 = x^{1-c}$.

79. $xy''_{xx} + (ax^2 + bx + c)y'_x + (Ax^2 + Bx + C)y = 0.$

1°. Es seien $A = ak$, $B = k(b - k)$, $C = ck$, wobei k eine beliebige Zahl ist.
Spezielle Lösung: $y_0 = e^{-kx}$.

2°. Es seien $A = a(b + k)$, $B = a(c + 1) - k(b + k)$, $C = -ck$.

Spezielle Lösung: $y_0 = \exp\Bigl(-\frac{ax^2}{2} + kx\Bigr)$.

3°. Es seien $A = a(b + k)$, $B = 2a - bk - k^2$, $C = b(c - 1) + k(c - 2)$.

Spezielle Lösung: $y_0 = x^{1-c}\exp\Bigl(-\frac{ax^2}{2} + kx\Bigr)$.

4°. Es seien $A = -ak$, $B = a(c - 1) - k(b + k)$, $C = b(c - 1) + k(c - 2)$.
Spezielle Lösung: $y_0 = x^{1-c}e^{kx}$.

80. $xy''_{xx} + (ax^2 + bx + 2)y'_x + (cx^2 + dx + b)y = 0.$

Die Substitution $u = xy$ führt auf eine Gleichung der Form 2.2.103:

$$u''_{xx} + (ax + b)u'_x + (cx + d - a)u = 0.$$

81. $xy''_{xx} + (ax^3 + b)y'_x + a(b-1)x^2y = 0.$

Spezielle Lösung: $y_0 = x^{1-b}$.

82. $xy''_{xx} + x(ax^2 + b)y'_x + (3ax^2 + b)y = 0.$

Spezielle Lösung: $y_0 = x\exp\Bigl(-\dfrac{ax^3}{3} - bx\Bigr)$.

83. $xy''_{xx} + (ax^3 + bx^2 + 2)y'_x + bxy = 0.$

Spezielle Lösung: $y_0 = a + \dfrac{b}{x}$.

84. $xy''_{xx} + (abx^3 + bx^2 + ax - 1)y'_x + a^2bx^3y = 0.$

Spezielle Lösung: $y_0 = (ax+1)e^{-ax}$.

85. $xy''_{xx} + (ax^3 + bx^2 + cx + d)y'_x + (d-1)(ax^2 + bx + c)y = 0.$

Spezielle Lösung: $y_0 = x^{1-d}$.

86. $xy''_{xx} + ax^ny'_x + (abx^n - ax^{n-1} - b^2x + 2b)y = 0.$

Spezielle Lösung: $y_0 = xe^{-bx}$.

87. $xy''_{xx} + (ax^n + 2)y'_x + ax^{n-1}y = 0.$

Spezielle Lösung: $y_0 = x^{-1}$.

88. $xy''_{xx} + (x^n + 1 - n)y'_x + bx^{2n-1}y = 0.$

Gilt $b \neq \frac{1}{4}$, so ist die Lösung

$$y = C_1\exp\Bigl(\frac{\beta_1}{n}x^n\Bigr) + C_2\exp\Bigl(\frac{\beta_2}{n}x^n\Bigr),$$

wobei β_1 und β_2 Wurzeln der quadratischen Gleichung $\beta^2 + \beta + b = 0$ sind. Für $b = \frac{1}{4}$ hat die Lösung die Gestalt

$$y = (C_1 + C_2x^n)\exp\Bigl(-\frac{x^n}{2n}\Bigr).$$

89. $xy''_{xx} + (ax^n + b)y'_x + anx^{n-1}y = 0.$

Spezielle Lösung: $y_0 = x^{1-b} \exp\Big(-\dfrac{ax^n}{n}\Big).$

90. $xy''_{xx} + (ax^n + b)y'_x + a(b-1)x^{n-1}y = 0.$

Spezielle Lösung: $y_0 = x^{1-b}.$

91. $xy''_{xx} + (ax^n + b)y'_x + a(b+n-1)x^{n-1}y = 0.$

Spezielle Lösung: $y_0 = \exp\Big(-\dfrac{ax^n}{n}\Big).$

92. $xy''_{xx} + (ax^n + b)y'_x + c(ax^n - cx + b)y = 0.$

Spezielle Lösung: $y_0 = e^{-cx}.$

93. $xy''_{xx} + (abx^n + b - 3n + 1)y'_x + a^2n(b-n)x^{2n-1}y = 0.$

Spezielle Lösung: $y_0 = (ax^n + 1)\exp(-ax^n).$

94. $xy''_{xx} + (ax^n + b)y'_x + (cx^{2n-1} + dx^{n-1})y = 0.$

Das ist ein Spezialfall der Gleichung 2.2.141 für $\gamma = 0$.

95. $xy''_{xx} + (ax^n + bx^{n-1} + 2)y'_x + bx^{n-2}y = 0.$

Spezielle Lösung: $y_0 = a + \dfrac{b}{x}.$

96. $xy''_{xx} + (ax^n + bx)y'_x + (abx^n + anx^{n-1} - b)y = 0.$

Spezielle Lösung: $y_0 = x \exp\Big(-\dfrac{ax^n}{n}\Big).$

97. $xy''_{xx} + (abx^n + bx^{n-1} + ax - 1)y'_x + a^2bx^n y = 0.$

Spezielle Lösung: $y_0 = (ax+1)e^{-ax}.$

98. $xy''_{xx} + (ax^n + bx^m + c)y'_x + (c-1)(ax^{n-1} + bx^{m-1})y = 0.$

Spezielle Lösung: $y_0 = x^{1-c}.$

99. $xy''_{xx} + (abx^{n+m} + anx^n + bx^m + 1 - 2n)y'_x + a^2bnx^{2n+m-1}y = 0.$

Spezielle Lösung: $y_0 = (ax^n + 1)\exp(-ax^n).$

100. $(x+a)y''_{xx} + (bx + c)y'_x + by = 0.$

Spezielle Lösung: $y_0 = \exp\Big(-\displaystyle\int \frac{bx + c - 1}{x + a}\,dx\Big).$

Tabelle 2.2: Lösungen der Gleichung 2.2.103 für verschiedene Werte der definierenden Parameter

Lösung: $y = e^{hx} z(\xi)$ mit $\xi = \dfrac{x-\mu}{\lambda}$					
Bedingungen	h	λ	μ	z	Parameter
$a_2 \neq 0$, $D \neq 0$	$\dfrac{D-a_1}{2a_2}$	$-\dfrac{a_2}{A(h)}$	$-\dfrac{b_2}{a_2}$	$\mathcal{J}(a,b;\xi)$	$a = B(h)/A(h)$, $b = (a_2 b_1 - a_1 b_2)a_2^{-2}$
$a_2 = 0$, $a_1 \neq 0$	$-\dfrac{a_0}{a_1}$	1	$-\dfrac{2b_2 h + b_1}{a_1}$	$\mathcal{J}\left(a, \frac{1}{2}; k\xi^2\right)$	$a = B(h)/(2a_1)$, $k = -a_1/(2b_2)$
$a_2 \neq 0$, $a_1^2 = 4a_0 a_2$	$-\dfrac{a_1}{2a_2}$	a_2	$-\dfrac{b_2}{a_2}$	$\xi^\alpha Z_{2\alpha}\left(\beta\sqrt{\xi}\right)$	$\alpha = \dfrac{1}{2} - \dfrac{2b_2 h + b_1}{2a_2}$, $\beta = 2\sqrt{B(h)}$
$a_2 = a_1 = 0$, $a_0 \neq 0$	$-\dfrac{b_1}{2b_2}$	1	$\dfrac{4b_0 b_2 - b_1^2}{4a_0 b_2}$	$\xi^{1/2} Z_{1/3}\left(k\xi^{3/2}\right)$	$k = \dfrac{2}{3}\left(\dfrac{a_0}{b_2}\right)^{1/2}$
Bezeichnungen: $D^2 = a_1^2 - 4a_0 a_2$, $A(h) = 2a_2 h + a_1$, $B(h) = b_2 h^2 + b_1 h + b_0$					

101. $(a_1 x + a_0) y''_{xx} + (b_1 x + b_0) y'_x - m b_1 y = 0.$

Für $m = 1, 2, 3, \ldots$ erhält man als eine spezielle Lösung das durch die folgende Formel definierte Polynom der Ordnung m:

$$y_0 = \sum_{k=0}^{m} \left(-\frac{1}{b_1}\right)^k \left\{x^m I x^{-m-1}[(a_1 x + a_0) D^2 + b_0 D]\right\}^k x^m,$$

wobei $D = \dfrac{d}{dx}$ und $I x^\nu = \dfrac{x^{\nu+1}}{\nu+1}$ für $\nu \neq -1$ zu setzen ist.

102. $(ax + b) y''_{xx} + s(cx + d) y'_x - s^2[(a + c)x + b + d] y = 0.$

Spezielle Lösung: $y_0 = e^{sx}$.

103. $(a_2 x + b_2) y''_{xx} + (a_1 x + b_1) y'_x + (a_0 x + b_0) y = 0.$

Es sei $\mathcal{J}(a, b; x)$ eine beliebige Lösung der ausgearteten hypergeometrischen Gleichung 2.2.65: $x y''_{xx} + (b - x) y'_x - ay = 0$ und $Z_\nu(x)$ eine beliebige Lösung der Besselschen Gleichung 2.2.121: $x^2 y''_{xx} + x y'_x + (x^2 - \nu^2) y = 0$. Spezielle Lösungen der Gleichung 2.2.103 sind in Tabelle 2.2 angegeben.

104. $(x + \lambda) y''_{xx} + (a x^n + b x^m + c) y'_x + (a n x^{n-1} + b m x^{m-1}) y = 0.$

Spezielle Lösung: $y_0 = \exp\left(-\displaystyle\int \frac{a x^n + b x^m + c - 1}{x + \lambda}\, dx\right).$

$n = 0, 1, 2, \ldots$; $\psi(z)$ bezeichnet die logarithmische Ableitung der Gammafunktion (vgl. 2. 2. 121); im Falle $n = 0$ ist die erste Summe fortzulassen.

Für $x \to +\infty$ sind die Hauptterme der asymptotischen Entwicklungen

$$I_\nu(x) \simeq \frac{e^x}{\sqrt{2\pi x}}, \quad K_\nu(x) \simeq \frac{\sqrt{\pi}}{\sqrt{2x}} e^{-x}.$$

Ausführliche Informationen über die modifizierten Besselschen Funktionen findet man bei M. Abramowitz, I. A. Stegun (1964) und H. Bateman, A. Erdélyi (Bd. 2, 1953), vgl. auch Anhang B.

123. $\boldsymbol{x^2 y''_{xx} + 2xy'_x - (a^2x^2 + 2)y = 0.}$

Lösung: $x^2 y = C_1(ax - 1)e^{ax} + C_2(ax + 1)e^{-ax}$.

124. $\boldsymbol{x^2 y''_{xx} - 2axy'_x + [b^2x^2 + a(a + 1)]y = 0.}$

Lösung: $y = x^a(C_1 \sin bx + C_2 \cos bx)$.

125. $\boldsymbol{x^2 y''_{xx} - 2axy'_x + [-b^2x^2 + a(a + 1)]y = 0.}$

Lösung: $y = x^a(C_1 e^{bx} + C_2 e^{-bx})$.

126. $\boldsymbol{x^2 y''_{xx} + \lambda xy'_x + (ax^2 + bx + c)y = 0.}$

Die Substitution $y = x^k u$, wobei k eine Wurzel der quadratischen Gleichung $k^2 + (\lambda - 1)k + c = 0$ ist, führt auf eine Gleichung der Form 2.2.103: $xu''_{xx} + (\lambda + 2k)u'_x + (ax + b)u = 0$.

127. $\boldsymbol{x^2 y''_{xx} + axy'_x + (bx^n + c)y = 0, n \neq 0.}$

Der Fall $b = 0$ entspricht der Eulerschen Gleichung 2.2.118.

Für $b \neq 0$ erhält man als Lösung:

$$y = x^{\frac{1-a}{2}} \left[C_1 J_\nu\left(\frac{2}{n}\sqrt{b}\, x^{\frac{n}{2}}\right) + C_2 Y_\nu\left(\frac{2}{n}\sqrt{b}\, x^{\frac{n}{2}}\right) \right],$$

wobei $\nu = \frac{1}{n}\sqrt{(1-a)^2 - 4c}$ gilt und J_ν und Y_ν Besselsche Funktionen erster und zweiter Art sind.

128. $\boldsymbol{x^2 y''_{xx} + axy'_x + x^n(bx^n + c)y = 0.}$

Die Substitution $\xi = x^n$ führt auf eine Gleichung der Form 2.2.103:

$$n^2 \xi y''_{\xi\xi} + n(n - 1 + a)y'_\xi + (b\xi + c)y = 0.$$

129. $x^2y''_{xx} + (ax + b)y'_x + cy = 0.$

Die Transformation $x = \xi^{-1}, y = \xi^k e^\xi w$, wobei k eine Wurzel der quadratischen Gleichung $k^2 + (1 - a)k + c = 0$ ist, führt auf eine Gleichung der Form 2.2.103:

$$\xi w''_{\xi\xi} + [(2 - b)\xi + 2k + 2 - a]w'_\xi + [(1 - b)\xi + 2k + 2 - a - bk]w = 0.$$

130. $x^2y''_{xx} + ax^2y'_x + (bx^2 + cx + d)y = 0.$

Die Substitution $y = u\exp(-\frac{1}{2}ax)$ führt auf eine Gleichung der Form 2.2.110:

$$x^2u''_{xx} + [(\frac{1}{4}a^2 + b)x^2 + cx + d]u = 0.$$

131. $x^2y''_{xx} + (ax^2 + b)y'_x + c[(a - c)x^2 + b]y = 0.$

Spezielle Lösung: $y_0 = e^{-cx}$.

132. $x^2y''_{xx} + (ax^2 + bx)y'_x - by = 0.$

Spezielle Lösung: $y_0 = x^{-b}e^{-ax}$.

133. $x^2y''_{xx} + (ax^2 + bx)y'_x$
$+ [k(a - k)x^2 + (an + bk - 2kn)x + n(b - n - 1)]y = 0.$

Spezielle Lösung: $y_0 = x^{-n}e^{-kx}$.

134. $a_2x^2y''_{xx} + (a_1x^2 + b_1x)y'_x + (a_0x^2 + b_0x + c_0)y = 0.$

Die Substitution $y = x^k w$, wobei k eine Wurzel der quadratischen Gleichung $a_2k^2 + (b_1 - a_2)k + c_0 = 0$ ist, führt auf eine Gleichung der Form 2.2.103:

$$a_2xw''_{xx} + (a_1x + 2a_2k + b_1)w'_x + (a_0x + a_1k + b_0)w = 0.$$

135. $x^2y''_{xx} + [ax^2 + (ab - 1)x + b]y'_x + a^2bxy = 0.$

Spezielle Lösung: $y_0 = (ax + 1)e^{-ax}$.

136. $x^2y''_{xx} - 2x(x^2 - a)y'_x + \{2nx^2 + [(-1)^n - 1]a\}y = 0.$

Für $n = 0, 1, 2, \ldots$ sind die folgenden Polynome spezielle Lösungen: $y_0 = P_n(x)$, wobei

$$P_0 = 1, P_1 = x, P_2 = 2x^2 - 1 - 2a, P_3 = 2x^3 - (3 + 2a)x, \ldots$$

gelten. Die Polynome enthalten nur gerade Potenzen von x für gerades n und nur ungerade Potenzen von x für ungerades n.

137. $x^2y''_{xx} + x(ax^2 + bx + c)y'_x + (Ax^3 + Bx^2 + Cx + D)y = 0.$

1°. Die Substitution $y = x^k w$, wobei k eine Wurzel der quadratischen Gleichung $k^2 + (c-1)k + D = 0$ ist, führt auf eine Gleichung der Form 2.2.79 (vgl. auch 2.2.75–2.2.78):

$$xw''_{xx} + (ax^2 + bx + c + 2k)w'_x + [Ax^2 + (B + ak)x + C + bk]y = 0.$$

2°. Es seien s und r beliebige Parameter.
Für $A = ar$, $B = as + br - r^2$, $C = bs + cr - 2rs$, $D = s(c - s - 1)$ ist $y_0 = x^{-s}e^{-rx}$ eine spezielle Lösung.
Für $A = a(b-r)$, $B = a(c-s+1)+r(b-r)$, $C = bs+cr-2rs$, $D = s(c-s-1)$ erhält man durch $y_0 = x^{-s}\exp(-\frac{1}{2}ax^2 - rx)$ eine spezielle Lösung.

138. $x^2y''_{xx} + ax^n y'_x - (abx^n + acx^{n-1} + b^2x^2 + 2bcx + c^2 - c)y = 0.$

Spezielle Lösung: $y_0 = x^c e^{bx}$.

139. $x^2y''_{xx} + ax^n y'_x + (abx^{n+2m} - b^2x^{4m+2} + amx^{n-1} - m^2 - m)y = 0.$

Spezielle Lösung: $y_0 = x^{-m}\exp\Big(-\dfrac{b}{2m+1}x^{2m+1}\Big)$.

140. $x^2y''_{xx} + x(ax^n + b)y'_x + b(ax^n - 1)y = 0.$

Spezielle Lösung: $y_0 = x^{-b}$.

141. $x^2y''_{xx} + x(ax^n + b)y'_x + (\alpha x^{2n} + \beta x^n + \gamma)y = 0.$

Die Transformation $\xi = x^n$, $w = y\xi^{-k}$, wobei k eine Wurzel der quadratischen Gleichung $n^2k^2 + n(b-1)k + \gamma = 0$ ist, führt auf eine Gleichung der Form 2.2.103:

$$n^2\xi w''_{\xi\xi} + [na\xi + 2kn^2 + n(n - 1 + b)]w'_\xi + (\alpha\xi + kna + \beta)w = 0.$$

142. $x^2y''_{xx} + x(2ax^n + b)y'_x$
$\qquad + [a^2x^{2n} + a(b + n - 1)x^n + \alpha x^{2m} + \beta x^m + \gamma]y = 0.$

Die Substitution $w = y\exp\Big(\dfrac{a}{n}x^n\Big)$ führt auf eine Gleichung der Form 2.2.141:

$$x^2w''_{xx} + bxw'_x + (\alpha x^{2m} + \beta x^m + \gamma)w = 0.$$

143. $x^2y''_{xx} + (ax^{n+2} + bx^2 + c)y'_x + (anx^{n+1} + acx^n + bc)y = 0.$

Spezielle Lösung: $y_0 = \exp\Big(-\dfrac{a}{n+1}x^{n+1} - bx\Big)$.

144. $(1-x^2)y''_{xx} + n(n-1)y = 0, \qquad n = 0,\ 1,\ 2,\ \dots\ .$

In der Hydrodynamik beschreibt diese Gleichung achsensymmetrische *langsame (Stokessche) Strömungen.*

Für $n \geq 2$ erhält man die Lösung in der Gestalt

$$y = C_1\mathcal{J}_n(x) + C_2\mathcal{H}_n(x),$$

wobei $\mathcal{J}_n$ und $\mathcal{H}_n$ *Gegenbauersche Funktionen* sind, die mit den Legendreschen Funktionen erster und zweiter Art (vgl. 2.2.147) zusammenhängen:

$$\mathcal{J}_n(x) = \frac{P_{n-2}(x) - P_n(x)}{2n-1}, \quad \mathcal{H}_n(x) = \frac{Q_{n-2}(x) - Q_n(x)}{2n-1}.$$

Für $n = 0$ oder $n = 1$ ist $y = C_1 + C_2 x$ die Lösung.

145. $(x^2 - a^2)y''_{xx} + by'_x - 6y = 0.$

Spezielle Lösung: $y_0 = (4x-b)|x+a|^{\frac{2a+b}{2a}}|x-a|^{\frac{2a-b}{2a}}$.

146. $(x^2-1)y''_{xx} + xy'_x + ay = 0.$

1°. Im Fall $a = k^2 > 0$ erhält man als Lösung

$$y = \begin{cases} C_1\cos(k\operatorname{arcosh}|x|) + C_2\sin(k\operatorname{arcosh}|x|) & \text{für } |x| > 1, \\ C_1\exp(k\arccos x) + C_2\exp(-k\arccos x) & \text{für } |x| < 1, \end{cases}$$

mit $\operatorname{arcosh} x = \ln\left(x + \sqrt{x^2-1}\right)$.

2°. Im Fall $a = -k^2 < 0$ erhält man als Lösung

$$y = \begin{cases} C_1\exp(k\operatorname{arcosh}|x|) + C_2\exp(-k\operatorname{arcosh}|x|) & \text{für } |x| > 1, \\ C_1\cos(k\arccos x) + C_2\sin(k\arccos x) & \text{für } |x| < 1. \end{cases}$$

3°. Gilt $a = -n^2$, $n \geq 0$ eine ganze Zahl, so ist das *Tschebyscheffsche Polynom* $T_n(x) = 2^{1-n}\cos(n\arccos x)$ eine spezielle Lösung.

147. *Die Legendresche Gleichung*

$(1-x^2)y''_{xx} - 2xy'_x + n(n+1)y = 0, \qquad n = 0,\ 1,\ 2,\ \dots$

Lösung:

$$y = C_1 P_n(x) + C_2 Q_n(x),$$

wobei die *Legendreschen Polynome* $P_n(x)$ und die *Legendreschen Funktionen zweiter Art* $Q_n(x)$ durch folgende Formeln definiert werden:

$$P_n(x) = \frac{1}{n!\,2^n}\frac{d^n}{dx^n}(x^2-1)^n,$$

$$Q_n(x) = \frac{1}{2}P_n(x)\ln\frac{1+x}{1-x} - \sum_{m=1}^{n}\frac{1}{m}P_{m-1}(x)P_{n-m}(x).$$

Die Polynome $P_n = P_n(x)$ lassen sich rekursiv bestimmen:

$$P_0 = 1, \qquad P_1 = x, \qquad P_2 = \frac{1}{2}(3x^2 - 1), \ldots,$$

$$P_{n+1} = \frac{2n+1}{n+1} x P_n - \frac{n}{n+1} P_{n-1}.$$

Die ersten drei Funktionen $Q_n = Q_n(x)$ sind

$$Q_0 = \frac{1}{2} \ln \frac{1+x}{1-x}, \quad Q_1 = \frac{x}{2} \ln \frac{1+x}{1-x} - 1,$$

$$Q_2 = \frac{3x^2 - 1}{4} \ln \frac{1+x}{1-x} - \frac{3}{2} x.$$

Die Nullstellen der Polynome $P_n(x)$ sind alle reell und liegen im Intervall $|x| < 1$; die Polynome $P_n(x)$ bilden im Intervall $-1 \le x \le +1$ ein orthogonales System, und es gilt

$$\int_{-1}^{+1} P_n(x) P_m(x)\, dx = \begin{cases} 0 & \text{für } n \neq m, \\ \dfrac{2}{2n+1} & \text{für } n = m. \end{cases}$$

148. *Die Legendresche Gleichung*

$$\boldsymbol{(1 - x^2) y''_{xx} - 2x y'_x + \nu(\nu + 1) y = 0,} \ \ \textbf{\textit{ν beliebig.}}$$

Wenn $\nu = n$ und n eine nichtnegative ganze Zahl ist, vgl. 2.2.147.

Die Substitution $z = x^2$ führt auf die hypergeometrische Gleichung. Daher erhält man für $|x| < 1$ die Lösung in der Gestalt

$$y = C_1 F\left(-\frac{\nu}{2}, \frac{1+\nu}{2}, \frac{1}{2}; x\right) + C_2 x F\left(\frac{1-\nu}{2}, 1 + \frac{\nu}{2}, \frac{3}{2}; x\right),$$

wobei F die hypergeometrische Reihe bezeichnet (vgl. 2.2.158).

Die Legendresche Gleichung wird in den Büchern M. Abramowitz, I. A. Stegun (1964), H. Bateman, A. Erdélyi, Bd. 1, (1953) und E. Kamke (1961) ausführlich behandelt; vgl. auch Anhang B.

149. $\boldsymbol{(x^2 - 1) y''_{xx} + 2(n+1) x y'_x - (\nu + n + 1)(\nu - n) y = 0,}$
$\boldsymbol{n = 1, 2, 3, \ldots .}$

Die Lösung ist $y = \dfrac{d^n}{dx^n} y_\nu(x)$, wobei y_ν die allgemeine Lösung der Legendreschen Gleichung 2.2.148 bezeichnet.

150. $(x^2-1)y''_{xx} - 2(n-1)xy'_x - (\nu - n + 1)(\nu + n)y = 0,$
$n = 1,\ 2,\ 3,\ \ldots\ .$

Lösung: $y = |x^2-1|^n \dfrac{d^n}{dx^n} y_\nu(x)$, wobei y_ν die allgemeine Lösung der Legendreschen Gleichung 2.2.148 bezeichnet.

151. $(ax^2+b)y''_{xx} + axy'_x + cy = 0.$

Die Substitution $z = \displaystyle\int \frac{dx}{\sqrt{ax^2+b}}$ führt auf eine Gleichung mit konstanten Koeffizienten: $y''_{zz} + cy = 0$.

152. $(x^2+a)y''_{xx} + 2bxy'_x + 2(b-1)y = 0.$

Spezielle Lösung: $y_0 = (x^2+a)^{1-b}$.

153. $(ax^2+b)y''_{xx} + (2n+1)axy'_x + cy = 0, n = 1, 2, 3, \ldots\ .$

Diese Gleichung kann man durch n-faches Differenzieren der Gleichung der Gestalt 2.2.151: $(ax^2+b)u''_{xx} + axu'_x + (c - an^2)u = 0$ erhalten.

Lösung: $y = \dfrac{d^n u}{dx^n}$.

154. $(1-x^2)y''_{xx} - xy'_x + (2ax^2+b)y = 0.$

Diese Gleichung stellt eine algebraische Form der *Mathieuschen Gleichung* dar. Die Substitution $x = \cos z$ führt auf die Mathieusche Gleichung 2.6.4: $y''_{zz} + (a + b + a\cos 2z)y = 0$.

155. $(1-x^2)y''_{xx} + (ax+b)y'_x + cy = 0.$

Die Substitution $2z = 1 + x$ führt auf die hypergeometrische Gleichung 2.2.158:

$$z(1-z)y''_{zz} + [az + \tfrac{1}{2}(b-a)]y'_z + cy = 0.$$

156. $(ax^2+b)y''_{xx} + (cx^2+d)y'_x + \lambda[(c - a\lambda)x^2 + d - b\lambda]y = 0.$

Spezielle Lösung: $y_0 = e^{-\lambda x}$.

157. $(ax^2+b)y''_{xx} + [\lambda(c+a)x^2 + (c-a)x + 2b\lambda]y'_x + \lambda^2(cx^2+b)y = 0.$

Spezielle Lösung: $y_0 = (\lambda x + 1)e^{-\lambda x}$.

158. *Die Gaußsche hypergeometrische Gleichung*

$$x(x-1)y''_{xx} + [(\alpha+\beta+1)x - \gamma]y'_x + \alpha\beta y = 0.$$

Für $\gamma \neq 0,\ -1,\ -2,\ -3,\ \ldots$ ist die *hypergeometrische Reihe*

$$F(\alpha,\beta,\gamma;x) = 1 + \sum_{k=1}^{\infty} \frac{(\alpha)_k(\beta)_k}{(\gamma)_k}\frac{x^k}{k!}, \quad (\alpha)_k = \alpha(\alpha+1)\ldots(\alpha+k-1),$$

eine Lösung; sie konvergiert offensichtlich für $|x| < 1$.

Diese Lösung kann man für $\gamma > \beta > 0$ als bestimmtes Integral

$$F(\alpha,\beta,\gamma;x) = \frac{\Gamma(\gamma)}{\Gamma(\beta)\,\Gamma(\gamma-\beta)} \int_0^1 t^{\beta-1}(1-t)^{\gamma-\beta-1}(1-tx)^{-\alpha}\,dt$$

darstellen, wobei $\Gamma(\beta)$ die Gammafunktion bezeichnet.

Wenn γ keine ganze Zahl ist, so hat die allgemeine Lösung der hypergeometrischen Gleichung die Gestalt

$$y = C_1F(\alpha,\beta,\gamma;x) + C_2x^{1-\gamma}F(\alpha-\gamma+1,\ \beta-\gamma+1,\ 2-\gamma;\ x).$$

In den ausgearteten Fällen $\gamma = 0,\ -1,\ -2,\ -3,\ \ldots$ erhält man mit $C_1 = 0$, $C_2 = 1$ eine Lösung, und für $\gamma = 1,\ 2,\ \ldots$ mit $C_1 = 1$, $C_2 = 0$. Die allgemeine Lösung kann man in diesen Fällen mit Hilfe der in Abschnitt 2.1 angegebenen Formel bestimmen.

In der Tabelle 2.3 sind einige Spezialfälle angeführt, in denen sich F durch elementare Funktionen ausdrücken läßt.

Die Tabelle 2.4 enthält allgemeine Lösungen der hypergeometrischen Gleichung für spezielle Werte der definierenden Parameter.

Die Funktion F hat folgende Eigenschaften:

$$\begin{aligned}
F(\alpha,\beta,\gamma;x) &= F(\beta,\alpha,\gamma;x),\\
F(\alpha,\beta,\gamma;x) &= (1-x)^{\gamma-\alpha-\beta}F(\gamma-\alpha,\ \gamma-\beta,\ \gamma;\ x),\\
F(\alpha,\beta,\gamma;x) &= (1-x)^{-\alpha}F(\alpha,\ \gamma-\beta,\ \gamma;\ \frac{x}{x-1}),\\
\frac{d^n}{dx^n}F(\alpha,\beta,\gamma;x) &= \frac{(\alpha)_n(\beta)_n}{(\gamma)_n}F(\alpha+n,\ \beta+n,\ \gamma+n;\ x).
\end{aligned}$$

Die hypergeometrische Funktion ist in dem Buch H. Bateman, A. Erdélyi Bd. 1 (1953) ausführlich dargestellt, vergleiche auch Anhang B.

159. $x(x+a)y''_{xx} + (bx+c)y'_x + dy = 0.$

Die Substitution $x = -az$ führt auf die hypergeometrische Gleichung 2.2.158:

$$z(1-z)y''_{zz} + [(c/a) - bz]y'_z - dy = 0.$$

Tabelle 2.3: Elementar ausdrückbare Spezialfälle der hypergeometrischen Funktion $F(\alpha, \beta, \gamma; z)$

α	β	γ	z	F
$-n$	β	γ	x	$\sum_{k=0}^{n} \frac{(-n)_k(\beta)_k}{(\gamma)_k} \frac{x^k}{k!}$, $n = 1, 2, 3, \ldots$
$-n$	β	$-n-m$	x	$\sum_{k=0}^{n} \frac{(-n)_k(\beta)_k}{(-n-m)_k} \frac{x^k}{k!}$ $n = 1, 2, 3, \ldots$
α	β	β	x	$(1-x)^{-\alpha}$
α	$\alpha + \frac{1}{2}$	$\frac{1}{2}$	x^2	$\frac{1}{2}\left[(1+x)^{-2\alpha} + (1-x)^{-2\alpha}\right]$
α	$\alpha + \frac{1}{2}$	$\frac{3}{2}$	x^2	$\frac{(1+x)^{1-2\alpha} - (1-x)^{1-2\alpha}}{2x(1-2\alpha)}$
α	$-\alpha$	$\frac{1}{2}$	$-x^2$	$\frac{1}{2}\left[\left(\sqrt{1+x^2}+x\right)^{2\alpha} + \left(\sqrt{1+x^2}-x\right)^{2\alpha}\right]$
α	$1-\alpha$	$\frac{1}{2}$	$-x^2$	$\frac{\left(\sqrt{1+x^2}+x\right)^{2\alpha-1} + \left(\sqrt{1+x^2}-x\right)^{2\alpha-1}}{2\sqrt{1+x^2}}$
α	$\alpha - \frac{1}{2}$	$2\alpha - 1$	x	$2^{2\alpha-2}\left(1+\sqrt{1-x}\right)^{2-2\alpha}$
α	$1-\alpha$	$\frac{3}{2}$	$\sin^2 x$	$\frac{\sin[(2\alpha-1)x]}{(\alpha-1)\sin(2x)}$
α	$2-\alpha$	$\frac{3}{2}$	$\sin^2 x$	$\frac{\sin[(2\alpha-2)x]}{(\alpha-1)\sin(2x)}$
α	$1-\alpha$	$\frac{1}{2}$	$\sin^2 x$	$\frac{\cos[(2\alpha-1)x]}{\cos x}$
α	$\alpha+1$	$\frac{1}{2}\alpha$	x	$(1+x)(1-x)^{-\alpha-1}$
α	$\alpha + \frac{1}{2}$	$2\alpha+1$	x	$\left(\frac{1+\sqrt{1-x}}{2}\right)^{-2\alpha}$
α	$\alpha + \frac{1}{2}$	2α	x	$\frac{1}{\sqrt{1-x}}\left(\frac{1+\sqrt{1-x}}{2}\right)^{1-2\alpha}$
$\frac{1}{2}$	$\frac{1}{2}$	$\frac{3}{2}$	x^2	$\frac{1}{x}\arcsin x$
$\frac{1}{2}$	1	$\frac{3}{2}$	$-x^2$	$\frac{1}{x}\arctan x$
1	1	2	$-x$	$\frac{1}{x}\ln(x+1)$
$\frac{1}{2}$	1	$\frac{3}{2}$	x^2	$\frac{1}{2x}\ln\frac{1+x}{1-x}$
$n+1$	$n+m+1$	$n+m+l+2$	x	$\frac{(-1)^m(n+m+l+1)!}{n!\,l!\,(n+m)!\,(m+l)!}\frac{d^{n+m}}{dx^{n+m}}\left\{(1-x)^{m+l}\frac{d^l f}{dx^l}\right\}$, $f = -\frac{\ln(1-x)}{x}$, $n, m, l = 0, 1, 2, 3, \ldots$

Tabelle 2.4: Allgemeine Lösungen der hypergeometrischen Gleichung für spezielle Werte der definierenden Parameter

α	β	γ	Lösung: $y = y(x)$
0	β	γ	$C_1 + C_2 \int \lvert x\rvert^{-\gamma} \lvert x-1\rvert^{\gamma-\beta-1}\,dx$
α	$\alpha+\frac{1}{2}$	$2\alpha+1$	$C_1\left(1+\sqrt{1-x}\right)^{-2\alpha} + C_2 x^{-2\alpha}\left(1+\sqrt{1-x}\right)^{2\alpha}$
α	$\alpha-\frac{1}{2}$	$\frac{1}{2}$	$C_1\left(1+\sqrt{x}\right)^{1-2\alpha} + C_2\left(1-\sqrt{x}\right)^{1-2\alpha}$
α	$\alpha+\frac{1}{2}$	$\frac{3}{2}$	$\frac{1}{\sqrt{x}}\left[C_1\left(1+\sqrt{x}\right)^{1-2\alpha} + C_2\left(1-\sqrt{x}\right)^{1-2\alpha}\right]$
1	β	γ	$\lvert x\rvert^{1-\gamma}\lvert x-1\rvert^{\gamma-\beta-1}\left(C_1 + C_2\int \lvert x\rvert^{\gamma-2}\lvert x-1\rvert^{\beta-\gamma}\,dx\right)$
α	β	α	$\lvert x-1\rvert^{-\beta}\left(C_1 + C_2\int \lvert x\rvert^{-\alpha}\lvert x-1\rvert^{\beta-1}\,dx\right)$
α	β	$\alpha+1$	$\lvert x\rvert^{-\alpha}\left(C_1 + C_2\int \lvert x\rvert^{\alpha-1}\lvert x-1\rvert^{-\beta}\,dx\right)$

160. $2x(x-1)y''_{xx} + (2x-1)y'_x + (ax+b)y = 0.$

Die Substitution $x = \cos^2\xi$ führt auf die Mathieusche Gleichung 2.6.4:

$$y''_{\xi\xi} - (a + 2b + a\cos 2\xi)y = 0.$$

161. $(x^2 + 2ax + b)y''_{xx} + (x+a)y'_x - m^2 y = 0.$

Lösung:

$$y = C_1\left(x + a + \sqrt{x^2+2ax+b}\right)^m + C_2\left(x + a + \sqrt{x^2+2ax+b}\right)^{-m}.$$

162. $(ax^2 + bx + c)y''_{xx} + (dx+k)y'_x + (d-2a)y = 0.$

Durch Integration erhalten wir die lineare Gleichung erster Ordnung:

$$(ax^2+bx+c)y'_x + [(d-2a)x + k - b]y = C.$$

163. $(ax^2 + bx + c)y''_{xx} + (kx+d)y'_x - ky = 0.$

Spezielle Lösung: $y_0 = kx + d$.

164. $(ax^2 + 2bx + c)y''_{xx} + (ax+b)y'_x + dy = 0.$

Die Substitution $\xi = \int \frac{dx}{\sqrt{ax^2+2bx+c}}$ führt auf eine Gleichung mit konstanten Koeffizienten: $y''_{\xi\xi} + dy = 0$.

165. $(ax^2 + 2bx + c)y''_{xx} + 3(ax + b)y'_x + dy = 0.$

Die Substitution $u = y\sqrt{|ax^2 + 2bx + c|}$ führt auf eine Gleichung der Form 2.2.164:

$$(ax^2 + 2bx + c)u''_{xx} + (ax + b)u'_x + (d - a)u = 0.$$

166. $(a_2x^2 + b_2x + c_2)y''_{xx} + (b_1x + c_1)y'_x + c_0y = 0.$

Es seien λ_1 und λ_2 die Wurzeln der quadratischen Gleichung $a_2\lambda^2 + b_2\lambda + c_2 = 0$.

1°. Für $\lambda_1 \neq \lambda_2$ führt die Substitution $z = \frac{x - \lambda_1}{\lambda_2 - \lambda_1}$ auf die hypergeometrische Gleichung 2.2.158:

$$z(1 - z)y''_{zz} - (Ax + B)y'_z - Cy = 0$$

mit $A = \frac{b_1}{a_2}$, $B = \frac{b_1\lambda_1 + c_1}{a_2(\lambda_2 - \lambda_1)}$, $C = \frac{c_0}{a_2}$.

2°. Gilt $\lambda_1 = \lambda_2 = \lambda$, so führt die Transformation $x = \lambda + \xi^{-1}$, $y = \xi^k u$, wobei k eine Wurzel der quadratischen Gleichung $a_2k^2 + (a_2 - b_1)k + c_0 = 0$ ist, auf eine Gleichung der Form 2.2.103:

$$a_2\xi u''_{\xi\xi} - [(c_1 + \lambda b_1)\xi + b_1 - 2a_2(k + 1)]u'_\xi - k(c_1 + \lambda b_1)u = 0.$$

3°. Es sei $c_0 = -a_2n(n - 1) - b_1n$ mit einer natürlichen Zahl n. Dann gibt es eine spezielle Lösung in Gestalt eines Polynoms: $y_0(x) = \sum_{m=1}^{M} \alpha_m x^m$ mit $M \leq n$.

167. $(ax^2 + bx + c)y''_{xx} - (x^2 - k^2)y'_x + (x + k)y = 0.$

Spezielle Lösung: $y_0 = x - k$.

168. $(ax^2 + bx + c)y''_{xx} + (x^3 + k^3)y'_x - (x^2 - kx + k^2)y = 0.$

Spezielle Lösung: $y_0 = x + k$.

169. $x^3y''_{xx} + (ax + b)y = 0.$

Das ist ein Spezialfall der Gleichung 2.2.127 mit $n = -1$.

170. $x^3y''_{xx} + (ax^2 + b)y'_x + cxy = 0.$

Die Substitution $x = 1/z$ führt auf eine Gleichung der Form 2.2.141:

$$z^2y''_{zz} + z(2 - a - bz)y'_z + cy = 0.$$

171. $x^3y''_{xx} + (ax^2 + bx)y'_x + by = 0.$

Spezielle Lösung: $y_0 = a - 2 + \dfrac{b}{x}$.

172. $x^3y''_{xx} + (ax^2 + bx)y'_x + cy = 0.$

Die Substitution $x = 1/z$ führt auf eine Gleichung der Form 2.2.103:

$$zy''_{zz} + (2 - a - bz)y'_z + cy = 0.$$

173. $x^3y''_{xx} + (ax^2 + bx)y'_x + (cx + d)y = 0.$

Die Substitution $y = x^k u$, wobei $k = -d/b$ gilt, führt auf eine Gleichung der Form 2.2.129:

$$x^2u''_{xx} + [(a + 2k)x + b]u'_x + [k(a + k - 1) + c]u = 0.$$

Ist $c = 0$ und $d = b(a - 2)$, so ergibt $y_0 = e^{b/x}$ eine spezielle Lösung.

174. $x^3y''_{xx} + (ax^3 - x^2 + abx + b)y'_x + a^2bxy = 0.$

Spezielle Lösung: $y_0 = (ax + 1)e^{-ax}$.

175. $x^3y''_{xx} + x(ax^n + b)y'_x - (ax^n - abx^{n-1} + b)y = 0.$

Spezielle Lösung: $y_0 = x\exp\left(\dfrac{b}{x}\right)$.

176. $x(ax^2 + b)y''_{xx} + 2(ax^2 + b)y'_x - 2axy = 0.$

Spezielle Lösung: $y_0 = ax + \dfrac{b}{x}$.

177. $x(x^2 + a)y''_{xx} + (bx^2 + c)y'_x + sxy = 0.$

Die Substitution $az = -x^2$ führt auf die hypergeometrische Gleichung 2.2.158

$$z(1 - z)y''_{zz} + \frac{1}{2}\left[1 + \frac{c}{a} - (1 + b)z\right]y'_z - \frac{1}{4}sy = 0.$$

178. $x^2(ax + b)y''_{xx} + [cx^2 + (2b + a\lambda)x + b\lambda]y'_x + \lambda(c - 2a)y = 0.$

Spezielle Lösung: $y_0 = \exp\left(\dfrac{\lambda}{x}\right)$.

179. $x^2(ax + b)y''_{xx} - 2x(ax + 2b)y'_x + 2(ax + 3b)y = 0.$

Lösung: $y = \dfrac{C_1x^2 + C_2x^3}{ax + b}$.

180. $x^2(ax+b)y''_{xx} + [a(2-n-m)x^2 - b(n+m)x]y'_x$
$$+ [am(n-1)x + bn(m+1)]y = 0.$$

Lösung: $y = \dfrac{C_1 x^n + C_2 x^{m+1}}{ax+b}$.

181. $x^2(x+a_2)y''_{xx} + x(b_1x+a_1)y'_x + (b_0x+a_0)y = 0.$

Die Substitution $y = x^k u$, wobei k eine Wurzel der quadratischen Gleichung $a_2k^2 + k(a_1-a_2) + a_0 = 0$ ist, führt auf eine Gleichung der Form 2.2.159:

$$x(x+a_2)u''_{xx} + [(2k+b_1)x + 2ka_2 + a_1]u'_x + [k^2 + k(b_1-1) + b_0]u = 0.$$

182. $(ax^3+bx^2+cx)y''_{xx} + (\alpha x^2 + \beta x + 2c)y'_x + (\beta - 2b)y = 0.$

Spezielle Lösung: $y_0 = 2a - \alpha + \dfrac{2b-\beta}{x}$.

183. $(ax^3+bx^2+cx)y''_{xx} + (\alpha x^2 + \beta x + 2c)y'_x - (\alpha x + 2b - \beta)y = 0.$

Eine spezielle Lösung ist

$$y_0 = \alpha x + 2(\beta - b) + \frac{\lambda}{x} \qquad \text{mit} \quad \lambda = \frac{c\alpha + (b-\beta)(2b-\beta)}{\alpha - a}.$$

184. $(ax^3+bx^2+cx)y''_{xx} + [-2ax^2 - (b+1)x + k]y'_x + 2(ax+1)y = 0.$

Spezielle Lösung: $y_0 = (ak+b-1)x^2 + (c+k)(2x-k)$.

185. $(ax^3+bx^2+cx)y''_{xx}$
$$+ (nx^2+mx+k)y'_x + (k-1)[(n-ak)x + m - bk]y = 0.$$

Spezielle Lösung: $y_0 = x^{1-k}$.

186. $(ax^3+bx^2+cx)y''_{xx}$
$$+ [(m-a)x^2 + (2cm-1)x - c]y'_x + (-2mx+1)y = 0.$$

Spezielle Lösung: $y_0 = (a+m)x^2 + (2b+4cm-1)(x+c)$.

187. $(ax^3+bx^2+cx)y''_{xx} + (nx^2+mx+k)y'_x + [-2(a+n)x+1]y = 0.$

Wenn die Bedingung

$$2(2a+n)(c+k) + (2b+2m+1)[m+1+2k(a+n)] = 0$$

erfüllt ist, ergibt sich als spezielle Lösung

$$y_0 = (2a+n)x^2 + (2b+2m+1)(x-k).$$

188. $(ax^3 + x^2 + b)y''_{xx} + a^2x(x^2 - b)y'_x - a^3bxy = 0.$

Spezielle Lösung: $y_0 = (ax + 2)e^{-ax}$.

189. $2x(ax^2 + bx + c)y''_{xx} + (ax^2 - c)y'_x + \lambda x^2 y = 0.$

Die Substitution $\xi = \int \left(\frac{x}{ax^2 + bx + c}\right)^{1/2} dx$ führt auf eine Gleichung mit konstanten Koeffizienten:

$$2y''_{\xi\xi} + \lambda y = 0.$$

190. $x(ax^2 + bx + 1)y''_{xx} + (\alpha x^2 + \beta x + \gamma)y'_x + (nx + m)y = 0.$

Die Substitution $y = x^{1-\gamma}w$ führt auf eine Gleichung in analoger Gestalt:

$$x(ax^2 + bx + 1)w''_{xx} + [(\alpha + 2a - 2a\gamma)x^2 + (\beta + 2b - 2b\gamma)x + 2 - \gamma]w'_x + \\ + \{[n + (1 - \gamma)(\alpha - a\gamma)]x + m + (1 - \gamma)(\beta - b\gamma)\}w = 0.$$

191. *Die Heunsche Gleichung*

$$x(x - 1)(x - a)y''_{xx} + \{(\alpha + \beta + 1)x^2 \\ - [\alpha + \beta + 1 + a(\gamma + \delta) - \delta]x + a\gamma\}y'_x + (\alpha\beta x - q)y = 0.$$

Gilt $|a| \geq 1$ und $\gamma \neq 0, -1, -2, -3, \ldots$ so kann man eine Lösung in Gestalt einer Reihe

$$F(a, q; \alpha, \beta, \gamma, \delta, x) = \sum_{n=0}^{\infty} c_n x^n$$

darstellen, deren Koeffizienten durch die folgende Rekursion definiert sind:

$$c_0 = 1, \quad a\gamma c_1 = q,$$

$$a(n + 1)(\gamma + n)c_{n+1} = \left[a(\gamma + \delta + n - 1) + \alpha + \beta - \delta + n + \frac{q}{n}\right]nc_n \\ -\left[(n-1)(n-2) + (n-1)(\alpha+\beta+1) + \alpha\beta\right]c_{n-1}.$$

Diese Reihe konvergiert offensichtlich für $|x| \leq 1$.

Ist γ keine ganze Zahl, so hat die allgemeine Lösung der Heunschen Gleichung folgende Gestalt:

$$y = C_1 F(a, q; \alpha, \beta, \gamma, \delta, x) + C_2 |x|^{1-\gamma} F(a, q_1; \alpha - \gamma + 1, \beta - \gamma + 1, 2 - \gamma, \delta, x),$$

wobei $q_1 = q + (\alpha - \gamma + 1)(\beta - \gamma + 1) - \alpha\beta + \delta(\gamma - 1)$ gilt.

In der Tabelle 2.5 sind einige Transformationen angeführt, welche die Gestalt der Heunschen Gleichung erhalten. (Wenn bei gewissen Werten der definierenden Parameter wenigstens eine der angeführten Gleichungen durch Quadraturen lösbar ist, so gilt das auch für die anderen Gleichungen mit denselben Parametern.)

192. $(ax^3 + bx^2 + cx + d)y''_{xx} - (x^2 - \lambda^2)y'_x + (x + \lambda)y = 0.$

Spezielle Lösung: $y_0 = x - \lambda$.

193. $2(ax^3 + bx^2 + cx + d)y''_{xx} + (3ax^2 + 2bx + c)y'_x + \lambda y = 0.$

Die Substitution $\xi = \int \frac{dx}{\sqrt{ax^3 + bx^2 + cx + d}}$ führt auf eine Gleichung mit konstanten Koeffizienten:

$$2y''_{\xi\xi} + \lambda y = 0.$$

194. $2(ax^3+bx^2+cx+d)y''_{xx}+3(3ax^2+2bx+c)y'_x+(6ax+2b+\lambda)y = 0.$

Diese Gleichung entsteht durch Differentiation der Gleichung 2.2.193.

195. $(ax^3+bx^2+cx+d)y''_{xx}+[\alpha x^2+(\alpha\gamma+\beta)x+\beta\gamma]y'_x-(\alpha x+\beta)y = 0.$

Spezielle Lösung: $y_0 = x + \gamma$.

196. $(ax^3 + bx^2 + cx + d)y''_{xx} + (x^3 + \lambda^3)y'_x - (x^2 - \lambda x + \lambda^2)y = 0.$

Spezielle Lösung: $y_0 = x + \lambda$.

197. $2x(ax^2+bx+c)y''_{xx}+[a(2-k)x^2+b(1-k)x-ck]y'_x+\lambda x^{k+1}y = 0.$

Die Substitution $\xi = \int \frac{x^{k/2}\,dx}{\sqrt{ax^2 + bx + c}}$ führt auf eine Gleichung mit konstanten Koeffizienten:

$$2y''_{\xi\xi} + \lambda y = 0.$$

198. $x^4 y''_{xx} + ay = 0.$

Die Transformation $z = 1/x$, $u = y/x$ führt auf eine Gleichung mit konstanten Koeffizienten: $u''_{zz} + au = 0$.

199. $x^4 y''_{xx} + (ax^2 + bx + c)y = 0.$

Die Transformation $z = 1/x$, $u = y/x$ führt auf eine Gleichung der Form 2.2.110: $z^2 u''_{zz} + (cz^2 + bz + a)u = 0$.

Tabelle 2.5: Transformationen, die die Form der Heunschen Gleichung erhalten

No.*)	Neue Variable	Parameter der transformierten Gleichung					
1	$\xi=x,\ w=y$	a	q	α	β	γ	δ
2	$\xi=1-x,\ w=y$	$1-a$	$\alpha\beta-q$	α	β	δ	γ
3	$\xi=x,\ w=\lvert x\rvert^{\gamma-1}y$	a	q_1	$\alpha-\gamma+1$	$\beta-\gamma+1$	$2-\gamma$	δ
4	$\xi=\frac{x}{a},\ w=\lvert x\rvert^{\gamma-1}y$	$\frac{1}{a}$	$\frac{q_2}{a}$	$\alpha-\gamma+1$	$\beta-\gamma+1$	$2-\gamma$	$\alpha+\beta-\gamma-\delta+1$
5	$\xi=\frac{1}{x},\ w=\lvert x\rvert^{\alpha}y$	$\frac{1}{a}$	q_3	α	$\alpha-\gamma+1$	$\alpha-\beta+1$	δ
6	$\xi=\frac{x}{a},\ w=y$	$\frac{1}{a}$	q	α	β	γ	$\alpha+\beta-\gamma-\delta+1$
7	$\xi=1-\frac{x}{a},\ w=y$	$1-\frac{1}{a}$	q	α	β	$\alpha+\beta-\gamma-\delta+1$	γ
8	$\xi=\frac{x}{a},\ w=\lvert x\rvert^{\alpha}y$	a	q	$\alpha-\gamma+1$	$\alpha+\gamma-1$	$\alpha-\beta+1$	$\alpha+\beta-\gamma-\delta+1$
9	$\xi=\frac{x-1}{x},\ w=\lvert x\rvert^{\alpha}y$	$1-\frac{1}{a}$	q	α	$\alpha-\gamma+1$	δ	$\alpha-\beta+1$
10	$\xi=\frac{a(x-1)}{x(a-1)},\ w=\lvert x\rvert^{\alpha}y$	$\frac{a}{a-1}$	q	α	$\alpha-\gamma+1$	δ	$\alpha+\beta-\gamma-\delta+1$
11	$\xi=\frac{x}{x-1},\ w=\lvert x-1\rvert^{\alpha}y$	$\frac{a}{a-1}$	q	α	$\alpha-\delta+1$	γ	$\alpha-\beta+1$
12	$\xi=\frac{x(a-1)}{a(x-1)},\ w=\lvert x-1\rvert^{\alpha}y$	$1-\frac{1}{a}$	q	α	$\alpha-\delta+1$	γ	$\alpha+\beta-\gamma-\delta+1$

Bezeichnungen: $q_1=q+(\alpha-\gamma+1)(\beta-\gamma+1)-\alpha\beta+\delta(\gamma-1)$, $q_2=q_1+a\delta(1-\gamma)$, $q_3=qa^{-1}+\alpha(\alpha-\gamma+1)+\alpha a^{-1}(\delta-\beta)-a\delta$.

*) Bemerkung: Die erste Zeile entspricht der Ausgangsgleichung; die anderen enthalten die Variablen und die Parameter der transformierten Gleichung für $w=w(\xi)$.

200. $x^4 y''_{xx} - (a+b)x^2 y'_x + [(a+b)x + ab]y = 0.$

Lösung:

$$y = \begin{cases} C_1 x e^{-a/x} + C_2 x e^{-b/x} & \text{für } a \neq b, \\ (C_1 x + C_2) e^{-a/x} & \text{für } a = b. \end{cases}$$

201. $x^4 y''_{xx} + 2x^2(x+a)y'_x + by = 0.$

Die Substitution $z = 1/x$ führt auf eine Gleichung mit konstanten Koeffizienten: $y''_{zz} - 2ay'_z + by = 0$.

202. $x^4 y''_{xx} + ax^n y'_x - (ax^{n-1} + abx^{n-2} + b^2)y = 0.$

Spezielle Lösung: $y_0 = xe^{-b/x}$.

203. $x^2(x-a)^2 y''_{xx} + by = 0.$

Lösung: $y = C_1|x|^m|x-a|^{1-m} + C_2|x|^{1-m}|x-a|^m$, wobei m eine Wurzel der quadratischen Gleichung $m(m-1)a^2 = -b$ ist.

204. $x^2(x-a)^2 y''_{xx} + by = cx^2(x-a)^2.$

Lösung:

$$\begin{aligned} y &= |x|^m|x-a|^{1-m}\Big(C_1 + \frac{c}{a(2m-1)}\int |x|^{1-m}|x-a|^m\,dx\Big) \\ &\quad + |x|^{1-m}|x-a|^m\Big(C_2 - \frac{c}{a(2m-1)}\int |x|^m|x-a|^{1-m}\,dx\Big), \end{aligned}$$

wobei m eine Wurzel der quadratischen Gleichung $m(m-1)a^2 = -b$ ist.

205. $ax^2(x-1)^2 y''_{xx} + (bx^2 + cx + d)y = 0.$

Es seien p und q Wurzeln der quadratischen Gleichungen

$$ap(p-1) + d = 0, \qquad aq(q-1) + b + c + d = 0.$$

Dann führt die Substitution $y = x^p(x-1)^q w$ auf die hypergeometrische Gleichung 2.2.158:

$$ax(x-1)w''_{xx} + 2a[(p+q)x - p]w'_x + (2apq - c - 2d)w = 0.$$

206. $x^2(x^2+a)y''_{xx} + (bx^2+c)xy'_x + dy = 0.$

Die Substitution $\xi = x^2$ führt auf eine Gleichung der Form 2.2.181:

$$4\xi^2(\xi+a)y''_{\xi\xi} + 2\xi[(b+1)\xi + a + c]y'_\xi + dy = 0.$$

207. $(x^2+1)^2 y''_{xx} + ay = 0.$

1°. Lösung für $a+1=\beta^2>0$:

$$y=\sqrt{x^2+1}\left[C_1\cos(\beta\arctan x)+C_2\sin(\beta\arctan x)\right].$$

2°. Lösung für $a+1=-\beta^2<0$:

$$y=\sqrt{x^2+1}\left[C_1\cosh(\beta\arctan x)+C_2\sinh(\beta\arctan x)\right].$$

3°. Lösung für $a=-1$:

$$y=\sqrt{x^2+1}\,(C_1+C_2\arctan x).$$

208. $(x^2-1)^2 y''_{xx} + ay = 0.$

1°. Lösung für $a-1=4\beta^2>0$:

$$y=\sqrt{|x^2-1|}\left[C_1\cos\left(\beta\ln\left|\frac{x+1}{x-1}\right|\right)+C_2\sin\left(\beta\ln\left|\frac{x+1}{x-1}\right|\right)\right].$$

2°. Lösung für $a-1=-4\beta^2<0$:

$$y=(x+1)\left[C_1\left|\frac{x+1}{x-1}\right|^{(2\beta-1)/2}+C_2\left|\frac{x+1}{x-1}\right|^{-(2\beta+1)/2}\right].$$

3°. Lösung für $a=1$:

$$y=\sqrt{|x^2-1|}\left(C_1+C_2\ln\left|\frac{x+1}{x-1}\right|\right).$$

209. $(x^2\pm a^2)^2 y''_{xx} + b^2 y = 0.$

Das ist die Gleichung für die Deformation eines gestauchten Stabes mit doppelten Wänden von parabolischem Querschnitt.

Für das obere Vorzeichen (verengter Stab) hat die Lösung die Gestalt:

$$y=\sqrt{x^2+a^2}\,(C_1\cos u+C_2\sin u),\quad u=\frac{\sqrt{a^2+b^2}}{a}\arctan\left(\frac{x}{a}\right).$$

Für das untere Vorzeichen (Stab mit Ausstülpungen) hat die Lösung die Form:

$$y=\sqrt{a^2-x^2}\,(C_1\cos u+C_2\sin u),\quad u=\frac{\sqrt{b^2-a^2}}{2a}\ln\frac{a+x}{a-x};\quad |x|<a.$$

210. $(ax^2+b)^2 y''_{xx} + 2ax(ax^2+b)y'_x + cy = 0.$

Die Substitution $\xi = \int \frac{dx}{ax^2+b}$ führt auf eine Gleichung mit konstanten Koeffizienten: $y''_{\xi\xi} + cy = 0$.

211. $(x^2-1)^2 y''_{xx} + 2x(x^2-1)y'_x - [\nu(\nu+1)(x^2-1) + n^2]y = 0,$

wobei ν ein beliebiger Parameter und n eine nichtnegative ganze Zahl ist.

1°. Für $n = 0$ fällt diese Gleichung mit der Legendreschen Gleichung 2.2.148 zusammen. Wir bezeichnen ihre allgemeine Lösung mit $y_\nu(x)$.

2°. Für $n = 1, 2, 3, \dots$ wird die allgemeine Lösung der Ausgangsgleichung durch die folgende Formel gegeben:

$$y = |x^2-1|^{n/2} \frac{d^n}{dx^n} y_\nu(x).$$

212. *Die Legendresche Gleichung*

$$(1-x^2)^2 y''_{xx} - 2x(1-x^2)y'_x + [\nu(\nu+1)(1-x^2) - \mu^2]y = 0,$$

wobei ν und μ beliebige Parameter sind.

Die Transformation $x = 1 - 2\xi$, $y = |x^2-1|^{\mu/2} w$ führt auf die hypergeometrische Gleichung 2.2.158:

$$\xi(\xi-1)w''_{\xi\xi} + (\mu+1)(1-2\xi)w'_\xi + (\nu-\mu)(\nu+\mu+1)w = 0$$

mit den Parametern $\alpha = \mu - \nu$, $\beta = \mu + \nu + 1$, $\gamma = \mu + 1$.

Gilt speziell $\nu = \mu$ oder $\nu = -\mu - 1$, so läßt sich die Ausgangsgleichung durch Quadraturen lösen.

Die Legendresche Gleichung wird in den Büchern H. Bateman, A. Erdélyi, Bd. 1 (1953) und M. Abramowitz, I. A. Stegun (1964) ausführlich behandelt; vergleiche auch Anhang B.

213. $a(x^2-1)^2 y''_{xx} + bx(x^2-1)y'_x + (cx^2+dx+e)y = 0.$

Die Transformation

$$\xi = \frac{1}{2}(x+1), \qquad w = |x+1|^{-p}|x-1|^{-q}y,$$

wobei p und q Lösungen des algebraischen Gleichungssystems zweiter Ordnung

$$4aq(q-1) + 2bq + c + d + e = 0, \qquad (p-q)[2a(p+q-1)+b] = d,$$

sind, führt auf die hypergeometrische Gleichung 2.2.158 für $w = w(\xi)$.

214. $(ax^2+b)^2y''_{xx}+(2ax+c)(ax^2+b)y'_x+ky=0.$

Die Substitution $\xi=\int\frac{dx}{ax^2+b}$ führt auf eine Gleichung mit konstanten Koeffizienten: $y''_{\xi\xi}+cy'_\xi+ky=0$.

215. $(ax^2+b)^2y''_{xx}+(ax^2+b)(cx^2+d)y'_x+2(bc-ad)xy=0.$

Spezielle Lösung: $y_0=\exp\Bigl(-\int\frac{cx^2+d}{ax^2+b}\,dx\Bigr)$.

216. $(x^2+a)^2y''_{xx}+bx^n(x^2+a)y'_x-(bx^{n+1}+a)y=0.$

Spezielle Lösung: $y_0=\sqrt{x^2+a}$.

217. $(x^2+a)^2y''_{xx}+bx^n(x^2+a)y'_x-m[bx^{n+1}+(m-1)x^2+a]y=0.$

Spezielle Lösung: $y_0=(x^2+a)^{m/2}$.

218. $(x-a)^2(x-b)^2y''_{xx}-cy=0, \quad a\neq b.$

Die Transformation $\xi=\ln\frac{x-a}{x-b}$, $y=(x-b)\eta$ führt auf eine Gleichung mit konstanten Koeffizienten:

$$(a-b)^2(\eta''_{\xi\xi}-\eta'_\xi)-c\eta=0.$$

Daher erhält man als Lösung der Ausgangsgleichung:

$$y=C_1|x-a|^{(1+\lambda)/2}|x-b|^{(1-\lambda)/2}+C_2|x-a|^{(1-\lambda)/2}|x-b|^{(1+\lambda)/2},$$

wobei $\lambda^2=4c(a-b)^{-2}+1\neq 0$ sei.

219. $(x-a)^2(x-b)^2y''_{xx}+(x-a)(x-b)(2x+\lambda)y'_x+\mu y=0.$

Es seien k_1 und k_2 die Wurzeln der quadratischen Gleichung

$$(a-b)^2k^2+(a-b)(a+b+\lambda)k+\mu=0.$$

1°. Gilt $k_1\neq k_2$, so ist die Lösung

$$y=C_1\left|\frac{x-a}{x-b}\right|^{k_1}+C_2\left|\frac{x-a}{x-b}\right|^{k_2}.$$

2°. Für $k_1=k_2=k$ ist die Lösung

$$y=\left|\frac{x-a}{x-b}\right|^{k}\Bigl(C_1+C_2\ln\left|\frac{x-a}{x-b}\right|\Bigr).$$

220. $(ax^2 + bx + c)^2 y''_{xx} + Ay = 0.$

Die Transformation

$$\xi = \int \frac{dx}{ax^2 + bx + c}, \quad w = \frac{y}{\sqrt{ax^2 + bx + c}}$$

führt auf eine Gleichung mit konstanten Koeffizienten:

$$w''_{\xi\xi} + (A + ac - \frac{1}{4}b^2)w = 0.$$

221. $(ax^2 + bx + c)^2 y''_{xx} + (2ax + k)(ax^2 + bx + c)y'_x + my = 0.$

Die Substitution $\xi = \displaystyle\int \frac{dx}{ax^2 + bx + c}$ führt auf eine Gleichung mit konstanten Koeffizienten: $y''_{\xi\xi} + (k - b)y'_\xi + my = 0.$

222. $x^6 y''_{xx} - x^5 y'_x + ay = 0.$

Die Transformation $\xi = x^{-2}$, $w = yx^{-2}$ führt auf eine Gleichung mit konstanten Koeffizienten: $4w''_{\xi\xi} + aw = 0.$

223. $x^6 y''_{xx} + (3x^2 + a)x^3 y'_x + by = 0.$

Die Substitution $\xi = x^{-2}$ führt auf eine Gleichung mit konstanten Koeffizienten: $4y''_{\xi\xi} - 2ay'_\xi + by = 0.$

224. $$y''_{xx} + y'_x \sum_{n=1}^{3} (1 - \alpha_n - \beta_n) \frac{b_n}{b_n x - a_n}$$

$$- \frac{y}{(b_1 x - a_1)(b_2 x - a_2)(b_3 x - a_3)} \sum_{n=1}^{3} \alpha_n \beta_n \frac{\Delta_n \Delta_{n-1}}{b_n x - a_n} = 0,$$

wobei $\displaystyle\sum_{n=1}^{3} (\alpha_n + \beta_n) = 1$, $|a_n| + |b_n| > 0$, $\Delta_n = a_n b_{n+1} - a_{n+1} b_n \neq 0$, $a_{n+3} = a_n$ und $b_{n+3} = b_n$ gelten.

Wir bezeichnen diese Gleichung wie folgt:

$$\left\{ \begin{array}{ccc|ccc|c} a_1 & a_2 & a_3 & \alpha_1 & \alpha_2 & \alpha_3 & x \\ b_1 & b_2 & b_3 & \beta_1 & \beta_2 & \beta_3 & y \end{array} \right\} = 0. \qquad (1)$$

Gelten $a_1 = b_2 = 0$, $a_3 = b_3 = 1$, $\alpha_1 = \alpha_3 = 0$, $\alpha_2 = \alpha$, $\beta_1 = 1 - \gamma$, $\beta_2 = \beta$, $\beta_3 = \gamma - \alpha - \beta$, so geht Gleichung (1) in die hypergeometrische Gleichung 2.2.158 über.

Die Transformation

$$\xi = \frac{Ax + B}{Cx + D}, \quad w = \frac{|b_1 x - a_1|^r |b_3 x - a_3|^s}{|b_2 x - a_2|^{r+s}} y \tag{2}$$

mit $AD - BC \neq 0$ überführt die Ausgangsgleichung in eine analoge Gleichung:

$$\left\{ \begin{matrix} A_1 & A_2 & A_3 \\ B_1 & B_2 & B_3 \end{matrix} \middle| \begin{matrix} \alpha_1 + r & \alpha_2 - r - s & \alpha_3 + s \\ \beta_1 + r & \beta_2 - r - s & \beta_3 + s \end{matrix} \middle| \begin{matrix} \xi \\ w \end{matrix} \right\} = 0 \tag{3}$$

mit $A_n = Aa_n + Bb_n$, $B_n = Ca_n + Db_n$.

Setzt man in (2) $r = -\alpha_1$, $s = -\alpha_3$, $A = b_1/\Delta_3$, $B = -a_1/\Delta_3$, $C = -b_2/\Delta_2$, $D = a_2/\Delta_2$, so ergibt (3) eine hypergeometrische Gleichung.

225. $x^n y''_{xx} + c(ax + b)^{n-4} y = 0.$

Die Transformation $\xi = \dfrac{x}{ax + b}, w = \dfrac{y}{ax + b}$ führt auf eine Gleichung der Form 2.2.7: $w''_{\xi\xi} + cb^{-2}\xi^{-n} w = 0$.

226. $x^n y''_{xx} + axy'_x - (b^2 x^n + 2bx^{n-1} + abx + a)y = 0.$

Spezielle Lösung: $y_0 = xe^{bx}$.

227. $x^n y''_{xx} + (ax + b)y'_x - ay = 0.$

Spezielle Lösung: $y_0 = ax + b$.

228. $x^n y''_{xx} + (ax^{n-1} + bx)y'_x + (a - 1)by = 0.$

Spezielle Lösung: $y_0 = x^{1-a}$.

229. $x^n y''_{xx} + (2x^{n-1} + ax^2 + bx)y'_x + by = 0.$

Spezielle Lösung: $y_0 = a + \dfrac{b}{x}$.

230. $x^n y''_{xx} + (ax^n + b)y'_x + c[(a - c)x^n + b]y = 0.$

Spezielle Lösung: $y_0 = e^{-cx}$.

231. $x^n y''_{xx} + (ax^n - x^{n-1} + abx + b)y'_x + a^2 bxy = 0.$

Spezielle Lösung: $y_0 = (ax + 1)e^{-ax}$.

232. $x^n y''_{xx} + (ax^{n+m} + 1)y'_x + ax^m(1 + mx^{n-1})y = 0.$

Spezielle Lösung: $y_0 = \exp\Big(-\dfrac{a}{m + 1} x^{m+1}\Big)$.

233. $(ax^n + b)y''_{xx} + (cx^n + d)y'_x + \lambda[(c - a\lambda)x^n + d - b\lambda]y = 0.$

Spezielle Lösung: $y_0 = e^{-\lambda x}$.

234. $(ax^n + bx + c)y''_{xx} = an(n-1)x^{n-2}y.$

Spezielle Lösung: $y_0 = ax^n + bx + c$.

235. $x(x^n + 1)y''_{xx} + [(a - b)x^n + a - n]y'_x + b(1 - a)x^{n-1}y = 0.$

Spezielle Lösung: $y_0 = (x^n + 1)^{b/n}$.

236. $x(x^{2n} + a)y''_{xx} + (x^{2n} + a - an)y'_x - b^2x^{2n-1}y = 0.$

Lösung: $C_1\big(x^n + \sqrt{x^{2n} + a}\big)^{b/n} + C_2\big(x^n + \sqrt{x^{2n} + a}\big)^{-b/n}$.

237. $x^2(a^2x^{2n} - 1)y''_{xx} + x[a^2(n+1)x^{2n} + n - 1]y'_x - \nu(\nu+1)a^2n^2x^{2n}y = 0.$

Lösung: $y = y_\nu(ax^n)$, wobei $y_\nu(x)$ eine allgemeine Lösung der Legendreschen Gleichung 2.2.148 ist.

238. $x^2(ax^n - 1)y''_{xx} + x(apx^n + q)y'_x + (arx^n + s)y = 0.$

Es seien A_1, A_2 und B_1, B_2 die Wurzeln der quadratischen Gleichungen

$$A^2 - (q+1)A - s = 0, \quad B^2 - (p-1)B + r = 0.$$

Die Parameter c, α, β, γ seien durch die folgenden Formeln definiert:

$$c = A_1, \quad \alpha = \frac{A_1 + B_1}{n}, \quad \beta = \frac{A_1 + B_2}{n}, \quad \gamma = \frac{A_1 - A_2}{n} + 1.$$

Dann erhält man die Lösung der Ausgangsgleichung durch

$$y = x^c w(ax^n),$$

wobei $w = w(\xi)$ die allgemeine Lösung der hypergeometrischen Gleichung 2.2.158 ist:

$$\xi(\xi - 1)w''_{\xi\xi} + [(\alpha + \beta + 1)\xi - \gamma]w'_\xi + \alpha\beta w = 0.$$

239. $(x^n + a)^2y''_{xx} - bx^{n-2}[(b - 1)x^n + a(n - 1)]y = 0.$

Spezielle Lösung: $y_0 = (x^n + a)^{b/n}$.

240. $(ax^n + b)^2y''_{xx} + (ax^n + b)(cx^n + d)y'_x + n(bc - ad)x^{n-1}y = 0.$

Spezielle Lösung: $y_0 = \exp\Big(-\int \frac{cx^n + d}{ax^n + b}\,dx\Big)$.

241. $(x^n + a)^2 y''_{xx} + bx^m(x^n + a)y'_x - x^{n-2}(bx^{m+1} + an - a)y = 0.$

Spezielle Lösung: $y_0 = (x^n + a)^{1/n}$.

242. $(ax^n + b)^2 y''_{xx} + cx^m(ax^n + b)y'_x + (cx^m - anx^{n-1} - 1)y = 0.$

Spezielle Lösung: $y_0 = \exp\Bigl(-\int \frac{dx}{ax^n + b}\Bigr)$.

243. $x^2(ax^n + b)^2 y''_{xx} + (n+1)x(a^2x^{2n} - b^2)y'_x + cy = 0.$

Die Substitution $\xi = \frac{1}{nb}\ln\Bigl(\frac{ax^n}{ax^n + b}\Bigr)$ führt auf eine Gleichung mit konstanten Koeffizienten:

$$y''_{\xi\xi} - b(n+2)y'_\xi + cy = 0.$$

244. $(ax^{n+1} + bx^n + c)y''_{xx} + (\alpha x^n + \beta x^{n-1} + \gamma)y'_x +$
$+ [n(\alpha - a - an)x^{n-1} + (n-1)(\beta - bn)x^{n-2}]y = 0.$

Eine spezielle Lösung ist

$$y_0 = \exp\Bigl[\int \frac{(an + a - \alpha)x^n + (bn - \beta)x^{n-1} - \gamma}{ax^{n+1} + bx^n + c}\,dx\Bigr].$$

245. $(ax^n + bx^m + c)y''_{xx} + (\lambda - x)y'_x + y = 0.$

Spezielle Lösung: $y_0 = x - \lambda$.

246. $(ax^n + bx^m + c)y''_{xx} + (\lambda^2 - x^2)y'_x + (x + \lambda)y = 0.$

Spezielle Lösung: $y_0 = x - \lambda$.

247. $2(ax^n + bx^m + c)y''_{xx} + (anx^{n-1} + bmx^{m-1})y'_x + dy = 0.$

Die Substitution $\xi = \int \frac{dx}{\sqrt{ax^n + bx^m + c}}$ führt auf eine Gleichung mit konstanten Koeffizienten: $2y''_{\xi\xi} + dy = 0$.

248. $(ax^n + b)^{m+1} y''_{xx} + (ax^n + b)y'_x - anmx^{n-1}y = 0.$

Spezielle Lösung: $y_0 = \exp\Bigl[-\int \frac{dx}{(ax^n + b)^m}\Bigr]$.

249. $xP_n y''_{xx} + [2P_n + (ax^2 + bx)Q_{n-2}]y'_x + bQ_{n-2}y = 0,$

wobei $P_n = P_n(x)$ und $Q_{n-2} = Q_{n-2}(x)$ beliebige Polynome der Grade n bzw. $n-2$ sind.

Spezielle Lösung: $y_0 = a + \frac{b}{x}$.

2.3 Gleichungen mit Exponentialfunktionen

1. $y''_{xx} + ae^{\lambda x}y = 0, \qquad \lambda \neq 0.$

Lösung:

$$y = C_1 J_0\left(\frac{2\sqrt{a}}{\lambda}e^{\lambda x/2}\right) + C_2 Y_0\left(\frac{2\sqrt{a}}{\lambda}e^{\lambda x/2}\right).$$

2. $y''_{xx} + (ae^x - b)y = 0.$

Lösung:

$$y = C_1 J_{2\sqrt{b}}(2\sqrt{a}\,e^{x/2}) + C_2 Y_{2\sqrt{b}}(2\sqrt{a}\,e^{x/2}),$$

wobei J_ν und Y_ν Besselsche Funktionen sind.

3. $y''_{xx} + a(\lambda e^{\lambda x} - ae^{2\lambda x})y = 0.$

Spezielle Lösung: $y_0 = \exp\left(-\frac{a}{\lambda}e^{\lambda x}\right).$

4. $y''_{xx} - [a^2e^{2x} + a(2b+1)e^x + b^2]y = 0.$

Spezielle Lösung: $y_0 = \exp(ae^x + bx).$

5. $y''_{xx} - (ae^{2\lambda x} + be^{\lambda x} + c)y = 0.$

Die Transformation $z = e^{\lambda x}$, $w = z^{-k}y$, wobei $k = \sqrt{c}/\lambda$ ist, führt auf eine Gleichung der Form 2.2.103: $\lambda^2 zw''_{zz} + \lambda^2(2k+1)w'_z - (az+b)w = 0.$

6. $y''_{xx} + (ae^{4\lambda x} + be^{3\lambda x} + ce^{2\lambda x} - \frac{1}{4}\lambda^2)y = 0.$

Die Transformation $\xi = e^{\lambda x}$, $w = ye^{\lambda x/2}$ führt auf eine Gleichung der Form 2.2.6:

$$w''_{\xi\xi} + \lambda^{-2}(a\xi^2 + b\xi + c)w = 0.$$

7. $y''_{xx} + [ae^{2\lambda x}(be^{\lambda x} + c)^n - \frac{1}{4}\lambda^2]y = 0.$

Die Transformation $\xi = be^{\lambda x} + c$, $w = ye^{\lambda x/2}$ führt auf eine Gleichung der Form 2.2.7: $w''_{\xi\xi} + a(b\lambda)^{-2}\xi^n w = 0.$

8. $y''_{xx} + ay'_x + be^{2ax}y = 0.$

Die Transformation $\xi = e^{ax}$, $u = ye^{ax}$ führt auf eine Gleichung mit konstanten Koeffizienten: $u''_{\xi\xi} + ba^{-2}u = 0.$

9. $y''_{xx} - ay'_x + be^{2ax}y = 0.$

Die Substitution $\xi = e^{ax}$ führt auf eine Gleichung mit konstanten Koeffizienten: $y''_{\xi\xi} + ba^{-2}y = 0$.

10. $y''_{xx} + ay'_x + (be^{\lambda x} + c)y = 0.$

Lösung:

$$y = e^{-ax/2}\Big[C_1 J_\nu\Big(\frac{2\sqrt{b}}{\lambda}e^{\lambda x/2}\Big) + C_2 Y_\nu\Big(\frac{2\sqrt{b}}{\lambda}e^{\lambda x/2}\Big)\Big], \quad \nu = \frac{\sqrt{a^2-4c}}{\lambda},$$

wobei J_ν und Y_ν Besselsche Funktionen sind.

11. $y''_{xx} - y'_x + \Big(ae^{3\lambda x} + be^{2\lambda x} + \dfrac{1-\lambda^2}{4}\Big)y = 0.$

Die Substitution $z = e^x$ führt auf eine Gleichung der Form 2.2.116:

$$z^2 y''_{zz} + \Big(az^{3\lambda} + bz^{2\lambda} + \frac{1-\lambda^2}{4}\Big)y = 0.$$

12. $y''_{xx} - y'_x + \Big[ae^{2\lambda x}(be^{\lambda x} + c)^n + \dfrac{1-\lambda^2}{4}\Big]y = 0.$

Die Substitution $z = e^x$ führt auf eine Gleichung der Form 2.2.117:

$$z^2 y''_{zz} + \Big[az^{2\lambda}(bz^\lambda + c)^n + \frac{1-\lambda^2}{4}\Big]y = 0.$$

13. $y''_{xx} + 2ae^{\lambda x}y'_x + ae^{\lambda x}(ae^{\lambda x} + \lambda)y = 0.$

Lösung: $y = \exp\Big(-\dfrac{a}{\lambda}e^{\lambda x}\Big)(C_1 + C_2 x).$

14. $y''_{xx} + (a+b)e^{\lambda x}y'_x + ae^{\lambda x}(be^{\lambda x} + \lambda)y = 0.$

Spezielle Lösung: $y_0 = \exp\Big(-\dfrac{a}{\lambda}e^{\lambda x}\Big).$

15. $y''_{xx} + ae^{\lambda x}y'_x - be^{\mu x}(ae^{\lambda x} + be^{\mu x} + \mu)y = 0.$

Spezielle Lösung: $y_0 = \exp\Big(\dfrac{b}{\mu}e^{\mu x}\Big).$

16. $y''_{xx} + 2ke^{\mu x}y'_x + (ae^{2\lambda x} + be^{\lambda x} + k^2e^{2\mu x} + k\mu e^{\mu x} + c)y = 0.$

Die Substitution $w = y\exp\Big(\dfrac{k}{\mu}e^{\mu x}\Big)$ führt auf eine Gleichung der Form 2.3.5:

$$w''_{xx} + (ae^{2\lambda x} + be^{\lambda x} + c)w = 0.$$

17. $y''_{xx} + ae^{\lambda x}y'_x + b(ax^n e^{\lambda x} - bx^{2n} + nx^{n-1})y = 0.$

Spezielle Lösung: $y_0 = \exp\left(-\frac{b}{n+1}x^{n+1}\right).$

18. $y''_{xx} + 2ae^{\lambda x}y'_x + (a^2e^{2\lambda x} + a\lambda e^{\lambda x} + bx^{2n} + cx^{n-1})y = 0.$

Die Substitution $w = y\exp\left(\frac{a}{\lambda}e^{\lambda x}\right)$ führt auf eine Gleichung der Form 2.2.10:
$w''_{xx} + (bx^{2n} + cx^{n-1})w = 0.$

19. $y''_{xx} - (a + 2be^{ax})y'_x + b^2e^{2ax}y = 0.$

Spezielle Lösung: $y_0 = \exp\left(\frac{b}{a}e^{ax}\right).$

20. $y''_{xx} + (ae^{2\lambda x} + \lambda)y'_x - a\lambda e^{2\lambda x}y = 0.$

Spezielle Lösung: $y_0 = ae^{\lambda x} + \lambda e^{-\lambda x}.$

21. $y''_{xx} + (ae^{\lambda x} - \lambda)y'_x + be^{2\lambda x}y = 0.$

Die Substitution $\xi = e^{\lambda x}$ führt auf eine Gleichung mit konstanten Koeffizienten: $\lambda^2 y''_{\xi\xi} + a\lambda y'_\xi + by = 0.$

22. $y''_{xx} + (ae^{\lambda x} + b)y'_x + c(ae^{\lambda x} + b - c)y = 0.$

Spezielle Lösung: $y_0 = e^{-cx}.$

23. $y''_{xx} + (a + be^{2\lambda x})y'_x + \lambda(a - \lambda - be^{2\lambda x})y = 0.$

Spezielle Lösung: $y_0 = be^{\lambda x} + ae^{-\lambda x}.$

24. $y''_{xx} + (abe^{\lambda x} + b - 3\lambda)y'_x + a^2\lambda(b - \lambda)e^{2\lambda x}y = 0.$

Spezielle Lösung: $y_0 = (ae^{\lambda x} + 1)\exp(-ae^{\lambda x}).$

25. $y''_{xx} + (2ae^{\lambda x} - \lambda)y'_x + (a^2e^{2\lambda x} + be^{\mu x})y = 0.$

Das ist ein Spezialfall der Gleichung 2.3.30.

26. $y''_{xx} + (2ae^{\lambda x} + b)y'_x + [a^2e^{2\lambda x} + a(b + \lambda)e^{\lambda x} + c]y = 0.$

Die Substitution $w = y\exp\left(\frac{a}{\lambda}e^{\lambda x}\right)$ führt auf eine Gleichung mit konstanten Koeffizienten: $w''_{xx} + bw'_x + cw = 0.$

27. $y''_{xx} + (ae^{\lambda x} + 2b - \lambda)y'_x + (ce^{2\lambda x} + abe^{\lambda x} + b^2 - b\lambda)y = 0.$

Die Transformation $\xi = \frac{1}{\lambda}e^{\lambda x}$, $w = e^{bx}y$ führt auf eine Gleichung mit konstanten Koeffizienten: $w''_{\xi\xi} + aw'_\xi + cw = 0.$

28. $y''_{xx} + (ae^x + b)y'_x$
$$+ [c(a-c)e^{2x} + (ak+bc+c-2ck)e^x + k(b-k)]y = 0.$$

Spezielle Lösung: $y_0 = \exp(-ce^x - kx)$.

29. $y''_{xx} + (ae^{\lambda x} + b)y'_x + (\alpha e^{2\lambda x} + \beta e^{\lambda x} + \gamma)y = 0.$

Die Substitution $\xi = e^x$ führt auf eine Gleichung der Form 2.2.141:

$$\xi^2 y''_{\xi\xi} + (a\xi^\lambda + b + 1)\xi y'_\xi + (\alpha\xi^{2\lambda} + \beta\xi^\lambda + \gamma)y = 0.$$

30. $y''_{xx} + (2ae^{\lambda x} - \lambda)y'_x + (a^2e^{2\lambda x} + be^{2\mu x} + ce^{\mu x} + k)y = 0.$

Die Substitution $w = y\exp\Big(\dfrac{a}{\lambda}e^{\lambda x} - \dfrac{\lambda x}{2}\Big)$ führt auf eine Gleichung der Form 2.3.5:

$$w''_{xx} + \big(be^{2\mu x} + ce^{\mu x} + k - \tfrac{1}{4}\lambda^2\big)w = 0.$$

31. $y''_{xx} + (2ae^{\lambda x} + b - \lambda)y'_x + (a^2e^{2\lambda x} + abe^{\lambda x} + ce^{2\mu x} + de^{\mu x} + k)y = 0.$

Die Substitution $w = y\exp\Big(\dfrac{a}{\lambda}e^{\lambda x} + \dfrac{b-\lambda}{2}x\Big)$ führt auf eine Gleichung der Form 2.3.5:

$$w''_{xx} + \big[ce^{2\mu x} + de^{\mu x} + k - \tfrac{1}{4}(b-\lambda)^2\big]w = 0.$$

32. $y''_{xx} + (ae^{\lambda x} + be^{\mu x})y'_x + ae^{\lambda x}(be^{\mu x} + \lambda)y = 0.$

Spezielle Lösung: $y_0 = \exp\Big(-\dfrac{a}{\lambda}e^{\lambda x}\Big)$.

33. $y''_{xx} + e^{\lambda x}(ae^{2\mu x} + b)y'_x + \mu[e^{\lambda x}(b - ae^{2\mu x}) - \mu]y = 0.$

Spezielle Lösung: $y_0 = ae^{\mu x} + be^{-\mu x}$.

34. $y''_{xx} + (ae^{\lambda x} + be^{\mu x} + c)y'_x + (a\lambda e^{\lambda x} + b\mu e^{\mu x})y = 0.$

Spezielle Lösung: $y_0 = \exp\Big(-\dfrac{a}{\lambda}e^{\lambda x} - \dfrac{b}{\mu}e^{\mu x} - cx\Big)$.

35. $y''_{xx} + (ae^{\lambda x} + be^{\mu x} + c)y'_x + [abe^{(\lambda+\mu)x} + ace^{\lambda x} + b\mu e^{\mu x}]y = 0.$

Spezielle Lösung: $y_0 = \exp\Big(-\dfrac{b}{\mu}e^{\mu x} - cx\Big)$.

36. $y''_{xx} + (ae^{\lambda x} + 2be^{\mu x} - \lambda)y'_x$
$$+ [abe^{(\lambda+\mu)x} + ce^{2\lambda x} + b^2e^{2\mu x} + b(\mu-\lambda)e^{\mu x}]y = 0.$$

1°. Für $\lambda = 0$ stimmt die Gleichung mit 2.3.26 überein und für $\mu = 0$ mit 2.3.27.

2°. Gilt $\lambda\mu \neq 0$, so führt die Transformation $\xi = \dfrac{1}{\lambda}e^{\lambda x}$, $w = y\exp\Bigl(\dfrac{b}{\mu}e^{\mu x}\Bigr)$ auf eine Gleichung mit konstanten Koeffizienten: $w''_{\xi\xi} + aw'_{\xi} + cw = 0$.

37. $y''_{xx} + [abe^{(\lambda+\mu)x} + a\lambda e^{\lambda x} + be^{\mu x} - 2\lambda]y'_x + a^2b\lambda e^{(2\lambda+\mu)x}y = 0.$

Spezielle Lösung: $y_0 = (ae^{\lambda x} + 1)\exp(-ae^{\lambda x})$.

38. $y''_{xx} + (ax + b)e^{\lambda x}y'_x - ae^{\lambda x}y = 0.$

Spezielle Lösung: $y_0 = ax + b$.

39. $y''_{xx} + (axe^{\lambda x} + 2b)y'_x + (abxe^{\lambda x} - ae^{\lambda x} + b^2)y = 0.$

Spezielle Lösung: $y_0 = xe^{-bx}$.

40. $y''_{xx} + x(ae^{\lambda x} + be^{\mu x})y'_x - (ae^{\lambda x} + be^{\mu x})y = 0.$

Spezielle Lösung: $y_0 = x$.

41. $y''_{xx} + (ax^n + be^{\lambda x})y'_x + (abx^n e^{\lambda x} + anx^{n-1})y = 0.$

Spezielle Lösung: $y_0 = \exp\Bigl(-\dfrac{a}{n+1}x^{n+1}\Bigr)$.

42. $y''_{xx} + a\exp(bx^n)y'_x + c[a\exp(bx^n) - c]y = 0.$

Spezielle Lösung: $y_0 = e^{-cx}$.

43. $y''_{xx} + (ax + b)\exp(\lambda x^n)y'_x - a\exp(\lambda x^n)y = 0.$

Spezielle Lösung: $y_0 = ax + b$.

44. $y''_{xx} + ax^n\exp(bx^m)y'_x - ax^{n-1}\exp(bx^m)y = 0.$

Spezielle Lösung: $y_0 = x$.

45. $xy''_{xx} - (2ax^2 + 1)y'_x + 4bx^3\exp(2\lambda x^2)y = 0.$

Lösung:

$$y = \exp\Bigl(\frac{ax^2}{2}\Bigr)\Bigl[C_1 J_{\frac{a}{2\lambda}}\Bigl(\frac{\sqrt{b}}{\lambda}e^{\lambda x^2}\Bigr) + C_2 Y_{\frac{a}{2\lambda}}\Bigl(\frac{\sqrt{b}}{\lambda}e^{\lambda x^2}\Bigr)\Bigr],$$

wobei J_ν und Y_ν Besselsche Funktionen sind.

46. $xy''_{xx} + axe^{\lambda x}y'_x + ae^{\lambda x}(1 + \lambda x)y = 0.$

Spezielle Lösung: $y_0 = x\exp\Bigl(-\dfrac{a}{\lambda}e^{\lambda x}\Bigr)$.

47. $xy''_{xx} + axe^{\lambda x}y'_x - [a(bx + 1)e^{\lambda x} + b(bx + 2)]y = 0.$

Spezielle Lösung: $y_0 = xe^{bx}$.

48. $xy''_{xx} + (axe^{\lambda x} + b)y'_x + a(b-1)e^{\lambda x}y = 0.$

Spezielle Lösung: $y_0 = x^{1-b}$.

49. $xy''_{xx} + [a(bx+1)e^{\lambda x} + bx - 1]y'_x + ab^2xe^{\lambda x}y = 0.$

Spezielle Lösung: $y_0 = (bx+1)e^{-bx}$.

50. $xy''_{xx} + [(ax^2 + bx)e^{\lambda x} + 2]y'_x + be^{\lambda x}y = 0.$

Spezielle Lösung: $y_0 = a + \dfrac{b}{x}$.

51. $xy''_{xx} + (ax^n + be^{\lambda x})y'_x + ax^{n-1}(be^{\lambda x} + n - 1)y = 0.$

Spezielle Lösung: $y_0 = \exp\Big(-\dfrac{a}{n}x^n\Big)$.

52. $xy''_{xx} + (axe^{\lambda x} + bx^n)y'_x + [a(bx^n - 1)e^{\lambda x} + bnx^{n-1}]y = 0.$

Spezielle Lösung: $y_0 = x\exp\Big(-\dfrac{b}{n}x^n\Big)$.

53. $xy''_{xx} + [(ax^n + 1)e^{\lambda x} + anx^n + 1 - 2n]y'_x + a^2nx^{2n-1}e^{\lambda x}y = 0.$

Spezielle Lösung: $y_0 = (ax^n + 1)\exp(-ax^n)$.

54. $xy''_{xx} + (ae^{\lambda x} + be^{\mu x})y'_x + (a\lambda e^{\lambda x} + b\mu e^{\mu x})y = 0.$

Durch Integration erhält man eine lineare Gleichung erster Ordnung:
$xy'_x + (ae^{\lambda x} + be^{\mu x} - 1)y = C$.

55. $xy''_{xx} + [ax^n\exp(bx^m) + c]y'_x + a(c-1)x^{n-1}\exp(bx^m)y = 0.$

Spezielle Lösung: $y_0 = x^{1-c}$.

56. $(x+a)y''_{xx} + (be^{\lambda x} + c)y'_x + b\lambda e^{\lambda x}y = 0.$

Spezielle Lösung: $y_0 = \exp\Big(\displaystyle\int \frac{1 - c - be^{\lambda x}}{x+a}\,dx\Big)$.

57. $4x^2y''_{xx} + [ax^{2n}\exp(bx^n) + 1 - n^2]y = 0.$

Die Transformation $\xi = bx^n$, $w = yx^{\frac{n-1}{2}}$ führt auf eine Gleichung der Form 2.3.1: $4w''_{\xi\xi} + a(bn)^{-2}e^{\xi}w = 0$.

58. $x^2y''_{xx} + 2axy'_x + [(b^2e^{2cx} - \nu^2)c^2x^2 + a(a-1)]y = 0.$

Lösung: $y = x^{-a}[C_1J_\nu(be^{cx}) + C_2Y_\nu(be^{cx})]$, wobei J_ν und Y_ν Besselsche Funktionen sind.

59. $x^2y''_{xx} + axe^{\lambda x}y'_x + b(ae^{\lambda x} - b - 1)y = 0.$

Spezielle Lösung: $y_0 = x^{-b}$.

60. $x^2y''_{xx} + x(ae^{\lambda x} + 2b)y'_x + [a(cx + b)e^{\lambda x} - c^2x^2 + b(b - 1)]y = 0.$

Spezielle Lösung: $y_0 = x^{-b}e^{-cx}$.

61. $x^4y''_{xx} + (e^{2/x} - \nu^2)y = 0.$

Lösung: $y = x[C_1J_\nu(e^{1/x}) + C_2Y_\nu(e^{1/x})]$, wobei J_ν und Y_ν Besselsche Funktionen sind.

62. $x^4y''_{xx} + \left[a\exp\left(\frac{2\lambda}{x}\right) + b\exp\left(\frac{\lambda}{x}\right) + c\right]y = 0.$

Die Transformation $\xi = 1/x$, $w = y/x$ führt auf eine Gleichung der Form 2.3.5: $w''_{\xi\xi} + (ae^{2\lambda\xi} + be^{\lambda\xi} + c)w = 0$.

63. $x^4y''_{xx} + ax^2e^{\lambda x}y'_x + [a(b - x)e^{\lambda x} - b^2]y = 0.$

Spezielle Lösung: $y_0 = x\exp(b/x)$.

64. $(x^2 + a)^2y''_{xx} + be^{\lambda x}(x^2 + a)y'_x - (bxe^{\lambda x} + a)y = 0.$

Spezielle Lösung: $y_0 = \sqrt{x^2 + a}$.

65. $(x^n + a)^2y''_{xx} + b(x^n + a)e^{\lambda x}y'_x - x^{n-2}(bxe^{\lambda x} + an - a)y = 0.$

Spezielle Lösung: $y_0 = (x^n + a)^{1/n}$.

66. $(ax^n + b)^2y''_{xx} + c(ax^n + b)e^{\lambda x}y'_x + (ce^{\lambda x} - anx^{n-1} - 1)y = 0.$

Spezielle Lösung: $y_0 = \exp\left(-\int\frac{dx}{ax^n + b}\right)$.

67. $(a^2e^{2\lambda x} + b)y''_{xx} - b\lambda y'_x - a^2\lambda^2\nu^2e^{2\lambda x}y = 0.$

Lösung:

$$y = C_1\left(ae^{\lambda x} + \sqrt{a^2e^{2\lambda x} + b}\right)^\nu + C_2\left(ae^{\lambda x} + \sqrt{a^2e^{2\lambda x} + b}\right)^{-\nu}.$$

68. $2(ae^{\lambda x} + b)y''_{xx} + a\lambda e^{\lambda x}y'_x + cy = 0.$

Die Substitution $\xi = \int\frac{dx}{\sqrt{ae^{\lambda x} + b}}$ führt auf eine Gleichung mit konstanten Koeffizienten: $2y''_{\xi\xi} + cy = 0$.

69. $(ae^{\lambda x}+b)y''_{xx}+(ce^{\lambda x}+d)y'_x+k[(c-ak)e^{\lambda x}+d-bk]y=0.$

Spezielle Lösung: $y_0=e^{-kx}$.

70. $(ae^{\lambda x}+b)y''_{xx}+(ce^{\lambda x}+d)y'_x+(ne^{\lambda x}+m)y=0.$

Gilt $a=0$, so ist das eine Gleichung der Form 2.3.29. Wenn $a\neq 0$ gilt, ergibt die Transformation $\xi=ae^{\lambda x}$, $w=y\xi^{-k}$, wobei k eine Wurzel der quadratischen Gleichung $b\lambda^2k^2+d\lambda k+m=0$ ist, eine Gleichung der Gestalt 2.2.159:

$$a\lambda^2\xi(\xi+b)w''_{\xi\xi}+\lambda[(2ak\lambda+a\lambda+c)\xi$$
$$+a(2bk\lambda+b\lambda+d)]w'_\xi+(ak^2\lambda^2+ck\lambda+n)w=0.$$

71. $(e^x+k)y''_{xx}+(ae^{\lambda x}+be^{\mu x}+c)y'_x+(a\lambda e^{\lambda x}+b\mu e^{\mu x}-e^x)y=0.$

Durch Integration erhält man die lineare Gleichung erster Ordnung

$$(e^x+k)y'_x+(ae^{\lambda x}+be^{\mu x}-e^x+c)y=C.$$

72. $(ae^{\lambda x}+b)^2y''_{xx}+ce^{\lambda x}(\lambda b-ce^{\lambda x})y=0.$

Spezielle Lösung: $y_0=(ae^{\lambda x}+b)^k$ mit $k=-\dfrac{c}{a\lambda}$.

73. $(ae^{\lambda x}+b)^2y''_{xx}+\sigma(ae^{\lambda x}+b)y'_x+ce^{\lambda x}(\sigma+\lambda b-ce^{\lambda x})y=0.$

Spezielle Lösung: $y_0=(ae^{\lambda x}+b)^k$ mit $k=-\dfrac{c}{a\lambda}$.

74. $(ae^{\lambda x}+b)^2y''_{xx}+(a\lambda e^{\lambda x}+c)(ae^{\lambda x}+b)y'_x+my=0.$

Die Substitution $\xi=\displaystyle\int\frac{dx}{ae^{\lambda x}+b}$ führt auf eine Gleichung mit konstanten Koeffizienten: $y''_{\xi\xi}+cy'_\xi+my=0$.

75. $(ae^{\lambda x}+b)^2y''_{xx}+ke^{\mu x}(ae^{\lambda x}+b)y'_x+ce^{\lambda x}(ke^{\mu x}-ce^{\lambda x}+\lambda b)y=0.$

Spezielle Lösung: $y_0=(ae^{\lambda x}+b)^k$ mit $k=-\dfrac{c}{a\lambda}$.

76. $4(ae^{\lambda x}+b)^ny''_{xx}+[ke^{2\lambda x}(ce^{\lambda x}+d)^{n-4}-\lambda^2(ae^{\lambda x}+b)^n]y=0.$

Die Transformation $\xi=\dfrac{ae^{\lambda x}+b}{ce^{\lambda x}+d}$, $w=\dfrac{ye^{\lambda x/2}}{ce^{\lambda x}+d}$ führt auf eine Gleichung der Form 2.2.7:

$$4w''_{\xi\xi}+k(\Delta\lambda)^{-2}\xi^{-n}w=0 \text{ mit } \Delta=ad-bc.$$

77. $(ae^{\lambda x} + bx + c)y''_{xx} - a\lambda^2 e^{\lambda x} y = 0.$

Spezielle Lösung: $y_0 = ae^{\lambda x} + bx + c$.

78. $[(ax + b)e^{\lambda x} + c]y''_{xx} - c\lambda^2 y = 0.$

Spezielle Lösung: $y_0 = ce^{-\lambda x} + ax + b$.

2.4 Gleichungen mit hyperbolischen Funktionen

1. *Die modifizierte Mathieusche Gleichung*

$y''_{xx} - (a - 2q\cosh 2x)y = 0.$

Die Substitution $x = i\xi$ führt auf die Mathieusche Gleichung 2.6.4:

$$y''_{\xi\xi} + (a - 2q\cos 2\xi)y = 0.$$

Für die Eigenwerte der Mathieuschen Gleichung $a = a_n(q)$ und $a = b_n(q)$ haben die entsprechenden Lösungen der modifizierten Mathieuschen Gleichung die Gestalt

$$\begin{aligned} \mathrm{Ce}_{2n+p}(x,q) &= \mathrm{ce}_{2n+p}(ix,q) = \sum_{k=0}^{\infty} A_{2k+p}^{2n+p}\cosh[(2k+p)x], \\ \mathrm{Se}_{2n+p}(x,q) &= -i\,\mathrm{se}_{2n+p}(ix,q) = \sum_{k=0}^{\infty} B_{2k+p}^{2n+p}\sinh[(2k+p)x], \end{aligned}$$

wobei p die Werte 0 und 1 annehmen kann; die Koeffizienten A_{2k+p}^{2n+p} und B_{2k+p}^{2n+p} findet man unter 2.6.4.

Die modifizierte Mathieusche Gleichung wird ausführlicher von M. Abramowitz, I. A. Stegun (1964) und H. Bateman, A. Erdélyi, Bd. 3 (1955) behandelt.

2. $y''_{xx} + (a\cosh^2 x + b)y = 0.$

Mit Hilfe der Formel $\cosh 2x = 2\cosh^2 x - 1$ erhält man eine Gleichung der Gestalt 2.4.1:

$$y''_{xx} + \Big(\frac{a}{2} + b + \frac{a}{2}\cosh 2x\Big)y = 0.$$

3. $y''_{xx} - a[a\cosh^2(bx) + b\sinh(bx)]y = 0.$

Spezielle Lösung: $y_0 = \exp\Big[\frac{a}{b}\sinh(bx)\Big]$.

4. $y''_{xx} - a[a\sinh^2(bx) + b\cosh(bx)]y = 0.$

Spezielle Lösung: $y_0 = \exp\Big[\frac{a}{b}\cosh(bx)\Big].$

5. $y''_{xx} + (a\cosh^2 x + b\sinh^2 x + c)y = 0.$

Die Anwendung von $2\sinh^2 x = \cosh(2x) - 1$ und $2\cosh^2 x = \cosh(2x) + 1$ ergibt eine Gleichung der Gestalt 2.4.1:

$$y''_{xx} + \Big[\frac{a-b}{2} + c + \frac{a+b}{2}\cosh(2x)\Big]y = 0.$$

6. $y''_{xx} + [a\tanh(\lambda x) + b]y = 0.$

Die Transformation $\xi = \dfrac{1-\tanh(\lambda x)}{1+\tanh(\lambda x)}$, $w = y\xi^{-k/\lambda}$, wobei k eine Wurzel der quadratischen Gleichung $4k^2 + b - a = 0$ ist, führt auf eine Gleichung der Form 2.2.159:

$$4\lambda^2\xi(\xi+1)w''_{\xi\xi} + 4\lambda(2k+\lambda)(\xi+1)w'_\xi + (4k^2 + a + b)w = 0.$$

7. $y''_{xx} - 4a^2\tanh^2(3ax)y = 0.$

Spezielle Lösung: $y_0 = \sinh(3ax)[\cosh(3ax)]^{-1/3}.$

8. $y''_{xx} + [a\lambda - a(a+\lambda)\tanh^2(\lambda x)]y = 0.$

Spezielle Lösung: $y_0 = [\cosh(\lambda x)]^{-a/\lambda}.$

9. $y''_{xx} + [3a\lambda - \lambda^2 - a(a+\lambda)\tanh^2(\lambda x)]y = 0.$

Spezielle Lösung: $y_0 = \sinh(\lambda x)[\cosh(\lambda x)]^{-a/\lambda}.$

10. $y''_{xx} + [a\coth(\lambda x) + b]y = 0.$

Die Transformation $\xi = \dfrac{1-\tanh(\lambda x)}{1+\tanh(\lambda x)}$, $w = y\xi^{-k/\lambda}$, wobei k eine Wurzel der quadratischen Gleichung $4k^2 + b - a = 0$ ist, führt auf eine Gleichung der Form 2.2.159:

$$4\lambda^2\xi(\xi-1)w''_{\xi\xi} + 4\lambda(2k+\lambda)(\xi-1)w'_\xi + (4k^2 + a + b)w = 0.$$

11. $y''_{xx} - 4a^2\coth^2(3ax)y = 0.$

Spezielle Lösung: $y_0 = \cosh(3ax)[\sinh(3ax)]^{-1/3}.$

12. $y''_{xx} + [a\lambda - a(a+\lambda)\coth^2(\lambda x)]y = 0.$

Spezielle Lösung: $y_0 = [\sinh(\lambda x)]^{-a/\lambda}$.

13. $y''_{xx} + [3a\lambda - \lambda^2 - a(a+\lambda)\coth^2(\lambda x)]y = 0.$

Spezielle Lösung: $y_0 = \cosh(\lambda x)[\sinh(\lambda x)]^{-a/\lambda}$.

14. $y''_{xx} + ay'_x - \lambda[\lambda + a\tanh(\lambda x)]y = 0.$

Spezielle Lösung: $y_0 = \cosh(\lambda x)$.

15. $y''_{xx} + a\sinh(\lambda x)y'_x + b[a\sinh(\lambda x) - b]y = 0.$

Spezielle Lösung: $y_0 = e^{-bx}$.

16. $y''_{xx} + a\sinh(\lambda x)y'_x - \lambda[\lambda + \cosh(\lambda x)]y = 0.$

Spezielle Lösung: $y_0 = \sinh(\lambda x)$.

17. $y''_{xx} + a\cosh(\lambda x)y'_x - \lambda[\lambda + \sinh(\lambda x)]y = 0.$

Spezielle Lösung: $y_0 = \cosh(\lambda x)$.

18. $y''_{xx} + 2\tanh x\, y'_x + ay = 0.$

Lösung:

$$y\cosh x = \begin{cases} C_1\cos(bx) + C_2\sin(bx) & \text{für } a-1=b^2>0, \\ C_1\cosh(bx) + C_2\sinh(bx) & \text{für } a-1=-b^2<0. \end{cases}$$

19. $y''_{xx} + a\tanh(\lambda x)y'_x + b[a\tanh(\lambda x) - b]y = 0.$

Spezielle Lösung: $y_0 = e^{-bx}$.

20. $y''_{xx} - \lambda\tanh(\lambda x)y'_x - a^2\cosh^2(\lambda x)y = 0.$

Lösung:

$$y = C_1\exp\Big[\frac{a}{\lambda}\sinh(\lambda x)\Big] + C_2\exp\Big[-\frac{a}{\lambda}\sinh(\lambda x)\Big].$$

21. $y''_{xx} - \tanh x\, y'_x + a^2\coth^2 x\,(\sinh x)^{2m-2}y = 0.$

Lösung:

$$y = \sqrt{\sinh x}\left[C_1 J_{\frac{1}{2m}}\Big(\frac{a}{m}\sinh^m x\Big) + C_2 Y_{\frac{1}{2m}}\Big(\frac{a}{m}\sinh^m x\Big)\right],$$

wobei J_ν und Y_ν Besselsche Funktionen sind.

22. $y''_{xx} + 2\tanh x\, y'_x + (ax^2 + bx + c)y = 0.$

Die Substitution $u = y\cosh x$ führt auf eine Gleichung der Form 2.2.6:

$$u''_{xx} + (ax^2 + bx + c - 1)u = 0.$$

23. $y''_{xx} + 2\tanh x\, y'_x + (ax^n + 1)y = 0.$

Die Substitution $u = y\cosh x$ führt auf eine Gleichung der Form 2.2.7: $u''_{xx} + ax^n u = 0.$

24. $y''_{xx} + 2\tanh x\, y'_x + (ax^{2n} + bx^{n-1} + 1)y = 0.$

Die Substitution $u = y\cosh x$ führt auf eine Gleichung der Form 2.2.10: $u''_{xx} + (ax^{2n} + bx^{n-1})u = 0.$

25. $y''_{xx} + 2n\coth x\, y'_x + (n^2 - a^2)y = 0, \qquad n = 1,\ 2,\ 3,\ \ldots$

Lösung: $y = \left(\frac{1}{\sinh x}\frac{d}{dx}\right)^n (C_1 e^{ax} + C_2 e^{-ax}).$

26. $y''_{xx} + (2\tanh x + a)y'_x + (a\tanh x + b)y = 0.$

Die Substitution $u = y\cosh x$ führt auf eine Gleichung mit konstanten Koeffizienten: $u''_{xx} + au'_x + (b-1)u = 0.$

27. $y''_{xx} + a\tanh^n(\lambda x)y'_x - \lambda[\lambda + a\tanh^{n+1}(\lambda x)]y = 0.$

Spezielle Lösung: $y_0 = \cosh(\lambda x).$

28. $y''_{xx} + (ax + b)\sinh^n(\lambda x)y'_x - a\sinh^n(\lambda x)y = 0.$

Spezielle Lösung: $y_0 = ax + b.$

29. $y''_{xx} + (ax + b)\tanh^n(\lambda x)y'_x - a\tanh^n(\lambda x)y = 0.$

Spezielle Lösung: $y_0 = ax + b.$

30. $y''_{xx} + ax^n\cosh^m(\lambda x)y'_x - ax^{n-1}\cosh^m(\lambda x)y = 0.$

Spezielle Lösung: $y_0 = x.$

31. $y''_{xx} + ax^n\tanh^m(\lambda x)y'_x - ax^{n-1}\tanh^m(\lambda x)y = 0.$

Spezielle Lösung: $y_0 = x.$

32. $xy''_{xx} + ax\cosh^n(\lambda x)y'_x - [a(bx+1)\cosh^n(\lambda x) + b(bx+2)]y = 0.$

Spezielle Lösung: $y_0 = xe^{bx}.$

33. $xy''_{xx} + ax\tanh^n(\lambda x)y'_x - [a(bx+1)\tanh^n(\lambda x) + b(bx+2)]y = 0.$

Spezielle Lösung: $y_0 = xe^{bx}.$

34. $xy''_{xx} + [ax\cosh^n(\lambda x) + b]y'_x + a(b-1)\cosh^n(\lambda x)y = 0.$

Spezielle Lösung: $y_0 = x^{1-b}$.

35. $xy''_{xx} + [ax\tanh^n(\lambda x) + b]y'_x + a(b-1)\tanh^n(\lambda x)y = 0.$

Spezielle Lösung: $y_0 = x^{1-b}$.

36. $xy''_{xx} + [(ax^2 + bx)\cosh^n(\lambda x) + 2]y'_x + b\cosh^n(\lambda x)y = 0.$

Spezielle Lösung: $y_0 = a + \dfrac{b}{x}$.

37. $xy''_{xx} + [(ax^2 + bx)\tanh^n(\lambda x) + 2]y'_x + b\tanh^n(\lambda x)y = 0.$

Spezielle Lösung: $y_0 = a + \dfrac{b}{x}$.

38. $xy''_{xx} + (a\sinh^n x + bx^{m+1})y'_x + bx^m(a\sinh^n x + m)y = 0.$

Spezielle Lösung: $y_0 = \exp\Bigl(-\dfrac{b}{m+1}x^{m+1}\Bigr)$.

39. $xy''_{xx} + (a\tanh^n x + bx^{m+1})y'_x + bx^m(a\tanh^n x + m)y = 0.$

Spezielle Lösung: $y_0 = \exp\Bigl(-\dfrac{b}{m+1}x^{m+1}\Bigr)$.

40. $x^2y''_{xx} + ax\cosh^n(\lambda x)y'_x + b[a\cosh^n(\lambda x) - b - 1]y = 0.$

Spezielle Lösung: $y_0 = x^{-b}$.

41. $x^2y''_{xx} + ax\tanh^n(\lambda x)y'_x + b[a\tanh^n(\lambda x) - b - 1]y = 0.$

Spezielle Lösung: $y_0 = x^{-b}$.

42. $(a\sinh x + b)y''_{xx} + (c\sinh x + d)y'_x + \lambda[(c - a\lambda)\sinh x + d - b\lambda]y = 0.$

Spezielle Lösung: $y_0 = e^{-\lambda x}$.

43. $(a\tanh x + b)y''_{xx} + (c\tanh x + d)y'_x + \lambda[(c - a\lambda)\tanh x + d - b\lambda]y = 0.$

Spezielle Lösung: $y_0 = e^{-\lambda x}$.

44. $[a\tanh(\lambda x) + b]y''_{xx} + [c\tanh(\lambda x) + d]y'_x + [n\tanh(\lambda x) + m]y = 0.$

Die Transformation $\xi = \dfrac{1 + \tanh(\lambda x)}{1 - \tanh(\lambda x)}$, $w = y\xi^{-k/\lambda}$, wobei k eine Wurzel der quadratischen Gleichung $4(a-b)k^2 + 2(c-d)k + n - m = 0$ ist, führt auf eine Gleichung der Form 2.2.159:

$$4\lambda^2\xi[(a+b)\xi + b - a]w''_{\xi\xi} + 2\lambda\{[2(2k+\lambda)(a+b) + c + d]\xi$$
$$+ 2(2k+\lambda)(b-a) + d - c\}w'_\xi + [4(a+b)k^2 + 2(c+d)k + n + m]w = 0.$$

45. $[a + b\coth(\lambda x)]y''_{xx} + [c + d\coth(\lambda x)]y'_x + [n + m\coth(\lambda x)]y = 0.$

Durch Multiplikation dieser Gleichung mit $\tanh(\lambda x)$ kommt man zur Gleichung 2.4.44.

46. $\cosh^2(ax)y''_{xx} - by = 0.$

Die Substitution $ax = \ln\sqrt{\dfrac{\xi}{1-\xi}}$ $(0 < \xi < 1)$ führt auf die hypergeometrische Gleichung 2.2.158: $\xi(\xi-1)y''_{\xi\xi} + (2\xi-1)y'_\xi + a^{-2}by = 0.$

47. $\sinh^2(ax)y''_{xx} - by = 0.$

Die Substitution $ax = \pm\ln\dfrac{\xi}{\sqrt{\xi^2+1}}$ $(\xi > 0)$ führt auf eine Gleichung der Form 2.2.177:

$$\xi(\xi^2+1)y''_{\xi\xi} + (3\xi^2+1)y'_\xi - 4a^{-2}b\xi y = 0.$$

48. $y''_{xx}\sinh^2 x - [a^2\sinh^2 x + n(n-1)]y = 0,\ a \neq 0,\ n = 1,\ 2,\ 3,\ \ldots$

Lösung: $y = \sinh^n x\left(\dfrac{1}{\sinh x}\dfrac{d}{dx}\right)^n (C_1e^{ax} + C_2e^{-ax}).$

49. $\sinh^n(\lambda x)y''_{xx} + [a\cosh^{n-4}(\lambda x) - \lambda^2\sinh^n(\lambda x)]y = 0.$

Die Transformation $\xi = \tanh(\lambda x), w = \dfrac{y}{\cosh(\lambda x)}$ führt auf eine Gleichung der Form 2.2.7: $w''_{\xi\xi} + a\lambda^{-2}\xi^{-n}w = 0.$

50. $\cosh^n(\lambda x)y''_{xx} + [a\sinh^{n-4}(\lambda x) - \lambda^2\cosh^n(\lambda x)]y = 0.$

Die Transformation $\xi = \coth(\lambda x), w = \dfrac{y}{\sinh(\lambda x)}$ führt auf eine Gleichung der Form 2.2.7: $w''_{\xi\xi} + a\lambda^{-2}\xi^{-n}w = 0.$

51. $[a\sinh(\lambda x) + bx + c]y''_{xx} - a\lambda^2\sinh(\lambda x)y = 0.$

Spezielle Lösung: $y_0 = a\sinh(\lambda x) + bx + c.$

52. $[a\cosh(\lambda x) + bx + c]y''_{xx} - a\lambda^2\cosh(\lambda x)y = 0.$

Spezielle Lösung: $y_0 = a\cosh(\lambda x) + bx + c.$

2.5 Gleichungen mit logarithmischen Funktionen

1. $y''_{xx} - (a^2x^2 \ln^2 x + a \ln x + a)y = 0.$

   Spezielle Lösung: $y_0 = e^{-ax^2/4} x^{ax^2/2}.$

2. $y''_{xx} - (a^2x^{2n} \ln^2 x + anx^{n-1} \ln x + ax^{n-1})y = 0.$

   Spezielle Lösung: $y_0 = e^{-F} x^{(n+1)F}$ mit $F = \dfrac{ax^{n+1}}{(n+1)^2}.$

3. $y''_{xx} + a \ln^n(bx) y'_x + c[a \ln^n(bx) - c]y = 0.$

   Spezielle Lösung: $y_0 = e^{-cx}.$

4. $y''_{xx} + [a \ln^n(bx) + c]y'_x + ac \ln^n(bx) y = 0.$

   Spezielle Lösung: $y_0 = e^{-cx}.$

5. $y''_{xx} + (ax + b) \ln^n(cx) y'_x - a \ln^n(cx) y = 0.$

   Spezielle Lösung: $y_0 = ax + b.$

6. $y''_{xx} + ax^n \ln^m(bx) y'_x - ax^{n-1} \ln^m(bx) y = 0.$

   Spezielle Lösung: $y_0 = x.$

7. $xy''_{xx} - (a^2x \ln^2 x + a)y = 0.$

   Spezielle Lösung: $y_0 = e^{-ax} x^{ax}.$

8. $xy''_{xx} - [a^2x \ln^{2n}(bx) + an \ln^{n-1}(bx)]y = 0.$

   Spezielle Lösung: $y_0 = \exp\left[a \int \ln^n(bx)\, dx\right].$

9. $xy''_{xx} + ax \ln x\, y'_x + a(\ln x + 1)y = 0.$

   Spezielle Lösung: $y_0 = e^{ax} x^{1-ax}.$

10. $xy''_{xx} + (ax \ln x + b)y'_x + (ab \ln x + a)y = 0.$

    Spezielle Lösung: $y_0 = e^{ax} x^{-ax}.$

11. $xy''_{xx} + (2ax \ln x + 1)y'_x + (a^2x \ln^2 x + a \ln x + a)y = 0.$

    Lösung: $y = e^{ax} x^{-ax}(C_1 + C_2 \ln x).$

12. $xy''_{xx} + \ln x(ax+b)y'_x + a(b\ln^2 x + 1)y = 0.$

Spezielle Lösung: $y_0 = e^{ax}x^{-ax}$.

13. $xy''_{xx} + ax\ln^n(bx)y'_x + an\ln^{n-1}(bx)y = 0.$

Spezielle Lösung: $y_0 = \exp\left[-a\int \ln^n(bx)\,dx\right]$.

14. $xy''_{xx} + ax\ln^n xy'_x + (a\ln^n x + an\ln^{n-1} x)y = 0.$

Spezielle Lösung: $y_0 = x\exp\left(-a\int \ln^n x\,dx\right)$.

15. $xy''_{xx} + (ax^n \ln x + 1)y'_x - ax^{n-1}\,y = 0.$

Spezielle Lösung: $y_0 = \ln x$.

16. $xy''_{xx} + (ax\ln^n x + 1)y'_x - a\ln^{n-1} x\,y = 0.$

Spezielle Lösung: $y_0 = \ln x$.

17. $xy''_{xx} + (ax\ln^n x + b)y'_x + a(b-1)\ln^n x\,y = 0.$

Spezielle Lösung: $y_0 = x^{1-b}$.

18. $xy''_{xx} + [(ax^2+bx)\ln^n(cx) + 2]y'_x + b\ln^n(cx)y = 0.$

Spezielle Lösung: $y_0 = a + \dfrac{b}{x}$.

19. $xy''_{xx} + (ax^n + b\ln^m x)y'_x + ax^{n-1}(b\ln^m x + n - 1)y = 0.$

Spezielle Lösung: $y_0 = \exp\left(-\dfrac{a}{n}x^n\right)$.

20. $xy''_{xx} + (ax^n + bx\ln^m x)y'_x + [b(ax^n - 1)\ln^m x + anx^{n-1}]y = 0.$

Spezielle Lösung: $y_0 = x\exp\left(-\dfrac{a}{n}x^n\right)$.

21. $x^2y''_{xx} + (a\ln x + b)y = 0.$

Die Transformation $\xi = a\ln x + b - \frac{1}{4}$, $w = yx^{-1/2}$ führt auf eine Gleichung der Form 2.2.7: $w''_{\xi\xi} + a^{-2}\xi w = 0$.

22. $x^2y''_{xx} + (a\ln^2 x + b\ln x + c)y = 0.$

Die Transformation $\xi = \ln x$, $w = yx^{-1/2}$ führt auf eine Gleichung der Form 2.2.6: $w''_{\xi\xi} + (a\xi^2 + b\xi + c - \frac{1}{4})w = 0$.

23. $x^2 y''_{xx} + [a(b\ln x + c)^n + \frac{1}{4}]y = 0.$

Die Transformation $\xi = b\ln x + c$, $w = yx^{-1/2}$ führt auf eine Gleichung der Form 2.2.7: $w''_{\xi\xi} + ab^{-2}\xi^n w = 0$.

24. $x^2 y''_{xx} + xy'_x + a\ln^n(bx)y = 0.$

Lösung:

$$y = \sqrt{\ln(bx)}\left[C_1 J_{\frac{1}{2m}}\left(\frac{\sqrt{a}}{m}\ln^m(bx)\right) + C_2 Y_{\frac{1}{2m}}\left(\frac{\sqrt{a}}{m}\ln^m(bx)\right)\right]$$

mit $m = \frac{1}{2}(n+2)$; J_ν und Y_ν sind Besselsche Funktionen.

25. $x^2 y''_{xx} + xy'_x + (a\ln^{2n} x + b\ln^{n-1} x)y = 0.$

Die Substitution $\xi = \ln x$ führt auf eine Gleichung der Form 2.2.10: $y''_{\xi\xi} + (a\xi^{2n} + b\xi^{n-1})y = 0$.

26. $x^2 y''_{xx} + x(2a\ln x + 1)y'_x + (x^2 + a^2\ln^2 x + b)y = 0.$

Die Substitution $y = w\exp(-\frac{1}{2}a\ln^2 x)$ führt auf die Besselsche Gleichung 2.2.121: $x^2 w''_{\xi\xi} + xw'_\xi + (x^2 + b - a)w = 0$.

27. $x^2 y''_{xx} + x(2\ln x + a + 1)y'_x + (\ln^2 x + a\ln x + b)y = 0.$

Die Transformation $\xi = \ln x$, $w = y\exp(\frac{1}{2}\ln^2 x)$ führt auf eine Gleichung mit konstanten Koeffizienten: $w''_{\xi\xi} + aw'_\xi + (b-1)w = 0$.

28. $x^2 y''_{xx} + x(2\ln x + a)y'_x + [\ln^2 x + (a-1)\ln x + bx^n + c]y = 0.$

Die Substitution $w = y\exp(\frac{1}{2}\ln^2 x)$ führt auf eine Gleichung der Form 2.2.127:

$$x^2 w''_{xx} + axw'_x + (bx^n + c - 1)w = 0.$$

29. $x^2 y''_{xx} + ax\ln^n(bx)y'_x + c[a\ln^n(bx) - c - 1]y = 0.$

Spezielle Lösung: $y_0 = x^{-c}$.

30. $x^2 y''_{xx} + x(ax^n + b\ln x)y'_x + b(ax^n\ln x - \ln x + 1)y = 0.$

Spezielle Lösung: $y_0 = \exp\left(-\frac{b}{2}\ln^2 x\right)$.

31. $x(x+a)y''_{xx} + x(b\ln x + c)y'_x + by = 0.$

Spezielle Lösung: $y_0 = \exp\left(-\int \frac{b\ln x + c - 1}{x+a}\,dx\right)$.

32. $x^4 y''_{xx} + ax^2 \ln^n(bx) y'_x + [a(c-x)\ln^n(bx) - c^2]y = 0.$

Spezielle Lösung: $y_0 = x \exp\left(\dfrac{c}{x}\right)$.

33. $(a \ln x + b) y''_{xx} + (c \ln x + d) y'_x + \lambda[(c - a\lambda)\ln x + d - b\lambda]y = 0.$

Spezielle Lösung: $y_0 = e^{-\lambda x}$.

34. $x \ln x \, y''_{xx} - n y'_x - a^2 x (\ln x)^{2n+1} y = 0.$

Lösung: $y = C_1 e^{aF} + C_2 e^{-aF}$ mit $F = \displaystyle\int \ln^n x \, dx$.

35. $x \ln(ax) y''_{xx} - [n \ln(ax) + m] y'_x - b^2 x^{2n+1} \ln^{2m+1}(ax) y = 0.$

Lösung: $y = C_1 e^{bF} + C_2 e^{-bF}$ mit $F = \displaystyle\int x^n \ln^m(ax) \, dx$.

36. $x^2 \ln(ax) y''_{xx} + y = 0.$

Lösung: $y = C_1 \ln(ax) + C_2 \ln(ax) \displaystyle\int [\ln(ax)]^{-2} \, dx$.

37. $x \ln^2 x \, y''_{xx} + (ax + 1) \ln x \, y'_x + bxy = 0.$

Die Substitution $\xi = \displaystyle\int \frac{dx}{\ln x}$ führt auf eine Gleichung mit konstanten Koeffizienten: $y''_{\xi\xi} + a y'_\xi + by = 0$.

38. $x(ax \ln x + bx + c) y''_{xx} - ay = 0.$

Spezielle Lösung: $y_0 = ax \ln x + bx + c$.

39. $x^2(a \ln x + bx + c) y''_{xx} + ay = 0.$

Spezielle Lösung: $y_0 = a \ln x + bx + c$.

40. $\ln^n(ax) y''_{xx} + (b^2 - x^2) y'_x + (x + b) y = 0.$

Spezielle Lösung: $y_0 = x - b$.

2.6 Gleichungen mit trigonometrischen Funktionen

1. $y''_{xx} + a^2 y = b\sin(\lambda x)$.

Lösung:

$$y = \begin{cases} C_1 \sin(ax) + C_2 \cos(ax) + \dfrac{b}{a^2 - \lambda^2}\sin(\lambda x) & \text{für } a \neq \lambda, \\ C_1 \sin(ax) + C_2 \cos(ax) - \dfrac{b}{2a} x \cos(ax) & \text{für } a = \lambda. \end{cases}$$

2. $y''_{xx} + a^2 y = b\cos(\lambda x)$.

Lösung:

$$y = \begin{cases} C_1 \sin(ax) + C_2 \cos(ax) + \dfrac{b}{a^2 - \lambda^2}\cos(\lambda x) & \text{für } a \neq \lambda, \\ C_1 \sin(ax) + C_2 \cos(ax) + \dfrac{b}{2a} x \sin(ax) & \text{für } a = \lambda. \end{cases}$$

3. $y''_{xx} + [a\sin(\lambda x) + b]y = 0$.

Die Substitution $\lambda x = 2\xi + \frac{\pi}{2}$ führt auf die Mathieusche Gleichung 2.6.4:

$$y''_{\xi\xi} + (4a\lambda^{-2}\cos 2\xi + 4b\lambda^{-2})y = 0.$$

4. *Die Mathieusche Gleichung*

$y''_{xx} + (a - 2q\cos 2x)y = 0$.

1°. Für gegebene Zahlen a und q gibt es eine Lösung $y(x)$ und einen charakteristischen Exponenten μ derart, daß folgende Relation gilt:

$$y(x + \pi) = e^{2\pi\mu} y(x).$$

Für kleine q kann man den charakteristischen Exponenten μ näherungsweise aus der folgenden Gleichung berechnen:

$$\cosh(\pi\mu) = 1 + 2\sin^2\left(\tfrac{1}{2}\pi\sqrt{a}\right) + \frac{\pi q^2}{(1-a)\sqrt{a}}\sin\left(\pi\sqrt{a}\right) + O(q^4).$$

Ist $y_1(x)$ eine Lösung der Mathieuschen Gleichung, die die Anfangsbedingungen $y_1(0) = 1$, $y_1'(0) = 0$ erfüllt, so wird der charakteristische Exponent durch die Bedingung

$$\cosh(2\pi\mu) = y_1(\pi)$$

bestimmt. Die Lösung $y_1(x)$ und folglich auch μ kann man mit Hilfe numerischer Methoden mit beliebiger Genauigkeit berechnen.

Tabelle 2.6: Die allgemeine Lösung der Mathieuschen Gleichung, dargestellt mit Hilfe periodischer Funktionen $\varphi_1(x)$ und $\varphi_2(x)$.

Bedingung	Allgemeine Lösung $y = y(x)$	Periode von φ_1 und φ_2	Exponent
$y_1(\pi) > 1$	$C_1 e^{2\mu x}\varphi_1(x) + C_2 e^{-2\mu x}\varphi_2(x)$	π	μ reelle Zahl
$y_1(\pi) < -1$	$C_1 e^{2\rho x}\varphi_1(x) + C_2 e^{-2\rho x}\varphi_2(x)$	2π	$\mu = \rho + \frac{1}{2}i,\quad i^2 = -1$ ρ Realteil von μ
$\lvert y_1(\pi)\rvert < 1$	$(C_1 \cos\nu x + C_2 \sin\nu x)\varphi_1(x)$ $+(C_1 \cos\nu x - C_2 \sin\nu x)\varphi_2(x)$	π	$\mu = i\nu$ rein imaginär, $\cos(2\pi\nu) = y_1(\pi)$
$y_1(\pi) = \pm 1$	$C_1\varphi_1(x) + C_2 x\varphi_2(x)$	π	$\mu = 0$

In Abhängigkeit von der Größe $y_1(\pi)$ hat die Lösung unterschiedliche Struktur. Sie kann mit Hilfe zweier periodischer Funktionen $\varphi_1(x)$ und $\varphi_2(x)$ dargestellt werden (vgl. Tabelle 2.6).

2°. Für die Anwendungen sind periodische Lösungen der Mathieuschen Gleichung von besonderem Interesse. Man erhält sie für bestimmte Werte der Parameter a und q (derartige Werte a nennt man Eigenwerte). Die wichtigsten periodischen Lösungen sind in der Tabelle 2.7 beschrieben. Sie heißen *Mathieusche Funktionen* und werden mit $\mathrm{ce}_n = \mathrm{ce}_n(x,q)$ und $\mathrm{se}_n = \mathrm{se}_n(x,q)$ bezeichnet. Für gerades n haben ce_n und se_n die Periode 2π und für ungerades n die Periode π; zu jedem Wert des Parameters q gehören entsprechende Eigenwerte $a = a_n(q)$ und $b = b_n(q)$, $n = 0,\ 1,\ 2,\ \dots$.

Die Mathieuschen Funktionen besitzen folgende Eigenschaften:

$$\mathrm{ce}_{2n}(x,\ -q) = (-1)^n\,\mathrm{ce}_{2n}\Big(\frac{\pi}{2} - x,\ q\Big),$$

$$\mathrm{ce}_{2n+1}(x,\ -q) = (-1)^n\,\mathrm{se}_{2n+1}\Big(\frac{\pi}{2} - x,\ q\Big),$$

$$\mathrm{se}_{2n}(x,\ -q) = (-1)^{n-1}\,\mathrm{se}_{2n}\Big(\frac{\pi}{2} - x,\ q\Big),$$

$$\mathrm{se}_{2n+1}(x,\ -q) = (-1)^n\,\mathrm{ce}_{2n+1}\Big(\frac{\pi}{2} - x,\ q\Big).$$

Näherungsweise kann man die Eigenwerte a_n (oder b_n) als Funktionen von q erhalten, indem man die Rekursionsformeln der Tabelle 2.7 für genügend großes m benutzt und dann den Term mit der größten Nummer gleich null setzt. Wird die Determinante des entsprechenden linearen homogenen Gleichungssystems für die Koeffizienten A_m^n (oder B_m^n) gleich null gesetzt, so erhält man eine algebraische Gleichung für die Bestimmung von $a_n(q)$ (oder $b_n(q)$).

Tabelle 2.7: Die Mathieuschen Funktionen ce_n und se_n (vgl. 2.6.4, 2°).

Mathieusche Funktionen	Rekursionsformeln	Normierung
$\mathrm{ce}_{2n} = \sum_{m=0}^{\infty} A_{2m}^{2n} \cos 2mx$	$qA_2^{2n} = a_{2n} A_0^{2n}$; $qA_4^{2n} = (a_{2n}-4)A_2^{2n} - 2qA_0^{2n}$; $qA_{2m+2}^{2n} = (a_{2n}-4m^2)A_{2m}^{2n} - qA_{2m-2}^{2n}, \quad m \geq 2$	$(A_0^{2n})^2 + \sum_{m=0}^{\infty}(A_{2m}^{2n})^2 = \begin{cases} 2 & \text{für } n=0 \\ 1 & \text{für } n \geq 1 \end{cases}$
$\mathrm{ce}_{2n+1} = \sum_{m=0}^{\infty} A_{2m+1}^{2n+1} \cos(2m+1)x$	$qA_3^{2n+1} = (a_{2n+1}-1-q)A_1^{2n+1}$; $qA_{2m+3}^{2n+1} = [a_{2n+1}-(2m+1)^2] \times A_{2m+1}^{2n+1} - qA_{2m-1}^{2n+1}, \quad m \geq 1$	$\sum_{m=0}^{\infty}(A_{2m+1}^{2n+1})^2 = 1$
$\mathrm{se}_{2n} = \sum_{m=0}^{\infty} B_{2m}^{2n} \sin 2mx$, $\mathrm{se}_0 = 0$	$qB_4^{2n} = (b_{2n}-4)B_2^{2n}$; $qB_{2m+2}^{2n} = (b_{2n}-4m^2)B_{2m}^{2n} - qB_{2m-2}^{2n}, \quad m \geq 2$	$\sum_{m=0}^{\infty}(B_{2m}^{2n})^2 = 1$
$\mathrm{se}_{2n+1} = \sum_{m=0}^{\infty} B_{2m+1}^{2n+1} \sin(2m+1)x$	$qB_3^{2n+1} = (b_{2n+1}-1-q)B_1^{2n+1}$; $qB_{2m+3}^{2n+1} = [b_{2n+1}-(2m+1)^2] \times B_{2m+1}^{2n+1} - qB_{2m-1}^{2n+1}, \quad m \geq 1$	$\sum_{m=0}^{\infty}(B_{2m+1}^{2n+1})^2 = 1$

Für festes $q \neq 0$ sind die Eigenwerte a_n und b_n reell und verschieden; es gelten:

$$a_0 < b_1 < a_1 < b_2 < a_2 < \ldots \quad \text{für } q > 0,$$

$$a_0 < a_1 < b_1 < b_2 < a_2 < a_3 < b_3 < b_4 < \ldots \quad \text{für } q < 0.$$

Die Eigenwerte erfüllen die Gleichungen

$$a_{2n}(-q) = a_{2n}(q), \quad b_{2n}(-q) = b_{2n}(q), \quad a_{2n+1}(-q) = b_{2n+1}(q).$$

Eine Lösung der Mathieuschen Gleichung zum Eigenwert a_n (oder b_n) besitzt n Nullstellen im Intervall $0 \leq x < \pi$ (q reell).

Nachfolgend sind zwei Hauptterme der asymptotischen Darstellungen der Mathieuschen Funktionen $\mathrm{ce}_n(x, q)$ und $\mathrm{se}_n(x, q)$ sowie der ihnen entsprechenden Eigenwerte $a_n(q)$ und $b_n(q)$ für $q \to 0$ angegeben:

$$\begin{aligned}
\mathrm{ce}_0(x,q) &= \frac{1}{\sqrt{2}}\left(1 - \frac{q}{2}\cos 2x\right), \quad a_0(q) = -\frac{q^2}{2} + \frac{7q^4}{128}; \\
\mathrm{ce}_1(x,q) &= \cos x - \frac{q}{8}\cos 3x, \quad a_1(q) = 1 + q; \\
\mathrm{ce}_2(x,q) &= \cos 2x + \frac{q}{4}\left(1 - \frac{\cos 4x}{3}\right), \quad a_2(q) = 4 + \frac{5q^2}{12};
\end{aligned}$$

$$\operatorname{ce}_n(x,q) = \cos nx + \frac{q}{4}\left[\frac{\cos(n+2)x}{n+1} - \frac{\cos(n-2)x}{n-1}\right],$$

$$a_n(q) = n^2 + \frac{q^2}{2(n^2-1)} \quad (n \geq 3);$$

$$\operatorname{se}_1(x,q) = \sin x - \frac{q}{8}\sin 3x, \quad b_1(q) = 1 - q;$$

$$\operatorname{se}_2(x,q) = \sin 2x - q\frac{\sin 4x}{12}, \quad b_2(q) = 4 - \frac{q^2}{12};$$

$$\operatorname{se}_n(x,q) = \sin nx - \frac{q}{4}\left[\frac{\sin(n+2)x}{n+1} - \frac{\sin(n-2)x}{n-1}\right],$$

$$b_n(q) = n^2 + \frac{q^2}{2(n^2-1)} \quad (n \geq 3).$$

Ausführlich werden die Mathieuschen Funktionen von M. Abramowitz, I. A. Stegun (1964) und H. Bateman, A. Erdélyi, Bd. 3 (1955) dargestellt.

5. $\boldsymbol{y''_{xx} + (a\sin^2 x + b)y = 0.}$

Mit Hilfe der Formel $2\sin^2 x = 1 - \cos 2x$ erhält man die Mathieusche Gleichung 2.6.4: $y''_{xx} + (\frac{1}{2}a + b - \frac{1}{2}a\cos 2x)y = 0$.

6. $\boldsymbol{y''_{xx} + (a\cos^2 x + b)y = 0.}$

Durch Anwendung von $2\cos^2 x = 1 + \cos 2x$ erhält man die Mathieusche Gleichung 2.6.4: $y''_{xx} + (\frac{1}{2}a + b + \frac{1}{2}a\cos 2x)y = 0$.

7. $\boldsymbol{y''_{xx} - a[a\sin^2(bx) + b\cos(bx)]y = 0.}$

Spezielle Lösung: $y_0 = \exp\left[-\frac{a}{b}\cos(bx)\right]$.

8. $\boldsymbol{y''_{xx} - a[a\cos^2(bx) + b\sin(bx)]y = 0.}$

Spezielle Lösung: $y_0 = \exp\left[-\frac{a}{b}\sin(bx)\right]$.

9. $\boldsymbol{y''_{xx} + a[\lambda + (\lambda - a)\tan^2(\lambda x)]y = 0.}$

Spezielle Lösung: $y_0 = [\cos(\lambda x)]^{a/\lambda}$.

10. $\boldsymbol{y''_{xx} + (a\tan^2 x + b)y = 0.}$

Die Transformation $\xi = \sin^2 x$, $w = y\cos^m x$, wobei m eine Wurzel der quadratischen Gleichung $m^2 + m + a = 0$ ist, führt auf die hypergeometrische Gleichung 2.2.158:

$$\xi(\xi-1)w''_{\xi\xi} + [(1-m)\xi - \tfrac{1}{2}]w'_\xi - \tfrac{1}{4}(m+b)w = 0.$$

11. $y''_{xx} + a[\lambda + (\lambda - a)\cot^2(\lambda x)]y = 0.$

Spezielle Lösung: $y_0 = [\sin(\lambda x)]^{a/\lambda}$.

12. $y''_{xx} + (a\cot^2 x + b)y = 0.$

Die Substitution $x = \xi + \frac{\pi}{2}$ führt auf eine Gleichung der Form 2.6.10: $y''_{\xi\xi} + (a\tan^2\xi + b)y = 0$.

13. $y''_{xx} + a\sin(bx)y'_x + c[ax^n\sin(bx) - cx^{2n} + nx^{n-1}]y = 0.$

Spezielle Lösung: $y_0 = \exp\Bigl(-\dfrac{c}{n+1}x^{n+1}\Bigr)$.

14. $y''_{xx} + (a\sin x + b)y'_x + a(b\sin x + \cos x)y = 0.$

Spezielle Lösung: $y_0 = \exp(a\cos x)$.

15. $y''_{xx} + a\sin^n(bx)y'_x + c[a\sin^n(bx) - c]y = 0.$

Spezielle Lösung: $y_0 = e^{-cx}$.

16. $y''_{xx} + [a\sin^n(bx) + c]y'_x + ac\sin^n(bx)y = 0.$

Spezielle Lösung: $y_0 = e^{-cx}$.

17. $y''_{xx} + (a\sin^n x + b\sin x)y'_x + b(a\sin^{n+1} x + \cos x)y = 0.$

Spezielle Lösung: $y_0 = \exp(b\cos x)$.

18. $y''_{xx} + (ax + b)\sin^n(cx)y'_x - a\sin^n(cx)y = 0.$

Spezielle Lösung: $y_0 = ax + b$.

19. $y''_{xx} + ax^n\sin^m(bx)y'_x - ax^{n-1}\sin^m(bx)y = 0.$

Spezielle Lösung: $y_0 = x$.

20. $y''_{xx} + ax^n\sin^m(bx)y'_x + c[ax^{n+k}\sin^m(bx) - cx^{2k} + kx^{k-1}]y = 0.$

Spezielle Lösung: $y_0 = \exp\Bigl(-\dfrac{c}{k+1}x^{k+1}\Bigr)$.

21. $y''_{xx} + (a\cos x + b)y'_x + a(b\cos x - \sin x)y = 0.$

Spezielle Lösung: $y_0 = \exp(-a\sin x)$.

22. $y''_{xx} + a\cos^n(bx)y'_x + c[a\cos^n(bx) - c]y = 0.$

Spezielle Lösung: $y_0 = e^{-cx}$.

23. $y''_{xx} + [a\cos^n(bx) + c]y'_x + ac\cos^n(bx)y = 0.$

Spezielle Lösung: $y_0 = e^{-cx}$.

24. $y''_{xx} + (a\cos^n x + b\cos x)y'_x + b(a\cos^{n+1} x - \sin x)y = 0.$

Spezielle Lösung: $y_0 = \exp(-b\sin x)$.

25. $y''_{xx} + (ax + b)\cos^n(cx)y'_x - a\cos^n(cx)y = 0.$

Spezielle Lösung: $y_0 = ax + b$.

26. $y''_{xx} + ax^n\cos^m(bx)y'_x - ax^{n-1}\cos^m(bx)y = 0.$

Spezielle Lösung: $y_0 = x$.

27. $y''_{xx} + ax^n\cos^m(bx)y'_x + c[ax^{n+k}\cos^m(bx) - cx^{2k} + kx^{k-1}]y = 0.$

Spezielle Lösung: $y_0 = \exp\Big(-\dfrac{c}{k+1}x^{k+1}\Big)$.

28. $y''_{xx} + (a - \lambda)\tan(\lambda x)y'_x + a\lambda y = 0.$

Spezielle Lösung: $y_0 = [\cos(\lambda x)]^{a/\lambda}$.

29. $y''_{xx} + a\tan x\, y'_x + by = 0.$

1°. Die Substitution $\xi = \sin x$ führt auf eine Gleichung der Form 2.2.155:

$$(\xi^2 - 1)y''_{\xi\xi} + (1 - a)\xi y'_\xi - by = 0.$$

2°. Lösung für $a = -2$:

$$y\cos x = \begin{cases} C_1\sin(kx) + C_2\cos(kx), & \text{wenn } b + 1 = k^2 > 0, \\ C_1\sinh(kx) + C_2\cosh(kx), & \text{wenn } b + 1 = -k^2 < 0. \end{cases}$$

3°. Lösung für $a = 2$, $b = 3$:

$$y = C_1\cos^3 x + C_2\sin x(1 + 2\cos^2 x).$$

30. $y''_{xx} + n\tan x\, y'_x + a^2(\cos x)^{2n}y = 0.$

Lösung: $y = C_1\sin(au) + C_2\cos(au)$ mit $u = \int\cos^n x\,dx$.

31. $y''_{xx} + \tan x\, y'_x + a^2\cos^2 x(\sin x)^{2n-2}y = 0.$

Lösung:

$$y = \sqrt{\sin x}\left[C_1 J_{\frac{1}{2n}}\Big(\frac{a}{n}\sin^n x\Big) + C_2 Y_{\frac{1}{2n}}\Big(\frac{a}{n}\sin^n x\Big)\right],$$

wobei J_ν und Y_ν Besselsche Funktionen sind.

32. $y''_{xx} + a\tan x\, y'_x + (b\tan^2 x + c)y = 0.$

Das ist ein Spezialfall der Gleichung 2.6.55.

33. $y''_{xx} + \tan x\, y'_x - a(a-1)\cot^2 x\, y = 0.$

Lösung:

$$y = \begin{cases} C_1|\sin x|^a + C_2|\sin x|^{1-a} & \text{für } a \neq \frac{1}{2}, \\ \sqrt{|\sin x|}\,(C_1 + C_2 \ln|\sin x|) & \text{für } a = \frac{1}{2}. \end{cases}$$

34. $y''_{xx} - 2\lambda\tan(\lambda x)y'_x + (ax^2 + bx + c)y = 0.$

Die Substitution $u = y\cos(\lambda x)$ führt auf eine Gleichung der Form 2.2.6:

$$u''_{xx} + (ax^2 + bx + c + \lambda^2)u = 0.$$

35. $y''_{xx} - 2\lambda\tan(\lambda x)y'_x + (ax^{2n} + bx^{n-1} - \lambda^2)y = 0.$

Die Substitution $u = y\cos(\lambda x)$ führt auf eine Gleichung der Form 2.2.10:

$$u''_{xx} + (ax^{2n} + bx^{n-1})u = 0.$$

36. $y''_{xx} + a\tan^n(bx)y'_x + c[a\tan^n(bx) - c]y = 0.$

Spezielle Lösung: $y_0 = e^{-cx}$.

37. $y''_{xx} + a\tan^n(\lambda x)y'_x + b[a\tan^{n+1}(\lambda x) + (\lambda - b)\tan^2(\lambda x) + \lambda]y = 0.$

Spezielle Lösung: $y_0 = [\cos(\lambda x)]^{b/\lambda}$.

38. $y''_{xx} + a\tan^n x\, y'_x + (a\tan^{n+1} x - a\tan^{n-1} x + 4)y = 0.$

Spezielle Lösung: $y_0 = \sin x \cos x$.

39. $y''_{xx} + [a\tan^n(bx) + c]y'_x + ac\tan^n(bx)y = 0.$

Spezielle Lösung: $y_0 = e^{-cx}$.

40. $y''_{xx} + \tan x\,(a\tan^n x + b - 1)y'_x$
$$+ (ab\tan^{n+2} x - a\tan^n x + 2b + 2)y = 0.$$

Spezielle Lösung: $y_0 = \sin x \cos^b x$.

41. $y''_{xx} + (ax + b)\tan^n(cx)y'_x - a\tan^n(cx)y = 0.$

Spezielle Lösung: $y_0 = ax + b$.

42. $y''_{xx} + ax^n\tan^m(bx)y'_x - ax^{n-1}\tan^m(bx)y = 0.$

Spezielle Lösung: $y_0 = x$.

43. $y''_{xx} + ax^n \tan^m(bx) y'_x + c[ax^{n+k} \tan^m(bx) - cx^{2k} + kx^{k-1}]y = 0.$

Spezielle Lösung: $y_0 = \exp\Big(-\dfrac{c}{k+1} x^{k+1}\Big).$

44. $y''_{xx} + \cot x \, y'_x + \nu(\nu+1)y = 0.$

Die Substitution $\xi = \cos x$ führt auf die Legendresche Gleichung 2.2.148:

$$(\xi^2 - 1)y''_{\xi\xi} + 2\xi y'_\xi - \nu(\nu+1)y = 0.$$

45. $y''_{xx} + 2a \cot(ax) y'_x + (b^2 - a^2)y = 0.$

Spezielle Lösung: $y_0 = \dfrac{\cos(bx)}{\sin(ax)}.$

46. $y''_{xx} + (\lambda - a)\cot(\lambda x) y'_x + a\lambda y = 0.$

Spezielle Lösung: $y_0 = [\sin(\lambda x)]^{a/\lambda}.$

47. $y''_{xx} + a \cot(\lambda x) y'_x + by = 0.$

Die Substitution $\xi = \lambda x + \frac{\pi}{2}$ führt auf eine Gleichung der Form 2.6.29:

$$y''_{\xi\xi} - a\lambda^{-1} \tan \xi \, y'_\xi + b\lambda^{-2} y = 0.$$

48. $y''_{xx} - 2a \cot(2ax) y'_x - b^2 \sin^2(2ax) y = 0.$

Lösung: $y = C_1 \exp\Big[\dfrac{b}{a} \sin^2(ax)\Big] + C_2 \exp\Big[-\dfrac{b}{a} \sin^2(ax)\Big].$

49. $y''_{xx} - n \cot x \, y'_x + a^2 (\sin x)^{2n} y = 0.$

Lösung: $y = C_1 \sin(au) + C_2 \cos(au)$ mit $u = \int \sin^n x \, dx.$

50. $y''_{xx} - 2\cot(2x) y'_x + a \tan^2 x \, y = 0.$

Die Substitution $\xi = \cos x$ führt auf die Eulersche Gleichung 2.2.118:

$$\xi^2 y''_{\xi\xi} - \xi y'_\xi + ay = 0.$$

51. $y''_{xx} + a \cot(\lambda x) y'_x + b[\lambda + (\lambda - a - b)\cot^2(\lambda x)]y = 0.$

Spezielle Lösung: $y_0 = [\sin(\lambda x)]^{b/\lambda}.$

52. $y''_{xx} + a \cot x \, y'_x + (b \cot^2 x + c)y = 0.$

Das ist ein Spezialfall der Gleichung 2.6.55.

53. $y''_{xx} + 2\lambda\cot(\lambda x)y'_x + (ax^2 + bx + c)y = 0.$

Die Substitution $u = y\sin(\lambda x)$ führt auf eine Gleichung der Form 2.2.6: $u''_{xx} + (ax^2 + bx + c + \lambda^2)u = 0.$

54. $y''_{xx} + 2\lambda\cot(\lambda x)y'_x + (ax^{2n} + bx^{n-1} - \lambda^2)y = 0.$

Die Substitution $u = y\sin(\lambda x)$ führt auf eine Gleichung der Form 2.2.10: $u''_{xx} + (ax^{2n} + bx^{n-1})u = 0.$

55. $y''_{xx} + (a\tan x + b\cot x)y'_x + (\alpha\tan^2 x + \beta\cot^2 x + \gamma)y = 0.$

Die Transformation $\xi = \sin^2 x$, $y = w\sin^n x\cos^m x$, wobei n und m Wurzeln der quadratischen Gleichungen

$$n^2 + (b-1)n + \beta = 0, \qquad m^2 - (a+1)m + \alpha = 0$$

sind, führt auf die hypergeometrische Gleichung 2.2.158:

$$4\xi(\xi-1)w''_{\xi\xi} + 2[(2n+2m+2+b-a)\xi - 2n - b - 1]w'_\xi \\ + (2nm + n + m + bm - an - \gamma)w = 0.$$

56. $y''_{xx} + a\cot^n(bx)y'_x + c[a\cot^n(bx) - c]y = 0.$

Spezielle Lösung: $y_0 = e^{-cx}$.

57. $y''_{xx} + [a\cot^n(bx) + c]y'_x + ac\cot^n(bx)y = 0.$

Spezielle Lösung: $y_0 = e^{-cx}$.

58. $y''_{xx} + (ax + b)\cot^n(cx)y'_x - a\cot^n(cx)y = 0.$

Spezielle Lösung: $y_0 = ax + b$.

59. $y''_{xx} + ax^n\cot^m(bx)y'_x - ax^{n-1}\cot^m(bx)y = 0.$

Spezielle Lösung: $y_0 = x$.

60. $y''_{xx} + ax^n\cot^m(bx)y'_x + c[ax^{n+k}\cot^m(bx) - cx^{2k} + kx^{k-1}]y = 0.$

Spezielle Lösung: $y_0 = \exp\Big(-\dfrac{c}{k+1}x^{k+1}\Big)$.

61. $xy''_{xx} + [(ax^2 + bx)\sin^n(cx) + 2]y'_x + b\sin^n(cx)y = 0.$

Spezielle Lösung: $y_0 = a + \dfrac{b}{x}$.

62. $xy''_{xx} + (ax^{n+1} + b\sin^m x)y'_x + ax^n(b\sin^m x + n)y = 0.$

Spezielle Lösung: $y_0 = \exp\Big(-\dfrac{a}{n+1}x^{n+1}\Big)$.

63. $xy''_{xx} + (ax^n + bx\sin^m x)y'_x + [b(ax^n - 1)\sin^m x + anx^{n-1}]y = 0.$

Spezielle Lösung: $y_0 = x\exp\Bigl(-\dfrac{a}{n}x^n\Bigr).$

64. $xy''_{xx} + ax^n\sin^m(bx)y'_x - [a(cx+1)x^{n-1}\sin^m(bx) + c^2x + 2c]y = 0.$

Spezielle Lösung: $y_0 = xe^{cx}.$

65. $xy''_{xx} + [ax^n\sin^m(bx) + c]y'_x + a(c-1)x^{n-1}\sin^m(bx)y = 0.$

Spezielle Lösung: $y_0 = x^{1-c}.$

66. $xy''_{xx} + ax\cos^n(bx)y'_x - [a(cx+1)\cos^n(bx) + c^2x + 2c]y = 0.$

Spezielle Lösung: $y_0 = xe^{cx}.$

67. $xy''_{xx} + [(ax^2 + bx)\cos^n(cx) + 2]y'_x + b\cos^n(cx)y = 0.$

Spezielle Lösung: $y_0 = a + \dfrac{b}{x}.$

68. $xy''_{xx} + (ax^{n+1} + b\cos^m x)y'_x + ax^n(b\cos^m x + n)y = 0.$

Spezielle Lösung: $y_0 = \exp\Bigl(-\dfrac{a}{n+1}x^{n+1}\Bigr).$

69. $xy''_{xx} + [ax^n\cos^m(bx) + c]y'_x + a(c-1)x^{n-1}\cos^m(bx)y = 0.$

Spezielle Lösung: $y_0 = x^{1-c}.$

70. $xy''_{xx} + (ax^n + bx\cos^m x)y'_x + [b(ax^n - 1)\cos^m x + anx^{n-1}]y = 0.$

Spezielle Lösung: $y_0 = x\exp\Bigl(-\dfrac{a}{n}x^n\Bigr).$

71. $xy''_{xx} - 2\lambda x\tan(\lambda x)y'_x + (ax + b)y = 0.$

Die Substitution $u = y\cos(\lambda x)$ führt auf eine Gleichung der Form 2.2.59:

$$xu''_{xx} + [(a + \lambda^2)x + b]u = 0.$$

72. $xy''_{xx} + ax\tan^n(bx)y'_x - [a(cx+1)\tan^n(bx) + c^2x + 2c]y = 0.$

Spezielle Lösung: $y_0 = xe^{cx}.$

73. $xy''_{xx} + [(ax^2 + bx)\tan^n(cx) + 2]y'_x + b\tan^n(cx)y = 0.$

Spezielle Lösung: $y_0 = a + \dfrac{b}{x}.$

74. $xy''_{xx} + (ax^{n+1} + b\tan^m x)y'_x + ax^n(b\tan^m x + n)y = 0.$

Spezielle Lösung: $y_0 = \exp\Bigl(-\dfrac{a}{n+1}x^{n+1}\Bigr).$

75. $xy''_{xx} + (ax^n + bx\tan^m x)y'_x + [b(ax^n - 1)\tan^m x + anx^{n-1}]y = 0.$

Spezielle Lösung: $y_0 = x\exp\left(-\frac{a}{n}x^n\right).$

76. $xy''_{xx} + [ax^n \tan^m(bx) + c]y'_x + a(c-1)x^{n-1}\tan^m(bx)y = 0.$

Spezielle Lösung: $y_0 = x^{1-c}.$

77. $xy''_{xx} + 2\lambda x\cot(\lambda x)y'_x + (ax+b)y = 0.$

Die Substitution $u = y\sin(\lambda x)$ führt auf eine Gleichung der Form 2.2.59:

$$xu''_{xx} + [(a+\lambda^2)x + b]u = 0.$$

78. $xy''_{xx} + ax\cot^n(bx)y'_x - [a(cx+1)\cot^n(bx) + c^2x + 2c]y = 0.$

Spezielle Lösung: $y_0 = xe^{cx}.$

79. $xy''_{xx} + (ax^{n+1} + b\cot^m x)y'_x + ax^n(b\cot^m x + n)y = 0.$

Spezielle Lösung: $y_0 = \exp\left(-\frac{a}{n+1}x^{n+1}\right).$

80. $xy''_{xx} + (ax^n + bx\cot^m x)y'_x + [b(ax^n - 1)\cot^m x + anx^{n-1}]y = 0.$

Spezielle Lösung: $y_0 = x\exp\left(-\frac{a}{n}x^n\right).$

81. $xy''_{xx} + [ax^n\cot^m(bx) + c]y'_x + a(c-1)x^{n-1}\cot^m(bx)y = 0.$

Spezielle Lösung: $y_0 = x^{1-c}.$

82. $x^2y''_{xx} + x(a\sin^n x + 1)y'_x + b(a\sin^n x - b)y = 0.$

Spezielle Lösung: $y_0 = x^{-b}.$

83. $x^2y''_{xx} + x(a\sin^n x + b)y'_x + b(a\sin^n x - 1)y = 0.$

Spezielle Lösung: $y_0 = x^{-b}.$

84. $x^2y''_{xx} + ax^n\sin^m(bx)y'_x + c[ax^{n-1}\sin^m(bx) - c - 1]y = 0.$

Spezielle Lösung: $y_0 = x^{-c}.$

85. $x^2y''_{xx} + x(a\cos^n x + 1)y'_x + b(a\cos^n x - b)y = 0.$

Spezielle Lösung: $y_0 = x^{-b}.$

86. $x^2y''_{xx} + x(a\cos^n x + b)y'_x + b(a\cos^n x - 1)y = 0.$

Spezielle Lösung: $y_0 = x^{-b}.$

87. $x^2y''_{xx} + ax^n \cos^m(bx)y'_x + c[ax^{n-1}\cos^m(bx) - c - 1]y = 0.$

Spezielle Lösung: $y_0 = x^{-c}$.

88. $x^2y''_{xx} - 2\lambda x^2 \tan(\lambda x)y'_x + (ax^2 + bx + c)y = 0.$

Die Substitution $u = y\cos(\lambda x)$ führt auf eine Gleichung der Form 2.2.110:

$$x^2u''_{xx} + [(a+\lambda^2)x^2 + bx + c]u = 0.$$

89. $x^2y''_{xx} + x(1 - 2x\tan x)y'_x - (x\tan x + \nu^2)y = 0.$

Lösung: $y\cos x = C_1J_\nu(x) + C_2Y_\nu(x)$, wobei J_ν und Y_ν Besselsche Funktionen sind.

90. $x^2y''_{xx} - x(2x\tan x + k)y'_x + (ax^2 + bx + c + kx\tan x)y = 0.$

Die Substitution $u = y\cos x$ führt auf eine Gleichung der Form 2.2.126:

$$x^2u''_{xx} - kxu'_x + [(a+1)x^2 + bx + c]u = 0.$$

91. $x^2y''_{xx} + x(a\tan^n x + 1)y'_x + b(a\tan^n x - b)y = 0.$

Spezielle Lösung: $y_0 = x^{-b}$.

92. $x^2y''_{xx} + x(a\tan^n x + b)y'_x + b(a\tan^n x - 1)y = 0.$

Spezielle Lösung: $y_0 = x^{-b}$.

93. $x^2y''_{xx} + ax^n \tan^m(bx)y'_x + c[ax^{n-1}\tan^m(bx) - c - 1]y = 0.$

Spezielle Lösung: $y_0 = x^{-c}$.

94. $x^2y''_{xx} + 2\lambda x^2 \cot(\lambda x)y'_x + (ax^2 + bx + c)y = 0.$

Die Substitution $u = y\sin(\lambda x)$ führt auf eine Gleichung der Form 2.2.110:

$$x^2u''_{xx} + [(a+\lambda^2)x^2 + bx + c]u = 0.$$

95. $x^2y''_{xx} + x(2x\cot x + k)y'_x + (ax^2 + bx + c + kx\cot x)y = 0.$

Die Substitution $u = y\sin x$ führt auf eine Gleichung der Form 2.2.126:

$$x^2u''_{xx} + kxu'_x + [(a+1)x^2 + bx + c]u = 0.$$

96. $x^2y''_{xx} + x(a\cot^n x + 1)y'_x + b(a\cot^n x - b)y = 0.$

Spezielle Lösung: $y_0 = x^{-b}$.

97. $x^2 y''_{xx} + x(a \cot^n x + b) y'_x + b(a \cot^n x - 1) y = 0.$

Spezielle Lösung: $y_0 = x^{-b}$.

98. $x^2 y''_{xx} + a x^n \cot^m(bx) y'_x + c[a x^{n-1} \cot^m(bx) - c - 1] y = 0.$

Spezielle Lösung: $y_0 = x^{-c}$.

99. $x^4 y''_{xx} + \left[a \sin\left(\dfrac{\lambda}{x}\right) + b\right] y = 0.$

Die Transformation $\xi = 1/x$, $w = y/x$ führt auf eine Gleichung der Form 2.6.3: $w''_{\xi\xi} + [a \sin(\lambda\xi) + b] w = 0$.

100. $x^4 y''_{xx} + a x^2 \sin^n(bx) y'_x + [a(c - x) \sin^n(bx) - c^2] y = 0.$

Spezielle Lösung: $y_0 = x \exp(c/x)$.

101. $x^4 y''_{xx} + a x^2 \cos^n(bx) y'_x + [a(c - x) \cos^n(bx) - c^2] y = 0.$

Spezielle Lösung: $y_0 = x \exp(c/x)$.

102. $x^4 y''_{xx} + a x^2 \tan^n(bx) y'_x + [a(c - x) \tan^n(bx) - c^2] y = 0.$

Spezielle Lösung: $y_0 = x \exp(c/x)$.

103. $x^4 y''_{xx} + a x^2 \cot^n(bx) y'_x + [a(c - x) \cot^n(bx) - c^2] y = 0.$

Spezielle Lösung: $y_0 = x \exp(c/x)$.

104. $\sin(2x) y''_{xx} - y'_x + 2a^2 \sin^2 x \, y = 0.$

Lösung: $y = C_1 \sin(au) + C_2 \cos(au)$ mit $u = \int \sqrt{\tan x}\, dx$.

105. $\sin(2x) y''_{xx} - 2n y'_x + 2a^2 \sin^2 x \, (\tan x)^{2n-1} y = 0.$

Lösung: $y = C_1 \sin(au) + C_2 \cos(au)$ mit $u = \int \tan^n x \, dx$.

106. $\sin x \, y''_{xx} + \cos x \, y'_x + \nu(\nu + 1) \sin x \, y = 0.$

Die Substitution $\xi = \cos x$ führt auf die Legendresche Gleichung 2.2.148:

$$(1 - \xi^2) y''_{\xi\xi} - 2\xi y'_\xi + \nu(\nu + 1) y = 0.$$

107. $\sin x \, y''_{xx} + (2n + 1) \cos x \, y'_x + (\nu - n)(\nu + n + 1) \sin x \, y = 0,$
wobei ν eine beliebige und n eine natürliche Zahl ist.

Die Substitution $\xi = \cos x$ führt auf eine Gleichung der Form 2.2.149:

$$(\xi^2 - 1) y''_{\xi\xi} + 2(n + 1)\xi y'_\xi + (n - \nu)(\nu + n + 1) y = 0.$$

108. $\sin^2 x\, y''_{xx} + ay = 0.$

Das ist ein Spezialfall der Gleichung 2.6.110.

109. $\sin^2 x\, y''_{xx} - [a \sin^2 x + n(n-1)]y = 0, \qquad n = 1,\ 2,\ 3,\ \ldots$

Lösung: $y = \sin^n x \left(\frac{1}{\sin x}\frac{d}{dx}\right)^n \left(C_1 e^{x\sqrt{a}} + C_2 e^{-x\sqrt{a}}\right).$

110. $\sin^2 x\, y''_{xx} + (a \sin^2 x + b)y = 0.$

Man setze $x = 2\xi$ und wende die trigonometrischen Formeln $\sin 2\xi = 2\sin\xi\cos\xi$ und $b = b(\sin^2\xi + \cos^2\xi)^2$ an. Nach Division durch $\sin^2 x$ erhält man eine Gleichung der Form 2.6.55:

$$y''_{\xi\xi} + (b\tan^2\xi + b\cot^2\xi + 4a + 2b)y = 0.$$

111. $\sin^2 x\, y''_{xx} - \{[a^2b^2 - (a+1)^2]\sin^2 x$
$\qquad + a(a+1)b\sin 2x + a(a-1)\}y = 0.$

Spezielle Lösung: $y_0 = e^{abx}\sin^a x\,(\cos x + b\sin x).$

112. $\sin^2 x\, y''_{xx} + \sin x \cos x\, y'_x + [\nu(\nu+1)\sin^2 x - n^2]y = 0,$
mit ν beliebig, $n = 0,\ 1,\ 2,\ \ldots$

Die Transformation $\xi = \cos x$, $y = w\sin^n x$ führt auf eine Gleichung der Form 2.2.149:

$$(\xi^2 - 1)w''_{\xi\xi} + 2(n+1)\xi w'_\xi + (n-\nu)(n+\nu+1)w = 0.$$

113. $\sin^2 x\, y''_{xx} + \sin x(a\cos x + b)y'_x$
$\qquad + (\alpha\cos^2 x + \beta\cos x + \gamma)y = 0.$

Man setze $x = 2\xi$ und benutze die trigonometrischen Formeln

$$\sin(2\xi) = 2\sin\xi\cos\xi, \quad \cos(2\xi) = \cos^2\xi - \sin^2\xi, \quad b = b(\sin^2\xi + \cos^2\xi),$$
$$\beta = \beta(\sin^2\xi + \cos^2\xi), \quad \gamma = \gamma(\sin^2\xi + \cos^2\xi)^2.$$

Nach Division durch $\sin^2\xi$ erhält man eine Gleichung der Form 2.6.55:

$$y''_{\xi\xi} + [(b-a)\tan\xi + (b+a)\cot\xi]y'_\xi$$
$$+ [(\alpha - \beta + \gamma)\tan^2\xi + (\alpha + \beta + \gamma)\cot^2\xi + 2\gamma - 2\alpha]y = 0.$$

114. $\cos^2 x\, y''_{xx} - [a\cos^2 x + n(n-1)]y = 0, \qquad n = 1,\ 2,\ 3,\ \ldots$

Lösung: $y = \cos^n x \left(\frac{1}{\cos x}\frac{d}{dx}\right)^n \left(C_1 e^{x\sqrt{a}} + C_2 e^{-x\sqrt{a}}\right).$

115. $\cos^2 x\, y''_{xx} + (a\cos^2 x + b)y = 0.$

Die Substitution $x = \xi + \frac{1}{2}\pi$ führt auf eine Gleichung der Form 2.6.100:

$$\sin^2 \xi\, y''_{\xi\xi} + (a\sin^2 \xi + b)y = 0.$$

116. $\cos^2 x\, y''_{xx} + a\sin(2x)y'_x + [b\cos(2x) + c]y = 0.$

Dividiert man durch $\cos^2 x$ und wendet die Formeln

$$\sin(2x) = 2\sin x\cos x,\quad \cos(2x) = \cos^2 x - \sin^2 x,\quad c = c(\sin^2 x + \cos^2 x)$$

an, so erhält man eine Gleichung der Form 2.6.55:

$$y''_{xx} + 2a\tan x\, y'_x + [(c-b)\tan^2 x + b + c]y = 0.$$

117. $\cos^2(ax)y''_{xx} + (n-1)a\sin(2ax)y'_x$
$+ na^2[(n-1)\sin^2(ax) + \cos^2(ax)]y = 0.$

Spezielle Lösung: $y_0 = \cos^n(ax)$.

118. $\cos^2 x\, y''_{xx} + \cos x\,(a\sin x + b)y'_x + (\alpha\sin^2 x + \beta\sin x + \gamma)y = 0.$

Die Substitution $x = \xi + \frac{\pi}{2}$ führt auf eine Gleichung der Form 2.6.113:

$$\sin^2 \xi y''_{\xi\xi} - \sin\xi\,(a\cos\xi + b)y'_\xi + (\alpha\cos^2\xi + \beta\cos\xi + \gamma)y = 0.$$

119. $\sin x\cos^2 x\, y''_{xx} + \cos x\,(a\sin^2 x + b)y'_x + c\sin x\, y = 0.$

1°. Dividiert man durch $\sin x\cos^2 x$ und benutzt die Identitäten $b = b(\sin^2 x + \cos^2 x)$, $c = c(\sin^2 x + \cos^2 x)$, so erhält man eine Gleichung der Form 2.6.55:

$$y''_{xx} + [(a+b)\tan x + b\cot x]y'_x + c(\tan^2 x + 1)y = 0.$$

2°. Spezielle Lösungen:

$$\begin{aligned} y_0 &= \cos^a x, && \text{wenn } c = a(b+1), \\ y_0 &= \tan^{1-b} x, && \text{wenn } c = (a+2)(b-1), \\ y_0 &= \sin^{1-b} x\cos^{a+b-1} x, && \text{wenn } c = 2(a+b-1). \end{aligned}$$

120. $\sin x\cos^2 x\, y''_{xx} + \cos x(a\sin^2 x - 1)y'_x + b\sin^3 x\, y = 0.$

Lösung: $y = C_1(\cos x)^{k_1} + C_2(\cos x)^{k_2}$, wobei k_1 und k_2 Wurzeln der quadratischen Gleichung $k^2 - ak + b = 0$ sind.

121. $\sin^2 x \cos^2 x\, y''_{xx} + (a\sin^2 x + b\cos^2 x + c\sin^2 x\cos^2 x)y = 0.$

Teilt man durch $\sin^2 x\cos^2 x$ und wendet $a = a(\sin^2 x + \cos^2 x)$, $b = b(\sin^2 x + \cos^2 x)$ an, so erhält man eine Gleichung der Form 2.6.55:

$$y''_{xx} + (a\tan^2 x + b\cot^2 x + a + b + c)y = 0.$$

122. $[a\sin(\lambda x) + bx + c]y''_{xx} + a\lambda^2\sin(\lambda x)y = 0.$

Spezielle Lösung: $y_0 = a\sin(\lambda x) + bx + c.$

123. $[a\cos(\lambda x) + bx + c]y''_{xx} + a\lambda^2\cos(\lambda x)y = 0.$

Spezielle Lösung: $y_0 = a\cos(\lambda x) + bx + c.$

124. $\sin^n(ax)y''_{xx} + (x^2 - b^2)y'_x - (x + b)y = 0.$

Spezielle Lösung: $y_0 = x - b.$

125. $\sin^n(\lambda x)y''_{xx} + [\lambda^2\sin^n(\lambda x) + a\cos^{n-4}(\lambda x)]y = 0.$

Die Transformation $\xi = \tan(\lambda x)$, $w = \dfrac{y}{\cos(\lambda x)}$ führt auf eine Gleichung der Form 2.2.7: $w''_{\xi\xi} + a\lambda^{-2}\xi^{-n}w = 0.$

126. $(a\sin^n x + b)y''_{xx} + (c\sin^n x + d)y'_x + \lambda[(c - a\lambda)\sin^n x + d - b\lambda]y = 0.$

Spezielle Lösung: $y_0 = e^{-\lambda x}.$

127. $\cos^n(\lambda x)y''_{xx} + [\lambda^2\cos^n(\lambda x) + a\sin^{n-4}(\lambda x)]y = 0.$

Die Substitution $\lambda x = \frac{\pi}{2} - \lambda\xi$ führt auf eine Gleichung der Form 2.6.125.

128. $\cos^n(ax)y''_{xx} + (x^2 - b^2)y'_x - (x + b)y = 0.$

Spezielle Lösung: $y_0 = x - b.$

129. $(a\cos^n x + b)y''_{xx} + (c\cos^n x + d)y'_x + \lambda[(c - a\lambda)\cos^n x + d - b\lambda]y = 0.$

Spezielle Lösung: $y_0 = e^{-\lambda x}.$

130. $(a\tan^n x + b)y''_{xx} + (cx + d)y'_x - cy = 0.$

Spezielle Lösung: $y_0 = cx + d.$

131. $(a\tan^n x + b)y''_{xx} + (c\tan^n x + d)y'_x + \lambda[(c - a\lambda)\tan^n x + d - b\lambda]y = 0.$

Spezielle Lösung: $y_0 = e^{-\lambda x}.$

132. $(a\cot^n x + b)y''_{xx} + (c\cot^n x + d)y'_x + \lambda[(c - a\lambda)\cot^n x + d - b\lambda]y = 0.$

Spezielle Lösung: $y_0 = e^{-\lambda x}.$

2.7 Gleichungen mit trigonometrischen Umkehrfunktionen

1. $y''_{xx} + (ax + b + c\arcsin x)y'_x + [c(ax + b)\arcsin x + a]y = 0.$

Spezielle Lösung: $y_0 = \exp(-\frac{1}{2}ax^2 - bx)$.

2. $y''_{xx} + b(\arcsin x)^n y'_x + c[b(\arcsin x)^n - c]y = 0.$

Spezielle Lösung: $y_0 = e^{-cx}$.

3. $y''_{xx} + b(\arcsin x)^n y'_x + a[bx^m(\arcsin x)^n - ax^{2m} + mx^{m-1}]y = 0.$

Spezielle Lösung: $y_0 = \exp\left(-\frac{a}{m+1}x^{m+1}\right)$.

4. $y''_{xx} + (ax + b)(\arcsin x)^n y'_x - a(\arcsin x)^n y = 0.$

Spezielle Lösung: $y_0 = ax + b$.

5. $y''_{xx} + ax^n(\arcsin x)^m y'_x - ax^{n-1}(\arcsin x)^m y = 0.$

Spezielle Lösung: $y_0 = x$.

6. $y''_{xx} + (ax + b + c\arccos x)y'_x + [c(ax + b)\arccos x + a]y = 0.$

Spezielle Lösung: $y_0 = \exp(-\frac{1}{2}ax^2 - bx)$.

7. $y''_{xx} + b(\arccos x)^n y'_x + c[b(\arccos x)^n - c]y = 0.$

Spezielle Lösung: $y_0 = e^{-cx}$.

8. $y''_{xx} + b(\arccos x)^n y'_x + a[bx^m(\arccos x)^n - ax^{2m} + mx^{m-1}]y = 0.$

Spezielle Lösung: $y_0 = \exp\left(-\frac{a}{m+1}x^{m+1}\right)$.

9. $y''_{xx} + (ax + b)(\arccos x)^n y'_x - a(\arccos x)^n y = 0.$

Spezielle Lösung: $y_0 = ax + b$.

10. $y''_{xx} + ax^n(\arccos x)^m y'_x - ax^{n-1}(\arccos x)^m y = 0.$

Spezielle Lösung: $y_0 = x$.

11. $y''_{xx} + (ax + b + c\arctan x)y'_x + [c(ax + b)\arctan x + a]y = 0.$

Spezielle Lösung: $y_0 = \exp(-\frac{1}{2}ax^2 - bx)$.

12. $y''_{xx} + b(\arctan x)^n y'_x + c[b(\arctan x)^n - c]y = 0.$

Spezielle Lösung: $y_0 = e^{-cx}$.

13. $y''_{xx} + b(\arctan x)^n y'_x + a[bx^m(\arctan x)^n - ax^{2m} + mx^{m-1}]y = 0.$

Spezielle Lösung: $y_0 = \exp\Big(-\dfrac{a}{m+1}x^{m+1}\Big).$

14. $y''_{xx} + (ax+b)(\arctan x)^n y'_x - a(\arctan x)^n y = 0.$

Spezielle Lösung: $y_0 = ax + b.$

15. $y''_{xx} + ax^n(\arctan x)^m y'_x - ax^{n-1}(\arctan x)^m y = 0.$

Spezielle Lösung: $y_0 = x.$

16. $y''_{xx} + (ax + b + c\,\mathrm{arccot}\,x)y'_x + [c(ax+b)\,\mathrm{arccot}\,x + a]y = 0.$

Spezielle Lösung: $y_0 = \exp(-\frac{1}{2}ax^2 - bx).$

17. $y''_{xx} + b(\mathrm{arccot}\,x)^n y'_x + c[b(\mathrm{arccot}\,x)^n - c]y = 0.$

Spezielle Lösung: $y_0 = e^{-cx}.$

18. $y''_{xx} + b(\mathrm{arccot}\,x)^n y'_x + a[bx^m(\mathrm{arccot}\,x)^n - ax^{2m} + mx^{m-1}]y = 0.$

Spezielle Lösung: $y_0 = \exp\Big(-\dfrac{a}{m+1}x^{m+1}\Big).$

19. $y''_{xx} + (ax+b)(\mathrm{arccot}\,x)^n y'_x - a(\mathrm{arccot}\,x)^n y = 0.$

Spezielle Lösung: $y_0 = ax + b.$

20. $y''_{xx} + ax^n(\mathrm{arccot}\,x)^m y'_x - ax^{n-1}(\mathrm{arccot}\,x)^m y = 0.$

Spezielle Lösung: $y_0 = x.$

21. $xy''_{xx} + ax\arcsin x\, y'_x - [a(bx+1)\arcsin x + b(bx+2)]y = 0.$

Spezielle Lösung: $y_0 = xe^{bx}.$

22. $xy''_{xx} + [a(bx+1)\arcsin x + bx - 1]y'_x + ab^2x\arcsin x\, y = 0.$

Spezielle Lösung: $y_0 = (bx+1)e^{-bx}.$

23. $xy''_{xx} + [(ax^2+bx)\arcsin x + 2]y'_x + b\arcsin x\, y = 0.$

Spezielle Lösung: $y_0 = a + \dfrac{b}{x}.$

24. $xy''_{xx} + [ax(\arcsin x)^n + b]y'_x + a(b-1)(\arcsin x)^n y = 0.$

Spezielle Lösung: $y_0 = x^{1-b}.$

25. $xy''_{xx} + (ax^{n+1} + b\arcsin x)y'_x + ax^n(b\arcsin x + n)y = 0.$

Spezielle Lösung: $y_0 = \exp\Big(-\dfrac{a}{n+1}x^{n+1}\Big).$

26. $xy''_{xx} + (ax^n + bx \arcsin x)y'_x + [b(ax^n - 1)\arcsin x + anx^{n-1}]y = 0.$

Spezielle Lösung: $y_0 = x\exp\left(-\frac{a}{n}x^n\right).$

27. $x^2y''_{xx} + bx \arcsin x\, y'_x + a(b\arcsin x - a - 1)y = 0.$

Spezielle Lösung: $y_0 = x^{-a}.$

28. $x^2y''_{xx} + x(b\arcsin x + 2)y'_x + [b(ax + 1)\arcsin x - a^2x^2]y = 0.$

Spezielle Lösung: $y_0 = \frac{1}{x}e^{-ax}.$

29. $xy''_{xx} + ax \arccos x\, y'_x - [a(bx + 1)\arccos x + b(bx + 2)]y = 0.$

Spezielle Lösung: $y_0 = xe^{bx}.$

30. $xy''_{xx} + [a(bx + 1)\arccos x + bx - 1]y'_x + ab^2x \arccos x\, y = 0.$

Spezielle Lösung: $y_0 = (bx + 1)e^{-bx}.$

31. $xy''_{xx} + [(ax^2 + bx)\arccos x + 2]y'_x + b\arccos x\, y = 0.$

Spezielle Lösung: $y_0 = a + \frac{b}{x}.$

32. $xy''_{xx} + [ax(\arccos x)^n + b]y'_x + a(b - 1)(\arccos x)^n y = 0.$

Spezielle Lösung: $y_0 = x^{1-b}.$

33. $xy''_{xx} + (ax^{n+1} + b\arccos x)y'_x + ax^n(b\arccos x + n)y = 0.$

Spezielle Lösung: $y_0 = \exp\left(-\frac{a}{n+1}x^{n+1}\right).$

34. $xy''_{xx} + (ax^n + bx \arccos x)y'_x + [b(ax^n - 1)\arccos x + anx^{n-1}]y = 0.$

Spezielle Lösung: $y_0 = x\exp\left(-\frac{a}{n}x^n\right).$

35. $x^2y''_{xx} + bx \arccos x\, y'_x + a(b\arccos x - a - 1)y = 0.$

Spezielle Lösung: $y_0 = x^{-a}.$

36. $x^2y''_{xx} + x(b\arccos x + 2)y'_x + [b(ax + 1)\arccos x - a^2x^2]y = 0.$

Spezielle Lösung: $y_0 = \frac{1}{x}e^{-ax}.$

37. $xy''_{xx} + ax \arctan x\, y'_x - [a(bx + 1)\arctan x + b(bx + 2)]y = 0.$

Spezielle Lösung: $y_0 = xe^{bx}.$

38. $xy''_{xx} + [a(bx+1)\arctan x + bx - 1]y'_x + ab^2x \arctan x\, y = 0.$

Spezielle Lösung: $y_0 = (bx+1)e^{-bx}$.

39. $xy''_{xx} + [(ax^2+bx)\arctan x + 2]y'_x + b \arctan x\, y = 0.$

Spezielle Lösung: $y_0 = a + \dfrac{b}{x}$.

40. $xy''_{xx} + [ax(\arctan x)^n + b]y'_x + a(b-1)(\arctan x)^n y = 0.$

Spezielle Lösung: $y_0 = x^{1-b}$.

41. $xy''_{xx} + (ax^{n+1} + b \arctan x)y'_x + ax^n(b \arctan x + n)y = 0.$

Spezielle Lösung: $y_0 = \exp\Big(-\dfrac{a}{n+1}x^{n+1}\Big)$.

42. $xy''_{xx} + (ax^n + bx \arctan x)y'_x + [b(ax^n - 1)\arctan x + anx^{n-1}]y = 0.$

Spezielle Lösung: $y_0 = x \exp\Big(-\dfrac{a}{n}x^n\Big)$.

43. $xy''_{xx} + ax(\arctan^n x + b)y'_x - a(\arctan^n x + b)y = 0.$

Spezielle Lösung: $y_0 = x$.

44. $xy''_{xx} + b \arctan^n x\, y'_x + a(b \arctan^n x - ax)y = 0.$

Spezielle Lösung: $y_0 = e^{-ax}$.

45. $xy''_{xx} + a(\arctan^n x + bx)y'_x + ab \arctan^n x\, y = 0.$

Spezielle Lösung: $y_0 = e^{-bx}$.

46. $xy''_{xx} + b \arctan^n x\, y'_x + ax(b \arctan^n x - ax^2 + 1)y = 0.$

Spezielle Lösung: $y_0 = \exp(-\dfrac{1}{2}ax^2)$.

47. $x^2y''_{xx} + bx \arctan x\, y'_x + a(b \arctan x - a - 1)y = 0.$

Spezielle Lösung: $y_0 = x^{-a}$.

48. $x^2y''_{xx} + x(b \arctan x + 2)y'_x + [b(ax+1)\arctan x - a^2x^2]y = 0.$

Spezielle Lösung: $y_0 = \dfrac{1}{x}e^{-ax}$.

49. $x^2y''_{xx} + ax(\arctan^n x + b)y'_x - a(\arctan^n x + b)y = 0.$

Spezielle Lösung: $y_0 = x$.

50. $x^2 y''_{xx} + b \arctan^n x \, y'_x + a(b \arctan^n x - ax^2)y = 0.$

Spezielle Lösung: $y_0 = e^{-ax}$.

51. $x^2 y''_{xx} + a(\arctan^n x + bx^2)y'_x + ab \arctan^n x \, y = 0.$

Spezielle Lösung: $y_0 = e^{-bx}$.

52. $x^2 y''_{xx} + x[(ax + b) \arctan^n x + 2]y'_x + b \arctan^n x \, y = 0.$

Spezielle Lösung: $y_0 = a + \dfrac{b}{x}$.

53. $xy''_{xx} + ax \operatorname{arccot} x \, y'_x - [a(bx + 1) \operatorname{arccot} x + b(bx + 2)]y = 0.$

Spezielle Lösung: $y_0 = xe^{bx}$.

54. $xy''_{xx} + [a(bx + 1) \operatorname{arccot} x + bx - 1]y'_x + ab^2 x \operatorname{arccot} x \, y = 0.$

Spezielle Lösung: $y_0 = (bx + 1)e^{-bx}$.

55. $xy''_{xx} + [(ax^2 + bx) \operatorname{arccot} x + 2]y'_x + b \operatorname{arccot} x \, y = 0.$

Spezielle Lösung: $y_0 = a + \dfrac{b}{x}$.

56. $xy''_{xx} + [ax(\operatorname{arccot} x)^n + b]y'_x + a(b - 1)(\operatorname{arccot} x)^n y = 0.$

Spezielle Lösung: $y_0 = x^{1-b}$.

57. $xy''_{xx} + (ax^{n+1} + b \operatorname{arccot} x)y'_x + ax^n(b \operatorname{arccot} x + n)y = 0.$

Spezielle Lösung: $y_0 = \exp\Bigl(-\dfrac{a}{n+1}x^{n+1}\Bigr)$.

58. $xy''_{xx} + (ax^n + bx \operatorname{arccot} x)y'_x + [b(ax^n - 1) \operatorname{arccot} x + anx^{n-1}]y = 0.$

Spezielle Lösung: $y_0 = x \exp\Bigl(-\dfrac{a}{n}x^n\Bigr)$.

59. $x^2 y''_{xx} + bx \operatorname{arccot} x \, y'_x + a(b \operatorname{arccot} x - a - 1)y = 0.$

Spezielle Lösung: $y_0 = x^{-a}$.

60. $x^2 y''_{xx} + x(b \operatorname{arccot} x + 2)y'_x + [b(ax + 1) \operatorname{arccot} x - a^2 x^2]y = 0.$

Spezielle Lösung: $y_0 = \dfrac{1}{x}e^{-ax}$.

61. $(ax^2 + b)y''_{xx} + c(ax^2 + b)(\arcsin x)^n y'_x - 2a[cx(\arcsin x)^n + 1]y = 0.$

Spezielle Lösung: $y_0 = ax^2 + b$.

62. $(ax^2+b)y''_{xx}+c(ax^2+b)(\arccos x)^n y'_x-2a[cx(\arccos x)^n+1]y=0.$

Spezielle Lösung: $y_0 = ax^2 + b$.

63. $(x^2+1)y''_{xx} - [a^2(x^2+1)(\arctan x)^2 + a]y = 0.$

Spezielle Lösung: $y_0 = (x^2+1)^{-a/2}\exp(ax\arctan x)$.

64. $(ax^2+b)y''_{xx}+c(ax^2+b)(\arctan x)^n y'_x-2a[cx(\arctan x)^n+1]y=0.$

Spezielle Lösung: $y_0 = ax^2 + b$.

65. $(ax^2+b)y''_{xx}+c(ax^2+b)(\operatorname{arccot} x)^n y'_x-2a[cx(\operatorname{arccot} x)^n+1]y=0.$

Spezielle Lösung: $y_0 = ax^2 + b$.

66. $x^4 y''_{xx} + ax^2 \arcsin x\, y'_x + [a(b-x)\arcsin x - b^2]y = 0.$

Spezielle Lösung: $y_0 = x\exp(b/x)$.

67. $x^4 y''_{xx} + ax^2 \arccos x\, y'_x + [a(b-x)\arccos x - b^2]y = 0.$

Spezielle Lösung: $y_0 = x\exp(b/x)$.

68. $x^4 y''_{xx} + ax^2 \arctan x\, y'_x + [a(b-x)\arctan x - b^2]y = 0.$

Spezielle Lösung: $y_0 = x\exp(b/x)$.

69. $x^4 y''_{xx} + ax^2 \operatorname{arccot} x\, y'_x + [a(b-x)\operatorname{arccot} x - b^2]y = 0.$

Spezielle Lösung: $y_0 = x\exp(b/x)$.

70. $(x^2+1)^2 y''_{xx} + [a(\arctan x)^2 + b\arctan x + c]y = 0.$

Die Transformation $\xi = \arctan x$, $w = \dfrac{y}{\sqrt{x^2+1}}$ führt auf eine Gleichung der Form 2.2.6: $w''_{\xi\xi} + (a\xi^2 + b\xi + c + 1)w = 0$.

71. $(x^2+1)^2 y''_{xx} + [b(\arctan x)^n - 1]y = 0.$

Die Transformation $\xi = \arctan x$, $w = \dfrac{y}{\sqrt{x^2+1}}$ führt auf eine Gleichung der Form 2.2.7: $w''_{\xi\xi} + b\xi^n w = 0$.

72. $(x^2+1)^2 y''_{xx} + [a(\operatorname{arccot} x)^2 + b\operatorname{arccot} x + c]y = 0.$

Die Transformation $\xi = \operatorname{arccot} x$, $w = \dfrac{y}{\sqrt{x^2+1}}$ führt auf eine Gleichung der Form 2.2.6: $w''_{\xi\xi} + (a\xi^2 + b\xi + c + 1)w = 0$.

73. $(x^2+1)^2 y''_{xx} + [b(\operatorname{arccot} x)^n - 1]y = 0.$

Die Transformation $\xi = \operatorname{arccot} x$, $w = \dfrac{y}{\sqrt{x^2+1}}$ führt auf eine Gleichung der Form 2.2.7: $w''_{\xi\xi} + b\xi^n w = 0$.

74. $(ax^2+b)^2 y''_{xx} + (cx+d)(\arcsin x)^n y'_x - c(\arcsin x)^n y = 0.$

Spezielle Lösung: $y_0 = cx + d$.

75. $(x^2+a)^2 y''_{xx} + b(x^2+a)(\arcsin x)^n y'_x - [bx(\arcsin x)^n + a]y = 0.$

Spezielle Lösung: $y_0 = \sqrt{x^2+a}$.

76. $(ax^2+b)^2 y''_{xx} + c(ax^2+b)(\arcsin x)^n y'_x + [c(\arcsin x)^n - 2ax - 1]y = 0.$

Spezielle Lösung: $y_0 = \exp\Bigl(-\int \dfrac{dx}{ax^2+b}\Bigr)$.

77. $(ax^2+b)^2 y''_{xx} + (cx+d)(\arccos x)^n y'_x - c(\arccos x)^n y = 0.$

Spezielle Lösung: $y_0 = cx + d$.

78. $(x^2+a)^2 y''_{xx} + b(x^2+a)(\arccos x)^n y'_x - [bx(\arccos x)^n + a]y = 0.$

Spezielle Lösung: $y_0 = \sqrt{x^2+a}$.

79. $(ax^2+b)^2 y''_{xx} + c(ax^2+b)(\arccos x)^n y'_x + [c(\arccos x)^n - 2ax - 1]y = 0.$

Spezielle Lösung: $y_0 = \exp\Bigl(-\int \dfrac{dx}{ax^2+b}\Bigr)$.

80. $(ax^2+b)^2 y''_{xx} + (cx+d)(\arctan x)^n y'_x - c(\arctan x)^n y = 0.$

Spezielle Lösung: $y_0 = cx + d$.

81. $(x^2+a)^2 y''_{xx} + b(x^2+a)(\arctan x)^n y'_x - [bx(\arctan x)^n + a]y = 0.$

Spezielle Lösung: $y_0 = \sqrt{x^2+a}$.

82. $(ax^2+b)^2 y''_{xx} + c(ax^2+b)(\arctan x)^n y'_x + [c(\arctan x)^n - 2ax - 1]y = 0.$

Spezielle Lösung: $y_0 = \exp\Bigl(-\int \dfrac{dx}{ax^2+b}\Bigr)$.

83. $(ax^2+b)^2 y''_{xx} + (cx+d)(\operatorname{arccot} x)^n y'_x - c(\operatorname{arccot} x)^n y = 0.$

Spezielle Lösung: $y_0 = cx + d$.

84. $(x^2+a)^2 y''_{xx} + b(x^2+a)(\operatorname{arccot} x)^n y'_x - [bx(\operatorname{arccot} x)^n + a]y = 0.$

Spezielle Lösung: $y_0 = \sqrt{x^2+a}.$

85. $(ax^2+b)^2 y''_{xx} + c(ax^2+b)(\operatorname{arccot} x)^n y'_x$

$$+ [c(\operatorname{arccot} x)^n - 2ax - 1]y = 0.$$

Spezielle Lösung: $y_0 = \exp\Big(-\int \frac{dx}{ax^2+b}\Big).$

2.8 Gleichungen mit unterschiedlichen Funktionen

1. $y''_{xx} + ae^{\lambda x} y'_x + b[b + ae^{\lambda x}\tan(bx)]y = 0.$

Spezielle Lösung: $y_0 = \cos(bx).$

2. $y''_{xx} + ae^{\lambda x} y'_x + b[b - ae^{\lambda x}\cot(bx)]y = 0.$

Spezielle Lösung: $y_0 = \sin(bx).$

3. $y''_{xx} + a\cosh^n(\lambda x) y'_x + b[b + a\cosh^n(\lambda x)\tan(bx)]y = 0.$

Spezielle Lösung: $y_0 = \cos(bx).$

4. $y''_{xx} + a\cosh^n(\lambda x) y'_x + b[b - a\cosh^n(\lambda x)\cot(bx)]y = 0.$

Spezielle Lösung: $y_0 = \sin(bx).$

5. $y''_{xx} + a\cosh^n(kx) y'_x + be^{\lambda x}[a\cosh^n(kx) - be^{\lambda x} + \lambda]y = 0.$

Spezielle Lösung: $y_0 = \exp\Big(-\frac{b}{\lambda}e^{\lambda x}\Big).$

6. $y''_{xx} + a\sinh^n(\lambda x) y'_x + b[b + a\sinh^n(\lambda x)\tan(bx)]y = 0.$

Spezielle Lösung: $y_0 = \cos(bx).$

7. $y''_{xx} + a\sinh^n(\lambda x) y'_x + b[b - a\sinh^n(\lambda x)\cot(bx)]y = 0.$

Spezielle Lösung: $y_0 = \sin(bx).$

8. $y''_{xx} + a\sinh^n(kx) y'_x + be^{\lambda x}[a\sinh^n(kx) - be^{\lambda x} + \lambda]y = 0.$

Spezielle Lösung: $y_0 = \exp\Big(-\frac{b}{\lambda}e^{\lambda x}\Big).$

9. $y''_{xx} + a\tanh^n(\lambda x) y'_x + b[b + a\tanh^n(\lambda x)\tan(bx)]y = 0.$

Spezielle Lösung: $y_0 = \cos(bx).$

10. $y''_{xx} + a\tanh^n(\lambda x)y'_x + b[b - a\tanh^n(\lambda x)\cot(bx)]y = 0.$

Spezielle Lösung: $y_0 = \sin(bx)$.

11. $y''_{xx} + a\tanh^n(kx)y'_x + be^{\lambda x}[a\tanh^n(kx) - be^{\lambda x} + \lambda]y = 0.$

Spezielle Lösung: $y_0 = \exp\Bigl(-\frac{b}{\lambda}e^{\lambda x}\Bigr)$.

12. $y''_{xx} + a\coth^n(\lambda x)y'_x + b[b + a\coth^n(\lambda x)\tan(bx)]y = 0.$

Spezielle Lösung: $y_0 = \cos(bx)$.

13. $y''_{xx} + a\coth^n(\lambda x)y'_x + b[b - a\coth^n(\lambda x)\cot(bx)]y = 0.$

Spezielle Lösung: $y_0 = \sin(bx)$.

14. $y''_{xx} + a\coth^n(kx)y'_x + be^{\lambda x}[a\coth^n(kx) - be^{\lambda x} + \lambda]y = 0.$

Spezielle Lösung: $y_0 = \exp\Bigl(-\frac{b}{\lambda}e^{\lambda x}\Bigr)$.

15. $y''_{xx} + a\ln^n(\lambda x)y'_x + b[b + a\ln^n(\lambda x)\tan(bx)]y = 0.$

Spezielle Lösung: $y_0 = \cos(bx)$.

16. $y''_{xx} + a\ln^n(\lambda x)y'_x + b[b - a\ln^n(\lambda x)\cot(bx)]y = 0.$

Spezielle Lösung: $y_0 = \sin(bx)$.

17. $y''_{xx} + a\ln^n(kx)y'_x + be^{\lambda x}[a\ln^n(kx) - be^{\lambda x} + \lambda]y = 0.$

Spezielle Lösung: $y_0 = \exp\Bigl(-\frac{b}{\lambda}e^{\lambda x}\Bigr)$.

18. $y''_{xx} + a\cos^n(kx)y'_x + be^{\lambda x}[a\cos^n(kx) - be^{\lambda x} + \lambda]y = 0.$

Spezielle Lösung: $y_0 = \exp\Bigl(-\frac{b}{\lambda}e^{\lambda x}\Bigr)$.

19. $y''_{xx} + a\sin^n(kx)y'_x + be^{\lambda x}[a\sin^n(kx) - be^{\lambda x} + \lambda]y = 0.$

Spezielle Lösung: $y_0 = \exp\Bigl(-\frac{b}{\lambda}e^{\lambda x}\Bigr)$.

20. $y''_{xx} + a\tan^n(kx)y'_x + be^{\lambda x}[a\tan^n(kx) - be^{\lambda x} + \lambda]y = 0.$

Spezielle Lösung: $y_0 = \exp\Bigl(-\frac{b}{\lambda}e^{\lambda x}\Bigr)$.

21. $y''_{xx} + a\cot^n(kx)y'_x + be^{\lambda x}[a\cot^n(kx) - be^{\lambda x} + \lambda]y = 0.$

Spezielle Lösung: $y_0 = \exp\Bigl(-\frac{b}{\lambda}e^{\lambda x}\Bigr)$.

22. $y''_{xx} + (ae^{\lambda x} + b\ln^n x)y'_x + ae^{\lambda x}(b\ln^n x + \lambda)y = 0.$

Spezielle Lösung: $y_0 = \exp\Bigl(-\frac{a}{\lambda}e^{\lambda x}\Bigr).$

23. $y''_{xx} + (ae^{\lambda x} + b\cos x)y'_x + b(ae^{\lambda x}\cos x - \sin x)y = 0.$

Spezielle Lösung: $y_0 = \exp(-b\sin x).$

24. $y''_{xx} + (ae^{\lambda x} + b\cos^n x)y'_x + ae^{\lambda x}(b\cos^n x + \lambda)y = 0.$

Spezielle Lösung: $y_0 = \exp\Bigl(-\frac{a}{\lambda}e^{\lambda x}\Bigr).$

25. $y''_{xx} + (ae^{\lambda x} + b\cos^n x)y'_x + b\cos^{n-1} x\,(ae^{\lambda x}\cos x - n\sin x)y = 0.$

Spezielle Lösung: $y_0 = \exp\Bigl(-b\int \cos^n x\,dx\Bigr).$

26. $y''_{xx} + (ae^{\lambda x} + b\sin x)y'_x + b(ae^{\lambda x}\sin x + \cos x)y = 0.$

Spezielle Lösung: $y_0 = \exp(b\cos x).$

27. $y''_{xx} + (ae^{\lambda x} + b\sin^n x)y'_x + ae^{\lambda x}(b\sin^n x + \lambda)y = 0.$

Spezielle Lösung: $y_0 = \exp\Bigl(-\frac{a}{\lambda}e^{\lambda x}\Bigr).$

28. $y''_{xx} + (ae^{\lambda x} + b\sin^n x)y'_x + b\sin^{n-1} x\,(ae^{\lambda x}\sin x + n\cos x)y = 0.$

Spezielle Lösung: $y_0 = \exp\Bigl(-b\int \sin^n x\,dx\Bigr).$

29. $y''_{xx} + (ae^{\lambda x} + b\tan x)y'_x + (b+1)(ae^{\lambda x}\tan x + 1)y = 0.$

Spezielle Lösung: $y_0 = \cos^{b+1} x.$

30. $y''_{xx} + (ae^{\lambda x} + b\tan^n x)y'_x + ae^{\lambda x}(b\tan^n x + \lambda)y = 0.$

Spezielle Lösung: $y_0 = \exp\Bigl(-\frac{a}{\lambda}e^{\lambda x}\Bigr).$

31. $y''_{xx} + (ae^{\lambda x} + b\cot x)y'_x + (b-1)(ae^{\lambda x}\cot x - 1)y = 0.$

Spezielle Lösung: $y_0 = \sin^{1-b} x.$

32. $y''_{xx} + (ae^{\lambda x} + b\cot^n x)y'_x + ae^{\lambda x}(b\cot^n x + \lambda)y = 0.$

Spezielle Lösung: $y_0 = \exp\Bigl(-\frac{a}{\lambda}e^{\lambda x}\Bigr).$

33. $y''_{xx} + (a\cosh^n x + b\cos x)y'_x + b(a\cosh^n x\cos x - \sin x)y = 0.$

Spezielle Lösung: $y_0 = \exp(-b\sin x).$

34. $y''_{xx} + (a\cosh^n x + b\cos^m x)y'_x$
$$+ b\cos^{m-1} x\,(a\cosh^n x\cos x - m\sin x)y = 0.$$

Spezielle Lösung: $y_0 = \exp\Bigl(-b\int \cos^m x\,dx\Bigr)$.

35. $y''_{xx} + (a\cosh^n x + b\sin x)y'_x + b(a\cosh^n x\sin x + \cos x)y = 0.$

Spezielle Lösung: $y_0 = \exp(b\cos x)$.

36. $y''_{xx} + (a\cosh^n x + b\sin^m x)y'_x$
$$+ b\sin^{m-1} x\,(a\cosh^n x\sin x + m\cos x)y = 0.$$

Spezielle Lösung: $y_0 = \exp\Bigl(-b\int \sin^m x\,dx\Bigr)$.

37. $y''_{xx} + (a\cosh^n x + b\tan x)y'_x + (b+1)(a\cosh^n x\tan x + 1)y = 0.$

Spezielle Lösung: $y_0 = \cos^{b+1} x$.

38. $y''_{xx} + (a\cosh^n x + b\cot x)y'_x + (b-1)(a\cosh^n x\cot x - 1)y = 0.$

Spezielle Lösung: $y_0 = \sin^{1-b} x$.

39. $y''_{xx} + (a\sinh^n x + b\cos x)y'_x + b(a\sinh^n x\cos x - \sin x)y = 0.$

Spezielle Lösung: $y_0 = \exp(-b\sin x)$.

40. $y''_{xx} + (a\sinh^n x + b\cos^m x)y'_x$
$$+ b\cos^{m-1} x\,(a\sinh^n x\cos x - m\sin x)y = 0.$$

Spezielle Lösung: $y_0 = \exp\Bigl(-b\int \cos^m x\,dx\Bigr)$.

41. $y''_{xx} + (a\sinh^n x + b\sin x)y'_x + b(a\sinh^n x\sin x + \cos x)y = 0.$

Spezielle Lösung: $y_0 = \exp(b\cos x)$.

42. $y''_{xx} + (a\sinh^n x + b\sin^m x)y'_x$
$$+ b\sin^{m-1} x\,(a\sinh^n x\sin x + m\cos x)y = 0.$$

Spezielle Lösung: $y_0 = \exp\Bigl(-b\int \sin^m x\,dx\Bigr)$.

43. $y''_{xx} + (a\sinh^n x + b\tan x)y'_x + (b+1)(a\sinh^n x\tan x + 1)y = 0.$

Spezielle Lösung: $y_0 = \cos^{b+1} x$.

44. $y''_{xx} + (a\sinh^n x + b\cot x)y'_x + (b-1)(a\sinh^n x\cot x - 1)y = 0.$

Spezielle Lösung: $y_0 = \sin^{1-b} x$.

45. $y''_{xx} + (a\tanh^n x + b\cos x)y'_x + b(a\tanh^n x\cos x - \sin x)y = 0.$

Spezielle Lösung: $y_0 = \exp(-b\sin x)$.

46. $y''_{xx} + (a\tanh^n x + b\cos^m x)y'_x$
$$+ b\cos^{m-1} x\,(a\tanh^n x\cos x - m\sin x)y = 0.$$

Spezielle Lösung: $y_0 = \exp\Bigl(-b\int \cos^m x\,dx\Bigr)$.

47. $y''_{xx} + (a\tanh^n x + b\sin x)y'_x + b(a\tanh^n x\sin x + \cos x)y = 0.$

Spezielle Lösung: $y_0 = \exp(b\cos x)$.

48. $y''_{xx} + (a\tanh^n x + b\sin^m x)y'_x$
$$+ b\sin^{m-1} x\,(a\tanh^n x\sin x + m\cos x)y = 0.$$

Spezielle Lösung: $y_0 = \exp\Bigl(-b\int \sin^m x\,dx\Bigr)$.

49. $y''_{xx} + (a\tanh^n x + b\tan x)y'_x + (b+1)(a\tanh^n x\tan x + 1)y = 0.$

Spezielle Lösung: $y_0 = \cos^{b+1} x$.

50. $y''_{xx} + (a\tanh^n x + b\cot x)y'_x + (b-1)(a\tanh^n x\cot x - 1)y = 0.$

Spezielle Lösung: $y_0 = \sin^{1-b} x$.

51. $y''_{xx} + (a\coth^n x + b\cos x)y'_x + b(a\coth^n x\cos x - \sin x)y = 0.$

Spezielle Lösung: $y_0 = \exp(-b\sin x)$.

52. $y''_{xx} + (a\coth^n x + b\cos^m x)y'_x$
$$+ b\cos^{m-1} x\,(a\coth^n x\cos x - m\sin x)y = 0.$$

Spezielle Lösung: $y_0 = \exp\Bigl(-b\int \cos^m x\,dx\Bigr)$.

53. $y''_{xx} + (a\coth^n x + b\sin x)y'_x + b(a\coth^n x\sin x + \cos x)y = 0.$

Spezielle Lösung: $y_0 = \exp(b\cos x)$.

54. $y''_{xx} + (a\coth^n x + b\sin^m x)y'_x$
$$+ b\sin^{m-1} x\,(a\coth^n x\sin x + m\cos x)y = 0.$$

Spezielle Lösung: $y_0 = \exp\Bigl(-b\int \sin^m x\,dx\Bigr)$.

55. $y''_{xx} + (a\coth^n x + b\tan x)y'_x + (b+1)(a\coth^n x\tan x + 1)y = 0.$

Spezielle Lösung: $y_0 = \cos^{b+1} x$.

56. $y''_{xx} + (a\coth^n x + b\cot x)y'_x + (b-1)(a\coth^n x\cot x - 1)y = 0.$

Spezielle Lösung: $y_0 = \sin^{1-b} x.$

57. $y''_{xx} + (a\ln^n x + b\cos x)y'_x + b(a\ln^n x\cos x - \sin x)y = 0.$

Spezielle Lösung: $y_0 = \exp(-b\sin x).$

58. $y''_{xx} + (a\ln^n x + b\cos^m x)y'_x$
$+ b\cos^{m-1} x\,(a\ln^n x\cos x - m\sin x)y = 0.$

Spezielle Lösung: $y_0 = \exp\Big(-b\int \cos^m x\,dx\Big).$

59. $y''_{xx} + (a\ln^n x + b\sin x)y'_x + b(a\ln^n x\sin x + \cos x)y = 0.$

Spezielle Lösung: $y_0 = \exp(b\cos x).$

60. $y''_{xx} + (a\ln^n x + b\sin^m x)y'_x$
$+ b\sin^{m-1} x\,(a\ln^n x\sin x + m\cos x)y = 0.$

Spezielle Lösung: $y_0 = \exp\Big(-b\int \sin^m x\,dx\Big).$

61. $y''_{xx} + (a\ln^n x + b\tan x)y'_x + (b+1)(a\ln^n x\tan x + 1)y = 0.$

Spezielle Lösung: $y_0 = \cos^{b+1} x.$

62. $y''_{xx} + (a\ln^n x + b\cot x)y'_x + (b-1)(a\ln^n x\cot x - 1)y = 0.$

Spezielle Lösung: $y_0 = \sin^{1-b} x.$

63. $y''_{xx} + ae^{\lambda x}\cos(bx)y'_x + b[b + ae^{\lambda x}\sin(bx)]y = 0.$

Spezielle Lösung: $y_0 = \cos(bx).$

64. $y''_{xx} + ae^{\lambda x}\sin(bx)y'_x + b[b - ae^{\lambda x}\cos(bx)]y = 0.$

Spezielle Lösung: $y_0 = \sin(bx).$

65. $y''_{xx} + a\cosh(bx)\ln^n(\lambda x)y'_x - b[b + a\sinh(bx)\ln^n(\lambda x)]y = 0.$

Spezielle Lösung: $y_0 = \cosh(bx).$

66. $y''_{xx} + a\cosh(bx)\cos^n(\lambda x)y'_x - b[b + a\sinh(bx)\cos^n(\lambda x)]y = 0.$

Spezielle Lösung: $y_0 = \cosh(bx).$

67. $y''_{xx} + a\cosh^n(\lambda x)\cos(bx)y'_x + b[b + a\cosh^n(\lambda x)\sin(bx)]y = 0.$

Spezielle Lösung: $y_0 = \cos(bx).$

68. $y''_{xx} + a\cosh(bx)\sin^n(\lambda x)y'_x - b[b + a\sinh(bx)\sin^n(\lambda x)]y = 0.$

Spezielle Lösung: $y_0 = \cosh(bx)$.

69. $y''_{xx} + a\cosh^n(\lambda x)\sin(bx)y'_x + b[b - a\cosh^n(\lambda x)\cos(bx)]y = 0.$

Spezielle Lösung: $y_0 = \sin(bx)$.

70. $y''_{xx} + a\cosh(bx)\tan^n(\lambda x)y'_x - b[b + a\sinh(bx)\tan^n(\lambda x)]y = 0.$

Spezielle Lösung: $y_0 = \cosh(bx)$.

71. $y''_{xx} + a\cosh(bx)\cot^n(\lambda x)y'_x - b[b + a\sinh(bx)\cot^n(\lambda x)]y = 0.$

Spezielle Lösung: $y_0 = \cosh(bx)$.

72. $y''_{xx} + a\sinh(bx)\ln^n(kx)y'_x - b[b + a\cosh(bx)\ln^n(kx)]y = 0.$

Spezielle Lösung: $y_0 = \sinh(bx)$.

73. $y''_{xx} + a\sinh(bx)\cos^n(kx)y'_x - b[b + a\cosh(bx)\cos^n(kx)]y = 0.$

Spezielle Lösung: $y_0 = \sinh(bx)$.

74. $y''_{xx} + a\sinh^n(\lambda x)\cos(bx)y'_x + b[b + a\sinh^n(\lambda x)\sin(bx)]y = 0.$

Spezielle Lösung: $y_0 = \cos(bx)$.

75. $y''_{xx} + a\sinh(bx)\sin^n(kx)y'_x - b[b + a\cosh(bx)\sin^n(kx)]y = 0.$

Spezielle Lösung: $y_0 = \sinh(bx)$.

76. $y''_{xx} + a\sinh^n(\lambda x)\sin(bx)y'_x + b[b - a\sinh^n(\lambda x)\cos(bx)]y = 0.$

Spezielle Lösung: $y_0 = \sin(bx)$.

77. $y''_{xx} + a\sinh(bx)\tan^n(kx)y'_x - b[b + a\cosh(bx)\tan^n(kx)]y = 0.$

Spezielle Lösung: $y_0 = \sinh(bx)$.

78. $y''_{xx} + a\sinh(bx)\cot^n(\lambda x)y'_x - b[b + a\cosh(bx)\cot^n(\lambda x)]y = 0.$

Spezielle Lösung: $y_0 = \sinh(bx)$.

79. $y''_{xx} + a\tanh^n(\lambda x)\cos(bx)y'_x + b[b + a\tanh^n(\lambda x)\sin(bx)]y = 0.$

Spezielle Lösung: $y_0 = \cos(bx)$.

80. $y''_{xx} + a\tanh^n(\lambda x)\sin(bx)y'_x + b[b - a\tanh^n(\lambda x)\cos(bx)]y = 0.$

Spezielle Lösung: $y_0 = \sin(bx)$.

81. $y''_{xx} + a\coth^n(\lambda x)\cos(bx)y'_x + b[b + a\coth^n(\lambda x)\sin(bx)]y = 0.$

Spezielle Lösung: $y_0 = \cos(bx)$.

82. $y''_{xx} + a\coth^n(\lambda x)\sin(bx)y'_x + b[b - a\coth^n(\lambda x)\cos(bx)]y = 0.$

Spezielle Lösung: $y_0 = \sin(bx)$.

83. $y''_{xx} + a\ln^n(\lambda x)\cos(bx)y'_x + b[b + a\ln^n(\lambda x)\sin(bx)]y = 0.$

Spezielle Lösung: $y_0 = \cos(bx)$.

84. $y''_{xx} + a\ln^n(\lambda x)\sin(bx)y'_x + b[b - a\ln^n(\lambda x)\cos(bx)]y = 0.$

Spezielle Lösung: $y_0 = \sin(bx)$.

85. $y''_{xx} + (a + be^{2\lambda x})\ln^n(kx)y'_x + \lambda[(a - be^{2\lambda x})\ln^n(kx) - \lambda]y = 0.$

Spezielle Lösung: $y_0 = be^{\lambda x} + ae^{-\lambda x}$.

86. $y''_{xx} + (a + be^{2\lambda x})\cos^n(kx)y'_x + \lambda[(a - be^{2\lambda x})\cos^n(kx) - \lambda]y = 0.$

Spezielle Lösung: $y_0 = be^{\lambda x} + ae^{-\lambda x}$.

87. $y''_{xx} + (a + be^{2\lambda x})\sin^n(kx)y'_x + \lambda[(a - be^{2\lambda x})\sin^n(kx) - \lambda]y = 0.$

Spezielle Lösung: $y_0 = be^{\lambda x} + ae^{-\lambda x}$.

88. $y''_{xx} + (a + be^{2\lambda x})\tan^n(kx)y'_x + \lambda[(a - be^{2\lambda x})\tan^n(kx) - \lambda]y = 0.$

Spezielle Lösung: $y_0 = be^{\lambda x} + ae^{-\lambda x}$.

89. $y''_{xx} + (a + be^{2\lambda x})\cot^n(kx)y'_x + \lambda[(a - be^{2\lambda x})\cot^n(kx) - \lambda]y = 0.$

Spezielle Lösung: $y_0 = be^{\lambda x} + ae^{-\lambda x}$.

90. *Die Lamésche Gleichung in Jacobischer Form*

$$y''_{xx} + (a\,\mathrm{sn}^2 x + b)y = 0.$$

Das Symbol $\mathrm{sn}\, x$ bezeichnet eine *Jacobische elliptische Funktion.* Zu dieser Gleichung siehe H. Bateman, A. Erdélyi, Bd. 3 (1955) und E. Kamke (1961).

91. *Die Lamésche Gleichung in Weierstraßscher Form*

$$y''_{xx} + [A\wp(x) + B]y = 0.$$

Das Symbol $\wp(x)$ bezeichnet die *Weierstraßsche $\wp$-Funktion.* Zu dieser Gleichung siehe H. Bateman, A. Erdélyi, Bd. 3 (1955) und E. Kamke (1961).

92. $xy''_{xx} + (ax\ln x + be^{\lambda x})y'_x + a(be^{\lambda x}\ln x + 1)y = 0.$

Spezielle Lösung: $y_0 = e^{ax}x^{-ax}$.

93. $xy''_{xx} + (1 - axe^{\lambda x} \ln x)y'_x + ae^{\lambda x}y = 0.$

Spezielle Lösung: $y_0 = \ln x$.

94. $xy''_{xx} + (ax \ln x + b \cosh^n x)y'_x + a(b \cosh^n x \ln x + 1)y = 0.$

Spezielle Lösung: $y_0 = e^{ax}x^{-ax}$.

95. $xy''_{xx} + (1 - ax \cosh^n x \ln x)y'_x + a \cosh^n x\, y = 0.$

Spezielle Lösung: $y_0 = \ln x$.

96. $xy''_{xx} + (ax \ln x + b \sinh^n x)y'_x + a(b \sinh^n x \ln x + 1)y = 0.$

Spezielle Lösung: $y_0 = e^{ax}x^{-ax}$.

97. $xy''_{xx} + (1 - ax \sinh^n x \ln x)y'_x + a \sinh^n x\, y = 0.$

Spezielle Lösung: $y_0 = \ln x$.

98. $xy''_{xx} + (ax \ln x + b \tanh^n x)y'_x + a(b \tanh^n x \ln x + 1)y = 0.$

Spezielle Lösung: $y_0 = e^{ax}x^{-ax}$.

99. $xy''_{xx} + (1 - ax \tanh^n x \ln x)y'_x + a \tanh^n x\, y = 0.$

Spezielle Lösung: $y_0 = \ln x$.

100. $xy''_{xx} + (ax \ln x + b \coth^n x)y'_x + a(b \coth^n x \ln x + 1)y = 0.$

Spezielle Lösung: $y_0 = e^{ax}x^{-ax}$.

101. $xy''_{xx} + (1 - ax \coth^n x \ln x)y'_x + a \coth^n x\, y = 0.$

Spezielle Lösung: $y_0 = \ln x$.

102. $xy''_{xx} + (ax \ln x + b \cos^n x)y'_x + a(b \cos^n x \ln x + 1)y = 0.$

Spezielle Lösung: $y_0 = e^{ax}x^{-ax}$.

103. $xy''_{xx} + (1 - ax \cos^n x \ln x)y'_x + a \cos^n x\, y = 0.$

Spezielle Lösung: $y_0 = \ln x$.

104. $xy''_{xx} + (ax \ln x + b \sin^n x)y'_x + a(b \sin^n x \ln x + 1)y = 0.$

Spezielle Lösung: $y_0 = e^{ax}x^{-ax}$.

105. $xy''_{xx} + (1 - ax \sin^n x \ln x)y'_x + a \sin^n x\, y = 0.$

Spezielle Lösung: $y_0 = \ln x$.

106. $xy''_{xx} + (ax \ln x + b \tan^n x)y'_x + a(b \tan^n x \ln x + 1)y = 0.$

Spezielle Lösung: $y_0 = e^{ax}x^{-ax}$.

107. $xy''_{xx} + (1 - ax\tan^n x \ln x)y'_x + a\tan^n x\, y = 0.$

Spezielle Lösung: $y_0 = \ln x.$

108. $xy''_{xx} + (ax\ln x + b\cot^n x)y'_x + a(b\cot^n x \ln x + 1)y = 0.$

Spezielle Lösung: $y_0 = e^{ax}x^{-ax}.$

109. $xy''_{xx} + (1 - ax\cot^n x \ln x)y'_x + a\cot^n x\, y = 0.$

Spezielle Lösung: $y_0 = \ln x.$

110. $x^2y''_{xx} + x(a\ln x + be^{\lambda x})y'_x + a(be^{\lambda x}\ln x - \ln x + 1)y = 0.$

Spezielle Lösung: $y_0 = \exp(-\tfrac{1}{2}a\ln^2 x).$

111. $x^2y''_{xx} + x(a\ln x + b\cosh^n x)y'_x + a(b\cosh^n x\ln x - \ln x + 1)y = 0.$

Spezielle Lösung: $y_0 = \exp(-\tfrac{1}{2}a\ln^2 x).$

112. $x^2y''_{xx} + x(a\ln x + b\sinh^n x)y'_x + a(b\sinh^n x\ln x - \ln x + 1)y = 0.$

Spezielle Lösung: $y_0 = \exp(-\tfrac{1}{2}a\ln^2 x).$

113. $x^2y''_{xx} + x(a\ln x + b\tanh^n x)y'_x + a(b\tanh^n x\ln x - \ln x + 1)y = 0.$

Spezielle Lösung: $y_0 = \exp(-\tfrac{1}{2}a\ln^2 x).$

114. $x^2y''_{xx} + x(a\ln x + b\coth^n x)y'_x + a(b\coth^n x\ln x - \ln x + 1)y = 0.$

Spezielle Lösung: $y_0 = \exp(-\tfrac{1}{2}a\ln^2 x).$

115. $x^2y''_{xx} + x(a\ln x + b\cos^n x)y'_x + a(b\cos^n x\ln x - \ln x + 1)y = 0.$

Spezielle Lösung: $y_0 = \exp(-\tfrac{1}{2}a\ln^2 x).$

116. $x^2y''_{xx} + x(a\ln x + b\sin^n x)y'_x + a(b\sin^n x\ln x - \ln x + 1)y = 0.$

Spezielle Lösung: $y_0 = \exp(-\tfrac{1}{2}a\ln^2 x).$

117. $x^2y''_{xx} + x(a\ln x + b\tan^n x)y'_x + a(b\tan^n x\ln x - \ln x + 1)y = 0.$

Spezielle Lösung: $y_0 = \exp(-\tfrac{1}{2}a\ln^2 x).$

118. $x^2y''_{xx} + x(a\ln x + b\cot^n x)y'_x + a(b\cot^n x\ln x - \ln x + 1)y = 0.$

Spezielle Lösung: $y_0 = \exp(-\tfrac{1}{2}a\ln^2 x).$

119. $\sin^2 x\, y''_{xx} + \sin x\,(a + be^{\lambda x})y'_x + a(be^{\lambda x} - \cos x)y = 0.$

Spezielle Lösung: $y_0 = \left(\cot\dfrac{x}{2}\right)^a.$

120. $\sin^2 x\, y''_{xx} + \sin x\,(a + b\cosh^n x)y'_x + a(b\cosh^n x - \cos x)y = 0.$

Spezielle Lösung: $y_0 = \left(\cot\frac{x}{2}\right)^a.$

121. $\sin^2 x\, y''_{xx} + \sin x\,(a + b\sinh^n x)y'_x + a(b\sinh^n x - \cos x)y = 0.$

Spezielle Lösung: $y_0 = \left(\cot\frac{x}{2}\right)^a.$

122. $\sin^2 x\, y''_{xx} + \sin x\,(a + b\tanh^n x)y'_x + a(b\tanh^n x - \cos x)y = 0.$

Spezielle Lösung: $y_0 = \left(\cot\frac{x}{2}\right)^a.$

123. $\sin^2 x\, y''_{xx} + \sin x\,(a + b\coth^n x)y'_x + a(b\coth^n x - \cos x)y = 0.$

Spezielle Lösung: $y_0 = \left(\cot\frac{x}{2}\right)^a.$

124. $\sin^2 x\, y''_{xx} + \sin x\,(a + b\ln^n x)y'_x + a(b\ln^n x - \cos x)y = 0.$

Spezielle Lösung: $y_0 = \left(\cot\frac{x}{2}\right)^a.$

125. $\cos^2 x\, y''_{xx} + \cos x\,(a + be^{\lambda x})y'_x + a(be^{\lambda x} + \sin x)y = 0.$

Spezielle Lösung: $y_0 = \left[\cot\left(\frac{x}{2} + \frac{\pi}{4}\right)\right]^a.$

126. $\cos^2 x\, y''_{xx} + \cos x\,(a + b\cosh^n x)y'_x + a(b\cosh^n x + \sin x)y = 0.$

Spezielle Lösung: $y_0 = \left[\cot\left(\frac{x}{2} + \frac{\pi}{4}\right)\right]^a.$

127. $\cos^2 x\, y''_{xx} + \cos x\,(a + b\sinh^n x)y'_x + a(b\sinh^n x + \sin x)y = 0.$

Spezielle Lösung: $y_0 = \left[\cot\left(\frac{x}{2} + \frac{\pi}{4}\right)\right]^a.$

128. $\cos^2 x\, y''_{xx} + \cos x\,(a + b\tanh^n x)y'_x + a(b\tanh^n x + \sin x)y = 0.$

Spezielle Lösung: $y_0 = \left[\cot\left(\frac{x}{2} + \frac{\pi}{4}\right)\right]^a.$

129. $\cos^2 x\, y''_{xx} + \cos x\,(a + b\coth^n x)y'_x + a(b\coth^n x + \sin x)y = 0.$

Spezielle Lösung: $y_0 = \left[\cot\left(\frac{x}{2} + \frac{\pi}{4}\right)\right]^a.$

130. $\cos^2 x\, y''_{xx} + \cos x\,(a + b\ln^n x)y'_x + a(b\ln^n x + \sin x)y = 0.$

Spezielle Lösung: $y_0 = \left[\cot\left(\frac{x}{2} + \frac{\pi}{4}\right)\right]^a.$

2.9 Gleichungen mit willkürlichen Funktionen

Bezeichnungen: $f = f(x)$ und $g = g(x)$ bezeichnen beliebige Funktionen; a, b, c, d, n, m, k, λ, α, β, γ seien beliebige Parameter.

1. $y''_{xx} + ay = f.$

1°. Lösung für $a = k^2 > 0$:

$$y = C_1 \cos(kx) + C_2 \sin(kx) + \frac{1}{k} \int_{x_0}^{x} f(\xi) \sin[k(x-\xi)]\, d\xi,$$

wobei x_0 beliebig ist.

2°. Lösung für $a = -k^2 < 0$:

$$y = C_1 \cosh(kx) + C_2 \sinh(kx) + \frac{1}{k} \int_{x_0}^{x} f(\xi) \sinh[k(x-\xi)]\, d\xi.$$

2. $y''_{xx} + ay'_x + by = f.$

Die Substitution $y = w \exp(-\frac{1}{2}ax)$ führt auf eine Gleichung der Form 2.9.1:

$$w''_{xx} + (b - \tfrac{1}{4}a^2)w = f \exp(\tfrac{1}{2}ax).$$

3. $y''_{xx} + fy'_x = g.$

Lösung: $$y = C_1 + \int e^{-F}\Big(C_2 + \int e^F g\, dx\Big)\, dx \quad \text{mit } F = \int f\, dx.$$

4. $y''_{xx} + xfy'_x - fy = 0.$

Spezielle Lösung: $y_0 = x$.

5. $y''_{xx} + fy'_x + a(f - a)y = 0.$

Spezielle Lösung: $y_0 = e^{-ax}$.

6. $y''_{xx} + fy'_x + a(x^n f - ax^{2n} + nx^{n-1})y = 0.$

Spezielle Lösung: $y_0 = \exp\Big(-\dfrac{a}{n+1}x^{n+1}\Big)$.

7. $y''_{xx} + (f + ax^n + b)y'_x + [(ax^n + b)f + anx^{n-1}]y = 0.$

Spezielle Lösung: $y_0 = \exp\Big(-\dfrac{a}{n+1}x^{n+1} - bx\Big)$.

8. $xy''_{xx} + xfy'_x - [(ax+1)f + a(ax+2)]y = 0.$

Spezielle Lösung: $y_0 = xe^{ax}$.

9. $xy''_{xx} + (xf + a)y'_x + (a-1)fy = 0.$

Spezielle Lösung: $y_0 = x^{1-a}$.

10. $xy''_{xx} + [(ax+1)f + ax - 1]y'_x + a^2xfy = 0.$

Spezielle Lösung: $y_0 = (ax+1)e^{-ax}$.

11. $xy''_{xx} + [(ax^2 + bx)f + 2]y'_x + bfy = 0.$

Spezielle Lösung: $y_0 = a + \dfrac{b}{x}$.

12. $xy''_{xx} + (f + ax^{n+1})y'_x + ax^n(f+n)y = 0.$

Spezielle Lösung: $y_0 = \exp\Bigl(-\dfrac{a}{n+1}x^{n+1}\Bigr)$.

13. $xy''_{xx} + (xf + ax^n)y'_x + [(ax^n - 1)f + anx^{n-1}]y = 0.$

Spezielle Lösung: $y_0 = x\exp\Bigl(-\dfrac{a}{n}x^n\Bigr)$.

14. $xy''_{xx} + [(ax^n + 1)f + anx^n + 1 - 2n]y'_x + a^2nx^{2n-1}fy = 0.$

Spezielle Lösung: $y_0 = (ax^n + 1)\exp(-ax^n)$.

15. *Die inhomogene Eulersche Gleichung*

$x^2y''_{xx} + \alpha xy'_x + \beta y = f.$

Die Substitution $x = e^t$ führt auf eine Gleichung der Form 2.9.2:

$$y''_{tt} + (\alpha - 1)y'_t + \beta y = f(e^t).$$

16. *Die inhomogene Besselsche Gleichung*

$x^2y''_{xx} + xy'_x + (x^2 - \nu^2)y = f.$

Die allgemeine Lösung wird durch Besselsche Funktionen dargestellt:

$$y = C_1J_\nu(x) + C_2Y_\nu(x) + \frac{\pi}{2}Y_\nu(x)\int xJ_\nu(x)f(x)\,dx - \frac{\pi}{2}J_\nu(x)\int xY_\nu(x)f(x)\,dx.$$

17. $x^2y''_{xx} + xfy'_x + a(f - a - 1)y = 0.$

Spezielle Lösung: $y_0 = x^{-a}$.

18. $x^2y''_{xx} + x(f + 2a)y'_x + [(bx + a)f - b^2x^2 + a(a-1)]y = 0.$

Spezielle Lösung: $y_0 = x^{-a}e^{-bx}$.

19. $x^2 y''_{xx} + xfy'_x + [(ax^{2n+1} + n)f - a^2 x^{4n+2} - n^2 - n]y = 0.$

Spezielle Lösung: $y_0 = x^{-n} \exp\Big(-\frac{a}{2n+1} x^{2n+1}\Big).$

20. $(ax^2 + bx + c)y''_{xx} + (x + k)fy'_x - fy = 0.$

Spezielle Lösung: $y_0 = x + k.$

21. $x^4 y''_{xx} + x^2 fy'_x + [(\lambda - x)f - \lambda^2]y = 0.$

Spezielle Lösung: $y_0 = x \exp\Big(\frac{\lambda}{x}\Big).$

22. $x^2(ax^2 + b)y''_{xx} + x(ax^2 + b)fy'_x - [(ax^2 - b)f + 2b]y = 0.$

Spezielle Lösung: $y_0 = ax + \frac{b}{x}.$

23. $(x^2 + a)^2 y''_{xx} + (x^2 + a)fy'_x - (xf + a)y = 0.$

Spezielle Lösung: $y_0 = \sqrt{x^2 + a}.$

24. $(x^2 + a)^2 y''_{xx} + (x^2 + a)fy'_x - m[xf + (m - 1)x^2 + a]y = 0.$

Spezielle Lösung: $y_0 = (x^2 + a)^{m/2}.$

25. $(ax^n + b)y''_{xx} + (ax^n + b)fy'_x - anx^{n-2}(xf + n - 1)y = 0.$

Spezielle Lösung: $y_0 = ax^n + b.$

26. $(ax^n + bx)y''_{xx} + (ax^n + bx)fy'_x$

$$- [(anx^{n-1} + b)f + an(n - 1)x^{n-2}]y = 0.$$

Spezielle Lösung: $y_0 = ax^n + bx.$

27. $(x^n + a)^2 y''_{xx} + (x^n + a)fy'_x - x^{n-2}(xf + an - a)y = 0.$

Spezielle Lösung: $y_0 = (x^n + a)^{1/n}.$

28. $(ax^n + b)^2 y''_{xx} + (ax^n + b)fy'_x + (f - anx^{n-1} - 1)y = 0.$

Spezielle Lösung: $y_0 = \exp\Big(-\int \frac{dx}{ax^n + b}\Big).$

29. $f(x)y''_{xx} + [ax^2 + (ac + b)x + bc]y'_x - (ax + b)y = 0.$

Spezielle Lösung: $y_0 = x + c.$

30. $y''_{xx} - (f^2 + f'_x)y = 0.$

Spezielle Lösung: $y_0 = \exp\Big(\int f\,dx\Big).$

31. $y''_{xx} + fy'_x - [a(a+1)f^2 + af'_x]y = 0.$

Spezielle Lösung: $y_0 = \exp\Big(a \int f\,dx\Big).$

32. $y''_{xx} + 2fy'_x + (f^2 + f'_x)y = 0.$

Lösung: $y = (C_2 x + C_1)\exp\Big(-\int f\,dx\Big).$

33. $y''_{xx} + (1-a)fy'_x - a(f^2 + f'_x)y = 0.$

Spezielle Lösung: $y_0 = \exp\Big(a \int f\,dx\Big).$

34. $y''_{xx} + fy'_x + (fg - g^2 + g'_x)y = 0.$

Spezielle Lösung: $y_0 = \exp\Big(-\int g\,dx\Big).$

35. $y''_{xx} + 2fy'_x + (f^2 + f'_x + a)y = 0.$

Die Substitution $u = y\exp\Big(\int f\,dx\Big)$ führt auf eine Gleichung mit konstanten Koeffizienten: $u''_{xx} + au = 0.$

36. $y''_{xx} + 2fy'_x + (f^2 + f'_x + ax^{2n} + bx^{n-1})y = 0.$

Die Substitution $w = y\exp\Big(\int f\,dx\Big)$ führt auf eine Gleichung der Form 2.2.10: $w''_{xx} + a(x^{2n} + bx^{n-1})w = 0.$

37. $y''_{xx} + (2f + a)y'_x + (f^2 + af + f'_x + b)y = 0.$

Die Substitution $u = y\exp\Big(\int f\,dx\Big)$ führt auf eine Gleichung mit konstanten Koeffizienten: $u''_{xx} + au'_x + bu = 0.$

38. $y''_{xx} + (f+g)y'_x + (fg + f'_x)y = 0.$

Spezielle Lösung: $y_0 = \exp\Big(-\int f\,dx\Big).$

39. $xy''_{xx} + xfy'_x + (f + xf'_x)y = 0.$

Spezielle Lösung: $y_0 = x\exp\Big(-\int f\,dx\Big).$

40. $xy''_{xx} + (xf + a)y'_x + (af + xf'_x)y = 0.$

Spezielle Lösung: $y_0 = \exp\Big(-\int f\,dx\Big).$

41. $(x+a)y''_{xx} + (f+b)y'_x + f'_x y = 0.$

Spezielle Lösung: $y_0 = \exp\left(\int \frac{1-b-f}{x+a}\,dx\right).$

42. $x^2 y''_{xx} + x(2f+1)y'_x + (f^2 + xf'_x + x^2 - a)y = 0.$

Die Substitution $y = w\exp\left(-\int \frac{f}{x}\,dx\right)$ führt auf die Besselsche Gleichung 2.2.121: $x^2 w''_{xx} + xw'_x + (x^2-a)w = 0.$

43. $x^2 y''_{xx} + x(2f+a)y'_x + [f^2 + (a-1)f + xf'_x + bx^n + c]y = 0.$

Die Substitution $w = y\exp\left(\int \frac{f}{x}\,dx\right)$ führt auf eine Gleichung der Form 2.2.127:

$$x^2 w''_{xx} + axw'_x + (bx^n + c)w = 0.$$

44. $x^2 y''_{xx} + x(2f + ax^n + b)y'_x$
$+ [f^2 + (ax^n + b - 1)f + xf'_x + \alpha x^{2n} + \beta x^n + \gamma]y = 0.$

Die Substitution $w = y\exp\left(\int \frac{f}{x}\,dx\right)$ führt auf eine Gleichung der Form 2.2.141:

$$x^2 w''_{xx} + (ax^n + b)xw'_x + (\alpha x^{2n} + \beta x^n + \gamma)w = 0.$$

45. $2fy''_{xx} + f'_x y'_x + ay = 0.$

Die Substitution $\xi = \int \frac{dx}{\sqrt{f}}$ führt auf eine Gleichung mit konstanten Koeffizienten: $2y''_{\xi\xi} + ay = 0.$

46. $fy''_{xx} - f'_x y'_x - af^3 y = 0.$

Lösung: $y = C_1 e^u + C_2 e^{-u}$ mit $u = \sqrt{a}\int f\,dx.$

47. $fy''_{xx} - (f'_x + af^2)y'_x + bf^3 y = 0.$

Lösung:

$$y = C_1\exp\left(\lambda_1 \int f\,dx\right) + C_2\exp\left(\lambda_2\int f\,dx\right),$$

wobei λ_1 und λ_2 Wurzeln der quadratischen Gleichung $\lambda^2 - a\lambda + b = 0$ sind.

48. $f y''_{xx} - (f'_x + af) y'_x - b f^2 (a + bf) y = 0.$

Spezielle Lösung: $y_0 = \exp\Bigl(-b \int f\,dx\Bigr).$

49. $f y''_{xx} - (f'_x + 2af) y'_x + (a f'_x + a^2 f - b^2 f^3) y = 0.$

Spezielle Lösung: $y_0 = e^{ax} \exp\Bigl(b \int f\,dx\Bigr).$

50. $f^2 y''_{xx} + f(f'_x + a) y'_x + by = 0.$

Die Substitution $\xi = \int \frac{dx}{f}$ führt auf eine Gleichung mit konstanten Koeffizienten: $y''_{\xi\xi} + a y'_\xi + by = 0.$

51. $f^2 y''_{xx} + f(f'_x + 2g + a) y'_x + (f g'_x + g^2 + ag + b) y = 0.$

Die Transformation $\xi = \int \frac{dx}{f}$, $u = y \exp\Bigl(\int \frac{g}{f}\,dx\Bigr)$ führt auf eine Gleichung mit konstanten Koeffizienten: $u''_{\xi\xi} + a u'_\xi + bu = 0.$

52. $f g y''_{xx} - (a f'_x g + b f g'_x) y'_x - \lambda f^{2a+1} g^{2b+1} y = 0.$

Lösung: $y = C_1 e^u + C_2 e^{-u}$ mit $u = \sqrt{\lambda} \int f^a g^b\,dx.$

53. $f y''_{xx} - f''_{xx} y = 0.$

Lösung: $y = C_1 f + C_2 f \int f^{-2}\,dx.$

54. $4 f^2 y''_{xx} - [2 f f''_{xx} - (f'_x)^2 + a] y = 0.$

1°. Lösung für $a = 0$:

$$y = \sqrt{f}\,\Bigl(C_1 + C_2 \int \frac{dx}{f}\Bigr).$$

2°. Lösung für $a > 0$:

$$y = \sqrt{f}\,(C_1 e^{\varphi} + C_2 e^{-\varphi}) \qquad \text{mit} \quad \varphi = \frac{\sqrt{a}}{2} \int \frac{dx}{f}.$$

3°. Lösung für $a < 0$:

$$y = \sqrt{f}\,(C_1 \cos\varphi + C_2 \sin\varphi) \qquad \text{mit} \quad \varphi = \frac{\sqrt{-a}}{2} \int \frac{dx}{f}.$$

55. $y''_{xx} - \dfrac{f''_{xx}}{f'_x} y'_x + a^2 (f'_x)^2 f^{2n-2} y = 0.$

Lösung:

$$y = \sqrt{f}\left[C_1 J_{\frac{1}{2n}}\left(\frac{a}{n} f^n\right) + C_2 Y_{\frac{1}{2n}}\left(\frac{a}{n} f^n\right)\right],$$

wobei J_m und Y_m Besselsche Funktionen sind.

56. $y''_{xx} + \left(\dfrac{f f'_x}{f^2 + a} - \dfrac{f''_{xx}}{f'_x}\right) y'_x - \dfrac{b^2 (f'_x)^2}{f^2 + a} y = 0.$

Lösung: $y = C_1\left(f + \sqrt{f^2 + a}\right)^b + C_2\left(f + \sqrt{f^2 + a}\right)^{-b}.$

57. $y''_{xx} + f y'_x + a e^{\lambda x}(f - a e^{\lambda x} + \lambda) y = 0.$

Spezielle Lösung: $y_0 = \exp\left(-\dfrac{a}{\lambda} e^{\lambda x}\right).$

58. $y''_{xx} + (f + a e^{\lambda x}) y'_x + a e^{\lambda x}(f + \lambda) y = 0.$

Spezielle Lösung: $y_0 = \exp\left(-\dfrac{a}{\lambda} e^{\lambda x}\right).$

59. $y''_{xx} + (a + b e^{2\lambda x}) f y'_x + \lambda[(a - b e^{2\lambda x}) f - \lambda] y = 0.$

Spezielle Lösung: $y_0 = b e^{\lambda x} + a e^{-\lambda x}.$

60. $y''_{xx} + 2 f y'_x + (f^2 + f'_x + a e^{2\lambda x} + b e^{\lambda x} + c) y = 0.$

Die Substitution $u = y \exp\left(\int f\,dx\right)$ führt auf eine Gleichung der Form 2.3.5: $u''_{xx} + (a e^{2\lambda x} + b e^{\lambda x} + c) u = 0.$

61. $y''_{xx} + f \sinh(ax) y'_x - a[a + f \cosh(ax)] y = 0.$

Spezielle Lösung: $y_0 = \sinh(ax).$

62. $y''_{xx} + f \cosh(ax) y'_x - a[a + f \sinh(ax)] y = 0.$

Spezielle Lösung: $y_0 = \cosh(ax).$

63. $y''_{xx} - f'_x y'_x + a^2 e^{2f} y = 0.$

Lösung: $y = C_1 \sin\left(a \int e^f\,dx\right) + C_2 \cos\left(a \int e^f\,dx\right).$

64. $y''_{xx} - f'_x y'_x - a^2 e^{2f} y = 0.$

Lösung: $y = C_1 \exp\left(a \int e^f\,dx\right) + C_2 \exp\left(-a \int e^f\,dx\right).$

65. $(ae^{\lambda x}+b)^2 y''_{xx} + (ae^{\lambda x}+b) f y'_x + ce^{\lambda x}(f - ce^{\lambda x} + \lambda b) y = 0.$

Spezielle Lösung: $y_0 = \left(ae^{\lambda x}+b\right)^{-\frac{c}{a\lambda}}$.

66. $xy''_{xx} + (1 - fx\ln x) y'_x + fy = 0.$

Spezielle Lösung: $y_0 = \ln x$.

67. $xy''_{xx} + (f + ax\ln x) y'_x + a(f\ln x + 1) y = 0.$

Spezielle Lösung: $y_0 = e^{ax} x^{-ax}$.

68. $x^2 y''_{xx} + 2x(\ln x + a) f y'_x + [\frac{1}{4} - (\ln x + a + 2) f] y = 0.$

Spezielle Lösung: $y_0 = \sqrt{x}\,(\ln x + a)$.

69. $x^2 y''_{xx} + x(f + a\ln x) y'_x + a(f\ln x - \ln x + 1) y = 0.$

Spezielle Lösung: $y_0 = \exp(-\frac{1}{2} a \ln^2 x)$.

70. $y''_{xx} + f\sin(ax) y'_x + a[a - f\cos(ax)] y = 0.$

Spezielle Lösung: $y_0 = \sin(ax)$.

71. $y''_{xx} + f\cos(ax) y'_x + a[a + f\sin(ax)] y = 0.$

Spezielle Lösung: $y_0 = \cos(ax)$.

72. $y''_{xx} + f y'_x + a[\lambda + f\tan(\lambda x) + (\lambda - a)\tan^2(\lambda x)] y = 0.$

Spezielle Lösung: $y_0 = [\cos(\lambda x)]^{a/\lambda}$.

73. $y''_{xx} + f y'_x + a[\lambda - f\cot(\lambda x) + (\lambda - a)\cot^2(\lambda x)] y = 0.$

Spezielle Lösung: $y_0 = [\sin(\lambda x)]^{a/\lambda}$.

74. $y''_{xx} + (f + a\sin x) y'_x + a(f\sin x + \cos x) y = 0.$

Spezielle Lösung: $y_0 = \exp(a\cos x)$.

75. $y''_{xx} + (f + a\cos x) y'_x + a(f\cos x - \sin x) y = 0.$

Spezielle Lösung: $y_0 = \exp(-a\sin x)$.

76. $y''_{xx} + (f + a\tan x) y'_x + (a+1)(f\tan x + 1) y = 0.$

Spezielle Lösung: $y_0 = \cos^{a+1} x$.

77. $y''_{xx} + (f + a\cot x) y'_x + (a-1)(f\cot x - 1) y = 0.$

Spezielle Lösung: $y_0 = \sin^{1-a} x$.

78. $y''_{xx} + \tan x\,(f + a - 1)y'_x + [(a\tan^2 x - 1)f + 2a + 2]y = 0.$

Spezielle Lösung: $y_0 = \sin x \cos^a x$.

79. $y''_{xx} + (f + a\cos^n x)y'_x + a\cos^{n-1} x\,(f\cos x - n\sin x)y = 0.$

Spezielle Lösung: $y_0 = \exp\Bigl(-a\displaystyle\int \cos^n x\,dx\Bigr)$.

80. $y''_{xx} + (f + a\sin^n x)y'_x + a\sin^{n-1} x\,(f\sin x + n\cos x)y = 0.$

Spezielle Lösung: $y_0 = \exp\Bigl(-a\displaystyle\int \sin^n x\,dx\Bigr)$.

81. $\sin^2 x\, y''_{xx} + \sin x\,(f + a)y'_x + a(f - \cos x)y = 0.$

Spezielle Lösung: $y_0 = \Bigl(\cot\dfrac{x}{2}\Bigr)^a$.

82. $\cos^2 x\, y''_{xx} + \cos x\,(a + f)y'_x + a(f + \sin x)y = 0.$

Spezielle Lösung: $y_0 = \Bigl[\cot\Bigl(\dfrac{x}{2} + \dfrac{\pi}{4}\Bigr)\Bigr]^a$.

2.10 Einige Transformationen

Bezeichnungen: f, g, h seien Funktionen einer Variablen, die, wie in den runden Klammern angegeben, oft selbst eine Funktion der unabhängigen Variablen x ist.

1. $y''_{xx} + x^{-4} f\Bigl(\dfrac{1}{x}\Bigr)y = 0.$

Die Transformation $\xi = \dfrac{1}{x}$, $w = \dfrac{y}{x}$ führt auf die Gleichung $w''_{\xi\xi} + f(\xi)w = 0$.

2. $y''_{xx} + (cx + d)^{-4} f\Bigl(\dfrac{ax + b}{cx + d}\Bigr)y = 0.$

Die Transformation $\xi = \dfrac{ax+b}{cx+d}$, $w = \dfrac{y}{cx+d}$ führt auf die einfachere Gleichung $w''_{\xi\xi} + \Delta^{-2} f(\xi)w = 0$ mit $\Delta = ad - bc$.

3. $x^2 y''_{xx} + \Bigl[\dfrac{1 - n^2}{4} + x^{2n} f(ax^n + b)\Bigr]y = 0.$

Die Transformation $\xi = ax^n + b$, $w = yx^{\frac{n-1}{2}}$ führt auf die einfachere Gleichung $w''_{\xi\xi} + (an)^{-2} f(\xi)w = 0$.

4. $x^2 y''_{xx} + x(xf + a)y'_x + (xg + b)y = 0, \qquad f = f(x), g = g(x).$

Die Substitution $y = x^k w$, wobei k eine Wurzel der quadratischen Gleichung $k^2 + (a-1)k + b = 0$ ist, führt auf die Gleichung

$$x w''_{xx} + (xf + a + 2k)w'_x + (g + kf)w = 0.$$

5. $xP_n(x)y''_{xx} + Q_n(x)y'_x + R_{n-1}(x)y = 0$

mit $P_n(x) = \sum\limits_{m=0}^{n} a_m x^m,\ \ Q_n(x) = \sum\limits_{m=0}^{n} b_m x^m,\ \ R_{n-1}(x) = \sum\limits_{m=0}^{n-1} c_m x^m.$

Die Substitution $y = x^k w$, wobei $k = 1 - \dfrac{b_0}{a_0}$ ist, führt auf eine Gleichung in analoger Form:

$$xP_n(x)w''_{xx} + [Q_n(x) + 2kP_n(x)]w'_x + [R_{n-1}(x) + F_{n-1}(x)]w = 0,$$

wobei $F_{n-1}(x) = \dfrac{k}{x}[Q_n(x) + (k-1)P_n(x)]$ gilt.

6. $x(x-1)P_{n-1}(x)y''_{xx} + Q_n(x)y'_x + R_{n-1}(x)y = 0$

mit $P_{n-1}(x) = \sum\limits_{m=0}^{n-1} a_m x^m,\ \ Q_n(x) = \sum\limits_{m=0}^{n} b_m x^m,\ \ R_{n-1}(x) = \sum\limits_{m=0}^{n-1} c_m x^m.$

Die Transformation $\xi = \dfrac{x}{x-1}$, $w = |x-1|^{-k}y$, wobei k eine Wurzel der quadratischen Gleichung $a_{n-1}k^2 + (b_n - a_{n-1})k + c_{n-1} = 0$ ist, führt auf eine Gleichung analoger Gestalt:

$$\xi(\xi-1)\widehat{P}_{n-1}(\xi)w''_{\xi\xi} + [2(1-k)\xi\widehat{P}_{n-1}(\xi) - \widehat{Q}_n(\xi)]w'_\xi$$
$$+ [k(k-1)\widehat{P}_{n-1}(\xi) + F_{n-1}(\xi)]w = 0.$$

Hierbei gelten:

$$\widehat{P}_{n-1}(\xi) = \sum_{m=0}^{n-1} a_m \xi^m (\xi-1)^{n-m-1}, \quad \widehat{Q}_n(\xi) = \sum_{m=0}^{n} b_m \xi^m (\xi-1)^{n-m},$$

$$\widehat{R}_{n-1}(\xi) = \sum_{m=0}^{n-1} c_m \xi^m (\xi-1)^{n-m-1},$$

$$F_{n-1}(\xi) = \frac{\widehat{R}_{n-1}(\xi) + k\widehat{Q}_n(\xi) + k(k-1)\widehat{P}_{n-1}(\xi)}{\xi-1}.$$

7. $y''_{xx} + \left[e^{2\lambda x} f(ae^{\lambda x} + b) - \dfrac{1}{4}\lambda^2\right]y = 0.$

Die Transformation $\xi = ae^{\lambda x} + b$, $w = ye^{\lambda x/2}$ führt auf die einfachere Gleichung $w''_{\xi\xi} + (a\lambda)^{-2} f(\xi)w = 0.$

8. $y''_{xx} + f(e^{\lambda x})y'_x + g(e^{\lambda x})y = 0.$

Die Substitution $z = e^{\lambda x}$ führt auf die Gleichung
$\lambda^2 z^2 y''_{zz} + \lambda z[f(z) + \lambda]y'_z + g(z)y = 0.$

9. $y''_{xx} + \left[-\lambda^2 + \sinh^{-4}(\lambda x) f\left(\coth(\lambda x)\right)\right] y = 0.$

Die Transformation $\xi = \coth(\lambda x)$, $w = \dfrac{y}{\sinh(\lambda x)}$ führt auf die einfachere Gleichung $w''_{\xi\xi} + \lambda^{-2} f(\xi) w = 0.$

10. $y''_{xx} + \left[-\lambda^2 + \cosh^{-4}(\lambda x) f\left(\tanh(\lambda x)\right)\right] y = 0.$

Die Transformation $\xi = \tanh(\lambda x)$, $w = \dfrac{y}{\cosh(\lambda x)}$ führt auf die einfachere Gleichung $w''_{\xi\xi} + \lambda^{-2} f(\xi) w = 0.$

11. $y''_{xx} + \left[-\dfrac{1}{4}\lambda^2 + \dfrac{e^{2\lambda x}}{(ce^{\lambda x} + d)^4} f\left(\dfrac{ae^{\lambda x} + b}{ce^{\lambda x} + d}\right)\right] y = 0.$

Die Transformation $\xi = \dfrac{ae^{\lambda x} + b}{ce^{\lambda x} + d}$, $w = \dfrac{ye^{\lambda x/2}}{ce^{\lambda x} + d}$ führt auf die einfachere Gleichung $w''_{\xi\xi} + (\Delta\lambda)^{-2} f(\xi) w = 0$ mit $\Delta = ad - bc$.

12. $fy''_{xx} + (2f \tanh x + g)y'_x + (g \tanh x + h)y = 0,$
$f = f(x), g = g(x), h = h(x).$

Die Substitution $u = y \cosh x$ führt auf die einfachere Gleichung
$fu''_{xx} + gu'_x + (h - f)u = 0.$

13. $fy''_{xx} + (2f \coth x + g)y'_x + (g \coth x + h)y = 0,$
$f = f(x), g = g(x), h = h(x).$

Die Substitution $u = y \sinh x$ führt auf die einfachere Gleichung
$fu''_{xx} + gu'_x + (h - f)u = 0.$

14. $x^2 y''_{xx} + [f(a \ln x + b) + \frac{1}{4}]y = 0.$

Die Transformation $\xi = a \ln x + b$, $w = yx^{-1/2}$ führt auf die einfachere Gleichung $w''_{\xi\xi} + a^{-2} f(\xi) w = 0.$

15. $(x^2 - 1)^2 y''_{xx} + f\left(\ln \dfrac{ax - a}{x + 1}\right) y = 0.$

Die Transformation $\xi = \ln \dfrac{ax - a}{x + 1}$, $w = \dfrac{y}{\sqrt{|x^2 - 1|}}$ führt auf die einfachere Gleichung $4w''_{\xi\xi} + [f(\xi) - 1]w = 0.$

16. $x^2 f(\ln x) y''_{xx} + x g(\ln x) y'_x + h(\ln x) y = 0.$

Die Substitution $\xi = \ln x$ führt auf die Gleichung
$f(\xi) y''_{\xi\xi} + [g(\xi) - f(\xi)] y'_\xi + h(\xi) y = 0.$

17. $y''_{xx} + [\lambda^2 + \sin^{-4}(\lambda x) f(\cot(\lambda x))] y = 0.$

Die Transformation $\xi = \cot(\lambda x)$, $w = \dfrac{y}{\sin(\lambda x)}$ führt auf die einfachere Gleichung $w''_{\xi\xi} + \lambda^{-2} f(\xi) w = 0.$

18. $y''_{xx} + \big[\lambda^2 + \cos^{-4}(\lambda x) f(\tan(\lambda x))\big] y = 0.$

Die Transformation $\xi = \tan(\lambda x)$, $w = \dfrac{y}{\cos(\lambda x)}$ führt auf die einfachere Gleichung $w''_{\xi\xi} + \lambda^{-2} f(\xi) w = 0.$

19. $y''_{xx} + \left[\lambda^2 + \dfrac{1}{\sin^4(\lambda x + b)} f\left(\dfrac{\sin(\lambda x + a)}{\sin(\lambda x + b)}\right)\right] y = 0.$

Die Transformation $\xi = \dfrac{\sin(\lambda x + a)}{\sin(\lambda x + b)}$, $w = \dfrac{y}{\sin(\lambda x + b)}$ führt auf die einfachere Gleichung $w''_{\xi\xi} + [\lambda \sin(b - a)]^{-2} f(\xi) w = 0.$

20. $f y''_{xx} + (g - 2f \tan x) y'_x + (h - g \tan x) y = 0,$
$f = f(x), g = g(x), h = h(x).$

Die Substitution $u = y \cos x$ führt auf eine Gleichung einfacherer Gestalt:
$f u''_{xx} + g u'_x + (f + h) u = 0.$

21. $f y''_{xx} + (g + 2f \cot x) y'_x + (h + g \cot x) y = 0,$
$f = f(x), g = g(x),\ h = h(x).$

Die Substitution $u = y \sin x$ führt auf eine Gleichung einfacherer Gestalt:
$f u''_{xx} + g u'_x + (f + h) u = 0.$

22. $(x^2 + 1)^2 y''_{xx} + f(\arctan x + b) y = 0.$

Die Transformation $\xi = \arctan x + b$, $w = \dfrac{y}{\sqrt{x^2 + 1}}$ führt auf die einfachere Gleichung $w''_{\xi\xi} + [f(\xi) + 1] w = 0.$

23. $(x^2 + 1)^2 y''_{xx} + f(\operatorname{arccot} x + b) y = 0.$

Die Transformation $\xi = \operatorname{arccot} x + b$, $w = \dfrac{y}{\sqrt{x^2 + 1}}$ führt auf die einfachere Gleichung $w''_{\xi\xi} + [f(\xi) + 1] w = 0.$

24. $y''_{xx} + f(x)y = 0.$

Die Transformation $x = \varphi(\xi)$, $y = w\,\sqrt{|\varphi'_\xi|}$ führt auf eine Gleichung analoger Gestalt:

$$w''_{\xi\xi} + \left[\frac{1}{2}\frac{\varphi'''_{\xi\xi\xi}}{\varphi'_\xi} - \frac{3}{4}\left(\frac{\varphi''_{\xi\xi}}{\varphi'_\xi}\right)^2 + (\varphi'_\xi)^2 f(\varphi)\right] w = 0.$$

2.11 Asymptotische Lösungen

In diesem Abschnitt betrachten wir lineare Differentialgleichungen, die beliebige (genügend glatte) Funktionen enthalten, für reelle Werte der unabhängigen Variablen. Wir geben asymptotische Lösungen für $\varepsilon \to 0$ $(\varepsilon > 0)$ an.

1. Wir betrachten die Gleichung

$$\varepsilon^2 y''_{xx} - f(x)y = 0 \tag{1}$$

auf dem Intervall $a \le x \le b$.

1. Fall. Für $f \neq 0$ werden die Hauptglieder der asymptotischen Entwicklung eines fundamentalen Lösungssystems für $\varepsilon \to 0$ durch folgende Formeln gegeben:

für $f > 0$:

$$y_1 = f^{-1/4} \exp\left(-\frac{1}{\varepsilon}\int \sqrt{f}\,dx\right), \qquad y_2 = f^{-1/4} \exp\left(\frac{1}{\varepsilon}\int \sqrt{f}\,dx\right);$$

für $f < 0$:

$$y_1 = (-f)^{-1/4} \cos\left(\frac{1}{\varepsilon}\int \sqrt{-f}\,dx\right), \qquad y_2 = (-f)^{-1/4} \sin\left(\frac{1}{\varepsilon}\int \sqrt{-f}\,dx\right).$$

2. Fall. Wir beschreiben die asymptotische Lösung der Gleichung (1) in der Umgebung eines *Wendepunktes* $x = x_0$, in dem die Funktion $f(x)$ null ist: $f(x_0) = 0$. Unter der Annahme, daß $f(x)$ in der Form

$$f(x) = (x_0 - x)\psi(x) \qquad \text{mit} \qquad \psi(x) > 0$$

dargestellt werden kann, erhält man die asymptotische Lösung für $\varepsilon \to 0$ $(\varepsilon > 0)$ aus den folgenden drei Formeln:

für $x > x_0$:

$$y = (-f)^{-1/4}\left[C_1 \cos\left(\frac{1}{\varepsilon}\int_{x_0}^{x} \sqrt{-f}\,dx + \frac{\pi}{4}\right) + C_2 \sin\left[\frac{1}{\varepsilon}\int_{x_0}^{x} \sqrt{-f}\,dx + \frac{\pi}{4}\right)\right];$$

für $x < x_0$:

$$y = (f)^{-1/4}\left[C_1 \exp\left(\frac{1}{\varepsilon}\int_x^{x_0}\sqrt{f}\,dx\right) + \frac{1}{2}C_2 \exp\left(-\frac{1}{\varepsilon}\int_x^{x_0}\sqrt{f}\,dx\right)\right];$$

in der Umgebung des Wendepunktes $x = x_0$:

$$y = \widetilde{C}_1 \operatorname{Bi}(z) + \widetilde{C}_2 \operatorname{Ai}(z), \qquad z = \varepsilon^{-2/3}[\psi(x_0)]^{1/3}(x_0 - x),$$

wobei $\operatorname{Ai}(z)$ und $\operatorname{Bi}(z)$ die Airyschen Funktionen erster und zweiter Art sind (s. Gleichung 2.2.2). Für die Integrationskonstanten C_1, C_2 und $\widetilde{C}_1$, $\widetilde{C}_2$ in diesen Formeln gelten

$$C_1 = \frac{1}{\sqrt{\pi}}[\varepsilon\psi(x_0)]^{1/6}\widetilde{C}_1, \quad C_2 = \frac{1}{\sqrt{\pi}}[\varepsilon\psi(x_0)]^{1/6}\widetilde{C}_2.$$

2. Zweigliedrige asymptotische Darstellungen einer Lösung der Gleichung (1) für $f > 0$ und $\varepsilon \to 0$ auf dem Intervall $a \le x \le b$ haben die Gestalt

$$y_1 = f^{-1/4} \exp\left(-\frac{1}{\varepsilon}\int_{x_0}^{x}\sqrt{f}\,dx\right)\left\{1 - \varepsilon\int_{x_0}^{x}\left[\frac{1}{8}\frac{f''_{xx}}{f^{3/2}} - \frac{5}{32}\frac{(f'_x)^2}{f^{5/2}}\right]dx\right\}, \tag{2a}$$

$$y_2 = f^{-1/4} \exp\left(\frac{1}{\varepsilon}\int_{x_0}^{x}\sqrt{f}\,dx\right)\left\{1 + \varepsilon\int_{x_0}^{x}\left[\frac{1}{8}\frac{f''_{xx}}{f^{3/2}} - \frac{5}{32}\frac{(f'_x)^2}{f^{5/2}}\right]dx\right\}, \tag{2b}$$

wobei x_0 eine beliebige Zahl ist, die der Ungleichung $a \le x_0 \le b$ genügt. In den geschweiften Klammern der Formeln (2a, b) sind die Terme der Größenordnung $O(\varepsilon^2)$ fortgelassen.

Die asymptotischen Zerlegungen eines fundamentalen Lösungssystems der Gleichung (1) für $f < 0$ ergeben sich durch Trennung von Real- und Imaginärteil in den Formeln (2a, b).

3. Wir betrachten die Gleichung

$$\varepsilon^2 y''_{xx} - x^{m-2} f(x) y = 0 \tag{3}$$

auf dem Intervall $a \le x \le b$, wobei $a < 0$ und $b > 0$ ist, m eine ganze positive Zahl bezeichnet und $f(x) \ne 0$ gilt. In diesem Fall kann man das Hauptglied der asymptotischen Entwicklung für $\varepsilon \to 0$ in einer Umgebung des Punktes $x = 0$ durch Lösung einer einfacheren Modellgleichung gewinnen, die man aus (3) erhält, wenn man die Funktion $f(x)$ durch die Konstante $f(0)$ ersetzt (die Lösung der Modellgleichung wird durch Besselsche Funktionen der Ordnung $1/m$ dargestellt, s. Gleichung 2.2.7).

In den folgenden Formeln geben wir die Hauptglieder der asymptotischen Entwicklungen eines fundamentalen Lösungssystems der Gleichung (3) für die

Intervalle $a < x < 0$ und $0 < x < b$ an (eine kleine Umgebung des Punktes $x = 0$ wird fortgelassen). Wir unterscheiden drei Fälle:
1°. Es sei m eine gerade Zahl und $f(x) > 0$. Dann gelten

$$y_1 = \begin{cases} [f(x)]^{-1/4} \exp\left[\frac{1}{\varepsilon}\int_0^x \sqrt{f(x)}\,dx\right] & \text{für } x < 0, \\ k^{-1}[f(x)]^{-1/4} \exp\left[\frac{1}{\varepsilon}\int_0^x \sqrt{f(x)}\,dx\right] & \text{für } x > 0; \end{cases}$$

$$y_2 = \begin{cases} [f(x)]^{-1/4} \exp\left[-\frac{1}{\varepsilon}\int_0^x \sqrt{f(x)}\,dx\right] & \text{für } x < 0, \\ k[f(x)]^{-1/4} \exp\left[-\frac{1}{\varepsilon}\int_0^x \sqrt{f(x)}\,dx\right] & \text{für } x > 0, \end{cases}$$

wobei $k = \sin\left(\frac{\pi}{m}\right)$ ist.
2°. Es sei m eine gerade Zahl und $f(x) < 0$. Dann gelten

$$y_1 = \begin{cases} |f(x)|^{-1/4} \cos\left[-\frac{1}{\varepsilon}\int_0^x \sqrt{|f(x)|}\,dx + \frac{\pi}{4}\right] & \text{für } x < 0, \\ k^{-1}|f(x)|^{-1/4} \cos\left[\frac{1}{\varepsilon}\int_0^x \sqrt{|f(x)|}\,dx - \frac{\pi}{4}\right] & \text{für } x > 0; \end{cases}$$

$$y_2 = \begin{cases} |f(x)|^{-1/4} \cos\left[-\frac{1}{\varepsilon}\int_0^x \sqrt{|f(x)|}\,dx - \frac{\pi}{4}\right] & \text{für } x < 0, \\ k|f(x)|^{-1/4} \cos\left[\frac{1}{\varepsilon}\int_0^x \sqrt{|f(x)|}\,dx + \frac{\pi}{4}\right] & \text{für } x > 0, \end{cases}$$

wobei $k = \tan\left(\frac{\pi}{2m}\right)$ ist.

3°. Es sei m eine ungerade Zahl. Dann gelten

$$y_1 = \begin{cases} |f(x)|^{-1/4} \cos\left[-\frac{1}{\varepsilon}\int_0^x \sqrt{|f(x)|}\,dx + \frac{\pi}{4}\right] & \text{für } x < 0, \\ \frac{1}{2}k^{-1}[f(x)]^{-1/4} \exp\left[\frac{1}{\varepsilon}\int_0^x \sqrt{f(x)}\,dx\right] & \text{für } x > 0; \end{cases}$$

$$y_2 = \begin{cases} |f(x)|^{-1/4} \cos\left[-\frac{1}{\varepsilon}\int_0^x \sqrt{|f(x)|}\,dx - \frac{\pi}{4}\right] & \text{für } x < 0, \\ k[f(x)]^{-1/4} \exp\left[-\frac{1}{\varepsilon}\int_0^x \sqrt{f(x)}\,dx\right] & \text{für } x > 0 \end{cases}$$

mit $k = \sin\left(\frac{\pi}{2m}\right)$.

4. Wir betrachten eine Gleichung der Gestalt

$$\varepsilon^2 y''_{xx} - f(x,\varepsilon)y = 0 \tag{4}$$

auf dem Intervall $a \leq x \leq b$ unter der Bedingung, daß $f \neq 0$ ist und wie folgt dargestellt werden kann:

$$f(x,\varepsilon) = \sum_{k=0}^{\infty} f_k(x)\varepsilon^k, \qquad \varepsilon \to 0.$$

Dann sind die Hauptglieder der asymptotischen Zerlegungen eines fundamentalen Lösungssystems der Gleichung (4) durch folgende Formeln bestimmt:

$$\begin{aligned} y_1 &= f_0^{-1/4}(x)\exp\left[-\frac{1}{\varepsilon}\int\sqrt{f_0(x)}\,dx + \frac{1}{2}\int\frac{f_1(x)}{\sqrt{f_0(x)}}\,dx\right][1+O(\varepsilon)], \\ y_2 &= f_0^{-1/4}(x)\exp\left[\frac{1}{\varepsilon}\int\sqrt{f_0(x)}\,dx + \frac{1}{2}\int\frac{f_1(x)}{\sqrt{f_0(x)}}\,dx\right][1+O(\varepsilon)]. \end{aligned}$$

5. Wir betrachten die Gleichung

$$\varepsilon y''_{xx} + g(x)y'_x + f(x)y = 0$$

auf dem Intervall $0 \leq x \leq 1$. Für $g(x) > 0$ läßt sich die asymptotische Lösung dieser Gleichung, die den Randbedingungen $y(0) = C_1$, $y(1) = C_2$ genügt, folgendermaßen darstellen:

$$y = (C_1 - kC_2)\exp[-\varepsilon^{-1}g(0)x] + C_2\exp\left[\int_x^1\frac{f(x)}{g(x)}\,dx\right] + O(\varepsilon),$$

wobei $k = \exp\left[\int_0^1\frac{f(x)}{g(x)}\,dx\right]$ zu setzen ist.

6. Wir betrachten nun die Gleichung

$$\varepsilon^2 y''_{xx} + \varepsilon g(x)y'_x + f(x)y = 0 \tag{5}$$

auf dem Intervall $a \leq x \leq b$. Unter der Annahme

$$D(x) \equiv [g(x)]^2 - 4f(x) \neq 0$$

werden die Hauptglieder der asymptotischen Entwicklungen eines fundamentalen Lösungssystems der Gleichung (5) für $\varepsilon \to 0$ durch folgende Formeln beschrieben:

$$\begin{aligned} y_1 &= |D(x)|^{-1/4}\exp\left[-\frac{1}{2\varepsilon}\int\sqrt{D(x)}\,dx - \frac{1}{2}\int\frac{g'_x(x)}{\sqrt{D(x)}}\,dx\right][1+O(\varepsilon)], \\ y_2 &= |D(x)|^{-1/4}\exp\left[\frac{1}{2\varepsilon}\int\sqrt{D(x)}\,dx - \frac{1}{2}\int\frac{g'_x(x)}{\sqrt{D(x)}}\,dx\right][1+O(\varepsilon)]. \end{aligned}$$

7. Die allgemeinere Gleichung

$$\varepsilon^2 y''_{xx} + \varepsilon g(x,\varepsilon) y'_x + f(x,\varepsilon) y = 0 \tag{6}$$

wird durch die Substitution $y = w \exp\Bigl(-\frac{1}{2\varepsilon}\int g\,dx\Bigr)$ auf eine Gleichung der Gestalt (4) zurückgeführt:

$$\varepsilon^2 w''_{xx} + (f - \tfrac{1}{4}g^2 - \tfrac{1}{2}\varepsilon g'_x) w = 0.$$

2.12 Darstellung der Lösungen als Potenzreihen

Wir betrachten die allgemeine lineare homogene Differentialgleichung

$$y''_{xx} + f(x) y'_x + g(x) y = 0. \tag{1}$$

1. Fall. Die Funktionen $f(x)$ und $g(x)$ mögen in einer Umgebung des Punktes $x = x_0$ als Potenzreihen

$$f(x) = \sum_{n=0}^{\infty} A_n (x - x_0)^n, \qquad g(x) = \sum_{n=0}^{\infty} B_n (x - x_0)^n \tag{2}$$

darstellbar sein, die für $|x - x_0| < R$ konvergieren; hierbei seien R_1 und R_2 die Konvergenzradien der Reihen (2) und $R = \min\{R_1, R_2\}$. Dann ist x_0 ein *regulärer Punkt* und die Gleichung (1) hat zwei linear unabhängige Lösungen der Gestalt

$$y_1(x) = \sum_{n=0}^{\infty} a_n (x - x_0)^n, \qquad y_2(x) = \sum_{n=0}^{\infty} b_n (x - x_0)^n. \tag{3}$$

Die Zahlen a_n und b_n werden nach Einsetzen von (2) in Gleichung (1) durch Koeffizientenvergleich bestimmt.

2. Fall. Die Funktionen $f(x)$ und $g(x)$ mögen an der Stelle $x = x_0$ einen Pol haben und für $|x - x_0| < R$ als Reihen

$$f(x) = \sum_{n=-1}^{\infty} A_n (x - x_0)^n, \qquad g(x) = \sum_{n=-2}^{\infty} B_n (x - x_0)^n \tag{4}$$

darstellbar sein. Dann ist x_0 ein *schwach singulärer Punkt*. Seien λ_1 und λ_2 Wurzeln der *definierenden quadratischen Gleichung*

$$\lambda_1^2 + (A_{-1} - 1)\lambda + B_{-2} = 0.$$

In Abhängigkeit von den Wurzeln der definierenden Gleichung unterscheidet man drei Typen von Lösungen der Differentialgleichung (1).

1) Es sei $\lambda_1 \neq \lambda_2$ und $\lambda_1 - \lambda_2$ keine ganze Zahl. Dann hat die Gleichung (1) zwei linear unabhängige Lösungen der Gestalt

$$y_1(x) = |x - x_0|^{\lambda_1}\left[1 + \sum_{n=1}^{\infty} a_n(x - x_0)^n\right],$$

$$y_2(x) = |x - x_0|^{\lambda_2}\left[1 + \sum_{n=1}^{\infty} b_n(x - x_0)^n\right]. \tag{5}$$

2) Gilt $\lambda_1 = \lambda_2 = \lambda$, so hat die Gleichung (1) zwei linear unabhängige Lösungen der Gestalt

$$\begin{aligned} y_1(x) &= |x - x_0|^{\lambda}\left[1 + \sum_{n=1}^{\infty} a_n(x - x_0)^n\right], \\ y_2(x) &= y_1(x)\ln|x - x_0| + |x - x_0|^{\lambda}\sum_{n=0}^{\infty} b_n(x - x_0)^n. \end{aligned}$$

3) Gilt $\lambda_1 = \lambda_2 + N$, N eine positive ganze Zahl, so hat die Gleichung (1) zwei linear unabhängige Lösungen der Gestalt

$$\begin{aligned} y_1(x) &= |x - x_0|^{\lambda_1}\left[1 + \sum_{n=1}^{\infty} a_n(x - x_0)^n\right], \\ y_2(x) &= ky_1(x)\ln|x - x_0| + |x - x_0|^{\lambda_2}\sum_{n=0}^{\infty} b_n(x - x_0)^n, \end{aligned}$$

wobei der Koeffizient k auch null sein kann.

In jedem der drei Fälle verwendet man die übliche Methode zur Berechnung der Lösungen: In die Ausgangsgleichung (1) setzt man die Ausdrücke für y_1 und y_2 ein und macht einen Koeffizientenvergleich bei

$$(x - x_0)^n \quad \text{bzw.} \ (x - x_0)^n \ln|x - x_0|$$

für die verschiedenen Werte von n. Hierdurch erhält man eine Rekursion zur Bestimmung der unbekannten Koeffizienten.

Kapitel 3

Gleichungen dritter Ordnung

3.1 Vorbereitende Bemerkungen

1. Eine lineare homogene Gleichung dritter Ordnung hat die Gestalt

$$f_3(x)y'''_{xxx} + f_2(x)y''_{xx} + f_1(x)y'_x + f_0(x)y = 0. \tag{1}$$

Es sei $y_0 = y_0(x)$ eine nichttriviale spezielle Lösung dieser Gleichung. Die Substitution

$$y = y_0(x) \int z(x)\,dx$$

führt auf die lineare Gleichung zweiter Ordnung:

$$f_3 y_0 z'' + (3f_3 y_0' + f_2 y_0)z' + (3f_3 y_0'' + 2f_2 y_0' + f_1 y_0)z = 0, \tag{2}$$

wobei die Striche die Ableitungen nach x bedeuten.

2. Es seien $y_1 = y_1(x)$ und $y_2 = y_2(x)$ zwei spezielle linear unabhängige Lösungen der Gleichung (1). Dann hat die allgemeine Lösung dieser Gleichung die Gestalt

$$y = C_1 y_1 + C_2 y_2 + C_3\Big(y_2 \int y_1 \psi\,dx - y_1 \int y_2 \psi\,dx\Big) \tag{3}$$

mit

$$\psi = \exp\Big(-\int \frac{f_2}{f_3}\,dx\Big)\left(y_1 y_2' - y_1' y_2\right)^{-2}.$$

Für die konkreten Gleichungen, die in den Abschnitten 3.2–3.8 betrachtet werden, geben wir häufig nur spezielle Lösungen an; die allgemeine Lösung erhält man dann mit Hilfe der Formel (3).

3. Eine inhomogene lineare Gleichung dritter Ordnung hat die Gestalt

$$f_3(x)y'''_{xxx} + f_2(x)y''_{xx} + f_1(x)y'_x + f_0(x)y = g(x). \tag{4}$$

Es seien $y_1 = y_1(x)$ und $y_2 = y_2(x)$ zwei linear unabhängige Lösungen der zugeordneten homogenen Gleichung (1). Dann ergibt sich die allgemeine Lösung der Gleichung (4) ebenfalls aus Formel (3), wobei jetzt

$$\psi = \Delta^{-2}e^{-F}\Big(1 + \frac{1}{C_3}\int \frac{g}{f_3}\Delta e^F\,dx\Big)$$

mit

$$F = \int \frac{f_2}{f_3}\,dx, \qquad \Delta = (y_1'y_2 - y_1y_2')$$

zu setzen ist.

4. Die Substitution

$$y = z\exp\Big(-\frac{1}{3}\int \frac{f_2}{f_3}\,dx\Big)$$

überführt (1) in eine Gleichung, in der die zweite Ableitung nicht vorkommt:

$$z''' + \Big(-\varphi_2' - \frac{1}{3}\varphi_2^2 + \varphi_1\Big)z' + \Big(-\frac{1}{3}\varphi_2'' - \frac{1}{3}\varphi_1\varphi_2 + \frac{2}{27}\varphi_2^3 + \varphi_0\Big)z = 0;$$

hierbei ist $\varphi_k = f_k/f_3$ für $k = 0,\ 1,\ 2$.

3.2 Gleichungen mit Potenzfunktionen

1. $\boldsymbol{y'''_{xxx} + \lambda y = 0.}$

Lösung:

$$y = \begin{cases} C_1 + C_2x + C_3x^2 & \text{für } \lambda = 0, \\ C_1e^{-kx} + e^{kx/2}\Big(C_2\cos\dfrac{kx\sqrt{3}}{2} + C_3\sin\dfrac{kx\sqrt{3}}{2}\Big) & \text{für } \lambda \neq 0, \end{cases}$$

wobei $k = \lambda^{1/3}$ ist.

2. $\boldsymbol{y'''_{xxx} + \lambda y = ax^2 + bx + c.}$

Lösung: $y = w + \dfrac{1}{\lambda}(ax^2 + bx + c)$, wobei w die allgemeine Lösung der Gleichung 3.2.1 ist:

$$w'''_{xxx} + \lambda w = 0.$$

3. $y'''_{xxx} = axy + b.$

Das ist ein Spezialfall der Gleichung 5.2.4.

4. $y'''_{xxx} + (ax + b)y = 0.$

Für $a = 0$ ist das die Gleichung 3.2.1. Gilt $a \neq 0$, so führt die Substitution $a\xi = ax + b$ auf eine Gleichung der Gestalt 3.2.3: $y'''_{\xi\xi\xi} + a\xi y = 0$.

5. $y'''_{xxx} + ax^3 y = bx.$

Die Substitution $\xi = x^2$ führt auf eine Gleichung der Form 3.2.90:

$$2\xi y'''_{\xi\xi\xi} + 3y''_{\xi\xi} + \frac{1}{4}a\xi y = \frac{1}{4}b.$$

6. $y'''_{xxx} + (3a^2x - a^3x^3)y = 0.$

Durch Integration erhält man die inhomogene lineare Gleichung zweiter Ordnung (vgl. 2.2.28)

$$y''_{xx} + axy'_x + (a^2x^2 - a)y = C\exp\Bigl(\frac{ax^2}{2}\Bigr).$$

7. $y'''_{xxx} = ax^n y.$

1°. Für $n = -9,\ -7,\ -6,\ -9/2,\ -3,\ -3/2,\ 1,\ 3$ s. entsprechend die Gleichungen 3.2.183, 3.2.180, 3.2.175, 3.2.185, 3.2.150, 3.2.184, 3.2.3, 3.2.5.

2°. Die Transformation $x = t^{-1}$, $y = wt^{-2}$ führt auf eine Gleichung analoger Gestalt: $w'''_{xxx} = -at^{-n-6}w$.

3°. Für $n \neq -3$ führt die Transformation $\xi = x^{(n+3)/3}$, $u = x^{n/3}y$ auf eine Gleichung der Gestalt 3.2.151:

$$\xi^3 u'''_{\xi\xi\xi} + (1 - \nu^2)\xi u'_\xi + (\nu^2 - 1 - a\nu^3\xi^3)u = 0 \qquad \text{mit} \quad \nu = \frac{3}{n+3}.$$

8. $y'''_{xxx} + [a^3x^{3n} - 3a^2nx^{2n-1} + an(n-1)x^{n-2}]y = 0.$

Spezielle Lösung: $y_0 = \exp\Bigl(-\dfrac{ax^{n+1}}{n+1}\Bigr)$.

Die Substitution $y = \exp\Bigl(-\dfrac{ax^{n+1}}{n+1}\Bigr)\displaystyle\int z(x)\,dx$ führt auf eine Gleichung der Form 2.2.44:

$$z''_{xx} - 3ax^n z'_x + (3a^2x^{2n} - 3anx^{n-1})z = 0.$$

9. $y'''_{xxx} + aby'_x + a^2x(3 - b - ax^2)y = 0.$

Durch Integration erhält man die inhomogene lineare Gleichung zweiter Ordnung

$$y''_{xx} + axy'_x + (a^2x^2 + ab - a)y = C\exp\left(\frac{ax^2}{2}\right).$$

Zur Lösung der entsprechenden homogenen Gleichung s. 2.2.28.

10. $y'''_{xxx} + axy'_x + any = 0, \qquad n = 1,\ 2,\ 3,\ \ldots.$

Lösung: $y = w_x^{(n-1)}$, wobei w die Lösung der linearen Gleichung zweiter Ordnung $w''_{xx} + axw = C$ ist.

11. $y'''_{xxx} + axy'_x - 2ay = 0.$

Die Substitution $w = xy'_x - 2y$ führt auf eine Gleichung zweiter Ordnung der Form 2.2.2: $w''_{xx} + axw = 0$.

12. $y'''_{xxx} + axy'_x + b(ax + b^2)y = 0.$

Spezielle Lösung: $y_0 = e^{-bx}$. Die Substitution $w = y'_x + by$ führt auf eine Gleichung der Form 2.2.12: $w''_{xx} - bw'_x + (ax + b^2)w = 0$.

13. $y'''_{xxx} + axy'_x + (abx + a + b^3)y = 0.$

Durch Integration erhält man die inhomogene lineare Gleichung zweiter Ordnung

$$y''_{xx} - by'_x + (ax + b^2)y = Ce^{-bx}.$$

Zur Lösung der entsprechenden homogenen Gleichung s. 2.2.103.

14. $y'''_{xxx} + (ax + b)y'_x + ay = 0.$

Durch Integration erhält man die inhomogene lineare Gleichung zweiter Ordnung

$$y''_{xx} + (ax + b)y = C.$$

Zur Lösung der entsprechenden homogenen Gleichung s. 2.2.2.

15. $y'''_{xxx} + (ax + b)y'_x - ay = 0.$

Spezielle Lösung: $y_0 = ax + b$. Die Transformation

$$\xi = ax + b, \qquad z = \frac{y'_x}{ax + b} - \frac{ay}{(ax + b)^2}$$

führt auf eine Gleichung zweiter Ordnung der Form 2.2.62:

$$\xi z''_{\xi\xi} + 3z'_\xi + a^{-2}\xi^2 z = 0.$$

16. $y'''_{xxx} + (ax+b)y'_x + 3ay = 0.$

Die Substitution $a\xi = ax+b$ führt auf eine Gleichung der Form 3.2.35 für $m=0$:

$$y'''_{\xi\xi\xi} + a\xi y'_\xi + 3ay = 0.$$

17. $y'''_{xxx} + (2ax+b)y'_x + ay = 0.$

Die Substitution $a\xi = ax + \frac{1}{2}b$ führt auf eine Gleichung der Form 3.2.37 für $n=1$:

$$y'''_{\xi\xi\xi} + 2a\xi y'_\xi + ay = 0.$$

18. $y'''_{xxx} + (ax-b^2)y'_x + abxy = 0.$

Die Substitution $w = y'_x + by$ führt auf eine Gleichung der Form 2.2.103: $w''_{xx} - bw'_x + axw = 0$.

19. $y'''_{xxx} + (ax-b^2)y'_x + a(bx+1)y = 0.$

Durch Integration erhält man die inhomogene lineare Gleichung zweiter Ordnung

$$y''_{xx} - by'_x + axy = Ce^{-bx}.$$

Zur Lösung der entsprechenden homogenen Gleichung s. 2.2.103.

20. $y'''_{xxx} + (ax+b)y'_x + c(ax+b+c^2)y = 0.$

Die Substitution $w = y'_x + cy$ führt auf eine Gleichung zweiter Ordnung der Form 2.2.12: $w''_{xx} - cw'_x + (ax+b+c^2)w = 0$.

21. $y'''_{xxx} + (ax+b)y'_x + cx(c^2x^2+ax+b-3c)y = 0.$

Spezielle Lösung: $y_0 = \exp\left(-\dfrac{cx^2}{2}\right)$.

Die Substitution $y = \exp\left(-\dfrac{cx^2}{2}\right)\displaystyle\int z(x)\,dx$ führt auf eine Gleichung der Form 2.2.28:

$$z''_{xx} - 3cxz'_x + (3c^2x^2 + ax + b - 3c)z = 0.$$

22. $y'''_{xxx} + ax^2y'_x + axy = 0.$

Das ist ein Spezialfall der Gleichung 3.2.36 für $n=1$.

23. $y'''_{xxx} + ax^2y'_x - 2axy = 0.$

Die Substitution $w = xy'_x - 2y$ führt auf eine lineare Gleichung zweiter Ordnung der Form 2.2.7: $w''_{xx} + ax^2w = 0$.

24. $y'''_{xxx} - a^2x^2y'_x + a^2xy = 0.$

Durch Integration erhält man die inhomogene lineare Gleichung zweiter Ordnung

$$y''_{xx} + axy'_x - ay = C\exp\Bigl(\frac{ax^2}{2}\Bigr).$$

Zur Lösung der entsprechenden homogenen Gleichung s. 2.2.103.

25. $y'''_{xxx} + ax^2y'_x + b(ax^2 + b^2)y = 0.$

Die Substitution $w = y'_x + by$ führt auf eine Gleichung der Form 2.2.28: $w''_{xx} - bw'_x + (ax^2 + b^2)w = 0$.

26. $y'''_{xxx} + (a-1)b^2x^2y'_x + b^2x(abx^2 + 2a + 1)y = 0.$

Durch Integration erhält man die inhomogene lineare Gleichung zweiter Ordnung

$$y''_{xx} - bxy'_x + (ab^2x^2 + b)y = C\exp\Bigl(-\frac{bx^2}{2}\Bigr).$$

Zur Lösung der entsprechenden homogenen Gleichung s. 2.2.28.

27. $y'''_{xxx} + (ax^2 + b)y'_x + 2axy = 0.$

Durch Integration erhält man die inhomogene lineare Gleichung zweiter Ordnung

$$y''_{xx} + (ax^2 + b)y = C.$$

Zur Lösung der entsprechenden homogenen Gleichung s. 2.2.4.

28. $y'''_{xxx} + (ax^2 - b^2)y'_x + ax(2 - bx)y = 0.$

Durch Integration erhält man die inhomogene lineare Gleichung zweiter Ordnung

$$y''_{xx} + by'_x + ax^2y = Ce^{bx}.$$

Zur Lösung der entsprechenden homogenen Gleichung s. 2.2.13.

29. $y'''_{xxx} + (ax^2 + b)y'_x + c(ax^2 + b + c^2)y = 0.$

Die Substitution $w = y'_x + cy$ führt auf eine Gleichung zweiter Ordnung der Gestalt 2.2.13: $w''_{xx} - cw'_x + (ax^2 + b + c^2)w = 0$.

30. $y'''_{xxx} - (3b^2x^2 + a + 3b)y'_x + 2bx(b^2x^2 - a)y = 0.$

1°. Spezielle Lösungen für $a > 0$:

$$y_1 = \exp\Bigl(\frac{bx^2}{2} + x\sqrt{a}\Bigr), \qquad y_2 = \exp\Bigl(\frac{bx^2}{2} - x\sqrt{a}\Bigr).$$

2°. Spezielle Lösungen für $a < 0$:

$$y_1 = \cos(x\sqrt{-a})\exp\Big(\frac{bx^2}{2}\Big), \qquad y_2 = \sin(x\sqrt{-a})\exp\Big(\frac{bx^2}{2}\Big).$$

3°. Spezielle Lösungen für $a = 0$:

$$y_1 = \exp\Big(\frac{bx^2}{2}\Big), \qquad y_2 = x\exp\Big(\frac{bx^2}{2}\Big).$$

31. $\boldsymbol{y'''_{xxx} + (ax^2 + bx + c)y'_x + kx[(a + k^2)x^2 + bx + c - 3k]y = 0.}$

Spezielle Lösung: $y_0 = \exp\Big(-\dfrac{kx^2}{2}\Big)$.

Die Substitution $y = \exp\Big(-\dfrac{kx^2}{2}\Big)\displaystyle\int z(x)\,dx$ führt auf eine Gleichung der Form 2.2.28:

$$z''_{xx} - 3kxz'_x + [(a + 3k^2)x^2 + bx + c - 3k]z = 0.$$

32. $\boldsymbol{y'''_{xxx} + (ax^4 + bx)y'_x - 2(ax^3 + b)y = 0.}$

Das ist ein Spezialfall der Gleichung 3.2.38 für $n = 2$.

33. $\boldsymbol{y'''_{xxx} + ax^n y'_x - 2ax^{n-1}y = 0.}$

Die Substitution $w = xy'_x - 2y$ führt auf eine Gleichung zweiter Ordnung der Gestalt 2.2.7: $w''_{xx} + ax^n w = 0$.

34. $\boldsymbol{y'''_{xxx} + ax^n y'_x + anx^{n-1}y = 0.}$

Durch Integration erhält man die inhomogene lineare Gleichung zweiter Ordnung

$$y''_{xx} + ax^n y = C.$$

Zur Lösung der entsprechenden homogenen Gleichung s. 2.2.7.

35. $\boldsymbol{y'''_{xxx} + ax^{m+1}y'_x + a(m+3)x^m y = 0.}$

Die Substitution $x = t^{-1}$, $y = wt^{-2}$ führt auf eine Gleichung der Form 3.2.34 für $n = -m - 5$:

$$w'''_{ttt} + at^{-m-5}w'_t - a(m+5)t^{-m-6}w = 0.$$

36. $\boldsymbol{y'''_{xxx} + ax^{2n}y'_x + anx^{2n-1}y = 0.}$

Lösung:

$$y = C_1 x J_\nu^2(u) + C_2 x J_\nu(u)Y_\nu(u) + C_3 x Y_\nu^2(u),$$

wobei $\nu = \dfrac{1}{2(n+1)}$ und $u = \dfrac{\sqrt{a}}{2(n+1)}x^{n+1}$ gelten; J_ν und Y_ν sind Besselsche Funktionen.

37. $y'''_{xxx} + 2ax^n y'_x + anx^{n-1}y = 0.$

Lösung:

$$y = C_1 w_1^2 + C_2 w_1 w_2 + C_3 w_2^2.$$

Hierbei sind w_1, w_2 ein fundamentales Lösungssystem einer Gleichung zweiter Ordnung der Form 2.2.7: $2w''_{xx} + ax^n w = 0$.

38. $y'''_{xxx} + (ax^{2n} + bx^{n-1})y'_x - 2(ax^{2n-1} + bx^{n-2})y = 0.$

Die Substitution $w = xy'_x - 2y$ führt auf eine Gleichung zweiter Ordnung der Form 2.2.10: $w''_{xx} + (ax^{2n} + bx^{n-1})w = 0$.

39. $y'''_{xxx} + (ax^{2n} + bx^{n-1})y'_x$
$\qquad - c[(a + c^2)x^{3n} + (b + 3cn)x^{2n-1} + n(n-1)x^{n-2}]y = 0.$

Spezielle Lösung: $y_0 = \exp\Big(\dfrac{cx^{n+1}}{n+1}\Big)$.

Die Substitution $y = \exp\Big(\dfrac{cx^{n+1}}{n+1}\Big)\displaystyle\int z(x)\,dx$ führt auf eine Gleichung der Form 2.2.44:

$$z''_{xx} + 3cx^n z'_x + [(a + 3c^2)x^{2n} + (b + 3cn)x^{n-1}]z = 0.$$

40. $y'''_{xxx} + 3ay''_{xx} + 3a^2 y'_x + a^3 y = 0.$

Lösung: $y = e^{-ax}(C_1 + C_2 x + C_3 x^2)$.

41. *Gleichung mit konstanten Koeffizienten*

$y'''_{xxx} + a_2 y''_{xx} + a_1 y'_x + a_0 y = 0.$

Es sei $P(\lambda) = \lambda^3 + a_2\lambda^2 + a_1\lambda + a_0$.

1°. Das *charakteristische Polynom* $P(\lambda)$ habe reelle Wurzeln λ_1, λ_2, λ_3:

$$P(\lambda) = (\lambda - \lambda_1)(\lambda - \lambda_2)(\lambda - \lambda_3).$$

Es sind folgende Fälle möglich:

a) die Wurzeln λ_k sind alle verschieden:

$$y = C_1 e^{\lambda_1 x} + C_2 e^{\lambda_2 x} + C_3 e^{\lambda_3 x}$$

b) $\lambda_1 = \lambda_2 \neq \lambda_3$:

$$y = (C_1 + C_2 x)e^{\lambda_1 x} + C_3 e^{\lambda_3 x}.$$

c) $\lambda_1 = \lambda_2 = \lambda_3$: in diesem Fall s. 3.2.40.

2°. Es sei $P(\lambda) = (\lambda - \lambda_1)(\lambda^2 + 2b_1\lambda + b_0)$, wobei $b_1^2 < b_0$ gelte. Dann ist

$$y = C_1 e^{\lambda_1 x} + e^{-b_1 x}(C_2 \cos \mu x + C_3 \sin \mu x), \quad \mu = \sqrt{b_0 - b_1^2}.$$

42. $\boldsymbol{y'''_{xxx} + a y''_{xx} + (bx + c) y'_x + (abx + ac + b) y = 0.}$

Durch Integration erhält man die inhomogene lineare Gleichung zweiter Ordnung

$$y''_{xx} + (bx + c)y = Ce^{-ax}.$$

Zur Lösung der entsprechenden homogenen Gleichung s. 2.2.2.

43. $\boldsymbol{y'''_{xxx} + 3a y''_{xx} + 2(bx + a^2) y'_x + b(2ax + 1) y = 0.}$

Das ist ein Spezialfall der Gleichung 3.2.71 für $n = 0$, $m = 1$.

44. $\boldsymbol{y'''_{xxx} + a y''_{xx} + (bx^2 + cx + d) y'_x + a(bx^2 + cx + d) y = 0.}$

Die Substitution $w = y'_x + ay$ führt auf eine Gleichung zweiter Ordnung der Gestalt 2.2.6: $w''_{xx} + (bx^2 + cx + d)w = 0$.

45. $\boldsymbol{y'''_{xxx} + a y''_{xx} + bx^n y'_x + abx^n y = 0.}$

Die Substitution $w = y'_x + ay$ führt auf eine Gleichung zweiter Ordnung der Form 2.2.7: $w''_{xx} + bx^n w = 0$.

46. $\boldsymbol{y'''_{xxx} + 3ax y''_{xx} + 3a^2x^2 y'_x + (a^3x^3 + b) y = 0.}$

Die Substitution $y = w \exp\Bigl(-\dfrac{ax^2}{2}\Bigr)$ führt auf eine Gleichung mit konstanten Koeffizienten: : $w'''_{xxx} - 3aw'_x + bw = 0$.

47. $\boldsymbol{y'''_{xxx} + ax y''_{xx} + (abx + a - b^2) y'_x + aby = 0.}$

Spezielle Lösungen: $y_1 = e^{-bx}$, $y_2 = e^{-bx} \displaystyle\int \exp\Bigl(2bx - \frac{ax^2}{2}\Bigr)\,dx$.

48. $\boldsymbol{y'''_{xxx} + 3ax y''_{xx} + (2a^2x^2 + a + b) y'_x + abxy = 0.}$

Lösung:

$$y = C_1 w_1^2 + C_2 w_1 w_2 + C_3 w_2^2,$$

wobei w_1, w_2 linear unabhängige Lösungen einer Gleichung zweiter Ordnung der Gestalt 2.2.25 sind: $w''_{xx} + axw'_x + \frac{1}{4}bw = 0$.

49. $\boldsymbol{y'''_{xxx} + 3ax y''_{xx} + (2a^2x^2 + 2bx + a) y'_x + b(2ax^2 + 1) y = 0.}$

Das ist ein Spezialfall der Gleichung 3.2.71 für $n = 1$, $m = 1$.

50. $y'''_{xxx} + 3axy''_{xx} + 3(a^2x^2 + a)y'_x + (a^3x^3 + bx + c)y = 0.$

Die Substitution $y = \exp\left(-\frac{ax^2}{2}\right)w$ führt auf eine Gleichung der Form 3.2.4:

$$w'''_{xxx} + [(b - 3a^2)x + c]w = 0.$$

51. $y'''_{xxx} + 3axy''_{xx} + [2(a^2 + b)x^2 + a]y'_x + 2bx(ax^2 + 1)y = 0.$

Das ist ein Spezialfall der Gleichung 3.2.71 für $n = 1$, $m = 2$.

52. $y'''_{xxx} + (ax + b)y''_{xx} + (abx + a + c)y'_x + bcy = 0.$

Durch Integration erhält man die inhomogene lineare Gleichung zweiter Ordnung

$$y''_{xx} + axy'_x + cy = Ce^{-bx}.$$

Zur Lösung der entsprechenden homogenen Gleichung s. 2.2.25.

53. $y'''_{xxx} + (abx + a + b)y''_{xx} + ab^2xy'_x - ab^2y = 0.$

Spezielle Lösungen: $y_1 = x$, $y_2 = e^{-bx}$.

54. $y'''_{xxx} + (ax + b)y''_{xx} + [(ab + c)x + a]y'_x + c(bx + 1)y = 0.$

Durch Integration erhält man die inhomogene lineare Gleichung zweiter Ordnung

$$y''_{xx} + axy'_x + cxy = Ce^{-bx}.$$

Zur Lösung der entsprechenden homogenen Gleichung s. 2.2.25.

55. $y'''_{xxx} + (ax + b + c)y''_{xx} + (acx + bc + s)y'_x + s(ax + b)y = 0.$

Spezielle Lösungen: $y_1 = e^{\lambda_1 x}$, $y_2 = e^{\lambda_2 x}$, wobei λ_1 und λ_2 Wurzeln der quadratischen Gleichung $\lambda^2 + c\lambda + s = 0$ sind.

56. $y'''_{xxx} + (ax + b)y''_{xx} + (cx + 2a)y'_x + a[(c - ab)x^2 + b]y = 0.$

Spezielle Lösung: $y_0 = \exp\left(-\frac{ax^2}{2}\right)$.

Die Substitution $y = \exp\left(-\frac{ax^2}{2}\right) \int z(x)\,dx$ führt auf eine lineare Gleichung zweiter Ordnung der Gestalt 2.2.28:

$$z''_{xx} + (b - 2ax)z'_x + [a^2x^2 + (c - 2ab)x - a]z = 0.$$

57. $y'''_{xxx} + (ax + b)y''_{xx} + (cx + d)y'_x + [acx^2 + (ad + bc)x + c + bd]y = 0.$

Durch Integration erhält man die inhomogene lineare Gleichung zweiter Ordnung

$$y''_{xx} + (cx + d)y = C\exp\left(-\frac{ax^2}{2} - bx\right).$$

Zur Lösung der entsprechenden homogenen Gleichung s. 2.2.2.

58. $y'''_{xxx} + (ax+b)y''_{xx} + (\alpha x^2 + \beta x + \gamma)y'_x$
$$- k[\alpha x^2 + (ak+\beta)x + k^2 + bk + \gamma]y = 0.$$

Die Substitution $w = y'_x - ky$ führt auf eine Gleichung der Form 2.2.28:

$$w''_{xx} + (ax+b+k)w'_x + [\alpha x^2 + (ak+\beta)x + k^2 + bk + \gamma]w = 0.$$

59. $y'''_{xxx} - x^2 y''_{xx} + (a+b-1)xy'_x - aby = 0.$

Die folgenden drei, für alle x konvergenten Reihen sind ein fundamentales Lösungssystem:

$$y_1 = 1 + \sum_{n=1}^{\infty} \frac{ab(a-3)(b-3)\dots(a-3n+3)(b-3n+3)}{(3n)!} x^{3n},$$

$$y_2 = x + \sum_{n=1}^{\infty} \frac{(a-1)(b-1)(a-4)(b-4)\dots(a-3n+2)(b-3n+2)}{(3n+1)!} x^{3n+1},$$

$$y_3 = \frac{x^2}{2} + \sum_{n=1}^{\infty} \frac{(a-2)(b-2)(a-5)(b-5)\dots(a-3n+1)(b-3n+1)}{(3n+2)!} x^{3n+2}.$$

60. $y'''_{xxx} + ax^n y''_{xx} - 2ax^{n-2}y = 0.$

Die Substitution $w = xy'_x - 2y$ führt auf eine Gleichung zweiter Ordnung der Form 2.2.42: $w''_{xx} + ax^n w'_x + ax^{n-1}w = 0$.

61. $y'''_{xxx} + ax^n y''_{xx} - by'_x - abx^n y = 0.$

1°. Spezielle Lösungen für $b > 0$: $y_1 = \exp(-x\sqrt{b})$, $y_2 = \exp(x\sqrt{b})$.

2°. Spezielle Lösungen für $b < 0$: $y_1 = \cos\bigl(x\sqrt{-b}\bigr)$, $y_2 = \sin\bigl(x\sqrt{-b}\bigr)$.

62. $y'''_{xxx} + ax^n y''_{xx} - 2ax^{n-1}y'_x + 2ax^{n-2}y = 0.$

Spezielle Lösungen: $y_1 = x$, $y_2 = x^2$.

63. $y'''_{xxx} + ax^n y''_{xx} + bx^{n-1}y'_x - 2(a+b)x^{n-2}y = 0.$

Die Substitution $w = xy'_x - 2y$ führt auf eine Gleichung zweiter Ordnung der Form 2.2.42: $w''_{xx} + ax^n w'_x + (a+b)x^{n-1}w = 0$.

64. $y'''_{xxx} + ax^n y''_{xx} - (ax^{n-1} - bx^2)y'_x + bx(ax^{n+1} + 3)y = 0.$

Spezielle Lösungen: $y_1 = \cos\left(\frac{x^2\sqrt{b}}{2}\right)$, $y_2 = \sin\left(\frac{x^2\sqrt{b}}{2}\right)$.

65. $y'''_{xxx} + ax^n y''_{xx} + (abx^n + anx^{n-1} - b^2)y'_x + abnx^{n-1}y = 0.$

Spezielle Lösungen:

$$y_1 = e^{-bx}, \quad y_2 = e^{-bx} \int \exp\Bigl(2bx - \frac{a}{n+1}x^{n+1}\Bigr)\,dx.$$

66. $y'''_{xxx} + ax^n y''_{xx} + bx^m y'_x - bx^{m-1}y = 0.$

Spezielle Lösung: $y_0 = x$.

67. $y'''_{xxx} + ax^n y''_{xx} + bx^m y'_x + bx^{m-1}(ax^{n+1} + m)y = 0.$

Die Substitution $w = y''_{xx} + bx^m y$ führt auf eine lineare Gleichung erster Ordnung: $w'_x + ax^n w = 0$.

68. $y'''_{xxx} + ax^n y''_{xx} - b(2ax^n + 3b)y'_x + b^2(ax^n + 2b)y = 0.$

Spezielle Lösungen: $y_1 = e^{bx}$, $y_2 = xe^{bx}$.

69. $y'''_{xxx} + ax^n y''_{xx} + (abx^n - b^2 + c)y'_x + c(ax^n - b)y = 0.$

Spezielle Lösungen: $y_1 = e^{\lambda_1 x}$, $y_2 = e^{\lambda_2 x}$, wobei λ_1 und λ_2 Wurzeln der quadratischen Gleichung $\lambda^2 + b\lambda + c = 0$ sind.

70. $y'''_{xxx} + ax^n y''_{xx} + (bx^m - c^2)y'_x - c(acx^n + bx^m)y = 0.$

Spezielle Lösung: $y_0 = e^{cx}$.

71. $y'''_{xxx} + 3ax^n y''_{xx} + (2a^2x^{2n} + 2bx^m + anx^{n-1})y'_x + b(2ax^{n+m} + mx^{m-1})y = 0.$

Lösung:

$$y = C_1 w_1^2 + C_2 w_1 w_2 + C_3 w_2^2,$$

wobei w_1, w_2 ein fundamentales Lösungssystem der linearen Gleichung zweiter Ordnung $w''_{xx} + ax^n w'_x + \frac{1}{2}bx^m w = 0$ ist.

72. $y'''_{xxx} = (x^n - a)y''_{xx} + (ax^n - b)y'_x + bx^n y.$

Spezielle Lösungen: $y_1 = e^{\lambda_1 x}$, $y_2 = e^{\lambda_2 x}$, wobei λ_1 und λ_2 Wurzeln der quadratischen Gleichung $\lambda^2 + a\lambda + b = 0$ sind.

73. $y'''_{xxx} + (ax^n + b)y''_{xx} + (acx^n + bc + m)y'_x + (m + c^2)(ax^n + b - c)y = 0.$

Spezielle Lösungen: $y_1 = e^{\lambda_1 x}$, $y_2 = e^{\lambda_2 x}$, wobei λ_1 und λ_2 Wurzeln der quadratischen Gleichung $\lambda^2 + c\lambda + m + c^2 = 0$ sind.

74. $y'''_{xxx} + (ax^n - b)y''_{xx} + cx^m y'_x - b(abx^n + cx^m)y = 0.$

Spezielle Lösung: $y_0 = e^{bx}$.

75. $y'''_{xxx} + (x^n + a)y''_{xx} + (ax^n + bx^m)y'_x + abx^m y = 0.$

Spezielle Lösung: $y_0 = e^{-ax}$.

76. $y'''_{xxx} + (ax^n + c)y''_{xx} + [acx^n + (an + b)x^{n-1}]y'_x$
$+ b[cx^{n-1} + (n-1)x^{n-2}]y = 0.$

Durch Integration erhält man die inhomogene lineare Gleichung zweiter Ordnung

$$y''_{xx} + ax^n y'_x + bx^{n-1}y = Ce^{-cx}.$$

Zur Lösung der entsprechenden homogenen Gleichung s. 2.2.42.

77. $y'''_{xxx} + (ax^n + bx)y''_{xx} + b(ax^{n+1} + 2)y'_x + abx^n y = 0.$

Spezielle Lösungen:

$$y_1 = \exp\Bigl(-\frac{bx^2}{2}\Bigr), \quad y_2 = \exp\Bigl(-\frac{bx^2}{2}\Bigr)\int \exp\Bigl(\frac{bx^2}{2}\Bigr)\,dx.$$

78. $y'''_{xxx} + (ax^n + bx)y''_{xx} + (abx^{n+1} + bcx + b - c^2)y'_x$
$+ c(abx^{n+1} - acx^n + b)y = 0.$

Spezielle Lösungen: $y_1 = e^{-cx}, \quad y_2 = e^{-cx}\displaystyle\int \exp\Bigl(2cx - \frac{bx^2}{2}\Bigr)\,dx.$

79. $y'''_{xxx} + (abx^n + ax^{n-1} + b)y''_{xx} + ab^2x^n y'_x - ab^2x^{n-1}y = 0.$

Spezielle Lösungen: $y_1 = x, \quad y_2 = e^{-bx}$.

80. $y'''_{xxx} + (ax^n + bx^m)y''_{xx} + cy'_x + c(ax^n + bx^m)y = 0.$

1°. Spezielle Lösungen für $c > 0$: $y_1 = \cos(x\sqrt{c}), \quad y_2 = \sin(x\sqrt{c})$.

2°. Spezielle Lösungen für $c < 0$: $y_1 = \exp(-x\sqrt{-c}), \; y_2 = \exp(x\sqrt{-c})$.

81. $y'''_{xxx} + (ax^n + bx^m)y''_{xx} + (abx^{n+m} + bcx^m + bmx^{m-1} - c^2)y'_x$
$+ c(abx^{n+m} - acx^n + bmx^{m-1})y = 0.$

Spezielle Lösungen:

$$y_1 = e^{-cx}, \quad y_2 = e^{-cx}\int \exp\Bigl(2cx - \frac{bx^{m+1}}{m+1}\Bigr)\,dx.$$

82. $xy'''_{xxx} - a^2(ax+3)y = 0.$

Spezielle Lösung: $y_0 = xe^{ax}$. Die Substitution $y = xe^{ax} \int z(x)\,dx$ führt auf eine Gleichung zweiter Ordnung der Form 2.2.103:
$xz''_{xx} + 3(ax+1)z'_x + 3a(ax+2)z = 0.$

83. $xy'''_{xxx} + ay'_x + b(b^2x+a)y = 0.$

Die Substitution $w = y'_x + by$ führt auf eine Gleichung zweiter Ordnung der Gestalt 2.2.103: $xw''_{xx} - bxw'_x + (b^2x+a)w = 0.$

84. $xy'''_{xxx} + axy'_x - [b(a+b^2)x + a + 3b^2]y = 0.$

Spezielle Lösung: $y_0 = xe^{bx}$. Die Substitution $y = xe^{bx} \int z(x)\,dx$ führt auf eine Gleichung zweiter Ordnung der Form 2.2.103:
$xz''_{xx} + 3(bx+1)z'_x + [(a+3b^2)x + 6b]z = 0.$

85. $xy'''_{xxx} + (b - a^2x)y'_x + aby = 0.$

Die Substitution $w = y'_x + ay$ führt auf eine Gleichung der Form 2.2.103:
$xw''_{xx} - axw'_x + bw = 0.$

86. $xy'''_{xxx} + (ax^2+bx)y'_x - 2(ax+b)y = 0.$

Die Substitution $w = xy'_x - 2y$ führt auf eine Gleichung der Form 2.2.2:
$w''_{xx} + (ax+b)w = 0.$

87. $xy'''_{xxx} + (ax^3+bx)y'_x - 2(ax^2+b)y = 0.$

Die Substitution $w = xy'_x - 2y$ führt auf eine Gleichung der Form 2.2.4:
$w''_{xx} + (ax^2+b)w = 0.$

88. $xy'''_{xxx} + 3y''_{xx} + axy = 0.$

Die Substitution $w = xy$ führt auf eine Gleichung mit konstanten Koeffizienten der Form 3.2.1: $w'''_{xxx} + aw = 0.$

89. $xy'''_{xxx} - 3ny''_{xx} + axy = 0, \qquad n = 0,\ 1,\ 2,\ \ldots$

Lösung:

$$y = x^{3n+2}\left(\frac{1}{x^2}\frac{d}{dx}\right)^n\left(\frac{w}{x^2}\right),$$

wobei w die allgemeine Lösung der Gleichung 3.2.1 ist: $w'''_{xxx} + aw = 0.$

90. $2xy'''_{xxx} + 3y''_{xx} + axy = b, \qquad a \neq 0.$

Lösung:

$$y = \sum_{\nu=1}^{4} C_\nu \int_0^{\lambda_\nu} \frac{e^{xz}\,dz}{\sqrt{2z^3+a}},$$

wobei λ_1, λ_2, λ_3 Wurzeln der kubischen Gleichung $2\lambda^3 + a = 0$ sind; es sei $\lambda_4 = -\infty$ für $x > 0$ und $\lambda_4 = +\infty$ für $x < 0$. Die Integrationskonstanten C_ν sind der Bedingung $\sqrt{a}\,(C_1 + C_2 + C_3 + C_4) + b = 0$ unterworfen, und es ist längs Geraden zu integrieren.

91. $xy'''_{xxx} + 3y''_{xx} + ax^2 y = b.$

Die Substitution $w = xy$ führt auf eine Gleichung der Form 3.2.3: $w'''_{xxx} + axw = b$.

92. $xy'''_{xxx} + 3y''_{xx} + ax^4 y = bx.$

Die Substitution $w = xy$ führt auf eine Gleichung der Form 3.2.5: $w'''_{xxx} + ax^3 w = bx$.

93. $xy'''_{xxx} + ay''_{xx} + aby'_x + b^3 xy = 0.$

Die Substitution $w = y'_x + by$ führt auf eine Gleichung zweiter Ordnung der Form 2.2.103: $xw''_{xx} + (a - bx)w'_x + b^2 xw = 0$.

94. $xy'''_{xxx} + (a + b)y''_{xx} - xy'_x - ay = 0, \qquad a > 0, \quad b > 0.$

Lösung:

$$y = \sum_{\nu=1}^{3} C_\nu \int_{\gamma_\nu}^{\beta_\nu} |t|^{a-1} |t^2 - 1|^{(b-2)/2} e^{-tx}\, dt,$$

wobei $\gamma_1 = -1$, $\beta_1 = \gamma_2 = 0$ und $\beta_2 = 1$ gelten; falls $x > 0$ ist, gelten $\gamma_3 = 1$ und $\beta_3 = +\infty$; ist $x < 0$, so ist $\gamma_3 = -\infty$ und $\beta_3 = -1$.

95. $xy'''_{xxx} + ay''_{xx} + (b - c^2)xy'_x - c(ac + bx)y = 0.$

Die Substitution $w = y'_x - cy$ führt auf eine Gleichung zweiter Ordnung der Form 2.2.103: $xw''_{xx} + (cx + a)w'_x + (bx + ac)w = 0$.

96. $xy'''_{xxx} + ay''_{xx} + [(c - b^2)x + ab]y'_x + c(a - bx)y = 0.$

Spezielle Lösungen: $y_1 = e^{\lambda_1 x}$, $y_2 = e^{\lambda_2 x}$, wobei λ_1 und λ_2 Wurzeln der quadratischen Gleichung $\lambda^2 + b\lambda + c = 0$ sind.

97. $xy'''_{xxx} + ay''_{xx} + bx^n y'_x + b(a + n - 1)x^{n-1} y = 0.$

Die Substitution $w = y''_{xx} + bx^{n-1} y$ führt auf die lineare Gleichung erster Ordnung $xw'_x + aw = 0$.

98. $xy'''_{xxx} + (ax + b)y''_{xx} - a^2 by = 0.$

Die Substitution $w = y'_x + ay$ führt auf eine Gleichung zweiter Ordnung der Form 2.2.103: $xw''_{xx} + bw'_x - abw = 0$.

99. $xy'''_{xxx} + (ax + b)y''_{xx} + cxy'_x - cy = 0.$

Die Substitution $w = xy'_x - y$ führt auf eine Gleichung zweiter Ordnung der Form 2.2.103: $xw''_{xx} + (ax + b - 1)w'_x + cxw = 0$.

100. $xy'''_{xxx} + (ax + 3)y''_{xx} + (bx + 2a)y'_x + (cx + b)y = 0.$

Die Substitution $w = xy$ führt auf eine Gleichung mit konstanten Koeffizienten: $w'''_{xxx} + aw''_{xx} + bw'_x + cw = 0$.

101. $xy'''_{xxx} + (ax + 3)y''_{xx} + a(bx + 2)y'_x + b[b(a - b)x + a]y = 0.$

Lösung:

$$y = \frac{1}{x}\left[C_1 e^{(b-a)x} + C_2 e^{-bx/2}\cos\left(\frac{bx\sqrt{3}}{2}\right) + C_3 e^{-bx/2}\sin\left(\frac{bx\sqrt{3}}{2}\right)\right].$$

102. $xy'''_{xxx} + [a(b + 1)x + b]y''_{xx} + a^2bxy'_x - a^2by = 0.$

Spezielle Lösungen: $y_1 = x$, $y_2 = e^{-ax}$.

103. $xy'''_{xxx} - (x + 2a)y''_{xx} - (x - 2a - 1)y'_x + (x - 1)y = 0.$

Lösung:

$$y = C_1 e^x + x^{a+1}[C_2 I_{a+1}(x) + C_3 K_{a+1}(x)],$$

wobei I_a und K_a modifizierte Besselsche Funktionen sind.

104. $2xy'''_{xxx} - 4(x + a - 1)y''_{xx} + (2x + 6a - 5)y'_x + (1 - 2a)y = 0.$

Lösung:

$$y = C_1 e^x + x^a e^{x/2}[C_2 I_a(x/2) + C_3 K_a(x/2)],$$

wobei I_a und K_a modifizierte Besselsche Funktionen sind.

105. $2xy'''_{xxx} + 3(2ax + k)y''_{xx} + 6(bx + ak)y'_x + (2cx + 3bk)y = 0, \qquad k > 0.$

Lösung:

$$y = \sum_{\nu=1}^{4} C_\nu \int_0^{\lambda_\nu} e^{xz}[P(z)]^{(k-2)/2}\,dz, \qquad C_4 = -C_1 - C_2 - C_3,$$

wobei $P(z) = z^3 + 3az^2 + 3bz + c$ gilt; λ_1, λ_2, λ_3 sind die Wurzeln dieses Polynoms, die als verschieden vorausgesetzt werden; $\lambda_4 = -\infty$ für $x > 0$ und $\lambda_4 = +\infty$ für $x < 0$.

106. $xy'''_{xxx} + (ax + b)y''_{xx} + [(ac + s - c^2)x + bc]y'_x + s[(a - c)x + b]y = 0.$

Spezielle Lösungen: $y_1 = e^{\lambda_1 x}$, $y_2 = e^{\lambda_2 x}$, wobei λ_1 und λ_2 die Wurzeln der quadratischen Gleichung $\lambda^2 + c\lambda + s = 0$ sind.

107. $xy'''_{xxx} + (ax^2 + b + 2)y''_{xx} - ab(b+1)y = 0.$

Das ist ein Spezialfall der Gleichung 3.2.109 für $n = 2$.

108. $xy'''_{xxx} + (ax^2 + b)y''_{xx} + 4axy'_x + 2ay = 0.$

Durch zweifache Integration erhält man die lineare Gleichung erster Ordnung $xy'_x + (ax^2 + b - 2)y = C_1 + C_2x$.

109. $xy'''_{xxx} + (ax^n + b + 2)y''_{xx} - ab(b+1)x^{n-2}y = 0.$

Die Substitution $w = xy'_x + by$ führt auf eine Gleichung zweiter Ordnung der Form 2.2.42: $w''_{xx} + ax^{n-1}w'_x - a(b+1)x^{n-2}w = 0$.

110. $xy'''_{xxx} + (ax^n + 3)y''_{xx} + (2ax^{n-1} + bx)y'_x + b(ax^n + 1)y = 0.$

Spezielle Lösungen: $y_1 = \dfrac{1}{x}\cos\bigl(x\sqrt{b}\bigr), \quad y_2 = \dfrac{1}{x}\sin\bigl(x\sqrt{b}\bigr).$

111. $xy'''_{xxx} + (ax^{n+1} + 3)y''_{xx}$
$+ a(bx + 2)x^n y'_x + b(abx^{n+1} + ax^n - b^2x)y = 0.$

Spezielle Lösungen:

$$y_1 = \frac{1}{x}\exp\left(-\frac{bx}{2}\right)\cos\left(\frac{bx\sqrt{3}}{2}\right), \quad y_2 = \frac{1}{x}\exp\left(-\frac{bx}{2}\right)\sin\left(\frac{bx\sqrt{3}}{2}\right).$$

112. $xy'''_{xxx} + (ax^n + 3)y''_{xx}$
$+ (abx^n + 2ax^{n-1} - b^2x)y'_x + b(ax^{n-1} - b)y = 0.$

Spezielle Lösungen: $y_1 = \dfrac{1}{x}, \quad y_2 = \dfrac{1}{x}e^{-bx}.$

113. $(ax + b)y'''_{xxx} + cy'_x + k(ak^2x + bk^2 + c)y = 0.$

Die Substitution $w = y'_x + ky$ führt auf eine Gleichung zweiter Ordnung der Form 2.2.103:

$$(ax + b)w''_{xx} - k(ax + b)w'_x + (ak^2x + bk^2 + c)w = 0.$$

114. $(ax + 2)y'''_{xxx} - a^3xy'_x + 2a^3y = 0.$

Spezielle Lösungen: $y_1 = x^2, \quad y_2 = e^{-ax}.$

115. $(acx + bc - a)y'''_{xxx} - c^3(ax + b)y'_x + ac^3y = 0.$

Spezielle Lösungen: $y_1 = ax + b, \quad y_2 = e^{cx}.$

116. $(ax+b)y'''_{xxx}+(cx+d)y'_x+s[(as^2+c)x+bs^2+d]y=0.$

Die Substitution $w=y'_x+sy$ führt auf eine Gleichung zweiter Ordnung der Form 2.2.103:

$$(ax+b)w''_{xx}-s(ax+b)w'_x+[(as^2+c)x+bs^2+d]w=0.$$

117. $(ax+b)y'''_{xxx}+[(c-ak^2)x+d-bk^2]y'_x+k(cx+d)y=0.$

Die Substitution $w=y'_x+ky$ führt auf eine Gleichung zweiter Ordnung der Form 2.2.103:

$$(ax+b)w''_{xx}-k(ax+b)w'_x+(cx+d)w=0.$$

118. $(ax+b)y'''_{xxx}+[b(a+1)x+b^2+1]y''_{xx}+b^2xy'_x-b^2y=0.$

Spezielle Lösungen: $y_1=x,\quad y_2=e^{-bx}.$

119. $(ax+b)y'''_{xxx}+k(ax+b)y''_{xx}+(cx+d)y'_x+k(cx+d)y=0.$

Die Substitution $w=y'_x+ky$ führt auf eine Gleichung zweiter Ordnung der Form 2.2.103: $(ax+b)w''_{xx}+(cx+d)w=0.$

120. $(ax+b)y'''_{xxx}+(cx+d)y''_{xx}+[(a\lambda+c\mu)x+b\lambda+d\mu]y'_x$
$$+(\lambda+\mu^2)[(c-a\mu)x+d-b\mu]y=0.$$

Spezielle Lösungen: $y_1=\exp(s_1x)$, $y_2=\exp(s_2x)$, wobei s_1 und s_2 Wurzeln der quadratischen Gleichung $s^2+\mu s+\lambda+\mu^2=0$ sind.

121. $(ax+b)y'''_{xxx}+(cx+d)y''_{xx}-k[(3ak+2c)x+3bk+2d]y'_x$
$$+k^2[(2ak+c)x+2bk+d]y=0.$$

Spezielle Lösungen: $y_1=e^{kx},\quad y_2=xe^{kx}.$

122. $(ax+b)y'''_{xxx}+(cx+d)y''_{xx}+sx(ax+b)y'_x$
$$+s[cx^2+(a+d)x+b]y=0.$$

Die Substitution $w=y''_{xx}+sxy$ führt auf die lineare Gleichung erster Ordnung $(ax+b)w'_x+(cx+d)w=0.$

123. $(1-x)y'''_{xxx}+x(ax-2a+1)y''_{xx}$
$$+(-ax^2+2a-1)y'_x+2a(x-1)y=0.$$

Spezielle Lösungen: $y_1=x^2,\quad y_2=e^x.$

124. $(ax+b)y'''_{xxx}-(a^3x^3-3a^2x+b^3)y'_x+abx(a^2x^2-3a-b^2)y=0.$

Spezielle Lösungen: $y_1=e^{bx},\quad y_2=\exp\Bigl(-\dfrac{ax^2}{2}\Bigr).$

125. $(ax+b)y'''_{xxx} + (cx+d)y''_{xx} + sx^n(ax+b)y'_x$
$+ sx^{n-1}[cx^2 + (an+d)x + bn]y = 0.$

Die Substitution $w = y''_{xx} + sx^n y$ führt auf die lineare Gleichung erster Ordnung $(ax+b)w'_x + (cx+d)w = 0$.

126. $(ax-1)y'''_{xxx} + x(abx^{n+1} - 2bx^n - a^2)y''_{xx}$
$+ (2bx^n - a^2bx^{n+2} + a^2)y'_x + 2ab(ax-1)x^n y = 0.$

Spezielle Lösungen: $y_1 = x^2$, $y_2 = e^{ax}$.

127. $x^2y'''_{xxx} - 6y'_x + ax^2y + 2bx = 0.$

Die Substitution $y = x^2w$ führt auf eine Gleichung der Form 3.2.159 mit der gesuchten Funktion w anstelle von y.

128. $x^2y'''_{xxx} + (ax^2 + bx - m^2 - m)y'_x + (m-1)(ax+b)y = 0.$

Die Substitution $w = xy'_x + (m-1)y$ führt auf eine Gleichung zweiter Ordnung der Gestalt 2.2.103: $xw''_{xx} - (m+1)w'_x + (ax+b)w = 0$.

129. $x^2y'''_{xxx} + (ax^2 + bx + c)y'_x - k[(a+k^2)x^2 + bx + c]y = 0.$

Die Substitution $w = y'_x - ky$ führt auf eine Gleichung zweiter Ordnung der Form 2.2.130:

$$x^2w''_{xx} + kx^2w'_x + [(a+k^2)x^2 + bx + c]w = 0.$$

130. $x^2y'''_{xxx} + (ax^n - b^2 - b)y'_x + a(b-1)x^{n-1}y = 0.$

Die Substitution $w = xy'_x + (b-1)y$ führt auf eine Gleichung zweiter Ordnung der Form 2.2.62: $xw''_{xx} - (b+1)w'_x + ax^{n-1}w = 0$.

131. $x^2y'''_{xxx} + 3xy''_{xx} - 3y'_x + ax^2y + b = 0.$

Lösung: $y = \dfrac{d}{dx}\Big(\dfrac{w}{x}\Big)$, wobei die Funktion $w = w(x)$ einer Gleichung der Form 3.2.2 mit konstanten Koeffizienten: $w'''_{xxx} + aw = b$ genügt.

132. $x^2y'''_{xxx} + 6xy''_{xx} + 6y'_x + ax^2y = b.$

Die Substitution $w = x^2y$ führt auf eine Gleichung der Form 3.2.2 mit konstanten Koeffizienten: $w'''_{xxx} + aw = b$.

133. $x^2y'''_{xxx} - 3(n+m)xy''_{xx} + 3n(3m+1)y'_x - x^2y = 0,$
$m, n = 1,\ 2,\ 3,\ \ldots$

Lösung:

$$y = \prod_{\mu=0}^{n-1}(\delta - 3\mu - 1)\prod_{\nu=0}^{m-1}(\delta - 3\nu - 2)\sum_{k=1}^{3} C_k e^{\omega_k x},$$

wobei $\delta = x\dfrac{d}{dx}$ gilt und die ω_k die drei Wurzeln der kubischen Gleichung $\omega^3 = 1$ sind.

134. $x^2y'''_{xxx} + 6xy''_{xx} + 6y'_x + ax^3y = b.$

Die Substitution $w = x^2y$ führt auf eine Gleichung der Form 3.2.3: $w'''_{xxx} + axw = b$.

135. $x^2y'''_{xxx} - 2(n+1)xy''_{xx} - (ax^2 - 6n)y'_x + 2axy = 0,$ $n = 1,\ 2,\ 3,\ \ldots$

Lösung:

$$y = \begin{cases} C_1 + C_2x^4 + C_3x^{2n+1} & \text{für } a = 0, \\ C_1(ax^2 - 4n + 2) + C_2e^{x\sqrt{a}}P(x) + C_3e^{-x\sqrt{a}}Q(x) & \text{für } a \neq 0, \end{cases}$$

wobei P und Q gewisse Polynome vom Grade $\leq 2n+2$ sind.

136. $x^2y'''_{xxx} + 3xy''_{xx} + (4a^2x^{2a} + 1 - 4a^2b^2)y'_x + 4a^3x^{2a-1}y = 0.$

Lösung:

$$y = C_1J_b^2(x^a) + C_2J_b(x^a)Y_b(x^a) + C_3Y_b^2(x^a),$$

wobei J_b und Y_b Besselsche Funktionen sind.

137. $x^2y'''_{xxx} + ax^2y''_{xx} + (bx + c)y'_x + a(bx + c)y = 0.$

Die Substitution $w = y'_x + ay$ führt auf eine Gleichung zweiter Ordnung der Form 2.2.106: $x^2w''_{xx} + (bx + c)w = 0$.

138. $x^2y'''_{xxx} + ax^2y''_{xx} + (bx^n + c)y'_x + a(bx^n + c)y = 0.$

Die Substitution $w = y'_x + ay$ führt auf eine Gleichung zweiter Ordnung der Form 2.2.113: $x^2w''_{xx} + (bx^n + c)w = 0$.

139. $x^2y'''_{xxx} - (x + a)xy''_{xx} + a(2x + 1)y'_x - a(x + 1)y = 0.$

Lösung:

$$y = C_1e^x + x^{(a+1)/2}\left[C_2J_{a+1}\left(2\sqrt{ax}\right) + C_3Y_{a+1}\left(2\sqrt{ax}\right)\right],$$

wobei J_a und Y_a Besselsche Funktionen sind.

140. $x^2y'''_{xxx} - (x^2 - 2x)y''_{xx} - (x^2 + a^2 - \frac{1}{4})y'_x + (x^2 - 2x + a^2 - \frac{1}{4})y = 0.$

Lösung:

$$y = C_1e^x + \sqrt{x}\left[C_2I_a(x) + C_3K_a(x)\right],$$

wobei I_a und K_a modifizierte Besselsche Funktionen sind.

141. $x^2 y'''_{xxx} - 2x(x-1)y''_{xx} + (x^2 - 2x + \frac{1}{4} - a^2)y'_x + (a^2 - \frac{1}{4})y = 0.$

Lösung:

$$y = C_1 e^x + \sqrt{x}\, e^{x/2}\big[C_2 I_a(x/2) + C_3 K_a(x/2)\big],$$

wobei I_a und K_a modifizierte Besselsche Funktionen sind.

142. $x^2 y'''_{xxx} - 3(x-a)xy''_{xx}$
$+ [2x^2 + 4(b-a)x + a(2a-1)]y'_x - 2b(2x - 2a + 1)y = 0.$

Lösung:

$$y = C_1 w_1^2 + C_2 w_1 w_2 + C_3 w_2^2,$$

wobei w_1, w_2 ein fundamentales Lösungssystem einer Gleichung zweiter Ordnung der Gestalt 2.2.103 ist: $xw''_{xx} + (a-x)w'_x + bw = 0$.

143. $x^2 y'''_{xxx} + x[(a+c)x + b]y''_{xx} + [(ac+\alpha)x^2$
$+ (bc+\beta)x + \gamma]y'_x + c(\alpha x^2 + \beta x + \gamma)y = 0.$

Die Substitution $w = y'_x + cy$ führt auf eine Gleichung der Form 2.2.141 für $n = 1$:

$$x^2 w''_{xx} + x(ax+b)w'_x + (\alpha x^2 + \beta x + \gamma)w = 0.$$

144. $x^2 y'''_{xxx} + (ax^{n+1} - b^2 - b)y'_x + a(b-1)x^n y = 0.$

Die Substitution $w = xy'_x + (b-1)y$ führt auf eine Gleichung zweiter Ordnung der Form 2.2.62: $xw''_{xx} - (b+1)w'_x + ax^n w = 0$.

145. $x^2 y'''_{xxx} - 3ax^{n+1}(n + ax^{n+1})y'_x + ax^n(n - n^2 + 2a^2 x^{2n+2})y = 0.$

1°. Spezielle Lösungen für $n \neq -1$:

$$y_1 = \exp\Big(\frac{ax^{n+1}}{n+1}\Big), \qquad y_2 = x\exp\Big(\frac{ax^{n+1}}{n+1}\Big).$$

2°. Spezielle Lösungen für $n = -1$: $y_1 = x^a$, $y_2 = x^{a+1}$.

146. $x^2 y'''_{xxx} + (ax^{n+1} + bx)y''_{xx}$
$+ [a(b-2)x^n + c]y'_x + a(c - b + 2)x^{n-1}y = 0.$

Spezielle Lösungen: $y_1 = x^{m_1}$, $y_2 = x^{m_2}$, wobei m_1 und m_2 Wurzeln der quadratischen Gleichung $m^2 + (b-3)m + c - b + 2 = 0$ sind.

147. $x(ax+b)y'''_{xxx} + x(cx+d)y'_x - 2(cx+d)y = 0.$

Die Substitution $w = xy'_x - 2y$ führt auf eine Gleichung zweiter Ordnung der Gestalt 2.2.103: $(ax+b)w''_{xx} + (cx+d)w = 0$.

148. $2x(x-1)y'''_{xxx} + 3(2x-1)y''_{xx} + (2ax+b)y'_x + ay = 0.$

Lösung:

$$y = C_1 w_1^2 + C_2 w_1 w_2 + C_3 w_2^2,$$

wobei w_1, w_2 ein fundamentales Lösungssystem der Gleichung

$$2x(x-1)w''_{xx} + (2x-1)w'_x + \left(\frac{a}{2}x + \frac{b}{4} - \frac{1}{2}\right)w = 0$$

ist, die nach Einsetzen von $x = \cos^2\xi$ in die Mathieusche Gleichung 2.6.4 $2w''_{\xi\xi} = (a+b-2+a\cos 2\xi)w$ übergeht.

149. $(a_2x^2 + a_1x + a_0)y'''_{xxx} + (b_1x + b_0)y''_{xx} + (c_1x + c_0)y'_x - mc_1y = 0.$

Es sei $c_1 \neq 0$ und m eine natürliche Zahl. Dann hat die Gleichung eine spezielle Lösung in Gestalt eines Polynoms vom Grad m, das durch folgende Formel definiert wird:

$$y = \sum_{k=0}^{m}\left(-\frac{1}{c_1}\right)^k \{x^m I x^{-m-1}[(ax^2 + a_1x + a_0)D^3 + (b_1x + b_0)D^2 + c_0D]\}^k x^m,$$

wobei $D = \dfrac{d}{dx}$ und $Ix^\nu = \dfrac{x^{\nu+1}}{\nu+1}$ für $\nu \neq -1$ bedeuten.

150. $x^3 y'''_{xxx} = a(a^2-1)y.$

Das ist ein Spezialfall der Gleichung 3.2.161.

Lösung:

$$y = x(C_1x^{n_1} + C_2x^{n_2} + C_3x^a),$$

hier bezeichnen n_1 und n_2 die Wurzeln der quadratischen Gleichung $n^2 + an + a^2 - 1 = 0$.

151. $x^3 y'''_{xxx} + (1-a^2)xy'_x + (bx^3 + a^2 - 1)y = 0.$

Für $a = \pm 1$ ist das eine Gleichung mit konstanten Koeffizienten der Gestalt 3.2.1 und für $b = 0$ die Eulersche Gleichung 3.2.161.

Gilt $b \neq 0$ und ist a eine natürliche Zahl ($a \neq 1$), so ist

$$y = x^{1-a}\sum_{k=1}^{3} C_k \exp(-\lambda_k x) P_k(x)$$

eine Lösung; hierbei sind λ_1, λ_2, λ_3 die Wurzeln der kubischen Gleichung $\lambda^3 = b$, und die $P_k(x)$ sind Polynome vom Grade nicht höher als $3(a-1)$.

Ist y_a eine Lösung der gegebenen Gleichung bei beliebigem, eventuell auch komplexen a, so ergibt die folgende Rekursion eine Darstellung von y_{a+3} durch y_a:

$$y_{a+3} = by_a + (2a+3)x^{-1}y_a'' - (a+1)(2a+3)(x^{-2}y_a' - x^{-3}y_a). \tag{1}$$

Die Striche bedeuten Ableitungen nach x.

Weil die $y_{\pm 1} = e^{-\lambda x}$, die den drei Lösungen λ der Gleichung $\lambda^3 = b$ entsprechen, ein fundamentales Lösungssystem bilden, kann man mit Hilfe der Formel (1) alle y_n für ganzzahlige, nicht durch drei teilbare Werte n finden. Speziell ist $y_2 = (x^{-1} + \lambda)e^{-\lambda x}$ $(\lambda^3 = b)$.

152. $\boldsymbol{x^3 y'''_{xxx} + (4x^3 + ax)y'_x - ay = 0.}$

Lösung:

$$y = C_1 x J_\nu^2(x) + C_2 x J_\nu(x) Y_\nu(x) + C_3 x Y_\nu^2(x),$$

wobei J_ν und Y_ν Besselsche Funktionen sind und $4\nu^2 = 1 - a$ gilt.

153. $\boldsymbol{x^3 y'''_{xxx} + x[ax^2 + 3b(1-b)]y'_x + 2b(ax^2 + b^2 - 1)y = 0.}$

1°. Spezielle Lösungen für $a > 0$:

$$y_1 = x^b \sin\bigl(x\sqrt{a}\,\bigr), \quad y_2 = x^b \cos\bigl(x\sqrt{a}\,\bigr).$$

2°. Spezielle Lösungen für $a < 0$:

$$y_1 = x^b \exp\bigl(-x\sqrt{-a}\,\bigr), \quad y_2 = x^b \exp\bigl(x\sqrt{-a}\,\bigr).$$

3°. Spezielle Lösungen für $a = 0$: $y_1 = x^b$, $y_2 = x^{b+1}$.

154. $\boldsymbol{x^3 y'''_{xxx} + x(ax^2 + bx + c)y'_x + (k-1)(ax^2 + bx + c + k^2 + k)y = 0.}$

Die Substitution $w = xy'_x + (k-1)y$ führt auf eine Gleichung der Form 2.2.126: $x^2 w''_{xx} - (k+1)xw'_x + (ax^2 + bx + c + k^2 + k)w = 0$.

155. $\boldsymbol{x^3 y'''_{xxx} + ax^n y'_x + (b-1)(ax^{n-1} + b^2 + b)y = 0.}$

Die Substitution $w = xy'_x + (b-1)y$ führt auf eine Gleichung der Form 2.2.127: $x^2 w''_{xx} - (b+1)xw'_x + (ax^{n-1} + b^2 + b)w = 0$.

156. $\boldsymbol{x^3 y'''_{xxx} + x(ax^n + b)y'_x - 2(ax^n + b)y = 0.}$

Die Substitution $w = xy'_x - 2y$ führt auf eine Gleichung der Form 2.2.113: $x^2 w''_{xx} + (ax^n + b)w = 0$.

157. $\boldsymbol{x^3 y'''_{xxx} + x(ax^n + b - c)y'_x + (c-1)(ax^n + b + c^2)y = 0.}$

Die Substitution $w = xy'_x + (c-1)y$ führt auf eine Gleichung der Form 2.2.127: $x^2 w''_{xx} - (c+1)xw'_x + (ax^n + b + c^2)w = 0$.

158. $x^3 y'''_{xxx} + (ax^{2n} + 1 - n^2) x y'_x + [b x^{3n} + a(n-1) x^{2n} + n^2 - 1] y = 0.$

Die Transformation $\xi = \frac{1}{n} x^n$, $z = x^{n-1} y$ führt auf eine Gleichung mit konstanten Koeffizienten: $z'''_{\xi\xi\xi} + a z'_\xi + bz = 0.$

159. $x^3 y'''_{xxx} + 6x^2 y''_{xx} + (ax^3 - 12) y + 2b = 0.$

Lösung: $y = \frac{d}{dx}\left(\frac{w}{x^2}\right)$, wobei $w = w(x)$ der Gleichung zweiter Ordnung 3.2.2 mit konstanten Koeffizienten $w'''_{xxx} + aw = b$ genügt.

160. $x^3 y'''_{xxx} + a x^2 y''_{xx} + b x y'_x + (a-2) b y = 0.$

Das ist ein Spezialfall der Gleichung 3.2.161.

Lösung:

$$y = C_1 x^{2-a} + C_2 x^{n_1} + C_3 x^{n_2},$$

wobei n_1 und n_2 die Wurzeln der quadratischen Gleichung $n^2 - n + b = 0$ sind.

161. *Die Eulersche Gleichung*

$$x^3 y'''_{xxx} + a x^2 y''_{xx} + b x y'_x + c y = 0.$$

Die Substitution $t = \ln|x|$ führt auf eine Gleichung mit konstanten Koeffizienten der Form 3.2.41: $y'''_{ttt} + (a-3) y''_{tt} + (2 - a + b) y'_t + cy = 0.$

162. $x^3 y'''_{xxx} + 3a x^2 y''_{xx} + 3a(a-1) x y'_x + [b x^3 + a(a-1)(a-2)] y = 0.$

Die Substitution $w = x^a y$ führt auf eine Gleichung mit konstanten Koeffizienten der Form 3.2.1: $w'''_{xxx} + bw = 0.$

163. $x^3 y'''_{xxx} + 3a x^2 y''_{xx} + 3a(a-1) x y'_x + [b x^n + a(a-1)(a-2)] y = 0.$

Die Substitution $w = x^a y$ führt auf eine Gleichung der Form 3.2.7: $w'''_{xxx} + b x^{n-3} w = 0.$

164. $x^3 y'''_{xxx} + 3(1-a) x^2 y''_{xx} + x[4b^2c^2x^{2c} + 1 - 4\nu^2c^2 + 3a(a-1)] y'_x$
$+ [4b^2c^2(c-a)x^{2c} + a(4\nu^2c^2 - a^2)] y = 0.$

Lösung:

$$y = C_1 x^a J_\nu^2(u) + C_2 x^a J_\nu(u) Y_\nu(u) + C_3 x^a Y_\nu^2(u),$$

wobei $u = b x^c$ ist; J_ν und Y_ν sind Besselsche Funktionen.

165. $x^3 y'''_{xxx} + (ax^2 + b) y''_{xx} + 2(2a - 9) x y'_x + 2(a-6) y = 0.$

Durch zweifache Integration erhält man die lineare Gleichung erster Ordnung

$$x^3 y'_x + [(a-6)x^2 + b] y = C_1 + C_2 x.$$

166. $x^3 y'''_{xxx} + x^2(ax+b)y''_{xx} + cxy'_x + c(ax+b-2)y = 0.$

Spezielle Lösungen: $y_1 = x^{n_1}$, $y_2 = x^{n_2}$, wobei n_1 und n_2 die Wurzeln der quadratischen Gleichung $n^2 - n + c = 0$ sind.

167. $x^3 y'''_{xxx} + x^2(2ax+b)y''_{xx}$
$$+ x(a^2x^2 + 2abx + c)y'_x + (a^2bx^2 + bc - 2c)y = 0.$$

Spezielle Lösungen: $y_1 = e^{-ax}x^{n_1}$, $y_2 = e^{-ax}x^{n_2}$, wobei n_1 und n_2 die Wurzeln der quadratischen Gleichung $n^2 - n + c = 0$ sind.

168. $x^3 y'''_{xxx} + ax^n y''_{xx} + bxy'_x + b(ax^{n-2} - 2)y = 0.$

Spezielle Lösungen: $y_1 = x^{m_1}$, $y_2 = x^{m_2}$, wobei m_1 und m_2 die Wurzeln der quadratischen Gleichung $m^2 - m + b = 0$ sind.

169. $x^3 y'''_{xxx} + x^2(ax^n + b)y''_{xx} + x(ax^n + b - 1)y'_x + (ax^n + b - 3)y = 0.$

Spezielle Lösungen: $y_1 = \cos(\ln x)$, $y_2 = \sin(\ln x)$.

170. $x^3 y'''_{xxx} + x^2(ax^n + b + c + 1)y''_{xx}$
$$+ x[\alpha x^{2n} + (ac+\beta)x^n + \gamma + bc]y'_x + (c-1)(\alpha x^{2n} + \beta x^n + \gamma)y = 0.$$

Die Substitution $w = xy'_x + (c-1)y$ führt auf eine lineare Gleichung zweiter Ordnung der Form 2.2.141: $x^2 w''_{xx} + x(ax^n+b)w'_x + (\alpha x^{2n} + \beta x^n + \gamma)w = 0$.

171. $x^2(ax+b)y'''_{xxx} + (cx - bm^2 - bm)y'_x + (m-1)(c + am^2 + am)y = 0.$

Die Substitution $w = xy'_x + (m-1)y$ führt auf die hypergeometrische Gleichung 2.2.159: $x(ax+b)w''_{xx} - (m+1)(ax+b)w'_x + (c + am^2 + am)w = 0$.

172. $x(ax^2 + bx + c)y'''_{xxx} + xy'_x - 2y = 0.$

Die Substitution $w = xy'_x - 2y$ führt auf eine Gleichung der Form 2.2.166: $(ax^2 + bx + c)w''_{xx} + w = 0$.

173. $(ax+b)x^3 y'''_{xxx} + (cx+d)x^2 y''_{xx}$
$$+ s(ax+b)xy'_x + s[(c-2a)x + d - 2b]y = 0.$$

Spezielle Lösungen: $y_1 = x^{n_1}$, $y_2 = x^{n_2}$, wobei n_1 und n_2 die Wurzeln der quadratischen Gleichung $n^2 - n + s = 0$ sind.

174. $x^5 y'''_{xxx} = a(xy'_x - 2y).$

Lösung:
$$y = \begin{cases} x^2\left[C_1 + C_2 \exp\left(\dfrac{\sqrt{a}}{x}\right) + C_3 \exp\left(-\dfrac{\sqrt{a}}{x}\right)\right] & \text{für } a > 0, \\ x^2\left[C_1 + C_2 \cos\left(\dfrac{\sqrt{-a}}{x}\right) + C_3 \sin\left(\dfrac{\sqrt{-a}}{x}\right)\right] & \text{für } a < 0. \end{cases}$$

175. $x^6 y'''_{xxx} = ay + bx^2.$

Die Transformation $x = t^{-1}$, $y = wt^{-2}$ führt auf eine Gleichung mit konstanten Koeffizienten der Form 3.2.2: $w'''_{ttt} + aw + b = 0$.

176. $x^6 y'''_{xxx} + ax^2 y'_x + (b - 2ax)y = 0.$

Die Transformation $x = t^{-1}$, $y = wt^{-2}$ führt auf eine Gleichung mit konstanten Koeffizienten: $w'''_{ttt} + aw'_t - bw = 0$.

177. $x^6 y'''_{xxx} + 6x^5 y''_{xx} - ay + 2bx = 0.$

Die Substitution $x = t^{-1}$ führt auf eine Gleichung der Form 3.2.127: $t^2 y'''_{ttt} - 6y'_t + at^2 y - 2bt = 0$.

178. $(x - a)^3 (x - b)^3 y'''_{xxx} - cy = 0, \qquad a \neq b.$

Die Transformation $t = \ln\left|\dfrac{x-a}{x-b}\right|$, $w = \dfrac{y}{(x-b)^2}$ führt auf eine Gleichung mit konstanten Koeffizienten: $(a-b)^3(w'''_{ttt} - 3w''_{tt} + 2w'_t) - cw = 0$.

179. $(ax^2 + bx + c)^3 y'''_{xxx} = ky.$

Die Transformation $\xi = \displaystyle\int \frac{dx}{ax^2 + bx + c}$, $w = \dfrac{y}{ax^2 + bx + c}$ führt auf eine Gleichung mit konstanten Koeffizienten: $w'''_{\xi\xi\xi} + (4ac - b^2)w'_\xi = kw$.

180. $x^7 y'''_{xxx} = ay + bx^3.$

Die Transformation $x = t^{-1}$, $y = wt^{-2}$ führt auf eine Gleichung der Form 3.2.3: $w'''_{ttt} + atw + b = 0$.

181. $x^7 y'''_{xxx} + (ax + b)y = 0.$

Die Transformation $x = t^{-1}$, $y = wt^{-2}$ führt auf eine Gleichung der Form 3.2.4: $w'''_{ttt} - (bt + a)w = 0$.

182. $x^9 y'''_{xxx} + (a^3 - 3a^2 x^2)y = 0.$

Die Transformation $x = t^{-1}$, $y = wt^{-2}$ führt auf eine Gleichung der Form 3.2.6: $w'''_{ttt} + (3a^2 t - a^3 t^3)w = 0$.

183. $x^9 y'''_{xxx} = ay.$

Die Transformation $x = t^{-1}$, $y = wt^{-2}$ führt auf eine Gleichung der Form 3.2.5: $w'''_{ttt} + at^3 w = 0$.

184. $x^{3/2} y'''_{xxx} = ay.$

Das ist ein Spezialfall der Gleichung 5.2.25 für $n = 1$.

185. $x^{9/2} y'''_{xxx} = a y.$

Das ist ein Spezialfall der Gleichung 5.2.26 für $n = 1$.

186. $x^2(x^n + a) y'''_{xxx} + x(bx^{m+1} + 2nx^n + cx) y''_{xx}$
$+ [2bmx^{m+1} + n(n-1)x^n] y'_x + bm(m-1)x^m y = 0.$

Durch zweifache Integration erhalten wir eine lineare Gleichung erster Ordnung:

$$(x^n + a) y'_x + (bx^m + c) y = C_1 + C_2 x.$$

3.3 Gleichungen mit Exponentialfunktionen

1. $y'''_{xxx} - a e^{\lambda x}(a^2 e^{2\lambda x} + 3a\lambda e^{\lambda x} + \lambda^2) y = 0.$

Spezielle Lösung: $y_0 = \exp\Bigl(\dfrac{a}{\lambda} e^{\lambda x}\Bigr)$.

Die Substitution $y = \exp\Bigl(\dfrac{a}{\lambda} e^{\lambda x}\Bigr) \int z(x)\, dx$ führt auf eine Gleichung zweiter Ordnung der Gestalt 2.3.29: $z''_{xx} + 3ae^{\lambda x} z'_x + (3a^2 e^{2\lambda x} + 3a\lambda e^{\lambda x}) z = 0$.

2. $y'''_{xxx} + a e^{\lambda x} y'_x + a\lambda e^{\lambda x} y = b e^{\mu x}.$

Durch Integration erhält man die inhomogene lineare Gleichung zweiter Ordnung

$$y''_{xx} + a e^{\lambda x} y = \frac{b}{\mu} e^{\mu x} + C.$$

Zur Lösung der entsprechenden homogenen Gleichung s. 2.3.1.

3. $y'''_{xxx} + a e^{\lambda x} y'_x + b(a e^{\lambda x} + b^2) y = 0.$

Die Substitution $w = y'_x + by$ führt auf eine Gleichung zweiter Ordnung der Form 2.3.10: $w''_{xx} - bw'_x + (ae^{\lambda x} + b^2) w = 0$.

4. $y'''_{xxx} + a e^{\lambda x} y'_x + bx(a e^{\lambda x} + b^2 x^2 - 3b) y = 0.$

Spezielle Lösung: $y_0 = \exp\Bigl(-\dfrac{bx^2}{2}\Bigr)$.

5. $y'''_{xxx} + a e^{\lambda x} y'_x + [a(\lambda - b) e^{\lambda x} - b^3] y = 0.$

Durch Integration erhält man die inhomogene lineare Gleichung zweiter Ordnung

$$y''_{xx} + by'_x + (ae^{\lambda x} + b^2) y = C e^{bx}.$$

Zur Lösung der entsprechenden homogenen Gleichung s. 2.3.10.

6. $y'''_{xxx} + (ae^{\lambda x} - b^2)y'_x + abe^{\lambda x}y = 0.$

Die Substitution $w = y'_x + by$ führt auf eine Gleichung zweiter Ordnung der Form 2.3.10: $w''_{xx} - bw'_x + ae^{\lambda x}w = 0$.

7. $y'''_{xxx} + (ae^{\lambda x} - b^2)y'_x + a(\lambda - b)e^{\lambda x}y = 0.$

Durch Integration erhält man die inhomogene lineare Gleichung zweiter Ordnung

$$y''_{xx} + by'_x + ae^{\lambda x}y = Ce^{bx}.$$

Zur Lösung der entsprechenden homogenen Gleichung s. 2.3.10.

8. $y'''_{xxx} + (ae^{\lambda x} + b)y'_x + c(ae^{\lambda x} + b + c^2)y = 0.$

Die Substitution $w = y'_x + cy$ führt auf eine Gleichung zweiter Ordnung der Form 2.3.10: $w''_{xx} - cw'_x + (ae^{\lambda x} + b + c^2)w = 0$.

9. $y'''_{xxx} + (ax + b)e^{\lambda x}y'_x - ae^{\lambda x}y = 0.$

Spezielle Lösung: $y_0 = ax + b$.

10. $y'''_{xxx} + (ae^{2\lambda x} + be^{\lambda x})y'_x - c(ae^{2\lambda x} + be^{\lambda x} + c^2)y = 0.$

Die Substitution $w = y'_x - cy$ führt auf eine Gleichung zweiter Ordnung der Form 2.3.29: $w''_{xx} + cw'_x + (ae^{2\lambda x} + be^{\lambda x} + c^2)w = 0$.

11. $y'''_{xxx} - 3ae^{\lambda x}(ae^{\lambda x} + \lambda)y'_x + ae^{\lambda x}(2a^2e^{2\lambda x} - \lambda^2)y = 0.$

Spezielle Lösungen: $y_1 = \exp\Big(\dfrac{a}{\lambda}e^{\lambda x}\Big)$, $y_2 = x\exp\Big(\dfrac{a}{\lambda}e^{\lambda x}\Big)$.

12. $y'''_{xxx} - (3a^2e^{2\lambda x} + 3a\lambda e^{\lambda x} + b)y'_x + ae^{\lambda x}(2a^2e^{2\lambda x} - 2b - \lambda^2)y = 0.$

1°. Spezielle Lösungen für $b > 0$:

$$y_1 = \exp\Big(\frac{a}{\lambda}e^{\lambda x} - x\sqrt{b}\Big), \quad y_2 = \exp\Big(\frac{a}{\lambda}e^{\lambda x} + x\sqrt{b}\Big).$$

2°. Spezielle Lösungen für $b < 0$:

$$y_1 = \cos\big(x\sqrt{-b}\big)\exp\Big(\frac{a}{\lambda}e^{\lambda x}\Big), \quad y_2 = \sin\big(x\sqrt{-b}\big)\exp\Big(\frac{a}{\lambda}e^{\lambda x}\Big).$$

13. $y'''_{xxx} + ay''_{xx} + be^{\lambda x}y'_x + abe^{\lambda x}y = 0.$

Die Substitution $w = y'_x + ay$ führt auf eine Gleichung zweiter Ordnung der Form 2.3.1: $w''_{xx} + be^{\lambda x}w = 0$.

14. $y'''_{xxx} + ay''_{xx} + (be^{\lambda x} + c)y'_x + [b(a+\lambda)e^{\lambda x} + ac]y = 0.$

Durch Integration erhält man die inhomogene lineare Gleichung zweiter Ordnung

$$y''_{xx} + (be^{\lambda x} + c)y = Ce^{-ax}.$$

Zur Lösung der entsprechenden homogenen Gleichung s. 2.3.2.

15. $y'''_{xxx} + ay''_{xx} + (be^{2\lambda x} + ce^{\lambda x})y'_x + a(be^{2\lambda x} + ce^{\lambda x})y = 0.$

Die Substitution $w = y'_x + ay$ führt auf eine Gleichung zweiter Ordnung der Form 2.3.29: $w''_{xx} + (be^{2\lambda x} + ce^{\lambda x})w = 0$.

16. $y'''_{xxx} + ae^{\lambda x}y''_{xx} - b^2(ae^{\lambda x} + b)y = 0.$

Die Substitution $w = y'_x - by$ führt auf eine Gleichung zweiter Ordnung der Gestalt 2.3.29: $w''_{xx} + (ae^{\lambda x} + b)w'_x + b(ae^{\lambda x} + b)w = 0$.

17. $y'''_{xxx} + ae^{\lambda x}y''_{xx} - by'_x - abe^{\lambda x}y = 0.$

1°. Spezielle Lösungen für $b > 0$: $y_1 = \exp(-x\sqrt{b})$, $y_2 = \exp(x\sqrt{b})$.

2°. Spezielle Lösungen für $b < 0$: $y_1 = \cos(x\sqrt{-b})$, $y_2 = \sin(x\sqrt{-b})$.

18. $y'''_{xxx} + ae^{\lambda x}y''_{xx} + abe^{\lambda x}y'_x + b^3y = 0.$

Die Substitution $w = y'_x + by$ führt auf eine Gleichung zweiter Ordnung der Form 2.3.29: $w''_{xx} + (ae^{\lambda x} - b)w'_x + b^2w = 0$.

19. $y'''_{xxx} + ae^{\lambda x}y''_{xx} - b(2ae^{\lambda x} + 3b)y'_x + b^2(ae^{\lambda x} + 2b)y = 0.$

Spezielle Lösungen: $y_1 = e^{bx}$, $y_2 = xe^{bx}$.

20. $y'''_{xxx} + ae^{\lambda x}y''_{xx} + (be^{\mu x} - c^2)y'_x - c(ace^{\lambda x} + be^{\mu x})y = 0.$

Spezielle Lösung: $y_0 = e^{cx}$.

21. $y'''_{xxx} + ae^{\lambda x}y''_{xx} + (abe^{\lambda x} - b^2 + c)y'_x + c(ae^{\lambda x} - b)y = 0.$

Spezielle Lösungen: $y_1 = e^{\beta_1 x}$, $y_2 = e^{\beta_2 x}$, wobei β_1 und β_2 die Wurzeln der quadratischen Gleichung $\beta^2 + b\beta + c = 0$ sind.

22. $y'''_{xxx} + ae^{\lambda x}y''_{xx} + [a(b+\lambda)e^{\lambda x} - b^2]y'_x + ab\lambda e^{\lambda x}y = 0.$

Spezielle Lösungen: $y_1 = e^{-bx}$, $y_2 = e^{-bx}\int \exp\Bigl(2bx - \dfrac{a}{\lambda}e^{\lambda x}\Bigr)\,dx$.

23. $y'''_{xxx} + ae^{\lambda x}y''_{xx} + bx^ny'_x + bx^{n-1}(axe^{\lambda x} + n)y = 0.$

Die Substitution $w = y''_{xx} + bx^ny$ führt auf eine lineare Gleichung erster Ordnung: $w'_x + ae^{\lambda x}w = 0$.

24. $y'''_{xxx} + axe^{\lambda x}y''_{xx} + (bx^2 - ae^{\lambda x})y'_x + bx(ax^2e^{\lambda x} + 3)y = 0.$

1°. Spezielle Lösungen für $b > 0$:

$$y_1 = \cos\left(\frac{x^2\sqrt{b}}{2}\right), \quad y_2 = \sin\left(\frac{x^2\sqrt{b}}{2}\right).$$

2°. Spezielle Lösungen für $b < 0$:

$$y_1 = \exp\left(\frac{-x^2\sqrt{-b}}{2}\right), \quad y_2 = \exp\left(\frac{x^2\sqrt{-b}}{2}\right).$$

25. $y'''_{xxx} + ax^2e^{\lambda x}y''_{xx} - 2axe^{\lambda x}y'_x + 2ae^{\lambda x}y = 0.$

Spezielle Lösungen: $y_1 = x, \quad y_2 = x^2.$

26. $y'''_{xxx} + (ae^{\lambda x} + b)y''_{xx} - ab^2e^{\lambda x}y = 0.$

Die Substitution $w = y'_x + by$ führt auf eine Gleichung zweiter Ordnung der Gestalt 2.3.29: $w''_{xx} + ae^{\lambda x}w'_x - abe^{\lambda x}w = 0.$

27. $y'''_{xxx} + (ae^{\lambda x} + b)y''_{xx} - c^2(ae^{\lambda x} + b + c)y = 0.$

Die Substitution $w = y'_x - cy$ führt auf eine Gleichung zweiter Ordnung der Form 2.3.29: $w''_{xx} + (ae^{\lambda x} + b + c)w'_x + c(ae^{\lambda x} + b + c)w = 0.$

28. $y'''_{xxx} + (ae^{\lambda x} + b)y''_{xx} + c(ae^{\lambda x} + b)y'_x + c^3y = 0.$

Die Substitution $w = y'_x + cy$ führt auf eine Gleichung zweiter Ordnung der Form 2.3.29: $w''_{xx} + (ae^{\lambda x} + b - c)w'_x + c^2w = 0.$

29. $y'''_{xxx} + (be^{ax} + 2a)y''_{xx} - a(be^{ax} + a)y'_x - 2a^3y = 0.$

Spezielle Lösungen: $y_1 = e^{ax}, \quad y_2 = e^{-ax} + \dfrac{b}{a}.$

30. $y'''_{xxx} = (e^{\lambda x} - a)y''_{xx} + (ae^{\lambda x} - b)y'_x + be^{\lambda x}y.$

Spezielle Lösungen: $y_1 = e^{\beta_1 x}, \quad y_2 = e^{\beta_2 x},$ wobei β_1 und β_2 Wurzeln der quadratischen Gleichung $\beta^2 + a\beta + b = 0$ sind.

31. $y'''_{xxx} + (ae^{\lambda x} + b)y''_{xx} + (ce^{\lambda x} + d)y'_x$
$\qquad - s[(as + c)e^{\lambda x} + bs + d + s^2]y = 0.$

Die Substitution $w = y'_x - sy$ führt auf eine Gleichung der Form 2.3.29:

$$w''_{xx} + (ae^{\lambda x} + b + s)w'_x + [(as + c)e^{\lambda x} + bs + d + s^2]w = 0.$$

32. $y'''_{xxx} + (ae^{\lambda x} + b)y''_{xx} + (ce^{2\lambda x} + d)y'_x$
$$- s(ce^{2\lambda x} + ase^{\lambda x} + bs + d + s^2)y = 0.$$

Die Substitution $w = y'_x - sy$ führt auf eine Gleichung der Form 2.3.29:

$$w''_{xx} + (ae^{\lambda x} + b + s)w'_x + (ce^{2\lambda x} + ase^{\lambda x} + bs + d + s^2)w = 0.$$

33. $y'''_{xxx} + (ae^{\lambda x} + b)y''_{xx} + (ce^{\lambda x} + d)y'_x - ke^{\lambda x}[k(a + k)e^{2\lambda x}$
$$+ (a\lambda + 3k\lambda + bk + c)e^{\lambda x} + \lambda^2 + b\lambda + d]y = 0.$$

Spezielle Lösung: $y_0 = \exp\Bigl(\frac{k}{\lambda}e^{\lambda x}\Bigr)$.

Die Substitution $y = \exp\Bigl(\frac{k}{\lambda}e^{\lambda x}\Bigr)\int z(x)\,dx$ führt auf eine Gleichung zweiter Ordnung der Form 2.3.29.

34. $y'''_{xxx} + (2ae^{\lambda x} + b)y''_{xx} + ae^{\lambda x}(ae^{\lambda x} + 2b + 3\lambda)y'_x$
$$+ ae^{\lambda x}[a(b + 2\lambda)e^{\lambda x} + b\lambda + \lambda^2]y = 0.$$

Spezielle Lösungen: $y_1 = \exp\Bigl(-\frac{a}{\lambda}e^{\lambda x}\Bigr)$, $y_2 = x\exp\Bigl(-\frac{a}{\lambda}e^{\lambda x}\Bigr)$.

35. $y'''_{xxx} + (ae^{\lambda x} - b)y''_{xx} + ce^{\mu x}y'_x - b(abe^{\lambda x} + ce^{\mu x})y = 0.$

Spezielle Lösung: $y_0 = e^{bx}$.

36. $y'''_{xxx} + (e^{\lambda x} + a)y''_{xx} + (ae^{\lambda x} + be^{\mu x})y'_x + abe^{\mu x}y = 0.$

Spezielle Lösung: $y_0 = e^{-ax}$.

37. $y'''_{xxx} + (ax + be^{\lambda x})y''_{xx} + a(bxe^{\lambda x} + 2)y'_x + abe^{\lambda x}y = 0.$

Spezielle Lösungen:

$$y_1 = \exp\Bigl(-\frac{ax^2}{2}\Bigr), \quad y_2 = \exp\Bigl(-\frac{ax^2}{2}\Bigr)\int \exp\Bigl(\frac{ax^2}{2}\Bigr)\,dx.$$

38. $y'''_{xxx} + (abxe^{\lambda x} + be^{\lambda x} + a)y''_{xx} + a^2bxe^{\lambda x}y'_x - a^2be^{\lambda x}y = 0.$

Spezielle Lösungen: $y_1 = x$, $y_2 = e^{-ax}$.

39. $y'''_{xxx} + ax^n(be^{\lambda x} + 2\lambda)y''_{xx} - \lambda(abx^ne^{\lambda x} + \lambda)y'_x - 2a\lambda^3x^ny = 0.$

Spezielle Lösungen: $y_1 = e^{\lambda x}$, $y_2 = e^{-\lambda x} + \frac{b}{\lambda}$.

40. $y'''_{xxx} + (ax^n - 2be^{\lambda x})y''_{xx} - be^{\lambda x}(2ax^n - be^{\lambda x} + 3\lambda)y'_x$
$$+ be^{\lambda x}[ax^n(be^{\lambda x} - \lambda) + 2b\lambda e^{\lambda x} - \lambda^2]y = 0.$$

Spezielle Lösungen: $y_1 = \exp\Bigl(\frac{b}{\lambda}e^{\lambda x}\Bigr)$, $y_2 = x\exp\Bigl(\frac{b}{\lambda}e^{\lambda x}\Bigr)$.

41. $y'''_{xxx} + (ae^{\lambda x} + be^{\mu x})y''_{xx} + cy'_x + c(ae^{\lambda x} + be^{\mu x})y = 0.$

Die Substitution $w = y''_{xx} + cy$ führt auf eine Gleichung erster Ordnung: $w'_x + (ae^{\lambda x} + be^{\mu x})w = 0$.

42. $y'''_{xxx} + (ae^{\lambda x} + be^{\mu x})y''_{xx} + [abe^{(\lambda+\mu)x} + b(c+\mu)e^{\mu x} - c^2]y'_x$
$+ c[abe^{(\lambda+\mu)x} - ace^{\lambda x} + b\mu e^{\mu x}]y = 0.$

Spezielle Lösungen: $y_1 = e^{-cx}$, $y_2 = e^{-cx} \int \exp\Big(2cx - \frac{b}{\mu}e^{\mu x}\Big)\,dx$.

43. $y'''_{xxx} + ae^{\lambda x}(be^{\mu x} + 2\mu)y''_{xx} - \mu(abe^{(\lambda+\mu)x} + \mu)y'_x - 2a\mu^3 e^{\lambda x}y = 0.$

Spezielle Lösungen: $y_1 = e^{\mu x}$, $y_2 = e^{-\mu x} + \frac{b}{\mu}$.

44. $xy'''_{xxx} + ay''_{xx} + x(be^{\lambda x} + c)y'_x + [b(\lambda x + a)e^{\lambda x} + ac]y = 0.$

Die Substitution $w = y''_{xx} + (be^{\lambda x} + c)y$ führt auf eine Gleichung erster Ordnung: $xw'_x + aw = 0$.

45. $xy'''_{xxx} + axe^{\lambda x}y'_x - 2ae^{\lambda x}y = 0.$

Die Substitution $w = xy'_x - 2y$ führt auf eine Gleichung zweiter Ordnung der Form 2.3.1: $w''_{xx} + ae^{\lambda x}w = 0$.

46. $xy'''_{xxx} = (e^{\lambda x} - ax)y''_{xx} + (ae^{\lambda x} - bx)y'_x + be^{\lambda x}y.$

Spezielle Lösungen: $y_1 = e^{\beta_1 x}$, $y_2 = e^{\beta_2 x}$, wobei β_1 und β_2 Wurzeln der quadratischen Gleichung $\beta^2 + a\beta + b = 0$ sind.

47. $xy'''_{xxx} + (axe^{\lambda x} + 3)y''_{xx}$
$+ a(bx + 2)e^{\lambda x}y'_x + b(abxe^{\lambda x} + ae^{\lambda x} - b^2 x)y = 0.$

Spezielle Lösungen:

$$y_1 = \frac{1}{x}\exp\Big(-\frac{bx}{2}\Big)\cos\Big(\frac{bx\sqrt{3}}{2}\Big), \quad y_2 = \frac{1}{x}\exp\Big(-\frac{bx}{2}\Big)\sin\Big(\frac{bx\sqrt{3}}{2}\Big).$$

48. $x^2 y'''_{xxx} + x(axe^{\lambda x} + b)y''_{xx}$
$+ [a(b-2)xe^{\lambda x} + c]y'_x + a(c - b + 2)e^{\lambda x}y = 0.$

Spezielle Lösungen: $y_1 = x^{n_1}$, $y_2 = x^{n_2}$, wobei n_1 und n_2 Wurzeln der quadratischen Gleichung $n^2 + (b-3)n + c - b + 2 = 0$ sind.

49. $x^3 y'''_{xxx} + bx^2 e^{\lambda x}y''_{xx} + axy'_x + a(be^{\lambda x} - 2)y = 0.$

Spezielle Lösungen: $y_1 = x^{n_1}$, $y_2 = x^{n_2}$, wobei n_1 und n_2 Wurzeln der quadratischen Gleichung $n^2 - n + a = 0$ sind.

50. $x^3 y'''_{xxx} + x^2(ae^{\lambda x} + b)y''_{xx} + x(abe^{\lambda x} + c - b)y'_x + c(ae^{\lambda x} - 2)y = 0.$

Spezielle Lösungen: $y_1 = x^{n_1}$, $y_2 = x^{n_2}$, wobei n_1 und n_2 Wurzeln der quadratischen Gleichung $n^2 + (b-1)n + c = 0$ sind.

51. $(ae^x + b)y'''_{xxx} - ae^x y = 0.$

Spezielle Lösung: $y_0 = ae^x + b$.

52. $(bce^{ax} + a + c)y'''_{xxx} - (bc^3e^{ax} + a^3 + c^3)y'_x + ac(a^2 - c^2)y = 0.$

Spezielle Lösungen: $y_1 = e^{cx}$, $y_2 = e^{-ax} + b$.

53. $(ae^{\lambda x} + b)y'''_{xxx} + (ce^{\lambda x} + d)y''_{xx} + k(ae^{\lambda x} + b)y'_x + k(ce^{\lambda x} + d)y = 0.$

1°. Spezielle Lösungen für $k > 0$: $y_1 = \cos(x\sqrt{k})$, $y_2 = \sin(x\sqrt{k})$.

2°. Spezielle Lösungen für $k < 0$: $y_1 = \exp(-x\sqrt{-k})$, $y_2 = \exp(x\sqrt{-k})$.

54. $(ae^x + bx)y'''_{xxx} - ae^x y = 0.$

Spezielle Lösung: $y_0 = ae^x + bx$.

55. $(ae^x + bx^2)y'''_{xxx} - ae^x y = 0.$

Spezielle Lösung: $y_0 = ae^x + bx^2$.

56. $(axe^x + b)y'''_{xxx} + by = 0.$

Spezielle Lösung: $y_0 = ax + be^{-x}$.

57. $(ax^2e^x + b)y'''_{xxx} + by = 0.$

Spezielle Lösung: $y_0 = ax^2 + be^{-x}$.

3.4 Gleichungen mit hyperbolischen Funktionen

1. $y'''_{xxx} - a^3 \tanh(ax)y = 0.$

Spezielle Lösung: $y_0 = \cosh(ax)$.

Die Substitution $y = \cosh(ax)\int z(x)\,dx$ führt auf eine Gleichung zweiter Ordnung der Form 2.4.44: $z''_{xx} + 3a\tanh(ax)z'_x + 3a^2z = 0$.

2. $y'''_{xxx} - a^3 \coth(ax)y = 0.$

Spezielle Lösung: $y_0 = \sinh(ax)$.

Die Substitution $y = \sinh(ax)\int z(x)\,dx$ führt auf eine Gleichung zweiter Ordnung der Form 2.4.45: $\quad z''_{xx} + 3a\coth(ax)z'_x + 3a^2 z = 0.$

3. $\boldsymbol{y'''_{xxx} - 3a^2 y'_x + 2a^3 \tanh(ax) y = 0.}$

Spezielle Lösungen: $y_1 = \cosh(ax), \quad y_2 = x\cosh(ax).$

4. $\boldsymbol{y'''_{xxx} - 3a^2 y'_x + 2a^3 \coth(ax) y = 0.}$

Spezielle Lösungen: $y_1 = \sinh(ax), \quad y_2 = x\sinh(ax).$

5. $\boldsymbol{y'''_{xxx} + [a\cosh(2x) + b]y'_x + a\sinh(2x)y = 0.}$

Lösung:

$$y = C_1 w_1^2 + C_2 w_1 w_2 + C_3 w_2^2,$$

wobei w_1, w_2 ein fundamentales Lösungssystem der modifizierten Mathieuschen Gleichung 2.4.1 ist: $\quad 4w''_{xx} + [a\cosh(2x) + b]w = 0.$

6. $\boldsymbol{y'''_{xxx} + ay''_{xx} + b\cosh(2x)y'_x + ab\cosh(2x)y = 0.}$

Die Substitution $w = y'_x + ay$ führt auf eine Gleichung zweiter Ordnung der Form 2.4.1: $\quad w''_{xx} + b\cosh(2x)w = 0.$

7. $\boldsymbol{y'''_{xxx} + ay''_{xx} + b\cosh^2 x\, y'_x + ab\cosh^2 x\, y = 0.}$

Die Substitution $w = y'_x + ay$ führt auf eine Gleichung zweiter Ordnung der Form 2.4.2: $\quad w''_{xx} + b\cosh^2 x\, w = 0.$

8. $\boldsymbol{y'''_{xxx} + ay''_{xx} + b\sinh^2 x\, y'_x + ab\sinh^2 x\, y = 0.}$

Die Substitution $w = y'_x + ay$ führt auf eine Gleichung zweiter Ordnung der Form 2.4.5: $\quad w''_{xx} + b\sinh^2 x\, w = 0.$

9. $\boldsymbol{y'''_{xxx} + ay''_{xx} + [b\tanh(\lambda x) + c]y'_x + a[b\tanh(\lambda x) + c]y = 0.}$

Die Substitution $w = y'_x + ay$ führt auf eine Gleichung zweiter Ordnung der Form 2.4.6: $\quad w''_{xx} + [b\tanh(\lambda x) + c]w = 0.$

10. $\boldsymbol{y'''_{xxx} + ay''_{xx} - \lambda[2a\tanh(\lambda x) + 3\lambda]y'_x}$
$$\boldsymbol{+ \lambda^2[2a\tanh^2(\lambda x) + 2\lambda\tanh(\lambda x) - a]y = 0.}$$

Spezielle Lösungen: $y_1 = \cosh(\lambda x), \quad y_2 = x\cosh(\lambda x).$

11. $\boldsymbol{y'''_{xxx} + ay''_{xx} + [b\coth(\lambda x) + c]y'_x + a[b\coth(\lambda x) + c]y = 0.}$

Die Substitution $w = y'_x + ay$ führt auf eine Gleichung zweiter Ordnung der Form 2.4.10: $\quad w''_{xx} + [b\coth(\lambda x) + c]w = 0.$

12. $y'''_{xxx} + ay''_{xx} - \lambda[2a\coth(\lambda x) + 3\lambda]y'_x$
$$+ \lambda^2[2a\coth^2(\lambda x) + 2\lambda\coth(\lambda x) - a]y = 0.$$

Spezielle Lösungen: $y_1 = \sinh(\lambda x)$, $y_2 = x\sinh(\lambda x)$.

13. $y'''_{xxx} + a\cosh^n(\lambda x)y''_{xx} + by'_x + ab\cosh^n(\lambda x)y = 0.$

1°. Spezielle Lösungen für $b > 0$: $y_1 = \cos(x\sqrt{b})$, $y_2 = \sin(x\sqrt{b})$.

2°. Spezielle Lösungen für $b < 0$: $y_1 = \exp(-x\sqrt{-b})$, $y_2 = \exp(x\sqrt{-b})$.

14. $y'''_{xxx} + a\cosh^n(\lambda x)y''_{xx} + bx^m y'_x + bx^{m-1}[ax\cosh^n(\lambda x) + m]y = 0.$

Die Substitution $w = y''_{xx} + bx^m y$ führt auf die lineare Gleichung erster Ordnung $w'_x + a\cosh^n(\lambda x)w = 0$.

15. $y'''_{xxx} + a\cosh^n(\lambda x)y''_{xx}$
$$+ ab\cosh^n(\lambda x)y'_x + b^2[a\cosh^n(\lambda x) - b]y = 0.$$

Spezielle Lösungen:

$$y_1 = e^{-bx/2}\cos\left(\frac{bx\sqrt{3}}{2}\right), \quad y_2 = e^{-bx/2}\sin\left(\frac{bx\sqrt{3}}{2}\right).$$

16. $y'''_{xxx} + a\cosh^n(\lambda x)y''_{xx}$
$$- b[2a\cosh^n(\lambda x) + 3b]y'_x + b^2[a\cosh^n(\lambda x) + 2b]y = 0.$$

Spezielle Lösungen: $y_1 = e^{bx}$, $y_2 = xe^{bx}$.

17. $y'''_{xxx} + a\cosh^n x\, y''_{xx}$
$$+ (ab\cosh^n x + c - b^2)y'_x + c(a\cosh^n x - b)y = 0.$$

Spezielle Lösungen: $y_1 = \exp(\lambda_1 x)$, $y_2 = \exp(\lambda_2 x)$, wobei λ_1 und λ_2 Wurzeln der quadratischen Gleichung $\lambda^2 + b\lambda + c = 0$ sind.

18. $y'''_{xxx} + ax\cosh^n x\, y''_{xx}$
$$+ (bx^2 - a\cosh^n x)y'_x + bx(ax^2\cosh^n x + 3)y = 0.$$

Spezielle Lösungen: $y_1 = \cos(\tfrac{1}{2}x^2\sqrt{b})$, $y_2 = \sin(\tfrac{1}{2}x^2\sqrt{b})$.

19. $y'''_{xxx} + ax^2\cosh^n(\lambda x)y''_{xx} - 2ax\cosh^n(\lambda x)y'_x + 2a\cosh^n(\lambda x)y = 0.$

Spezielle Lösungen: $y_1 = x$, $y_2 = x^2$.

20. $y'''_{xxx} = (\cosh^n x - a)y''_{xx} + (a\cosh^n x - b)y'_x + b\cosh^n x\, y.$

Spezielle Lösungen: $y_1 = \exp(\lambda_1 x)$, $y_2 = \exp(\lambda_2 x)$, wobei λ_1 und λ_2 Wurzeln der quadratischen Gleichung $\lambda^2 + a\lambda + b = 0$ sind.

21. $y'''_{xxx} + (a\cosh^n x + bx)y''_{xx} + b(ax\cosh^n x + 2)y'_x + ab\cosh^n x\, y = 0.$

Spezielle Lösungen:

$$y_1 = \exp\left(-\tfrac{1}{2}bx^2\right), \quad y_2 = \exp\left(-\tfrac{1}{2}bx^2\right)\int \exp\left(\tfrac{1}{2}bx^2\right) dx.$$

22. $y'''_{xxx} + a\sinh^n(\lambda x)y''_{xx} + by'_x + ab\sinh^n(\lambda x)y = 0.$

1°. Spezielle Lösungen für $b > 0$: $y_1 = \cos\left(x\sqrt{b}\right)$, $y_2 = \sin\left(x\sqrt{b}\right)$.

2°. Spezielle Lösungen für $b < 0$: $y_1 = \exp\left(-x\sqrt{-b}\right)$, $y_2 = \exp\left(x\sqrt{-b}\right)$.

23. $y'''_{xxx} + a\sinh^n(\lambda x)y''_{xx} + bx^m y'_x + bx^{m-1}[ax\sinh^n(\lambda x) + m]y = 0.$

Die Substitution $w = y''_{xx} + bx^m y$ führt auf eine lineare Gleichung erster Ordnung: $w'_x + a\sinh^n(\lambda x)w = 0$.

24. $y'''_{xxx} + a\sinh^n(\lambda x)y''_{xx} + ab\sinh^n(\lambda x)y'_x + b^2[a\sinh^n(\lambda x) - b]y = 0.$

Spezielle Lösungen:

$$y_1 = e^{-bx/2}\cos\left(\frac{bx\sqrt{3}}{2}\right), \quad y_2 = e^{-bx/2}\sin\left(\frac{bx\sqrt{3}}{2}\right).$$

25. $y'''_{xxx} + a\sinh^n(\lambda x)y''_{xx} - b[2a\sinh^n(\lambda x) + 3b]y'_x + b^2[a\sinh^n(\lambda x) + 2b]y = 0.$

Spezielle Lösungen: $y_1 = e^{bx}$, $y_2 = xe^{bx}$.

26. $y'''_{xxx} + a\sinh^n x\, y''_{xx} + (ab\sinh^n x + c - b^2)y'_x + c(a\sinh^n x - b)y = 0.$

Spezielle Lösungen: $y_1 = \exp(\lambda_1 x)$, $y_2 = \exp(\lambda_2 x)$, wobei λ_1 und λ_2 die Wurzeln der quadratischen Gleichung $\lambda^2 + b\lambda + c = 0$ sind.

27. $y'''_{xxx} + ax\sinh^n x\, y''_{xx} + (bx^2 - a\sinh^n x)y'_x + bx(ax^2\sinh^n x + 3)y = 0.$

Spezielle Lösungen: $y_1 = \cos\left(\tfrac{1}{2}x^2\sqrt{b}\right)$, $y_2 = \sin\left(\tfrac{1}{2}x^2\sqrt{b}\right)$.

28. $y'''_{xxx} + ax^2\sinh^n(\lambda x)y''_{xx} - 2ax\sinh^n(\lambda x)y'_x + 2a\sinh^n(\lambda x)y = 0.$

Spezielle Lösungen: $y_1 = x$, $y_2 = x^2$.

29. $y'''_{xxx} = (\sinh^n x - a)y''_{xx} + (a\sinh^n x - b)y'_x + b\sinh^n x\, y.$

Spezielle Lösungen: $y_1 = \exp(\lambda_1 x)$, $y_2 = \exp(\lambda_2 x)$, wobei λ_1 und λ_2 die Wurzeln der quadratischen Gleichung $\lambda^2 + a\lambda + b = 0$ sind.

30. $y'''_{xxx} + (a \sinh^n x + bx) y''_{xx} + b(ax \sinh^n x + 2) y'_x + ab \sinh^n x\, y = 0.$

Spezielle Lösungen:

$$y_1 = \exp\left(-\tfrac{1}{2}bx^2\right), \quad y_2 = \exp\left(-\tfrac{1}{2}bx^2\right) \int \exp\left(\tfrac{1}{2}bx^2\right) dx.$$

31. $y'''_{xxx} - \tanh x\, y''_{xx} - a y'_x + a \tanh x\, y = 0.$

1°. Lösung für $a > 0$:

$$y = C_1 \exp(-x\sqrt{a}) + C_2 \exp(x\sqrt{a}) + C_3 \cosh x.$$

2°. Lösung für $a < 0$:

$$y = C_1 \cos(x\sqrt{-a}) + C_2 \sin(x\sqrt{-a}) + C_3 \cosh x.$$

32. $y'''_{xxx} + a \tanh^n(\lambda x) y''_{xx} + bx^m y'_x + bx^{m-1}[ax \tanh^n(\lambda x) + m] y = 0.$

Die Substitution $w = y''_{xx} + bx^m y$ führt auf eine lineare Gleichung erster Ordnung: $w'_x + a \tanh^n(\lambda x) w = 0$.

33. $y'''_{xxx} + a \tanh^n(\lambda x) y''_{xx}$
$+ ab \tanh^n(\lambda x) y'_x + b^2[a \tanh^n(\lambda x) - b] y = 0.$

Spezielle Lösungen:

$$y_1 = e^{-bx/2} \cos\left(\frac{bx\sqrt{3}}{2}\right), \quad y_2 = e^{-bx/2} \sin\left(\frac{bx\sqrt{3}}{2}\right).$$

34. $y'''_{xxx} + a \tanh^n(\lambda x) y''_{xx}$
$- b[2a \tanh^n(\lambda x) + 3b] y'_x + b^2[a \tanh^n(\lambda x) + 2b] y = 0.$

Spezielle Lösungen: $y_1 = e^{bx}$, $y_2 = xe^{bx}$.

35. $y'''_{xxx} + a \tanh^n(\lambda x) y''_{xx}$
$+ [ab \tanh^n(\lambda x) + c - b^2] y'_x + c[a \tanh^n(\lambda x) - b] y = 0.$

Spezielle Lösungen: $y_1 = \exp(\beta_1 x)$, $y_2 = \exp(\beta_2 x)$, wobei β_1 und β_2 die Wurzeln der quadratischen Gleichung $\beta^2 + b\beta + c = 0$ sind.

36. $y'''_{xxx} + ax^n y''_{xx} - (2ax^n \tanh x + 3) y'_x$
$+ [ax^n(2\tanh^2 x - 1) + 2\tanh x] y = 0.$

Spezielle Lösungen: $y_1 = \cosh x$, $y_2 = x \cosh x$.

37. $y'''_{xxx} + a\tanh^n x\, y''_{xx} - (2a\tanh^{n+1} x + 3)y'_x$
$$+ (2a\tanh^{n+2} x - a\tanh^n x + 2\tanh x)y = 0.$$

Spezielle Lösungen: $y_1 = \cosh x$, $y_2 = x\cosh x$.

38. $y'''_{xxx} + ax\tanh^n x\, y''_{xx}$
$$+ (bx^2 - a\tanh^n x)y'_x + bx(ax^2\tanh^n x + 3)y = 0.$$

Spezielle Lösungen: $y_1 = \cos\bigl(\tfrac{1}{2}x^2\sqrt{b}\bigr)$, $y_2 = \sin\bigl(\tfrac{1}{2}x^2\sqrt{b}\bigr)$.

39. $y'''_{xxx} + ax^2\tanh^n(\lambda x)y''_{xx} - 2ax\tanh^n(\lambda x)y'_x + 2a\tanh^n(\lambda x)y = 0.$

Spezielle Lösungen: $y_1 = x$, $y_2 = x^2$.

40. $y'''_{xxx} = (\tanh^n x - a)y''_{xx} + (a\tanh^n x - b)y'_x + b\tanh^n x\, y.$

Spezielle Lösungen: $y_1 = \exp(\lambda_1 x)$, $y_2 = \exp(\lambda_2 x)$, wobei λ_1 und λ_2 die Wurzeln der quadratischen Gleichung $\lambda^2 + a\lambda + b = 0$ sind.

41. $y'''_{xxx} + (a\tanh^n x + bx)y''_{xx} + b(ax\tanh^n x + 2)y'_x + ab\tanh^n x\, y = 0.$

Spezielle Lösungen:

$$y_1 = \exp\bigl(-\tfrac{1}{2}bx^2\bigr), \quad y_2 = \exp\bigl(-\tfrac{1}{2}bx^2\bigr)\int \exp\bigl(\tfrac{1}{2}bx^2\bigr)\,dx.$$

42. $y'''_{xxx} + [ax^n(\tanh x - b) - b]y''_{xx} + [a(b^2-1)x^n - 1]y'_x$
$$+ b[ax^n(1 - b\tanh x) + 1]y = 0.$$

Spezielle Lösungen: $y_1 = e^{bx}$, $y_2 = \cosh x$.

43. $y'''_{xxx} + [\lambda\tanh(\lambda x)(ax^n - 1) - ax^{n-1}]y''_{xx}$
$$- a\lambda^2 x^n y'_x + a\lambda^2 x^{n-1} y = 0.$$

Spezielle Lösungen: $y_1 = x$, $y_2 = \cosh(\lambda x)$.

44. $y'''_{xxx} + (a\tanh^{n+1} x - ab\tanh^n x - b)y''_{xx}$
$$+ [a(b^2-1)\tanh^n x - 1]y'_x + b(-ab\tanh^{n+1} x + a\tanh^n x + 1)y = 0.$$

Spezielle Lösungen: $y_1 = e^{bx}$, $y_2 = \cosh x$.

45. $y'''_{xxx} - \coth x\, y''_{xx} - ay'_x + a\coth x\, y = 0.$

1°. Lösung für $a > 0$:

$$y = C_1\exp(-x\sqrt{a}) + C_2\exp(x\sqrt{a}) + C_3\sinh x.$$

2°. Lösung für $a < 0$:

$$y = C_1\cos(x\sqrt{-a}) + C_2\sin(x\sqrt{-a}) + C_3\sinh x.$$

46. $y'''_{xxx} + (a\coth x - ab - b)y''_{xx}$
$$+ (ab^2 - a - 1)y'_x + b(-ab\coth x + a + 1)y = 0.$$

Spezielle Lösungen: $y_1 = e^{bx}$, $y_2 = \sinh x$.

47. $y'''_{xxx} + a\coth^n(\lambda x)y''_{xx} + bx^m y'_x + bx^{m-1}[ax\coth^n(\lambda x) + m]y = 0.$

Die Substitution $w = y''_{xx} + bx^m y$ führt auf eine lineare Gleichung erster Ordnung: $w'_x + a\coth^n(\lambda x)w = 0$.

48. $y'''_{xxx} + a\coth^n(\lambda x)y''_{xx} + ab\coth^n(\lambda x)y'_x$
$$+ b^2[a\coth^n(\lambda x) - b]y = 0.$$

Spezielle Lösungen:

$$y_1 = e^{-bx/2}\cos\left(\frac{bx\sqrt{3}}{2}\right), \quad y_2 = e^{-bx/2}\sin\left(\frac{bx\sqrt{3}}{2}\right).$$

49. $y'''_{xxx} + a\coth^n(\lambda x)y''_{xx} - b[2a\coth^n(\lambda x) + 3b]y'_x$
$$+ b^2[a\coth^n(\lambda x) + 2b]y = 0.$$

Spezielle Lösungen: $y_1 = e^{bx}$, $y_2 = xe^{bx}$.

50. $y'''_{xxx} + ax\coth^n x\, y''_{xx} + (bx^2 - a\coth^n x)y'_x$
$$+ bx(ax^2\coth^n x + 3)y = 0.$$

Spezielle Lösungen: $y_1 = \cos\left(\frac{1}{2}x^2\sqrt{b}\right)$, $y_2 = \sin\left(\frac{1}{2}x^2\sqrt{b}\right)$.

51. $y'''_{xxx} + ax^2\coth^n(\lambda x)y''_{xx} - 2ax\coth^n(\lambda x)y'_x + 2a\coth^n(\lambda x)y = 0.$

Spezielle Lösungen: $y_1 = x$, $y_2 = x^2$.

52. $y'''_{xxx} + ax^n y''_{xx} - (2ax^n\coth x + 3)y'_x$
$$+ [ax^n(2\coth^2 x - 1) + 2\coth x]y = 0.$$

Spezielle Lösungen: $y_1 = \sinh x$, $y_2 = x\sinh x$.

53. $y'''_{xxx} + a\coth^n x\, y''_{xx} - (2a\coth^{n+1} x + 3)y'_x$
$$+ (2a\coth^{n+2} x - a\coth^n x + 2\coth x)y = 0.$$

Spezielle Lösungen: $y_1 = \sinh x$, $y_2 = x\sinh x$.

54. $y'''_{xxx} + (a\coth^n x + bx)y''_{xx}$
$$+ b(ax\coth^n x + 2)y'_x + ab\coth^n x\, y = 0.$$

Spezielle Lösungen:

$$y_1 = \exp\left(-\tfrac{1}{2}bx^2\right), \quad y_2 = \exp\left(-\tfrac{1}{2}bx^2\right)\int \exp\left(\tfrac{1}{2}bx^2\right)dx.$$

55. $y'''_{xxx} + [\lambda\coth(\lambda x)(ax^n - 1) - ax^{n-1}]y''_{xx} - a\lambda^2 x^n y'_x + a\lambda^2 x^{n-1} y = 0.$

Spezielle Lösungen: $y_1 = x$, $y_2 = \sinh(\lambda x)$.

56. $xy'''_{xxx} + x[a\cosh(2x) + b]y'_x - 2[a\cosh(2x) + b]y = 0.$

Die Substitution $w = xy'_x - 2y$ führt auf eine Gleichung zweiter Ordnung der Form 2.4.1: $w''_{xx} + [a\cosh(2x) + b]w = 0$.

57. $xy'''_{xxx} + x(a\cosh^2 x + b)y'_x - 2(a\cosh^2 x + b)y = 0.$

Die Substitution $w = xy'_x - 2y$ führt auf eine Gleichung zweiter Ordnung der Form 2.4.2: $w''_{xx} + (a\cosh^2 x + b)w = 0$.

58. $xy'''_{xxx} + x(a\sinh^2 x + b)y'_x - 2(a\sinh^2 x + b)y = 0.$

Die Substitution $w = xy'_x - 2y$ führt auf eine Gleichung zweiter Ordnung der Form 2.4.5: $w''_{xx} + (a\sinh^2 x + b)w = 0$.

59. $xy'''_{xxx} = (\cosh^n x - ax)y''_{xx} + (a\cosh^n x - bx)y'_x + b\cosh^n x\, y.$

Spezielle Lösungen: $y_1 = \exp(\lambda_1 x)$, $y_2 = \exp(\lambda_2 x)$, wobei λ_1 und λ_2 die Wurzeln der quadratischen Gleichung $\lambda^2 + a\lambda + b = 0$ sind.

60. $x^2 y'''_{xxx} + (ax^2\cosh^n x + bx)y''_{xx} + [a(b-2)x\cosh^n x + c]y'_x + a(c - b + 2)\cosh^n x\, y = 0.$

Spezielle Lösungen: $y_1 = x^{m_1}$, $y_2 = x^{m_2}$, wobei m_1 und m_2 die Wurzeln der quadratischen Gleichung $m^2 + (b-3)m + c - b + 2 = 0$ sind.

61. $x^2 y'''_{xxx} + (ax^2\sinh^n x + bx)y''_{xx} + [a(b-2)x\sinh^n x + c]y'_x + a(c - b + 2)\sinh^n x\, y = 0.$

Spezielle Lösungen: $y_1 = x^{m_1}$, $y_2 = x^{m_2}$, wobei m_1 und m_2 die Wurzeln der quadratischen Gleichung $m^2 + (b-3)m + c - b + 2 = 0$ sind.

62. $x^2 y'''_{xxx} + (ax^2\tanh^n x + bx)y''_{xx} + [a(b-2)x\tanh^n x + c]y'_x + a(c - b + 2)\tanh^n x\, y = 0.$

Spezielle Lösungen: $y_1 = x^{m_1}$, $y_2 = x^{m_2}$, wobei m_1 und m_2 die Wurzeln der quadratischen Gleichung $m^2 + (b-3)m + c - b + 2 = 0$ sind.

63. $x^2 y'''_{xxx} + (ax^2\coth^n x + bx)y''_{xx} + [a(b-2)x\coth^n x + c]y'_x + a(c - b + 2)\coth^n x\, y = 0.$

Spezielle Lösungen: $y_1 = x^{m_1}$, $y_2 = x^{m_2}$, wobei m_1 und m_2 die Wurzeln der quadratischen Gleichung $m^2 + (b-3)m + c - b + 2 = 0$ sind.

64. $x^3 y'''_{xxx} + x^2(a\cosh^n x + b)y''_{xx}$
$$+ x(ab\cosh^n x + c - b)y'_x + c(a\cosh^n x - 2)y = 0.$$

Spezielle Lösungen: $y_1 = x^{m_1}$, $y_2 = x^{m_2}$, wobei m_1 und m_2 die Wurzeln der quadratischen Gleichung $m^2 + (b-1)m + c = 0$ sind.

65. $x^3 y'''_{xxx} + x^2(a\sinh^n x + b)y''_{xx}$
$$+ x(ab\sinh^n x + c - b)y'_x + c(a\sinh^n x - 2)y = 0.$$

Spezielle Lösungen: $y_1 = x^{m_1}$, $y_2 = x^{m_2}$, wobei m_1 und m_2 die Wurzeln der quadratischen Gleichung $m^2 + (b-1)m + c = 0$ sind.

66. $x^3 y'''_{xxx} + x^2(a\tanh^n x + b)y''_{xx}$
$$+ x(ab\tanh^n x + c - b)y'_x + c(a\tanh^n x - 2)y = 0.$$

Spezielle Lösungen: $y_1 = x^{m_1}$, $y_2 = x^{m_2}$, wobei m_1 und m_2 die Wurzeln der quadratischen Gleichung $m^2 + (b-1)m + c = 0$ sind.

67. $x^3 y'''_{xxx} + x^2(a\coth^n x + b)y''_{xx} + x(ab\coth^n x + c - b)y'_x$
$$+ c(a\coth^n x - 2)y = 0.$$

Spezielle Lösungen: $y_1 = x^{m_1}$, $y_2 = x^{m_2}$, wobei m_1 und m_2 die Wurzeln der quadratischen Gleichung $m^2 + (b-1)m + c = 0$ sind.

68. $\cosh^n x\, y'''_{xxx} + ay''_{xx} + aby'_x + b^2(a - b\cosh^n x)y = 0.$

Spezielle Lösungen:

$$y_1 = e^{-bx/2}\cos\left(\frac{bx\sqrt{3}}{2}\right), \quad y_2 = e^{-bx/2}\sin\left(\frac{bx\sqrt{3}}{2}\right).$$

69. $\cosh^n x\, y'''_{xxx} + ay''_{xx} + b\cosh^n x\, y'_x + aby = 0.$

1°. Spezielle Lösungen für $b > 0$: $y_1 = \cos\bigl(x\sqrt{b}\bigr)$, $y_2 = \sin\bigl(x\sqrt{b}\bigr)$.

2°. Spezielle Lösungen für $b < 0$: $y_1 = \exp\bigl(-x\sqrt{-b}\bigr)$, $y_2 = \exp\bigl(x\sqrt{-b}\bigr)$.

70. $\cosh^n x\, y'''_{xxx} + ay''_{xx} - b(2a + 3b\cosh^n x)y'_x$
$$+ b^2(a + 2b\cosh^n x)y = 0.$$

Spezielle Lösungen: $y_1 = e^{bx}$, $y_2 = xe^{bx}$.

71. $\cosh^n x\, y'''_{xxx} + y''_{xx} + [(b - a^2)\cosh^n x + a]y'_x$
$$+ b(1 - a\cosh^n x)y = 0.$$

Spezielle Lösungen: $y_1 = e^{\lambda_1 x}$, $y_2 = e^{\lambda_2 x}$, wobei λ_1 und λ_2 die Wurzeln der quadratischen Gleichung $\lambda^2 + a\lambda + b = 0$ sind.

72. $\cosh^n(\lambda x) y'''_{xxx} + a x^2 y''_{xx} - 2axy'_x + 2ay = 0.$

Spezielle Lösungen: $y_1 = x$, $y_2 = x^2$.

73. $\cosh^n x\, y'''_{xxx} + (a\cosh^n x + ax + 1)y''_{xx} + a^2 x y'_x - a^2 y = 0.$

Spezielle Lösungen: $y_1 = x$, $y_2 = e^{-ax}$.

74. $\cosh^n x\, y'''_{xxx} + (ax\cosh^n x + 1)y''_{xx} + a(x + 2\cosh^n x)y'_x + ay = 0.$

Spezielle Lösungen:

$$y_1 = \exp\Bigl(-\frac{ax^2}{2}\Bigr), \quad y_2 = \exp\Bigl(-\frac{ax^2}{2}\Bigr)\int \exp\Bigl(\frac{ax^2}{2}\Bigr)\,dx.$$

75. $x\cosh^n x\, y'''_{xxx} + (3\cosh^n x + x)y''_{xx}$
$+ (ax\cosh^n x + 2)y'_x + a(\cosh^n x + x)y = 0.$

Spezielle Lösungen: $y_1 = \dfrac{1}{x}\cos(x\sqrt{a})$, $y_2 = \dfrac{1}{x}\sin(x\sqrt{a})$.

76. $x^3\cosh^n x\, y'''_{xxx} + ax^2 y''_{xx} - 2x\cosh^n x\, y'_x + 2(2\cosh^n x - a)y = 0.$

Spezielle Lösungen: $y_1 = x^{-1}$, $y_2 = x^2$.

77. $x^3\cosh^n x\, y'''_{xxx} + ax^2 y''_{xx} - 6x\cosh^n x\, y'_x + 6(2\cosh^n x - a)y = 0.$

Spezielle Lösungen: $y_1 = x^{-2}$, $y_2 = x^3$.

78. $x^3\cosh^n x\, y'''_{xxx} + ax^2 y''_{xx} + x(a - \cosh^n x)y'_x + (a - 3\cosh^n x)y = 0.$

Spezielle Lösungen: $y_1 = \cos(\ln|x|)$, $y_2 = \sin(\ln|x|)$.

79. $x^3\cosh^n x\, y'''_{xxx} + x^2(\cosh^n x + a)y''_{xx}$
$+ x[a - (b+1)\cosh^n x]y'_x + b(2\cosh^n x - a)y = 0.$

Spezielle Lösungen: $y_1 = x^{-\sqrt{b}}$, $y_2 = x^{\sqrt{b}}$.

80. $\sinh^n x\, y'''_{xxx} + ay''_{xx} + aby'_x + b^2(a - b\sinh^n x)y = 0.$

Spezielle Lösungen:

$$y_1 = e^{-bx/2}\cos\Bigl(\frac{bx\sqrt{3}}{2}\Bigr), \quad y_2 = e^{-bx/2}\sin\Bigl(\frac{bx\sqrt{3}}{2}\Bigr).$$

81. $\sinh^n x\, y'''_{xxx} + ay''_{xx} + b\sinh^n x\, y'_x + aby = 0.$

1°. Spezielle Lösungen für $b > 0$: $y_1 = \cos(x\sqrt{b})$, $y_2 = \sin(x\sqrt{b})$.

2°. Spezielle Lösungen für $b < 0$: $y_1 = \exp(-x\sqrt{-b})$, $y_2 = \exp(x\sqrt{-b})$.

82. $\sinh^n x\, y'''_{xxx} + a y''_{xx} - b(2a + 3b\sinh^n x) y'_x$
$$+ b^2(a + 2b\sinh^n x) y = 0.$$

Spezielle Lösungen: $y_1 = e^{bx}, \quad y_2 = x e^{bx}.$

83. $\sinh^n x\, y'''_{xxx} + y''_{xx} + [(b - a^2)\sinh^n x + a] y'_x$
$$+ b(1 - a\sinh^n x) y = 0.$$

Spezielle Lösungen: $y_1 = e^{\lambda_1 x}, \quad y_2 = e^{\lambda_2 x}$, wobei λ_1 und λ_2 die Wurzeln der quadratischen Gleichung $\lambda^2 + a\lambda + b = 0$ sind.

84. $\sinh^n(\lambda x) y'''_{xxx} + a x^2 y''_{xx} - 2ax y'_x + 2ay = 0.$

Spezielle Lösungen: $y_1 = x, \quad y_2 = x^2.$

85. $\sinh^n x\, y'''_{xxx} + (a\sinh^n x + ax + 1) y''_{xx} + a^2 x y'_x - a^2 y = 0.$

Spezielle Lösungen: $y_1 = x, \quad y_2 = e^{-ax}.$

86. $\sinh^n x\, y'''_{xxx} + (ax\sinh^n x + 1) y''_{xx} + a(x + 2\sinh^n x) y'_x + ay = 0.$

Spezielle Lösungen:

$$y_1 = \exp\Big(-\frac{ax^2}{2}\Big), \quad y_2 = \exp\Big(-\frac{ax^2}{2}\Big)\int \exp\Big(\frac{ax^2}{2}\Big)\,dx.$$

87. $x\sinh^n x\, y'''_{xxx} + (3\sinh^n x + x) y''_{xx}$
$$+ (ax\sinh^n x + 2) y'_x + a(\sinh^n x + x) y = 0.$$

Spezielle Lösungen: $y_1 = \dfrac{1}{x}\cos\big(x\sqrt{a}\big), \quad y_2 = \dfrac{1}{x}\sin\big(x\sqrt{a}\big).$

88. $x^3\sinh^n x\, y'''_{xxx} + a x^2 y''_{xx} - 2x\sinh^n x\, y'_x + 2(2\sinh^n x - a) y = 0.$

Spezielle Lösungen: $y_1 = x^{-1}, \quad y_2 = x^2.$

89. $x^3\sinh^n x\, y'''_{xxx} + a x^2 y''_{xx} - 6x\sinh^n x\, y'_x + 6(2\sinh^n x - a) y = 0.$

Spezielle Lösungen: $y_1 = x^{-2}, \quad y_2 = x^3.$

90. $x^3\sinh^n x\, y'''_{xxx} + a x^2 y''_{xx} + x(a - \sinh^n x) y'_x + (a - 3\sinh^n x) y = 0.$

Spezielle Lösungen: $y_1 = \cos(\ln x), \quad y_2 = \sin(\ln x).$

91. $x^3\sinh^n x\, y'''_{xxx} + x^2(\sinh^n x + a) y''_{xx}$
$$+ x[a - (b+1)\sinh^n x] y'_x + b(2\sinh^n x - a) y = 0.$$

Spezielle Lösungen: $y_1 = x^{-\sqrt{b}}, \quad y_2 = x^{\sqrt{b}}.$

92. $\tanh^n x\, y'''_{xxx} + a y''_{xx} + ab y'_x + b^2(a - b\tanh^n x)y = 0.$

Spezielle Lösungen:

$$y_1 = e^{-bx/2}\cos\left(\frac{bx\sqrt{3}}{2}\right), \quad y_2 = e^{-bx/2}\sin\left(\frac{bx\sqrt{3}}{2}\right).$$

93. $\tanh^n x\, y'''_{xxx} + a y''_{xx} + b\tanh^n x\, y'_x + aby = 0.$

1°. Spezielle Lösungen für $b > 0$: $y_1 = \cos(x\sqrt{b})$, $y_2 = \sin(x\sqrt{b})$.

2°. Spezielle Lösungen für $b < 0$: $y_1 = \exp(-x\sqrt{-b})$, $y_2 = \exp(x\sqrt{-b})$.

94. $\tanh^n x\, y'''_{xxx} + a y''_{xx} - b(2a + 3b\tanh^n x)y'_x$
$+ b^2(a + 2b\tanh^n x)y = 0.$

Spezielle Lösungen: $y_1 = e^{bx}$, $y_2 = xe^{bx}$.

95. $\tanh^n x\, y'''_{xxx} + y''_{xx} + [(b - a^2)\tanh^n x + a]y'_x$
$+ b(1 - a\tanh^n x)y = 0.$

Spezielle Lösungen: $y_1 = e^{\lambda_1 x}$, $y_2 = e^{\lambda_2 x}$, wobei λ_1 und λ_2 die Wurzeln der quadratischen Gleichung $\lambda^2 + a\lambda + b = 0$ sind.

96. $\tanh^n(\lambda x) y'''_{xxx} + a x^2 y''_{xx} - 2axy'_x + 2ay = 0.$

Spezielle Lösungen: $y_1 = x$, $y_2 = x^2$.

97. $\tanh^n x\, y'''_{xxx} + (a\tanh^n x + ax + 1)y''_{xx} + a^2 x y'_x - a^2 y = 0.$

Spezielle Lösungen: $y_1 = x$, $y_2 = e^{-ax}$.

98. $\tanh^n x\, y'''_{xxx} + (ax\tanh^n x + 1)y''_{xx} + a(x + 2\tanh^n x)y'_x + ay = 0.$

Spezielle Lösungen:

$$y_1 = \exp\left(-\frac{ax^2}{2}\right), \quad y_2 = \exp\left(-\frac{ax^2}{2}\right)\int \exp\left(\frac{ax^2}{2}\right) dx.$$

99. $x\tanh^n x\, y'''_{xxx} + (3\tanh^n x + x)y''_{xx}$
$+ (ax\tanh^n x + 2)y'_x + a(\tanh^n x + x)y = 0.$

Spezielle Lösungen: $y_1 = \dfrac{1}{x}\cos(x\sqrt{a})$, $y_2 = \dfrac{1}{x}\sin(x\sqrt{a})$.

100. $x^3\tanh^n x\, y'''_{xxx} + ax^2 y''_{xx} - 2x\tanh^n x\, y'_x + 2(2\tanh^n x - a)y = 0.$

Spezielle Lösungen: $y_1 = x^{-1}$, $y_2 = x^2$.

101. $x^3 \tanh^n x\, y'''_{xxx} + ax^2 y''_{xx} - 6x \tanh^n x\, y'_x + 6(2\tanh^n x - a)y = 0.$

Spezielle Lösungen: $y_1 = x^{-2}, \quad y_2 = x^3.$

102. $x^3 \tanh^n x\, y'''_{xxx} + ax^2 y''_{xx} + x(a - \tanh^n x)y'_x$
$+ (a - 3\tanh^n x)y = 0.$

Spezielle Lösungen: $y_1 = \cos(\ln|x|), \quad y_2 = \sin(\ln|x|).$

103. $x^3 \tanh^n x\, y'''_{xxx} + x^2(\tanh^n x + a)y''_{xx}$
$+ x[a - (b+1)\tanh^n x]y'_x + b(2\tanh^n x - a)y = 0.$

Spezielle Lösungen: $y_1 = x^{-\sqrt{b}}, \quad y_2 = x^{\sqrt{b}}.$

104. $\coth^n x\, y'''_{xxx} + ay''_{xx} + aby'_x + b^2(a - b\coth^n x)y = 0.$

Spezielle Lösungen:

$$y_1 = e^{-bx/2}\cos\left(\frac{bx\sqrt{3}}{2}\right), \quad y_2 = e^{-bx/2}\sin\left(\frac{bx\sqrt{3}}{2}\right).$$

105. $\coth^n x\, y'''_{xxx} + ay''_{xx} + b\coth^n x\, y'_x + aby = 0.$

1°. Spezielle Lösungen für $b > 0$: $y_1 = \cos(x\sqrt{b}), \quad y_2 = \sin(x\sqrt{b}).$

2°. Spezielle Lösungen für $b < 0$: $y_1 = \exp(-x\sqrt{-b}), \quad y_2 = \exp(x\sqrt{-b}).$

106. $\coth^n x\, y'''_{xxx} + ay''_{xx} - b(2a + 3b\coth^n x)y'_x$
$+ b^2(a + 2b\coth^n x)y = 0.$

Spezielle Lösungen: $y_1 = e^{bx}, \quad y_2 = xe^{bx}.$

107. $\coth^n x\, y'''_{xxx} + y''_{xx} + [(b - a^2)\coth^n x + a]y'_x$
$+ b(1 - a\coth^n x)y = 0.$

Spezielle Lösungen: $y_1 = e^{\lambda_1 x}, \quad y_2 = e^{\lambda_2 x}$, wobei λ_1 und λ_2 die Wurzeln der quadratischen Gleichung $\lambda^2 + a\lambda + b = 0$ sind.

108. $\coth^n(\lambda x)y'''_{xxx} + ax^2 y''_{xx} - 2axy'_x + 2ay = 0.$

Spezielle Lösungen: $y_1 = x, \quad y_2 = x^2.$

109. $\coth^n x\, y'''_{xxx} + (a\coth^n x + ax + 1)y''_{xx} + a^2xy'_x - a^2y = 0.$

Spezielle Lösungen: $y_1 = x, \quad y_2 = e^{-ax}.$

110. $\coth^n x\, y'''_{xxx} + (ax\coth^n x + 1)y''_{xx} + a(x + 2\coth^n x)y'_x + ay = 0.$

Spezielle Lösungen:

$$y_1 = \exp\left(-\frac{ax^2}{2}\right), \quad y_2 = \exp\left(-\frac{ax^2}{2}\right)\int \exp\left(\frac{ax^2}{2}\right) dx.$$

111. $x\coth^n x\, y'''_{xxx} + (3\coth^n x + x)y''_{xx}$
$+ (ax\coth^n x + 2)y'_x + a(\coth^n x + x)y = 0.$

Spezielle Lösungen: $y_1 = \dfrac{1}{x}\cos(x\sqrt{a}), \quad y_2 = \dfrac{1}{x}\sin(x\sqrt{a}).$

112. $x^3\coth^n x\, y'''_{xxx} + ax^2y''_{xx} - 2x\coth^n x\, y'_x + 2(2\coth^n x - a)y = 0.$

Spezielle Lösungen: $y_1 = x^{-1}, \quad y_2 = x^2.$

113. $x^3\coth^n x\, y'''_{xxx} + ax^2y''_{xx} - 6x\coth^n x\, y'_x + 6(2\coth^n x - a)y = 0.$

Spezielle Lösungen: $y_1 = x^{-2}, \quad y_2 = x^3.$

114. $x^3\coth^n x\, y'''_{xxx} + ax^2y''_{xx} + x(a - \coth^n x)y'_x$
$+ (a - 3\coth^n x)y = 0.$

Spezielle Lösungen: $y_1 = \cos(\ln x), \quad y_2 = \sin(\ln x).$

115. $x^3\coth^n x\, y'''_{xxx} + x^2(\coth^n x + a)y''_{xx}$
$+ x[a - (b+1)\coth^n x]y'_x + b(2\coth^n x - a)y = 0.$

Spezielle Lösungen: $y_1 = x^{-\sqrt{b}}, \quad y_2 = x^{\sqrt{b}}.$

3.5 Gleichungen mit logarithmischen Funktionen

1. $y'''_{xxx} + a\ln^n(\lambda x)y''_{xx} + by'_x + ab\ln^n(\lambda x)y = 0.$

1°. Spezielle Lösungen für $b > 0$: $y_1 = \cos(x\sqrt{b}), \quad y_2 = \sin(x\sqrt{b}).$

2°. Spezielle Lösungen für $b < 0$: $y_1 = \exp(-x\sqrt{-b}), \; y_2 = \exp(x\sqrt{-b}).$

2. $y'''_{xxx} + a\ln^n x\, y''_{xx} + ab\ln^n x\, y'_x + b^2(a\ln^n x - b)y = 0.$

Spezielle Lösungen:

$$y_1 = e^{-bx/2}\cos\left(\frac{bx\sqrt{3}}{2}\right), \quad y_2 = e^{-bx/2}\sin\left(\frac{bx\sqrt{3}}{2}\right).$$

3. $y'''_{xxx} + a\ln^n x\, y''_{xx} + (bx + c)\, y'_x + (abx\ln^n x + ac\ln^n x + b)y = 0.$

Durch Integration erhält man die inhomogene lineare Gleichung zweiter Ordnung

$$y''_{xx} + (bx + c)y = C\exp\left(-a\int \ln^n x\, dx\right).$$

Zur Lösung der entsprechenden homogenen Gleichung s. 2.2.2.

4. $y'''_{xxx} + a\ln^n(\lambda x)y''_{xx} - b[2a\ln^n(\lambda x) + 3b]y'_x$
$$+ b^2[a\ln^n(\lambda x) + 2b]y = 0.$$

Spezielle Lösungen: $y_1 = e^{bx}$, $y_2 = xe^{bx}$.

5. $y'''_{xxx} + a\ln^n x\, y''_{xx} + (ab\ln^n x + c - b^2)y'_x + c(a\ln^n x - b)y = 0.$

Spezielle Lösungen: $y_1 = \exp(\lambda_1 x)$, $y_2 = \exp(\lambda_2 x)$, wobei λ_1 und λ_2 die Wurzeln der quadratischen Gleichung $\lambda^2 + b\lambda + c = 0$ sind.

6. $y'''_{xxx} + a\ln^n(\lambda x)y''_{xx} + bx^m y'_x + bx^{m-1}[ax\ln^n(\lambda x) + m]y = 0.$

Die Substitution $w = y''_{xx} + bx^m y$ führt auf eine lineare Gleichung erster Ordnung: $w'_x + a\ln^n(\lambda x)w = 0$.

7. $y'''_{xxx} + (a\ln^n x + b)y''_{xx} + c\,y'_x + c(a\ln^n x + b)y = 0.$

1°. Spezielle Lösungen für $c > 0$: $y_1 = \cos(x\sqrt{c})$, $y_2 = \sin(x\sqrt{c})$.

2°. Spezielle Lösungen für $c < 0$: $y_1 = \exp(-x\sqrt{-c})$, $y_2 = \exp(x\sqrt{-c})$.

8. $y'''_{xxx} = (\ln^n x - a)y''_{xx} + (a\ln^n x - b)y'_x + b\ln^n x\, y.$

Spezielle Lösungen: $y_1 = \exp(\lambda_1 x)$, $y_2 = \exp(\lambda_2 x)$, wobei λ_1 und λ_2 die Wurzeln der quadratischen Gleichung $\lambda^2 + a\lambda + b = 0$ sind.

9. $y'''_{xxx} + ax\ln^n x\, y''_{xx} + (bx^2 - a\ln^n x)y'_x + bx(ax^2\ln^n x + 3)y = 0.$

Spezielle Lösungen: $y_1 = \cos\left(\tfrac{1}{2}x^2\sqrt{b}\right)$, $y_2 = \sin\left(\tfrac{1}{2}x^2\sqrt{b}\right)$.

10. $y'''_{xxx} + (a\ln^n x + bx)y''_{xx} + b(ax\ln^n x + 2)y'_x + ab\ln^n x\, y = 0.$

Spezielle Lösungen:

$$y_1 = \exp\left(-\tfrac{1}{2}bx^2\right), \quad y_2 = \exp\left(-\tfrac{1}{2}bx^2\right)\int \exp\left(\tfrac{1}{2}bx^2\right)dx.$$

11. $y'''_{xxx} + (ax\ln^n x + b)y''_{xx} + a(bx - 1)\ln^n x\, y'_x - ab\ln^n x\, y = 0.$

Die Substitution $w = y'_x + by$ führt auf eine Gleichung der Form 2.5.5: $w''_{xx} + ax\ln^n x\, w'_x - a\ln^n x\, w = 0$.

12. $y'''_{xxx} + (abx\ln^n x + a\ln^n x + b)y''_{xx} + ab^2x\ln^n x\, y'_x - ab^2\ln^n x\, y = 0.$

Spezielle Lösungen: $y_1 = x$, $y_2 = e^{-bx}$.

13. $y'''_{xxx} + ax^2\ln^n(\lambda x)y''_{xx} - 2ax\ln^n(\lambda x)y'_x + 2a\ln^n(\lambda x)y = 0.$

Spezielle Lösungen: $y_1 = x$, $y_2 = x^2$.

14. $xy'''_{xxx} + axy''_{xx} - b(bx\ln^2 x + 1)y'_x - ab(bx\ln^2 x + 1)y = 0.$

Die Substitution $w = y'_x + ay$ führt auf eine Gleichung der Form 2.5.7: $xw''_{xx} - (b^2 x\ln^2 x + b)w = 0.$

15. $xy'''_{xxx} + a\ln^n(\lambda x)y''_{xx} + bxy'_x + ab\ln^n(\lambda x)y = 0.$

1°. Spezielle Lösungen für $b > 0$: $y_1 = \cos(x\sqrt{b})$, $y_2 = \sin(x\sqrt{b})$.

2°. Spezielle Lösungen für $b < 0$: $y_1 = \exp(-x\sqrt{-b})$, $y_2 = \exp(x\sqrt{-b})$.

16. $xy'''_{xxx} + ax\ln x\, y''_{xx} + (abx\ln x - b^2 x + a)y'_x + aby = 0.$

Spezielle Lösungen: $y_1 = e^{-bx}$, $y_2 = e^{-bx}\int x^{-ax}e^{(a+2b)x}\,dx.$

17. $xy'''_{xxx} = (\ln^n x - ax)y''_{xx} + (a\ln^n x - bx)y'_x + b\ln^n x\, y.$

Spezielle Lösungen: $y_1 = \exp(\lambda_1 x)$, $y_2 = \exp(\lambda_2 x)$, wobei λ_1 und λ_2 die Wurzeln der quadratischen Gleichung $\lambda^2 + a\lambda + b = 0$ sind.

18. $xy'''_{xxx} + (ax\ln^n x + 3)y''_{xx}$

$$+ (2a\ln^n x + bx)y'_x + b(ax\ln^n x + 1)y = 0.$$

Spezielle Lösungen: $y_1 = \dfrac{1}{x}\cos(x\sqrt{b})$, $y_2 = \dfrac{1}{x}\sin(x\sqrt{b})$.

19. $xy'''_{xxx} + (ax\ln^n x + 3)y''_{xx} + (abx\ln^n x + 2a\ln^n x - b^2 x)y'_x$

$$+ b(a\ln^n x - b)y = 0.$$

Spezielle Lösungen: $y_1 = \dfrac{1}{x}$, $y_2 = \dfrac{1}{x}e^{-bx}$.

20. $xy'''_{xxx} + [a(b - \ln x)x^n + 2]y''_{xx} + ax^{n-1}y'_x - ax^{n-2}y = 0.$

Spezielle Lösungen: $y_1 = x$, $y_2 = \ln x - b + 1$.

21. $x^2 y'''_{xxx} + a\ln^n(\lambda x)y''_{xx} + bx^2 y'_x + ab\ln^n(\lambda x)y = 0.$

1°. Spezielle Lösungen für $b > 0$: $y_1 = \cos(x\sqrt{b})$, $y_2 = \sin(x\sqrt{b})$.

2°. Spezielle Lösungen für $b < 0$: $y_1 = \exp(-x\sqrt{-b})$, $y_2 = \exp(x\sqrt{-b})$.

22. $x^2 y'''_{xxx} + x^2(a\ln x + b)y''_{xx} + 2axy'_x - ay = 0.$

Durch zweifache Integration erhalten wir die lineare Gleichung erster Ordnung

$$y'_x + (a\ln x + b)y = C_1 + C_2 x.$$

23. $x^2y'''_{xxx} - 3ax[ax\ln^2(\lambda x)+1]y'_x + a[2a^2x^2\ln^3(\lambda x)+1]y = 0.$

Spezielle Lösungen:

$$y_1 = \exp\left[a\int \ln(\lambda x)\,dx\right], \quad y_2 = x\exp\left[a\int \ln(\lambda x)\,dx\right].$$

24. $x^2y'''_{xxx} + x^2(a\ln x + bx)y''_{xx} + 2x(bx+a)y'_x - ay = 0.$

Durch zweifache Integration erhalten wir die lineare Gleichung erster Ordnung

$$y'_x + (a\ln x + bx)y = C_1 + C_2x.$$

25. $x^2y'''_{xxx} + (ax^2\ln^n x + bx)y''_{xx} + [a(b-2)x\ln^n x + c]y'_x + a(c-b+2)\ln^n x\, y = 0.$

Spezielle Lösungen: $y_1 = x^{m_1}$, $y_2 = x^{m_2}$, wobei m_1 und m_2 die Wurzeln der quadratischen Gleichung $m^2 + (b-3)m + c - b + 2 = 0$ sind.

26. $x^3y'''_{xxx} + x^2(a\ln x + b)y''_{xx} + 2axy'_x - ay = 0.$

Durch zweifache Integration erhalten wir die lineare Gleichung erster Ordnung

$$xy'_x + (a\ln x + b - 2)y = C_1 + C_2x.$$

27. $x^3y'''_{xxx} + a\ln^n(\lambda x)y''_{xx} + bx^3y'_x + ab\ln^n(\lambda x)y = 0.$

1°. Spezielle Lösungen für $b > 0$: $y_1 = \cos(x\sqrt{b})$, $y_2 = \sin(x\sqrt{b})$.

2°. Spezielle Lösungen für $b < 0$: $y_1 = \exp(-x\sqrt{-b})$, $y_2 = \exp(x\sqrt{-b})$.

28. $x^3y'''_{xxx} + ax^2\ln^n x\, y''_{xx} - 2xy'_x + 2(2 - a\ln^n x)y = 0.$

Spezielle Lösungen: $y_1 = x^{-1}$, $y_2 = x^2$.

29. $x^3y'''_{xxx} + ax^2\ln^n x\, y''_{xx} - 6xy'_x + 6(2 - a\ln^n x)y = 0.$

Spezielle Lösungen: $y_1 = x^{-2}$, $y_2 = x^3$.

30. $x^3y'''_{xxx} + x^2(a\ln x + bx)y''_{xx} + 2x(bx+a)y'_x - ay = 0.$

Durch zweifache Integration erhalten wir die lineare Gleichung erster Ordnung

$$xy'_x + (a\ln x + bx - 2)y = C_1 + C_2x.$$

31. $x^3y'''_{xxx} + x^2(a\ln^n x + b)y''_{xx} + x(ab\ln^n x + c - b)y'_x + c(a\ln^n x - 2)y = 0.$

Spezielle Lösungen: $y_1 = x^{m_1}$, $y_2 = x^{m_2}$, wobei m_1 und m_2 die Wurzeln der quadratischen Gleichung $m^2 + (b-1)m + c = 0$ sind.

32. $\ln^n x\, y'''_{xxx} + a y''_{xx} + ab y'_x + b^2(a - b\ln^n x) y = 0.$

Spezielle Lösungen:

$$y_1 = e^{-bx/2} \cos\left(\frac{bx\sqrt{3}}{2}\right), \quad y_2 = e^{-bx/2} \sin\left(\frac{bx\sqrt{3}}{2}\right).$$

33. $\ln^n x\, y'''_{xxx} + (ax\ln^n x + 1) y''_{xx} + a(x + 2\ln^n x) y'_x + ay = 0.$

Spezielle Lösungen:

$$y_1 = \exp\left(-\frac{ax^2}{2}\right), \quad y_2 = \exp\left(-\frac{ax^2}{2}\right) \int \exp\left(\frac{ax^2}{2}\right) dx.$$

34. $\ln^n x\, y'''_{xxx} + (a\ln^n x + ax + 1) y''_{xx} + a^2 x\, y'_x - a^2 y = 0.$

Spezielle Lösungen: $y_1 = x, \quad y_2 = e^{-ax}.$

35. $\ln^n(\lambda x) y'''_{xxx} + ax^2 y''_{xx} - 2axy'_x + 2ay = 0.$

Spezielle Lösungen: $y_1 = x, \quad y_2 = x^2.$

36. $\ln^n x\, y'''_{xxx} + y''_{xx} + [(a - b^2)\ln^n x + b] y'_x + a(1 - b\ln^n x) y = 0.$

Spezielle Lösungen: $y_1 = e^{\lambda_1 x}, \quad y_2 = e^{\lambda_2 x},$ wobei λ_1 und λ_2 die Wurzeln der quadratischen Gleichung $\lambda^2 + b\lambda + a = 0$ sind.

37. $\ln^n x\, y'''_{xxx} + a y''_{xx} - b(2a + 3b\ln^n x) y'_x + b^2(a + 2b\ln^n x) y = 0.$

Spezielle Lösungen: $y_1 = e^{bx}, \quad y_2 = xe^{bx}.$

38. $\ln^n(\lambda x) y'''_{xxx} + a y''_{xx} + b\ln^n(\lambda x) y'_x + aby = 0.$

1°. Spezielle Lösungen für $b > 0$: $y_1 = \cos(x\sqrt{b}), \quad y_2 = \sin(x\sqrt{b}).$

2°. Spezielle Lösungen für $b < 0$: $y_1 = \exp(-x\sqrt{-b}), \; y_2 = \exp(x\sqrt{-b}).$

3.6 Gleichungen mit trigonometrischen Funktionen

1. $y'''_{xxx} + a^3 \tan(ax)\, y = 0.$

Durch Integration erhält man die inhomogene lineare Gleichung zweiter Ordnung

$$y''_{\xi\xi} + \tan\xi\, y'_\xi - y = \frac{C}{\cos\xi}, \qquad \xi = ax$$

Zur Lösung der entsprechenden homogenen Gleichung s. 2.6.29.

2. $y'''_{xxx} - a^3 \tan(ax)\, y = 0.$

Spezielle Lösung: $y_0 = \cos(ax)$.

Die Substitution $y = \cos(ax) \int z(x)\, dx$ führt auf eine Gleichung der Form 2.6.29: $z''_{\xi\xi} - 3 \tan \xi \, z'_{\xi} - 3z = 0$ mit $\xi = ax$.

3. $y'''_{xxx} + a^3 \cot(ax)\, y = 0.$

Die Substitution $x = t + \dfrac{\pi}{2a}$ führt auf eine Gleichung der Form 3.6.2:

$$y'''_{ttt} - a^3 \tan(at)\, y = 0.$$

4. $y'''_{xxx} - a^3 \cot(ax)\, y = 0.$

Die Substitution $x = t + \dfrac{\pi}{2a}$ führt auf eine Gleichung der Form 3.6.1:

$$y'''_{ttt} + a^3 \tan(at)\, y = 0.$$

5. $y'''_{xxx} + 3a^2 y'_x + 2a^3 \tan(ax)\, y = 0.$

Spezielle Lösungen: $y_1 = \cos(ax), \quad y_2 = x \cos(ax)$.

6. $y'''_{xxx} + a y'_x + \lambda(a - \lambda^2) \tan(\lambda x)\, y = 0.$

Spezielle Lösung: $y_0 = \cos(\lambda x)$.

Die Substitution $y = \cos(\lambda x) \int z(x)\, dx$ führt auf eine Gleichung der Form 2.6.29:

$$z''_{\xi\xi} - 3 \tan \xi \, z'_{\xi} + (a\lambda^{-2} - 3) z = 0 \text{ mit } \xi = \lambda x.$$

7. $y'''_{xxx} + 3a^2 y'_x - 2a^3 \cot(ax)\, y = 0.$

Spezielle Lösungen: $y_1 = \sin(ax), \quad y_2 = x \sin(ax)$.

8. $y'''_{xxx} + a \cos(2x) y'_x - b[a \cos(2x) + b^2] y = 0.$

Die Substitution $w = e^{bx/2}(y'_x - by)$ führt auf die Mathieusche Gleichung 2.6.4:

$$w''_{xx} + [a \cos(2x) + \frac{3}{4} b^2] w = 0.$$

9. $y'''_{xxx} + [a \cos(2x) + b] y'_x - a \sin(2x)\, y = 0.$

Lösung:

$$y = C_1 w_1^2 + C_2 w_1 w_2 + C_3 w_2^2,$$

wobei w_1, w_2 ein fundamentales Lösungssystem der Mathieuschen Gleichung 2.6.4 ist: $4w''_{xx} + [a \cos(2x) + b] w = 0$.

10. $y'''_{xxx} + [a\cos(2x) + b]y'_x - 2a\sin(2x)\,y = 0.$

Durch Integration erhalten wir die inhomogene Mathieusche Gleichung $y''_{xx} + [a\cos(2x) + b]y = C$.

11. $y'''_{xxx} + [a\cos(\lambda x) + b]y'_x - c[a\cos(\lambda x) + b + c^2]y = 0.$

Die Transformation $\xi = \frac{1}{2}\lambda x$, $w = e^{cx/2}(y'_x - cy)$ führt auf die Mathieusche Gleichung 2.6.4: $w''_{\xi\xi} + 4\lambda^{-2}[a\cos(2\xi) + b + \frac{3}{4}c^2]w = 0$.

12. $y'''_{xxx} + [a\cos(2x) - b^2]y'_x - a[b\cos(2x) + 2\sin(2x)]y = 0.$

Durch Integration und die Substitution $w = ye^{bx/2}$ erhalten wir die inhomogene Mathieusche Gleichung

$$w''_{xx} + [a\cos(2x) - \tfrac{1}{4}b^2]w = Ce^{3bx/2}.$$

13. $y'''_{xxx} + a\sin x\, y'_x - b(a\sin x + b^2)y = 0.$

Die Substitution $w = e^{bx/2}(y'_x - by)$ führt auf eine Gleichung der Form 2.6.3: $w''_{xx} + (a\sin x + \frac{3}{4}b^2)w = 0$.

14. $y'''_{xxx} + a\sin^2 x\, y'_x - b(a\sin^2 x + b^2)y = 0.$

Die Substitution $w = e^{bx/2}(y'_x - by)$ führt auf eine Gleichung der Form 2.6.5: $w''_{xx} + (a\sin^2 x + \frac{3}{4}b^2)w = 0$.

15. $y'''_{xxx} + [a\sin(\lambda x) + b]y'_x + a\lambda\cos(\lambda x)\,y = 0.$

Durch Integration erhält man die inhomogene lineare Gleichung zweiter Ordnung

$$y''_{xx} + [a\sin(\lambda x) + b]y = C.$$

Zur Lösung der entsprechenden homogenen Gleichung s. 2.6.3.

16. $y'''_{xxx} + [a\sin(\lambda x) - b^2]y'_x + a[\lambda\cos(\lambda x) - b\sin(\lambda x)]y = 0.$

Durch Integration und die Substitution $w = ye^{bx/2}$ ergibt sich die lineare inhomogene Gleichung zweiter Ordnung

$$w''_{xx} + [a\sin(\lambda x) - \tfrac{1}{4}b^2]w = Ce^{3bx/2}.$$

Zur Lösung der entsprechenden homogenen Gleichung s. 2.6.3.

17. $y'''_{xxx} + [a\sin(\lambda x) + b]y'_x - c[a\sin(\lambda x) + b + c^2]y = 0.$

Die Substitution $w = e^{cx/2}(y'_x - cy)$ führt auf eine Gleichung der Form 2.6.3:

$$w''_{xx} + [a\sin(\lambda x) + b + \tfrac{3}{4}c^2]w = 0.$$

18. $y'''_{xxx} - 3a[a\sin^2(bx) + b\cos(bx)]y'_x$
$$+ a\sin(bx)[b^2 + 2a^2\sin^2(bx)]y = 0.$$

Spezielle Lösungen:

$$y_1 = \exp\Big[-\frac{a}{b}\cos(bx)\Big], \quad y_2 = x\exp\Big[-\frac{a}{b}\cos(bx)\Big].$$

19. $y'''_{xxx} + a\tan^2 x\, y'_x - b(a\tan^2 x + b^2)y = 0.$

Die Substitution $w = e^{bx/2}(y'_x - by)$ führt auf eine Gleichung der Form 2.6.10:

$$w''_{xx} + (a\tan^2 x + \tfrac{3}{4}b^2)w = 0.$$

20. $y'''_{xxx} + [a\tan^2(\lambda x) + b]y'_x - c[a\tan^2(\lambda x) + b + c^2]y = 0.$

Die Transformation $\xi = \lambda x, w = e^{cx/2}(y'_x - cy)$ führt auf eine Gleichung der Form 2.6.10:

$$w''_{\xi\xi} + \lambda^{-2}(a\tan^2\xi + b + \frac{3}{4}c^2)w = 0.$$

21. $y'''_{xxx} + a\cot^2 x\, y'_x - b(a\cot^2 x + b^2)y = 0.$

Die Substitution $w = e^{bx/2}(y'_x - by)$ führt auf eine Gleichung der Form 2.6.12:

$$w''_{xx} + (a\cot^2 x + \tfrac{3}{4}b^2)w = 0.$$

22. $y'''_{xxx} + ay''_{xx} + (b\cos 2x + c)y'_x + a(b\cos 2x + c)y = 0.$

Die Substitution $w = y'_x + ay$ führt auf die Mathieusche Gleichung 2.6.4: $w''_{xx} + (b\cos 2x + c)w = 0.$

23. $y'''_{xxx} + ay''_{xx} + [b\sin(\lambda x) + c]y'_x + a[b\sin(\lambda x) + c]y = 0.$

Die Substitution $w = y'_x + ay$ führt auf eine Gleichung der Form 2.6.3: $w''_{xx} + [b\sin(\lambda x) + c]w = 0.$

24. $y'''_{xxx} + ay''_{xx} + b\sin^2(\lambda x)y'_x + ab\sin^2(\lambda x)\, y = 0.$

Die Substitution $w = y'_x + ay$ führt auf eine Gleichung der Form 2.6.5: $w''_{xx} + b\sin^2(\lambda x)\, w = 0.$

25. $y'''_{xxx} + ay''_{xx} + (b\tan^2 x + c)y'_x + a(b\tan^2 x + c)y = 0.$

Die Substitution $w = y'_x + ay$ führt auf eine Gleichung der Form 2.6.10: $w''_{xx} + (b\tan^2 x + c)w = 0.$

26. $y'''_{xxx} + ay''_{xx} + \lambda[3\lambda + 2a\tan(\lambda x)]y'_x$
$$+ \lambda^2\{a[1 + 2\tan^2(\lambda x)] + 2\lambda\tan(\lambda x)\}y = 0.$$

Spezielle Lösungen: $y_1 = \cos(\lambda x)$, $y_2 = x\cos(\lambda x)$.

27. $y'''_{xxx} + ay''_{xx} + (b\cot^2 x + c)y'_x + a(b\cot^2 x + c)y = 0.$

Die Substitution $w = y'_x + ay$ führt auf eine Gleichung der Form 2.6.12: $w''_{xx} + (b\cot^2 x + c)w = 0$.

28. $y'''_{xxx} + ay''_{xx} + \lambda[3\lambda - 2a\cot(\lambda x)]y'_x$
$$+ \lambda^2\{a[1 + 2\cot^2(\lambda x)] - 2\lambda\cot(\lambda x)\}y = 0.$$

Spezielle Lösungen: $y_1 = \sin(\lambda x)$, $y_2 = x\sin(\lambda x)$.

29. $y'''_{xxx} + a\cos^n(\lambda x)y''_{xx} + by'_x + ab\cos^n(\lambda x)\,y = 0.$

1°. Spezielle Lösungen für $b > 0$: $y_1 = \cos\bigl(x\sqrt{b}\bigr)$, $y_2 = \sin\bigl(x\sqrt{b}\bigr)$.

2°. Spezielle Lösungen für $b < 0$: $y_1 = \exp\bigl(-x\sqrt{-b}\bigr)$, $y_2 = \exp\bigl(x\sqrt{-b}\bigr)$.

30. $y'''_{xxx} + a\cos^n(\lambda x)y''_{xx} + ab\cos^n(\lambda x)y'_x + b^2[a\cos^n(\lambda x) - b]y = 0.$

Spezielle Lösungen:

$$y_1 = e^{-bx/2}\cos\left(\frac{bx\sqrt{3}}{2}\right), \quad y_2 = e^{-bx/2}\sin\left(\frac{bx\sqrt{3}}{2}\right).$$

31. $y'''_{xxx} + a\cos^n(\lambda x)y''_{xx} - b[2a\cos^n(\lambda x) + 3b]y'_x$
$$+ b^2[a\cos^n(\lambda x) + 2b]y = 0.$$

Spezielle Lösungen: $y_1 = e^{bx}$, $y_2 = xe^{bx}$.

32. $y'''_{xxx} + a\cos^n x\,y''_{xx} + (ab\cos^n x + c - b^2)y'_x + c(a\cos^n x - b)y = 0.$

Spezielle Lösungen: $y_1 = \exp(\lambda_1 x)$, $y_2 = \exp(\lambda_2 x)$, wobei λ_1 und λ_2 die Wurzeln der quadratischen Gleichung $\lambda^2 + b\lambda + c = 0$ sind.

33. $y'''_{xxx} + a\cos^n(\lambda x)y''_{xx} + bx^m y'_x + bx^{m-1}[ax\cos^n(\lambda x) + m]y = 0.$

Die Substitution $w = y''_{xx} + bx^m y$ führt auf eine lineare Gleichung erster Ordnung: $w'_x + a\cos^n(\lambda x)\,w = 0$.

34. $y'''_{xxx} + (a\cos^n x + b)y''_{xx} + cy'_x + c(a\cos^n x + b)y = 0.$

1°. Spezielle Lösungen für $c > 0$: $y_1 = \cos\bigl(x\sqrt{c}\bigr)$, $y_2 = \sin\bigl(x\sqrt{c}\bigr)$.

2°. Spezielle Lösungen für $c < 0$: $y_1 = \exp\bigl(-x\sqrt{-c}\bigr)$, $y_2 = \exp\bigl(x\sqrt{-c}\bigr)$.

35. $y'''_{xxx} = (\cos^n x - a)y''_{xx} + (a\cos^n x - b)y'_x + b\cos^n x\, y.$

Spezielle Lösungen: $y_1 = \exp(\lambda_1 x)$, $y_2 = \exp(\lambda_2 x)$, wobei λ_1 und λ_2 die Wurzeln der quadratischen Gleichung $\lambda^2 + a\lambda + b = 0$ sind.

36. $y'''_{xxx} + (a\cos^n x + bx)y''_{xx} + b(ax\cos^n x + 2)y'_x + ab\cos^n x\, y = 0.$

Spezielle Lösungen:

$$y_1 = \exp(-\tfrac{1}{2}bx^2), \quad y_2 = \exp(-\tfrac{1}{2}bx^2)\int \exp(\tfrac{1}{2}bx^2)\,dx.$$

37. $y'''_{xxx} + ax\cos^n x\, y''_{xx} + (bx^2 - a\cos^n x)y'_x + bx(ax^2\cos^n x + 3)y = 0.$

Spezielle Lösungen: $y_1 = \cos\bigl(\tfrac{1}{2}x^2\sqrt{b}\bigr)$, $y_2 = \sin\bigl(\tfrac{1}{2}x^2\sqrt{b}\bigr)$.

38. $y'''_{xxx} + (abx\cos^n x + a\cos^n x + b)y''_{xx} + ab^2 x\cos^n x\, y'_x - ab^2\cos^n x\, y = 0.$

Spezielle Lösungen: $y_1 = x$, $y_2 = e^{-bx}$.

39. $y'''_{xxx} + ax^2\cos^n(\lambda x)y''_{xx} - 2ax\cos^n(\lambda x)y'_x + 2a\cos^n(\lambda x)\, y = 0.$

Spezielle Lösungen: $y_1 = x$, $y_2 = x^2$.

40. $y'''_{xxx} + a\sin^n(\lambda x)y''_{xx} - by'_x - ab\sin^n(\lambda x)\, y = 0.$

1°. Spezielle Lösungen für $b > 0$: $y_1 = \exp\bigl(-x\sqrt{b}\bigr)$, $y_2 = \exp\bigl(x\sqrt{b}\bigr)$.

2°. Spezielle Lösungen für $b < 0$: $y_1 = \cos\bigl(x\sqrt{-b}\bigr)$, $y_2 = \sin\bigl(x\sqrt{-b}\bigr)$.

41. $y'''_{xxx} + a\sin^n(\lambda x)y''_{xx} + ab\sin^n(\lambda x)y'_x + b^2[a\sin^n(\lambda x) - b]y = 0.$

Spezielle Lösungen:

$$y_1 = e^{-bx/2}\cos\left(\frac{bx\sqrt{3}}{2}\right), \quad y_2 = e^{-bx/2}\sin\left(\frac{bx\sqrt{3}}{2}\right).$$

42. $y'''_{xxx} + a\sin^n(\lambda x)y''_{xx} - b[2a\sin^n(\lambda x) + 3b]y'_x + b^2[a\sin^n(\lambda x) + 2b]y = 0.$

Spezielle Lösungen: $y_1 = e^{bx}$, $y_2 = xe^{bx}$.

43. $y'''_{xxx} + a\sin^n x\, y''_{xx} + (ab\sin^n x + c - b^2)y'_x + c(a\sin^n x - b)y = 0.$

Spezielle Lösungen: $y_1 = \exp(\lambda_1 x)$, $y_2 = \exp(\lambda_2 x)$, wobei λ_1 und λ_2 die Wurzeln der quadratischen Gleichung $\lambda^2 + b\lambda + c = 0$ sind.

44. $y'''_{xxx} + a\sin^n(\lambda x)y''_{xx} + bx^m y'_x + bx^{m-1}[ax\sin^n(\lambda x) + m]y = 0.$

Die Substitution $w = y''_{xx} + bx^m y$ führt auf eine lineare Gleichung erster Ordnung: $w'_x + a\sin^n(\lambda x)\,w = 0.$

45. $y'''_{xxx} + (a\sin^n x + b)y''_{xx} + cy'_x + c(a\sin^n x + b)y = 0.$

1°. Spezielle Lösungen für $c > 0$: $y_1 = \cos(x\sqrt{c})$, $y_2 = \sin(x\sqrt{c})$.

2°. Spezielle Lösungen für $c < 0$: $y_1 = \exp(-x\sqrt{-c})$, $y_2 = \exp(x\sqrt{-c})$.

46. $y'''_{xxx} = (\sin^n x - a)y''_{xx} + (a\sin^n x - b)y'_x + b\sin^n x\, y.$

Spezielle Lösungen: $y_1 = \exp(\lambda_1 x)$, $y_2 = \exp(\lambda_2 x)$, wobei λ_1 und λ_2 die Wurzeln der quadratischen Gleichung $\lambda^2 + a\lambda + b = 0$ sind.

47. $y'''_{xxx} + (a\sin^n x + bx)y''_{xx} + b(ax\sin^n x + 2)y'_x + ab\sin^n x\, y = 0.$

Spezielle Lösungen:

$$y_1 = \exp\left(-\tfrac{1}{2}bx^2\right), \quad y_2 = \exp\left(-\tfrac{1}{2}bx^2\right)\int \exp\left(\tfrac{1}{2}bx^2\right) dx.$$

48. $y'''_{xxx} + ax\sin^n x\, y''_{xx} + (bx^2 - a\sin^n x)y'_x + bx(ax^2\sin^n x + 3)y = 0.$

Spezielle Lösungen: $y_1 = \cos\left(\tfrac{1}{2}x^2\sqrt{b}\right)$, $y_2 = \sin\left(\tfrac{1}{2}x^2\sqrt{b}\right)$.

49. $y'''_{xxx} + (abx\sin^n x + a\sin^n x + b)y''_{xx} + ab^2x\sin^n x\, y'_x - ab^2\sin^n x\, y = 0.$

Spezielle Lösungen: $y_1 = x$, $y_2 = e^{-bx}$.

50. $y'''_{xxx} + ax^2\sin^n(\lambda x)y''_{xx} - 2ax\sin^n(\lambda x)y'_x + 2a\sin^n(\lambda x)\,y = 0.$

Spezielle Lösungen: $y_1 = x$, $y_2 = x^2$.

51. $y'''_{xxx} + \lambda\tan(\lambda x)y''_{xx} - ay'_x - a\lambda\tan(\lambda x)\,y = 0.$

1°. Lösung für $a > 0$:

$$y = C_1\exp(-x\sqrt{a}) + C_2\exp(x\sqrt{a}) + C_3\cos(\lambda x).$$

2°. Lösung für $a < 0$:

$$y = C_1\cos(x\sqrt{-a}) + C_2\sin(x\sqrt{-a}) + C_3\cos(\lambda x).$$

52. $y'''_{xxx} + a\tan(\lambda x)y''_{xx} + by'_x + \lambda(a\lambda + b - \lambda^2)\tan(\lambda x)\,y = 0.$

Spezielle Lösung: $y_0 = \cos(\lambda x)$. Die Transformation

$$x = \frac{\xi}{\lambda}, \qquad y = \cos(\lambda x)\int z\,dx$$

führt auf eine Gleichung zweiter Ordnung der Form 2.6.55:

$$z''_{\xi\xi} + \Big(\frac{a}{\lambda} - 3\Big)\tan\xi\, z'_\xi + \Big(\frac{b}{\lambda^2} - 3 - \frac{2a}{\lambda}\tan^2\xi\Big)z = 0.$$

53. $y'''_{xxx} + a\tan^n(\lambda x)y''_{xx} + by'_x + ab\tan^n(\lambda x)\,y = 0.$

1°. Spezielle Lösungen für $b > 0$: $y_1 = \cos\big(x\sqrt{b}\,\big)$, $y_2 = \sin\big(x\sqrt{b}\,\big)$.

2°. Spezielle Lösungen für $b < 0$: $y_1 = \exp\big(-x\sqrt{-b}\big)$, $y_2 = \exp\big(x\sqrt{-b}\big)$.

54. $y'''_{xxx} + a\tan^n(\lambda x)y''_{xx} + ab\tan^n(\lambda x)y'_x + b^2[a\tan^n(\lambda x) - b]y = 0.$

Spezielle Lösungen:

$$y_1 = e^{-bx/2}\cos\bigg(\frac{bx\sqrt{3}}{2}\bigg), \quad y_2 = e^{-bx/2}\sin\bigg(\frac{bx\sqrt{3}}{2}\bigg).$$

55. $y'''_{xxx} + a\tan^n(\lambda x)y''_{xx} - b[2a\tan^n(\lambda x) + 3b]y'_x$
$+ b^2[a\tan^n(\lambda x) + 2b]y = 0.$

Spezielle Lösungen: $y_1 = e^{bx}$, $y_2 = xe^{bx}$.

56. $y'''_{xxx} + a\tan^n x\, y''_{xx} + (ab\tan^n x + c - b^2)y'_x + c(a\tan^n x - b)y = 0.$

Spezielle Lösungen: $y_1 = \exp(\lambda_1 x)$, $y_2 = \exp(\lambda_2 x)$, wobei λ_1 und λ_2 die Wurzeln der quadratischen Gleichung $\lambda^2 + b\lambda + c = 0$ sind.

57. $y'''_{xxx} + a\tan^n(\lambda x)y''_{xx} + bx^m y'_x + bx^{m-1}[ax\tan^n(\lambda x) + m]y = 0.$

Die Substitution $w = y''_{xx} + bx^m y$ führt auf eine lineare Gleichung erster Ordnung: $w'_x + a\tan^n(\lambda x)\,w = 0$.

58. $y'''_{xxx} + (a\tan^n x + b)y''_{xx} + cy'_x + c(a\tan^n x + b)y = 0.$

1°. Spezielle Lösungen für $c > 0$: $y_1 = \cos\big(x\sqrt{c}\,\big)$, $y_2 = \sin\big(x\sqrt{c}\,\big)$.

2°. Spezielle Lösungen für $c < 0$: $y_1 = \exp\big(-x\sqrt{-c}\big)$, $y_2 = \exp\big(x\sqrt{-c}\big)$.

59. $y'''_{xxx} = (\tan^n x - a)y''_{xx} + (a\tan^n x - b)y'_x + b\tan^n x\, y.$

Spezielle Lösungen: $y_1 = \exp(\lambda_1 x)$, $y_2 = \exp(\lambda_2 x)$, wobei λ_1 und λ_2 die Wurzeln der quadratischen Gleichung $\lambda^2 + a\lambda + b = 0$ sind.

60. $y'''_{xxx} + (a\tan^n x + bx)y''_{xx} + b(ax\tan^n x + 2)y'_x + ab\tan^n x\, y = 0.$

Spezielle Lösungen:

$$y_1 = \exp\left(-\tfrac{1}{2}bx^2\right), \quad y_2 = \exp\left(-\tfrac{1}{2}bx^2\right)\int \exp\left(\tfrac{1}{2}bx^2\right) dx.$$

61. $y'''_{xxx} + ax\tan^n x\, y''_{xx} + (bx^2 - a\tan^n x)y'_x$
$+ bx(ax^2\tan^n x + 3)y = 0.$

Spezielle Lösungen: $y_1 = \cos\left(\tfrac{1}{2}x^2\sqrt{b}\right)$, $y_2 = \sin\left(\tfrac{1}{2}x^2\sqrt{b}\right)$.

62. $y'''_{xxx} + (abx\tan^n x + a\tan^n x + b)y''_{xx}$
$+ ab^2x\tan^n x\, y'_x - ab^2\tan^n x\, y = 0.$

Spezielle Lösungen: $y_1 = x$, $y_2 = e^{-bx}$.

63. $y'''_{xxx} + ax^2\tan^n(\lambda x)y''_{xx} - 2ax\tan^n(\lambda x)y'_x + 2a\tan^n(\lambda x)\, y = 0.$

Spezielle Lösungen: $y_1 = x$, $y_2 = x^2$.

64. $y'''_{xxx} - [b(a + \tan x)x^n + a]y''_{xx} + [b(a^2 + 1)x^n + 1]y'_x$
$+ a[b(a\tan x - 1)x^n - 1]y = 0.$

Spezielle Lösungen: $y_1 = e^{ax}$, $y_2 = \cos x$.

65. $y'''_{xxx} - (ab\tan^n x + b\tan^{n+1} x + a)y''_{xx} + [b(a^2 + 1)\tan^n x + 1]y'_x$
$+ a(ab\tan^{n+1} x - b\tan^n x - 1)y = 0.$

Spezielle Lösungen: $y_1 = e^{ax}$, $y_2 = \cos x$.

66. $y'''_{xxx} + [\lambda\tan(\lambda x)(ax^n + 1) + ax^{n-1}]y''_{xx}$
$- a\lambda^2x^n y'_x + a\lambda^2x^{n-1}y = 0.$

Spezielle Lösungen: $y_1 = x$, $y_2 = \cos(\lambda x)$.

67. $y'''_{xxx} - \lambda\cot(\lambda x)y''_{xx} - ay'_x + a\lambda\cot(\lambda x)\, y = 0.$

1°. Lösung für $a > 0$:

$$y = C_1\exp\left(-x\sqrt{a}\right) + C_2\exp\left(x\sqrt{a}\right) + C_3\sin(\lambda x).$$

2°. Lösung für $a < 0$:

$$y = C_1\cos\left(x\sqrt{-a}\right) + C_2\sin\left(x\sqrt{-a}\right) + C_3\sin(\lambda x).$$

68. $y'''_{xxx} + a\cot^n(\lambda x)y''_{xx} + ab\cot^n(\lambda x)y'_x + b^2[a\cot^n(\lambda x) - b]y = 0.$

Spezielle Lösungen:

$$y_1 = e^{-bx/2}\cos\left(\frac{bx\sqrt{3}}{2}\right), \quad y_2 = e^{-bx/2}\sin\left(\frac{bx\sqrt{3}}{2}\right).$$

69. $y'''_{xxx} + a\cot^n(\lambda x)y''_{xx} - b[2a\cot^n(\lambda x) + 3b]y'_x$
$+ b^2[a\cot^n(\lambda x) + 2b]y = 0.$

Spezielle Lösungen: $y_1 = e^{bx}$, $y_2 = xe^{bx}$.

70. $y'''_{xxx} + a\cot^n x\, y''_{xx} + (ab\cot^n x + c - b^2)y'_x + c(a\cot^n x - b)y = 0.$

Spezielle Lösungen: $y_1 = \exp(\lambda_1 x)$, $y_2 = \exp(\lambda_2 x)$, wobei λ_1 und λ_2 die Wurzeln der quadratischen Gleichung $\lambda^2 + b\lambda + c = 0$ sind.

71. $y'''_{xxx} + a\cot^n(\lambda x)y''_{xx} + bx^m y'_x + bx^{m-1}[ax\cot^n(\lambda x) + m]y = 0.$

Die Substitution $w = y''_{xx} + bx^m y$ führt auf eine lineare Gleichung erster Ordnung: $w'_x + a\cot^n(\lambda x)\, w = 0$.

72. $y'''_{xxx} + (a\cot^n x + b)y''_{xx} + cy'_x + c(a\cot^n x + b)y = 0.$

1°. Spezielle Lösungen für $c > 0$: $y_1 = \cos(x\sqrt{c})$, $y_2 = \sin(x\sqrt{c})$.

2°. Spezielle Lösungen für $c < 0$: $y_1 = \exp(-x\sqrt{-c})$, $y_2 = \exp(x\sqrt{-c})$.

73. $y'''_{xxx} = (\cot^n x - a)y''_{xx} + (a\cot^n x - b)y'_x + b\cot^n x\, y.$

Spezielle Lösungen: $y_1 = \exp(\lambda_1 x)$, $y_2 = \exp(\lambda_2 x)$, wobei λ_1 und λ_2 die Wurzeln der quadratischen Gleichung $\lambda^2 + a\lambda + b = 0$ sind.

74. $y'''_{xxx} + ax\cot^n x\, y''_{xx} + (bx^2 - a\cot^n x)y'_x$
$+ bx(ax^2\cot^n x + 3)y = 0.$

Spezielle Lösungen: $y_1 = \cos\left(\tfrac{1}{2}x^2\sqrt{b}\right)$, $y_2 = \sin\left(\tfrac{1}{2}x^2\sqrt{b}\right)$.

75. $y'''_{xxx} + (abx\cot^n x + a\cot^n x + b)y''_{xx}$
$+ ab^2 x\cot^n x\, y'_x - ab^2\cot^n x\, y = 0.$

Spezielle Lösungen: $y_1 = x$, $y_2 = e^{-bx}$.

76. $y'''_{xxx} + ax^2\cot^n(\lambda x)y''_{xx} - 2ax\cot^n(\lambda x)y'_x + 2a\cot^n(\lambda x)\, y = 0.$

Spezielle Lösungen: $y_1 = x$, $y_2 = x^2$.

77. $xy'''_{xxx} + x(a\cos 2x + b)y'_x - 2(a\cos 2x + b)y = 0.$

Die Substitution $w = xy'_x - 2y$ führt auf die Mathieusche Gleichung 2.6.4:

$$w''_{xx} + (a\cos 2x + b)w = 0.$$

78. $xy'''_{xxx} + x(a\cos^2 x + b)y'_x - 2(a\cos^2 x + b)y = 0.$

Die Substitution $w = xy'_x - 2y$ führt auf eine Gleichung zweiter Ordnung der Form 2.6.6: $w''_{xx} + (a\cos^2 x + b)w = 0.$

79. $xy'''_{xxx} = (\cos^n x - ax)y''_{xx} + (a\cos^n x - bx)y'_x + b\cos^n x\, y.$

Spezielle Lösungen: $y_1 = \exp(\lambda_1 x)$, $y_2 = \exp(\lambda_2 x)$, wobei λ_1 und λ_2 die Wurzeln der quadratischen Gleichung $\lambda^2 + a\lambda + b = 0$ sind.

80. $xy'''_{xxx} + (ax\cos^n x + 3)y''_{xx} + (2a\cos^n x + bx)y'_x + b(ax\cos^n x + 1)y = 0.$

Spezielle Lösungen: $y_1 = \dfrac{1}{x}\cos\bigl(x\sqrt{b}\bigr)$, $y_2 = \dfrac{1}{x}\sin\bigl(x\sqrt{b}\bigr)$.

81. $xy'''_{xxx} + x[a\sin(\lambda x) + b]y'_x - 2[a\sin(\lambda x) + b]y = 0.$

Die Substitution $w = xy'_x - 2y$ führt auf eine Gleichung der Form 2.6.3: $w''_{xx} + [a\sin(\lambda x) + b]w = 0.$

82. $xy'''_{xxx} = (\sin^n x - ax)y''_{xx} + (a\sin^n x - bx)y'_x + b\sin^n x\, y.$

Spezielle Lösungen: $y_1 = \exp(\lambda_1 x)$, $y_2 = \exp(\lambda_2 x)$, wobei λ_1 und λ_2 die Wurzeln der quadratischen Gleichung $\lambda^2 + a\lambda + b = 0$ sind.

83. $xy'''_{xxx} + (ax\sin^n x + 3)y''_{xx} + (2a\sin^n x + bx)y'_x + b(ax\sin^n x + 1)y = 0.$

Spezielle Lösungen: $y_1 = \dfrac{1}{x}\cos\bigl(x\sqrt{b}\bigr)$, $y_2 = \dfrac{1}{x}\sin\bigl(x\sqrt{b}\bigr)$.

84. $xy'''_{xxx} + x(a\tan^2 x + b)y'_x - 2(a\tan^2 x + b)y = 0.$

Die Substitution $w = xy'_x - 2y$ führt auf eine Gleichung der Form 2.6.10: $w''_{xx} + (a\tan^2 x + b)w = 0.$

85. $xy'''_{xxx} = (\tan^n x - ax)y''_{xx} + (a\tan^n x - bx)y'_x + b\tan^n x\, y.$

Spezielle Lösungen: $y_1 = \exp(\lambda_1 x)$, $y_2 = \exp(\lambda_2 x)$, wobei λ_1 und λ_2 die Wurzeln der quadratischen Gleichung $\lambda^2 + a\lambda + b = 0$ sind.

86. $xy'''_{xxx} + (ax\tan^n x + 3)y''_{xx} + (2a\tan^n x + bx)y'_x$
$$+ b(ax\tan^n x + 1)y = 0.$$

Spezielle Lösungen: $y_1 = \frac{1}{x}\cos(x\sqrt{b}), \quad y_2 = \frac{1}{x}\sin(x\sqrt{b}).$

87. $axy'''_{xxx} + [1 - \lambda(a+1)x\cot(\lambda x)]y''_{xx} - \lambda^2 xy'_x + \lambda^2 y = 0.$

Spezielle Lösungen: $y_1 = x, \quad y_2 = \sin(\lambda x).$

88. $xy'''_{xxx} + x(a\cot^2 x + b)y'_x - 2(a\cot^2 x + b)y = 0.$

Die Substitution $w = xy'_x - 2y$ führt auf eine Gleichung der Form 2.6.12: $w''_{xx} + (a\cot^2 x + b)w = 0.$

89. $xy'''_{xxx} + (ax\cot^n x + 3)y''_{xx} + (2a\cot^n x + bx)y'_x$
$$+ b(ax\cot^n x + 1)y = 0.$$

Spezielle Lösungen: $y_1 = \frac{1}{x}\cos(x\sqrt{b}), \quad y_2 = \frac{1}{x}\sin(x\sqrt{b}).$

90. $x^2 y'''_{xxx} = (\cos^n x - ax^2)y''_{xx} + (a\cos^n x - bx^2)y'_x + b\cos^n x\, y.$

Spezielle Lösungen: $y_1 = \exp(\lambda_1 x), \quad y_2 = \exp(\lambda_2 x),$ wobei λ_1 und λ_2 die Wurzeln der quadratischen Gleichung $\lambda^2 + a\lambda + b = 0$ sind.

91. $x^2 y'''_{xxx} = (\sin^n x - ax^2)y''_{xx} + (a\sin^n x - bx^2)y'_x + b\sin^n x\, y.$

Spezielle Lösungen: $y_1 = \exp(\lambda_1 x), \quad y_2 = \exp(\lambda_2 x),$ wobei λ_1 und λ_2 die Wurzeln der quadratischen Gleichung $\lambda^2 + a\lambda + b = 0$ sind.

92. $x^2 y'''_{xxx} = (\tan^n x - ax^2)y''_{xx} + (a\tan^n x - bx^2)y'_x + b\tan^n x\, y.$

Spezielle Lösungen: $y_1 = \exp(\lambda_1 x), \quad y_2 = \exp(\lambda_2 x),$ wobei λ_1 und λ_2 die Wurzeln der quadratischen Gleichung $\lambda^2 + a\lambda + b = 0$ sind.

93. $x^2 y'''_{xxx} = (\cot^n x - ax^2)y''_{xx} + (a\cot^n x - bx^2)y'_x + b\cot^n x\, y.$

Spezielle Lösungen: $y_1 = \exp(\lambda_1 x), \quad y_2 = \exp(\lambda_2 x),$ wobei λ_1 und λ_2 die Wurzeln der quadratischen Gleichung $\lambda^2 + a\lambda + b = 0$ sind.

94. $x^3 y'''_{xxx} + ax^2\cos^n(\lambda x)y''_{xx} + bxy'_x + b[a\cos^n(\lambda x) - 2]y = 0.$

Spezielle Lösungen: $y_1 = x^{m_1}, \quad y_2 = x^{m_2},$ wobei m_1 und m_2 die Wurzeln der quadratischen Gleichung $m^2 - m + b = 0$ sind.

95. $x^3 y'''_{xxx} + ax^2\sin^n(\lambda x)y''_{xx} + bxy'_x + b[a\sin^n(\lambda x) - 2]y = 0.$

Spezielle Lösungen: $y_1 = x^{m_1}, \quad y_2 = x^{m_2},$ wobei m_1 und m_2 die Wurzeln der quadratischen Gleichung $m^2 - m + b = 0$ sind.

96. $x^3 y'''_{xxx} + ax^2 \tan^n(\lambda x) y''_{xx} + bxy'_x + b[a \tan^n(\lambda x) - 2]y = 0.$

Spezielle Lösungen: $y_1 = x^{m_1}$, $y_2 = x^{m_2}$, wobei m_1 und m_2 die Wurzeln der quadratischen Gleichung $m^2 - m + b = 0$ sind.

97. $x^3 y'''_{xxx} + ax^2 \cot^n(\lambda x) y''_{xx} + bxy'_x + b[a \cot^n(\lambda x) - 2]y = 0.$

Spezielle Lösungen: $y_1 = x^{m_1}$, $y_2 = x^{m_2}$, wobei m_1 und m_2 die Wurzeln der quadratischen Gleichung $m^2 - m + b = 0$ sind.

98. $\cos^2 x\, y'''_{xxx} + a \cos^2 x\, y''_{xx} + by'_x + aby = 0.$

Die Substitution $x = \xi + \frac{\pi}{2}$ führt auf eine Gleichung der Form 3.6.112:

$$\sin^2 \xi\, y'''_{\xi\xi\xi} + a \sin^2 \xi\, y''_{\xi\xi} + by'_\xi + aby = 0.$$

99. $\cos^n x\, y'''_{xxx} + ay''_{xx} + aby'_x + b^2(a - b\cos^n x)y = 0.$

Spezielle Lösungen:

$$y_1 = e^{-bx/2} \cos\left(\frac{bx\sqrt{3}}{2}\right), \quad y_2 = e^{-bx/2} \sin\left(\frac{bx\sqrt{3}}{2}\right).$$

100. $\cos^n x\, y'''_{xxx} + ay''_{xx} + b\cos^n x\, y'_x + aby = 0.$

1°. Spezielle Lösungen für $b > 0$: $y_1 = \cos(x\sqrt{b})$, $y_2 = \sin(x\sqrt{b})$.

2°. Spezielle Lösungen für $b < 0$: $y_1 = \exp(-x\sqrt{-b})$, $y_2 = \exp(x\sqrt{-b})$.

101. $\cos^n x\, y'''_{xxx} + ay''_{xx} - b(2a + 3b\cos^n x)y'_x + b^2(a + 2b\cos^n x)y = 0.$

Spezielle Lösungen: $y_1 = e^{bx}$, $y_2 = xe^{bx}$.

102. $\cos^n x\, y'''_{xxx} + y''_{xx} + [(b - a^2)\cos^n x + a]y'_x + b(1 - a\cos^n x)y = 0.$

Spezielle Lösungen: $y_1 = e^{\lambda_1 x}$, $y_2 = e^{\lambda_2 x}$, wobei λ_1 und λ_2 die Wurzeln der quadratischen Gleichung $\lambda^2 + a\lambda + b = 0$ sind.

103. $\cos^n(\lambda x) y'''_{xxx} + ax^2 y''_{xx} - 2axy'_x + 2ay = 0.$

Spezielle Lösungen: $y_1 = x$, $y_2 = x^2$.

104. $\cos^n x\, y'''_{xxx} + (a\cos^n x + ax + 1)y''_{xx} + a^2 xy'_x - a^2 y = 0.$

Spezielle Lösungen: $y_1 = x$, $y_2 = e^{-ax}$.

105. $\cos^n x\, y'''_{xxx} + (ax\cos^n x + 1)y''_{xx} + a(x + 2\cos^n x)y'_x + ay = 0.$

Spezielle Lösungen:

$$y_1 = \exp\left(-\frac{ax^2}{2}\right), \quad y_2 = \exp\left(-\frac{ax^2}{2}\right) \int \exp\left(\frac{ax^2}{2}\right) dx.$$

106. $x\cos^n x\, y'''_{xxx} + (3\cos^n x + x)y''_{xx} + (ax\cos^n x + 2)y'_x$
$$+ a(\cos^n x + x)y = 0.$$

Spezielle Lösungen: $y_1 = \dfrac{1}{x}\cos\bigl(x\sqrt{a}\bigr)$, $y_2 = \dfrac{1}{x}\sin\bigl(x\sqrt{a}\bigr)$.

107. $x^3\cos^n x\, y'''_{xxx} + ax^2 y''_{xx} - 2x\cos^n x\, y'_x + 2(2\cos^n x - a)y = 0.$

Spezielle Lösungen: $y_1 = x^{-1}$, $y_2 = x^2$.

108. $x^3\cos^n x\, y'''_{xxx} + ax^2 y''_{xx} - 6x\cos^n x\, y'_x + 6(2\cos^n x - a)y = 0.$

Spezielle Lösungen: $y_1 = x^{-2}$, $y_2 = x^3$.

109. $x^3\cos^n x\, y'''_{xxx} + ax^2 y''_{xx} + x(a - \cos^n x)y'_x + (a - 3\cos^n x)y = 0.$

Spezielle Lösungen: $y_1 = \cos(\ln|x|)$, $y_2 = \sin(\ln|x|)$.

110. $x^3\cos^n x\, y'''_{xxx} + x^2(\cos^n x + a)y''_{xx}$
$$+ x[a - (b+1)\cos^n x]y'_x + b(2\cos^n x - a)y = 0.$$

Spezielle Lösungen: $y_1 = x^{-\sqrt{b}}$, $y_2 = x^{\sqrt{b}}$.

111. $\sin^2 x\, y'''_{xxx} + 3\sin x\cos x\, y''_{xx} + [\cos 2x + 4\nu(\nu+1)\sin^2 x]y'_x$
$$+ 2\nu(\nu+1)\sin 2x\, y = 0.$$

Lösung:
$$y = C_1 y_1^2 + C_2 y_1 y_2 + C_3 y_2^2,$$
wobei y_1, y_2 ein fundamentales Lösungssystem der Legendreschen Gleichung 2.2.148 bezeichnet und das Argument x in y_1 und y_2 durch $\cos x$ zu ersetzen ist.

112. $\sin^2 x\, y'''_{xxx} + a\sin^2 x\, y''_{xx} + by'_x + aby = 0.$

Die Substitution $w = y'_x + ay$ führt auf eine Gleichung zweiter Ordnung der Form 2.6.108: $\sin^2 x\, w''_{xx} + bw = 0$.

113. $\sin^n x\, y'''_{xxx} + ay''_{xx} + aby'_x + b^2(a - b\sin^n x)y = 0.$

Spezielle Lösungen:
$$y_1 = e^{-bx/2}\cos\left(\frac{bx\sqrt{3}}{2}\right), \quad y_2 = e^{-bx/2}\sin\left(\frac{bx\sqrt{3}}{2}\right).$$

114. $\sin^n x\, y'''_{xxx} + ay''_{xx} + b\sin^n x\, y'_x + aby = 0.$

1°. Spezielle Lösungen für $b > 0$: $y_1 = \cos\bigl(x\sqrt{b}\bigr)$, $y_2 = \sin\bigl(x\sqrt{b}\bigr)$.

2°. Spezielle Lösungen $b < 0$: $y_1 = \exp\bigl(-x\sqrt{-b}\bigr)$, $y_2 = \exp\bigl(x\sqrt{-b}\bigr)$.

115. $\sin^n x\, y'''_{xxx} + a y''_{xx} - b(2a + 3b\sin^n x) y'_x + b^2(a + 2b\sin^n x) y = 0.$

Spezielle Lösungen: $y_1 = e^{bx}, \quad y_2 = xe^{bx}.$

116. $\sin^n x\, y'''_{xxx} + y''_{xx} + [(b - a^2)\sin^n x + a] y'_x + b(1 - a\sin^n x) y = 0.$

Spezielle Lösungen: $y_1 = e^{\lambda_1 x}, \quad y_2 = e^{\lambda_2 x},$ wobei λ_1 und λ_2 die Wurzeln der quadratischen Gleichung $\lambda^2 + a\lambda + b = 0$ sind.

117. $\sin^n(\lambda x) y'''_{xxx} + ax^2 y''_{xx} - 2axy'_x + 2ay = 0.$

Spezielle Lösungen: $y_1 = x, \quad y_2 = x^2.$

118. $\sin^n x\, y'''_{xxx} + (a\sin^n x + ax + 1) y''_{xx} + a^2 x y'_x - a^2 y = 0.$

Spezielle Lösungen: $y_1 = x, \quad y_2 = e^{-ax}.$

119. $\sin^n x\, y'''_{xxx} + (ax\sin^n x + 1) y''_{xx} + a(x + 2\sin^n x) y'_x + ay = 0.$

Spezielle Lösungen:

$$y_1 = \exp\Bigl(-\frac{ax^2}{2}\Bigr), \quad y_2 = \exp\Bigl(-\frac{ax^2}{2}\Bigr) \int \exp\Bigl(\frac{ax^2}{2}\Bigr)\, dx.$$

120. $x\sin^n x\, y'''_{xxx} + (3\sin^n x + x) y''_{xx} + (ax\sin^n x + 2) y'_x$
$+ a(\sin^n x + x) y = 0.$

Spezielle Lösungen: $y_1 = \dfrac{1}{x}\cos\bigl(x\sqrt{a}\bigr), \quad y_2 = \dfrac{1}{x}\sin\bigl(x\sqrt{a}\bigr).$

121. $x^3\sin^n x\, y'''_{xxx} + ax^2 y''_{xx} - 2x\sin^n x\, y'_x + 2(2\sin^n x - a) y = 0.$

Spezielle Lösungen: $y_1 = x^{-1}, \quad y_2 = x^2.$

122. $x^3\sin^n x\, y'''_{xxx} + ax^2 y''_{xx} - 6x\sin^n x\, y'_x + 6(2\sin^n x - a) y = 0.$

Spezielle Lösungen: $y_1 = x^{-2}, \quad y_2 = x^3.$

123. $x^3\sin^n x\, y'''_{xxx} + ax^2 y''_{xx} + x(a - \sin^n x) y'_x + (a - 3\sin^n x) y = 0.$

Spezielle Lösungen: $y_1 = \cos(\ln x), \quad y_2 = \sin(\ln x).$

124. $x^3\sin^n x\, y'''_{xxx} + x^2(\sin^n x + a) y''_{xx}$
$+ x[a - (b + 1)\sin^n x] y'_x + b(2\sin^n x - a) y = 0.$

Spezielle Lösungen: $y_1 = x^{-\sqrt{b}}, \quad y_2 = x^{\sqrt{b}}.$

125. $\tan^n x\, y'''_{xxx} + ay''_{xx} + aby'_x + b^2(a - b\tan^n x) y = 0.$

Spezielle Lösungen:

$$y_1 = e^{-bx/2}\cos\Bigl(\frac{bx\sqrt{3}}{2}\Bigr), \quad y_2 = e^{-bx/2}\sin\Bigl(\frac{bx\sqrt{3}}{2}\Bigr).$$

126. $\tan^n x\, y'''_{xxx} + a y''_{xx} + b \tan^n x\, y'_x + aby = 0.$

1°. Spezielle Lösungen für $b > 0$: $y_1 = \cos\left(x\sqrt{b}\right)$, $y_2 = \sin\left(x\sqrt{b}\right)$.

2°. Spezielle Lösungen für $b < 0$: $y_1 = \exp\left(-x\sqrt{-b}\right)$, $y_2 = \exp\left(x\sqrt{-b}\right)$.

127. $\tan^n x\, y'''_{xxx} + a y''_{xx} - b(2a + 3b \tan^n x) y'_x + b^2(a + 2b \tan^n x) y = 0.$

Spezielle Lösungen: $y_1 = e^{bx}$, $y_2 = x e^{bx}$.

128. $\tan^n x\, y'''_{xxx} + y''_{xx} + [(b - a^2) \tan^n x + a] y'_x + b(1 - a \tan^n x) y = 0.$

Spezielle Lösungen: $y_1 = e^{\lambda_1 x}$, $y_2 = e^{\lambda_2 x}$, wobei λ_1 und λ_2 die Wurzeln der quadratischen Gleichung $\lambda^2 + a\lambda + b = 0$ sind.

129. $\tan^n(\lambda x) y'''_{xxx} + a x^2 y''_{xx} - 2axy'_x + 2ay = 0.$

Spezielle Lösungen: $y_1 = x$, $y_2 = x^2$.

130. $\tan^n x\, y'''_{xxx} + (a \tan^n x + ax + 1) y''_{xx} + a^2 x y'_x - a^2 y = 0.$

Spezielle Lösungen: $y_1 = x$, $y_2 = e^{-ax}$.

131. $\tan^n x\, y'''_{xxx} + (ax \tan^n x + 1) y''_{xx} + a(x + 2 \tan^n x) y'_x + ay = 0.$

Spezielle Lösungen:

$$y_1 = \exp\left(-\frac{ax^2}{2}\right), \quad y_2 = \exp\left(-\frac{ax^2}{2}\right) \int \exp\left(\frac{ax^2}{2}\right) dx.$$

132. $x \tan^n x\, y'''_{xxx} + (3 \tan^n x + x) y''_{xx} + (ax \tan^n x + 2) y'_x$
$+ a(\tan^n x + x) y = 0.$

Spezielle Lösungen: $y_1 = \dfrac{1}{x} \cos\left(x\sqrt{a}\right)$, $y_2 = \dfrac{1}{x} \sin\left(x\sqrt{a}\right)$.

133. $x^3 \tan^n x\, y'''_{xxx} + a x^2 y''_{xx} - 2x \tan^n x\, y'_x + 2(2 \tan^n x - a) y = 0.$

Spezielle Lösungen: $y_1 = x^{-1}$, $y_2 = x^2$.

134. $x^3 \tan^n x\, y'''_{xxx} + a x^2 y''_{xx} - 6x \tan^n x\, y'_x + 6(2 \tan^n x - a) y = 0.$

Spezielle Lösungen: $y_1 = x^{-2}$, $y_2 = x^3$.

135. $x^3 \tan^n x\, y'''_{xxx} + a x^2 y''_{xx} + x(a - \tan^n x) y'_x + (a - 3 \tan^n x) y = 0.$

Spezielle Lösungen: $y_1 = \cos(\ln|x|)$, $y_2 = \sin(\ln|x|)$.

136. $x^3 \tan^n x\, y'''_{xxx} + x^2(\tan^n x + a) y''_{xx}$
$+ x[a - (b+1) \tan^n x] y'_x + b(2 \tan^n x - a) y = 0.$

Spezielle Lösungen: $y_1 = x^{-\sqrt{b}}$, $y_2 = x^{\sqrt{b}}$.

137. $\cot^n x\, y'''_{xxx} + ay''_{xx} + aby'_x + b^2(a - b\cot^n x)y = 0.$

Spezielle Lösungen:

$$y_1 = e^{-bx/2}\cos\left(\frac{bx\sqrt{3}}{2}\right), \quad y_2 = e^{-bx/2}\sin\left(\frac{bx\sqrt{3}}{2}\right).$$

138. $\cot^n x\, y'''_{xxx} + ay''_{xx} + b\cot^n x\, y'_x + aby = 0.$

1°. Spezielle Lösungen für $b > 0$: $y_1 = \cos(x\sqrt{b})$, $y_2 = \sin(x\sqrt{b})$.

2°. Spezielle Lösungen für $b < 0$: $y_1 = \exp(-x\sqrt{-b})$, $y_2 = \exp(x\sqrt{-b})$.

139. $\cot^n x\, y'''_{xxx} + ay''_{xx} - b(2a + 3b\cot^n x)y'_x + b^2(a + 2b\cot^n x)y = 0.$

Spezielle Lösungen: $y_1 = e^{bx}$, $y_2 = xe^{bx}$.

140. $\cot^n x\, y'''_{xxx} + y''_{xx} + [(b - a^2)\cot^n x + a]y'_x + b(1 - a\cot^n x)y = 0.$

Spezielle Lösungen: $y_1 = e^{\lambda_1 x}$, $y_2 = e^{\lambda_2 x}$, wobei λ_1 und λ_2 die Wurzeln der quadratischen Gleichung $\lambda^2 + a\lambda + b = 0$ sind.

141. $\cot^n(\lambda x)y'''_{xxx} + ax^2y''_{xx} - 2axy'_x + 2ay = 0.$

Spezielle Lösungen: $y_1 = x$, $y_2 = x^2$.

142. $\cot^n x\, y'''_{xxx} + (a\cot^n x + ax + 1)y''_{xx} + a^2xy'_x - a^2y = 0.$

Spezielle Lösungen: $y_1 = x$, $y_2 = e^{-ax}$.

143. $\cot^n x\, y'''_{xxx} + (ax\cot^n x + 1)y''_{xx} + a(x + 2\cot^n x)y'_x + ay = 0.$

Spezielle Lösungen:

$$y_1 = \exp\left(-\frac{ax^2}{2}\right), \quad y_2 = \exp\left(-\frac{ax^2}{2}\right)\int \exp\left(\frac{ax^2}{2}\right) dx.$$

144. $x\cot^n x\, y'''_{xxx} + (3\cot^n x + x)y''_{xx} + (ax\cot^n x + 2)y'_x$
$+ a(\cot^n x + x)y = 0.$

Spezielle Lösungen: $y_1 = \dfrac{1}{x}\cos(x\sqrt{a})$, $y_2 = \dfrac{1}{x}\sin(x\sqrt{a})$.

145. $x^3\cot^n x\, y'''_{xxx} + ax^2y''_{xx} - 2x\cot^n x\, y'_x + 2(2\cot^n x - a)y = 0.$

Spezielle Lösungen: $y_1 = x^{-1}$, $y_2 = x^2$.

146. $x^3\cot^n x\, y'''_{xxx} + ax^2y''_{xx} - 6x\cot^n x\, y'_x + 6(2\cot^n x - a)y = 0.$

Spezielle Lösungen: $y_1 = x^{-2}$, $y_2 = x^3$.

147. $x^3 \cot^n x \, y'''_{xxx} + ax^2 y''_{xx} + x(a - \cot^n x)y'_x + (a - 3\cot^n x)y = 0.$

Spezielle Lösungen: $y_1 = \cos(\ln x)$, $y_2 = \sin(\ln x)$.

148. $x^3 \cot^n x \, y'''_{xxx} + x^2(\cot^n x + a)y''_{xx}$

$$+ x[a - (b+1)\cot^n x]y'_x + b(2\cot^n x - a)y = 0.$$

Spezielle Lösungen: $y_1 = x^{-\sqrt{b}}$, $y_2 = x^{\sqrt{b}}$.

3.7 Gleichungen mit trigonometrischen Umkehrfunktionen

1. $y'''_{xxx} + ay''_{xx} + by'_x + cy = \arcsin^k x.$

Das ist ein Spezialfall der Gleichung 5.5.9.

2. $y'''_{xxx} + \arcsin^k x \, y''_{xx} + ay'_x + a\arcsin^k x \, y = 0.$

1°. Spezielle Lösungen für $a > 0$: $y_1 = \cos(x\sqrt{a})$, $y_2 = \sin(x\sqrt{a})$.

2°. Spezielle Lösungen für $a < 0$: $y_1 = \exp(-x\sqrt{-a})$, $y_2 = \exp(x\sqrt{-a})$.

Die Substitution $w = y''_{xx} + ay$ führt auf eine lineare Gleichung erster Ordnung: $w'_x + \arcsin^k x \, w = 0$.

3. $y'''_{xxx} + \arcsin^k x \, y''_{xx} + ax^n y'_x + ax^{n-1}(x\arcsin^k x + n)y = 0.$

Die Substitution $w = y''_{xx} + ax^n y$ führt auf eine lineare Gleichung erster Ordnung: $w'_x + \arcsin^k x \, w = 0$.

4. $y'''_{xxx} + \arcsin^k x \, y''_{xx} + a\arcsin^k x \, y'_x + a^2(\arcsin^k x - a)y = 0.$

Spezielle Lösungen:

$$y_1 = e^{-ax/2}\cos\left(\frac{a\sqrt{3}}{2}x\right), \quad y_2 = e^{-ax/2}\sin\left(\frac{a\sqrt{3}}{2}x\right).$$

5. $y'''_{xxx} + \arcsin^k x \, y''_{xx} - a(2\arcsin^k x + 3a)y'_x$

$$+ a^2(\arcsin^k x + 2a)y = 0.$$

Spezielle Lösungen: $y_1 = e^{ax}$, $y_2 = xe^{ax}$.

6. $y'''_{xxx} + \arcsin^k x \, y''_{xx} + (a\arcsin^k x + b - a^2)y'_x$

$$+ b(\arcsin^k x - a)y = 0.$$

Spezielle Lösungen: $y_1 = e^{\lambda_1 x}$, $y_2 = e^{\lambda_2 x}$, wobei λ_1 und λ_2 die Wurzeln der quadratischen Gleichung $\lambda^2 + a\lambda + b = 0$ sind.

7. $y'''_{xxx} = (\arcsin^k x - a)y''_{xx} + (a\arcsin^k x - b)y'_x + b\arcsin^k x\, y.$

Die Substitution $w = y''_{xx} + ay'_x + by$ führt auf eine lineare Gleichung erster Ordnung: $w'_x = \arcsin^k x\, w$.

8. $y'''_{xxx} + x\arcsin^k x\, y''_{xx} + (ax^2 - \arcsin^k x)y'_x + ax(x^2\arcsin^k x + 3)y = 0.$

Spezielle Lösungen: $y_1 = \cos\left(\frac{x^2\sqrt{a}}{2}\right)$, $y_2 = \sin\left(\frac{x^2\sqrt{a}}{2}\right)$.

9. $y'''_{xxx} + (\arcsin^k x + ax)y''_{xx} + a(x\arcsin^k x + 2)y'_x + a\arcsin^k x\, y = 0.$

Spezielle Lösungen:

$$y_1 = \exp\left(-\frac{ax^2}{2}\right), \quad y_2 = \exp\left(-\frac{ax^2}{2}\right)\int \exp\left(\frac{ax^2}{2}\right) dx.$$

10. $y'''_{xxx} + x^2\arcsin^k x\, y''_{xx} - 2x\arcsin^k x\, y'_x + 2\arcsin^k x\, y = 0.$

Lösung:

$$y = C_1 x + C_2 x^2 + C_3\left(x^2\int x^{-3}\psi\, dx - x\int x^{-2}\psi\, dx\right)$$

mit $\psi = \exp(-\int x^2 \arcsin^k x\, dx)$.

11. $y'''_{xxx} + (ax\arcsin^k x + \arcsin^k x + a)y''_{xx} + a^2 x\arcsin^k x\, y'_x - a^2\arcsin^k x\, y = 0.$

Spezielle Lösungen: $y_1 = x$, $y_2 = e^{-ax}$.

12. $y'''_{xxx} + \arccos^k x\, y''_{xx} + ay'_x + a\arccos^k x\, y = 0.$

1°. Spezielle Lösungen für $a > 0$: $y_1 = \cos(x\sqrt{a})$, $y_2 = \sin(x\sqrt{a})$.

2°. Spezielle Lösungen für $a < 0$: $y_1 = \exp(-x\sqrt{-a})$, $y_2 = \exp(x\sqrt{-a})$.

Die Substitution $w = y''_{xx} + ay$ führt auf eine lineare Gleichung erster Ordnung: $w'_x + \arccos^k x\, w = 0$.

13. $y'''_{xxx} + \arccos^k x\, y''_{xx} + ax^n y'_x + ax^{n-1}(x\arccos^k x + n)y = 0.$

Die Substitution $w = y''_{xx} + ax^n y$ führt auf eine lineare Gleichung erster Ordnung: $w'_x + \arccos^k x\, w = 0$.

14. $y'''_{xxx} + \arccos^k x\, y''_{xx} + a \arccos^k x\, y'_x + a^2(\arccos^k x - a)y = 0.$

Spezielle Lösungen:

$$y_1 = e^{-ax/2} \cos\left(\frac{a\sqrt{3}}{2}x\right), \quad y_2 = e^{-ax/2} \sin\left(\frac{a\sqrt{3}}{2}x\right).$$

15. $y'''_{xxx} + \arccos^k x\, y''_{xx} - a(2\arccos^k x + 3a)y'_x + a^2(\arccos^k x + 2a)y = 0.$

Spezielle Lösungen: $y_1 = e^{ax}$, $y_2 = xe^{ax}$.

16. $y'''_{xxx} + \arccos^k x\, y''_{xx} + (a\arccos^k x + b - a^2)y'_x + b(\arccos^k x - a)y = 0.$

Spezielle Lösungen: $y_1 = e^{\lambda_1 x}$, $y_2 = e^{\lambda_2 x}$, wobei λ_1 und λ_2 die Wurzeln der quadratischen Gleichung $\lambda^2 + a\lambda + b = 0$ sind.

17. $y'''_{xxx} = (\arccos^k x - a)y''_{xx} + (a\arccos^k x - b)y'_x + b\arccos^k x\, y.$

Die Substitution $w = y''_{xx} + ay'_x + by$ führt auf eine lineare Gleichung erster Ordnung: $w'_x = \arccos^k x\, w$.

18. $y'''_{xxx} + x\arccos^k x\, y''_{xx} + (ax^2 - \arccos^k x)y'_x + ax(x^2\arccos^k x + 3)y = 0.$

Spezielle Lösungen: $y_1 = \cos\left(\frac{x^2\sqrt{a}}{2}\right)$, $y_2 = \sin\left(\frac{x^2\sqrt{a}}{2}\right)$.

19. $y'''_{xxx} + (\arccos^k x + ax)y''_{xx} + a(x\arccos^k x + 2)y'_x + a\arccos^k x\, y = 0.$

Spezielle Lösungen:

$$y_1 = \exp\left(-\frac{ax^2}{2}\right), \quad y_2 = \exp\left(-\frac{ax^2}{2}\right) \int \exp\left(\frac{ax^2}{2}\right) dx.$$

20. $y'''_{xxx} + x^2\arccos^k x\, y''_{xx} - 2x\arccos^k x\, y'_x + 2\arccos^k x\, y = 0.$

Lösung:

$$y = C_1 x + C_2 x^2 + C_3\left(x^2 \int x^{-3}\psi\, dx - x \int x^{-2}\psi\, dx\right)$$

mit $\psi = \exp(-\int x^2 \arccos^k x\, dx)$.

21. $y'''_{xxx} + (ax \arccos^k x + \arccos^k x + a)y''_{xx}$
$$+ a^2 x \arccos^k x\, y'_x - a^2 \arccos^k x\, y = 0.$$

Spezielle Lösungen: $y_1 = x$, $y_2 = e^{-ax}$.

22. $y'''_{xxx} + \arctan^k x\, y''_{xx} + ay'_x + a \arctan^k x\, y = 0.$

1°. Spezielle Lösungen für $a > 0$: $y_1 = \cos(x\sqrt{a})$, $y_2 = \sin(x\sqrt{a})$.

2°. Spezielle Lösungen für $a < 0$: $y_1 = \exp(-x\sqrt{-a})$, $y_2 = \exp(x\sqrt{-a})$.

Die Substitution $w = y''_{xx} + ay$ führt auf eine lineare Gleichung erster Ordnung: $w'_x + \arctan^k x\, w = 0$.

23. $y'''_{xxx} + \arctan^k x\, y''_{xx} + ax^n y'_x + ax^{n-1}(x \arctan^k x + n)y = 0.$

Die Substitution $w = y''_{xx} + ax^n y$ führt auf eine lineare Gleichung erster Ordnung: $w'_x + \arctan^k x\, w = 0$.

24. $y'''_{xxx} + \arctan^k x\, y''_{xx} + a \arctan^k x\, y'_x + a^2(\arctan^k x - a)y = 0.$

Spezielle Lösungen:

$$y_1 = e^{-ax/2} \cos\left(\frac{a\sqrt{3}}{2}x\right), \quad y_2 = e^{-ax/2} \sin\left(\frac{a\sqrt{3}}{2}x\right).$$

25. $y'''_{xxx} + \arctan^k x\, y''_{xx} - a(2 \arctan^k x + 3a)y'_x$
$$+ a^2(\arctan^k x + 2a)y = 0.$$

Spezielle Lösungen: $y_1 = e^{ax}$, $y_2 = xe^{ax}$.

26. $y'''_{xxx} + \arctan^k x\, y''_{xx} + (a \arctan^k x + b - a^2)y'_x$
$$+ b(\arctan^k x - a)y = 0.$$

Spezielle Lösungen: $y_1 = e^{\lambda_1 x}$, $y_2 = e^{\lambda_2 x}$, wobei λ_1 und λ_2 die Wurzeln der quadratischen Gleichung $\lambda^2 + a\lambda + b = 0$ sind.

27. $y'''_{xxx} = (\arctan^k x - a)y''_{xx} + (a \arctan^k x - b)y'_x + b \arctan^k x\, y.$

Die Substitution $w = y''_{xx} + ay'_x + by$ führt auf eine lineare Gleichung erster Ordnung: $w'_x = \arctan^k x\, w$.

28. $y'''_{xxx} + x \arctan^k x\, y''_{xx} + (ax^2 - \arctan^k x)y'_x$
$$+ ax(x^2 \arctan^k x + 3)y = 0.$$

Spezielle Lösungen: $y_1 = \cos\left(\frac{x^2\sqrt{a}}{2}\right)$, $y_2 = \sin\left(\frac{x^2\sqrt{a}}{2}\right)$.

29. $y'''_{xxx} + (\arctan^k x + ax)y''_{xx}$
$$+ a(x \arctan^k x + 2)y'_x + a \arctan^k x\, y = 0.$$

Spezielle Lösungen:

$$y_1 = \exp\Bigl(-\frac{ax^2}{2}\Bigr), \quad y_2 = \exp\Bigl(-\frac{ax^2}{2}\Bigr) \int \exp\Bigl(\frac{ax^2}{2}\Bigr)\, dx.$$

30. $y'''_{xxx} + x^2 \arctan^k x\, y''_{xx} - 2x \arctan^k x\, y'_x + 2 \arctan^k x\, y = 0.$

Lösung:

$$y = C_1 x + C_2 x^2 + C_3 \Bigl(x^2 \int x^{-3} \psi\, dx - x \int x^{-2} \psi\, dx\Bigr)$$

mit $\psi = \exp(-\int x^2 \arctan^k x\, dx)$.

31. $y'''_{xxx} + (ax \arctan^k x + \arctan^k x + a)y''_{xx}$
$$+ a^2 x \arctan^k x\, y'_x - a^2 \arctan^k x\, y = 0.$$

Spezielle Lösungen: $y_1 = x, \quad y_2 = e^{-ax}$.

32. $y'''_{xxx} + \operatorname{arccot}^k x\, y''_{xx} + ay'_x + a \operatorname{arccot}^k x\, y = 0.$

1°. Spezielle Lösungen für $a > 0$: $y_1 = \cos(x\sqrt{a}), \quad y_2 = \sin(x\sqrt{a})$.

2°. Spezielle Lösungen für $a < 0$: $y_1 = \exp(-x\sqrt{-a}), \quad y_2 = \exp(x\sqrt{-a})$.

Die Substitution $w = y''_{xx} + ay$ führt auf eine lineare Gleichung erster Ordnung: $w'_x + \operatorname{arccot}^k x\, w = 0$.

33. $y'''_{xxx} + \operatorname{arccot}^k x\, y''_{xx} + ax^n y'_x + ax^{n-1}(x \operatorname{arccot}^k x + n)y = 0.$

Die Substitution $w = y''_{xx} + ax^n y$ führt auf eine lineare Gleichung erster Ordnung: $w'_x + \operatorname{arccot}^k x\, w = 0$.

34. $y'''_{xxx} + \operatorname{arccot}^k x\, y''_{xx} + a \operatorname{arccot}^k x\, y'_x + a^2(\operatorname{arccot}^k x - a)y = 0.$

Spezielle Lösungen:

$$y_1 = e^{-ax/2} \cos\Bigl(\frac{a\sqrt{3}}{2}x\Bigr), \quad y_2 = e^{-ax/2} \sin\Bigl(\frac{a\sqrt{3}}{2}x\Bigr).$$

35. $y'''_{xxx} + \operatorname{arccot}^k x\, y''_{xx} - a(2 \operatorname{arccot}^k x + 3a)y'_x$
$$+ a^2(\operatorname{arccot}^k x + 2a)y = 0.$$

Spezielle Lösungen: $y_1 = e^{ax}, \quad y_2 = xe^{ax}$.

36. $y'''_{xxx} + \operatorname{arccot}^k x\, y''_{xx} + (a \operatorname{arccot}^k x + b - a^2)y'_x$
$$+ b(\operatorname{arccot}^k x - a)y = 0.$$

Spezielle Lösungen: $y_1 = e^{\lambda_1 x}$, $y_2 = e^{\lambda_2 x}$, wobei λ_1 und λ_2 die Wurzeln der quadratischen Gleichung $\lambda^2 + a\lambda + b = 0$ sind.

37. $y'''_{xxx} = (\operatorname{arccot}^k x - a)y''_{xx} + (a \operatorname{arccot}^k x - b)y'_x + b \operatorname{arccot}^k x\, y.$

Die Substitution $w = y''_{xx} + ay'_x + by$ führt auf eine lineare Gleichung erster Ordnung: $w'_x = \operatorname{arccot}^k x\, w$.

38. $y'''_{xxx} + x \operatorname{arccot}^k x\, y''_{xx} + (ax^2 - \operatorname{arccot}^k x)y'_x$
$$+ ax(x^2 \operatorname{arccot}^k x + 3)y = 0.$$

Spezielle Lösungen: $y_1 = \cos\left(\dfrac{x^2\sqrt{a}}{2}\right)$, $y_2 = \sin\left(\dfrac{x^2\sqrt{a}}{2}\right)$.

39. $y'''_{xxx} + (\operatorname{arccot}^k x + ax)y''_{xx}$
$$+ a(x \operatorname{arccot}^k x + 2)y'_x + a \operatorname{arccot}^k x\, y = 0.$$

Spezielle Lösungen:

$$y_1 = \exp\left(-\frac{ax^2}{2}\right), \quad y_2 = \exp\left(-\frac{ax^2}{2}\right) \int \exp\left(\frac{ax^2}{2}\right) dx.$$

40. $y'''_{xxx} + x^2 \operatorname{arccot}^k x\, y''_{xx} - 2x \operatorname{arccot}^k x\, y'_x + 2 \operatorname{arccot}^k x\, y = 0.$

Lösung:

$$y = C_1 x + C_2 x^2 + C_3\left(x^2 \int x^{-3}\psi\, dx - x \int x^{-2}\psi\, dx\right)$$

mit $\psi = \exp(-\int x^2 \operatorname{arccot}^k x\, dx)$.

41. $y'''_{xxx} + (ax \operatorname{arccot}^k x + \operatorname{arccot}^k x + a)y''_{xx}$
$$+ a^2 x \operatorname{arccot}^k x\, y'_x - a^2 \operatorname{arccot}^k x\, y = 0.$$

Spezielle Lösungen: $y_1 = x$, $y_2 = e^{-ax}$.

42. $xy'''_{xxx} + (ax^2 + b)y''_{xx} + 4axy'_x + 2ay = \arcsin^k x.$

Durch zweifache Integration erhalten wir eine lineare Gleichung erster Ordnung:

$$xy'_x + (ax^2 + b - 2)y = C_1 + C_2 x + \int\left(\int \arcsin^k x\, dx\right) dx.$$

43. $xy'''_{xxx} + (x \arcsin^k x + 3)y''_{xx} + (2 \arcsin^k x + ax)y'_x + a(x \arcsin^k x + 1)y = 0.$

Spezielle Lösungen: $y_1 = \frac{1}{x}\cos(x\sqrt{a}), \quad y_2 = \frac{1}{x}\sin(x\sqrt{a}).$

44. $xy'''_{xxx} + (x \arccos^k x + 3)y''_{xx} + (2 \arccos^k x + ax)y'_x + a(x \arccos^k x + 1)y = 0.$

Spezielle Lösungen: $y_1 = \frac{1}{x}\cos(x\sqrt{a}), \quad y_2 = \frac{1}{x}\sin(x\sqrt{a}).$

45. $xy'''_{xxx} + (x \arctan^k x + 3)y''_{xx} + (2 \arctan^k x + ax)y'_x + a(x \arctan^k x + 1)y = 0.$

Spezielle Lösungen: $y_1 = \frac{1}{x}\cos(x\sqrt{a}), \quad y_2 = \frac{1}{x}\sin(x\sqrt{a}).$

46. $xy'''_{xxx} + (x \operatorname{arccot}^k x + 3)y''_{xx} + (2 \operatorname{arccot}^k x + ax)y'_x + a(x \operatorname{arccot}^k x + 1)y = 0.$

Spezielle Lösungen: $y_1 = \frac{1}{x}\cos(x\sqrt{a}), \quad y_2 = \frac{1}{x}\sin(x\sqrt{a}).$

47. $x^3y'''_{xxx} + [(a+6)x^2 + b]y''_{xx} + 2(2a+3)xy'_x + 2ay = \arcsin^k x.$

Durch zweifache Integration erhalten wir eine lineare Gleichung erster Ordnung:

$$x^3y'_x + (ax^2 + b)y = C_1 + C_2x + \int\left(\int \arcsin^k x\,dx\right)dx.$$

48. $x^3y'''_{xxx} + x^2 \arcsin^k x y''_{xx} - 2xy'_x + 2(2 - \arcsin^k x)y = 0.$

Spezielle Lösungen: $y_1 = x^{-1}, \quad y_2 = x^2.$

49. $x^3y'''_{xxx} + x^2 \arcsin^k x\, y''_{xx} - 6xy'_x + 6(2 - \arcsin^k x)y = 0.$

Spezielle Lösungen: $y_1 = x^{-2}, \quad y_2 = x^3.$

50. $x^3y'''_{xxx} + x^2 \arcsin^k x\, y''_{xx} + x(\arcsin^k x - 1)y'_x + (\arcsin^k x - 3)y = 0.$

Spezielle Lösungen: $y_1 = \cos(\ln x), \quad y_2 = \sin(\ln x).$

51. $x^3y'''_{xxx} + x^2(\arcsin^k x + 1)y''_{xx} + x(\arcsin^k x - a - 1)y'_x - a(\arcsin^k x - 2)y = 0.$

Spezielle Lösungen: $y_1 = x^{-\sqrt{a}}, \quad y_2 = x^{\sqrt{a}}.$

52. $x^3 y'''_{xxx} + x^2(\arcsin^k x + a) y''_{xx} + x(a \arcsin^k x + b - a) y'_x$
$$+ b(\arcsin^k x - 2) y = 0.$$

Spezielle Lösungen: $y_1 = x^{n_1}$, $y_2 = x^{n_2}$, wobei n_1 und n_2 die Wurzeln der quadratischen Gleichung $n^2 + (a-1)n + b = 0$ sind.

53. $x^3 y'''_{xxx} + x^2 \arccos^k x \, y''_{xx} - 2x y'_x + 2(2 - \arccos^k x) y = 0.$

Spezielle Lösungen: $y_1 = x^{-1}$, $y_2 = x^2$.

54. $x^3 y'''_{xxx} + x^2 \arccos^k x \, y''_{xx} - 6x y'_x + 6(2 - \arccos^k x) y = 0.$

Spezielle Lösungen: $y_1 = x^{-2}$, $y_2 = x^3$.

55. $x^3 y'''_{xxx} + x^2 \arccos^k x \, y''_{xx} + x(\arccos^k x - 1) y'_x$
$$+ (\arccos^k x - 3) y = 0.$$

Spezielle Lösungen: $y_1 = \cos(\ln x)$, $y_2 = \sin(\ln x)$.

56. $x^3 y'''_{xxx} + x^2(\arccos^k x + 1) y''_{xx} + x(\arccos^k x - a - 1) y'_x$
$$- a(\arccos^k x - 2) y = 0.$$

Spezielle Lösungen: $y_1 = x^{-\sqrt{a}}$, $y_2 = x^{\sqrt{a}}$.

57. $x^3 y'''_{xxx} + x^2(\arccos^k x + a) y''_{xx} + x(a \arccos^k x + b - a) y'_x$
$$+ b(\arccos^k x - 2) y = 0.$$

Spezielle Lösungen: $y_1 = x^{n_1}$, $y_2 = x^{n_2}$, wobei n_1 und n_2 die Wurzeln der quadratischen Gleichung $n^2 + (a-1)n + b = 0$ sind.

58. $x^3 y'''_{xxx} + x^2 \arctan^k x \, y''_{xx} - 2x y'_x + 2(2 - \arctan^k x) y = 0.$

Spezielle Lösungen: $y_1 = x^{-1}$, $y_2 = x^2$.

59. $x^3 y'''_{xxx} + x^2 \arctan^k x \, y''_{xx} - 6x y'_x + 6(2 - \arctan^k x) y = 0.$

Spezielle Lösungen: $y_1 = x^{-2}$, $y_2 = x^3$.

60. $x^3 y'''_{xxx} + x^2 \arctan^k x \, y''_{xx} + x(\arctan^k x - 1) y'_x$
$$+ (\arctan^k x - 3) y = 0.$$

Spezielle Lösungen: $y_1 = \cos(\ln x)$, $y_2 = \sin(\ln x)$.

61. $x^3 y'''_{xxx} + x^2(\arctan^k x + 1) y''_{xx} + x(\arctan^k x - a - 1) y'_x$
$$- a(\arctan^k x - 2) y = 0.$$

Spezielle Lösungen: $y_1 = x^{-\sqrt{a}}$, $y_2 = x^{\sqrt{a}}$.

62. $x^3 y'''_{xxx} + x^2(\arctan^k x + a)y''_{xx} + x(a \arctan^k x + b - a)y'_x$
$$+ b(\arctan^k x - 2)y = 0.$$

Spezielle Lösungen: $y_1 = x^{n_1}$, $y_2 = x^{n_2}$, wobei n_1 und n_2 die Wurzeln der quadratischen Gleichung $n^2 + (a-1)n + b = 0$ sind.

63. $x^3 y'''_{xxx} + x^2 \operatorname{arccot}^k x\, y''_{xx} - 2xy'_x + 2(2 - \operatorname{arccot}^k x)y = 0.$

Spezielle Lösungen: $y_1 = x^{-1}$, $y_2 = x^2$.

64. $x^3 y'''_{xxx} + x^2 \operatorname{arccot}^k x\, y''_{xx} - 6xy'_x + 6(2 - \operatorname{arccot}^k x)y = 0.$

Spezielle Lösungen: $y_1 = x^{-2}$, $y_2 = x^3$.

65. $x^3 y'''_{xxx} + x^2 \operatorname{arccot}^k x\, y''_{xx} + x(\operatorname{arccot}^k x - 1)y'_x$
$$+ (\operatorname{arccot}^k x - 3)y = 0.$$

Spezielle Lösungen: $y_1 = \cos(\ln x)$, $y_2 = \sin(\ln x)$.

66. $x^3 y'''_{xxx} + x^2(\operatorname{arccot}^k x + 1)y''_{xx} + x(\operatorname{arccot}^k x - a - 1)y'_x$
$$- a(\operatorname{arccot}^k x - 2)y = 0.$$

Spezielle Lösungen: $y_1 = x^{-\sqrt{a}}$, $y_2 = x^{\sqrt{a}}$.

67. $x^3 y'''_{xxx} + x^2(\operatorname{arccot}^k x + a)y''_{xx} + x(a \operatorname{arccot}^k x + b - a)y'_x$
$$+ b(\operatorname{arccot}^k x - 2)y = 0.$$

Spezielle Lösungen: $y_1 = x^{n_1}$, $y_2 = x^{n_2}$, wobei n_1 und n_2 die Wurzeln der quadratischen Gleichung $n^2 + (a-1)n + b = 0$ sind.

3.8 Gleichungen mit verschiedenen Funktionen

1. $y'''_{xxx} + ae^{\lambda x} y''_{xx} + (2ae^{\lambda x} \tan x + 3)y'_x$
$$+ [ae^{\lambda x}(2\tan^2 x + 1) + 2\tan x]y = 0.$$

Spezielle Lösungen: $y_1 = \cos x$, $y_2 = x\cos x$.

2. $y'''_{xxx} + ae^{\lambda x} y''_{xx} + (3 - 2ae^{\lambda x} \cot x)y'_x$
$$+ [ae^{\lambda x}(2\cot^2 x + 1) - 2\cot x]y = 0.$$

Spezielle Lösungen: $y_1 = \sin x$, $y_2 = x\sin x$.

3. $y'''_{xxx} + a\cosh^n x\, y''_{xx} + (2a\cosh^n x \tan x + 3)y'_x$
$$+ [a\cosh^n x\,(2\tan^2 x + 1) + 2\tan x]y = 0.$$

Spezielle Lösungen: $y_1 = \cos x$, $y_2 = x\cos x$.

4. $y'''_{xxx} + a\cosh^n x\, y''_{xx} + (3 - 2a\cosh^n x \cot x)y'_x$
$$+ [a\cosh^n x\,(2\cot^2 x + 1) - 2\cot x]y = 0.$$

Spezielle Lösungen: $y_1 = \sin x, \quad y_2 = x\sin x.$

5. $y'''_{xxx} + a\sinh^n x\, y''_{xx} + (2a\sinh^n x \tan x + 3)y'_x$
$$+ [a\sinh^n x\,(2\tan^2 x + 1) + 2\tan x]y = 0.$$

Spezielle Lösungen: $y_1 = \cos x, \quad y_2 = x\cos x.$

6. $y'''_{xxx} + a\sinh^n x\, y''_{xx} + (3 - 2a\sinh^n x \cot x)y'_x$
$$+ [a\sinh^n x\,(2\cot^2 x + 1) - 2\cot x]y = 0.$$

Spezielle Lösungen: $y_1 = \sin x, \quad y_2 = x\sin x.$

7. $y'''_{xxx} + a\tanh^n x\, y''_{xx} + (2a\tanh^n x \tan x + 3)y'_x$
$$+ [a\tanh^n x\,(2\tan^2 x + 1) + 2\tan x]y = 0.$$

Spezielle Lösungen: $y_1 = \cos x, \quad y_2 = x\cos x.$

8. $y'''_{xxx} + a\tanh^n x\, y''_{xx} + (3 - 2a\tanh^n x \cot x)y'_x$
$$+ [a\tanh^n x\,(2\cot^2 x + 1) - 2\cot x]y = 0.$$

Spezielle Lösungen: $y_1 = \sin x, \quad y_2 = x\sin x.$

9. $y'''_{xxx} + a\coth^n x\, y''_{xx} + (2a\coth^n x \tan x + 3)y'_x$
$$+ [a\coth^n x\,(2\tan^2 x + 1) + 2\tan x]y = 0.$$

Spezielle Lösungen: $y_1 = \cos x, \quad y_2 = x\cos x.$

10. $y'''_{xxx} + a\coth^n x\, y''_{xx} + (3 - 2a\coth^n x \cot x)y'_x$
$$+ [a\coth^n x\,(2\cot^2 x + 1) - 2\cot x]y = 0.$$

Spezielle Lösungen: $y_1 = \sin x, \quad y_2 = x\sin x.$

11. $y'''_{xxx} + a\ln^n x\, y''_{xx} - (2a\ln^n x \tanh x + 3)y'_x$
$$+ [a\ln^n x\,(2\tanh^2 x - 1) + 2\tanh x]y = 0.$$

Spezielle Lösungen: $y_1 = \cosh x, \quad y_2 = x\cosh x.$

12. $y'''_{xxx} + a\ln^n x\, y''_{xx} - (2a\ln^n x \coth x + 3)y'_x$
$$+ [a\ln^n x\,(2\coth^2 x - 1) + 2\coth x]y = 0.$$

Spezielle Lösungen: $y_1 = \sinh x, \quad y_2 = x\sinh x.$

13. $y'''_{xxx} + a\ln^n x\, y''_{xx} + (2a\ln^n x \tan x + 3)y'_x$
$$+ [a\ln^n x\,(2\tan^2 x + 1) + 2\tan x]y = 0.$$

Spezielle Lösungen: $y_1 = \cos x, \quad y_2 = x\cos x.$

14. $y'''_{xxx} + a\ln^n x\, y''_{xx} + (3 - 2a\ln^n x \cot x)y'_x$
$$+ [a\ln^n x\,(2\cot^2 x + 1) - 2\cot x]y = 0.$$

Spezielle Lösungen: $y_1 = \sin x, \quad y_2 = x\sin x.$

15. $y'''_{xxx} + a\cos^n x\, y''_{xx} - (2a\cos^n x \tanh x + 3)y'_x$
$$+ [a\cos^n x\,(2\tanh^2 x - 1) + 2\tanh x]y = 0.$$

Spezielle Lösungen: $y_1 = \cosh x, \quad y_2 = x\cosh x.$

16. $y'''_{xxx} + a\cos^n x\, y''_{xx} - (2a\cos^n x \coth x + 3)y'_x$
$$+ [a\cos^n x\,(2\coth^2 x - 1) + 2\coth x]y = 0.$$

Spezielle Lösungen: $y_1 = \sinh x, \quad y_2 = x\sinh x.$

17. $y'''_{xxx} + a\sin^n x\, y''_{xx} - (2a\sin^n x \tanh x + 3)y'_x$
$$+ [a\sin^n x\,(2\tanh^2 x - 1) + 2\tanh x]y = 0.$$

Spezielle Lösungen: $y_1 = \cosh x, \quad y_2 = x\cosh x.$

18. $y'''_{xxx} + a\sin^n x\, y''_{xx} - (2a\sin^n x \coth x + 3)y'_x$
$$+ [a\sin^n x\,(2\coth^2 x - 1) + 2\coth x]y = 0.$$

Spezielle Lösungen: $y_1 = \sinh x, \quad y_2 = x\sinh x.$

19. $y'''_{xxx} + a\tan^n x\, y''_{xx} - (2a\tan^n x \tanh x + 3)y'_x$
$$+ [a\tan^n x\,(2\tanh^2 x - 1) + 2\tanh x]y = 0.$$

Spezielle Lösungen: $y_1 = \cosh x, \quad y_2 = x\cosh x.$

20. $y'''_{xxx} + a\tan^n x\, y''_{xx} - (2a\tan^n x \coth x + 3)y'_x$
$$+ [a\tan^n x\,(2\coth^2 x - 1) + 2\coth x]y = 0.$$

Spezielle Lösungen: $y_1 = \sinh x, \quad y_2 = x\sinh x.$

21. $y'''_{xxx} + a\cot^n x\, y''_{xx} - (2a\cot^n x \tanh x + 3)y'_x$
$$+ [a\cot^n x\,(2\tanh^2 x - 1) + 2\tanh x]y = 0.$$

Spezielle Lösungen: $y_1 = \cosh x, \quad y_2 = x\cosh x.$

22. $y'''_{xxx} + a\cot^n x\, y''_{xx} - (2a\cot^n x \coth x + 3)y'_x$
$$+ [a\cot^n x\,(2\coth^2 x - 1) + 2\coth x]y = 0.$$

Spezielle Lösungen: $y_1 = \sinh x, \quad y_2 = x\sinh x.$

23. $y'''_{xxx} + (be^{ax} + 2a)\cosh^n x\, y''_{xx} - a(be^{ax}\cosh^n x + a)y'_x$
$$- 2a^3\cosh^n x\, y = 0.$$

Spezielle Lösungen: $y_1 = e^{ax}, \quad y_2 = e^{-ax} + \dfrac{b}{a}.$

24. $y'''_{xxx} + (be^{ax} + 2a)\sinh^n x\, y''_{xx} - a(be^{ax}\sinh^n x + a)y'_x$
$$- 2a^3 \sinh^n x\, y = 0.$$

Spezielle Lösungen: $y_1 = e^{ax}, \quad y_2 = e^{-ax} + \dfrac{b}{a}.$

25. $y'''_{xxx} + (be^{ax} + 2a)\tanh^n x\, y''_{xx} - a(be^{ax}\tanh^n x + a)y'_x$
$$- 2a^3 \tanh^n x\, y = 0.$$

Spezielle Lösungen: $y_1 = e^{ax}, \quad y_2 = e^{-ax} + \dfrac{b}{a}.$

26. $y'''_{xxx} + (be^{ax} + 2a)\coth^n x\, y''_{xx} - a(be^{ax}\coth^n x + a)y'_x$
$$- 2a^3 \coth^n x\, y = 0.$$

Spezielle Lösungen: $y_1 = e^{ax}, \quad y_2 = e^{-ax} + \dfrac{b}{a}.$

27. $y'''_{xxx} + (be^{ax} + 2a)\ln^n x\, y''_{xx} - a(be^{ax}\ln^n x + a)y'_x$
$$- 2a^3 \ln^n x\, y = 0.$$

Spezielle Lösungen: $y_1 = e^{ax}, \quad y_2 = e^{-ax} + \dfrac{b}{a}.$

28. $y'''_{xxx} + (a\ln^n x - 2be^x)y''_{xx} - be^x(2a\ln^n x - be^x + 3)y'_x$
$$+ be^x[a\ln^n x\,(be^x - 1) + 2be^x - 1]y = 0.$$

Spezielle Lösungen: $y_1 = \exp(be^x), \quad y_2 = x\exp(be^x).$

29. $y'''_{xxx} + (a\cos^n x - 2be^x)y''_{xx} - be^x(2a\cos^n x - be^x + 3)y'_x$
$$+ be^x[a\cos^n x\,(be^x - 1) + 2be^x - 1]y = 0.$$

Spezielle Lösungen: $y_1 = \exp(be^x), \quad y_2 = x\exp(be^x).$

30. $y'''_{xxx} + (be^{ax} + 2a)\cos^n x\, y''_{xx} - a(be^{ax}\cos^n x + a)y'_x$
$$- 2a^3 \cos^n x\, y = 0.$$

Spezielle Lösungen: $y_1 = e^{ax}, \quad y_2 = e^{-ax} + \dfrac{b}{a}.$

31. $y'''_{xxx} + (a\sin^n x - 2be^x)y''_{xx} - be^x(2a\sin^n x - be^x + 3)y'_x$
$$+ be^x[a\sin^n x\,(be^x - 1) + 2be^x - 1]y = 0.$$

Spezielle Lösungen: $y_1 = \exp(be^x), \quad y_2 = x\exp(be^x).$

32. $y'''_{xxx} + (be^{ax} + 2a)\sin^n x\, y''_{xx} - a(be^{ax}\sin^n x + a)y'_x$
$$- 2a^3 \sin^n x\, y = 0.$$

Spezielle Lösungen: $y_1 = e^{ax}, \quad y_2 = e^{-ax} + \dfrac{b}{a}.$

33. $y'''_{xxx} - [e^{\lambda x}(\tan x + a) + a]y''_{xx} + [(a^2+1)e^{\lambda x} + 1]y'_x$
$$+ a[e^{\lambda x}(a\tan x - 1) - 1]y = 0.$$

Spezielle Lösungen: $y_1 = e^{ax}$, $y_2 = \cos x$.

34. $y'''_{xxx} + [\tan x\,(axe^{\lambda x} + 1) + ae^{\lambda x}]y''_{xx} - axe^{\lambda x}y'_x + ae^{\lambda x}y = 0.$

Spezielle Lösungen: $y_1 = x$, $y_2 = \cos x$.

35. $y'''_{xxx} + (a\tan^n x - 2be^x)y''_{xx} - be^x(2a\tan^n x - be^x + 3)y'_x$
$$+ be^x[a\tan^n x\,(be^x - 1) + 2be^x - 1]y = 0.$$

Spezielle Lösungen: $y_1 = \exp(be^x)$, $y_2 = x\exp(be^x)$.

36. $y'''_{xxx} + (be^{ax} + 2a)\tan^n x\, y''_{xx} - a(be^{ax}\tan^n x + a)y'_x$
$$- 2a^3\tan^n x\, y = 0.$$

Spezielle Lösungen: $y_1 = e^{ax}$, $y_2 = e^{-ax} + \dfrac{b}{a}$.

37. $y'''_{xxx} + [e^{\lambda x}(\cot x + a) + a]y''_{xx} + [(a^2+1)e^{\lambda x} + 1]y'_x$
$$+ a[e^{\lambda x}(1 - a\cot x) + 1]y = 0.$$

Spezielle Lösungen: $y_1 = e^{-ax}$, $y_2 = \sin x$.

38. $y'''_{xxx} + [ae^{\lambda x} - \cot x\,(axe^{\lambda x} + 1)]y''_{xx} - axe^{\lambda x}y'_x + ae^{\lambda x}y = 0.$

Spezielle Lösungen: $y_1 = x$, $y_2 = \sin x$.

39. $y'''_{xxx} + (a\cot^n x - 2be^x)y''_{xx} - be^x(2a\cot^n x - be^x + 3)y'_x$
$$+ be^x[a\cot^n x\,(be^x - 1) + 2be^x - 1]y = 0.$$

Spezielle Lösungen: $y_1 = \exp(be^x)$, $y_2 = x\exp(be^x)$.

40. $y'''_{xxx} + (be^{ax} + 2a)\cot^n x\, y''_{xx} - a(be^{ax}\cot^n x + a)y'_x$
$$- 2a^3\cot^n x\, y = 0.$$

Spezielle Lösungen: $y_1 = e^{ax}$, $y_2 = e^{-ax} + \dfrac{b}{a}$.

41. $y'''_{xxx} - [\cosh^n x\,(\tan x + a) + a]y''_{xx} + [(a^2+1)\cosh^n x + 1]y'_x$
$$+ a[\cosh^n x\,(a\tan x - 1) - 1]y = 0.$$

Spezielle Lösungen: $y_1 = e^{ax}$, $y_2 = \cos x$.

42. $y'''_{xxx} + [\cosh^n x\,(\cot x + a) + a]y''_{xx} + [(a^2+1)\cosh^n x + 1]y'_x$
$$+ a[\cosh^n x\,(1 - a\cot x) + 1]y = 0.$$

Spezielle Lösungen: $y_1 = e^{-ax}$, $y_2 = \sin x$.

43. $y'''_{xxx} - [\sinh^n x\,(\tan x + a) + a]y''_{xx} + [(a^2+1)\sinh^n x + 1]y'_x$
$+ a[\sinh^n x\,(a\tan x - 1) - 1]y = 0.$

Spezielle Lösungen: $y_1 = e^{ax}$, $y_2 = \cos x$.

44. $y'''_{xxx} + [\sinh^n x\,(\cot x + a) + a]y''_{xx} + [(a^2+1)\sinh^n x + 1]y'_x$
$+ a[\sinh^n x\,(1 - a\cot x) + 1]y = 0.$

Spezielle Lösungen: $y_1 = e^{-ax}$, $y_2 = \sin x$.

45. $y'''_{xxx} - [\tanh^n x\,(\tan x + a) + a]y''_{xx} + [(a^2+1)\tanh^n x + 1]y'_x$
$+ a[\tanh^n x\,(a\tan x - 1) - 1]y = 0.$

Spezielle Lösungen: $y_1 = e^{ax}$, $y_2 = \cos x$.

46. $y'''_{xxx} + [\tanh^n x\,(\cot x + a) + a]y''_{xx} + [(a^2+1)\tanh^n x + 1]y'_x$
$+ a[\tanh^n x\,(1 - a\cot x) + 1]y = 0.$

Spezielle Lösungen: $y_1 = e^{-ax}$, $y_2 = \sin x$.

47. $y'''_{xxx} - [\coth^n x\,(\tan x + a) + a]y''_{xx} + [(a^2+1)\coth^n x + 1]y'_x$
$+ a[\coth^n x\,(\tan x - 1) - 1]y = 0.$

Spezielle Lösungen: $y_1 = e^{ax}$, $y_2 = \cos x$.

48. $y'''_{xxx} + [\coth^n x\,(\cot x + a) + a]y''_{xx} + [(a^2+1)\coth^n x + 1]y'_x$
$+ a[\coth^n x\,(1 - a\cot x) + 1]y = 0.$

Spezielle Lösungen: $y_1 = e^{-ax}$, $y_2 = \sin x$.

49. $y'''_{xxx} + [a\tan^n x\,(\tanh x - b) - b]y''_{xx} + [a(b^2-1)\tan^n x - 1]y'_x$
$+ b[a\tan^n x\,(1 - b\tanh x) + 1]y = 0.$

Spezielle Lösungen: $y_1 = e^{bx}$, $y_2 = \cosh x$.

50. $y'''_{xxx} + (a\tan^n x + b\tanh^m x)y''_{xx} + cy'_x$
$+ c(a\tan^n x + b\tanh^m x)y = 0.$

1°. Spezielle Lösungen für $c > 0$: $y_1 = \cos(x\sqrt{c})$, $y_2 = \sin(x\sqrt{c})$.

2°. Spezielle Lösungen für $c < 0$: $y_1 = \exp(-x\sqrt{-c})$, $y_2 = \exp(x\sqrt{-c})$.

51. $y'''_{xxx} + [a\tan^n x\,(\coth x - b) - b]y''_{xx} + [a(b^2-1)\tan^n x - 1]y'_x$
$+ b[a\tan^n x\,(1 - b\coth x) + 1]y = 0.$

Spezielle Lösungen: $y_1 = e^{bx}$, $y_2 = \sinh x$.

52. $y'''_{xxx} + (a\tan^n x + b\coth^m x)y''_{xx} + cy'_x$
$$+ c(a\tan^n x + b\coth^m x)y = 0.$$

1°. Spezielle Lösungen für $c > 0$: $y_1 = \cos(x\sqrt{c})$, $y_2 = \sin(x\sqrt{c})$.

2°. Spezielle Lösungen für $c < 0$: $y_1 = \exp(-x\sqrt{-c})$, $y_2 = \exp(x\sqrt{-c})$.

53. $y'''_{xxx} + [a\cot^n x\,(\tanh x - b) - b]y''_{xx} + [a(b^2 - 1)\cot^n x - 1]y'_x$
$$+ b[a\cot^n x\,(1 - b\tanh x) + 1]y = 0.$$

Spezielle Lösungen: $y_1 = e^{bx}$, $y_2 = \cosh x$.

54. $y'''_{xxx} + a\cot^n x\tanh^m x\, y''_{xx} - by'_x - ab\cot^n x\tanh^m x\, y = 0.$

1°. Spezielle Lösungen für $b > 0$: $y_1 = \exp(-x\sqrt{b})$, $y_2 = \exp(x\sqrt{b})$.

2°. Spezielle Lösungen für $b < 0$: $y_1 = \cos(x\sqrt{-b})$, $y_2 = \sin(x\sqrt{-b})$.

55. $y'''_{xxx} + [a\cot^n x\,(\coth x - b) - b]y''_{xx} + [a(b^2 - 1)\cot^n x - 1]y'_x$
$$+ b[a\cot^n x\,(1 - b\coth x) + 1]y = 0.$$

Spezielle Lösungen: $y_1 = e^{bx}$, $y_2 = \sinh x$.

56. $y'''_{xxx} + (a\cot^n x + b\coth^m x)y''_{xx} + cy'_x$
$$+ c(a\cot^n x + b\coth^m x)y = 0.$$

1°. Spezielle Lösungen für $c > 0$: $y_1 = \cos(x\sqrt{c})$, $y_2 = \sin(x\sqrt{c})$.

2°. Spezielle Lösungen für $c < 0$: $y_1 = \exp(-x\sqrt{-c})$, $y_2 = \exp(x\sqrt{-c})$.

57. $y'''_{xxx} + [a\ln^n x\,(\tanh x - b) - b]y''_{xx} + [a(b^2 - 1)\ln^n x - 1]y'_x$
$$+ b[a\ln^n x\,(1 - b\tanh x) + 1]y = 0.$$

Spezielle Lösungen: $y_1 = e^{bx}$, $y_2 = \cosh x$.

58. $y'''_{xxx} + a\ln^n x\tanh^m x\, y''_{xx} - by'_x - ab\ln^n x\tanh^m x\, y = 0.$

1°. Spezielle Lösungen für $b > 0$: $y_1 = \exp(-x\sqrt{b})$, $y_2 = \exp(x\sqrt{b})$.

2°. Spezielle Lösungen für $b < 0$: $y_1 = \cos(x\sqrt{-b})$, $y_2 = \sin(x\sqrt{-b})$.

59. $y'''_{xxx} + [a\ln^n x\,(\coth x - b) - b]y''_{xx} + [a(b^2 - 1)\ln^n x - 1]y'_x$
$$+ b[a\ln^n x\,(1 - b\coth x) + 1]y = 0.$$

Spezielle Lösungen: $y_1 = e^{bx}$, $y_2 = \sinh x$.

60. $y'''_{xxx} + (a\ln^n x + b\coth^m x)y''_{xx} + cy'_x$
$$+ c(a\ln^n x + b\coth^m x)y = 0.$$

1°. Spezielle Lösungen für $c > 0$: $y_1 = \cos(x\sqrt{c})$, $y_2 = \sin(x\sqrt{c})$.

2°. Spezielle Lösungen für $c < 0$: $y_1 = \exp(-x\sqrt{-c})$, $y_2 = \exp(x\sqrt{-c})$.

61. $y'''_{xxx} - [\ln^n x\,(\tan x + a) + a]y''_{xx} + [(a^2+1)\ln^n x + 1]y'_x + a[\ln^n x\,(a\tan x - 1) - 1]y = 0.$

Spezielle Lösungen: $y_1 = e^{ax}$, $y_2 = \cos x$.

62. $y'''_{xxx} + [\ln^n x\,(\cot x + a) + a]y''_{xx} + [(a^2+1)\ln^n x + 1]y'_x + a[\ln^n x\,(1 - a\cot x) + 1]y = 0.$

Spezielle Lösungen: $y_1 = e^{-ax}$, $y_2 = \sin x$.

63. $y'''_{xxx} + [a\cos^n x\,(\tanh x - b) - b]y''_{xx} + [a(b^2-1)\cos^n x - 1]y'_x + b[a\cos^n x\,(1 - b\tanh x) + 1]y = 0.$

Spezielle Lösungen: $y_1 = e^{bx}$, $y_2 = \cosh x$.

64. $y'''_{xxx} + a\cos^n x\tanh^m x\, y''_{xx} + by'_x + ab\cos^n x\tanh^m x\, y = 0.$

1°. Spezielle Lösungen für $b > 0$: $y_1 = \cos(x\sqrt{b})$, $y_2 = \sin(x\sqrt{b})$.

2°. Spezielle Lösungen für $b < 0$: $y_1 = \exp(-x\sqrt{-b})$, $y_2 = \exp(x\sqrt{-b})$.

65. $y'''_{xxx} + [a\cos^n x\,(\coth x - b) - b]y''_{xx} + [a(b^2-1)\cos^n x - 1]y'_x + b[a\cos^n x\,(1 - b\coth x) + 1]y = 0.$

Spezielle Lösungen: $y_1 = e^{bx}$, $y_2 = \sinh x$.

66. $y'''_{xxx} + (a\cos^n x + b\coth^m x)y''_{xx} + cy'_x + c(a\cos^n x + b\coth^m x)y = 0.$

1°. Spezielle Lösungen für $c > 0$: $y_1 = \cos(x\sqrt{c})$, $y_2 = \sin(x\sqrt{c})$.

2°. Spezielle Lösungen für $c < 0$: $y_1 = \exp(-x\sqrt{-c})$, $y_2 = \exp(x\sqrt{-c})$.

67. $y'''_{xxx} + [a\sin^n x\,(\tanh x - b) - b]y''_{xx} + [a(b^2-1)\sin^n x - 1]y'_x + b[a\sin^n x\,(1 - b\tanh x) + 1]y = 0.$

Spezielle Lösungen: $y_1 = e^{bx}$, $y_2 = \cosh x$.

68. $y'''_{xxx} + a\sin^n x\tanh^m x\, y''_{xx} + by'_x + ab\sin^n x\tanh^m x\, y = 0.$

1°. Spezielle Lösungen für $b > 0$: $y_1 = \cos(x\sqrt{b})$, $y_2 = \sin(x\sqrt{b})$.

2°. Spezielle Lösungen für $b < 0$: $y_1 = \exp(-x\sqrt{-b})$, $y_2 = \exp(x\sqrt{-b})$.

69. $y'''_{xxx} + [a\sin^n x\,(\coth x - b) - b]y''_{xx} + [a(b^2-1)\sin^n x - 1]y'_x + b[a\sin^n x\,(1 - b\coth x) + 1]y = 0.$

Spezielle Lösungen: $y_1 = e^{bx}$, $y_2 = \sinh x$.

70. $y'''_{xxx} + (a\sin^n x + b\coth^m x)y''_{xx} + cy'_x$
$$+\, c(a\sin^n x + b\coth^m x)y = 0.$$

1°. Spezielle Lösungen für $c > 0$: $y_1 = \cos(x\sqrt{c})$, $y_2 = \sin(x\sqrt{c})$.

2°. Spezielle Lösungen für $c < 0$: $y_1 = \exp(-x\sqrt{-c})$, $y_2 = \exp(x\sqrt{-c})$.

71. $xy'''_{xxx} + [ax^2e^{\lambda x}(b - \ln x) + 2]y''_{xx} + axe^{\lambda x}y'_x - ae^{\lambda x}y = 0.$

Spezielle Lösungen: $y_1 = x$, $y_2 = \ln x - b + 1$.

72. $(e^{\lambda x} - 1)y'''_{xxx} - (ae^{\lambda x} + \tan x)y''_{xx} + (e^{\lambda x} + a^2)y'_x$
$$+\, a(a\tan x - e^{\lambda x})y = 0.$$

Spezielle Lösungen: $y_1 = e^{ax}$, $y_2 = \cos x$.

73. $a\cosh^n x\, y'''_{xxx} + [\tan x\,(a\cosh^n x + x) + 1]y''_{xx} - xy'_x + y = 0.$

Spezielle Lösungen: $y_1 = x$, $y_2 = \cos x$.

74. $a\cosh^n x\, y'''_{xxx} + [1 - \cot x\,(a\cosh^n x + x)]y''_{xx} - xy'_x + y = 0.$

Spezielle Lösungen: $y_1 = x$, $y_2 = \sin x$.

75. $a\sinh^n x\, y'''_{xxx} + [\tan x\,(a\sinh^n x + x) + 1]y''_{xx} - xy'_x + y = 0.$

Spezielle Lösungen: $y_1 = x$, $y_2 = \cos x$.

76. $a\sinh^n x\, y'''_{xxx} + [1 - \cot x\,(a\sinh^n x + x)]y''_{xx} - xy'_x + y = 0.$

Spezielle Lösungen: $y_1 = x$, $y_2 = \sin x$.

77. $a\tanh^n x\, y'''_{xxx} + [\tan x\,(a\tanh^n x + x) + 1]y''_{xx} - xy'_x + y = 0.$

Spezielle Lösungen: $y_1 = x$, $y_2 = \cos x$.

78. $a\tanh^n x\, y'''_{xxx} + [1 - \cot x\,(a\tanh^n x + x)]y''_{xx} - xy'_x + y = 0.$

Spezielle Lösungen: $y_1 = x$, $y_2 = \sin x$.

79. $a\coth^n x\, y'''_{xxx} + [\tan x\,(a\coth^n x + x) + 1]y''_{xx} - xy'_x + y = 0.$

Spezielle Lösungen: $y_1 = x$, $y_2 = \cos x$.

80. $a\coth^n x\, y'''_{xxx} + [1 - \cot x\,(a\coth^n x + x)]y''_{xx} - xy'_x + y = 0.$

Spezielle Lösungen: $y_1 = x$, $y_2 = \sin x$.

81. $a\ln^n x\, y'''_{xxx} + [\tanh x\,(x - a\ln^n x) - 1]y''_{xx} - xy'_x + y = 0.$

Spezielle Lösungen: $y_1 = x$, $y_2 = \cosh x$.

82. $a\ln^n x\, y'''_{xxx} + [\coth x\,(x - a\ln^n x) - 1]y''_{xx} - xy'_x + y = 0.$

Spezielle Lösungen: $y_1 = x$, $y_2 = \sinh x$.

83. $a\ln^n x\, y'''_{xxx} + [\tan x\,(a\ln^n x + x) + 1]y''_{xx} - xy'_x + y = 0.$

Spezielle Lösungen: $y_1 = x, \quad y_2 = \cos x.$

84. $a\ln^n x\, y'''_{xxx} + [1 - \cot x\,(a\ln^n x + x)]y''_{xx} - xy'_x + y = 0.$

Spezielle Lösungen: $y_1 = x, \quad y_2 = \sin x.$

85. $a\cos^n x\, y'''_{xxx} + [\tanh x\,(x - a\cos^n x) - 1]y''_{xx} - xy'_x + y = 0.$

Spezielle Lösungen: $y_1 = x, \quad y_2 = \cosh x.$

86. $a\cos^n x\, y'''_{xxx} + [\coth x\,(x - a\cos^n x) - 1]y''_{xx} - xy'_x + y = 0.$

Spezielle Lösungen: $y_1 = x, \quad y_2 = \sinh x.$

87. $ax\cos^n x\, y'''_{xxx} + (2a\cos^n x - x^2\ln x + bx^2)y''_{xx} + xy'_x - y = 0.$

Spezielle Lösungen: $y_1 = x, \quad y_2 = \ln x - b + 1.$

88. $a\sin^n x\, y'''_{xxx} + [\tanh x\,(x - a\sin^n x) - 1]y''_{xx} - xy'_x + y = 0.$

Spezielle Lösungen: $y_1 = x, \quad y_2 = \cosh x.$

89. $a\sin^n x\, y'''_{xxx} + [\coth x\,(x - a\sin^n x) - 1]y''_{xx} - xy'_x + y = 0.$

Spezielle Lösungen: $y_1 = x, \quad y_2 = \sinh x.$

90. $ax\sin^n x\, y'''_{xxx} + (2a\sin^n x - x^2\ln x + bx^2)y''_{xx} + xy'_x - y = 0.$

Spezielle Lösungen: $y_1 = x, \quad y_2 = \ln x - b + 1.$

91. $a\tan^n x\, y'''_{xxx} + [\tanh x\,(x - a\tan^n x) - 1]y''_{xx} - xy'_x + y = 0.$

Spezielle Lösungen: $y_1 = x, \quad y_2 = \cosh x.$

92. $a\tan^n x\, y'''_{xxx} + [\coth x\,(x - a\tan^n x) - 1]y''_{xx} - xy'_x + y = 0.$

Spezielle Lösungen: $y_1 = x, \quad y_2 = \sinh x.$

93. $ax\tan^n x\, y'''_{xxx} + (2a\tan^n x - x^2\ln x + bx^2)y''_{xx} + xy'_x - y = 0.$

Spezielle Lösungen: $y_1 = x, \quad y_2 = \ln x - b + 1.$

94. $a\cot^n x\, y'''_{xxx} + [\tanh x\,(x - a\cot^n x) - 1]y''_{xx} - xy'_x + y = 0.$

Spezielle Lösungen: $y_1 = x, \quad y_2 = \cosh x.$

95. $a\cot^n x\, y'''_{xxx} + [\coth x\,(x - a\cot^n x) - 1]y''_{xx} - xy'_x + y = 0.$

Spezielle Lösungen: $y_1 = x, \quad y_2 = \sinh x.$

96. $ax\cot^n x\, y'''_{xxx} + (2a\cot^n x - x^2\ln x + bx^2)y''_{xx} + xy'_x - y = 0.$

Spezielle Lösungen: $y_1 = x, \quad y_2 = \ln x - b + 1.$

3.9 Gleichungen mit willkürlichen Funktionen

Bezeichnungen: $f = f(x)$, $g = g(x)$, $h = h(x)$ *bezeichnen beliebige Funktionen des Arguments* x; a, b, c, n, λ *sind beliebige Parameter.*

1. $y'''_{xxx} + f y'_x - (af + a^3) y = 0.$

Spezielle Lösung: $y_0 = e^{ax}$. Die Substitution $w = y'_x - ay$ führt auf eine lineare Gleichung zweiter Ordnung: $w''_{xx} + a w'_x + (f + a^2) w = 0$.

2. $y'''_{xxx} + f y'_x + ax(f + a^2 x^2 - 3a) y = 0.$

Spezielle Lösung: $y_0 = \exp\left(-\frac{ax^2}{2}\right)$.

Die Substitution $y = \exp\left(-\frac{ax^2}{2}\right) \int z(x)\, dx$ führt auf eine lineare Gleichung zweiter Ordnung: $z''_{xx} - 3axz'_x + (f + 3a^2x^2 - 3a) z = 0$.

3. $y'''_{xxx} + (f - a^2) y'_x + afy = 0.$

Spezielle Lösung: $y_0 = e^{-ax}$. Die Substitution $w = y'_x + ay$ führt auf eine lineare Gleichung zweiter Ordnung: $w''_{xx} - aw'_x + fw = 0$.

4. $y'''_{xxx} + xfy'_x - 2fy = 0.$

Spezielle Lösung: $y_0 = x^2$. Die Substitution $w = xy'_x - 2y$ führt auf eine lineare Gleichung zweiter Ordnung: $w''_{xx} + xfw = 0$.

5. $y'''_{xxx} + (ax + b) f y'_x - afy = 0.$

Spezielle Lösung: $y_0 = ax + b$.

6. $y'''_{xxx} + (f - a^2x^2) y'_x + ax(f - 3a) y = 0.$

Spezielle Lösung: $y_0 = \exp\left(-\frac{ax^2}{2}\right)$.

Die Substitution $y = \exp\left(\frac{-ax^2}{2}\right) \int z(x)\, dx$ führt auf eine lineare Gleichung zweiter Ordnung: $z''_{xx} - 3axz'_x + (2a^2x^2 - 3a + f) z = 0$.

7. $y'''_{xxx} + (f - a^2 x^{2n}) y'_x - a[x^n f + 3anx^{2n-1} + n(n-1)x^{n-2}] y = 0.$

Spezielle Lösung: $y_0 = \exp\left(\frac{a}{n+1} x^{n+1}\right)$.

Die Substitution $y = \exp\left(\frac{a}{n+1} x^{n+1}\right) \int z(x)\, dx$ führt auf eine lineare Gleichung zweiter Ordnung: $z''_{xx} + 3ax^n z'_x + (2a^2 x^{2n} + 3anx^{n-1} + f) z = 0$.

8. $y'''_{xxx} + ay''_{xx} + by'_x + cy = f(x).$

Das ist ein Spezialfall der Gleichung 5.5.9.

9. $y'''_{xxx} + ay''_{xx} + fy'_x + afy = 0.$

Die Substitution $w = y'_x + ay$ führt auf eine lineare Gleichung zweiter Ordnung: $w''_{xx} + fw = 0$.

10. $y'''_{xxx} + fy''_{xx} - a^2(f + a)y = 0.$

Spezielle Lösung: $y_0 = e^{ax}$. Die Substitution $w = y'_x - ay$ führt auf eine lineare Gleichung zweiter Ordnung: $w''_{xx} + (f + a)w'_x + a(f + a)w = 0$.

11. $y'''_{xxx} + fy''_{xx} + ay'_x + afy = 0.$

1°. Spezielle Lösungen für $a > 0$: $y_1 = \cos\bigl(x\sqrt{a}\,\bigr)$, $y_2 = \sin\bigl(x\sqrt{a}\,\bigr)$.

2°. Spezielle Lösungen für $a < 0$: $y_1 = \exp\bigl(-x\sqrt{-a}\bigr)$, $y_2 = \exp\bigl(x\sqrt{-a}\bigr)$.

Die Substitution $w = y''_{xx} + ay$ führt auf eine lineare Gleichung zweiter Ordnung: $w'_x + fw = 0$.

12. $y'''_{xxx} + fy''_{xx} + ax^n y'_x + ax^{n-1}(xf + n)y = 0.$

Die Substitution $w = y''_{xx} + ax^n y$ führt auf eine lineare Gleichung erster Ordnung: $w'_x + fw = 0$.

13. $y'''_{xxx} + fy''_{xx} + afy'_x + a^3 y = 0.$

Die Substitution $w = y'_x + ay$ führt auf eine lineare Gleichung zweiter Ordnung: $w''_{xx} + (f - a)w'_x + a^2 w = 0$.

14. $y'''_{xxx} + fy''_{xx} + afy'_x + a^2(f - a)y = 0.$

Spezielle Lösungen:

$$y_1 = e^{-ax/2}\cos\left(\frac{a\sqrt{3}}{2}x\right), \qquad y_2 = e^{-ax/2}\sin\left(\frac{a\sqrt{3}}{2}x\right).$$

15. $y'''_{xxx} + fy''_{xx} + gy'_x + h = 0.$

Die Substitution $w = y'_x$ führt auf eine lineare Gleichung zweiter Ordnung: $w''_{xx} + fw'_x + gw + h = 0$.

16. $y'''_{xxx} + fy''_{xx} - a(2f + 3a)y'_x + a^2(f + 2a)y = 0.$

Spezielle Lösungen: $y_1 = e^{ax}$, $y_2 = xe^{ax}$.

17. $y'''_{xxx} + f y''_{xx} + x g y'_x - g y = 0.$

Die Substitution $w = x y'_x - y$ führt auf eine lineare Gleichung zweiter Ordnung: $x w''_{xx} + (xf - 1) w'_x + x^2 g w = 0.$

18. $y'''_{xxx} + f y''_{xx} + (g - a^2) y'_x - a(af + g) y = 0.$

Spezielle Lösung: $y_0 = e^{ax}$. Die Substitution $w = y'_x - ay$ führt auf eine lineare Gleichung zweiter Ordnung: $w''_{xx} + (f + a) w'_x + (af + g) w = 0.$

19. $y'''_{xxx} + f y''_{xx} + (af + b - a^2) y'_x + b(f - a) y = 0.$

Spezielle Lösungen: $y_1 = e^{\lambda_1 x}$, $y_2 = e^{\lambda_2 x}$, wobei λ_1 und λ_2 die Wurzeln der quadratischen Gleichung $\lambda^2 + a\lambda + b = 0$ sind.

20. $y'''_{xxx} + (f - a) y''_{xx} - a^2 f y = 0.$

Spezielle Lösung: $y_0 = e^{ax}$. Die Substitution $w = y'_x - ay$ führt auf eine lineare Gleichung zweiter Ordnung: $w''_{xx} + f w'_x + a f w = 0.$

21. $y'''_{xxx} = (f - a) y''_{xx} + (af - b) y'_x + b f y.$

Spezielle Lösungen: $y_1 = \exp(\lambda_1 x)$, $y_2 = \exp(\lambda_2 x)$, wobei λ_1 und λ_2 die Wurzeln der quadratischen Gleichung $\lambda^2 + a\lambda + b = 0$ sind.

Die Substitution $w = y''_{xx} + a y'_x + b y$ führt auf eine lineare Gleichung erster Ordnung: $w'_x = f w$.

22. $y'''_{xxx} + (f - a) y''_{xx} + g y'_x - a(af + g) y = 0.$

Spezielle Lösung: $y_0 = e^{ax}$.

23. $y'''_{xxx} + (f + a) y''_{xx} + (af + g) y'_x + a g y = 0.$

Spezielle Lösung: $y_0 = e^{-ax}$.

24. $y'''_{xxx} + x f y''_{xx} + (a x^2 - f) y'_x + a x (x^2 f + 3) y = 0.$

Spezielle Lösungen: $y_1 = \cos\left(\frac{x^2\sqrt{a}}{2}\right)$, $y_2 = \sin\left(\frac{x^2\sqrt{a}}{2}\right)$.

25. $y'''_{xxx} + (ax + b) f y''_{xx} + x f y'_x - 2 f y = 0.$

Spezielle Lösung: $y_0 = x^2 + 2ax + b$.

26. $y'''_{xxx} + (f + ax) y''_{xx} + a(xf + 2) y'_x + a f y = 0.$

Spezielle Lösungen:

$$y_1 = \exp\left(-\frac{ax^2}{2}\right), \quad y_2 = \exp\left(-\frac{ax^2}{2}\right) \int \exp\left(\frac{ax^2}{2}\right) dx.$$

27. $y'''_{xxx} + x^2 f y''_{xx} - 2xf y'_x + 2fy = 0.$

Spezielle Lösungen: $y_1 = x, \quad y_2 = x^2.$

Lösung:

$$y = C_1 x + C_2 x^2 + C_3\Big(x^2 \int x^{-3}\psi\, dx - x \int x^{-2}\psi\, dx\Big)$$

mit $\psi = \exp(-\int x^2 f\, dx)$.

28. $y'''_{xxx} + (f + ax)y''_{xx} + (g + 2a)y'_x + a[xg + (1 - ax^2)f]y = 0.$

Spezielle Lösung: $y_0 = \exp\Big(-\dfrac{ax^2}{2}\Big)$. Die Substitution $w = y'_x + axy$ führt auf eine lineare Gleichung zweiter Ordnung: $w''_{xx} + fw'_x + (g - axf)w = 0.$

29. $y'''_{xxx} + (axf + f + a)y''_{xx} + a^2 xf y'_x - a^2 fy = 0.$

Spezielle Lösungen: $y_1 = x, \quad y_2 = e^{-ax}.$

30. $y'''_{xxx} + (ax^2 + bx + c)f y''_{xx} - 2afy = 0.$

Spezielle Lösung: $y_0 = ax^2 + bx + c.$

31. $y'''_{xxx} + x(xf + g)y''_{xx} - gy'_x - 2fy = 0.$

Spezielle Lösung: $y_0 = x^2$. Die Substitution $w = xy'_x - 2y$ führt auf eine lineare Gleichung zweiter Ordnung: $w''_{xx} + x(xf + g)w'_x + xfw = 0.$

32. $y'''_{xxx} - x(ax + b)f y''_{xx} + (b - a^2)f y'_x + 2afy = 0.$

Spezielle Lösung: $y_0 = x^2 + ax + \frac{1}{2}(a^2 - b).$

33. $y'''_{xxx} - [(2x + a)f + (x^2 + ax + b)g]y''_{xx} + 2fy'_x + 2gy = 0.$

Spezielle Lösung: $y_0 = x^2 + ax + b.$

34. $xy'''_{xxx} + 3y''_{xx} + x(ax^2 + 1)fy'_x - (ax^2 - 1)fy = 0.$

Spezielle Lösung: $y_0 = ax + \dfrac{1}{x}.$

35. $xy'''_{xxx} + (ax^2 + b)y''_{xx} + 4axy'_x + 2ay = f.$

Durch zweifache Integration erhalten wir eine lineare Gleichung erster Ordnung:

$$xy'_x + (ax^2 + b - 2)y = C_1 + C_2 x + \int\Big(\int f\, dx\Big)\, dx.$$

36. $xy'''_{xxx} + xfy'_x - [(ax+1)f + a^3x + 3a^2]y = 0.$

Spezielle Lösung: $y_0 = xe^{ax}$.

37. $xy'''_{xxx} + x(f-2a)y''_{xx} + x(g+a^2)y'_x$

$$- [a(ax+2)f + (ax+1)g]y = 0.$$

Spezielle Lösung: $y_0 = xe^{ax}$.

38. $xy'''_{xxx} + (xf+3)y''_{xx} + (2f+ax)y'_x + a(xf+1)y = 0.$

Spezielle Lösungen: $y_1 = \frac{1}{x}\cos(x\sqrt{a}), \quad y_2 = \frac{1}{x}\sin(x\sqrt{a}).$

39. $xy'''_{xxx} + (xf+3)y''_{xx} + (ax+2)fy'_x + a(axf + f - a^2x)y = 0.$

Spezielle Lösungen:

$$y_1 = \frac{1}{x}e^{-ax/2}\cos\left(\frac{a\sqrt{3}}{2}x\right), \quad y_2 = \frac{1}{x}e^{-ax/2}\sin\left(\frac{a\sqrt{3}}{2}x\right).$$

40. $xy'''_{xxx} + (xf+3)y''_{xx} + (axf + 2f - a^2x)y'_x + a(f-a)y = 0.$

Spezielle Lösungen: $y_1 = \frac{1}{x}, \quad y_2 = \frac{1}{x}e^{-ax}.$

41. $xy'''_{xxx} + (xf+3)y''_{xx} + (2f + ax^{n+1})y'_x + ax^n(xf+n+1)y = 0.$

Die Substitution $w = xy$ führt auf eine Gleichung der Form 3.9.12:

$$w'''_{xxx} + fw''_{xx} + ax^n w'_x + ax^{n-1}(xf+n)w = 0.$$

42. $xy'''_{xxx} + (x^2f + a + 2)y''_{xx} - a(a+1)fy = 0.$

Spezielle Lösung: $y_0 = x^{-a}$. Die Substitution $w = xy'_x + ay$ führt auf eine lineare Gleichung zweiter Ordnung:
$w''_{xx} + xfw'_x - (a+1)fw = 0.$

43. $xy'''_{xxx} + [x^2(ax^2+1)f + 3]y''_{xx} - 2fy = 0.$

Spezielle Lösung: $y_0 = ax + \frac{1}{x}$.

44. $xy'''_{xxx} + [x(ax^2-1)f + x^2(ax^2+1)g + 3]y''_{xx} - 2fy'_x - 2gy = 0.$

Spezielle Lösung: $y_0 = ax + \frac{1}{x}$.

45. $(ax-1)y'''_{xxx} + x[(ax-2)f - a^2]y''_{xx}$

$$+ [(2 - a^2x^2)f + a^2]y'_x + 2a(ax-1)fy = 0.$$

Spezielle Lösungen: $y_1 = x^2, \quad y_2 = e^{ax}.$

46. $x^2 y'''_{xxx} + (xf - a^2 - a)y'_x + (a-1)fy = 0.$

Spezielle Lösung: $y_0 = x^{1-a}$. Die Substitution $w = xy'_x + (a-1)y$ führt auf eine lineare Gleichung zweiter Ordnung:
$xw''_{xx} - (a+1)w'_x + fw = 0.$

47. $x^2 y'''_{xxx} + [x(ax+1)f - 6]y'_x + fy = 0.$

Spezielle Lösung: $y_0 = a + \dfrac{1}{x}$.

48. $x^2 y'''_{xxx} + xfy''_{xx} + [x(ax+1)g + 2f - 6]y'_x + gy = 0.$

Spezielle Lösung: $y_0 = a + \dfrac{1}{x}$.

49. $x^2 y'''_{xxx} + x[x(ax+1)f + 3]y''_{xx} - 2fy = 0.$

Spezielle Lösung: $y_0 = a + \dfrac{1}{x}$.

50. $x^2 y'''_{xxx} + x(xf + a)y''_{xx} + [(a-2)xf + b]y'_x + (b - a + 2)fy = 0.$

Durch Integration ergibt sich die inhomogene Eulersche Gleichung 2.9.15:

$$x^2 y''_{xx} + (a-2)xy'_x + (b-a+2)y = C\exp\Bigl(-\int f\,dx\Bigr).$$

51. $(ax+b)xy'''_{xxx} + (\alpha x + \beta)y''_{xx} + xy'_x + y = f.$

Durch Integration erhält man eine lineare Gleichung zweiter Ordnung:

$$(ax+b)xy''_{xx} + [(\alpha - 2a)x + \beta - b]y'_x + (x + 2a - \alpha)y = \int f\,dx + C.$$

52. $x(x+1)y'''_{xxx} + x(f - x - 3)y'_x - (x+1)fy = 0.$

Spezielle Lösung: $y_0 = xe^x$.

53. $x^3 y'''_{xxx} + xfy'_x + (a-1)(f + a^2 + a)y = 0.$

Spezielle Lösung: $y_0 = x^{1-a}$. Die Substitution $w = xy'_x + (a-1)y$ führt auf eine lineare Gleichung zweiter Ordnung:

$$x^2 w''_{xx} - (a+1)xw'_x + (f + a^2 + a)w = 0.$$

54. *Die inhomogene Eulersche Gleichung*

$x^3 y'''_{xxx} + ax^2 y''_{xx} + bxy'_x + cy = f(x).$

Die Substitution $t = \ln|x|$ führt auf eine Gleichung der Form 3.9.8:

$$y'''_{ttt} + (a-3)y''_{tt} + (b-a+2)y'_t + cy = f(\pm e^t).$$

55. $x^3 y'''_{xxx} + (a+2)x^2 y''_{xx} + xfy'_x + afy = 0.$

Spezielle Lösung: $y_0 = x^{-a}$.

56. $x^3 y'''_{xxx} + [(a+6)x^2 + b]y''_{xx} + 2(2a+3)xy'_x + 2ay = f(x).$

Durch zweifache Integration ergibt sich eine lineare Gleichung erster Ordnung:

$$x^3 y'_x + (ax^2 + b)y = C_1 + C_2 x + \int \left(\int f\,dx \right) dx.$$

57. $x^3 y'''_{xxx} + x^2(bx^{2a+1} - 3a)y''_{xx} + 2a(a+1)(2a+1)y = f(x).$

Durch zweifache Integration erhält man eine lineare Gleichung erster Ordnung:

$$x^{-2a} y'_x + (ax^{-2a-1} + b)y = C_1 + C_2 x + \int \left(\int f x^{-2a-3}\,dx \right) dx.$$

58. $x^3 y'''_{xxx} + x^2 f y''_{xx} - 2xy'_x + 2(2-f)y = 0.$

Spezielle Lösungen: $y_1 = x^{-1}$, $y_2 = x^2$.

59. $x^3 y'''_{xxx} + x^2 f y''_{xx} - 6xy'_x + 6(2-f)y = 0.$

Spezielle Lösungen: $y_1 = x^{-2}$, $y_2 = x^3$.

60. $x^3 y'''_{xxx} + x^2 f y''_{xx} + x(f-1)y'_x + (f-3)y = 0.$

Spezielle Lösungen: $y_1 = \cos(\ln x)$, $y_2 = \sin(\ln x)$.

61. $x^3 y'''_{xxx} + x^2(f+1)y''_{xx} + x(f-a-1)y'_x - a(f-2)y = 0.$

Spezielle Lösungen: $y_1 = x^{-\sqrt{a}}$, $y_2 = x^{\sqrt{a}}$.

62. $x^3 y'''_{xxx} + x^2(f+a)y''_{xx} + x(af+b-a)y'_x + b(f-2)y = 0.$

Spezielle Lösungen: $y_1 = x^{n_1}$, $y_2 = x^{n_2}$, wobei n_1 und n_2 die Wurzeln der quadratischen Gleichung $n^2 + (a-1)n + b = 0$ sind.

63. $x^3 y'''_{xxx} + x^2(f+a)y''_{xx} + x[g + (a-1)f]y'_x + (a-2)gy = 0.$

Spezielle Lösung: $y_0 = x^{2-a}$. Die Substitution $w = xy'_x + (a-2)y$ führt auf eine lineare Gleichung zweiter Ordnung: $x^2 w''_{xx} + xfw'_x + gw = 0$.

64. $x^3 y'''_{xxx} + x^2(f+2ax)y''_{xx} + x(2axf + a^2x^2 + b)y'_x$
$+ (a^2x^2 f + bf - 2b)y = 0.$

Spezielle Lösungen: $y_1 = e^{-ax}x^{n_1}$, $y_2 = e^{-ax}x^{n_2}$, wobei n_1 und n_2 die Wurzeln der quadratischen Gleichung $n^2 - n + b = 0$ sind.

65. $x^6 y'''_{xxx} + x^2 f y'_x + (a^3 + af - 2xf)y = 0.$

Spezielle Lösung: $y_0 = x^2 e^{a/x}$.

66. $y'''_{xxx} + ae^{\lambda x} y''_{xx} - 3\lambda^2 y'_x + 2\lambda^3 y = f(x).$

Durch zweifache Integration ergibt sich eine lineare Gleichung erster Ordnung:

$$e^{-\lambda x} y'_x + (a + 2\lambda e^{-\lambda x})y = C_1 + C_2 x + \int \left(\int f e^{-\lambda x}\, dx \right) dx.$$

67. $y'''_{xxx} + (f - a^2 e^{2\lambda x})y'_x - ae^{\lambda x}(f + 3a\lambda e^{\lambda x} + \lambda^2)y = 0.$

Spezielle Lösung: $y_0 = \exp\left(\frac{a}{\lambda} e^{\lambda x}\right)$.

Die Substitution $y = \exp\left(\frac{a}{\lambda} e^{\lambda x}\right) \int z(x)\, dx$ führt auf eine lineare Gleichung zweiter Ordnung: $z''_{xx} + 3ae^{\lambda x} z'_x + (f + 2a^2 e^{2\lambda x} + 3a\lambda e^{\lambda x})z = 0.$

68. $y'''_{xxx} + [(1 + be^{ax})f - a^2]y'_x + afy = 0.$

Spezielle Lösung: $y_0 = e^{-ax} + b$.

69. $y'''_{xxx} + (f + a)y''_{xx} + [af + (1 + be^{ax})g]y'_x + agy = 0.$

Spezielle Lösung: $y_0 = e^{-ax} + b$.

70. $y'''_{xxx} + (be^{ax} + 2a)fy''_{xx} - a(be^{ax} f + a)y'_x - 2a^3 fy = 0.$

Spezielle Lösungen: $y_1 = e^{ax}$, $y_2 = e^{-ax} + \frac{b}{a}$.

71. $y'''_{xxx} + (f - 2ae^{\lambda x})y''_{xx} - ae^{\lambda x}(2f - ae^{\lambda x} + 3\lambda)y'_x$
$+ ae^{\lambda x}[(ae^{\lambda x} - \lambda)f + 2a\lambda e^{\lambda x} - \lambda^2]y = 0.$

Spezielle Lösungen: $y_1 = \exp\left(\frac{a}{\lambda} e^{\lambda x}\right)$, $y_2 = x \exp\left(\frac{a}{\lambda} e^{\lambda x}\right)$.

72. $y'''_{xxx} + (f - ae^{\lambda x})y''_{xx} + (g - 2a\lambda e^{\lambda x})y'_x$
$- ae^{\lambda x}[(ae^{\lambda x} + \lambda)f + g + \lambda^2]y = 0.$

Spezielle Lösung: $y_0 = \exp\left(\frac{a}{\lambda} e^{\lambda x}\right)$.

Die Substitution $y = \exp\left(\frac{a}{\lambda} e^{\lambda x}\right) \int z(x)\, dx$ führt auf eine Gleichung zweiter Ordnung:

$$z''_{xx} + (f + 2ae^{\lambda x})z'_x + (2ae^{\lambda x} f + g + a^2 e^{2\lambda x} + a\lambda e^{\lambda x})z = 0.$$

73. $y'''_{xxx} - [(a + c + be^{ax})f - a + c]y''_{xx}$
$$+ [(c^2 - a^2 + bce^{ax})f - ac]y'_x + ac(a + c)fy = 0.$$

Spezielle Lösungen: $y_1 = e^{cx}, \quad y_2 = e^{-ax} + \frac{b}{c}.$

74. $e^{\lambda x}y'''_{xxx} + (2\lambda e^{\lambda x} + \beta e^{\mu x} + \gamma)y''_{xx}$
$$+ (\lambda^2 e^{\lambda x} + 2\beta\mu e^{\mu x})y'_x + \beta\mu^2 e^{\mu x}y = f(x).$$

Durch zweifache Integration ergibt sich eine lineare Gleichung erster Ordnung:

$$e^{\lambda x}y'_x + (\beta e^{\mu x} + \gamma)y = C_1 + C_2 x + \int\left(\int f\,dx\right)dx.$$

75. $y'''_{xxx} + fy''_{xx} + gy'_x - \lambda[\lambda f + \tanh(\lambda x)(g + \lambda^2)]y = 0.$

Spezielle Lösung: $y_0 = \cosh(\lambda x)$. Die Substitution $y = \cosh(\lambda x)\int z(x)\,dx$ führt auf eine Gleichung zweiter Ordnung:

$$z''_{xx} + [f + 3\lambda\tanh(\lambda x)]z'_x + [g + 3\lambda^2 + 2\lambda f\tanh(\lambda x)]z = 0.$$

76. $y'''_{xxx} + fy''_{xx} - \lambda[2f\tanh(\lambda x) + 3\lambda]y'_x$
$$+ \lambda^2\{[2\tanh^2(\lambda x) - 1]f + 2\lambda\tanh(\lambda x)\}y = 0.$$

Spezielle Lösungen: $y_1 = \cosh(\lambda x), \quad y_2 = x\cosh(\lambda x).$

77. $y'''_{xxx} + fy''_{xx} - \lambda[2f\coth(\lambda x) + 3\lambda]y'_x$
$$+ \lambda^2\{[2\coth^2(\lambda x) - 1]f + 2\lambda\coth(\lambda x)\}y = 0.$$

Spezielle Lösungen: $y_1 = \sinh(\lambda x), \quad y_2 = x\sinh(\lambda x).$

78. $y'''_{xxx} + [(\tanh x - a)f - a]y''_{xx} + [(a^2 - 1)f - 1]y'_x$
$$+ a[(1 - a\tanh x)f + 1]y = 0.$$

Spezielle Lösungen: $y_1 = e^{ax}, \quad y_2 = \cosh x.$

79. $y'''_{xxx} + [(\coth x - a)f - a]y''_{xx} + [(a^2 - 1)f - 1]y'_x$
$$+ a[(1 - a\coth x)f + 1]y = 0.$$

Spezielle Lösungen: $y_1 = e^{ax}, \quad y_2 = \sinh x.$

80. $y'''_{xxx} + [\lambda\tanh(\lambda x)(xf - 1) - f]y''_{xx} - \lambda^2 xfy'_x + \lambda^2 fy = 0.$

Spezielle Lösungen: $y_1 = x, \quad y_2 = \cosh(\lambda x).$

81. $y'''_{xxx} + [\lambda\coth(\lambda x)(xf - 1) - f]y''_{xx} - \lambda^2 xfy'_x + \lambda^2 fy = 0.$

Spezielle Lösungen: $y_1 = x, \quad y_2 = \sinh(\lambda x).$

82. $xy'''_{xxx} + [x^2(a - \ln x)f + 2]y''_{xx} + xfy'_x - fy = 0.$

Spezielle Lösungen: $y_1 = x, \quad y_2 = \ln x - a + 1.$

83. $y'''_{xxx} + fy'_x + \tan x(f - 1)y = 0.$

Spezielle Lösung: $y_0 = \cos x$. Die Substitution $y = \cos x \int z(x)\,dx$ führt auf eine lineare Gleichung zweiter Ordnung: $z''_{xx} - 3\tan x\, z'_x + (f-3)z = 0.$

84. $y'''_{xxx} + fy'_x + \cot x(1 - f)y = 0.$

Spezielle Lösung: $y_0 = \sin x.$

85. $y'''_{xxx} + fy''_{xx} + gy'_x + \lambda[\lambda f + \tan(\lambda x)(g - \lambda^2)]y = 0.$

Spezielle Lösung: $y_0 = \cos(\lambda x)$. Die Substitution $y = \cos(\lambda x) \int z(x)\,dx$ führt auf eine Gleichung zweiter Ordnung:

$$z''_{xx} + [f - 3\lambda\tan(\lambda x)]z'_x + [g - 3\lambda^2 - 2\lambda f\tan(\lambda x)]z = 0.$$

86. $y'''_{xxx} + fy''_{xx} + \lambda[2f\tan(\lambda x) + 3\lambda]y'_x$
$+ \lambda^2\{[1 + 2\tan^2(\lambda x)]f + 2\lambda\tan(\lambda x)\}y = 0.$

Spezielle Lösungen: $y_1 = \cos(\lambda x), \quad y_2 = x\cos(\lambda x).$

87. $y'''_{xxx} + fy''_{xx} + \lambda[3\lambda - 2f\cot(\lambda x)]y'_x$
$+ \lambda^2\{[1 + 2\cot^2(\lambda x)]f - 2\lambda\cot(\lambda x)\}y = 0.$

Spezielle Lösungen: $y_1 = \sin(\lambda x), \quad y_2 = x\sin(\lambda x).$

88. $y'''_{xxx} - [(a + \tan x)f + a]y''_{xx} + [(a^2 + 1)f + 1]y'_x$
$+ a[(a\tan x - 1)f - 1]y = 0.$

Spezielle Lösungen: $y_1 = e^{ax}, \quad y_2 = \cos x.$

89. $y'''_{xxx} + [(\cot x + a)f + a]y''_{xx} + [(a^2 + 1)f + 1]y'_x$
$+ a[(1 - a\cot x)f + 1]y = 0.$

Spezielle Lösungen: $y_1 = e^{-ax}, \quad y_2 = \sin x.$

90. $y'''_{xxx} + [f + \lambda\tan(\lambda x)(xf + 1)]y''_{xx} - \lambda^2 xfy'_x + \lambda^2 fy = 0.$

Spezielle Lösungen: $y_1 = x, \quad y_2 = \cos(\lambda x).$

91. $y'''_{xxx} + [f - \lambda\cot(\lambda x)(xf + 1)]y''_{xx} - \lambda^2 xfy'_x + \lambda^2 fy = 0.$

Spezielle Lösungen: $y_1 = x, \quad y_2 = \sin(\lambda x).$

92. $a\sin(\lambda x)y'''_{xxx} + by''_{xx} + 3a\lambda^2\sin(\lambda x)y'_x + 2a\lambda^3\cos(\lambda x)y = f(x).$

Durch zweifache Integration ergibt sich eine lineare Gleichung erster Ordnung:

$$a\sin(\lambda x)y'_x + [b - 2a\lambda\cos(\lambda x)]y = C_1 + C_2 x + \int\left(\int f\,dx\right)dx.$$

93. $\sin(\lambda x)y'''_{xxx} + [a + (2\lambda + 1)\cos(\lambda x)]y''_{xx} - (\lambda^2 + 2\lambda)\sin(\lambda x)y'_x - \lambda^2\cos(\lambda x)y = f(x).$

Durch zweifache Integration erhält man eine lineare Gleichung erster Ordnung:

$$\sin(\lambda x)y'_x + [a + \cos(\lambda x)]y = C_1 + C_2 x + \int\left(\int f\,dx\right)dx.$$

94. $(f - 1)y'''_{xxx} - [af + \lambda\tan(\lambda x)]y''_{xx} + (\lambda^2 f + a^2)y'_x + a\lambda[a\tan(\lambda x) - \lambda f]y = 0.$

Spezielle Lösungen: $y_1 = e^{ax}, \quad y_2 = \cos(\lambda x).$

95. $y'''_{xxx} + fy'_x + f'_x y = g.$

Durch Integration ergibt sich eine lineare Gleichung zweiter Ordnung: $y''_{xx} + fy = \int g\,dx + C.$

96. $y'''_{xxx} + 2fy'_x + f'_x y = 0.$

Lösung: $y = C_1 w_1^2 + C_2 w_1 w_2 + C_3 w_2^2$, wobei w_1, w_2 linear unabhängige Lösungen der Gleichung zweiter Ordnung $2w''_{xx} + fw = 0$ sind.

97. $y'''_{xxx} + f'_x y'_x + f(2f'_x - f^2)y = 0.$

Durch Integration erhält man eine lineare Gleichung zweiter Ordnung:

$$y''_{xx} + fy'_x + f^2 y = C\exp\left(\int f\,dx\right).$$

98. $y'''_{xxx} + (a - 1)f^2 y'_x - [f''_{xx} - (2a + 1)ff'_x + af^3]y = 0.$

Durch Integration ergibt sich eine lineare Gleichung zweiter Ordnung:

$$y''_{xx} + fy'_x + (af^2 - f'_x)y = C\exp\left(\int f\,dx\right).$$

99. $y'''_{xxx} + (f - a^2)y'_x + (f'_x - af)y = 0.$

Die Substitution $w = y''_{xx} + ay'_x + fy$ führt auf eine lineare Gleichung erster Ordnung: $w'_x - aw = 0.$

100. $y'''_{xxx} + fy''_{xx} + gy'_x + (fg + g'_x)y = 0.$

Durch Integration erhält man eine lineare Gleichung zweiter Ordnung:

$$y''_{xx} + gy = C\exp\Bigl(-\int f\,dx\Bigr).$$

101. $y'''_{xxx} + 3fy''_{xx} + (f'_x + 2f^2 + 2g)y'_x + (2fg + g'_x)y = 0.$

Lösung:

$$y = C_1w_1^2 + C_2w_1w_2 + C_3w_2^2,$$

wobei w_1, w_2 ein fundamentales Lösungssystem der linearen Gleichung zweiter Ordnung $w''_{xx} + fw'_x + \frac{1}{2}gw = 0$ ist.

102. $y'''_{xxx} + (f + g)y''_{xx} + (f'_x + fg + h)y'_x + (h'_x + gh)y = 0.$

Durch Integration ergibt sich eine lineare Gleichung zweiter Ordnung:

$$y''_{xx} + fy'_x + hy = C\exp\Bigl(-\int g\,dx\Bigr).$$

103. $y'''_{xxx} + (f + g)y''_{xx} + (2g'_x + fg + h)y'_x + (g''_{xx} + fg'_x + gh)y = 0.$

Die Substitution $w = y'_x + gy$ führt auf eine lineare Gleichung zweiter Ordnung: $w''_{xx} + fw'_x + hw = 0$.

104. $fy'''_{xxx} - f'''_{xxx}y = 0.$

Spezielle Lösung: $y_0 = f$. Die Substitution $y = f\int z\,dx$ führt auf eine lineare Gleichung zweiter Ordnung: $fz''_{xx} + 3f'_xz'_x + 3f''_{xx}z = 0$.

105. $fy'''_{xxx} + f'''_{xxx}y = g.$

Durch Integration erhält man eine lineare Gleichung zweiter Ordnung:

$$fy''_{xx} - f'_xy'_x + f''_{xx}y = \int g\,dx + C.$$

106. $y'''_{xxx} = f(x)y.$

Die Transformation $x = t^{-1}$, $y = wt^{-2}$ führt auf eine Gleichung analoger Gestalt: $w'''_{ttt} = -t^{-6}f\Bigl(\frac{1}{t}\Bigr)w$.

Kapitel 4

Gleichungen vierter Ordnung

4.1 Vorbereitende Bemerkungen

1. Eine lineare inhomogene Gleichung vierter Ordnung hat die Gestalt

$$f_4 y''''_{xxxx} + f_3 y'''_{xxx} + f_2 y''_{xx} + f_1 y'_x + f_0 y = g(x), \qquad f_k = f_k(x). \tag{1}$$

Es sei $y_0 = y_0(x)$ eine nichttriviale spezielle Lösung der entsprechenden homogenen Gleichung (mit $g \equiv 0$). Die Substitution

$$y = y_0(x) \int z(x)\,dx \tag{2}$$

führt auf eine lineare Gleichung dritter Ordnung:

$$f_4 y_0 z''' + (4f_4 y_0' + f_3 y_0)z'' + (6f_4 y_0'' + 3f_3 y_0' + f_2 y_0)z' \\ +(4f_4 y_0''' + 3f_3 y_0'' + 2f_2 y_0' + f_1 y_0)z = g. \tag{3}$$

Die Striche bedeuten die Ableitungen nach x.

2. Es seien $y_1 = y_1(x)$ und $y_2 = y_2(x)$ zwei nichttriviale, linear unabhängige Lösungen der homogenen Gleichung (1) mit $g \equiv 0$. Die Substitution

$$y = y_1 \int y_2 w\,dx - y_2 \int y_1 w\,dx \tag{4}$$

führt auf eine lineare Gleichung zweiter Ordnung:

$$f_4 \Delta_1 w'' + (3f_4 \Delta_2 + f_3 \Delta_1)w' + [f_4(3\Delta_3 + 2\varepsilon) + 2f_3 \Delta_2 + f_2 \Delta_1]w = g, \tag{5}$$

wobei

$$\Delta_1 = y_1' y_2 - y_1 y_2', \quad \Delta_2 = y_1'' y_2 - y_1 y_2'', \quad \Delta_3 = y_1''' y_2 - y_1 y_2''', \quad \varepsilon = y_1'' y_2' - y_1' y_2''$$

zu setzen ist.

4.2 Gleichungen mit Potenzfunktionen

1. $y''''_{xxxx} + ay = 0.$

1°. Lösung für $a = 0$:

$$y = C_1 + C_2 x + C_3 x^2 + C_4 x^3.$$

2°. Lösung für $a = 4k^4 > 0$:

$$\begin{aligned} y &= C_1 \cosh kx \cos kx + C_2 \cosh kx \sin kx \\ &\quad + C_3 \sinh kx \cos kx + C_4 \sinh kx \sin kx. \end{aligned}$$

3°. Lösung für $a = -k^4 < 0$:

$$y = C_1 \cos kx + C_2 \sin kx + C_3 \cosh kx + C_4 \sinh kx.$$

2. $y''''_{xxxx} + \lambda y = ax^3 + bx^2 + cx + s, \qquad \lambda \neq 0.$

Lösung:

$$y = \frac{1}{\lambda}(ax^3 + bx^2 + cx + s) + w(x),$$

wobei $w(x)$ die allgemeine Lösung der Gleichung 4.2.1 ist: $w''''_{xxxx} + \lambda w = 0$.

3. $y''''_{xxxx} = axy + b.$

Das ist ein Spezialfall der Gleichung 5.2.4 für $n = 4$.

4. $y''''_{xxxx} = ax^m y.$

Für $m = -2, -4, -6, -8, -9$ vgl. entsprechend die Gleichungen 4.2.34, 4.2.42, 4.2.47, 4.2.48, 4.2.53.

Die Transformation $x = t^{-1}$, $y = wt^{-3}$ führt auf eine Gleichung analoger Gestalt: $w''''_{tttt} = at^{-m-8} w$.

5. $y''''_{xxxx} + ay'_x + by = 0.$

Das ist ein Spezialfall der Gleichung 4.2.24.

6. $y''''_{xxxx} + 2ay'_x - a^2x^2y = 0.$

Das ist ein Spezialfall der Gleichung 4.2.13 für $n = 1$.

7. $y''''_{xxxx} + 4axy'_x + (2a - a^2x^4)y = 0.$

Das ist ein Spezialfall der Gleichung 4.2.13 für $n = 2$.

8. $y''''_{xxxx} + ax(2b - 3a - a^2x^2)y'_x + b(2a - b + a^2x^2)y = 0.$

Die Substitution $w = y''_{xx} - axy'_x + by$ führt auf eine Gleichung der Form 2.2.28: $w''_{xx} + axw'_x + (2a - b + a^2x^2)w = 0$.

9. $y''''_{xxxx} + ax^m y'_x - 3ax^{m-1}y = 0.$

Spezielle Lösung: $y_0 = x^3$. Die Substitution $z = xy'_x - 3y$ führt auf eine Gleichung dritter Ordnung der Form 3.2.7: $z'''_{xxx} + ax^m z = 0$.

10. $y''''_{xxxx} + ax^m y'_x + amx^{m-1}y = 0.$

Durch Integration ergibt sich eine Gleichung dritter Ordnung: $y'''_{xxx} + ax^m y = C$.

11. $y''''_{xxxx} + ax^m y'_x + a(m + 3)x^{m-1}y = 0.$

Die Transformation $x = t^{-1}$, $y = wt^{-3}$ führt auf eine Gleichung der Form 4.2.10:

$$w''''_{tttt} + bt^n w'_t + bnt^{n-1}w = 0$$

mit $b = -a$ und $n = -m - 6$.

12. $y''''_{xxxx} + bx^m y'_x - a(a^3 + bx^m)y = 0.$

Das ist ein Spezialfall der Gleichung 4.5.1 mit $f = bx^m$.

13. $y''''_{xxxx} + 2anx^{n-1}y'_x + a[n(n - 1)x^{n-2} - ax^{2n}]y = 0.$

Die Substitution $w = y''_{xx} + ax^n y$ führt auf eine lineare Gleichung zweiter Ordnung der Form 2.2.7: $w''_{xx} - ax^n w = 0$.

14. $y''''_{xxxx} + (ax^n + b^3)y'_x + abx^n y = 0.$

Spezielle Lösung: $y_0 = e^{-bx}$.

15. $y''''_{xxxx} + (ax^{n+1} + bx^n)y'_x - ax^n y = 0.$

Spezielle Lösung: $y_0 = ax + b$.

16. $y''''_{xxxx} + 2ay''_{xx} + a^2y = 0.$

1°. Lösung für $a = k^2 > 0$:

$$y = (C_1 + C_2x)\cos(kx) + (C_3 + C_4x)\sin(kx).$$

2°. Lösung für $a = -k^2 < 0$:

$$y = (C_1 + C_2 x)\exp(kx) + (C_3 + C_4 x)\exp(-kx).$$

17. $y''''_{xxxx} + (a+b)y''_{xx} + aby = 0.$

Für $a = b$ siehe Gleichung 4.2.16. Es sei nun $a \neq b$.

1°. Lösung für $a = \alpha^2 > 0,\ b = \beta^2 > 0$:

$$y = C_1\cos(\alpha x) + C_2\sin(\alpha x) + C_3\cos(\beta x) + C_4\sin(\beta x).$$

2°. Lösung für $a = \alpha^2 > 0,\ b = -\beta^2 < 0$:

$$y = C_1\cos(\alpha x) + C_2\sin(\alpha x) + C_3\exp(\beta x) + C_4\exp(-\beta x).$$

3°. Lösung für $a = -\alpha^2 < 0,\ b = \beta^2 > 0$:

$$y = C_1\exp(\alpha x) + C_2\exp(-\alpha x) + C_3\cos(\beta x) + C_4\sin(\beta x).$$

4°. Lösung für $a = -\alpha^2 < 0,\ b = -\beta^2 < 0$:

$$y = C_1\exp(\alpha x) + C_2\exp(-\alpha x) + C_3\exp(\beta x) + C_4\exp(-\beta x).$$

18. $y''''_{xxxx} - 2a^2 y''_{xx} + a^4 y - \lambda(ax - b)(y''_{xx} - a^2 y) = 0.$

Dieser Gleichung begegnet man in der *Theorie der Turbulenz.* Setzt man

$$z(x) = y''_{xx} - a^2 y, \tag{1}$$

so erhält man eine lineare Gleichung zweiter Ordnung der Form 2.2.12:

$$z''_{xx} - a^2 z - \lambda(ax - b)z = 0. \tag{2}$$

Wenn die Randbedingungen

$$y(0) = y'_x(0) = 0, \quad y(1) = y'_x(1) = 0 \tag{3}$$

gegeben sind, so ist

$$2ay = e^{ax}\int_0^x e^{-ax} z\,dx - e^{-ax}\int_0^x e^{ax} z\,dx$$

eine Lösung der Gleichung (1), die den ersten beiden Randbedingungen (3) genügt; um auch die zwei letzten Randbedingungen zu erfüllen, ist für $z = z(x)$ eine Lösung von (2) zu nehmen, die den Bedingungen

$$\int_0^1 e^{-ax} z\,dx = \int_0^1 e^{ax} z\,dx = 0$$

genügt.

19. $y''''_{xxxx} + ax^n y''_{xx} + b(ax^n - b)y = 0.$

1°. Spezielle Lösungen für $b > 0$: $y_1 = \cos(x\sqrt{b})$, $y_2 = \sin(x\sqrt{b})$.

2°. Spezielle Lösungen für $b < 0$: $y_1 = \exp(-x\sqrt{-b})$, $y_2 = \exp(x\sqrt{-b})$.

Die Substitution $w = y''_{xx} + by$ führt auf eine lineare Gleichung zweiter Ordnung: $w''_{xx} + (ax^n - b)w = 0$.

20. $y''''_{xxxx} + ax^{n+1} y''_{xx} - 4ax^n y'_x + 6ax^{n-1} y = 0.$

Spezielle Lösungen: $y_1 = x^2$, $y_2 = x^3$.

Die Substitution $w = x^2 y''_{xx} - 4xy'_x + 6y$ führt auf eine lineare Gleichung zweiter Ordnung der Form 2.2.7: $w''_{xx} + ax^{n+1} w = 0$.

21. $y''''_{xxxx} + 10ax^n y''_{xx} + 10anx^{n-1} y'_x$
$$+ [3an(n-1)x^{n-2} + 9a^2 x^{2n}]y = 0.$$

Das ist ein Spezialfall der Gleichung 4.5.26 für $f = ax^n$.

22. $y''''_{xxxx} + (ax^n + b)y''_{xx} + abx^n y = 0.$

1°. Spezielle Lösungen für $b > 0$: $y_1 = \cos(x\sqrt{b})$, $y_2 = \sin(x\sqrt{b})$.

2°. Spezielle Lösungen für $b < 0$: $y_1 = \exp(-x\sqrt{-b})$, $y_2 = \exp(x\sqrt{-b})$.

Die Substitution $w = y''_{xx} + by$ führt auf eine lineare Gleichung zweiter Ordnung der Form 2.2.7: $w''_{xx} + ax^n w = 0$.

23. $y''''_{xxxx} + ay''_{xx} + bx^n y'_x + bnx^{n-1} ny = sx^m.$

Durch Integration erhält man eine Gleichung dritter Ordnung:

$$y'''_{xxx} + ay''_{xx} + bx^n y = s \int x^m \, dx + C.$$

24. *Gleichung mit konstanten Koeffizienten*

$y''''_{xxxx} + a_3 y'''_{xxx} + a_2 y''_{xx} + a_1 y'_x + a_0 y = 0.$

Für $a_0 = 0$ ergibt die Substitution $w(x) = y'_x$ eine Gleichung dritter Ordnung. Es sei $a_0 \neq 0$;

$$P(\lambda) = \lambda^4 + a_3\lambda^3 + a_2\lambda^2 + a_1\lambda + a_0$$

bezeichne das *charakteristische Polynom.*

1°. Das Polynom P habe reelle Wurzeln λ_1, λ_2, λ_3, λ_4:

$$P(\lambda) = (\lambda - \lambda_1)(\lambda - \lambda_2)(\lambda - \lambda_3)(\lambda - \lambda_4).$$

Dann sind folgende Fälle möglich:

a) alle λ_i sind verschieden:

$$y = C_1 e^{\lambda_1 x} + C_2 e^{\lambda_2 x} + C_3 e^{\lambda_3 x} + C_4 e^{\lambda_4 x};$$

b) $\lambda_1 = \lambda_2$; λ_3 und λ_4 sind verschieden und ungleich λ_1:

$$y = (C_1 + C_2 x) e^{\lambda_1 x} + C_3 e^{\lambda_3 x} + C_4 e^{\lambda_4 x};$$

c) $\lambda_1 = \lambda_2 = \lambda_3 \neq \lambda_4$:

$$y = (C_1 + C_2 x + C_3 x^2) e^{\lambda_1 x} + C_4 e^{\lambda_4 x};$$

d) $\lambda_1 = \lambda_2 = \lambda_3 = \lambda_4$:

$$y = (C_1 + C_2 x + C_3 x^2 + C_4 x^3) e^{\lambda_1 x}.$$

2°. Es sei

$$P(\lambda) = (\lambda - \lambda_1)(\lambda - \lambda_2)(\lambda^2 + 2b_1\lambda + b_0),$$

wobei λ_1 und λ_2 reell seien, während $b_1^2 - b_0 < 0$ ist. Dann gibt es folgende Fälle:

a) $\lambda_1 \neq \lambda_2$:

$$y = C_1 e^{\lambda_1 x} + C_2 e^{\lambda_2 x} + e^{-b_1 x}[C_3 \cos(\mu x) + C_4 \sin(\mu x)], \quad \mu = \sqrt{b_0 - b_1^2};$$

b) $\lambda_1 = \lambda_2$:

$$y = (C_1 + C_2 x) e^{\lambda_1 x} + e^{-b_1 x}[C_3 \cos(\mu x) + C_4 \sin(\mu x)], \quad \mu = \sqrt{b_0 - b_1^2}.$$

3°. Es sei

$$P(\lambda) = (\lambda^2 + 2b_1\lambda + b_0)(\lambda^2 + 2\beta_1\lambda + \beta_0)$$

mit $b_1^2 - b_0 < 0$ und $\beta_1^2 - \beta_0 < 0$. Dann sind folgende Fälle zu unterscheiden:

a) $(b_1 - \beta_1)^2 + (b_0 - \beta_0)^2 \neq 0$:

$$y = e^{-b_1 x}[C_1 \cos(\mu x) + C_2 \sin(\mu x)] + e^{-\beta_1 x}[C_3 \cos(\nu x) + C_4 \sin(\nu x)]$$

mit $\mu = \sqrt{b_0 - b_1^2}$, $\nu = \sqrt{\beta_0 - \beta_1^2}$;

b) $b_1 = \beta_1$, $b_0 = \beta_0$:

$$y = e^{-b_1 x}[(C_1 + C_2 x)\cos(\mu x) + (C_3 + C_4 x)\sin(\mu x)], \quad \mu = \sqrt{b_0 - b_1^2}.$$

25. $y''''_{xxxx} + 4axy'''_{xxx} + 6a^2x^2y''_{xx} + 4a^3x^3y'_x + a^4x^4y = 0.$

Lösung:

$$y = \sum_{i=1}^{4} C_i \exp(\lambda_i x - \tfrac{1}{2}ax^2),$$

wobei λ_i die Wurzeln der biquadratischen Gleichung $\lambda^4 - 6a\lambda^2 + 3a^2 = 0$ sind.

26. $y''''_{xxxx} + (ax + b)y'''_{xxx} + [b(a + c)x + c]y''_{xx} + b^2cxy'_x - b^2cy = 0.$

Spezielle Lösungen: $y_1 = x, \quad y_2 = e^{-bx}.$

27. $y''''_{xxxx} = ax^n y'''_{xxx} + by'_x - abx^n y.$

Spezielle Lösungen: $y_k = \exp(\lambda_k x)$ $(k = 1,\ 2,\ 3)$, wobei die λ_k die Wurzeln der kubischen Gleichung $\lambda^3 - b = 0$ sind.

28. $y''''_{xxxx} + ax^{n+3}y'''_{xxx} - 3ax^{n+2}y''_{xx} + 6ax^{n+1}y'_x - 6ax^n y = 0.$

Spezielle Lösungen: $y_1 = x, \quad y_2 = x^2, \quad y_3 = x^3.$

Die Substitution $w = x^3y'''_{xxx} - 3x^2y''_{xx} + 6xy'_x - 6y$ führt auf eine lineare Gleichung erster Ordnung: $w'_x + ax^{n+3}w = 0.$

29. $y''''_{xxxx} + ax^n y'''_{xxx} + bx^{m+1}y''_{xx} - 2bx^m y'_x + 2bx^{m-1}y = 0.$

Spezielle Lösungen: $y_1 = x, \quad y_2 = x^2.$

Die Substitution $w = x^2y''_{xx} - 2xy'_x + 2y$ führt auf eine lineare Gleichung zweiter Ordnung: $xw''_{xx} + (ax^{n+1} - 2)w'_x + bx^{m+2}w = 0.$

30. $y''''_{xxxx} + ax^n y'''_{xxx} + bx^m y''_{xx} + acx^n y'_x + c(bx^m - c)y = 0.$

1°. Spezielle Lösungen für $c > 0$: $y_1 = \cos(x\sqrt{c}), \quad y_2 = \sin(x\sqrt{c}).$

2°. Spezielle Lösungen für $c < 0$: $y_1 = \exp(-x\sqrt{-c}), \ y_2 = \exp(x\sqrt{-c}).$

Die Substitution $w = y''_{xx} + cy$ führt auf eine lineare Gleichung zweiter Ordnung: $w''_{xx} + ax^n w'_x + (bx^m - c)w = 0.$

31. $y''''_{xxxx} + ax^n y'''_{xxx} + (bx^m + c)y''_{xx} + acx^n y'_x + bcx^m y = 0.$

1°. Spezielle Lösungen für $c > 0$: $y_1 = \cos(x\sqrt{c}), \quad y_2 = \sin(x\sqrt{c}).$

2°. Spezielle Lösungen für $c < 0$: $y_1 = \exp(-x\sqrt{-c}), \ y_2 = \exp(x\sqrt{-c}).$

Die Substitution $w = y''_{xx} + cy$ führt auf eine lineare Gleichung zweiter Ordnung: $w''_{xx} + ax^n w'_x + bx^m w = 0.$

32. $xy''''_{xxxx} + 4y'''_{xxx} + axy = 0.$

Die Substitution $w(x) = xy$ führt auf eine Gleichung mit konstanten Koeffizienten 4.2.1: $w''''_{xxxx} + aw = 0$.

33. $xy''''_{xxxx} - 4my'''_{xxx} + axy = 0, \qquad m = 1,\ 2,\ 3,\ \ldots$

Lösung:

$$y = x^{4m+3}\left(\frac{1}{x^3}\frac{d}{dx}\right)^m\left(\frac{w}{x^3}\right),$$

wobei $w = w(x)$ die allgemeine Lösung der Gleichung mit konstanten Koeffizienten 4.2.1 $w''''_{xxxx} + aw = 0$ ist.

34. $x^2y''''_{xxxx} = ay.$

Das ist ein Spezialfall der Gleichung 5.2.23 für $n = 2$.

35. $x^2y''''_{xxxx} - 2(ax^2 + 6)y''_{xx} + a(ax^2 + 4)y = 0.$

Spezielle Lösungen: $y_1 = x^{-1/2}I_{1/2}(x\sqrt{a})$, $y_2 = x^{-1/2}K_{1/2}(x\sqrt{a})$, wobei $I_{1/2}$ und $K_{1/2}$ modifizierte Besselsche Funktionen sind.

36. $x^2y''''_{xxxx} + 6xy'''_{xxx} + 6y''_{xx} - \lambda^2 y = 0.$

Gleichung der *Transversalschwingungen eines Stabes.*

Lösung:

$$y = \frac{1}{\sqrt{x}}\left[C_1J_1(2\sqrt{\lambda x}) + C_2Y_1(2\sqrt{\lambda x}) + C_3I_1(2\sqrt{\lambda x}) + C_4K_1(2\sqrt{\lambda x})\right],$$

wobei J_1, Y_1 Besselsche Funktionen und I_1, K_1 modifizierte Besselsche Funktionen sind.

37. $x^2y''''_{xxxx} + 2(a+2)xy'''_{xxx} + (a+1)(a+2)y''_{xx} - b^4y = 0.$

Lösung:

$$y = x^{-a/2}[C_1J_a(\xi) + C_2Y_a(\xi) + C_3I_a(\xi) + C_4K_a(\xi)],$$

wobei $\xi = 2b\sqrt{x}$ ist; J_a, Y_a sind Besselsche und I_a, K_a modifizierte Besselsche Funktionen.

38. $x^2y''''_{xxxx} + 8xy'''_{xxx} + 12y''_{xx} + ax^2y = 0.$

Die Substitution $w(x) = x^2y$ führt auf eine Gleichung mit konstanten Koeffizienten 4.2.1: $w''''_{xxxx} + aw = 0$.

39. $x^2 y''''_{xxxx} + 8xy'''_{xxx} + 12y''_{xx} = ax^3 y + b.$

Die Substitution $w(x) = x^2 y$ führt auf eine Gleichung der Form 4.2.3: $w''''_{xxxx} = axw + b$.

40. $x^2 y''''_{xxxx} + axy'''_{xxx} + (bx^{n+1} + c)y''_{xx}$
$+ (a-4)bx^n y'_x + b(c - 2a + 6)x^{n-1} y = 0.$

Die Substitution $w(x) = x^2 y''_{xx} + (a-4)xy'_x + (c-2a+6)y$ führt auf eine lineare Gleichung zweiter Ordnung der Form 2.2.7: $w''_{xx} + bx^{n-1}w = 0$.

41. $x^3 y''''_{xxxx} + 2x^2 y'''_{xxx} - xy''_{xx} + y'_x - a^4 x^3 y = 0.$

Lösung:

$$y = C_1 J_0(ax) + C_2 Y_0(ax) + C_3 I_0(ax) + C_4 K_0(ax),$$

wobei J_0, Y_0 Besselsche und I_0, K_0 modifizierte Besselsche Funktionen sind.

42. $x^4 y''''_{xxxx} = ay.$

Lösung:

$$y = C_1 x^{k_1} + C_2 x^{k_2} + C_3 x^{k_3} + C_4 x^{k_4}$$

mit $k_{1,2} = \frac{3}{2} \pm \sqrt{\frac{5}{4} + \sqrt{a+1}}$, $k_{3,4} = \frac{3}{2} \pm \sqrt{\frac{5}{4} - \sqrt{a+1}}$.

43. *Eulersche Gleichung*

$$x^4 y''''_{xxxx} + A_3 x^3 y'''_{xxx} + A_2 x^2 y''_{xx} + A_1 x y'_x + A_0 y = 0.$$

Die Substitution $t = \ln|x|$ führt auf eine Gleichung mit konstanten Koeffizienten 4.2.24:

$$y''''_{tttt} + (A_3 - 6)y'''_{ttt} + (11 - 3A_3 + A_2)y''_{tt} + (2A_3 - A_2 + A_1 - 6)y'_t + A_0 y = 0.$$

44. $x^4 y''''_{xxxx} - 2n(n+1)x^2 y''_{xx} + 4n(n+1)xy'_x$
$+ [ax^4 + n(n+1)(n+3)(n-2)]y = 0.$

Es sei n eine natürliche Zahl.

Lösung:

$$y = x^{-n} \sum_{\nu=1}^{4} C_\nu \exp(\lambda_\nu x) P_\nu(x), \qquad a \neq 0,$$

wobei λ_ν die vier verschiedenen Wurzeln der Gleichung $\lambda^4 + a = 0$ sind; die P_ν bezeichnen gewisse Polynome vom Grad nicht größer als $4n$. Für $a = 0$ verweisen wir auf die Eulersche Gleichung 4.2.43.

45. $x^4 y''''_{xxxx} + 2(2-n)x^3 y'''_{xxx} + (1-n)(2-n)x^2 y''_{xx} - a^4 x^{2n} y = 0.$

Lösung:

$$y = \sqrt{x}\,[C_1 J_{1/n}(\xi) + C_2 Y_{1/n}(\xi) + C_3 I_{1/n}(\xi) + C_4 K_{1/n}(\xi)],$$

wobei $\xi = 2ax^{n/2}/n$ ist; die J_ν, Y_ν sind Besselsche und die I_ν, K_ν modifizierte Besselsche Funktionen.

46. $x^4 y''''_{xxxx} + 6x^3 y'''_{xxx} + [4x^4 + (7 - a^2 - b^2)x^2]y''_{xx}$
$\qquad + x(16x^2 + 1 - a^2 - b^2)y'_x + (8x^2 + a^2 b^2)y = 0.$

Lösung für $ab \neq 0$:

$$y = C_1 J_\mu(x) J_\nu(x) + C_2 J_\mu(x) Y_\nu(x) + C_3 Y_\mu(x) J_\nu(x) + C_4 Y_\mu(x) Y_\nu(x),$$

wobei J_μ und Y_μ Besselsche Funktionen sind mit $2\mu = a + b$, $2\nu = a - b$.

47. $x^6 y''''_{xxxx} = ay.$

Das ist ein Spezialfall der Gleichung 5.2.24 für $n = 2$.

48. $x^8 y''''_{xxxx} = ay.$

Die Transformation $x = t^{-1}$, $y = wt^{-3}$ führt auf eine Gleichung mit konstanten Koeffizienten: $w''''_{tttt} = aw$.

49. $x^8 y''''_{xxxx} + 4x^7 y'''_{xxx} = ay.$

Die Substitution $w(x) = xy$ führt auf eine Gleichung der Form 4.2.48: $x^8 w''''_{xxxx} = aw$.

50. $(ax + b)^4 (cx + d)^4 y''''_{xxxx} = ky.$

Die Transformation

$$\xi = \ln \frac{ax + b}{cx + d}, \qquad w = \frac{y}{(cx + d)^3}$$

führt auf eine Gleichung mit konstanten Koeffizienten.

51. $(ax^2 + bx + c)^4 y''''_{xxxx} = ky.$

Die Transformation

$$\xi = \int \frac{dx}{ax^2 + bx + c}, \qquad w = \frac{y}{(ax^2 + bx + c)^{3/2}}$$

führt auf eine Gleichung mit konstanten Koeffizienten:

$$w''''_{\xi\xi\xi\xi} - \tfrac{5}{2} D w''_{\xi\xi} + \left(\tfrac{9}{16} D^2 - k\right) w = 0 \qquad \text{mit} \quad D = b^2 - 4ac.$$

52. $(ax+b)^2(cx+d)^6 y''''_{xxxx} = ky.$

Die Transformation

$$\xi = \frac{ax+b}{cx+d}, \qquad w = \frac{y}{(cx+d)^3}$$

führt auf eine Gleichung der Form 4.2.34:

$$\xi^2 w''''_{\xi\xi\xi\xi} = k\Delta^{-4} w \qquad \text{mit} \quad \Delta = ad - bc.$$

53. $x^9 y''''_{xxxx} = ay + bx^4.$

Die Transformation $x = t^{-1}$, $y = wt^{-3}$ führt auf eine Gleichung der Form 4.2.3: $4wt = atw + b$.

54. $(ax+b)^9 y''''_{xxxx} = (cx+d)y.$

Die Transformation

$$\xi = \frac{cx+d}{ax+b}, \qquad w = \frac{y}{(ax+b)^3}$$

führt auf eine Gleichung der Form 4.2.3:

$$w''''_{\xi\xi\xi\xi} = \Delta^{-4}\xi w \qquad \text{mit} \quad \Delta = ad - bc.$$

4.3 Gleichungen mit Exponentialfunktionen, hyperbolischen und logarithmischen Funktionen

1. $y''''_{xxxx} + a^3 y'_x + be^{ax}(a^2 - be^{ax})y = 0.$

Die Substitution $w = y''_{xx} + ay'_x + be^{ax}y$ führt auf eine lineare Gleichung zweiter Ordnung der Form 2.3.10: $w''_{xx} - aw'_x + (a^2 - be^{ax})w = 0$.

2. $y''''_{xxxx} + ae^{\lambda x}y'_x - (abe^{\lambda x} + b^4)y = 0.$

Spezielle Lösung: $y_0 = e^{bx}$.

3. $y''''_{xxxx} + 2a\lambda e^{\lambda x}y'_x + a(\lambda^2 e^{\lambda x} - ae^{2\lambda x})y = 0.$

Die Substitution $w = y''_{xx} + ae^{\lambda x}y$ führt auf eine lineare Gleichung zweiter Ordnung der Form 2.3.1: $w''_{xx} - ae^{\lambda x}w = 0$.

4. $y''''_{xxxx} + (ae^{\lambda x} + b^3)y'_x + abe^{\lambda x}y = 0.$

Spezielle Lösung: $y_0 = e^{-bx}$.

5. $y''''_{xxxx} + (ax + b)e^{\lambda x}y'_x - ae^{\lambda x}y = 0.$

Spezielle Lösung: $y_0 = ax + b$.

6. $y''''_{xxxx} + ae^{\lambda x}y''_{xx} - b(ae^{\lambda x} + b)y = 0.$

1°. Spezielle Lösungen für $b > 0$: $y_1 = \exp(-x\sqrt{b})$, $y_2 = \exp(x\sqrt{b})$.

2°. Spezielle Lösungen für $b < 0$: $y_1 = \cos(x\sqrt{-b})$, $y_2 = \sin(x\sqrt{-b})$.

Die Substitution $w = y''_{xx} - by$ führt auf eine lineare Gleichung zweiter Ordnung der Form 2.3.10: $w''_{xx} + (ae^{\lambda x} + b)w = 0$.

7. $y''''_{xxxx} + (a + be^{\lambda x})y''_{xx} + abe^{\lambda x}y = 0.$

1°. Spezielle Lösungen für $a > 0$: $y_1 = \cos(x\sqrt{a})$, $y_2 = \sin(x\sqrt{a})$.

2°. Spezielle Lösungen für $a < 0$: $y_1 = \exp(-x\sqrt{-a})$, $y_2 = \exp(x\sqrt{-a})$.

Die Substitution $w = y''_{xx} + ay$ führt auf eine lineare Gleichung zweiter Ordnung der Form 2.3.1: $w''_{xx} + be^{\lambda x}w = 0$.

8. $y''''_{xxxx} + 10ae^{\lambda x}y''_{xx} + 10a\lambda e^{\lambda x}y'_x + (3a\lambda^2 e^{\lambda x} + 9a^2e^{2\lambda x})y = 0.$

Das ist ein Spezialfall der Gleichung 4.5.26 mit $f(x) = ae^{\lambda x}$.

9. $y''''_{xxxx} + ay'''_{xxx} + be^{\lambda x}y'_x + abe^{\lambda x}y = 0.$

Spezielle Lösung: $y_0 = e^{-ax}$.

10. $y''''_{xxxx} = ae^{\lambda x}y'''_{xxx} + by'_x - abe^{\lambda x}y.$

Spezielle Lösungen: $y_k = e^{\beta_k x}$ $(k = 1,\ 2,\ 3)$, wobei β_k die Wurzeln der kubischen Gleichung $\beta^3 - b = 0$ sind.

11. $y''''_{xxxx} + ae^{\lambda x}y'''_{xxx} + be^{\mu x}y''_{xx} + ace^{\lambda x}y'_x + c(be^{\mu x} - c)y = 0.$

1°. Spezielle Lösungen für $c > 0$: $y_1 = \cos(x\sqrt{c})$, $y_2 = \sin(x\sqrt{c})$.

2°. Spezielle Lösungen für $c < 0$: $y_1 = \exp(-x\sqrt{-c})$, $y_2 = \exp(x\sqrt{-c})$.

Die Substitution $w = y''_{xx} + cy$ führt auf eine lineare Gleichung zweiter Ordnung: $w''_{xx} + ae^{\lambda x}w'_x + (be^{\mu x} - c)w = 0$.

12. $y''''_{xxxx} + ae^{\lambda x}y'''_{xxx} + (be^{\mu x} + c)y''_{xx} + ace^{\lambda x}y'_x + bce^{\mu x}y = 0.$

1°. Spezielle Lösungen für $c > 0$: $y_1 = \cos(x\sqrt{c}), \quad y_2 = \sin(x\sqrt{c})$.

2°. Spezielle Lösungen für $c < 0$: $y_1 = \exp(-x\sqrt{-c}), \; y_2 = \exp(x\sqrt{-c})$.

Die Substitution $w = y''_{xx} + cy$ führt auf eine lineare Gleichung zweiter Ordnung: $w''_{xx} + ae^{\lambda x}w'_x + be^{\mu x}w = 0$.

13. $y''''_{xxxx} + ax^3e^{\lambda x}y'''_{xxx} - 3ax^2e^{\lambda x}y''_{xx} + 6axe^{\lambda x}y'_x - 6ae^{\lambda x}y = 0.$

Spezielle Lösungen: $y_1 = x, \quad y_2 = x^2, \quad y_3 = x^3$.

Die Substitution $w = x^3y'''_{xxx} - 3x^2y''_{xx} + 6xy'_x - 6y$ führt auf eine lineare Gleichung erster Ordnung: $w'_x + ax^3e^{\lambda x}w = 0$.

14. $(ae^x + b)y''''_{xxxx} = ae^x y.$

Spezielle Lösung: $y_0 = ae^x + b$.

15. $(ax^m + be^x + c)y''''_{xxxx} = be^x y, \qquad m = 1, \; 2, \; 3.$

Spezielle Lösung: $y_0 = ax^m + be^x + c$.

16. $(ax^m e^x + b)y''''_{xxxx} = by, \qquad m = 0, \; 1, \; 2, \; 3.$

Spezielle Lösung: $y_0 = ax^m + be^{-x}$.

17. $y''''_{xxxx} + b\exp(\lambda x^n)\, y''_{xx} + a[b\exp(\lambda x^n) - a]y = 0.$

Das ist ein Spezialfall der Gleichung 4.5.5 mit $f(x) = b\exp(\lambda x^n)$.

18. $y''''_{xxxx} + [a + b\exp(\lambda x^n)]y''_{xx} + ab\exp(\lambda x^n)\, y = 0.$

Das ist ein Spezialfall der Gleichung 4.5.6 mit $f(x) = b\exp(\lambda x^n)$.

19. $y''''_{xxxx} + b\sinh^n(\lambda x)\, y''_{xx} + a[b\sinh^n(\lambda x) - a]y = 0.$

Das ist ein Spezialfall der Gleichung 4.5.5 mit $f(x) = b\sinh^n(\lambda x)$.

20. $y''''_{xxxx} + [a + b\sinh^n(\lambda x)]y''_{xx} + ab\sinh^n(\lambda x)\, y = 0.$

Das ist ein Spezialfall der Gleichung 4.5.6 mit $f(x) = b\sinh^n(\lambda x)$.

21. $y''''_{xxxx} + b\cosh^n(\lambda x)\, y''_{xx} + a[b\cosh^n(\lambda x) - a]y = 0.$

Das ist ein Spezialfall der Gleichung 4.5.5 mit $f(x) = b\cosh^n(\lambda x)$.

22. $y''''_{xxxx} + [a + b\cosh^n(\lambda x)]y''_{xx} + ab\cosh^n(\lambda x)\, y = 0.$

Das ist ein Spezialfall der Gleichung 4.5.6 mit $f(x) = b\cosh^n(\lambda x)$.

23. $x^2 y''''_{xxxx} + 2axy'_x - a[1 + ax^2 \ln^2(bx)]y = 0.$

Die Substitution $w = y''_{xx} + a\ln(bx)\,y$ führt auf eine lineare Gleichung zweiter Ordnung: $w''_{xx} - a\ln(bx)w = 0.$

24. $y''''_{xxxx} + a\ln^n(\lambda x)(x^3 y'''_{xxx} - 3x^2 y''_{xx} + 6xy'_x - 6y) = 0.$

Das ist ein Spezialfall der Gleichung 4.5.15 mit $f(x) = a\ln^n(\lambda x)$.

4.4 Gleichungen mit trigonometrischen Funktionen

1. $y''''_{xxxx} + 2ab\cos(bx)\,y'_x - a[b^2\sin(bx) + a\sin^2(bx)]y = 0.$

Die Substitution $w = y''_{xx} + a\sin(bx)\,y$ führt auf eine lineare Gleichung zweiter Ordnung der Form 2.6.3: $w''_{xx} - a\sin(bx)w = 0.$

2. $y''''_{xxxx} + a\sin^n(\lambda x)\,y'_x + b[a\sin^n(\lambda x) - b^3]y = 0.$

Spezielle Lösung: $y_0 = e^{-bx}$.

3. $y''''_{xxxx} + [a\sin^n(\lambda x) + b^3]y'_x + ab\sin^n(\lambda x)\,y = 0.$

Spezielle Lösung: $y_0 = e^{-bx}$.

4. $y''''_{xxxx} + a\tan^n(\lambda x)\,y'_x + b[a\tan^n(\lambda x) - b^3]y = 0.$

Spezielle Lösung: $y_0 = e^{-bx}$.

5. $y''''_{xxxx} + [a\tan^n(\lambda x) + b^3]y'_x + ab\tan^n(\lambda x)\,y = 0.$

Spezielle Lösung: $y_0 = e^{-bx}$.

6. $y''''_{xxxx} + a\sin^n(\lambda x)\,y''_{xx} + b[a\sin^n(\lambda x) - b]y = 0.$

Die Substitution $w = y''_{xx} + by$ führt auf eine lineare Gleichung zweiter Ordnung: $w''_{xx} + [a\sin^n(\lambda x) - b]w = 0.$

7. $y''''_{xxxx} + [a + b\sin^n(\lambda x)]y''_{xx} + ab\sin^n(\lambda x)\,y = 0.$

Die Substitution $w = y''_{xx} + ay$ führt auf eine lineare Gleichung zweiter Ordnung: $w''_{xx} + b\sin^n(\lambda x)\,w = 0.$

8. $y''''_{xxxx} + b\tan^n(\lambda x)\,y''_{xx} + a[b\tan^n(\lambda x) - a]y = 0.$

Das ist ein Spezialfall der Gleichung 4.5.5 mit $f(x) = b\tan^n(\lambda x)$.

9. $y''''_{xxxx} + [a + b\tan^n(\lambda x)]y''_{xx} + ab\tan^n(\lambda x)\,y = 0.$

Das ist ein Spezialfall der Gleichung 4.5.6 mit $f(x) = b\tan^n(\lambda x)$.

10. $y''''_{xxxx} + a\sin^n(\lambda x)\,(x^3 y'''_{xxx} - 3x^2 y''_{xx} + 6xy'_x - 6y) = 0.$

Das ist ein Spezialfall der Gleichung 4.5.15 mit $f(x) = a\sin^n(\lambda x)$.

11. $y''''_{xxxx} = a\sin^n(\lambda x)\,y'''_{xxx} + by'_x - ab\sin^n(\lambda x)\,y.$

Spezielle Lösungen: $y_k = e^{\beta_k x}$ $(k = 1,\ 2,\ 3)$, wobei β_k die Wurzeln der kubischen Gleichung $\beta^3 - b = 0$ sind.

12. $y''''_{xxxx} = a\tan^n(\lambda x)\,y'''_{xxx} + by'_x - ab\tan^n(\lambda x)\,y.$

Spezielle Lösungen: $y_k = e^{\beta_k x}$ $(k = 1,\ 2,\ 3)$, wobei β_k die Wurzeln der kubischen Gleichung $\beta^3 - b = 0$ sind.

13. $x^2 y''''_{xxxx} + a\sin^n(\lambda x)\,(x^2 y''_{xx} - 4xy'_x + 6y) = 0.$

Die Substitution $w = x^2 y''_{xx} - 4xy'_x + 6y$ führt auf eine lineare Gleichung zweiter Ordnung: $w''_{xx} + a\sin^n(\lambda x)\,w = 0$.

14. $\sin^4 x\, y''''_{xxxx} + 2\sin^3 x\cos x\, y'''_{xxx} + \sin^2 x\,(\sin^2 x - 3)\, y''_{xx}$
$+ \sin x\cos x\,(2\sin^2 x + 3)\,y'_x + (a^4\sin^4 x - 3)y = 0.$

Gleichung einer *belasteten, starren sphärischen Schale.*

Gilt $a^4 = 1 - \lambda^2$, so kann man die Gleichung folgendermaßen schreiben:

$$\mathbf{LL}(y) - \lambda^2 y = 0 \qquad \text{mit} \quad \mathbf{L} \equiv \frac{d^2}{dx^2} + \cot x\frac{d}{dx} - \cot^2 x.$$

Diese Gleichung zerfällt in zwei Gleichungen zweiter Ordnung:

$$\mathbf{L}(y) + \lambda y = 0, \qquad \mathbf{L}(y) - \lambda y = 0,$$

die sich nur durch das Vorzeichen des Parameters λ unterscheiden. Die Transformation $\xi = \sin^2 x$, $w = y/\sin x$ überführt diese Gleichungen in hypergeometrische Gleichungen der Gestalt 2.2.158:

$$\xi(\xi - 1)w''_{\xi\xi} + (\tfrac{5}{2}\xi - 2)w'_\xi + \tfrac{1}{4}(1 \mp \lambda)w = 0.$$

15. $(a\cos x + b)y''''_{xxxx} = a\cos x\, y.$

Spezielle Lösung: $y_0 = a\cos x + b$.

16. $(ax^m + b\cos x)y''''_{xxxx} = b\cos x\, y, \qquad m = 1,\ 2,\ 3.$

Spezielle Lösung: $y_0 = ax^m + b\cos x$.

17. $(a\sin x + b)y''''_{xxxx} = a\sin x\, y.$

Spezielle Lösung: $y_0 = a\sin x + b$.

18. $(ax^m + b\sin x)y''''_{xxxx} = b\sin x\, y, \qquad m = 1,\ 2,\ 3.$

Spezielle Lösung: $y_0 = ax^m + b\sin x$.

4.5 Gleichungen mit willkürlichen Funktionen

Bezeichnungen: f, g, h seien beliebige Funktionen der Variablen x;
a, b, c seien beliebige Parameter.

1. $y''''_{xxxx} + fy'_x - a(f + a^3)y = 0.$

Spezielle Lösung: $y_0 = e^{ax}$.

2. $y''''_{xxxx} + (f + a^3)y'_x + afy = 0.$

Spezielle Lösung: $y_0 = e^{-ax}$.

3. $y''''_{xxxx} + xfy'_x - 3fy = 0.$

Spezielle Lösung: $y_0 = x^3$. Die Substitution $z = xy'_x - 3y$ führt auf eine lineare Gleichung dritter Ordnung: $z'''_{xxx} + xfz = 0$.

4. $y''''_{xxxx} + (ax + b)fy'_x - afy = 0.$

Spezielle Lösung: $y_0 = ax + b$.

5. $y''''_{xxxx} + fy''_{xx} + a(f - a)y = 0.$

1°. Spezielle Lösungen für $a > 0$: $y_1 = \cos(x\sqrt{a})$, $y_2 = \sin(x\sqrt{a})$.

2°. Spezielle Lösungen für $a < 0$: $y_1 = \exp(-x\sqrt{-a})$, $y_2 = \exp(x\sqrt{-a})$.

Die Substitution $w = y''_{xx} + ay$ führt auf eine lineare Gleichung zweiter Ordnung: $w''_{xx} + (f - a)w = 0$.

6. $y''''_{xxxx} + (f + a)y''_{xx} + afy = 0.$

1°. Spezielle Lösungen für $a > 0$: $y_1 = \cos(x\sqrt{a})$, $y_2 = \sin(x\sqrt{a})$.

2°. Spezielle Lösungen für $a < 0$: $y_1 = \exp(-x\sqrt{-a})$, $y_2 = \exp(x\sqrt{-a})$.

Die Substitution $w = y''_{xx} + ay$ führt auf eine lineare Gleichung zweiter Ordnung: $w''_{xx} + fw = 0$.

7. $y''''_{xxxx} + f(x)(x^2y''_{xx} - 4xy'_x + 6y) = 0.$

Spezielle Lösungen: $y_1 = x^2$, $y_2 = x^3$.

Die Substitution $w = x^2y''_{xx} - 4xy'_x + 6y$ führt auf eine lineare Gleichung zweiter Ordnung: $w''_{xx} + x^2fw = 0$.

8. $y''''_{xxxx} + (ax^2 + bx + c)fy''_{xx} - 2afy = 0.$

Spezielle Lösung: $y_0 = ax^2 + bx + c$.

9. $y''''_{xxxx} + fy'''_{xxx} + xgy'_x - 2gy = 0.$

Spezielle Lösung: $y_0 = x^2$.

10. $y''''_{xxxx} + fy'''_{xxx} - 2a^2y''_{xx} - a^2fy'_x + a^4y = 0.$

Spezielle Lösungen: $y_1 = e^{-ax}$, $y_2 = e^{ax}$.

11. $y''''_{xxxx} + fy'''_{xxx} + gy''_{xx} + afy'_x + a(g-a)y = 0.$

1°. Spezielle Lösungen für $a > 0$: $y_1 = \cos(x\sqrt{a})$, $y_2 = \sin(x\sqrt{a})$.

2°. Spezielle Lösungen für $a < 0$: $y_1 = \exp(-x\sqrt{-a})$, $y_2 = \exp(x\sqrt{-a})$.

Die Substitution $w = y''_{xx} + ay$ führt auf eine lineare Gleichung zweiter Ordnung: $w''_{xx} + fw'_x + (g-a)w = 0$.

12. $y''''_{xxxx} + fy'''_{xxx} + (g+a)y''_{xx} + afy'_x + agy = 0.$

1°. Spezielle Lösungen für $a > 0$: $y_1 = \cos(x\sqrt{a})$, $y_2 = \sin(x\sqrt{a})$.

2°. Spezielle Lösungen für $a < 0$: $y_1 = \exp(-x\sqrt{-a})$, $y_2 = \exp(x\sqrt{-a})$.

Die Substitution $w = y''_{xx} + ay$ führt auf eine lineare Gleichung zweiter Ordnung: $w''_{xx} + fw'_x + gw = 0$.

13. $y''''_{xxxx} + fy'''_{xxx} + gy''_{xx} + xhy'_x - hy = 0.$

Spezielle Lösung: $y_0 = x$.

14. $y''''_{xxxx} + f(x)y'''_{xxx} + g(x)(x^2y''_{xx} - 2xy'_x + 2y) = 0.$

Spezielle Lösungen: $y_1 = x$, $y_2 = x^2$.

Die Substitution $z = x^2y''_{xx} - 2xy'_x + 2y$ führt auf eine lineare Gleichung zweiter Ordnung: $xz''_{xx} + (xf-2)z'_x + x^3gz = 0$.

15. $y''''_{xxxx} + f(x)(x^3y'''_{xxx} - 3x^2y''_{xx} + 6xy'_x - 6y) = 0.$

Spezielle Lösungen: $y_1 = x$, $y_2 = x^2$, $y_3 = x^3$.

Die Substitution $w = x^3y'''_{xxx} - 3x^2y''_{xx} + 6xy'_x - 6y$ führt auf eine lineare Gleichung erster Ordnung: $w'_x + x^3fw = 0$.

16. $y''''_{xxxx} = fy'''_{xxx} + ay'_x - afy.$

Spezielle Lösungen: $y_k = e^{\lambda_k x}$ $(k = 1,\ 2,\ 3)$, wobei die λ_k die Wurzeln der kubischen Gleichung $\lambda^3 - a = 0$ sind.

17. $y''''_{xxxx} = (f-a)y'''_{xxx} + (af-b)y''_{xx} + (bf-c)y'_x + cfy.$

Spezielle Lösungen: $y_k = e^{\lambda_k x}$ $(k = 1,\ 2,\ 3)$, wobei die λ_k die Wurzeln der kubischen Gleichung $\lambda^3 + a\lambda^2 + b\lambda + c = 0$ sind.

18. $y''''_{xxxx} + (f + a)y'''_{xxx} + (af + g + axg)y''_{xx} + a^2xgy'_x - a^2gy = 0.$

Spezielle Lösungen: $y_1 = x, \quad y_2 = e^{-ax}.$

19. $y''''_{xxxx} + (f_3 + a)y'''_{xxx} + (f_2 + af_3)y''_{xx} + (f_1 + af_2)y'_x + af_1y = 0$

mit $f_k = f_k(x)$ $(k = 1,\ 2,\ 3)$.

Spezielle Lösung: $y_0 = e^{-ax}.$

20. $xy''''_{xxxx} + 4y'''_{xxx} + axy = f(x).$

Die Substitution $w(x) = xy$ führt auf eine inhomogene lineare Gleichung mit konstanten Koeffizienten: $w''''_{xxxx} + aw = f(x).$

21. $xy''''_{xxxx} + xfy'_x - [(x + 1)f + x + 4]y = 0.$

Spezielle Lösung: $y_0 = xe^x.$

22. $x^2y''''_{xxxx} + axy'''_{xxx} + (x^2f + b)y''_{xx} +$

$$+ (a - 4)xfy'_x + (b - 2a + 6)fy = 0.$$

Die Substitution $w = x^2y''_{xx} + (a - 4)xy'_x + (b - 2a + 6)y$ führt auf eine lineare Gleichung zweiter Ordnung: $w''_{xx} + fw = 0.$

23. $x^4y''''_{xxxx} + ax^3y'''_{xxx} + xfy'_x + (a - 3)fy = 0.$

Spezielle Lösung: $y_0 = x^{3-a}.$

24. $y''''_{xxxx} + fy'_x + f'_xy = g.$

Durch Integration erhält man $y'''_{xxx} + fy = \int g\,dx + C.$

25. $y''''_{xxxx} + 2f'_xy'_x + (f''_{xx} - f^2)y = 0.$

Die Substitution $w = y''_{xx} + fy$ führt auf eine lineare Gleichung zweiter Ordnung: $w''_{xx} - fw = 0.$

26. $y''''_{xxxx} + 10fy''_{xx} + 10f'_xy'_x + (3f''_{xx} + 9f^2)y = 0.$

Lösung:

$$y = C_1w_1^3 + C_2w_1^2w_2 + C_3w_1w_2^2 + C_4w_2^3,$$

wobei w_1, w_2 ein fundamentales Lösungssystem der linearen Gleichung zweiter Ordnung $w''_{xx} + fw = 0$ ist.

27. $y''''_{xxxx} + (f + g)y''_{xx} + 2f'_xy'_x + (f''_{xx} + fg)y = 0.$

Die Substitution $w = y''_{xx} + fy$ führt auf eine lineare Gleichung zweiter Ordnung: $w''_{xx} + gw = 0.$

28. $y''''_{xxxx} + 6fy'''_{xxx} + (4f'_x + 11f^2 + 10g)y''_{xx} + (f''_{xx} + 7ff'_x + 6f^3 + 30fg + 10g'_x)y'_x + 3(2f'_x g + 5fg'_x + 6f^2 g + g''_{xx} + 3g^2)y = 0.$

Lösung:

$$y = C_1 w_1^3 + C_2 w_1^2 w_2 + C_3 w_1 w_2^2 + C_4 w_2^3,$$

wobei w_1, w_2 ein fundamentales Lösungssystem der linearen Gleichung zweiter Ordnung $w''_{xx} + fw'_x + gw = 0$ ist.

29. $(fy''_{xx})''_{xx} = 0.$

Gleichung der *Transversalschwingungen eines Stabes.*

Lösung: $y = C_1 + C_2 x + \int_{x_0}^{x} \frac{x-t}{f(t)}(C_3 + C_4 t)\,dt.$

30. $y''''_{xxxx} + fy'_x + (f\tan x - 1)y = 0.$

Spezielle Lösung: $y_0 = \cos x$.

31. $y''''_{xxxx} + fy'_x - (1 + f\cot x)y = 0.$

Spezielle Lösung: $y_0 = \sin x$.

32. $y''''_{xxxx} = f(x)y.$

Die Transformation $x = t^{-1}$, $y = wt^{-3}$ führt auf eine Gleichung analoger Gestalt: $w''''_{tttt} = t^{-8} f(1/t)w$.

33. $y''''_{xxxx} = f\left(\frac{ax+b}{cx+d}\right)\frac{y}{(cx+d)^8}.$

Die Transformation $\xi = \frac{ax+b}{cx+d}$, $w = \frac{y}{(cx+d)^3}$ führt auf die einfachere Gleichung

$$w''''_{\xi\xi\xi\xi} = \Delta^{-4} f(\xi)w \qquad \text{mit} \quad \Delta = ad - bc.$$

34. $y''''_{xxxx} + f(x)y'_x + g(x)y + h(x) = 0.$

Die Transformation $x = t^{-1}$, $y = wt^{-3}$ führt auf eine Gleichung analoger Gestalt:

$$w''''_{tttt} - t^{-6} f\left(\frac{1}{t}\right)w'_t + \left[3t^{-7} f\left(\frac{1}{t}\right) + t^{-8} g\left(\frac{1}{t}\right)\right]w + t^{-5} h\left(\frac{1}{t}\right) = 0.$$

4.6 Asymptotische Lösungen

In diesem Abschnitt werden asymptotische Lösungen für $\varepsilon \to 0$, $\varepsilon > 0$, einiger gewöhnlicher linearer Differentialgleichungen behandelt, die beliebige (genügend glatte) Funktionen einer reellen Variablen enthalten.

1. Wir betrachten die Gleichung

$$\varepsilon^4 y''''_{xxxx} - f(x)y = 0 \tag{1}$$

auf dem Intervall $a \le x \le b$. Für $f > 0$ werden die *Hauptglieder der asymtotischen Lösungen* für $\varepsilon \to 0$ eines fundamentalen Lösungssystems durch folgende Formeln bestimmt:

$$\begin{aligned}
y_1 &= [f(x)]^{-3/8} \exp\left\{-\frac{1}{\varepsilon}\int [f(x)]^{1/4}\,dx\right\},\\
y_2 &= [f(x)]^{-3/8} \exp\left\{\frac{1}{\varepsilon}\int [f(x)]^{1/4}\,dx\right\},\\
y_3 &= [f(x)]^{-3/8} \cos\left\{\frac{1}{\varepsilon}\int [f(x)]^{1/4}\,dx\right\},\\
y_4 &= [f(x)]^{-3/8} \sin\left\{\frac{1}{\varepsilon}\int [f(x)]^{1/4}\,dx\right\}.
\end{aligned}$$

2. Wir betrachten nun die *biquadratische* Differentialgleichung

$$\varepsilon^4 y''''_{xxxx} - 2\varepsilon^2 g(x) y''_{xx} - f(x)y = 0 \tag{2}$$

und definieren

$$D(x) = [g(x)]^2 + f(x).$$

In einem Bereich, in dem die Bedingungen $f(x) \neq 0$ und $D(x) \neq 0$ erfüllt sind, haben die Hauptglieder der asymtotischen Lösungen eines fundamentalen Lösungssystems der Gleichung (2) die Gestalt ($k = 1,\ 2,\ 3,\ 4$):

$$y_k = [\lambda_k(x)]^{-1/2}[D(x)]^{-1/4} \exp\left\{\frac{1}{\varepsilon}\int \lambda_k(x)\,dx - \frac{1}{2}\int \frac{[\lambda_k(x)]'_x}{\sqrt{D(x)}}\,dx\right\},$$

wobei

$$\begin{aligned}
\lambda_1(x) &= \sqrt{g(x) + \sqrt{D(x)}}, \qquad \lambda_2(x) = -\sqrt{g(x) + \sqrt{D(x)}},\\
\lambda_3(x) &= \sqrt{g(x) - \sqrt{D(x)}}, \qquad \lambda_4(x) = -\sqrt{g(x) - \sqrt{D(x)}}
\end{aligned}$$

gelten.

Kapitel 5

Gleichungen höherer Ordnungen

5.1 Vorbereitende Bemerkungen

In diesem Kapitel bezeichnen wir die höheren Ableitungen $\dfrac{d^n y}{dx^n}$ auch mit $y_x^{(n)}$.

1. Die allgemeine Lösung einer homogenen Gleichung n-ter Ordnung

$$f_n(x) y_x^{(n)} + f_{n-1} y_x^{(n-1)} + \cdots + f_1(x) y'_x + f_0(x) y = 0 \qquad (1)$$

hat die Gestalt

$$y = C_1 y_1(x) + C_2 y_2(x) + \cdots + C_n y_n(x), \qquad (2)$$

wobei $y_1(x)$, $y_2(x)$, ..., $y_n(x)$ ein *fundamentales Lösungssystem* ist, d.h., die y_k sind linear unabhängige Lösungen, speziell ist $y_k \not\equiv 0$; die C_1, C_2, ..., C_n sind beliebige Konstanten.

2. Es sei $y_0 = y_0(x)$ eine nichttriviale spezielle Lösung der Gleichung (1). Die Substitution $y = y_0(x) \int z(x)\,dx$ führt auf eine lineare Gleichung $(n-1)$-ter Ordnung für die Funktion $z(x)$.

Wenn m linear unabhängige Lösungen $y_1(x)$, $y_2(x)$, ..., $y_m(x)$ der Gleichung (1) bekannt sind, so kann man die Ordnung dieser Gleichung bis auf $(n-m)$ mit Hilfe iterierter Anwendung der folgenden Prozedur erniedrigen: Man führe die neue Variable $y = y_m(x) \int z(x)\,dx$ ein und kommt dadurch auf eine Gleichung $(n-1)$-ter Ordnung für die Funktion $z(x)$, für die bereits $m-1$ linear unabhängige Lösungen bekannt sind:

$$z_1 = \left(\frac{y_1}{y_m}\right)'_x, \quad z_2 = \left(\frac{y_2}{y_m}\right)'_x, \quad \ldots, \quad z_{m-1} = \left(\frac{y_{m-1}}{y_m}\right)'_x.$$

Die Substitution $z = z_{m-1}(x) \int w(x)\,dx$ ergibt dann eine Gleichung $(n-2)$-ter Ordnung; m-fache Wiederholung dieser Prozedur ergibt eine homogene Gleichung der Ordnung $n - m$.

3. Eine lineare inhomogene Gleichung n-ter Ordnung hat die Form

$$f_n(x)y_x^{(n)} + f_{n-1}y_x^{(n-1)} + \cdots + f_1(x)y'_x + f_0(x)y = g(x). \tag{3}$$

Die allgemeine Lösung der Gleichung (3) erhält man als Summe einer speziellen Lösung von (3) und der allgemeinen Lösung der entsprechenden homogenen Gleichung (1).

Es sei $\{\, y_1(x),\ \dots,\ y_n(x)\,\}$ ein fundamentales Lösungssystem der homogenen Gleichung (1). Seine *Wronskische Determinante* $W(x)$ wird definiert durch

$$W(y_1,\ y_2,\ \dots,\ y_n) = \begin{vmatrix} y_1(x) & \cdots & y_n(x) \\ y'_1(x) & \cdots & y'_n(x) \\ \cdots & \cdots & \cdots \\ y_1^{(n-1)}(x) & \cdots & y_n^{(n-1)}(x) \end{vmatrix}, \tag{4}$$

wobei $y_k^{(m)}(x) = \dfrac{d^m y_k}{dx^m}$, $m = 1,\ 2,\ \dots,\ n-1;$ $k = 1,\ 2,\ \dots,\ n,$ zu setzen ist. Dann läßt sich die allgemeine Lösung der inhomogenen Gleichung (3) folgendermaßen darstellen:

$$y = \sum_{\nu=1}^{n} C_\nu y_\nu(x) + \sum_{\nu=1}^{n} y_\nu(x) \int \frac{W_\nu(x)\,dx}{f_n(x)W(x)};$$

hier bezeichnet $W_\nu(x)$ die Determinante, die aus der Determinante (4) bei Ersetzung der ν-ten Spalte durch den Spaltenvektor $(0, 0, \dots, g)$ entsteht. (Dabei steht also g in der letzten Zeile.)

5.2 Gleichungen mit Potenzfunktionen

1. $y_x^{(6)} + ay = 0.$

1°. Lösung für $a = 0$:

$$y = C_1 + C_2 x + C_3 x^2 + C_4 x^3 + C_5 x^4 + C_6 x^5.$$

2°. Lösung für $a = k^6 > 0$:

$$y = C_1 \cos kx + C_2 \sin kx + \cos\frac{kx}{2}(C_3 \cosh\xi + C_4 \sinh\xi) + \sin\frac{kx}{2}(C_5 \cosh\xi + C_6 \sinh\xi), \qquad \xi = \tfrac{1}{2}kx\sqrt{3}.$$

3°. Lösung für $a = -k^6 < 0$:

$$y = C_1 \cosh kx + C_2 \sinh kx + \cosh \frac{kx}{2}(C_3 \cos\xi + C_4 \sin\xi)$$
$$+ \sinh \frac{kx}{2}(C_5 \cos\xi + C_6 \sin\xi), \qquad \xi = \tfrac{1}{2}kx\sqrt{3}.$$

2. $y_x^{(2n)} = a^{2n} y.$

Lösung:

$$y = C_1 e^{ax} + C_2 e^{-ax} + \sum_{k=1}^{n-1} e^{\varphi_k}(A_k \cos\theta_k + B_k \sin\theta_k),$$

dabei ist $\varphi_k = ax \cos\dfrac{k\pi}{n}$ und $\theta_k = ax \sin\dfrac{k\pi}{n}$; C_1, C_2, A_k, B_k $(k = 1, 2, \ldots, n-1)$ sind beliebige Konstanten.

3. *Gleichung mit konstanten Koeffizienten*

$$y_x^{(n)} + a_{n-1} y_x^{(n-1)} + \cdots + a_1 y_x' + a_0 y = 0.$$

Die allgemeine Lösung dieser Gleichung wird durch die Wurzeln des *charakteristischen Polynoms* $P(\lambda) = 0$ bestimmt, das durch

$$P(\lambda) = \lambda^n + a_{n-1}\lambda^{n-1} + \cdots + a_1\lambda + a_0$$

definiert ist.

Folgende Fälle sind möglich:

1. Alle Wurzeln $\lambda_1, \lambda_2, \ldots, \lambda_n$ des charakteristischen Polynoms sind reell und verschieden. Dann ist

$$y = C_1 \exp(\lambda_1 x) + C_2 \exp(\lambda_2 x) + \cdots + C_n \exp(\lambda_n x).$$

die allgemeine Lösung der Ausgangsgleichung.

2. Es gibt m gleiche reelle Wurzeln $\lambda_1 = \lambda_2 = \cdots = \lambda_m$ $(m \leq n)$ und die übrigen Wurzeln sind reell und verschieden. In diesem Fall ist die allgemeine Lösung

$$y = \exp(\lambda_1 x)(C_1 + C_2 x + \cdots + C_m x^{m-1})$$
$$+ C_{m+1} \exp(\lambda_{m+1} x) + C_{m+2} \exp(\lambda_{m+2} x) + \cdots + C_n \exp(\lambda_n x).$$

3. Es gibt ein Paar komplex konjugierter Wurzeln $\lambda = \alpha \pm i\beta$ der Vielfachheit m, $2m \leq n$, und die anderen Wurzeln sind reell und verschieden.

Dann hat die allgemeine Lösung die Gestalt

$$\begin{aligned} y &= \exp(\alpha x)\cos(\beta x)(A_1 + A_2 x + \cdots + A_m x^{m-1}) \\ &\quad + \exp(\alpha x)\sin(\beta x)(B_1 + B_2 x + \cdots + B_m x^{m-1}) \\ &\quad + C_{2m+1}\exp(\lambda_{2m+1}x) + C_{2m+2}\exp(\lambda_{2m+2}x) + \cdots + C_n \exp(\lambda_n x), \end{aligned}$$

wobei $A_1, \dots, A_m, B_1, \dots, B_m, C_{2m+1}, \dots, C_n$ beliebige Konstanten sind.

4. Im allgemeinen Fall gibt es r verschiedene Wurzeln $\lambda_1, \lambda_2, \dots, \lambda_r$ mit den Vielfachheiten $m_1, m_2, \dots, m_r$; das charakteristische Polynom ist als Produkt

$$P(\lambda) = (\lambda - \lambda_1)^{m_1}(\lambda - \lambda_2)^{m_2}\dots(\lambda - \lambda_r)^{m_r}$$

mit $m_1 + m_2 + \cdots + m_r = n$ darstellbar. Die allgemeine Lösung der Ausgangsgleichung ist dann

$$y = \sum_{k=1}^{r} \exp(\lambda_k x)(C_{k,0} + C_{k,1}x + \cdots + C_{k,m_k-1}x^{m_k-1}),$$

wobei die $C_{k,l}$ beliebige Konstanten sind.

Gibt es unter den Wurzeln des Polynoms $P(\lambda)$ komplex konjugierte, so kann man den Realteil der Lösung mit Hilfe der Formel
$\exp(\alpha \pm i\beta) = e^{\alpha}(\cos\beta \pm i\sin\beta)$ bestimmen.

4. $\boldsymbol{y_x^{(n)} = axy + b, \qquad a > 0.}$

Lösung:

$$y = \sum_{\nu=0}^{n} C_\nu \varepsilon_\nu \int_0^\infty \exp\left[\varepsilon_\nu x t - \frac{t^{n+1}}{a(n+1)}\right] dt$$

mit $\varepsilon_\nu = \exp\left(\dfrac{2\pi\nu i}{n+1}\right), \ \sum\limits_{\nu=0}^{n} C_\nu = \dfrac{b}{a}, \ i^2 = -1.$

5. $\boldsymbol{y_x^{(n)} + ax^\nu y'_x + a\nu x^{\nu-1}y = 0.}$

Diese Gleichung reduziert sich auf eine Gleichung $(n-1)$-ter Ordnung: $y_x^{(n-1)} + ax^\nu y = C$, wobei C eine beliebige Konstante ist.

6. $\boldsymbol{y_x^{(n)} + ax^{k+1}y'_x - a(n-1)x^k y = 0.}$

Die Substitution $z = xy'_x - (n-1)y$ führt auf eine Gleichung $(n-1)$-ter Ordnung: $z_x^{(n-1)} + ax^{k+1}z = 0$.

7. $\boldsymbol{y_x^{(n)} + ax^{k+1}y'_x + a(k+n)x^k y = 0.}$

Die Transformation $x = t^{-1}$, $y = wt^{1-n}$ führt auf eine Gleichung der Form

5.2.5: $w_t^{(n)} + bt^{\nu} w_t' + b\nu t^{\nu-1} w = 0$, wobei $b = a(-1)^{n+1}$ und $\nu = 1-k-2n$ gelten.

8. $\boldsymbol{y_x^{(n)} + ax^k y_x^{(m)} - (ab^m x^k + b^n)y = 0.}$

Spezielle Lösung: $y_0 = e^{bx}$.

9. $\boldsymbol{y_x^{(n)} + (ax^k - b^{n-m}) y_x^{(m)} - ab^m x^k y = 0.}$

Spezielle Lösung: $y_0 = e^{bx}$.

10. $\boldsymbol{y_x^{(n)} + (ax^{m+1} + bx^m) y_x' - ax^m y = 0.}$

Spezielle Lösung: $y_0 = ax + b$.

11. $\boldsymbol{y_x^{(n)} + ay_x^{(n-1)} + bx^m y_x' + abx^m y = 0.}$

Spezielle Lösung: $y_0 = e^{-ax}$.

12. $\boldsymbol{xy_x^{(n)} - nmy_x^{(n-1)} + axy = 0,}$
$\boldsymbol{n = 2,\ 3,\ 4,\ \ldots, \qquad m = 1,\ 2,\ 3,\ \ldots}$

Lösung:

$$y = x^{(m+1)n-1} \left(x^{1-n} \frac{d}{dx} \right)^m (x^{1-n} w),$$

wobei w die allgemeine Lösung der Gleichung mit konstanten Koeffizienten $w_x^{(n)} + aw = 0$ ist.

13. $\boldsymbol{xy_x^{(n)} + ny_x^{(n-1)} = axy + b.}$

Die Substitution $w = xy$ führt auf eine Gleichung mit konstanten Koeffizienten: $w_x^{(n)} = aw + b$.

14. $\boldsymbol{xy_x^{(n)} + ny_x^{(n-1)} = ax^2 y + b.}$

Die Substitution $w = xy$ führt auf eine Gleichung der Form 5.2.4: $w_x^{(n)} = axw + b$.

15. $\boldsymbol{xy_x^{(n)} + (n - m - 1) y_x^{(n-1)} + ax^k y_x' - amx^{k-1} y = 0.}$

Spezielle Lösung: $y_0 = x^m$.

16. $\boldsymbol{xy_x^{(n)} + ax^k y_x^{(m)} - (ax^k + amx^{k-1} + x + n)y = 0.}$

Spezielle Lösung: $y_0 = xe^x$.

17. $xy_x^{(n)} = \sum_{\nu=0}^{n-1} [(aA_{\nu+1} - A_\nu)x + A_{\nu+1}] y_x^{(\nu)},$

wobei $A_n = 1$, $A_0 = 0$ und a, A_ν beliebig sind ($\nu = 1, 2, \ldots, n-1$).

Es sei $f(\lambda) = \sum_{\nu=0}^{n-1} A_{\nu+1}\lambda^\nu$. Die Wurzeln $\lambda_1, \lambda_2, \ldots, \lambda_{n-1}$ der algebraischen Gleichung $f(\lambda) = 0$ seien alle verschieden, und es gelte $f(a) \neq 0$. Dann ist die Lösung:

$$y = C_1 e^{\lambda_1 x} + C_2 e^{\lambda_2 x} + \ldots + C_{n-1} e^{\lambda_{n-1} x} + C_n e^{ax}\left[x - \frac{f_a'(a)}{f(a)}\right].$$

18. *Die Laplacesche Gleichung*

$$\sum_{\nu=0}^{n} (a_\nu x + b_\nu) y_x^{(\nu)} = 0.$$

Spezielle Lösungen:

$$y_k = \int_{\alpha_k}^{\beta_k} \frac{1}{P(t)} \exp\left[xt + \int \frac{Q(t)}{P(t)}\,dt\right] dt,$$

wobei $P(t) = \sum_{\nu=0}^{n} a_\nu t^\nu$ und $Q(t) = \sum_{\nu=0}^{n} b_\nu t^\nu$ gelten; die Endpunkte des Integrationsintervalls α_k und β_k werden so bestimmt, daß

$$\exp\left(xt + \int \frac{Q(t)}{P(t)}\,dt\right)\Bigg|_{\alpha_k}^{\beta_k} = 0$$

erfüllt ist. Oft ist der Integrationsweg in der komplexen Ebene zu wählen.

19. $x^2 y_x^{(n)} + 2nxy_x^{(n-1)} + n(n-1)y_x^{(n-2)} = ax^2 y + b.$

Die Substitution $w = x^2 y$ führt auf eine Gleichung mit konstanten Koeffizienten: $w_x^{(n)} = aw + b$.

20. $x^2 y_x^{(n)} + 2nxy_x^{(n-1)} + n(n-1)y_x^{(n-2)} = ax^3 y + b.$

Die Substitution $w = x^2 y$ führt auf eine Gleichung der Form 5.2.4: $w_x^{(n)} = axw + b$.

21. $x(x+m)y_x^{(n)} + x(ax^k - x - n)y_x^{(m)} - a(x+m)x^k y = 0.$

Spezielle Lösung: $y_0 = xe^x$.

22. $x^{2n} y_x^{(n)} = ay.$

Die Transformation $x = t^{-1}$, $y = wt^{1-n}$ führt auf eine Gleichung mit konstanten Koeffizienten: $w_t^{(n)} = (-1)^n aw$.

23. $x^n y_x^{(2n)} = ay.$

Lösung:

$$y = x^{n/2} \sum_{k=1}^{n} \left[C_{k1} I_n \left(2\beta_k \sqrt{x} \right) + C_{k2} K_n \left(2\beta_k \sqrt{x} \right) \right],$$

wobei I_n und K_n modifizierte Besselsche Funktionen sind; $\beta_1, \beta_2, \ldots, \beta_n$ sind die Wurzeln der Gleichung $\beta^n = \sqrt{a}$.

24. $x^{3n} y_x^{(2n)} = ay.$

Die Transformation $x = t^{-1}$, $y = wt^{1-2n}$ führt auf eine Gleichung der Form 5.2.23: $t^n w_t^{(2n)} = aw.$

25. $x^{n+1/2} y_x^{(2n+1)} = ay.$

Lösung:

$$y = x^{(2n+1)/4} \sum_{k=0}^{2n} C_k \left[J_{-n-1/2} \left(2\beta_k \sqrt{x} \right) + i J_{n+1/2} \left(2\beta_k \sqrt{x} \right) \right],$$

wobei $\beta_0, \beta_1, \ldots, \beta_{2n}$ die Wurzeln der Gleichung $\beta^{2n+1} = -ai$ sind; $i^2 = -1$.

26. $x^{3n+3/2} y_x^{(2n+1)} = ay.$

Die Transformation $x = t^{-1}$, $y = wt^{-2n}$ führt auf eine Gleichung der Form 5.2.25: $t^{n+1/2} w_t^{(2n+1)} = -aw.$

27. *Die Eulersche Gleichung*

$$a_n x^n y_x^{(n)} + a_{n-1} x^{n-1} y_x^{(n-1)} + \cdots + a_1 x y_x' + a_0 y = 0.$$

Wenn alle Wurzeln λ_k ($k = 1, 2, \ldots, n$) der algebraischen Gleichung

$$\sum_{\nu=1}^{n} a_\nu \lambda (\lambda - 1) \ldots (\lambda - \nu + 1) = -a_0$$

verschieden sind, so ist die allgemeine Lösung der Ausgangsgleichung

$$y = C_1 |x|^{\lambda_1} + C_2 |x|^{\lambda_2} + \cdots + C_n |x|^{\lambda_n}.$$

Im allgemeinen Fall führt die Substitution $t = \ln|x|$ auf eine Gleichung mit konstanten Koeffizienten der Form 5.2.3:

$$\sum_{\nu=1}^{n} a_\nu D(D-1) \ldots (D - \nu + 1) y = -a_0 y \qquad \text{mit} \quad D = \frac{d}{dx}.$$

28. $x^{2n+1}y_x^{(n)} = ay + bx^n.$

Die Transformation $x = t^{-1}$, $y = wt^{1-n}$ führt auf eine Gleichung der Form 5.2.4: $w_t^{(n)} = (-1)^n(atw + b)$.

29. $x^{2n+1}y_x^{(n)} + nx^{2n}y_x^{(n-1)} = axy.$

Die Substitution $w = xy$ führt auf eine Gleichung der Form 5.2.22: $x^{2n}w_x^{(n)} = aw$.

30. $x^{2n+1}y_x^{(n)} + nx^{2n}y_x^{(n-1)} = ay.$

Die Substitution $w = xy$ führt auf eine Gleichung der Form 5.2.28: $x^{2n+1}w_x^{(n)} = aw$.

31. $x^n y_x^{(2n)} + 2nx^{n-1}y_x^{(2n-1)} = ay.$

Die Substitution $w = xy$ führt auf eine Gleichung der Form 5.2.23: $x^n w_x^{(2n)} = aw$.

32. $x^{3n}y_x^{(2n)} + 2nx^{3n-1}y_x^{(2n-1)} = ay.$

Führt man die neue Variable $w = xy$ ein, so erhält man eine Gleichung der Form 5.2.24: $x^{3n}w_x^{(2n)} = aw$.

33. $x^{n+1}y_x^{(2n+1)} + (2n+1)x^n y_x^{(2n)} = a\sqrt{x}y.$

Führt man die neue Variable $w = xy$ ein, so erhält man eine Gleichung der Form 5.2.25: $x^{n+1/2}w_x^{(2n+1)} = aw$.

34. $x^{3n+3/2}y_x^{(2n+1)} + (2n+1)x^{3n+1/2}y_x^{(2n)} = ay.$

Die Substitution $w = xy$ führt auf eine Gleichung der Form 5.2.26: $x^{3n+3/2}w_x^{(2n+1)} = aw$.

35. $(ax+b)^{2n+1}y_x^{(n)} = (cx+d)y.$

Die Transformation $\xi = \dfrac{cx+d}{ax+b}$, $w = \dfrac{y}{(ax+b)^{n-1}}$ führt auf eine Gleichung der Form 5.2.4: $w_\xi^{(n)} = \Delta^{-n}\xi w$ mit $\Delta = bc - ad$.

36. $(ax+b)^n(cx+d)^n y_x^{(n)} = ky.$

1°. Die Transformation $\xi = \ln\dfrac{ax+b}{cx+d}$, $w = \dfrac{y}{(cx+d)^{n-1}}$ führt auf eine Gleichung mit konstanten Koeffizienten.

2°. Die Transformation $\zeta = \dfrac{ax+b}{cx+d}$, $w = \dfrac{y}{(cx+d)^{n-1}}$ führt auf die Eulersche Gleichung 5.2.27: $\zeta^n w_\zeta^{(n)} = k\Delta^{-n} w$ mit $\Delta = ad - bc$.

37. $(ax^2 + bx + c)^n y_x^{(n)} = ky.$

Die Transformation $\xi = \displaystyle\int \frac{dx}{ax^2 + bx + c}$, $w = y(ax^2 + bx + c)^{\frac{1-n}{2}}$ führt auf eine Gleichung mit konstanten Koeffizienten.

38. $(ax + b)^n (cx + d)^{3n} y_x^{(2n)} = ky.$

Die Transformation $\xi = \dfrac{ax+b}{cx+d}$, $w = \dfrac{y}{(cx+d)^{2n-1}}$ führt auf eine Gleichung der Form 5.2.23: $\xi^n w_\xi^{(2n)} = k\Delta^{-2n} w$ mit $\Delta = ad - bc$.

39. $(ax + b)^{n+1/2} (cx + d)^{3n+3/2} y_x^{(2n+1)} = ky.$

Die Transformation $\xi = \dfrac{ax+b}{cx+d}$, $w = \dfrac{y}{(cx+d)^{2n}}$ führt auf eine Gleichung der Form 5.2.25: $\xi^{n+1/2} w_\xi^{(2n+1)} = k\Delta^{-2n-1} w$ mit $\Delta = ad - bc$.

40. $P_{n-1}(x) y_x^{(n)} + P_{n-2}(x) y_x^{(n-1)} + \cdots$
$$+ P_1(x) y''_{xx} + (a_1 x + b_1) y'_x - m a_1 y = 0,$$

wobei die P_ν Polynome vom Grad $\le \nu$ sind, m eine natürliche Zahl und $a_1 \neq 0$ ist.

Diese Gleichung besitzt eine spezielle Lösung in Gestalt eines Polynoms vom Grad m:

$$y_0 = \sum_{k=0}^{m} \left(-\frac{1}{a_1}\right)^k [x^m I x^{-m-1} (P_{n-1} D^n + \cdots + P_1 D^2 + b_1 D)]^k x^m,$$

wobei $D = \dfrac{d}{dx}$ und $I x^\nu = \dfrac{x^{\nu+1}}{\nu+1}$ für $\nu \neq -1$ zu setzen ist.

41. $[a_n x^n + P_{n-1}(x)] y_x^{(n)} + \cdots + [a_1 x + P_0(x)] y'_x + a_0 y = 0,$

wobei P_ν Polynome vom Grad $\le \nu$ sind.

Für eine gewisse ganze Zahl $m \ge 0$ gelte

$$\sum_{\nu=0}^{n} C_m^\nu \nu!\, a_\nu = 0 \qquad \text{mit} \quad C_m^\nu = \frac{m!}{\nu!\,(m-\nu)!},$$

und es sei m die kleinste ganze Zahl, die dieser Bedingung genügt. Dann existiert eine Lösung in Gestalt eines Polynoms vom Grad m, und kein Polynom niedrigeren Grades löst die Gleichung.

5.3 Gleichungen mit Exponentialfunktionen

1. $y_x^{(n)} + (ax + b)e^{\lambda x} y_x' - a e^{\lambda x} y = 0.$

   Spezielle Lösung: $y_0 = ax + b$.

2. $y_x^{(n)} + (ae^{\lambda x} - b^{n-m}) y_x^{(m)} - ab^m e^{\lambda x} y = 0.$

   Spezielle Lösung: $y_0 = e^{bx}$.

3. $y_x^{(n)} + a y_x^{(n-1)} + b e^{\lambda x} y_x' + ab e^{\lambda x} y = 0.$

   Spezielle Lösung: $y_0 = e^{-ax}$.

4. $y_x^{(n)} + a e^{\lambda x} y_x^{(m)} - (ab^m e^{\lambda x} + b^n) y = 0.$

   Spezielle Lösung: $y_0 = e^{bx}$.

5. $$y_x^{(n)} = \sum_{k=0}^{n-1} (A_{k+1} e^{\lambda x} + bA_{k+1} - A_k) y_x^{(k)},$$

   wobei $A_n = 1$ und $A_0 = 0$ ist; b und die A_k ($k = 1, 2, \ldots, n-1$) sind beliebig.

   Spezielle Lösungen: $y_m = e^{\mu_m x}$; dabei sind die μ_m die Wurzeln des Polynoms $(n-1)$-ten Grades $\sum_{k=0}^{n-1} A_{k+1} \mu^k = 0$.

6. $x y_x^{(n)} + ax e^{\lambda x} y_x^{(m)} - [a(x+m)e^{\lambda x} + x + n] y = 0.$

   Spezielle Lösung: $y_0 = xe^x$.

7. $x y_x^{(n)} + (n - m - 1) y_x^{(n-1)} + ax e^{\lambda x} y_x' - am e^{\lambda x} y = 0.$

   Spezielle Lösung: $y_0 = x^m$.

8. $x(x+m) y_x^{(n)} + x(ae^{\lambda x} - x - n) y_x^{(m)} - a(x+m) e^{\lambda x} y = 0.$

   Spezielle Lösung: $y_0 = xe^x$.

9. $(ax^m + be^x + c) y_x^{(n)} = be^x y, \qquad m = 0, 1, 2, \ldots, n-1.$

   Spezielle Lösung: $y_0 = ax^m + be^x + c$.

10. $(ax^m e^x + b)y_x^{(n)} = (-1)^n by, \qquad m = 0,\ 1,\ 2,\ \dots,\ n-1.$

Spezielle Lösung: $y_0 = ax^m + be^{-x}$.

11. $\left(ae^x + \sum_{k=0}^{n-1} b_k x^k\right) y_x^{(n)} = ae^x y.$

Spezielle Lösung: $y_0 = ae^x + \sum_{k=0}^{n-1} b_k x^k$.

12. $y_x^{(n)} + a\cosh^k x\, y_x^{(m)} - (ab^m \cosh^k x + b^n)y = 0.$

Spezielle Lösung: $y_0 = e^{bx}$.

13. $y_x^{(n)} + (a\cosh^k x - b^{n-m})y_x^{(m)} - ab^m \cosh^k x\, y = 0.$

Spezielle Lösung: $y_0 = e^{bx}$.

14. $y_x^{(n)} + (ax + b)\cosh^m(\lambda x)y'_x - a\cosh^m(\lambda x)y = 0.$

Spezielle Lösung: $y_0 = ax + b$.

15. $xy_x^{(n)} + ax\cosh^k x\, y_x^{(m)} - [a(x + m)\cosh^k x + x + n]y = 0.$

Spezielle Lösung: $y_0 = xe^x$.

16. $y_x^{(n)} + a\sinh^k x\, y_x^{(m)} - (ab^m \sinh^k x + b^n)y = 0.$

Spezielle Lösung: $y_0 = e^{bx}$.

17. $y_x^{(n)} + (a\sinh^k x - b^{n-m})y_x^{(m)} - ab^m \sinh^k x\, y = 0.$

Spezielle Lösung: $y_0 = e^{bx}$.

18. $y_x^{(n)} + (ax + b)\sinh^m(\lambda x)y'_x - a\sinh^m(\lambda x)y = 0.$

Spezielle Lösung: $y_0 = ax + b$.

19. $xy_x^{(n)} + ax\sinh^k x\, y_x^{(m)} - [a(x + m)\sinh^k x + x + n]y = 0.$

Spezielle Lösung: $y_0 = xe^x$.

20. $y_x^{(n)} + a\tanh^k x\, y_x^{(m)} - (ab^m \tanh^k x + b^n)y = 0.$

Spezielle Lösung: $y_0 = c^{bx}$.

21. $y_x^{(n)} + (a\tanh^k x - b^{n-m})y_x^{(m)} - ab^m \tanh^k x\, y = 0.$

Spezielle Lösung: $y_0 = e^{bx}$.

22. $y_x^{(n)} + (ax+b)\tanh^m(\lambda x)y'_x - a\tanh^m(\lambda x)y = 0.$

Spezielle Lösung: $y_0 = ax + b$.

23. $xy_x^{(n)} + ax\tanh^k x\, y_x^{(m)} - [a(x+m)\tanh^k x + x + n]y = 0.$

Spezielle Lösung: $y_0 = xe^x$.

24. $y_x^{(n)} + a\coth^k x\, y_x^{(m)} - (ab^m\coth^k x + b^n)y = 0.$

Spezielle Lösung: $y_0 = e^{bx}$.

25. $y_x^{(n)} + (a\coth^k x - b^{n-m})y_x^{(m)} - ab^m\coth^k x\, y = 0.$

Spezielle Lösung: $y_0 = e^{bx}$.

26. $y_x^{(n)} + (ax+b)\coth^m(\lambda x)\, y'_x - a\coth^m(\lambda x)\, y = 0.$

Spezielle Lösung: $y_0 = ax + b$.

27. $xy_x^{(n)} + ax\coth^k x\, y_x^{(m)} - [a(x+m)\coth^k x + x + n]y = 0.$

Spezielle Lösung: $y_0 = xe^x$.

5.4 Gleichungen mit trigonometrischen Funktionen

1. $y_x^{(n)} + a\sin^k x\, y_x^{(m)} - (ab^m\sin^k x + b^n)y = 0.$

Spezielle Lösung: $y_0 = e^{bx}$.

2. $y_x^{(n)} + (a\sin^k x - b^{n-m})y_x^{(m)} - ab^m\sin^k x\, y = 0.$

Spezielle Lösung: $y_0 = e^{bx}$.

3. $y_x^{(n)} + ay_x^{(n-1)} + b\sin^m(\lambda x)y'_x + ab\sin^m(\lambda x)y = 0.$

Spezielle Lösung: $y_0 = e^{-ax}$.

4. $y_x^{(n)} + (ax+b)\sin^m(\lambda x)y'_x - a\sin^m(\lambda x)y = 0.$

Spezielle Lösung: $y_0 = ax + b$.

5. $y_x^{(n)} + a\cos^k x\, y_x^{(m)} - (ab^m\cos^k x + b^n)y = 0.$

Spezielle Lösung: $y_0 = e^{bx}$.

6. $y_x^{(n)} + (a\cos^k x - b^{n-m})y_x^{(m)} - ab^m \cos^k x\, y = 0.$

Spezielle Lösung: $y_0 = e^{bx}$.

7. $y_x^{(n)} + ay_x^{(n-1)} + b\cos^m(\lambda x)y_x' + ab\cos^m(\lambda x)y = 0.$

Spezielle Lösung: $y_0 = e^{-ax}$.

8. $y_x^{(n)} + (ax + b)\cos^m(\lambda x)y_x' - a\cos^m(\lambda x)y = 0.$

Spezielle Lösung: $y_0 = ax + b$.

9. $y_x^{(n)} + a\tan^k x\, y_x^{(m)} - (ab^m \tan^k x + b^n)y = 0.$

Spezielle Lösung: $y_0 = e^{bx}$.

10. $y_x^{(n)} + (a\tan^k x - b^{n-m})y_x^{(m)} - ab^m \tan^k x\, y = 0.$

Spezielle Lösung: $y_0 = e^{bx}$.

11. $y_x^{(n)} + ay_x^{(n-1)} + b\tan^m(\lambda x)y_x' + ab\tan^m(\lambda x)y = 0.$

Spezielle Lösung: $y_0 = e^{-ax}$.

12. $y_x^{(n)} + (ax + b)\tan^m(\lambda x)y_x' - a\tan^m(\lambda x)y = 0.$

Spezielle Lösung: $y_0 = ax + b$.

13. $xy_x^{(n)} + ax\sin^k(\lambda x)y_x^{(m)} - [a(x + m)\sin^k(\lambda x) + x + n]y = 0.$

Spezielle Lösung: $y_0 = xe^x$.

14. $xy_x^{(n)} + ax\cos^k(\lambda x)y_x^{(m)} - [a(x + m)\cos^k(\lambda x) + x + n]y = 0.$

Spezielle Lösung: $y_0 = xe^x$.

15. $xy_x^{(n)} + ax\tan^k(\lambda x)y_x^{(m)} - [a(x + m)\tan^k(\lambda x) + x + n]y = 0.$

Spezielle Lösung: $y_0 = xe^x$.

16. $(ax^m + b\sin x)y_x^{(n)} = b\sin\left(x + \frac{\pi n}{2}\right)y, \quad m = 0,\ 1,\ 2,\ \ldots,\ n-1.$

Spezielle Lösung: $y_0 = ax^m + b\sin x$.

17. $\left(a\sin x + \sum_{k=0}^{n-1} b_k x^k\right)y_x^{(n)} = a\sin\left(x + \frac{\pi n}{2}\right)y.$

Spezielle Lösung: $y_0 = a\sin x + \sum_{k=0}^{n-1} b_k x^k$.

18. $(ax^m + b\cos x)y_x^{(n)} = b\cos\left(x + \frac{\pi n}{2}\right)y, \quad m = 0, 1, 2, \ldots, n-1.$

Spezielle Lösung: $y_0 = ax^m + b\cos x$.

19. $\left(a\cos x + \sum_{k=0}^{n-1} b_k x^k\right)y_x^{(n)} = a\cos\left(x + \frac{\pi n}{2}\right)y.$

Spezielle Lösung: $y_0 = a\sin x + \sum_{k=0}^{n-1} b_k x^k$.

5.5 Gleichungen mit willkürlichen Funktionen

1. $y_x^{(n)} = f(x)$.

Lösung:

$$y = \sum_{\nu=0}^{n-1} C_\nu x^\nu + \int_{x_0}^{x} \frac{(x-t)^{n-1}}{(n-1)!} f(t)\, dt,$$

wobei x_0 beliebig gewählt werden kann.

2. $y_x^{(n)} + xf(x)y'_x - mf(x)y = 0$.

Für $m = 0, 1, 2, \ldots, n-1$ besitzt die Gleichung die spezielle Lösung $y_0 = x^m$, und die Substitution $z = xy'_x - my$ führt auf eine Gleichung der Ordnung $n-1$:

$$D^{n-m-1}\left(\frac{z_x^{(m)}}{x}\right) + f(x)z = 0 \qquad \text{mit} \quad D = \frac{d}{dx}.$$

Speziell erhalten wir für $m = n-1$ die Gleichung $z_x^{(n-1)} + xf(x)z = 0$.

3. $y_x^{(n)} + (ax+b)f(x)y'_x - af(x)y = 0$.

Spezielle Lösung: $y_0 = ax + b$.

4. $y_x^{(n)} + f(x)(x^2 y''_{xx} - 2xy'_x + 2y) = 0$.

Spezielle Lösungen: $y_1 = x, \quad y_2 = x^2$.

Die Substitution $z = x^2 y''_{xx} - 2xy'_x + 2y$ führt auf eine lineare Gleichung der Ordnung $(n-2)$.

5. $y_x^{(n)} + f(x)y_x^{(m)} - [a^n + a^m f(x)]y = 0$.

Spezielle Lösung: $y_0 = e^{ax}$.

6. $y_x^{(n)} + (f - a^{n-m})y_x^{(m)} - a^m f y = 0, \qquad f = f(x).$

Spezielle Lösung: $y_0 = e^{ax}$.

7. $y_x^{(n)} + a y_x^{(n-1)} + f y_x' + a f y = 0, \qquad f = f(x).$

Spezielle Lösung: $y_0 = e^{-ax}$.

8. $y_x^{(n)} + f(x) y_x^{(n-1)} + g(x) y_x^{(n-2)} + h(x) = 0.$

Die Substitution $w(x) = y_x^{(n-2)}$ führt auf eine lineare Gleichung zweiter Ordnung: $w''_{xx} + f(x)w'_x + g(x)w + h(x) = 0$.

9. *Inhomogene Gleichung mit konstanten Koeffizienten*

$y_x^{(n)} + a_{n-1} y_x^{(n-1)} + \cdots + a_1 y_x' + a_0 y = f(x).$

Die allgemeine Lösung dieser Gleichung erhält man durch Addition einer beliebigen speziellen Lösung zur allgemeinen Lösung der entsprechenden homogenen Gleichung 5.2.3.

Sind alle Wurzeln $\lambda_1, \lambda_2, \cdots, \lambda_n$ des charakteristischen Polynoms

$$P(\lambda) = \lambda^n + a_{n-1}\lambda^{n-1} + \cdots + a_1\lambda + a_0$$

verschieden, so hat die Ausgangsgleichung die allgemeine Lösung

$$y = \sum_{\nu=1}^{n} C_\nu e^{\lambda_\nu x} + \sum_{\nu=1}^{n} \frac{e^{\lambda_\nu x}}{P'_\lambda(\lambda_\nu)} \int f(x) e^{-\lambda_\nu x}\, dx$$

(falls komplexe Wurzeln existieren, bestimme man den Realteil der Lösung).

Die Tabelle 5.1 enthält spezielle Lösungen der inhomogenen Gleichung bei verschiedenen gegebenen rechten Seiten der Gleichung.

10. $x^n y_x^{(n)} + b_{n-1} x^{n-1} y_x^{(n-1)} + \cdots + b_1 x y_x' + b_0 y = f(x).$

Die Substitution $x = ae^t$ $(a \neq 0)$ führt auf eine Gleichung der Form 5.5.9.

11. $y_x^{(n)} + f(x) \sum_{k=0}^{n-1} (-1)^k k! C_{n-1}^k x^{n-k-1} y_x^{(n-k-1)} = 0,$

wobei $C_m^k = \dfrac{m!}{k!\,(m-k)!}$ die Binomialkoeffizienten bezeichnen.

Spezielle Lösungen: $y_m = x^m$, für $m = 1, 2, \ldots, n-1$.

Tabelle 5.1: Spezielle Lösungen der inhomogenen Gleichung mit konstanten Koeffizienten $y_x^{(n)} + a_{n-1}y_x^{(n-1)} + \cdots + a_1 y'_x + a_0 y = f(x)$ bei gegebenem $f(x)$.

Rechte Seite $f(x)$	Wurzeln der charakteristischen Gleichung $\lambda^n + a_{n-1}\lambda^{n-1} + \cdots + a_1\lambda + a_0 = 0$	Spezielle Lösung $y = \widetilde{y}(x)$
$P_m(x)$	Die Zahl 0 ist nicht Wurzel der charakteristischen Gleichung (d.h. $a_0 \neq 0$)	$\widetilde{P}_m(x)$
	Die Zahl 0 ist Wurzel der charakteristischen Gleichung (Vielfachheit r)	$x^r \widetilde{P}_m(x)$
$P_m(x)e^{\alpha x}$ (α — reelle Zahl)	Die Zahl α ist nicht Wurzel der charakteristischen Gleichung	$\widetilde{P}_m(x)e^{\alpha x}$
	Die Zahl α ist Wurzel der charakteristischen Gleichung (Vielfachheit r)	$x^r \widetilde{P}_m(x)e^{\alpha x}$
$P_m(x)\cos\beta x + Q_n(x)\sin\beta x$	Die Zahl $i\beta$ ist nicht Wurzel der charakteristischen Gleichung	$\widetilde{P}_\nu(x)\cos\beta x + \widetilde{Q}_\nu(x)\sin\beta x$
	Die Zahl $i\beta$ ist Wurzel der charakteristischen Gleichung (Vielfachheit r)	$x^r[\widetilde{P}_\nu(x)\cos\beta x + \widetilde{Q}_\nu(x)\sin\beta x]$
$[P_m(x)\cos\beta x + Q_n(x)\sin\beta x]e^{\alpha x}$	Die Zahl $\alpha + i\beta$ ist nicht Wurzel der charakteristischen Gleichung	$[\widetilde{P}_\nu(x)\cos\beta x + \widetilde{Q}_\nu(x)\sin\beta x]e^{\alpha x}$
	Die Zahl $\alpha + i\beta$ ist Wurzel der charakteristischen Gleichung (Vielfachheit r)	$x^r[\widetilde{P}_\nu(x)\cos\beta x + \widetilde{Q}_\nu(x)\sin\beta x]e^{\alpha x}$

Bezeichnungen: P_m und Q_n — Polynome vom Grade m und n mit gegebenen Koeffizienten; $\widetilde{P}_m$ und $\widetilde{P}_\nu$, $\widetilde{Q}_\nu$ — Polynome vom Grade m und ν, deren Koeffizienten durch Einsetzen der angegebenen speziellen Lösung in die Ausgangsgleichung bestimmt werden; $\nu = \max(m,\ n)$; $i^2 = -1$.

Die Substitution $z = \sum_{k=0}^{n-1} (-1)^k k! C_{n-1}^k x^{n-k-1} y_x^{(n-k-1)}$ führt auf eine lineare Gleichung erster Ordnung: $z'_x + x^{n-1} f(x) z = 0$. Hat man diese gelöst, so ergibt sich eine Gleichung der Ordnung $n-1$ der Gestalt 5.5.10 für die Funktion $y(x)$.

12. $y_x^{(n)} = \sum_{k=0}^{n-1} (a_{k+1} f - a_k) y_x^{(k)}$

mit $f = f(x)$; $a_n = 1$, $a_0 = 0$; a_k beliebig ($k = 1, 2, \ldots, n-1$).

Spezielle Lösungen: $y_k = e^{\lambda_k x}$ ($k = 1, 2, \ldots, n-1$), wobei λ_k die Wurzeln der algebraischen Gleichung $\sum_{k=0}^{n-1} a_{k+1} \lambda^k = 0$ sind.

13. $x y_x^{(n)} + x f y_x^{(m)} - [(x+m) f + x + n] y = 0, \qquad f = f(x).$

Spezielle Lösung: $y_0 = x e^x$.

14. $x(x+m) y_x^{(n)} + x(f - x - n) y_x^{(m)} - (x+m) f y = 0, \qquad f = f(x).$

Spezielle Lösung: $y_0 = x e^x$.

15. $x^k y_x^{(n)} + x f(x) y'_x - m f(x) y = 0, \qquad m = 0, 1, 2, \ldots, n-1.$

Spezielle Lösung: $y_0 = x^m$.

16. $x^n y_x^{(n)} + (n-m-1) x^{n-1} y_x^{(n-1)} + x f y'_x - m f y = 0, \qquad f = f(x).$

Spezielle Lösung: $y_0 = x^m$.

17. $x^n y_x^{(n)} + x^m f y_x^{(m)} - (n! C_a^n + m! C_a^m f) y = 0,$

wobei $f = f(x)$ ist; $C_a^n = \dfrac{\Gamma(a+1)}{n!\,\Gamma(a-n+1)}$ bezeichnen die Binomialkoeffizienten und $\Gamma(a)$ die Gammafunktion.

Spezielle Lösung: $y_0 = x^a$.

18. $x^m y_x^{(n)} = \sum_{k=0}^{n-1} [x^m (a_{k+1} f - a_k) + a_{k+1}] y_x^{(k)},$

wobei $f = f(x)$; $a_n = 1$, $a_0 = 0$; m, a_k beliebig ($k = 1, 2, \ldots, n-1$).

Spezielle Lösungen: $y_k = e^{\lambda_k x}$ ($k = 1, 2, \ldots, n-1$), wobei λ_k die Wurzeln der algebraischen Gleichung $\sum_{k=0}^{n-1} a_{k+1} \lambda^k = 0$ sind.

19. $\sum\limits_{k=2}^{n} f_k(x) y_x^{(k)} = g(x)(x y_x' - y).$

Spezielle Lösung: $y_0 = x$.

Die Substitution $w(x) = x y_x' - y$ führt auf eine Gleichung der Ordnung $n-1$.

20. $\sum\limits_{k=3}^{n} f_k(x) y_x^{(k)} = g(x)(x^2 y_{xx}'' - 2x y_x' + 2y).$

Spezielle Lösungen: $y_1 = x, \quad y_2 = x^2$.

Die Substitution $w(x) = x^2 y_{xx}'' - 2x y_x' + 2y$ führt auf eine Gleichung der Ordnung $n-2$.

21. $\sum\limits_{k=4}^{n} f_k(x) y_x^{(k)} = g(x)(x^3 y_{xxx}''' - 3x^2 y_{xx}'' + 6x y_x' - 6y).$

Spezielle Lösungen: $y_1 = x$, $y_2 = x^2$, $y_3 = x^3$.

Die Substitution $w(x) = x^3 y_{xxx}''' - 3x^2 y_{xx}'' + 6x y_x' - 6y$ führt auf eine Gleichung der Ordnung $n-3$.

22. $\sum\limits_{k=m+1}^{n} f_k(x) y_x^{(k)} + g(x) \sum\limits_{k=0}^{m} (-1)^k k!\, C_m^k x^{m-k} y_x^{(m-k)} = 0,$

wobei $C_m^k = \dfrac{m!}{k!\,(m-k)!}$ die Binomialkoeffizienten bezeichnet.

Spezielle Lösungen: $y_s = x^s$ mit $s = 1, 2, \ldots, m$.

Die Substitution $z = \sum_{k=0}^{m} (-1)^k k!\, C_m^k x^{m-k} y_x^{(m-k)}$ führt auf eine Gleichung der Ordnung $(n-m)$:

$$\sum_{k=m+1}^{n} f_k(x) D^{(k-m-1)} \left(\frac{z_x'}{x^m} \right) + g(x) z = 0 \qquad \text{mit} \quad D = \frac{d}{dx}.$$

23. $\sum\limits_{k=0}^{n} (f_k - a f_{k+1}) y_x^{(k)} = 0$

mit $f_k = f_k(x)$ $(k = 1, 2, \ldots, n)$, $f_{n+1} \equiv f_0 \equiv 0$.

Spezielle Lösung: $y_0 = e^{ax}$.

24. $\sum_{k=0}^{n} x^k [f_k + (k-m) f_{k+1}] y_x^{(k)} = 0$

mit $f_k = f_k(x)$ $(k = 1, 2, \ldots, n)$, $f_{n+1} \equiv f_0 \equiv 0$.

Spezielle Lösung: $y_0 = x^m$.

25. $f y_x^{(n)} - f_x^{(n)} y = 0, \qquad f = f(x).$

Spezielle Lösung: $y_0 = f(x)$.

26. $f y_x^{(2n+1)} + f_x^{(2n+1)} y = g(x), \qquad f = f(x).$

Ein erstes Integral ist

$$\sum_{k=0}^{2n} (-1)^k f_x^{(2n-k)} y_x^{(k)} = \int g(x)\, dx + C.$$

27. $\sin x\, y_x^{(n)} + \sin x\, f(x) y_x^{(m)}$

$$- \left[\sin\left(x + \frac{\pi n}{2}\right) + f(x) \sin\left(x + \frac{\pi m}{2}\right)\right] y = 0.$$

Spezielle Lösung: $y_0 = \sin x$.

28. $\cos x\, y_x^{(n)} + \cos x\, f(x) y_x^{(m)}$

$$- \left[\cos\left(x + \frac{\pi n}{2}\right) + f(x) \cos\left(x + \frac{\pi m}{2}\right)\right] y = 0.$$

Spezielle Lösung: $y_0 = \cos x$.

29. $y_x^{(n)} = f(x) y$.

Die Transformation $x = t^{-1}$, $y = w t^{1-n}$ führt auf eine Gleichung analoger Gestalt: $w_t^{(n)} = (-1)^n t^{-2n} f\left(\frac{1}{t}\right) w$.

30. $y_x^{(n)} = (cx+d)^{-2n} f\left(\frac{ax+b}{cx+d}\right) y$.

Die Transformation $\xi = \dfrac{ax+b}{cx+d}$, $w = \dfrac{y}{(cx+d)^{n-1}}$ führt auf die einfachere Gleichung $w_\xi^{(n)} = \Delta^{-n} f(\xi) w$ mit $\Delta = ad - bc$.

Die Transformation $\xi = \dfrac{ax+b}{cx+d}$, $w = \dfrac{y}{(cx+d)^{n-1}}$ führt auf die einfachere Gleichung $w_\xi^{(n)} = \Delta^{-n} f(\xi) w$ mit $\Delta = ad - bc$.

31. $\boldsymbol{y_x^{(n)} + f(x)y'_x + g(x)y + h(x) = 0.}$

Die Transformation $x = t^{-1}$, $y = wt^{1-n}$ führt auf eine Gleichung analoger Gestalt:

$$w_t^{(n)} + (-1)^n t^{-2n}\Big\{-t^2 f\Big(\frac{1}{t}\Big)w'_t + \Big[(n-1)tf\Big(\frac{1}{t}\Big) + g\Big(\frac{1}{t}\Big)\Big]w + t^{n-1}h\Big(\frac{1}{t}\Big)\Big\} = 0.$$

32. $\boldsymbol{y_x^{(n+2)} + f(x)[x^2 y''_{xx} - 2nxy'_x + n(n+1)y] = 0.}$

Die Substitution $w(x) = x^2 y''_{xx} - 2nxy'_x + n(n+1)y$ führt auf eine Gleichung der Ordnung n: $w_x^{(n)} + x^2 f(x) w = 0$.

33. $\boldsymbol{xy_x^{(n)} + ny_x^{(n-1)} = x^{1-2n} f\Big(\frac{1}{x}\Big)y + x^{-n-1} g\Big(\frac{1}{x}\Big).}$

Die Transformation $t = x^{-1}$, $w = yx^{2-n}$ führt auf eine Gleichung n-ter Ordnung: $w_t^{(n)} = (-1)^n[f(t)w + g(t)]$.

34. $\boldsymbol{x^2 y_x^{(n+2)} + \alpha x y_x^{(n+1)} + \beta y_x^{(n)} + f(x)[x^2 y''_{xx} + (\alpha - 2n)xy'_x + (\beta - \alpha n + n^2 + n)y] = 0.}$

Die Substitution

$$w(x) = x^2 y''_{xx} + (\alpha - 2n)xy'_x + (\beta - \alpha n + n^2 + n)y$$

führt auf eine Gleichung n-ter Ordnung: $w_x^{(n)} + f(x)w = 0$.

5.6 Asymptotische Lösungen

In diesem Abschnitt beschreiben wir asymptotische Lösungen für $\varepsilon \to 0$, $\varepsilon > 0$, von linearen Differentialgleichungen der Ordnung n, die beliebige (genügend glatte) Funktionen einer reellen Variablen enthalten.

wobei $\omega_1, \omega_2, \ldots, \omega_n$ die Wurzeln der Gleichung $\omega^n = 1$ sind:

$$\omega_m = \cos\left(\frac{2\pi m}{n}\right) + i\sin\left(\frac{2\pi m}{n}\right), \qquad m = 1, 2, \ldots, n.$$

2. Wir betrachten nun die Gleichung

$$\varepsilon^n y_x^{(n)} + \varepsilon^{n-1} f_{n-1}(x) y_x^{(n-1)} + \cdots + \varepsilon f_1(x) y'_x + f_0(x) y = 0 \tag{2}$$

auf dem Intervall $a \le x \le b$. Mit $\lambda_m = \lambda_m(x)$ $(m = 1, 2, \ldots, n)$ bezeichnen wir die Wurzeln der charakteristischen Gleichung

$$P(x, \lambda) \equiv \lambda^n + f_{n-1}(x)\lambda^{n-1} + \cdots + f_1(x)\lambda + f_0(x) = 0.$$

Wir setzen voraus, daß alle Wurzeln der charakteristischen Gleichung auf dem Intervall $a \le x \le b$ verschieden sind: es gelte also $\lambda_m(x) \ne \lambda_k(x)$ für $m \ne k$; diese Voraussetzung ist äquivalent zu den Bedingungen $P_\lambda(x, \lambda_m) \ne 0$. Dann werden die Hauptglieder der asymptotischen Entwicklungen eines fundamentalen Lösungssystems für $\varepsilon \to +0$ durch folgende Formeln beschrieben:

$$y_m = \exp\left\{\frac{1}{\varepsilon}\int \lambda_m(x)\, dx - \frac{1}{2}\int [\lambda_m(x)]'_x \frac{P_{\lambda\lambda}(x, \lambda_m(x))}{P_\lambda(x, \lambda_m(x))}\, dx\right\},$$

wobei

$$\begin{aligned}
P_\lambda(x, \lambda) \equiv \frac{\partial P}{\partial \lambda} &= n\lambda^{n-1} + (n-1) f_{n-1}(x)\lambda^{n-2} + \ldots + 2\lambda f_2(x) + f_1(x), \\
P_{\lambda\lambda}(x, \lambda) \equiv \frac{\partial^2 P}{\partial \lambda^2} &= n(n-1)\lambda^{n-2} + (n-1)(n-2) f_{n-1}(x)\lambda^{n-3} + \ldots \\
&\quad + 6\lambda f_3(x) + 2 f_2(x)
\end{aligned}$$

zu beachten ist.

Teil II

Lineare partielle Differentialgleichungen

Kapitel 6

Gleichungen erster Ordnung

6.1 Vorbereitende Bemerkungen

Bezeichnung: $\Phi = \Phi(z)$ *sei eine beliebige Funktion des Arguments* z.

Eine *homogene lineare partielle Differentialgleichung erster Ordnung mit zwei unabhängigen Variablen* hat die Gestalt

$$f(x,y)\frac{\partial w}{\partial x} + g(x,y)\frac{\partial w}{\partial y} = 0. \tag{1}$$

Die gewöhnliche Differentialgleichung erster Ordnung

$$\frac{dx}{f(x,y)} = \frac{dy}{g(x,y)} \tag{2}$$

heißt die zur partiellen Differentialgleichung (1) gehörende *charakteristische Gleichung.* Ist die allgemeine Lösung

$$\Xi(x,y) = C \tag{3}$$

der charakteristischen Gleichung (2) bekannt, so erhält man die allgemeine Lösung der Gleichung (1) aus

$$w = \Phi(\Xi), \tag{4}$$

wobei Φ eine beliebige Funktion ist. Die linke Seite $\Xi(x,y)$ der Gleichung (3) wird ein *Hauptintegral* der partiellen Differentialgleichung (1) genannt.

Bemerkung 1. Der Kürze halber geben wir anstelle der allgemeinen Lösung (4) der partiellen Differentialgleichung (1) oft nur ein Hauptintegral (3) an.

Bemerkung 2. Eine Gleichung mit zwei unabhängigen Variablen, die nur eine partielle Ableitung enthält, kann man als gewöhnliche Differentialgleichung für die Funktion $w(x, y)$ betrachten, in der y (oder x) als Parameter auftritt.

Im folgenden geben wir Lösungen derartiger Gleichungen an:

1. $\displaystyle \frac{\partial w}{\partial x} = f(x, y).$

Lösung: $w = \int f(x,y)\,dx + \Phi(y)$, bei der Integration ist die Variable y als Parameter zu betrachten.

2. $\displaystyle \frac{\partial w}{\partial y} = f(x, y).$

Lösung: $w = \int f(x,y)\,dy + \Phi(x)$, bei der Integration ist die Variable x als Parameter zu betrachten.

3. $\displaystyle \frac{\partial w}{\partial x} = f(x, y)w.$

Lösung: $w = \Phi(y)\exp\Big[\int f(x,y)\,dx\Big]$, bei der Integration ist die Variable y als Parameter zu betrachten.

4. $\displaystyle \frac{\partial w}{\partial y} = f(x, y)w.$

Lösung: $w = \Phi(x)\exp[\int f(x,y)\,dy]$, bei der Integration ist die Variable x als Parameter zu betrachten.

5. $\displaystyle \frac{\partial w}{\partial x} = f(x, y)w + g(x, y).$

Lösung:

$$w = E(x,y)\Big[\Phi(y) + \int \frac{g(x,y)}{E(x,y)}\,dx\Big], \qquad E(x,y) = \exp\Big[\int f(x,y)\Big]\,dx,$$

bei der Integration ist die Variable y als Parameter zu betrachten.

6. $\displaystyle \frac{\partial w}{\partial y} = f(x, y)w + g(x, y).$

Lösung:

$$w = E(x,y)\Big[\Phi(x) + \int \frac{g(x,y)}{E(x,y)}\,dy\Big], \qquad E(x,y) = \exp\Big[\int f(x,y)\Big]\,dy,$$

bei der Integration ist die Variable x als Parameter zu betrachten.

6.2 Gleichungen mit Potenzfunktionen

1. $a\frac{\partial w}{\partial x} + b\frac{\partial w}{\partial y} = 0.$

Allgemeine Lösung: $w = \Phi(bx - ay)$.

2. $ax\frac{\partial w}{\partial x} + by\frac{\partial w}{\partial y} = 0.$

Für $a = b$ ist das die Gleichung eines *Konoids*.

Hauptintegral: $\Xi = |x|^b|y|^{-a}$.

3. $ay\frac{\partial w}{\partial x} + bx\frac{\partial w}{\partial y} = 0.$

Hauptintegral: $\Xi = bx^2 - ay^2$.

4. $(a_1x + b_1y + c_1)\frac{\partial w}{\partial x} + (a_2x + b_2y + c_2)\frac{\partial w}{\partial y} = 0.$

Ein Hauptintegral wird durch die Lösungen eines Hilfssystems algebraischer Gleichungen für die Parameter s, λ, μ, α, β, γ bestimmt:

$$(a_1 - s)(b_2 - s) = a_2b_1, \tag{1}$$

$$a_1\lambda + a_2\mu = s\lambda, \qquad b_1\lambda + b_2\mu = s\mu, \tag{2}$$

$$c_1\alpha + c_2\beta - s\gamma = c_1\lambda + c_2\mu = 0, \tag{3}$$

$$(a_1 - s)\alpha + a_2\beta = \lambda s, \quad b_1\alpha + (b_2 - s)\beta = \mu s. \tag{4}$$

1. Fall: $(a_1 - b_2)^2 - 4a_2b_1 \neq 0$.

Die Gleichung (1) hat zwei verschiedene Wurzeln s_1, s_2, denen zwei Lösungspaare λ_1, μ_1 und λ_2, μ_2 des Systems (2) entsprechen.

1.1: $a_1b_2 - a_2b_1 \neq 0$. Dann gelten $s_1 \neq 0$, $s_2 \neq 0$, und ein Hauptintegral hat die Gestalt

$$\Xi = \frac{|s_1(\lambda_1x + \mu_1y) + \lambda_1c_1 + \mu_1c_2|^{s_2}}{|s_2(\lambda_2x + \mu_2y) + \lambda_2c_1 + \mu_2c_2|^{s_1}}.$$

1.2: $a_1b_2 - a_2b_1 = 0$. Dann gelten $s_1 = s = a_1 + b_2$, $\quad s_2 = 0$.
Ist $\lambda_2c_1 + \mu_2c_2 = 0$, so ergibt sich

$$\Xi = \lambda_2x + \mu_2y.$$

Ist $\lambda_2 c_1 + \mu_2 c_2 \neq 0$, so ergibt sich

$$\Xi = s\frac{\lambda_2 x + \mu_2 y}{\lambda_2 c_1 + \mu_2 c_2} - \ln|s_1(\lambda_1 x + \mu_1 y) + \lambda_1 c_1 + \mu_1 c_2|.$$

2. Fall: $a_1 b_2 - a_2 b_1 = 0$.
Die Gleichung (1) hat eine Doppelwurzel $s = \frac{1}{2}(a_1 + b_2)$, und das System (2) besitzt ein Lösungspaar $(\lambda, \mu) \neq (0,0)$.

2.1: $s \neq 0$. Dann finden wir γ aus Gleichung (3) und von null verschiedene α und β, die (4) genügen.

$$\Xi = \ln|s(\lambda x + \mu y) + c_1\lambda + c_2\mu| - \frac{s(\alpha x + \beta y + \gamma)}{s(\lambda x + \mu y) + c_1\lambda + c_2\mu}.$$

2.2: $s = 0$ und daher $b_2 = -a_1$,

$$\Xi = a_2 x^2 - 2a_1 xy - b_1 y^2 + 2c_2 x - 2c_1 y.$$

5. $\boldsymbol{x^2\frac{\partial w}{\partial x} + y^2\frac{\partial w}{\partial y} = 0.}$

Hauptintegral: $\Xi = \dfrac{1}{y} - \dfrac{1}{x}$.

6. $\boldsymbol{(x^2 - y^2)\frac{\partial w}{\partial x} + 2xy\frac{\partial w}{\partial y} = 0.}$

Hauptintegral: $\Xi = \dfrac{x^2 + y^2}{y}$.

7. ***Hessesche Gleichung***

$$\boldsymbol{(A_1 x - A_2)\frac{\partial w}{\partial x} + (A_1 y - A_3)\frac{\partial w}{\partial y} = 0,}$$
$$\boldsymbol{A_n = a_n + b_n x + c_n y.}$$

Die Einführung homogener Koordinaten

$$x = \frac{\xi_2}{\xi_1}, \quad y = \frac{\xi_3}{\xi_1}$$

ergibt eine Gleichung mit drei unabhängigen Veränderlichen für $w = w(\xi_1, \xi_2, \xi_3)$:

$$B_1\frac{\partial w}{\partial \xi_1} + B_2\frac{\partial w}{\partial \xi_2} + B_3\frac{\partial w}{\partial \xi_3} = 0$$

mit linearen Koeffizienten $B_n = a_n\xi_1 + b_n\xi_2 + c_n\xi_3$. Zur Lösung dieser Gleichung s. E. Kamke (1965).

8. $(x+1)y\dfrac{\partial w}{\partial x} + (y^2 - x)\dfrac{\partial w}{\partial y} = 0.$

(Spezialfall der Hesseschen Gleichung.)

Hauptintegral: $\Xi = \dfrac{(x+1)^2}{x^2+y^2}.$

9. $ax^m\dfrac{\partial w}{\partial x} + by^n\dfrac{\partial w}{\partial y} = 0.$

1°. Hauptintegral für $m \neq 1,\ n \neq 1$:

$$\Xi = b(n-1)x^{1-m} - a(m-1)y^{1-n}.$$

2°. Hauptintegral für $m = 1,\ n \neq 1$:

$$\Xi = b\ln|x| + \frac{a}{n-1}y^{1-n}.$$

3°. Hauptintegral für $m \neq 1,\ n = 1$:

$$\Xi = \frac{b}{m-1}x^{1-m} + a\ln|y|.$$

4°. Hauptintegral für $m = 1,\ n = 1$ vgl. 6.2.2.

10. $ax^n\dfrac{\partial w}{\partial x} + (by + cx^m)\dfrac{\partial w}{\partial y} = 0.$

1°. Hauptintegral für $n \neq 1$:

$$\Xi = e^{-F}y - \frac{c}{a}\int e^{-F}x^{m-n}\,dx$$

mit $F = \dfrac{b}{a(1-n)}x^{1-n}.$

2°. Hauptintegral für $n = 1,\ am \neq b$:

$$\Xi = x^{-b/a}y - \frac{c}{am-b}x^{\frac{am-b}{a}}.$$

3°. Hauptintegral für $n = 1,\ am = b$:

$$\Xi = x^{-b/a}y - \frac{c}{a}\ln|x|.$$

11. $ax^k \frac{\partial w}{\partial x} + (y^n + bx^m y)\frac{\partial w}{\partial y} = 0, \qquad n \neq 1.$

1°. Hauptintegral für $m \neq k-1$:

$$\Xi = e^{-F} y^{1-n} + \frac{n-1}{a} \int e^{-F} x^{-k}\, dx$$

mit

$$F = \frac{(1-n)b}{a(m+k-1)} x^{m-k+1}.$$

2°. Hauptintegral für $m = k-1$, $(n-1)b \neq ma$:

$$\Xi = x^{\frac{(n-1)b}{a}} y^{1-n} + \frac{n-1}{(n-1)b - ma} x^{\frac{(n-1)b-ma}{a}}.$$

3°. Hauptintegral für $m = k-1$, $(n-1)b = ma$:

$$\Xi = x^{\frac{(n-1)b}{a}} y^{1-n} + \frac{n-1}{a} \ln|x|.$$

12. $\frac{\partial w}{\partial x} + (y^2 - a^2x^2 + 3a)\frac{\partial w}{\partial y} = 0.$

Hauptintegral:

$$\Xi = -\frac{(y-ax)e^{2ax}}{xy - ax^2 + 1} + 2a \int \frac{e^{2ax}}{x}\, dx.$$

Das Integral in dieser Formel kann durch das Exponentialintegral $\mathrm{Ei}\,(x)$ ausgedrückt werden.

13. $\frac{\partial w}{\partial x} + (ay^2 + bx^n)\frac{\partial w}{\partial y} = 0.$

Ein Hauptintegral kann mit Hilfe der allgemeinen Lösung $\Xi(x,y) = C$ der speziellen Riccatischen Gleichung $y' = ay^2 + bx^n$ gefunden werden.

14. $\frac{\partial w}{\partial x} + (y^2 + anx^{n-1} - a^2x^{2n})\frac{\partial w}{\partial y} = 0.$

1°. Hauptintegral für $n \neq -1$:

$$\Xi = \frac{E}{y - ax^n} + \int E\, dx, \qquad E = \exp\Big(\frac{2a}{n+1} x^{n+1}\Big).$$

2°. Hauptintegral für $n = -1$, $a \neq -\frac{1}{2}$:

$$\Xi = \frac{xy + a + 1}{(2a + 1)(xy - a)} x^{2a+1}.$$

3°. Hauptintegral für $n = -1$, $a = -\frac{1}{2}$:

$$\Xi = \frac{2}{2xy + a} + \ln|x|.$$

15. $\dfrac{\partial w}{\partial x} + (y^2 + ax^n y + ax^{n-1}) \dfrac{\partial w}{\partial y} = 0.$

1°. Hauptintegral für $n \neq -1$:

$$\Xi = \frac{E}{x(xy + 1)} + \int x^{-2} E \, dx, \qquad E = \exp\Bigl(\frac{a}{n + 1} x^{n+1}\Bigr).$$

2°. Hauptintegral für $n = -1$, $a \neq 1$:

$$\Xi = \frac{xy + a}{(a - 1)(xy + 1)}.$$

3°. Hauptintegral für $n = -1$, $a = 1$:

$$\Xi = \frac{1}{xy + 1} + \ln|x|.$$

16. $\dfrac{\partial w}{\partial x} + (y^2 - ax^n y - abx^n - b^2) \dfrac{\partial w}{\partial y} = 0.$

1°. Hauptintegral für $n \neq -1$:

$$\Xi = \frac{1}{y - b} \exp\Bigl(2bx + \frac{a}{n + 1} x^{n+1}\Bigr) + \int \exp\Bigl(2bx + \frac{a}{n + 1} x^{n+1}\Bigr) dx.$$

2°. Hauptintegral für $n = -1$:

$$\Xi = \frac{x^a e^{2bx}}{y - b} + \int x^a e^{2bx} \, dx.$$

17. $\dfrac{\partial w}{\partial x} + (ax^n y^2 + bx^{-n-2}) \dfrac{\partial w}{\partial y} = 0.$

Hauptintegral:

$$\Xi = \sqrt{ab} - \int \frac{1}{v^2 + \beta v + 1} \, dv, \qquad v = \frac{\sqrt{a}}{\sqrt{b}} x^{n+1} y, \quad \beta = \frac{n + 1}{\sqrt{ab}}.$$

18. $\dfrac{\partial w}{\partial x} + (ax^n y^2 + bmx^{m-1} - ab^2 x^{n+2m})\dfrac{\partial w}{\partial y} = 0.$

1°. Hauptintegral für $n + m \neq -1$:

$$\Xi = \frac{E}{y - bx^m} + a\int x^n E\,dx, \qquad E = \exp\Bigl(\frac{2ab}{n+m+1}x^{n+m+1}\Bigr).$$

2°. Hauptintegral für $n + m = -1$, $m \neq 2ab$:

$$\Xi = \frac{x^{2ab}}{y - bx^m} + \frac{a}{2ab - m}x^{2ab-m}.$$

3°. Hauptintegral für $n + m = -1$, $m = 2ab$:

$$\Xi = \frac{x^m}{y - bx^m} + a\ln x.$$

19. $\dfrac{\partial w}{\partial x} - [(n+1)x^n y^2 - ax^{n+m+1}y + ax^m]\dfrac{\partial w}{\partial y} = 0.$

1°. Hauptintegral für $n + m \neq -2$:

$$\Xi = \frac{x^{-n-1}E}{x^{n+1}y - 1} - (n+1)\int x^n E\,dx, \quad E = \exp\Bigl(\frac{a}{n+m+2}x^{n+m+2}\Bigr).$$

2°. Hauptintegral für $n + m = 2$, $a - n \neq 1$:

$$\Xi = \frac{(n+1)x^{n+1}y - a}{(n+1-a)(x^{n+1}y - 1)}x^{a-n-1}.$$

3°. Hauptintegral für $n + m = 2$, $a - n = 1$:

$$\Xi = \frac{1}{x^{n+1}y - 1} - (n+1)\ln x.$$

20. $\dfrac{\partial w}{\partial x} + (ax^n y^2 + bx^m y + bcx^m - ac^2 x^n)\dfrac{\partial w}{\partial y} = 0.$

1°. Hauptintegral für $m,\ n \neq -1$:

$$\Xi = \frac{E}{y + c} + a\int x^n E\,dx, \qquad E = \exp\Bigl(\frac{b}{m+1}x^{m+1} - \frac{ac}{n+1}x^{n+1}\Bigr).$$

2°. Hauptintegral für $n = -1$:

$$\Xi = \frac{x^{-ac}E_1}{y + c} + a\int x^{-ac-1}E_1\,dx, \qquad E_1 = \exp\Bigl(\frac{b}{m+1}x^{m+1}\Bigr).$$

3°. Hauptintegral für $m = -1$:

$$\Xi = \frac{x^b E_2}{y + c} + a \int x^{n+b} E_2 \, dx, \qquad E_2 = \exp\Big(-\frac{ac}{n+1} x^{n+1}\Big).$$

21. $\dfrac{\partial w}{\partial x} + [ax^n y^2 - ax^n(bx^m + c)y + bmx^{m-1}]\dfrac{\partial w}{\partial y} = 0.$

1°. Hauptintegral für $n \neq -1, \; m + n \neq -1$:

$$\Xi = \frac{E}{y - bx^m - c} + a \int x^n E \, dx$$

mit

$$E = \exp\Big[a\Big(\frac{b}{n+m+1} x^{n+m+1} + \frac{c}{n+1} x^{n+1}\Big)\Big].$$

2°. Hauptintegral für $n = -1, \; m \neq 0$:

$$\Xi = \frac{x^{ac}}{y - bx^m - c} \exp\Big(\frac{ab}{m} x^m\Big) + a \int x^{ac-1} \exp\Big(\frac{ab}{m} x^m\Big) \, dx.$$

3°. Hauptintegral für $n \neq -1, \; m = -1 - n$:

$$\Xi = \frac{x^{ab}}{y - bx^{-n-1} - c} \exp\Big(\frac{ac}{n+1} x^{n+1}\Big) + a \int x^{ab+n} \exp\Big(\frac{ac}{n+1} x^{n+1}\Big) dx.$$

22. $\dfrac{\partial w}{\partial x} - [anx^{n-1} y^2 - cx^m(ax^n + b) + cx^m]\dfrac{\partial w}{\partial y} = 0.$

1°. Hauptintegral für $m \neq -1$, $m + n \neq -1$:

$$\Xi = \frac{E}{(ax^n + b)[(ax^n + b)y - 1]} - an \int \frac{x^{n-1} E}{(ax^n + b)^2} \, dx$$

mit

$$E = \exp\Big(\frac{ac}{m+n+1} x^{m+n+1} + \frac{b}{m+1} x^{m+1}\Big).$$

2°. Hauptintegral für $m = -1$, $n \neq 0$:

$$\Xi = \frac{x^{bc}}{(ax^n + b)[(ax^n + b)y - 1]} \exp\Big(\frac{ac}{n} x^n\Big)$$

$$- an \int \exp\Big(\frac{ac}{n} x^n\Big) \frac{x^{bc+n-1}}{(ax^n + b)^2} \, dx.$$

3°. Hauptintegral für $n \neq -1,\ m = -1-n$:

$$\Xi = \frac{x^{ac}}{(ax^n+b)[(ax^n+b)y-1]}\exp\Bigl(-\frac{bc}{n}x^{-n}\Bigr) - an\int\frac{x^{ac+n-1}}{(ax^n+b)^2}\exp\Bigl(-\frac{bc}{n}x^{-n}\Bigr)\,dx.$$

23. $\dfrac{\partial w}{\partial x} + (ax^n y^2 + bx^m y + ckx^{k-1} - bcx^{m+k} - ac^2x^{n+2k})\dfrac{\partial w}{\partial y} = 0.$

1°. Hauptintegral für $m \neq -1,\ n+k \neq -1$:

$$\Xi = \frac{E}{y-cx^k} + a\int x^n E\,dx$$

mit

$$E = \exp\Bigl(\frac{2ac}{n+k+1}x^{n+k+1} + \frac{b}{m+1}x^{m+1}\Bigr).$$

2°. Hauptintegral für $m = -1,\ n+k \neq -1$:

$$\Xi = \frac{x^bE}{y-cx^k} + a\int x^{b+n}E\,dx, \qquad E = \exp\Bigl(\frac{2ac}{n+k+1}x^{n+k+1}\Bigr).$$

3°. Hauptintegral für $m \neq -1,\ n+k = -1$:

$$\Xi = \frac{x^{2ac}}{y-cx^k}\exp\Bigl(\frac{b}{m+1}x^{m+1}\Bigr) + a\int x^{2ac+n}\exp\Bigl(\frac{b}{m+1}x^{m+1}\Bigr)\,dx.$$

4°. Hauptintegral für $m = -1,\ n+k = -1,\ 2ac+b \neq k$:

$$\Xi = \frac{ay + (ac+b-k)x^k}{(2ac+b-k)(y-cx^k)}x^{2ac+b-k}.$$

5°. Hauptintegral für $m = -1,\ n+k = -1,\ 2ac+b = k$:

$$\Xi = \frac{x^k}{y-cx^k} + a\ln x.$$

24. $x\dfrac{\partial w}{\partial x} + (ay^2 + by + cx^{2b})\dfrac{\partial w}{\partial y} = 0.$

1°. Hauptintegral für $ac > 0$:

$$\Xi = \frac{b}{\sqrt{ac}}\arctan\Bigl(\sqrt{\frac{a}{c}}x^{-b}y\Bigr) - x^b.$$

2°. Hauptintegral für $ac < 0$:

$$\Xi = \frac{b}{2\sqrt{-ac}} \ln \frac{ax^{-b}y - \sqrt{-ac}}{ax^{-b}y + \sqrt{-ac}} - x^b.$$

25. $x\frac{\partial w}{\partial x} + [ay^2 + (n + bx^n)y + cx^{2n}]\frac{\partial w}{\partial y} = 0.$

1°. Hauptintegral für $v = x^{-n}y$, $n \neq 0$:

$$\Xi = \int \frac{1}{av^2 + bv + c}\, dv - \frac{1}{n}x^n.$$

2°. Hauptintegral für $n = 0$:

$$\Xi = \int \frac{dy}{ay^2 + by + c} - \ln x.$$

26. $x\frac{\partial w}{\partial x} + (ax^n y^2 + by + cx^{-n})\frac{\partial w}{\partial y} = 0.$

Hauptintegral:

$$\Xi = \int \frac{dv}{av^2 + (b+n)v + c} - \ln x, \qquad v = x^n y.$$

27. $x\frac{\partial w}{\partial x} + (ax^n y^2 + my - ab^2 x^{n+2m})\frac{\partial w}{\partial y} = 0.$

1°. Hauptintegral für $m + n \neq 0$:

$$\Xi = \frac{x^m E}{y - bx^m} + a\int x^{m+n-1} E\, dx, \qquad E = \exp\Big(\frac{2ab}{m+n}x^{m+n}\Big).$$

2°. Hauptintegral für $m = -n$:

$$\Xi = \frac{x^{2ab}(y + bx^m)}{2b(y - bx^m)}.$$

28. $x\frac{\partial w}{\partial x} + [x^{2n}y^2 + (m - n)y + x^{2m}]\frac{\partial w}{\partial y} = 0.$

Hauptintegral:

$$\Xi = \arctan(x^{n-m}y) - \frac{x^{n+m}}{n+m}.$$

29. $x\frac{\partial w}{\partial x} + [ax^{2n}y^2 + (bx^n - n)y + c]\frac{\partial w}{\partial y} = 0.$

Hauptintegral:

$$\Xi = n\int \frac{dv}{av^2 + bv + c} - x^n, \qquad v = x^n y.$$

30. $x\frac{\partial w}{\partial x} + [ax^{2n+m}y^2 + (bx^{n+m} - n)y + cx^m]\frac{\partial w}{\partial y} = 0.$

1°. Hauptintegral für $n + m \neq 0$:

$$\Xi = \int \frac{dv}{av^2 + bv + c} - \frac{x^{n+m}}{n+m},$$

2°. Hauptintegral für $n + m = 0$, $v = x^n y$:

$$\Xi = \int \frac{dv}{av^2 + bv + c} - \ln x.$$

31. $(ax + c)\frac{\partial w}{\partial x} + [\alpha(ay + bx)^2 + \beta(ay + bx) - bx + \gamma]\frac{\partial w}{\partial y} = 0.$

Hauptintegral:

$$\Xi = xE - \frac{c}{a}\int \frac{E\,dt}{\alpha t^2 + \beta t + \gamma + \delta}, \qquad t = ay + bx,$$

wobei $E = \exp\left(-\int \frac{dt}{\alpha t^2 + \beta t + \gamma + \delta}\right)$ und $\delta = \frac{bc}{a}$ gelten.

32. $2x^2\frac{\partial w}{\partial x} + (2y^2 + xy - 2a^2x)\frac{\partial w}{\partial y} = 0.$

Hauptintegral: $\Xi = \frac{y + a\sqrt{x}}{2a(y - a\sqrt{x})} exp\left(-\frac{4a}{\sqrt{x}}\right).$

33. $2x^2\frac{\partial w}{\partial x} + (2y^2 + 3xy - 2a^2x)\frac{\partial w}{\partial y} = 0.$

Hauptintegral: $\Xi = \frac{y + a\sqrt{x} + \frac{1}{2}x}{2a(y - a\sqrt{x} + \frac{1}{2}x)} \exp\left(-\frac{4a}{\sqrt{x}}\right).$

34. $x^2\frac{\partial w}{\partial x} + (ax^2y^2 + b)\frac{\partial w}{\partial y} = 0.$

Hauptintegral: $\Xi = x^{2a\lambda+1}\frac{axy + a\lambda + 1}{(2a\lambda + 1)(xy - \lambda)}$, wobei λ eine Wurzel der quadratischen Gleichung $a\lambda^2 + \lambda + b = 0$ ist.

35. $x^2\dfrac{\partial w}{\partial x} + (ax^2y^2 + bxy + c)\dfrac{\partial w}{\partial y} = 0.$

Hauptintegral:

$$\Xi = \int \frac{dv}{av^2 + (b+1)v + c} - \ln x, \quad v = xy.$$

36. $x^2\dfrac{\partial w}{\partial x} + [x^2y^2 - a^2x^4 + a(1-2b)x^2 - b(b+1)]\dfrac{\partial w}{\partial y} = 0.$

Hauptintegral:

$$\Xi = \int x^{2b}e^{ax^2}\,dx + \frac{x^{2b+1}e^{ax^2}}{x(y-ax)-b}.$$

37. $(ax^2+b)\dfrac{\partial w}{\partial x} - [\alpha y^2 + \beta xy + \dfrac{b}{\alpha}(a+\beta)]\dfrac{\partial w}{\partial y} = 0, \quad \alpha \neq 0.$

Hauptintegral:

$$\Xi = -\int (ax^2+b)^{\frac{\beta}{2a}}\,dx + \frac{(ax^2+b)^{1+\frac{\beta}{2a}}}{\alpha y + (a+\beta)x}.$$

38. $(ax^2+b)\dfrac{\partial w}{\partial x} - [y^2 - 2xy + (1-a)x^2 - b]\dfrac{\partial w}{\partial y} = 0.$

Hauptintegral: $\Xi = -\displaystyle\int \frac{dx}{ax^2+b} + \frac{1}{y-x}.$

39. $(ax^2+bx+c)\dfrac{\partial w}{\partial x} + [y^2 + (2\lambda x + b)y + \lambda(\lambda - a)x^2 + \mu]\dfrac{\partial w}{\partial y} = 0.$

Hauptintegral:

$$\Xi = \int \frac{E dx}{ax^2+bx+c} + \frac{E}{y+\lambda x - A},$$

wobei

$$E = \exp\Big[(2A+b)\int \frac{dx}{ax^2+bx+c}\Big] \text{ und } A = \frac{1}{2}(-b \pm \sqrt{b^2 - 4\mu - 4\lambda c})$$

gelten.

40. $(ax^2+bx+c)\dfrac{\partial w}{\partial x} + [y^2 + (ax+\mu)y - \lambda^2x^2 + \lambda(b-\mu) + \lambda c]\dfrac{\partial w}{\partial y} = 0.$

Hauptintegral:

$$\Xi = \int \frac{E\,dx}{ax^2+bx+c} + \frac{E}{y-\lambda x}, \qquad E = \exp\Big[\int \frac{(2\lambda + a)x + \mu}{ax^2+bx+c}\,dx\Big].$$

41. $(a_2x^2 + b_2x + c_2)\dfrac{\partial w}{\partial x} + [y^2 + (a_1x + b_1)y$

$$- \lambda(\lambda + a_1 - a_2)x^2 + \lambda(b_2 - b_1)x + \lambda c_2]\frac{\partial w}{\partial y} = 0.$$

Hauptintegral:

$$\Xi = \int \frac{E\,dx}{a_2x^2 + b_2x + c_2} + \frac{E}{y - \lambda x}, \qquad E = \exp\Big[\int \frac{(2\lambda + a_1)x + b_1}{a_2x^2 + b_2x + c_2}\,dx\Big].$$

42. $(x - a)(x - b)\dfrac{\partial w}{\partial x} - [y^2 + k(y + x - a)(y + x - b)]\dfrac{\partial w}{\partial y} = 0.$

1°. Hauptintegral für $a \neq b$:

$$\Xi = \frac{(x - a)^k[y + k(y + x - a)]}{(x - b)^k[y + k(y + x - b)]}, \qquad k \neq 0, \quad k \neq -1.$$

2°. Hauptintegral für $a = b$:

$$\Xi = \frac{(x - a) + [y + k(y + x - a)]}{[y + k(y + x - a)](x - a)}, \qquad k \neq 0, \quad k \neq -1.$$

43. $x(ax^2 + bx + c)\dfrac{\partial w}{\partial x} + [y^2 + (ax^2 + bx + c)y - x^2]\dfrac{\partial w}{\partial y} = 0.$

Hauptintegral:

$$\Xi = \ln\Big|\frac{y - x}{y + x}\Big| - 2\int \frac{dx}{ax^2 + bx + c}.$$

44. $x^4\dfrac{\partial w}{\partial x} - (x^4y^2 + a^2)\dfrac{\partial w}{\partial y} = 0.$

Hauptintegral: $\Xi = \arctan\Big[\dfrac{x(xy - 1)}{a}\Big] - \dfrac{a}{x}.$

45. $x(ax^k + b)\dfrac{\partial w}{\partial x} + [\alpha x^n y^2 + (\beta - anx^k)y + \gamma x^{-n}]\dfrac{\partial w}{\partial y} = 0.$

Hauptintegral:

$$\Xi = x^{-k}E + ka\int \frac{E\,dv}{\alpha v^2 + (\beta + bn)v + \gamma}, \qquad v = x^n y,$$

wobei $E = \exp\Big[kb\displaystyle\int \frac{dv}{\alpha v^2 + (\beta + bn)v + \gamma}\Big]$ ist.

46. $(ax^n + bx^m + c)\dfrac{\partial w}{\partial x} + (cy^2 - bx^{m-1}y + ax^{n-2})\dfrac{\partial w}{\partial y} = 0.$

Hauptintegral:

$$\Xi = c\int \frac{E\,dx}{ax^n + bx^m + c} + \frac{xE}{xy+1},$$

wobei $E = \exp\Big[-\displaystyle\int \frac{(bx^m + 2c)dx}{x(ax^n + bx^m + c)}\Big]$ ist.

47. $(ax^n + bx^m + c)\dfrac{\partial w}{\partial x} + (ax^{n-2}y^2 + bx^{m-1}y + c)\dfrac{\partial w}{\partial y} = 0.$

Hauptintegral:

$$\Xi = a\int \frac{x^{n-2}E\,dx}{ax^n + bx^m + c} + \frac{E}{y-x}, \qquad E = \exp\Big[\int \frac{(2ax^n + bx^m)dx}{x(ax^n + bx^m + c)}\Big].$$

48. $(ax^n + bx^m + c)\dfrac{\partial w}{\partial x} + (\alpha x^k y^2 + \beta x^s y - \alpha\lambda^2 x^k + \beta\lambda x^s)\dfrac{\partial w}{\partial y} = 0.$

Hauptintegral:

$$\Xi = \alpha\int \frac{x^k E\,dx}{ax^n + bx^m + c} + \frac{E}{y+\lambda}, \qquad E = \exp\Big(\int \frac{\beta x^s - 2\alpha\lambda x^k}{ax^n + bx^m + c}\,dx\Big].$$

49. $x(ax^n + bx^m + c)\dfrac{\partial w}{\partial x}$

$$- [sx^k y^2 - (ax^n + bx^m + c)y - s\lambda x^{k+2}]\frac{\partial w}{\partial y} = 0.$$

Hauptintegral:

$$\Xi = \frac{y - x\sqrt{\lambda}}{y + x\sqrt{\lambda}}\exp\Big(2s\sqrt{\lambda}\int \frac{x^k dx}{ax^n + bx^m + c}\Big).$$

50. $(ax^n + bx^m + c)\dfrac{\partial w}{\partial x} + [(ax^n + bx^m + c)y^2$

$$- an(n-1)x^{n-2} - bm(m-1)x^{m-2}]\frac{\partial w}{\partial y} = 0.$$

Hauptintegral:

$$\Xi = \frac{1}{(ax^n + bx^m + c)[(ax^n + bx^m + c)y + anx^{n-1} + bmx^{m-1}]} + \int \frac{dx}{(ax^n + bx^m + c)^2}.$$

51. $y\dfrac{\partial w}{\partial x} + (y+A)\dfrac{\partial w}{\partial y} = 0.$

Hauptintegral: $\Xi = x - y + A\ln|y+A|.$

52. $y\dfrac{\partial w}{\partial x} + [(ax+3b)y + cx^3 - abx^2 - 2b^2x]\dfrac{\partial w}{\partial y} = 0.$

Hauptintegral:

$$\Xi = xE + b\int \frac{E\,dv}{2v^2 - av - c}, \qquad v = \frac{y - bx}{x^2},$$

wobei $E = \exp\Big(\displaystyle\int \frac{v\,dv}{2v^2 - av - c}\Big)$ ist.

53. $y\dfrac{\partial w}{\partial x} + [(3ax+b)y - a^2x^3 - abx^2 + cx]\dfrac{\partial w}{\partial y} = 0.$

Hauptintegral:

$$\Xi = x^{-1}E - a\int \frac{E\,dv}{v^2 - bv - c}, \qquad v = \frac{y - ax^2}{x},$$

wobei $E = \exp\Big(\displaystyle\int \frac{v\,dv}{v^2 - bv - c}\Big)$ ist.

54. $y\dfrac{\partial w}{\partial x} + 3[(ax+b)^{-1/3}x^{-5/3}y + (ax+b)^{-2/3}x^{-7/3}]\dfrac{\partial w}{\partial y} = 0.$

Hauptintegral:

$$\Xi = \int x^{-1/3}(ax+b)^{-2/3}\,dx + 9\int \frac{dv}{27v^3 - a},$$

wobei $v = \dfrac{1}{xy} + \dfrac{1}{3}\Big(\dfrac{ax+b}{x}\Big)^{1/3}$ ist.

55. $y\dfrac{\partial w}{\partial x} + \Big\{x^{n-1}[(1+2n)x + an]y - nx^{2n}(x+a)\Big\}\dfrac{\partial w}{\partial y} = 0.$

Hauptintegral:

$$\Xi = (x^{n+1} + ax^n - y)^{-1/n} + \int \frac{dv}{a - v^{-n}}, \qquad v = x(x^{n+1} + ax^n - y)^{-1/n}.$$

56. $y\dfrac{\partial w}{\partial x} + \{[a(2n+k)x^k + b]x^{n-1}y$

$$- (a^2nx^{2k} + abx^k - c)x^{2n-1}\}\frac{\partial w}{\partial y} = 0.$$

Hauptintegral:

$$\Xi = x^{-k}E - ak\int \frac{E\,dv}{nv^2 - bv - c}, \qquad v = x^{-n}y - ax^k,$$

wobei $E = \exp\Bigl(-k\int \frac{v\,dv}{nv^2 - bv - c}\Bigr)$ ist.

57. $(Ay + Bx + a)\frac{\partial w}{\partial x} - (By + kx + b)\frac{\partial w}{\partial y} = 0.$

Hauptintegral: $\Xi = Ay^2 + kx^2 + 2(Bxy + ay + bx)$.

58. $(y + Ax^n + a)\frac{\partial w}{\partial x} - (nAx^{n-1}y + kx^m + b)\frac{\partial w}{\partial y} = 0.$

Hauptintegral: $\Xi = y^2 + \frac{2k}{m+1} + 2(Ax^n y + ay + bx)$.

59. $(y + ax^{n+1} + bx^n)\frac{\partial w}{\partial x} + (anx^n + cx^{n-1})y\frac{\partial w}{\partial y} = 0.$

Hauptintegral:

$$\Xi = x^{-1}E - a\int \frac{E\,dv}{nv^2 - (bn + c)v + bc}, \qquad v = x^{-n}y + b,$$

wobei $E = \exp\Bigl[-\int \frac{v\,dv}{nv^2 - (bn + c)v + bc}\Bigr]$ ist.

60. $xy\frac{\partial w}{\partial x} - [ny^2 - a(2n + 1)xy - by + a^2nx^2 - abx + c]\frac{\partial w}{\partial y} = 0.$

Hauptintegral:

$$\Xi = x^{-1}E - a\int \frac{E\,dv}{nv^2 - bv - c}, \qquad v = y - ax,$$

wobei $E = \exp\Bigl(-\int \frac{v\,dv}{nv^2 - bv - c}\Bigr)$ ist.

61. $(Axy - Aky + Bx - Bk)\frac{\partial w}{\partial x} + [Cy^2 + Dxy - (B - Dk)y]\frac{\partial w}{\partial y} = 0.$

Hauptintegral:

$$\Xi = (x - k)E - B\int \frac{E\,dv}{(C - A)v^2 + Dv}, \qquad v = \frac{y}{x - k},$$

wobei $E = \exp\Bigl[-A\int \frac{v\,dv}{(C - A)v^2 + Dv}\Bigr]$ ist.

62. $x(2ay+bx)\frac{\partial w}{\partial x}$

$$+\,[a(2-m)y^2+b(1-m)xy+Cx^2+Ax^{m+2}]\frac{\partial w}{\partial y}=0.$$

Hauptintegral: $\Xi=(Ax^m+C)^2-2Amx^{m-2}y(ay+bx)$.

63. $(Axy+Bx^2+kx)\frac{\partial w}{\partial x}+(Dy^2+Exy+Fx^2+ky)\frac{\partial w}{\partial y}=0.$

Hauptintegral:

$$\Xi=xV+k\int\frac{V\,dv}{(A-D)v^2+(B-E)v-F},\qquad v=\frac{y}{x},$$

wobei $V=\exp\left[\int\frac{(Av+B)dv}{(A-D)v^2+(B-E)v-F}\right]$ ist.

64. $(2Axy+Bx^2+kx)\frac{\partial w}{\partial x}$

$$+\,(Ay^2+Cxy+Dx^2+ky-C\beta x-A\beta^2-k\beta)\frac{\partial w}{\partial y}=0.$$

Hauptintegral:

$$\Xi=xE+(2A\beta+k)\int\frac{E\,dv}{Av^2+(B-C)v-D},\qquad v=\frac{y-\beta}{x},$$

wobei $E=\exp\left[\int\frac{(2Av+B)dv}{Av^2+(B-C)v-D}\right]$ ist.

65. $(2Axy+Bx^2+kx)\frac{\partial w}{\partial x}$

$$+\,[Ay^2+Cxy+Dx^2+(k-A\beta)y-C\beta x-k\beta]\frac{\partial w}{\partial y}=0.$$

Hauptintegral:

$$\Xi=xE+(A\beta+k)\int\frac{E\,dv}{(B-C)v-D},\qquad v=\frac{y-\beta}{x},$$

wobei $E=\exp\left[\int\frac{Av+B}{(B-C)v-D}dv\right]$ ist.

66. $(Axy+Aky+Bx^2+Bkx)\frac{\partial w}{\partial x}$

$$+\,[Cy^2+Dxy+k(D-B)y]\frac{\partial w}{\partial y}=0.$$

Hauptintegral:

$$\Xi = (x+k)E + kB\int \frac{E\,dv}{v[(C-A)v+D-B]}, \qquad v = \frac{y}{x+k},$$

wobei $E = \exp\left[\int \frac{(Av+B)dv}{v[(A-C)v+B-D]}\right]$ ist.

67. $x(2axy+b)\frac{\partial w}{\partial x} - [a(m+3)xy^2 + b(m+2)y - cx^m]\frac{\partial w}{\partial y} = 0.$

Hauptintegral: $\Xi = cx^{m+2}[cx^m - 2(m+1)y(axy+b)].$

68. $x^2(2axy+b)\frac{\partial w}{\partial x} - (4ax^2y^2 + 3bxy - cx^2 - k)\frac{\partial w}{\partial y} = 0.$

Hauptintegral: $\Xi = (cx^2+k)^2 - 4cx^3y(axy+b).$

69. $(xy + ax^m + bx^2)\frac{\partial w}{\partial x} + (y^2 + cx^m + bxy)\frac{\partial w}{\partial y} = 0.$

Hauptintegral:

$$\Xi = |ay - cx|^{n-2} + (n-2)\int (v+b)|av-c|^{n-3}\,dv, \qquad v = \frac{y}{x}.$$

70. $x(2ax^ny+b)\frac{\partial w}{\partial x}$

$$- [a(3n+m)x^ny^2 + b(2n+m)y - Ax^m - Cx^{-n}]\frac{\partial w}{\partial y} = 0.$$

Hauptintegral:

$$\Xi = (Ax^{n+m}+C)^2 - 2A(n+m)x^{2n+m}y(ax^ny+b).$$

71. $\frac{\partial w}{\partial x} + (axy+b)y^2\frac{\partial w}{\partial y} = 0.$

Hauptintegral:

$$\Xi = \int \frac{dv}{v(av^2+bv+1)} - \ln|x|, \qquad v = xy.$$

72. $\frac{\partial w}{\partial x} + (ax^{2n+1}y^3 + bx^{-n-2})\frac{\partial w}{\partial y} = 0.$

Hauptintegral:

$$\Xi = \int \frac{dv}{av^3+(n+1)v+b} - \ln|x|, \qquad v = x^{n+1}y.$$

73. $\dfrac{\partial w}{\partial x} + (ax^n y^3 + 3abx^{n+m}y^2 - bmx^{m-1} - 2ab^3x^{n+3m})\dfrac{\partial w}{\partial y} = 0.$

1°. Hauptintegral für $n + 2m \neq -1$:

$$\Xi = \frac{E}{(y+bx^m)^2} + 2a\int x^n E\,dx, \quad E = \exp\Bigl(-\frac{6ab^2}{n+2m+1}x^{n+2m+1}\Bigr).$$

2°. Hauptintegral für $n = -2m - 1$:

$$\Xi = \frac{x^{-6ab^2}}{(y+bx^m)^2} + \frac{a}{3ab^2+m}x^{-2(3ab^2+m)}.$$

3°. Hauptintegral für $n = -2m - 1, \ m = -3ab^2$:

$$\Xi = \frac{x^{2m}}{(y+bx^m)^2} + 2a\ln|x|.$$

74. $\dfrac{\partial w}{\partial x} + (ax^n y^3 + 3abx^{n+m}y^2 + cx^k y$

$\qquad - 2ab^3x^{n+3m} + bcx^{m+k} - bmx^{m-1})\dfrac{\partial w}{\partial y} = 0.$

1°. Hauptintegral für $k \neq -1, \ n + 2m \neq -1$:

$$\Xi = \frac{E}{(y+bx^m)^2} + 2a\int x^n E\,dx$$

mit

$$E = \exp\Bigl(\frac{2c}{k+1}x^{k+1} - \frac{6ab^2}{n+2m+1}x^{n+2m+1}\Bigr).$$

2°. Hauptintegral für $k = -1, \ n + 2m \neq -1$:

$$\Xi = \frac{x^{2c}E_2}{(y+bx^m)^2} + 2a\int x^{n+2c}E_2\,dx$$

mit

$$E_2 = \exp\Bigl(-\frac{6ab^2}{n+2m+1}x^{n+2m+1}\Bigr).$$

3°. Hauptintegral für $k \neq -1, \ n + 2m = -1$:

$$\Xi = \frac{x^{-6ab^2}E_1}{(y+bx^m)^2} + 2a\int x^{n-6ab^2}E_1\,dx$$

mit

$$E_1 = \exp\Big(\frac{2c}{k+1}x^{k+1}\Big).$$

4°. Hauptintegral für $k = n + 2m = -1$, $c \neq 3ab^2 + m$:

$$\Xi = \frac{x^{2(c-3ab^2)}}{(y + bx^m)^2} + \frac{a}{c - 3ab^2 - m}x^{2(c-3ab^2-m)}.$$

5°. Hauptintegral für $k = n + 2m = -1$, $c = 3ab^2 + m$:

$$\Xi = \frac{x^{2m}}{(y + bx^m)^2} + 2a \ln|x|.$$

75. $x\dfrac{\partial w}{\partial x} + [ax^4y^3 + (bx^2 - 1)y + cx]\dfrac{\partial w}{\partial y} = 0.$

Hauptintegral:

$$\Xi = \int \frac{dv}{av^3 + bv + c} - \frac{x^2}{2}, \qquad v = xy.$$

76. $x\dfrac{\partial w}{\partial x} + (ay^3 + 3abx^ny^2 - bnx^n - 2ab^3x^{3n})\dfrac{\partial w}{\partial y} = 0.$

Hauptintegral:

$$\Xi = \frac{E}{y + bx^n} + 2a\int x^{-1}E\,dx, \qquad E = \exp(-\frac{3ab^2}{n}x^{2n}).$$

77. $x\dfrac{\partial w}{\partial x} + [ax^{2n+1}y^3 + (bx - n)y + cx^{1-n}]\dfrac{\partial w}{\partial y} = 0.$

Hauptintegral:

$$\Xi = \int \frac{dv}{av^3 + bv + c} - x, \qquad v = x^ny.$$

78. $x\dfrac{\partial w}{\partial x} + [ax^{n+2}y^3 + (bx^n - 1)y + cx^{n-1}]\dfrac{\partial w}{\partial y} = 0.$

Hauptintegral:

$$\Xi = \int \frac{dv}{av^3 + bv + c} - \frac{1}{n}x^n, \qquad v = xy.$$

79. $(Ay^2 + x^2)\frac{\partial w}{\partial x} - (2xy - Bx^2 - a)\frac{\partial w}{\partial y} = 0.$

Hauptintegral: $\Xi = Ay^3 - Bx^3 + 3(x^2y - ax).$

80. $(Ay^2 + Bx^2 - a^2B)\frac{\partial w}{\partial x} + (Cy^2 + 2Bxy)\frac{\partial w}{\partial y} = 0.$

Hauptintegral:

$$\Xi = (x-a)E + 2aB\int\frac{E\,dv}{v(Av^2 - Cv - B)}, \qquad v = \frac{y}{x-a},$$

wobei $E = \exp\Big[\int\frac{(Av^2+B)dv}{v(Av^2-Cv-B)}\Big]$ ist.

81. $(Ay^2 + Bxy + Cx^2)\frac{\partial w}{\partial x} + (Dy^2 + Exy + Fx^2)\frac{\partial w}{\partial y} = 0.$

Hauptintegral:

$$\Xi = \int\frac{(Av^2 + Bv + C)dv}{Av^3 + (B-D)v^2 + (C-E)v - F} + \ln|x|, \qquad v = \frac{y}{x}.$$

82. $(Ay^2 + 2Bxy + Dx^2 + a)\frac{\partial w}{\partial x} - (By^2 + 2Dxy - Ex^2 - b)\frac{\partial w}{\partial y} = 0.$

Hauptintegral:

$$\Xi = Ay^3 - Ex^3 + 3(Bxy^2 + Dx^2y + ay - bc).$$

83. $(aAy^2 - 2bAxy + aBx^2 + ab^2A - a^3B)\frac{\partial w}{\partial x}$

$$- (bAy^2 - 2aBxy + bBx^2 - b^3A + a^2bB)\frac{\partial w}{\partial y} = 0.$$

Hauptintegral:

$$\Xi = (x-a)E + 2(a^2B - b^2A)\int\Big[\frac{E\,dv}{(Av^2-B)(av-b)}\Big], \qquad v = \frac{y-b}{x-a},$$

wobei $E = \exp\Big[\int\frac{(aAv^2 - 2bAv + aB)dv}{(Av^2-B)(av-b)}\Big]$ ist.

84. $(y^2 - 2xy + x^2 + ay)\frac{\partial w}{\partial x} + ay\frac{\partial w}{\partial y} = 0.$

Hauptintegral: $\Xi = \frac{a}{x-y} + \ln|y|.$

85. $(Ay^2 + Bxy + Cx^2 + kx)\frac{\partial w}{\partial x} + (Dy^2 + Exy + Fx^2 + ky)\frac{\partial w}{\partial y} = 0.$

Hauptintegral:

$$\Xi = xV + k\int \frac{V\,dv}{Av^3 + (B-D)v^2 + (C-E)v - F}, \qquad v = \frac{y}{x},$$

wobei $V = \exp\Big[\int \frac{(Av^2 + Bv + C)dv}{Av^3 + (B-D)v^2 + (C-E)v - F}\Big]$ ist.

86. $(Ay^2 + Bxy + Cx^2 - \alpha By - \alpha Cx)\frac{\partial w}{\partial x}$

$$+ (Dy^2 + Exy + \alpha Cy - \alpha Ey)\frac{\partial w}{\partial y} = 0.$$

Hauptintegral:

$$\Xi = (x-\alpha)V + \alpha C\int \frac{V\,dv}{v[Av^2 + (B-D)v + C - E]}, \qquad v = \frac{y}{x-\alpha},$$

wobei $V = \exp\Big[\int \frac{(Av^2 + Bv + C)dv}{v[Av^2 + (B-D)v + C - E]}\Big]$ ist.

87. $[A(\alpha y^2 + \beta xy + \gamma x^2) + (2\alpha - A^2\sigma)y + (\beta - AB\sigma)x]\frac{\partial w}{\partial x}$

$$- [B(\alpha y^2 + \beta xy + \gamma x^2) + (\beta - AB\sigma)y + (2\gamma - B^2\sigma)x]\frac{\partial w}{\partial y} = 0.$$

Hauptintegral:

$$\Xi = [\alpha y^2 + \beta xy + \gamma x^2 - \sigma(Ay + Bx) + \sigma]\exp(Ay + Bx).$$

88. $(Ay^2 + Bxy - \alpha By + kx - \alpha k)\frac{\partial w}{\partial x}$

$$+ [Cy^2 + Dxy + (k - \alpha D)y]\frac{\partial w}{\partial y} = 0.$$

Hauptintegral:

$$\Xi = (x-\alpha)E + k\int \frac{E\,dv}{v[Av^2 + (B-C)v - D]}, \qquad v = \frac{y}{x-\alpha},$$

wobei $E = \exp\Big[\int \frac{(Av + B)dv}{Av^2 + (B-C)v - D}\Big]$ ist.

89. $$(Ay^2 + 2Axy + Bx^2 + A - B)\frac{\partial w}{\partial x} + [Ay^2 + 2Bxy + Dx^2 + 2(B - D)x + D - A]\frac{\partial w}{\partial y} = 0.$$

Hauptintegral:

$$\Xi = (x-1)E + 2(B-A)\int \frac{E\,dv}{Av^3 + Av^2 - Bv - D}, \qquad v = \frac{y+1}{x-1},$$

wobei $E = \exp\left[\int \frac{(Av^2 + 2Av + B)dv}{Av^3 + Av^2 - Bv - D}\right]$ ist.

90. $$(Ay^2 + 2Axy + Bx^2 + A - B)\frac{\partial w}{\partial x} + [Ay^2 + 2Bxy + Cx^2 + 2(B + C)x + A + C]\frac{\partial w}{\partial y} = 0.$$

Hauptintegral:

$$\Xi = (x+1)E + 2(A-B)\int \frac{E\,dv}{Av^3 - Av^2 - Bv - C}, \qquad v = \frac{y+1}{x+1},$$

wobei $E = \exp\left[\int \frac{(Av^2 - 2Av + B)dv}{Av^3 - Av^2 - Bv - C}\right]$ ist.

91. $$(Ay^2 + 2Axy + Bx^2 + A - B)\frac{\partial w}{\partial x} + [Ay^2 + 2Bxy + Cx^2 + 2(C - B)x - A + C]\frac{\partial w}{\partial y} = 0.$$

Hauptintegral:

$$\Xi = (x+1)E + 2(A-B)\int \frac{E\,dv}{Av^3 + Av^2 - Bv - C}, \qquad v = \frac{y-1}{x+1},$$

wobei $E = \exp\left[\int \frac{(Av^2 + 2Av + B)dv}{Av^3 + Av^2 - Bv - C}\right]$ ist.

92. $$(Ay^2 - 2Axy + Bx^2 + A - B)\frac{\partial w}{\partial x} - [Ay^2 - 2Bxy - Cx^2 + 2(B + C)x - A - C]\frac{\partial w}{\partial y} = 0.$$

Hauptintegral:

$$\Xi = (x-1)E + 2(A-B)\int \frac{E\,dv}{Av^3 - Av^2 - Bv - C}, \qquad v = \frac{y-1}{x+1},$$

wobei $E = \exp\Big[\int \frac{(Av^2 - 2Av + B)dv}{Av^3 - Av^2 - Bv - C}\Big]$ ist.

93. $$(Ay^2 - 2Axy + Bx^2 + A - B)\frac{\partial w}{\partial x} + [Cy^2 + 2Bxy + Dx^2 - 2(A + C)y - 2(B + D)x + 2A + C + D]\frac{\partial w}{\partial y} = 0.$$

Hauptintegral:

$$(x-1)E + 2(B-A)\int \frac{Edv}{Av^3 - (2A+C)v^2 - Bv - D}$$

mit $v = \frac{y-1}{x-1}$, $E = \exp\Big[\int \frac{(Av^2 - 2Av + B)dv}{Av^3 - (2A+C)v^2 - Bv - D}\Big]$.

94. $$(Ay^2 + 4Axy + Bx^2 + 4A - B)\frac{\partial w}{\partial x} + [2Ay^2 + 2Bxy + Cx^2 - 2(C - 2B)x + C - 8A]\frac{\partial w}{\partial y} = 0.$$

Hauptintegral:

$$\Xi = (x-1)E + 2(B-4A)\int \frac{Edv}{Av^3 + 2Av^2 - Bv - C}, \qquad v = \frac{y+2}{x-1},$$

wobei $E = \exp\Big[\int \frac{(Av^2 + 4Av + B)dv}{Av^3 + 2Av^2 - Bv - C}\Big]$ ist.

95. $$(Ay^2 - 4Axy + Bx^2 + 4A - B)\frac{\partial w}{\partial x} - [2Ay^2 - 2Bxy - Cx^2 + 2(2B + C)x + 8A + C]\frac{\partial w}{\partial y} = 0.$$

Hauptintegral:

$$\Xi = (x-1)E + 2(B-4A)\int \frac{Edv}{Av^3 - 2Av^2 - Bv - C}, \qquad v = \frac{y-2}{x-1},$$

wobei $E = \exp\Big[\int \frac{(Av^2 - 4Av + B)dv}{Av^3 - 2Av^2 - Bv - C}\Big]$ ist.

96. $$(Ay^2 + 4Axy + Bx^2 + 4A - B)\frac{\partial w}{\partial x} + [Cy^2 + 2Bxy + 2Bx^2 + 4(C - 2A)y + 2(B + 2C - 8A)]\frac{\partial w}{\partial y} = 0.$$

Hauptintegral:

$$\Xi = (x-1)E + 2(B-4A)\int \frac{E\,dv}{Av^3 + (4A-C)v^2 - Bv - 2B},$$

wobei $v = \dfrac{y+2}{x-1}$, $E = \exp\Big[\displaystyle\int \frac{(Av^2 + 4Av + B)}{Av^3 + (4A-C)v^2 - Bv - 2B}\Big]$ ist.

97. $$[A(\alpha y^2 + \beta xy + \gamma x^2) + (A\delta + 2\alpha)y + (A\varepsilon + \beta)x + A\sigma + \delta]\frac{\partial w}{\partial x}$$
$$+ [B(\alpha y^2 + \beta xy + \gamma x^2) + (B\delta + \beta)y + (B\varepsilon + 2\gamma)x + B\sigma + \varepsilon]\frac{\partial w}{\partial y} = 0.$$

Hauptintegral:

$$\Xi = (\alpha y^2 + \beta xy + \gamma x^2 + \delta y + \varepsilon x + \sigma)\exp(Ay + Bx).$$

98. $$(\alpha A y^2 - 2\beta Axy + Bx^2 + \alpha\beta^2 A - \alpha^2 B)\frac{\partial w}{\partial x} + [Cy^2 + 2Bxy + Dx^2$$
$$- 2\beta(\beta A + C)y - 2(\alpha D + \beta B)x + \alpha^2 D + \beta^2(2\beta A + C)]\frac{\partial w}{\partial y} = 0.$$

Hauptintegral:

$$\Xi = (x-\alpha)E + 2(\alpha B - \beta^2 A)\int \frac{E\,dv}{\alpha A v^3 - (2\beta A + C)v^2 - Bv - D},$$

wobei

$$v = \frac{y-\beta}{x-\alpha} \text{ und } E = \exp\Big[\int \frac{(\alpha A v^2 - 2\beta A v + B)dv}{\alpha A v^3 - (2\beta A + C)v^2 - Bv - D}\Big]$$

gelten.

99. $$(A_{22}y^2 + A_{12}xy + A_{11}x^2 + A_2 y + A_1 x + A_0)\frac{\partial w}{\partial x}$$
$$+ (B_{22}y^2 + B_{12}xy + B_{11}x^2 + B_2 y + B_1 x + B_0)\frac{\partial w}{\partial y} = 0.$$

Hier sind A_{ij}, B_{ij}, A_1 beliebig, und die übrigen Koeffizienten werden durch folgende Gleichungen definiert:

$$\begin{aligned}
A_2 &= -A_{12}\alpha - 2A_{22}\beta,\\
A_0 &= -A_{11}\alpha^2 + A_{22}\beta^2 - A_1\alpha,\\
B_2 &= (2A_{11} - B_{12})\alpha + (A_{12} - 2B_{22})\beta + A_1,\\
B_1 &= -2B_{11}\alpha - B_{12}\beta,\\
B_0 &= B_{11}\alpha^2 + (B_{12} - 2A_{11})\alpha\beta + (B_{22} - A_{12})\beta^2 - A_1\beta,
\end{aligned}$$

wobei α, β beliebige Parameter sind.

Hauptintegral:

$$\Xi = (x-\alpha)E + k\int \frac{E\,dv}{A_{22}v^3 + (A_{12}-B_{22})v^2 + (A_{11}-B_{12})v - B_{11}},$$

wobei

$$E = \exp\Big[\int \frac{(A_{22}v^2 + A_{12}v + A_{11})\,dv}{A_{22}v^3 + (A_{12}-B_{22})v^2 + (A_{11}-B_{12})v - B_{11}}\Big],$$

$$v = \frac{y-\beta}{x-\alpha}, \qquad k = 2A_{11}\alpha + A_{12}\beta + A_1$$

gelten.

100. $\dfrac{\partial w}{\partial x} + (ay^n + bx^{\frac{n}{1-n}})\dfrac{\partial w}{\partial y} = 0.$

Hauptintegral:

$$\Xi = \int \frac{dv}{av^n + \dfrac{1}{1-n}v + b} - \ln|x|, \qquad v = yx^{\frac{1}{n-1}}.$$

101. $\dfrac{\partial w}{\partial x} + (ax^{m-n-mn}y^n + bx^m)\dfrac{\partial w}{\partial y} = 0.$

Hauptintegral:

$$\Xi = b\Big(\frac{a}{b}\Big)^{1/n}\ln|x| - \int \frac{dv}{v^n - \lambda v + 1}, \qquad v = \Big(\frac{a}{b}\Big)^{1/n} yx^{-m-1},$$

wobei $\lambda = \dfrac{m+1}{b}\Big(\dfrac{a}{b}\Big)^{1/n}$ ist

102. $x\dfrac{\partial w}{\partial x} + (y + ax^{n-m}y^m + bx^{n-k}y^k)\dfrac{\partial w}{\partial y} = 0.$

1°. Hauptintegral für $n \neq 1$:

$$\Xi = \int \frac{dv}{av^m + bv^k} - \frac{x^{n-1}}{n-1}, \qquad v = \frac{y}{x}.$$

2°. Hauptintegral für $n = 1$:

$$\Xi = \int \frac{dv}{av^m + bv^k} - \ln|x|, \qquad v = \frac{y}{x}.$$

103. $(ax^n + bx^2 + cxy)\dfrac{\partial w}{\partial x} + (kx^n + bxy + cy^2)\dfrac{\partial w}{\partial y} = 0.$

Hauptintegral für $n \neq 2$:

$$\Xi = (kx - ay)^{n-2} - (n-2)\int (k - av)^{n-3}(b + cv)\,dv, \qquad v = \frac{y}{x}.$$

104. $(ay^n + bx^2 + cxy)\dfrac{\partial w}{\partial x} + (ky^n + bxy + cy^2)\dfrac{\partial w}{\partial y} = 0.$

Hauptintegral für $n \neq 2$:

$$(kx - ay)^{n-2} - (n-2)\int \frac{(k - av)^{n-3}(b + cv)}{v^n}\,dv, \qquad v = \frac{y}{x}.$$

105. $(ax^n + by^n + x)\dfrac{\partial w}{\partial x} + (\alpha x^k y^{n-k} + \beta x^m y^{n-m} + y)\dfrac{\partial w}{\partial y} = 0.$

Hauptintegral:

$$\Xi = x^{n-1}E + (1-n)\int \frac{E\,dv}{\alpha v^{n-k} + \beta v^{n-m} - bv^{n+1} - av}, \qquad v = \frac{y}{x},$$

wobei $E = \exp\Big[(1-n)\displaystyle\int \frac{(bv^n + a)dv}{\alpha v^{n-k} + \beta v^{n-m} - bv^{n+1} - av}\Big]$ ist.

106. $(ax^n + by^n + Ax^2 + Bxy)\dfrac{\partial w}{\partial x}$

$$+ (\alpha x^k y^{n-k} + \beta x^m y^{n-m} + Axy + By^2)\frac{\partial w}{\partial y} = 0.$$

Hauptintegral:

$$\Xi = x^{n-2}E + (2-n)\int \frac{(Bv + A)E\,dv}{\alpha v^{n-k} + \beta v^{n-m} - bv^{n+1} - av}, \qquad v = \frac{y}{x},$$

wobei $E = \exp\Big[(2-n)\displaystyle\int \frac{(bv^n + a)dv}{\alpha v^{n-k} + \beta v^{n-m} - bv^{n+1} - av}\Big]$ ist.

107. $(ay^m + bx^n + s)\dfrac{\partial w}{\partial x} - (\alpha x^k + bnx^{n-1}y + \beta)\dfrac{\partial w}{\partial y} = 0.$

Hauptintegral: $a\varphi(y) + \alpha\psi(x) + bx^n y + sy + \beta x$ mit

$$\varphi(y) = \begin{cases} \dfrac{y^{m+1}}{m+1} & \text{für } m \neq -1, \\ \ln|y| & \text{für } m = -1, \end{cases} \qquad \psi(x) = \begin{cases} \dfrac{x^{k+1}}{k+1} & \text{für } k \neq -1, \\ \ln|x| & \text{für } k = -1. \end{cases}$$

108. $(ax^n y^m + x)\dfrac{\partial w}{\partial x} + (bx^k y^{n+m-k} + y)\dfrac{\partial w}{\partial y} = 0.$

Hauptintegral:

$$\Xi = x^{n+m-1}E - (n+m-1)a\int \frac{E\,dv}{v^m(bv^{n-k} - av)}, \qquad v = \frac{y}{x},$$

wobei $E = \exp\Bigl[a(1-n-m)\displaystyle\int \frac{dv}{bv^{n-k} - av}\Bigr]$ ist.

109. $x(ax^n y^m + \alpha)\dfrac{\partial w}{\partial x} - y(bx^n y^m + \beta)\dfrac{\partial w}{\partial y} = 0.$

Hauptintegral:

$$\Xi = \frac{(y^a x^b)^A}{A} + \frac{(y^\alpha x^\beta)^B}{B},$$

wobei $A = \dfrac{m\beta - n\alpha}{a\beta - b\alpha}$, $B = \dfrac{mb - na}{a\beta - b\alpha}$ ist.

110. $x(anx^k y^{n+k} + s)\dfrac{\partial w}{\partial x} - y(bmx^{m+k} y^k + s)\dfrac{\partial w}{\partial y} = 0.$

Hauptintegral: $\Xi = aky^n + bkx^m - s(xy)^{-k}$.

111. $(ax^n y^m + Ax^2 + Bxy)\dfrac{\partial w}{\partial x} + (bx^k y^{n+m-k} + Axy + By^2)\dfrac{\partial w}{\partial y} = 0.$

Hauptintegral:

$$\Xi = x^{n+m-2}E - (n+m-2)a\int \frac{(Bv + A)E\,dv}{v^m(bv^{n-k} - av)}, \qquad v = \frac{y}{x},$$

wobei $E = \exp\Bigl[a(2-n-m)\displaystyle\int \frac{dv}{bv^{n-k} - av}\Bigr]$ ist.

112. $(ax^n y^m + bxy^k)\dfrac{\partial w}{\partial x} + (\alpha y^s + \beta)\dfrac{\partial w}{\partial y} = 0.$

Hauptintegral:

$$\Xi = x^{1-n}E + a(n-1)\int \frac{y^m E}{\alpha y^s + \beta}\,dy,$$

wobei $E = \exp\Bigl[b(n-1)\displaystyle\int \frac{y^k dy}{\alpha y^s + \beta}\Bigr]$ ist.

113. $x\frac{\partial w}{\partial x} + (y + a\sqrt{y^2 + bx^2})\frac{\partial w}{\partial y} = 0.$

Hauptintegral: $\Xi = x^{-1-a}(y + \sqrt{y^2 + bx^2}).$

114. $\left(e_1\frac{x+a}{r_1^3} + e_2\frac{x-a}{r_2^3}\right)\frac{\partial w}{\partial x} + \left(\frac{e_1}{r_1^3} + \frac{e_2}{r_2^3}\right)y\frac{\partial w}{\partial y} = 0,$

$$r_1^2 = (x+a)^2 + y^2, \qquad r_2^2 = (x-a)^2 + y^2.$$

Hauptintegral: $\Xi = e_1\frac{x+a}{r_1} + e_2\frac{x-a}{r_2}.$

115. $\sqrt{f(x)}\frac{\partial w}{\partial x} + \sqrt{f(y)}\frac{\partial w}{\partial y} = 0, \qquad f(t) = \sum_{\nu=0}^{4} a_\nu t^\nu.$

Hauptintegral:

$$\Xi = \left(\frac{\sqrt{f(x)} + \sqrt{f(y)}}{x-y}\right)^2 - a_4(x+y)^2 - a_3(x+y).$$

6.3 Gleichungen mit Exponentialfunktionen

1. $\frac{\partial w}{\partial x} + (y^2 + a\lambda e^{\lambda x} - a^2 e^{2\lambda x})\frac{\partial w}{\partial y} = 0.$

Hauptintegral:

$$\Xi = \frac{E}{y - ae^{\lambda x}} + \int E\,dx, \qquad E = \exp\Big(\frac{2a}{\lambda}e^{\lambda x}\Big).$$

2. $\frac{\partial w}{\partial x} + [y^2 + by + a(\lambda - b)e^{\lambda x} - a^2 e^{2\lambda x}]\frac{\partial w}{\partial y} = 0.$

Hauptintegral:

$$\Xi = \frac{E}{y - ae^{\lambda x}} + \int E\,dx, \qquad E = \exp\Big(\frac{2a}{\lambda}e^{\lambda x} + bx\Big).$$

3. $\frac{\partial w}{\partial x} + [y^2 + ae^{\lambda x}y - abe^{\lambda x} - b^2]\frac{\partial w}{\partial y} = 0.$

Hauptintegral:

$$\Xi = \frac{E}{y - b} + \int E\,dx, \qquad E = \exp\Big(2bx + \frac{a}{\lambda}e^{\lambda x}\Big).$$

4. $\dfrac{\partial w}{\partial x} + (y^2 + axe^{\lambda x}y + ae^{\lambda x})\dfrac{\partial w}{\partial y} = 0.$

Hauptintegral:

$$\Xi = \frac{E}{x(xy-1)} + \int \frac{E}{x^2}\,dx, \qquad E = \exp\left[\frac{a}{\lambda^2}(\lambda x - 1)e^{\lambda x}\right].$$

5. $\dfrac{\partial w}{\partial x} + (ae^{\lambda x}y^2 + be^{-\lambda x})\dfrac{\partial w}{\partial y} = 0.$

Hauptintegral:

$$\Xi = \int \frac{dv}{av^2 + \lambda v + b} - x, \qquad v = e^{\lambda x}y.$$

6. $\dfrac{\partial w}{\partial x} + (be^{\mu x}y^2 + a\lambda e^{\lambda x} - a^2be^{(\mu+2\lambda)x})\dfrac{\partial w}{\partial y} = 0.$

1°. Hauptintegral für $\mu + \lambda \neq 0$:

$$\Xi = \frac{E}{y - ae^{\lambda x}} + \int E\,dx, \qquad E = \exp\left[\frac{2ab}{\lambda+\mu}e^{(\lambda+\mu)x}\right].$$

2°. Hauptintegral für $\mu = -\lambda$:

$$\Xi = \frac{y - ae^{\lambda x} + 2ab}{y - ae^{\lambda x}}e^{2abx}.$$

7. $\dfrac{\partial w}{\partial x} + (ae^{\lambda x}y^2 + by + ce^{-\lambda x})\dfrac{\partial w}{\partial y} = 0.$

Hauptintegral:

$$\Xi = \int \frac{dv}{av^2 + (b+\lambda)v + c} - x, \qquad v = e^{\lambda x}y.$$

8. $\dfrac{\partial w}{\partial x} + (ae^{\mu x}y^2 + \lambda y - ab^2e^{(\mu+2\lambda)x})\dfrac{\partial w}{\partial y} = 0.$

1°. Hauptintegral für $\mu + \lambda \neq 0$:

$$\Xi = \frac{E}{y - be^{\lambda x}} + a\int e^{\mu x}E\,dx, \qquad E = \exp\left(\frac{2ab}{\mu+\lambda}e^{(\mu+\lambda)x} + \lambda x\right).$$

2°. Hauptintegral für $\mu = -\lambda$:

$$\Xi = \frac{x^{2ab}e^{\lambda x}}{y - be^{\lambda x}} + \frac{1}{b}x^{2ab+1}.$$

9. $\dfrac{\partial w}{\partial x} + (e^{\lambda x}y^2 + ae^{\mu x}y + a\lambda e^{(\mu-\lambda)x})\dfrac{\partial w}{\partial y} = 0.$

Hauptintegral:

$$\Xi = \frac{E}{y + \lambda e^{-\lambda x}} + \int e^{\lambda x} E\,dx, \qquad E = \exp\Big(\frac{a}{\mu}e^{\mu x} - 2\lambda x\Big).$$

10. $\dfrac{\partial w}{\partial x} - (\lambda e^{\lambda x}y^2 - ae^{\mu x}y - ae^{(\mu-\lambda)x})\dfrac{\partial w}{\partial y} = 0.$

Hauptintegral:

$$\Xi = \frac{E}{y - e^{-\lambda x}} - \lambda \int e^{\lambda x} E\,dx, \qquad E = \exp\Big(\frac{a}{\mu}e^{\mu x} - 2\lambda x\Big).$$

11. $\dfrac{\partial w}{\partial x} + (ae^{\mu x}y^2 + abe^{(\lambda+\mu)x} - b\lambda e^{\lambda x})\dfrac{\partial w}{\partial y} = 0.$

1°. Hauptintegral für $\mu + \lambda \neq 0$:

$$\Xi = \frac{E}{y + be^{\lambda x}} + a\int e^{\mu x} E\,dx, \qquad E = \exp\Big(-\frac{ab}{\mu+\lambda}e^{(\mu+\lambda)x}\Big).$$

2°. Hauptintegral für $\mu = -\lambda$:

$$\Xi = \frac{x^{-ab}}{y + be^{\lambda x}} + a\int x^{-ab}e^{-\lambda x}\,dx.$$

12. $\dfrac{\partial w}{\partial x} + [ae^{(2\lambda+\mu)x}y^2 + (be^{(\lambda+\mu)x} - \lambda)y + ce^{\mu x}]\dfrac{\partial w}{\partial y} = 0.$

1°. Hauptintegral für $\mu + \lambda \neq 0$:

$$\Xi = \int \frac{dv}{av^2 + bv + c} - \frac{1}{\mu+\lambda}e^{(\mu+\lambda)x}.$$

2°. Hauptintegral für $\mu = -\lambda$:

$$\Xi = \int \frac{dv}{av^2 + bv + c} - x, \qquad v = e^{\lambda x}y.$$

13. $\dfrac{\partial w}{\partial x} + [e^{\mu x}(y - be^{\lambda x})^2 + b\lambda e^{\lambda x}]\dfrac{\partial w}{\partial y} = 0.$

Hauptintegral: $\Xi = \dfrac{1}{y - be^{\lambda x}} + \dfrac{1}{\mu}e^{\mu x}.$

14. $\dfrac{\partial w}{\partial x} + (ae^{\lambda x}y^2 + bnx^{n-1} - ab^2e^{\lambda x}x^{2n})\dfrac{\partial w}{\partial y} = 0.$

Hauptintegral:

$$\Xi = \frac{E}{y - bx^n} + a\int e^{\lambda x}E\,dx, \qquad E = \exp\Bigl(2ab\int x^n e^{\lambda x}\,dx\Bigr).$$

15. $\dfrac{\partial w}{\partial x}(e^{\lambda x}y^2 + ax^n y + a\lambda x^n e^{-\lambda x})\dfrac{\partial w}{\partial y} = 0.$

1°. Hauptintegral für $n \neq -1$:

$$\Xi = \frac{E}{y + \lambda e^{-\lambda x}} + \int e^{\lambda x}E\,dx, \qquad E = \exp\Bigl(\frac{a}{n+1}x^{n+1} - 2\lambda x\Bigr).$$

2°. Hauptintegral für $n = -1$:

$$\Xi = \frac{x^a e^{-2\lambda x}}{y + \lambda e^{-\lambda x}} + \int x^a e^{-\lambda x}\,dx.$$

16. $\dfrac{\partial w}{\partial x} - (\lambda e^{\lambda x}y^2 - ax^n e^{\lambda x}y - ax^n)\dfrac{\partial w}{\partial y} = 0.$

Hauptintegral:

$$\Xi = \frac{e^{-2\lambda x}E}{y - e^{-\lambda x}} - \lambda\int e^{-\lambda x}E\,dx, \qquad E = \exp\Bigl(a\int x^n e^{\lambda x}\,dx\Bigr).$$

17. $\dfrac{\partial w}{\partial x} + (ae^{\lambda x}y^2 - abx^n e^{\lambda x}y + bnx^{n-1})\dfrac{\partial w}{\partial y} = 0.$

Hauptintegral:

$$\Xi = \frac{E}{y - bx^n} + a\int e^{\lambda x}E\,dx, \qquad E = \exp\Bigl(ab\int x^n e^{\lambda x}\,dx\Bigr).$$

18. $\dfrac{\partial w}{\partial x} + (ax^n y^2 + b\lambda e^{\lambda x} - ab^2x^n e^{2\lambda x})\dfrac{\partial w}{\partial y} = 0.$

Hauptintegral:

$$\Xi = \frac{E}{y - be^{\lambda x}} + a\int x^n E\,dx, \qquad E = \exp\Bigl(2ab\int x^n e^{\lambda x}\,dx\Bigr).$$

19. $\dfrac{\partial w}{\partial x} + (ax^n y^2 + \lambda y - ab^2 x^n e^{2\lambda x})\dfrac{\partial w}{\partial y} = 0.$

Hauptintegral:

$$\Xi = \frac{E}{y - be^{\lambda x}} + a\int x^n E\,dx, \qquad E = \exp\Bigl(\lambda x + 2ab\int x^n e^{\lambda x}\,dx\Bigr).$$

20. $\dfrac{\partial w}{\partial x} + (ax^n y^2 - abx^n e^{\lambda x} y + b\lambda e^{\lambda x})\dfrac{\partial w}{\partial y} = 0.$

Hauptintegral:

$$\Xi = \frac{E}{y - bx^n} + a\int x^n E\,dx, \qquad E = \exp\Bigl(ab\int x^n e^{\lambda x}\,dx\Bigr).$$

21. $\dfrac{\partial w}{\partial x} - [(k+1)x^k y^2 - ax^{k+1} e^{\lambda x} y + ae^{\lambda x}]\dfrac{\partial w}{\partial y} = 0.$

Hauptintegral:

$$\Xi = \frac{E}{x^{k+1}(x^{k+1}y - 1)} - (k+1)\int x^{-k-2} E\,dx,$$

wobei $E = x^{-2(k+1)}\exp\Bigl(a\int x^{k+1} e^{\lambda x}\,dx\Bigr)$ ist.

22. $\dfrac{\partial w}{\partial x} + [ax^n y^2 - ax^n(be^{\lambda x} + c)y + b\lambda e^{\lambda x}]\dfrac{\partial w}{\partial y} = 0.$

Hauptintegral:

$$\Xi = \frac{E}{y - be^{\lambda x} - c} + a\int x^n E\,dx,$$

$$\text{wobei } E = \begin{cases} \exp\Bigl(\dfrac{ac}{n+1}x^{n+1} + ab\displaystyle\int x^n e^{\lambda x}\,dx\Bigr) & \text{für } n \neq -1, \\ x^{ac}\exp\Bigl(ab\displaystyle\int \frac{e^{\lambda x}}{x}\,dx\Bigr) & \text{für } n = -1 \end{cases}$$

gilt.

23. $\dfrac{\partial w}{\partial x} + [ax^n e^{2\lambda x} y^2 + (bx^n e^{\lambda x} - \lambda)y + cx^n]\dfrac{\partial w}{\partial y} = 0.$

Hauptintegral:

$$\Xi = \int \frac{dv}{av^2 + bv + c} - \int x^n e^{\lambda x}\,dx, \qquad v = e^{\lambda x} y.$$

24. $\dfrac{\partial w}{\partial x} + [ae^{\lambda x}(y - bx^n - c)^2 + bnx^{n-1}]\dfrac{\partial w}{\partial y} = 0.$

Hauptintegral:

$$\Xi = \frac{1}{y - bx^n - c} + \frac{a}{\lambda}e^{\lambda x}.$$

25. $x\dfrac{\partial w}{\partial x} + (ae^{\lambda x}y^2 + ky + ab^2x^{2k}e^{\lambda x})\dfrac{\partial w}{\partial y} = 0.$

Hauptintegral:

$$\Xi = \arctan\frac{y}{bx^k} - ab\int x^{k-1}e^{\lambda x}\,dx.$$

26. $x\dfrac{\partial w}{\partial x} + [ax^{2n}e^{\lambda x}y^2 + (bx^n e^{\lambda x} - n)y + ce^{\lambda x}]\dfrac{\partial w}{\partial y} = 0.$

Hauptintegral:

$$\Xi = \int\frac{dv}{av^2 + bv + c} - \int x^{n-1}e^{\lambda x}\,dx, \qquad v = x^n y.$$

27. $(ae^{\lambda x} + be^{\mu x} + c)\dfrac{\partial w}{\partial x} + (y^2 + ke^{\nu x}y - m^2 + kme^{\nu x})\dfrac{\partial w}{\partial y} = 0.$

Hauptintegral:

$$\Xi = \frac{E}{y+m} + \int\frac{E\,dx}{ae^{\lambda x} + be^{\mu x} + c}, \quad E = \exp\Big(\int\frac{ke^{\nu x} - 2m}{ae^{\lambda x} + be^{\mu x} + c}\Big)\,dx.$$

28. $(ae^{\lambda x} + be^{\mu x} + c)\dfrac{\partial w}{\partial x}$

$$+ [(ae^{\lambda x} + be^{\mu x} + c)y^2 - a\lambda^2e^{\lambda x} - b\mu^2e^{\mu x}]\frac{\partial w}{\partial y} = 0.$$

Hauptintegral:

$$\Xi = E\Big(y - \frac{a\lambda e^{\lambda x} + b\mu e^{\mu x}}{ae^{\lambda x} + be^{\mu x} + c}\Big)^{-1} + \int E\,dx,$$

wobei $E = \exp\Big(2c\displaystyle\int\frac{dx}{ae^{\lambda x} + be^{\mu x} + c} - 2x\Big)$ ist.

29. $\dfrac{\partial w}{\partial x} + (y^2 + 2a\lambda e^{\lambda x^2} - a^2e^{2\lambda x^2})\dfrac{\partial w}{\partial y} = 0.$

Hauptintegral:

$$\Xi = \frac{E}{y - ae^{\lambda x^2}} + \int E\,dx, \qquad E = \exp\Big(2a\int e^{\lambda x^2}\,dx\Big).$$

30. $\dfrac{\partial w}{\partial x} + (ae^{-\lambda x^2} y^2 + \lambda xy + ab^2)\dfrac{\partial w}{\partial y} = 0.$

Hauptintegral:

$$\Xi = \arctan\Big[\frac{1}{b} y \exp\Big(-\tfrac{1}{2}\lambda x^2\Big)\Big] - ab \int \exp\Big(-\tfrac{1}{2}\lambda x^2\Big)\, dx.$$

31. $\dfrac{\partial w}{\partial x} + (ax^n y^2 + \lambda xy + ab^2 x^n e^{\lambda x^2})\dfrac{\partial w}{\partial y} = 0.$

Hauptintegral:

$$\Xi = \arctan\Big[\frac{1}{b} y \exp\Big(-\tfrac{1}{2}\lambda x^2\Big)\Big] - ab \int x^n \exp\Big(\tfrac{1}{2}\lambda x^2\Big)\, dx.$$

32. $y\dfrac{\partial w}{\partial x} + e^{\lambda x}[(2a\lambda x + a + b)y - e^{\lambda x}(a^2\lambda x^2 + abx + c)]\dfrac{\partial w}{\partial y} = 0.$

Hauptintegral:

$$\Xi = xE + \int \frac{vE\,dv}{\lambda v^2 - bv - c}, \qquad v = e^{-\lambda x} y - ax,$$

wobei $E = \exp\Big(a \displaystyle\int \frac{dv}{\lambda v^2 - bv - c}\Big)$ ist.

33. $y\dfrac{\partial w}{\partial x} - [ny^2 - a(2n+1)e^x y - by + a^2 n e^{2x} + abe^x - c]\dfrac{\partial w}{\partial y} = 0.$

Hauptintegral:

$$\Xi = e^{-x}E - a \int \frac{E\,dv}{nv^2 - bv - c}, \qquad v = y - ae^x,$$

wobei $E = \exp\Big(-\displaystyle\int \frac{dv}{nv^2 - bv - c}\Big)$ ist.

34. $\dfrac{\partial w}{\partial x} + (ae^{2\lambda x} y^3 + be^{\lambda x} y^2 + cy + de^{-\lambda x})\dfrac{\partial w}{\partial y} = 0.$

Hauptintegral:

$$\Xi = \int \frac{dv}{av^3 + bv^2 + (c+\lambda)v + d} - x, \qquad v = e^{\lambda x} y.$$

35. $\dfrac{\partial w}{\partial x} + (ae^{\lambda x}y^3 + 3abe^{\lambda x}y^2 + cy - 2ab^3e^{\lambda x} + bc)\dfrac{\partial w}{\partial y} = 0.$

Hauptintegral:

$$\Xi = \frac{e^{2cx}E}{(y+b)^2} + 2a\int e^{(\lambda+2c)x}E\,dx, \qquad E = \exp\Bigl(-\frac{6ab^2}{\lambda}e^{\lambda x}\Bigr).$$

36. $\dfrac{\partial w}{\partial x} + (ae^{\lambda x}y^3 + 3abe^{(\lambda+\mu)x}y^2 - 2ab^3e^{(\lambda+3\mu)x} - b\mu e^{\mu x})\dfrac{\partial w}{\partial y} = 0.$

1°. Hauptintegral für $2\mu + \lambda \neq 0$:

$$\Xi = \frac{E}{(y+be^{\mu x})^2} + 2a\int e^{\lambda x}E\,dx, \qquad E = \exp\Bigl[-\frac{ab^2}{\lambda+2\mu}e^{(\lambda+2\mu)x}\Bigr].$$

2°. Hauptintegral für $\lambda = -2\mu,\ \ \mu \neq -3ab^2$:

$$\Xi = \frac{e^{-6ab^2x}}{(y+be^{\mu x})^2} - \frac{a}{\mu+3ab^2}e^{-2(\mu+3ab^2)}.$$

3°. Hauptintegral für $\lambda = -2\mu,\ \ \mu = -3ab^2$:

$$\Xi = \frac{e^{2\mu x}}{(y+be^{\mu x})^2} + 2ax,$$

37. $\dfrac{\partial w}{\partial x} + (ae^{\lambda x}y^3 + 3abe^{(\lambda+\mu)x}y^2 + 2ab^2e^{(\lambda+2\mu)x}y - b\mu e^{\mu x})\dfrac{\partial w}{\partial y} = 0.$

1°. Hauptintegral für $2\mu + \lambda \neq 0$:

$$\Xi = \frac{E}{(y+be^{\mu x})^2} + 2a\int e^{\lambda x}E\,dx, \qquad E = \exp\Bigl[-\frac{2ab^2}{\lambda+2\mu}e^{(\lambda+2\mu)x}\Bigr].$$

2°. Hauptintegral für $\lambda = -2\mu,\ \ \mu \neq -ab^2$:

$$\Xi = \frac{e^{-2ab^2x}}{(y+be^{\mu x})^2} - \frac{a}{\mu+ab^2}e^{-2(\mu+ab^2)}.$$

3°. Hauptintegral für $\lambda = -2\mu,\ \ \mu = -ab^2$:

$$\Xi = \frac{e^{2\mu x}}{(y+be^{\mu x})^2} + 2ax.$$

38. $\dfrac{\partial w}{\partial x} + (ae^{\lambda x}y^3 + 3abe^{(\lambda+\mu)x}y^2 + \mu y - 2ab^3e^{(\lambda+3\mu)x})\dfrac{\partial w}{\partial y} = 0.$

1°. Hauptintegral für $\lambda + 2\mu \neq 0$:

$$\Xi = \frac{e^{2\mu}E}{(y + be^{\mu x})^2} - \frac{1}{3b^2}E, \qquad E = \exp\Big[-\frac{6ab^2}{\lambda + 2\mu}e^{(\lambda+2\mu)x}\Big].$$

2°. Hauptintegral für $\lambda = -2\mu$:

$$\Xi = \frac{e^{2(\mu-3ab^2)x}}{(y + be^{\mu x})^2} - \frac{1}{3b^2}e^{-6ab^2x}.$$

39. $\dfrac{\partial w}{\partial x} + \Big\{ae^{\lambda x}y^3 + 3abe^{(\lambda+\mu)x}y^2 + [(3ab^2 + c)e^{(\lambda+2\mu)x} + s]y$

$+ b(ab^2 + c)e^{(\lambda+3\mu)x} + b(s - \mu)e^{\mu x}\Big\}\dfrac{\partial w}{\partial y} = 0.$

1°. Hauptintegral für $\lambda + 2\mu \neq 0$:

$$\Xi = \frac{e^{2sx}E}{(y + be^{\mu x})^2} + 2a\int e^{(\lambda+2s)x}E\,dx, \qquad E = \exp\Big[\frac{2c}{\lambda + 2\mu}e^{(\lambda+2\mu)x}\Big].$$

2°. Hauptintegral für $\lambda = -2\mu$, $\mu \neq c + s$:

$$\Xi = \frac{e^{2(c+s)x}}{(y + be^{\mu x})^2} + \frac{a}{c + s - \mu}e^{2(c+s-\mu)x}.$$

3°. Hauptintegral für $\lambda = -2\mu$, $\mu = c + s$:

$$\Xi = \frac{e^{2\mu x}}{(y + be^{\mu x})^2} + 2ax.$$

40. $(ae^y + bx)\dfrac{\partial w}{\partial x} + \dfrac{\partial w}{\partial y} = 0.$

1°. Hauptintegral für $b \neq 1$:

$$\Xi = xe^{-by} - \frac{a}{1 - b}e^{(1-b)y}.$$

2°. Hauptintegral für $b = 1$:

$$\Xi = xe^{-y} - ay.$$

41. $\displaystyle (ax^n e^{\lambda y} + bxy^m)\frac{\partial w}{\partial x} + e^{\mu y}\frac{\partial w}{\partial y} = 0.$

Hauptintegral:

$$\Xi = x^{1-n}E + (n-1)a\int e^{(\lambda-\mu)y}E\,dy, \quad E = \exp\Big[b(n-1)\int y^m e^{-\mu y}\,dy\Big].$$

42. $\displaystyle (ax^n y^m + bxe^{\lambda y})\frac{\partial w}{\partial x} + y^k\frac{\partial w}{\partial y} = 0.$

Hauptintegral:

$$\Xi = x^{n-1}E + (n-1)a\int y^{m-k}E\,dy, \qquad E = \exp\Big[b(n-1)\int y^{-k}e^{\lambda y}\,dy\Big].$$

43. $\displaystyle (ax^n y^m + bxy^k)\frac{\partial w}{\partial x} + e^{\lambda y}\frac{\partial w}{\partial y} = 0.$

Hauptintegral:

$$\Xi = x^{1-n}E + (n-1)a\int y^m e^{-\lambda y}E\,dy, \quad E = \exp\Big[b(n-1)\int y^k e^{-\lambda y}\,dy\Big].$$

6.4 Gleichungen mit hyperbolischen Funktionen

1. $\displaystyle \frac{\partial w}{\partial x} + [y^2 - a^2 + a\lambda\sinh(\lambda x) - a^2\sinh^2(\lambda x)]\frac{\partial w}{\partial y} = 0.$

Hauptintegral:

$$\Xi = \frac{E}{y - a\cosh(\lambda x)} + \int E\,dx, \qquad E = \exp\Big(\frac{2a}{\lambda}\sinh(\lambda x)\Big).$$

2. $\displaystyle \frac{\partial w}{\partial x} + [y^2 + a\lambda - a(a+\lambda)\tanh^2(\lambda x)]\frac{\partial w}{\partial y} = 0.$

Hauptintegral:

$$\Xi = \frac{[\cosh(\lambda x)]^{\frac{2a}{\lambda}}}{y - a\tanh(\lambda x)} + \int [\cosh(\lambda x)]^{\frac{2a}{\lambda}}\,dx.$$

3. $\frac{\partial w}{\partial x} + [y^2 + 3a\lambda - \lambda^2 - a(a+\lambda)\tanh^2(\lambda x)]\frac{\partial w}{\partial y} = 0.$

Hauptintegral:

$$\Xi = \frac{[\cosh(\lambda x)]^{\frac{2a}{\lambda}}}{\sinh^2(\lambda x)[y - a\tanh(\lambda x) + \lambda\coth(\lambda x)]} + \int \frac{[\cosh(\lambda x)]^{\frac{2a}{\lambda}}}{\sinh^2(\lambda x)}\,dx.$$

4. $\frac{\partial w}{\partial x} + [y^2 + a\lambda - a(a+\lambda)\coth^2(\lambda x)]\frac{\partial w}{\partial y} = 0.$

Hauptintegral:

$$\Xi = \frac{[\sinh(\lambda x)]^{\frac{2a}{\lambda}}}{y - a\coth(\lambda x)} + \int [\sinh(\lambda x)]^{\frac{2a}{\lambda}}\,dx.$$

5. $\frac{\partial w}{\partial x} + [y^2 + 3a\lambda - \lambda^2 - a(a+\lambda)\coth^2(\lambda x)]\frac{\partial w}{\partial y} = 0.$

Hauptintegral:

$$\Xi = \frac{[\sinh(\lambda x)]^{\frac{2a}{\lambda}}}{\cosh^2(\lambda x)[y - a\coth(\lambda x) + \lambda\tanh(\lambda x)]} + \int \frac{[\sinh(\lambda x)]^{\frac{2a}{\lambda}}}{\cosh^2(\lambda x)}\,dx.$$

6. $\frac{\partial w}{\partial x} + [y^2 - 2\lambda^2\tanh^2(\lambda x) - 2\lambda^2\coth^2(\lambda x)]\frac{\partial w}{\partial y} = 0.$

Hauptintegral:

$$\Xi = \frac{\sinh^2(\lambda x)\cosh^2(\lambda x)}{y - \lambda\tanh(\lambda x) - \lambda\coth(\lambda x)} + \int \sinh^2(\lambda x)\cosh^2(\lambda x)\,dx.$$

7. $\frac{\partial w}{\partial x} + [y^2 + \lambda(a+b) - 2ab - a(a+\lambda)\tanh^2(\lambda x)$

$\qquad - b(b+\lambda)\coth^2(\lambda x)]\frac{\partial w}{\partial y} = 0.$

Hauptintegral:

$$\Xi = \frac{[\sinh(\lambda x)]^{\frac{2b}{\lambda}}[\cosh(\lambda x)]^{\frac{2a}{\lambda}}}{y - a\tanh(\lambda x) - b\coth(\lambda x)} + \int [\sinh(\lambda x)]^{\frac{2b}{\lambda}}[\cosh(\lambda x)]^{\frac{2a}{\lambda}}\,dx.$$

8. $\dfrac{\partial w}{\partial x} + \lambda[\sinh(\lambda x)y^2 - \sinh^3(\lambda x)]\dfrac{\partial w}{\partial y} = 0.$

Hauptintegral:

$$\Xi = \frac{\exp[\frac{1}{2}\cosh(2\lambda x)]}{y - \cosh(\lambda x)} + \lambda \int \sinh(\lambda x)\exp[\tfrac{1}{2}\cosh(2\lambda x)]\,dx.$$

9. $\dfrac{\partial w}{\partial x} + \Big\{[a\sinh^2(\lambda x) - \lambda]y^2 - a\sinh^2(\lambda x) + \lambda - a\Big\}\dfrac{\partial w}{\partial y} = 0.$

Hauptintegral:

$$\Xi = \frac{E}{\sinh(\lambda x)[\sinh(\lambda x)y - \cosh(\lambda x)]} + \int\left[a - \frac{\lambda}{\sinh^2(\lambda x)}\right]E\,dx,$$

wobei $E = \exp\left[\dfrac{a}{2\lambda}\cosh(2\lambda x)\right]$ ist.

10. $\dfrac{\partial w}{\partial x} + \Big\{[a\cosh^2(\lambda x) - \lambda]y^2 - a\cosh^2(\lambda x) + \lambda + a\Big\}\dfrac{\partial w}{\partial y} = 0.$

Hauptintegral:

$$\Xi = \frac{E}{\cosh(\lambda x)[\cosh(\lambda x)y - \sinh(\lambda x)]} + \int\left[a - \frac{\lambda}{\cosh^2(\lambda x)}\right]E\,dx,$$

wobei $E = \exp\left[\dfrac{a}{2\lambda}\cosh(2\lambda x)\right]$ ist.

11. $2\dfrac{\partial w}{\partial x} + \Big\{[a - \lambda + a\cosh(\lambda x)]y^2 + a + \lambda - a\cosh(\lambda x)\Big\}\dfrac{\partial w}{\partial y} = 0.$

Hauptintegral:

$$\Xi = \frac{E}{y - \tanh(\frac{\lambda x}{2})} + \frac{1}{2}\int[a - \lambda + a\cosh(\lambda x)]E\,dx,$$

wobei

$$E = [\cosh(\lambda x)]^{\frac{2(a-\lambda)}{\lambda}}\exp\left[a\int\cosh(\lambda x)\tanh(\frac{\lambda x}{2})\,dx\right]$$

gilt.

12. $(ax^n + bx\cosh^m y)\dfrac{\partial w}{\partial x} + y^k\dfrac{\partial w}{\partial y} = 0.$

Hauptintegral:

$$\Xi = x^{1-n}E + (n-1)a\int y^{-k}E\,dy,$$

wobei $E = \exp\left[b(n-1)\int y^{-k}\cosh^m y\,dy\right]$ ist.

13. $\left(ax^n + bx\tanh^m y\right)\frac{\partial w}{\partial x} + y^k\frac{\partial w}{\partial y} = 0.$

Hauptintegral:

$$\Xi = x^{1-n}E + (n-1)a\int y^{-k}E\,dy,$$

wobei $E = \exp\left[b(n-1)\int y^{-k}\tanh^m y\,dy\right]$ ist.

14. $\left(ax^n + bx\cosh^m y\right)\frac{\partial w}{\partial x} + \cosh^k(\lambda y)\frac{\partial w}{\partial y} = 0.$

Hauptintegral:

$$\Xi = x^{1-n}E + (n-1)a\int \frac{E\,dy}{\cosh^k(\lambda y)},$$

wobei $E = \exp\left[b(n-1)\int \frac{\cosh^m y\,dy}{\cosh^k(\lambda y)}\right]$ ist.

15. $\left(ax^n + bx\tanh^m y\right)\frac{\partial w}{\partial x} + \tanh^k(\lambda y)\frac{\partial w}{\partial y} = 0.$

Hauptintegral:

$$\Xi = x^{1-n}E + (n-1)a\int \frac{E\,dy}{\tanh^k(\lambda y)},$$

wobei $E = \exp\left[b(n-1)\int \frac{\tanh^m y\,dy}{\tanh^k(\lambda y)}\right]$ ist.

16. $\left(ax^n y^m + bx\right)\frac{\partial w}{\partial x} + \cosh^k(\lambda y)\frac{\partial w}{\partial y} = 0.$

Hauptintegral:

$$\Xi = x^{1-n}E + (n-1)a\int \frac{y^m E\,dy}{\cosh^k(\lambda y)},$$

wobei $E = \exp\left[b(n-1)\int \frac{dy}{\cosh^k(\lambda y)}\right]$ ist.

17. $(ax^n y^m + bx)\dfrac{\partial w}{\partial x} + \tanh^k(\lambda y)\dfrac{\partial w}{\partial y} = 0.$

Hauptintegral:

$$\Xi = x^{1-n}E + (n-1)a\int \frac{y^m E\,dy}{\tanh^k(\lambda y)},$$

wobei $E = \exp\left[b(n-1)\displaystyle\int \frac{dy}{\tanh^k(\lambda y)}\right]$ ist.

18. $(ax^n \cosh^m y + bx)\dfrac{\partial w}{\partial x} + \sinh^k(\lambda y)\dfrac{\partial w}{\partial y} = 0.$

Hauptintegral:

$$\Xi = x^{1-n}E + (n-1)a\int \frac{\cosh^m y E\,dy}{\sinh^k(\lambda y)},$$

wobei $E = \exp\left[b(n-1)\displaystyle\int \frac{dy}{\sinh^k(\lambda y)}\right]$ ist.

19. $(ax^n \tanh^m y + bx)\dfrac{\partial w}{\partial x} + y^k\dfrac{\partial w}{\partial y} = 0.$

1°. Hauptintegral für $k \neq 1$:

$$\Xi = x^{1-n}E + (n-1)a\int y^{-k}E\tanh^m y\,dy$$

mit $E = \exp\left[\dfrac{b(n-1)}{1-k}y^{1-k}\right]$.

2°. Hauptintegral für $k = 1$:

$$\Xi = (xy^{-b})^{1-n} + (n-1)a\int y^{(n-1)b-1}\tanh^m y\,dy.$$

6.5 Gleichungen mit logarithmischen Funktionen

1. $\dfrac{\partial w}{\partial x} + [y^2 + a\ln(\beta x)y - ab\ln(\beta x) - b^2]\dfrac{\partial w}{\partial y} = 0.$

Hauptintegral:

$$\Xi = \frac{e^{(2b-a)x}E}{y-b} + \int e^{(2b-a)x}E\,dx, \qquad E = \exp[ax\ln(\beta x)].$$

2. $\dfrac{\partial w}{\partial x} + [y^2 + ax\ln^m(bx)y + a\ln^m(bx)]\dfrac{\partial w}{\partial y} = 0.$

Hauptintegral:

$$\Xi = \frac{E}{x(xy+1)} + \int x^{-2}E\,dx, \qquad E = \exp\left[a\int x\ln^m(bx)\,dx\right].$$

3. $\dfrac{\partial w}{\partial x} + (ax^n y^2 - abx^{n+1}y\ln x + b\ln x + b)\dfrac{\partial w}{\partial y} = 0.$

Hauptintegral:

$$\Xi = \frac{E}{y - bx\ln x} + a\int x^n E\,dx, \quad E = \exp\left[\frac{ab}{n+2}x^{n+2}\left(\ln x - \frac{1}{n+2}\right)\right].$$

4. $\dfrac{\partial w}{\partial x} - [(n+1)x^n y^2 - ax^{n+1}(\ln x)^m y + a(\ln x)^m]\dfrac{\partial w}{\partial y} = 0.$

Hauptintegral:

$$\Xi = \frac{x^{-2(n+1)}E}{y - x^{-n-1}} - (n+1)\int x^{-n-2}E\,dx,$$

wobei $E = \exp\left[a\int x^{n+1}(\ln x)^m\,dx\right]$ ist.

5. $\dfrac{\partial w}{\partial x} + [a(\ln x)^n y^2 + bmx^{m-1} - ab^2x^{2m}(\ln x)^n]\dfrac{\partial w}{\partial y} = 0.$

Hauptintegral:

$$\Xi = \frac{E}{y - bx^m} + a\int (\ln x)^n E\,dx, \qquad E = \exp\left[2ab\int x^m(\ln x)^n\,dx\right].$$

6. $\dfrac{\partial w}{\partial x} + [a(\ln x)^n y^2 - abx(\ln x)^{n+1}y + b\ln x + b]\dfrac{\partial w}{\partial y} = 0.$

Hauptintegral:

$$\Xi = \frac{E}{y - bx\ln x} + a\int (\ln x)^n E\,dx, \qquad E = \exp\left[ab\int x(\ln x)^{n+1}\,dx\right].$$

7. $\dfrac{\partial w}{\partial x} + [a(\ln x)^k(y - bx^n - c)^2 + bnx^{n-1}]\dfrac{\partial w}{\partial y} = 0.$

Hauptintegral:

$$\Xi = \frac{1}{y - bx^n - c} + a\int (\ln x)^k\,dx.$$

8. $\dfrac{\partial w}{\partial x} + [a(\ln x)^n y^2 + b(\ln x)^m y + bc(\ln x)^m - ac^2(\ln x)^n]\dfrac{\partial w}{\partial y} = 0.$

Hauptintegral:

$$\Xi = \frac{E}{y+c} + a\int(\ln x)^n E\,dx, \quad E = \exp\left\{\int[b(\ln x)^m - 2ac(\ln x)^n]\,dx\right\}.$$

9. $x\dfrac{\partial w}{\partial x} + (ay + b\ln x)^2\dfrac{\partial w}{\partial y} = 0.$

Hauptintegral:

$$\Xi = \ln x - \int\frac{dv}{av^2+b}, \qquad v = ay + b\ln x.$$

10. $x\dfrac{\partial w}{\partial x} + [xy^2 - A^2 x\ln^2(\beta x) + A]\dfrac{\partial w}{\partial y} = 0.$

Hauptintegral:

$$\Xi = \frac{e^{-2Ax}E}{y - A\ln(\beta x)} + \int e^{-2Ax}E\,dx, \qquad E = \exp[2Ax\ln(\beta x)].$$

11. $x\dfrac{\partial w}{\partial x} + [xy^2 - A^2 x\ln^{2k}(\beta x) + kA\ln^{k-1}(\beta x)]\dfrac{\partial w}{\partial y} = 0.$

Hauptintegral:

$$\Xi = \frac{E}{y - A\ln^k(\beta x)} + \int E\,dx, \qquad E = \exp\left[2A\int\ln^k(\beta x)\,dx\right].$$

12. $x\dfrac{\partial w}{\partial x} + (ax^n y^2 + b + ab^2 x^n\ln^2 x)\dfrac{\partial w}{\partial y} = 0.$

Hauptintegral:

$$\Xi = \frac{E}{y - b\ln x} + \int E\,dx, \qquad E = \exp\left[\frac{x^n}{n^2}(2abn\ln x - 1)\right].$$

13. $x\dfrac{\partial w}{\partial x} + [a\ln^m(\lambda x)y^2 + ky + ab^2 x^{2k}\ln^m(\lambda x)]\dfrac{\partial w}{\partial y} = 0.$

Hauptintegral:

$$\Xi = \arctan\left(\frac{y}{bx^k}\right) - ab\int x^{k-1}\ln^m(\lambda x)\,dx.$$

14. $x\dfrac{\partial w}{\partial x} + [ax^n(y + b\ln x)^2 - b]\dfrac{\partial w}{\partial y} = 0.$

Hauptintegral: $\Xi = \dfrac{1}{y + b\ln x} + \dfrac{a}{n}x^n.$

15. $x\dfrac{\partial w}{\partial x} + [ax^{2n}(\ln x)y^2 + (bx^n \ln x - n)y + c\ln x]\dfrac{\partial w}{\partial y} = 0.$

Hauptintegral:

$$\Xi = \int \frac{dv}{av^2 + bv + c} - \int x^{n-1}\ln x\, dx, \qquad v = x^n y.$$

16. $x^2\ln(ax)\dfrac{\partial w}{\partial x} - [x^2y^2\ln(ax) + 1]\dfrac{\partial w}{\partial y} = 0.$

Hauptintegral:

$$\Xi = \frac{x}{\ln(ax)\,[xy\ln(ax) - 1]} - \int \frac{dx}{\ln^2(ax)}.$$

17. $(a\ln x + b)\dfrac{\partial w}{\partial x} + [y^2 + c(\ln x)^n y - \lambda^2 + \lambda c(\ln x)^n]\dfrac{\partial w}{\partial y} = 0.$

Hauptintegral:

$$\Xi = \frac{E}{y + \lambda} + \int \frac{E\,dx}{a\ln x + b}, \qquad E = \exp\left[\int \frac{c(\ln x)^n - 2\lambda}{a\ln x + b}\right] dx.$$

18. $(a\ln x + b)\dfrac{\partial w}{\partial x} + [(\ln x)^n y^2 + cy - \lambda^2(\ln x)^n + c\lambda]\dfrac{\partial w}{\partial y} = 0.$

Hauptintegral:

$$\Xi = \frac{E}{y + \lambda} + \int \frac{(\ln x)^n E dx}{a\ln x + b},$$

wobei $E = \exp\left[\displaystyle\int \frac{c - 2\lambda(\ln x)^n}{a\ln x + b}\, dx\right]$ ist.

19. $y\dfrac{\partial w}{\partial x} + [(2\ln x + a + 1)y - x(\ln^2 x + a\ln x - b)]\dfrac{\partial w}{\partial y} = 0.$

Hauptintegral:

$$\Xi = E\ln x + \int \frac{vEdv}{v^2 - av - b}, \qquad v = \frac{y}{x} - \ln x,$$

wobei $E = \exp\left(\displaystyle\int \frac{dv}{v^2 - av - b}\right)$ ist.

20. $(ax^n + bx\ln^m y)\dfrac{\partial w}{\partial x} + \ln^k(\lambda y)\dfrac{\partial w}{\partial y} = 0.$

Hauptintegral:

$$\Xi = x^{1-n}E + (n-1)a\int \frac{E\,dy}{\ln^k(\lambda y)},$$

wobei $E = \exp\left[b(n-1)\displaystyle\int \frac{\ln^m y\,dy}{\ln^k(\lambda y)}\right]$ ist.

21. $(ax^n\ln^m y + bx)\dfrac{\partial w}{\partial x} + \ln^k(\lambda y)\dfrac{\partial w}{\partial y} = 0.$

Hauptintegral:

$$\Xi = x^{1-n}E + (n-1)a\int \frac{E\ln^m y\,dy}{\ln^k(\lambda y)},$$

wobei $E = \exp\left[b(n-1)\displaystyle\int \frac{dy}{\ln^k(\lambda y)}\right]$ ist.

22. $(ax^n\ln^m y + bx\ln^k y)\dfrac{\partial w}{\partial x} + y^s\dfrac{\partial w}{\partial y} = 0.$

Hauptintegral:

$$\Xi = x^{1-n}E + (n-1)a\int y^{-s}E\ln^m y\,dy,$$

wobei $E = \exp\left[b(n-1)\displaystyle\int y^{-s}\ln^k y\,dy\right]$ ist.

6.6 Gleichungen mit trigonometrischen Funktionen

1. $\cos y\dfrac{\partial w}{\partial x} + \sin x\dfrac{\partial w}{\partial y} = 0.$

Hauptintegral: $\Xi = \cos x + \sin y.$

2. $\dfrac{\partial w}{\partial x} + [y^2 - a^2 + a\lambda\sin(\lambda x) + a^2\sin^2(\lambda x)]\dfrac{\partial w}{\partial y} = 0.$

Hauptintegral:

$$\Xi = \frac{E}{y + a\cos(\lambda x)} + \int E\,dx, \qquad E = \exp\left[-\frac{2a}{\lambda}\sin(\lambda x)\right].$$

3. $\dfrac{\partial w}{\partial x} + [y^2 - a^2 + a\lambda\cos(\lambda x) + a^2\cos^2(\lambda x)]\dfrac{\partial w}{\partial y} = 0.$

Hauptintegral:

$$\Xi = \frac{E}{y - a\sin(\lambda x)} + \int E\,dx, \qquad E = \exp\left[-\frac{2a}{\lambda}\cos(\lambda x)\right].$$

4. $\dfrac{\partial w}{\partial x} + [y^2 + a\sin(\beta x)y + ab\sin(\beta x) - b^2]\dfrac{\partial w}{\partial y} = 0.$

Hauptintegral:

$$\Xi = \frac{E}{y+b} + \int E\,dx, \qquad E = \exp\left[-2bx - \frac{a}{\beta}\cos(\beta x)\right].$$

5. $\dfrac{\partial w}{\partial x} + [y^2 + ax\sin^m(bx)y + a\sin^m(bx)]\dfrac{\partial w}{\partial y} = 0.$

Hauptintegral:

$$\Xi = \frac{E}{x(xy+1)} + \int x^{-2}E\,dx, \qquad E = \exp\left[a\int x\sin^m(bx)\,dx\right].$$

6. $\dfrac{\partial w}{\partial x} + [y^2 + a\lambda + a(\lambda - a)\tan^2(\lambda x)]\dfrac{\partial w}{\partial y} = 0.$

Hauptintegral:

$$\Xi = \frac{[\cos(\lambda x)]^{-\frac{2a}{\lambda}}}{y - a\tan(\lambda x)} + \int [\cos(\lambda x)]^{-\frac{2a}{\lambda}}\,dx.$$

7. $\dfrac{\partial w}{\partial x} + [y^2 + \lambda^2 + 3a\lambda + a(\lambda - a)\tan^2(\lambda x)]\dfrac{\partial w}{\partial y} = 0.$

Hauptintegral:

$$\Xi = \frac{[\cos(\lambda x)]^{-\frac{2a}{\lambda}}}{\sin^2(\lambda x)[y - a\tan(\lambda x) + \lambda\cot(\lambda x)]} + \int \frac{[\cos(\lambda x)]^{-\frac{2a}{\lambda}}}{\sin^2(\lambda x)}\,dx.$$

8. $\dfrac{\partial w}{\partial x} + [y^2 + a\lambda + a(\lambda - a)\cot^2(\lambda x)]\dfrac{\partial w}{\partial y} = 0.$

Hauptintegral:

$$\Xi = \frac{[\sin(\lambda x)]^{-\frac{2a}{\lambda}}}{y + a\cot(\lambda x)} + \int [\sin(\lambda x)]^{-\frac{2a}{\lambda}}\,dx.$$

9. $9.\dfrac{\partial w}{\partial x} + [y^2 + \lambda^2 + 3a\lambda + a(\lambda - a)\cot^2(\lambda x)]\dfrac{\partial w}{\partial y} = 0.$

Hauptintegral:

$$\Xi = \frac{[\sin(\lambda x)]^{-\frac{2a}{\lambda}}}{\cos^2(\lambda x)[y - \lambda\tan(\lambda x) + a\cot(\lambda x)]} + \int \frac{[\sin(\lambda x)]^{-\frac{2a}{\lambda}}}{\cos^2(\lambda x)}\,dx.$$

10. $\dfrac{\partial w}{\partial x} + [y^2 - y\tan x + a(1 - a)\cot^2 x]\dfrac{\partial w}{\partial y} = 0.$

1°. Hauptintegral für $a \neq \frac{1}{2}$:

$$\Xi = \frac{(\sin x)^{-2a}\cos x}{y + a\cot x} + \frac{1}{1-2a}(\sin x)^{1-2a}.$$

2°. Hauptintegral für $a = \frac{1}{2}$:

$$\Xi = \frac{\cos x}{y\sin x + \frac{1}{2}\cos x} + \ln|\sin x|.$$

11. $\dfrac{\partial w}{\partial x} + (y^2 - my\tan x + b^2\cos^{2m} x)\dfrac{\partial w}{\partial y} = 0.$

Hauptintegral:

$$\Xi = \arctan\Big(\frac{1}{b}y\cos^{-m} x\Big) - b\int \cos^m x\,dx.$$

12. $\dfrac{\partial w}{\partial x} + [y^2 - 2a\cot(ax)y + b^2 - a^2]\dfrac{\partial w}{\partial y} = 0.$

Hauptintegral:

$$\Xi = \frac{\sin^{-2}(bx)}{y - a\cot(ax) + b\cot(bx)} - \frac{1}{b}\cot(bx).$$

13. $\dfrac{\partial w}{\partial x} + (y^2 + my\cot x + b^2\sin^m x)\dfrac{\partial w}{\partial y} = 0.$

Hauptintegral:

$$\Xi = \arctan\Big(\frac{1}{b}y\sin^{-m} x\Big) - b\int \sin^m\,dx.$$

14. $\dfrac{\partial w}{\partial x} + [y^2 - 2\lambda^2 \tan^2(\lambda x) - 2\lambda^2 \cot^2(\lambda x)]\dfrac{\partial w}{\partial y} = 0.$

Hauptintegral:

$$\Xi = \frac{\sin^2(\lambda x)\cos^2(\lambda x)}{y - \lambda\cot(\lambda x) + \lambda\tan(\lambda x)} + \frac{1}{8}x - \frac{1}{8\lambda}\sin(\lambda x)\cos(\lambda x).$$

15. $\dfrac{\partial w}{\partial x} + [y^2 + \lambda(a+b) + 2ab$

$$+\, a(\lambda - a)\tan^2(\lambda x) + b(\lambda - b)\cot^2(\lambda x)]\frac{\partial w}{\partial y} = 0.$$

Hauptintegral:

$$\Xi = \frac{E}{y - a\tan(\lambda x) + b\cot(\lambda x)} + \int E\,dx,$$

wobei $E = [\cos(\lambda x)]^{-\frac{2a}{\lambda}}[\sin(\lambda x)]^{-\frac{2b}{\lambda}}$ ist.

16. $\dfrac{\partial w}{\partial x} + [y^2 + ax\tan^m(bx)y + a\tan^m(bx)]\dfrac{\partial w}{\partial y} = 0.$

Hauptintegral:

$$\Xi = \frac{E}{x(xy+1)} + \int x^{-2}E\,dx, \qquad E = \exp\left[a\int x\tan^m(bx)\,dx\right].$$

17. $\dfrac{\partial w}{\partial x} + [\lambda\sin(\lambda x)y^2 + \lambda\sin^3(\lambda x)]\dfrac{\partial w}{\partial y} = 0.$

Hauptintegral:

$$\Xi = \frac{E}{y + \cos(\lambda x)} + \lambda\int E\sin(\lambda x)\,dx, \qquad E = \exp\left[\tfrac{1}{2}\cos(2\lambda x)\right].$$

18. $\dfrac{\partial w}{\partial x} + [\lambda\cos(\lambda x)y^2 + \lambda\cos^3(\lambda x)]\dfrac{\partial w}{\partial y} = 0.$

Hauptintegral:

$$\Xi = \frac{E}{y - \sin(\lambda x)} + \lambda\int E\cos(\lambda x)\,dx, \qquad E = \exp\left[-\tfrac{1}{2}\cos(2\lambda x)\right].$$

19. $2\dfrac{\partial w}{\partial x} + \Big\{[\lambda + a - a\sin(\lambda x)]y^2 + \lambda - a - a\sin(\lambda x)\Big\}\dfrac{\partial w}{\partial y} = 0.$

Hauptintegral:

$$\Xi = \frac{E}{y - \tan\left(\frac{1}{2}\lambda x + \frac{1}{4}\pi\right)} + \frac{1}{2}\int[\lambda + a - a\sin(\lambda x)]E\,dx,$$

wobei $E = \dfrac{1}{1-\sin(\lambda x)} \exp\Bigl[\dfrac{a}{\lambda}\sin(\lambda x)\Bigr]$ ist.

20. $2\dfrac{\partial w}{\partial x} + \Bigl\{[\lambda + a + a\cos(\lambda x)]y^2 + \lambda - a + a\cos(\lambda x)\Bigr\}\dfrac{\partial w}{\partial y} = 0.$

Hauptintegral:

$$\Xi = \frac{E}{y - \tan(\frac{1}{2}\lambda x)} + \frac{1}{2}\int [\lambda + a + a\cos(\lambda x)]E\,dx,$$

wobei $E = \dfrac{1}{1+\cos(\lambda x)} \exp\Bigl[-\dfrac{a}{\lambda}\cos(\lambda x)\Bigr]$ ist.

21. $\dfrac{\partial w}{\partial x} + \Bigl\{[\lambda + a\sin^2(\lambda x)]y^2 + \lambda - a + a\sin^2(\lambda x)\Bigr\}\dfrac{\partial w}{\partial y} = 0.$

Hauptintegral:

$$\Xi = \frac{E}{y + \cot(\lambda x)} + \int [\lambda + a\sin^2(\lambda x)]E\,dx,$$

wobei $E = \dfrac{1}{\sin^2(\lambda x)} \exp\Bigl[\dfrac{a}{2\lambda}\cos(2\lambda x)\Bigr]$ ist.

22. $\dfrac{\partial w}{\partial x} + \Bigl\{[\lambda + a\cos^2(\lambda x)]y^2 + \lambda - a + a\cos^2(\lambda x)\Bigr\}\dfrac{\partial w}{\partial y} = 0.$

Hauptintegral:

$$\Xi = \frac{E}{y - \tan(\lambda x)} + \int [\lambda + a\cos^2(\lambda x)]E\,dx,$$

wobei $E = \dfrac{1}{\cos^2(\lambda x)} \exp\Bigl[-\dfrac{a}{2\lambda}\cos(2\lambda x)\Bigr]$ ist.

23. $\dfrac{\partial w}{\partial x} + [\lambda\sin(\lambda x)y^2 + a\cos^n(\lambda x)y - a\cos^{n-1}(\lambda x)]\dfrac{\partial w}{\partial y} = 0.$

Hauptintegral:

$$\Xi = \frac{E}{\cos(\lambda x)[y\cos(\lambda x) - 1]} + \lambda\int \frac{E\sin(\lambda x)}{\cos^2(\lambda x)}\,dx,$$

wobei $E = \exp\Bigl[a\displaystyle\int \cos^n(\lambda x)\,dx\Bigr]$ ist.

24. $\dfrac{\partial w}{\partial x} + [\lambda \sin(\lambda x)y^2 + a\sin(\lambda x)y - a\tan(\lambda x)]\dfrac{\partial w}{\partial y} = 0.$

Hauptintegral:

$$\Xi = \frac{E}{\cos(\lambda x)[y\cos(\lambda x) - 1]} + \lambda \int \frac{E\sin(\lambda x)}{\cos^2(\lambda x)}\,dx,$$

wobei $E = \exp\left[-\dfrac{a}{\lambda}\cos(\lambda x)\right]$ ist.

25. $\dfrac{\partial w}{\partial x} + [\lambda \sin(\lambda x)y^2 + ax^n\cos(\lambda x)y - ax^n]\dfrac{\partial w}{\partial y} = 0.$

Hauptintegral:

$$\Xi = \frac{E}{\cos(\lambda x)[y\cos(\lambda x) - 1]} + \lambda \int \frac{E\sin(\lambda x)}{\cos^2(\lambda x)}\,dx,$$

wobei $E = \exp\left[a\int x^n\cos(\lambda x)\,dx\right]$ ist.

26. $\dfrac{\partial w}{\partial x} - [(k+1)x^k y^2 - ax^{k+1}(\sin x)^m y + a(\sin x)^m]\dfrac{\partial w}{\partial y} = 0.$

Hauptintegral:

$$\Xi = \frac{E}{x^{k+1}(x^{k+1}y - 1)} - (k+1)\int \frac{E\,dx}{x^{k+2}},$$

wobei $E = \exp\left[a\int x^{k+1}(\sin x)^m\,dx\right]$ ist.

27. $\dfrac{\partial w}{\partial x} - [(k+1)x^k y^2 - ax^{k+1}(\tan x)^m y + a(\tan x)^m]\dfrac{\partial w}{\partial y} = 0.$

Hauptintegral:

$$\Xi = \frac{E}{x^{k+1}(x^{k+1}y - 1)} - (k+1)\int \frac{E\,dx}{x^{k+2}},$$

wobei $E = \exp\left[a\int x^{k+1}(\tan x)^m\,dx\right]$ ist.

28. $\dfrac{\partial w}{\partial x} + [a\sin^k(\lambda x + \mu)(y - bx^n - c)^2 + bnx^{n-1}]\dfrac{\partial w}{\partial y} = 0.$

Hauptintegral:

$$\Xi = \frac{e^x}{y - bx^n - c} + a\int e^x \sin^k(\lambda x + \mu)\,dx.$$

29. $\frac{\partial w}{\partial x} + [a \tan^n(\lambda x) y^2 - ab^2 \tan^{n+2}(\lambda x) + b\lambda \tan^2(\lambda x) + b\lambda] \frac{\partial w}{\partial y} = 0.$

Hauptintegral:

$$\Xi = \frac{E}{y - b\tan(\lambda x)} + a \int E \tan^n(\lambda x)\, dx,$$

wobei $E = \exp\left[2ab \int \tan^{n+1}(\lambda x)\, dx\right]$ ist.

30. $\frac{\partial w}{\partial x} + [a \tan^k(\lambda x + \mu)(y - bx^n - c)^2 + bnx^{n-1}] \frac{\partial w}{\partial y} = 0.$

Hauptintegral:

$$\Xi = \frac{e^x}{y - bx^n - c} + a \int e^x \tan^k(\lambda x + \mu)\, dx.$$

31. $x\frac{\partial w}{\partial x} + [a \sin^m(\lambda x) y^2 + ky + ab^2 x^{2k} \sin^m(\lambda x)] \frac{\partial w}{\partial y} = 0.$

Hauptintegral:

$$\Xi = \arctan\Big(\frac{1}{b} x^{-k} y\Big) - ab \int x^{k-1} \sin^m(\lambda x)\, dx.$$

32. $x\frac{\partial w}{\partial x} + [a \tan^m(\lambda x) y^2 + ky + ab^2 x^{2k} \tan^m(\lambda x)] \frac{\partial w}{\partial y} = 0.$

Hauptintegral:

$$\Xi = \arctan(\frac{1}{b} x^{-k} y) - ab \int x^{k-1} \tan^m(\lambda x)\, dx.$$

33. $\sin^{n+1}(2x) \frac{\partial w}{\partial x} + (ay^2 \sin^{2n} x + b\cos^{2n} x) \frac{\partial w}{\partial y} = 0.$

Hauptintegral:

$$\Xi = \int \frac{dv}{av^2 + n2^{n+1} v + b} - 2^{-n-1} \ln\tan x, \qquad v = y \tan^n x.$$

34. $[a \sin(\lambda x) + b] \frac{\partial w}{\partial x} + [y^2 + c\sin(\mu x) y - d^2 + cd \sin(\mu x)] \frac{\partial w}{\partial y} = 0.$

Hauptintegral:

$$\Xi = \frac{E}{y + d} + \int \frac{E\, dx}{a \sin(\lambda x) + b},$$

wobei $E = \exp\left[\int \frac{c\sin(\mu x) - 2d}{a\sin(\lambda x) + b}\,dx\right]$ ist.

35. $[a\tan(\lambda x) + b]\frac{\partial w}{\partial x} + [y^2 + c\tan(\mu x)y - d^2 + cd\tan(\mu x)]\frac{\partial w}{\partial y} = 0.$

Hauptintegral:

$$\Xi = \frac{E}{y+d} + \int \frac{E\,dx}{a\tan(\lambda x) + b},$$

wobei $E = \exp\left[\int \frac{c\tan(\mu x) - 2d}{a\tan(\lambda x) + b}\,dx\right]$ ist.

36. $(ax^n y^m + bx)\frac{\partial w}{\partial x} + \cos^k(\lambda y)\frac{\partial w}{\partial y} = 0.$

Hauptintegral:

$$\Xi = x^{1-n}E + (n-1)a \int \frac{y^m E\,dy}{\cos^k(\lambda y)},$$

wobei $E = \exp\left[b(n-1)\int \frac{dy}{\cos^k(\lambda y)}\right]$ ist.

37. $(ax^n y^m + bx)\frac{\partial w}{\partial x} + \tan^k(\lambda y)\frac{\partial w}{\partial y} = 0.$

Hauptintegral:

$$\Xi = x^{1-n}E + (n-1)a \int \frac{y^m E\,dy}{\tan^k(\lambda y)},$$

wobei $E = \exp\left[b(n-1)\int \frac{dy}{\tan^k(\lambda y)}\right]$ ist.

38. $(ax^n + bx\cos^m y)\frac{\partial w}{\partial x} + y^k\frac{\partial w}{\partial y} = 0.$

Hauptintegral:

$$\Xi = x^{1-n}E + (n-1)a \int y^{-k}E\,dy, \qquad E = \exp\left[b(n-1)\int \frac{\cos^m y\,dy}{y^k}\right].$$

39. $(ax^n + bx\cos^m y)\frac{\partial w}{\partial x} + \cos^k(\lambda y)\frac{\partial w}{\partial y} = 0.$

Hauptintegral:

$$\Xi = x^{1-n}E + (n-1)a \int \frac{E\,dy}{\cos^k(\lambda y)},$$

wobei $E = \exp\left[b(n-1)\int \frac{\cos^m y\,dy}{\cos^k(\lambda y)}\right]$ ist.

40. $(ax^n \cos^m y + bx)\dfrac{\partial w}{\partial x} + \cos^k(\lambda y)\dfrac{\partial w}{\partial y} = 0.$

Hauptintegral:

$$\Xi = x^{1-n}E + (n-1)a\int \frac{\cos^m yE\,dy}{\cos^k(\lambda y)},$$

wobei $E = \exp\left[b(n-1)\displaystyle\int \frac{dy}{\cos^k(\lambda y)}\right]$ ist.

41. $(ax^n + bx\tan^m y)\dfrac{\partial w}{\partial x} + y^k\dfrac{\partial w}{\partial y} = 0.$

Hauptintegral:

$$\Xi = x^{1-n}E + (n-1)a\int y^{-k}E\,dy, \quad E = \exp\left[b(n-1)\int y^{-k}\tan^m y\,dy\right].$$

42. $(ax^n + bx\tan^m y)\dfrac{\partial w}{\partial x} + \tan^k(\lambda y)\dfrac{\partial w}{\partial y} = 0.$

Hauptintegral:

$$\Xi = x^{1-n}E + (n-1)a\int \frac{E\,dy}{\tan^k(\lambda y)},$$

wobei $E = \exp\left[b(n-1)\displaystyle\int \frac{\tan^m y\,dy}{\tan^k(\lambda y)}\right]$ ist.

43. $(ax^n \tan^m y + bx)\dfrac{\partial w}{\partial x} + \tan^k(\lambda y)\dfrac{\partial w}{\partial y} = 0.$

Hauptintegral:

$$\Xi = x^{1-n}E + (n-1)a\int \frac{\tan^m yE\,dy}{\tan^k(\lambda y)},$$

wobei $E = \exp\left[b(n-1)\displaystyle\int \frac{dy}{\tan^k(\lambda y)}\right]$ ist.

6.7 Gleichungen mit trigonometrischen Umkehrfunktionen

1. $\dfrac{\partial w}{\partial x} + [y^2 + \lambda(\arcsin x)^n y - a^2 + a\lambda(\arcsin x)^n]\dfrac{\partial w}{\partial y} = 0.$

Hauptintegral:

$$\Xi = \frac{e^{-2ax}E}{y+a} + \int e^{-2ax}E\,dx, \qquad E = \exp\left[\lambda\int(\arcsin x)^n\,dx\right].$$

2. $\dfrac{\partial w}{\partial x} + [y^2 + \lambda x(\arcsin x)^n y + \lambda(\arcsin x)^n]\dfrac{\partial w}{\partial y} = 0.$

Hauptintegral:

$$\Xi = \frac{E}{x(xy+1)} + \int x^{-2}E\,dx, \qquad E = \exp\left[\lambda\int x(\arcsin x)^n\,dx\right].$$

3. $\dfrac{\partial w}{\partial x} - [(k+1)x^k y^2 - \lambda(\arcsin x)^n(x^{k+1}y - 1)]\dfrac{\partial w}{\partial y} = 0.$

Hauptintegral:

$$\Xi = \frac{E}{x^{k+1}(x^{k+1}y-1)} - (k+1)\int x^{-k-2}E\,dx,$$

wobei $E = \exp\left[\lambda\int x^{k+1}(\arcsin x)^n\,dx\right]$ ist.

4. $\dfrac{\partial w}{\partial x} + [\lambda(\arcsin x)^n y^2 + ay + ab - b^2\lambda(\arcsin x)^n]\dfrac{\partial w}{\partial y} = 0.$

Hauptintegral:

$$\Xi = \frac{e^{ax}E}{y+b} + \lambda\int e^{ax}(\arcsin x)^n E\,dx,$$

wobei $E = \exp\left[-2b\lambda\int(\arcsin x)^n\,dx\right]$ ist.

5. $\dfrac{\partial w}{\partial x} + [\lambda(\arcsin x)^n y^2 - b\lambda x^m(\arcsin x)^n y + bmx^{m-1}]\dfrac{\partial w}{\partial y} = 0.$

Hauptintegral:

$$\Xi = \frac{E}{y - bx^m} + \lambda\int(\arcsin x)^n E\,dx,$$

wobei $E = \exp\left[b\lambda \int x^m (\arcsin x)^n \, dx\right]$ ist.

6. $\dfrac{\partial w}{\partial x} + [\lambda(\arcsin x)^n y^2 + bmx^{m-1} - \lambda b^2 x^{2m}(\arcsin x)^n]\dfrac{\partial w}{\partial y} = 0.$

Hauptintegral:

$$\Xi = \frac{E}{y - bm^m} = \lambda \int (\arcsin x)^n E \, dx,$$

wobei $E = \exp\left[2b\lambda \int x^m (\arcsin x)^n \, dx\right]$ ist.

7. $\dfrac{\partial w}{\partial x} + [\lambda(\arcsin x)^n (y - ax^m - b)^2 + amx^{m-1}]\dfrac{\partial w}{\partial y} = 0.$

Hauptintegral:

$$\Xi = \frac{1}{y - ax^m - b} + \lambda \int (\arcsin x)^n \, dx.$$

8. $x\dfrac{\partial w}{\partial x} + [\lambda(\arcsin x)^n y^2 + ky + \lambda b^2 x^{2k}(\arcsin x)^n]\dfrac{\partial w}{\partial y} = 0.$

Hauptintegral:

$$\Xi = \arctan\left(\frac{y}{bx^k}\right) - \lambda b \int x^{k-1} (\arcsin x)^n \, dx.$$

9. $x\dfrac{\partial w}{\partial x} + [(\arcsin x)^m (ax^{2n} y^2 + bx^n y + c) - ny]\dfrac{\partial w}{\partial y} = 0.$

Hauptintegral:

$$\Xi = \int \frac{dv}{av^2 + bv + c} - \int x^{n-1} (\arcsin x)^m \, dx, \qquad v = x^n y.$$

10. $\dfrac{\partial w}{\partial x} + [y^2 + \lambda(\arccos x)^n y - a^2 + a\lambda(\arccos x)^n]\dfrac{\partial w}{\partial y} = 0.$

Hauptintegral:

$$\Xi = \frac{e^{-2ax} E}{y + a} + \int e^{-2ax} E \, dx, \qquad E = \exp\left[\lambda \int (\arccos x)^n \, dx\right].$$

11. $\dfrac{\partial w}{\partial x} + [y^2 + \lambda x(\arccos x)^n y + \lambda(\arccos x)^n]\dfrac{\partial w}{\partial y} = 0.$

Hauptintegral:

$$\Xi = \frac{E}{x(xy+1)} + \int x^{-2} E\,dx, \qquad E = \exp\left[\lambda \int x(\arccos x)^n\,dx\right].$$

12. $\dfrac{\partial w}{\partial x} - [(k+1)x^k y^2 - \lambda(\arccos x)^n(x^{k+1}y - 1)]\dfrac{\partial w}{\partial y} = 0.$

Hauptintegral:

$$\Xi = \frac{E}{x^{k+1}(x^{k+1}y-1)} - (k+1)\int x^{-k-2} E\,dx,$$

wobei $E = \exp\left[\lambda \int x^{k+1}(\arccos x)^n\,dx\right]$ ist.

13. $\dfrac{\partial w}{\partial x} + [\lambda(\arccos x)^n y^2 + ay + ab - b^2\lambda(\arccos x)^n]\dfrac{\partial w}{\partial y} = 0.$

Hauptintegral:

$$\Xi = \frac{e^{ax}E}{y+b} + \lambda \int e^{ax}(\arccos x)^n E\,dx,$$

wobei $E = \exp\left[-2b\lambda \int (\arccos x)^n\,dx\right]$ ist.

14. $\dfrac{\partial w}{\partial x} + [\lambda(\arccos x)^n y^2 - b\lambda x^m(\arccos x)^n y + bmx^{m-1}]\dfrac{\partial w}{\partial y} = 0.$

Hauptintegral:

$$\Xi = \frac{E}{y - bx^m} + \lambda \int (\arccos x)^n E\,dx,$$

wobei $E = \exp\left[b\lambda \int x^m(\arccos x)^n\,dx\right]$ ist.

15. $\dfrac{\partial w}{\partial x} + [\lambda(\arccos x)^n y^2 + bmx^{m-1} - \lambda b^2 x^{2m}(\arccos x)^n]\dfrac{\partial w}{\partial y} = 0.$

Hauptintegral:

$$\Xi = \frac{E}{y - bm^m} = \lambda \int (\arccos x)^n E\,dx,$$

wobei $E = \exp\left[2b\lambda \int x^m(\arccos x)^n\,dx\right]$ ist.

16. $\dfrac{\partial w}{\partial x} + [\lambda(\arccos x)^n (y - ax^m - b)^2 + amx^{m-1}]\dfrac{\partial w}{\partial y} = 0.$

Hauptintegral:

$$\Xi = \frac{1}{y - ax^m - b} + \lambda \int (\arccos x)^n \, dx.$$

17. $x\dfrac{\partial w}{\partial x} + [\lambda(\arccos x)^n y^2 + ky + \lambda b^2 x^{2k}(\arccos x)^n]\dfrac{\partial w}{\partial y} = 0.$

Hauptintegral:

$$\Xi = \arctan\Big(\frac{y}{bx^k}\Big) - \lambda b \int x^{k-1}(\arccos x)^n \, dx.$$

18. $x\dfrac{\partial w}{\partial x} + [(\arccos x)^m (ax^{2n}y^2 + bx^n y + c) - ny]\dfrac{\partial w}{\partial y} = 0.$

Hauptintegral:

$$\Xi = \int \frac{dv}{av^2 + bv + c} - \int x^{n-1}(\arccos x)^m \, dx, \qquad v = x^n y.$$

19. $\dfrac{\partial w}{\partial x} + [y^2 + \lambda(\arctan x)^n y - a^2 + a\lambda(\arctan x)^n]\dfrac{\partial w}{\partial y} = 0.$

Hauptintegral:

$$\Xi = \frac{e^{-2ax}E}{y + a} + \int e^{-2ax} E \, dx, \qquad E = \exp\Big[\lambda \int (\arctan x)^n \, dx\Big].$$

20. $\dfrac{\partial w}{\partial x} + [y^2 + \lambda x(\arctan x)^n y + \lambda(\arctan x)^n]\dfrac{\partial w}{\partial y} = 0.$

Hauptintegral:

$$\Xi = \frac{E}{x(xy + 1)} + \int x^{-2} E \, dx, \qquad E = \exp\Big[\lambda \int x(\arctan x)^n \, dx\Big].$$

21. $\dfrac{\partial w}{\partial x} - [(k + 1)x^k y^2 - \lambda(\arctan x)^n (x^{k+1}y - 1)]\dfrac{\partial w}{\partial y} = 0.$

Hauptintegral:

$$\Xi = \frac{E}{x^{k+1}(x^{k+1}y - 1)} - (k + 1) \int x^{-k-2} E \, dx,$$

wobei $E = \exp\Big[\lambda \int x^{k+1}(\arctan x)^n \, dx\Big]$ ist.

22. $\dfrac{\partial w}{\partial x} + [\lambda(\arctan x)^n y^2 + ay + ab - b^2\lambda(\arctan x)^n n]\dfrac{\partial w}{\partial y} = 0.$

Hauptintegral:

$$\Xi = \frac{e^{ax}E}{y+b} + \lambda \int e^{ax}(\arctan x)^n E\,dx,$$

wobei $E = \exp\left[-2b\lambda \int (\arctan x)^n\,dx\right]$ ist.

23. $\dfrac{\partial w}{\partial x} + [\lambda(\arctan x)^n y^2 - b\lambda x^m(\arctan x)^n y + bmx^{m-1}]\dfrac{\partial w}{\partial y} = 0.$

Hauptintegral:

$$\Xi = \frac{E}{y - bx^m} + \lambda \int (\arctan x)^n E\,dx,$$

wobei $E = \exp\left[b\lambda \int x^m(\arctan x)^n\,dx\right]$ ist.

24. $\dfrac{\partial w}{\partial x} + [\lambda(\arctan x)^n y^2 + bmx^{m-1} - \lambda b^2 x^{2m}(\arctan x)^n]\dfrac{\partial w}{\partial y} = 0.$

Hauptintegral:

$$\Xi = \frac{E}{y - bm^m} + \lambda \int (\arctan x)^n E\,dx,$$

wobei $E = \exp\left[2b\lambda \int x^m(\arctan x)^n\,dx\right]$ ist.

25. $\dfrac{\partial w}{\partial x} + [\lambda(\arctan x)^n (y - ax^m - b)^2 + amx^{m-1}]\dfrac{\partial w}{\partial y} = 0.$

Hauptintegral:

$$\Xi = \frac{1}{y - ax^m - b} + \lambda \int (\arctan x)^n\,dx.$$

26. $x\dfrac{\partial w}{\partial x} + [\lambda(\arctan x)^n y^2 + ky + \lambda b^2 x^{2k}(\arctan x)^n]\dfrac{\partial w}{\partial y} = 0.$

Hauptintegral:

$$\Xi = \arctan\left(\frac{y}{bx^k}\right) - \lambda b \int x^{k-1}(\arctan x)^n\,dx.$$

27. $x\dfrac{\partial w}{\partial x} + [(\arctan x)^m(ax^{2n}y^2 + bx^n y + c) - ny]\dfrac{\partial w}{\partial y} = 0.$

Hauptintegral:

$$\Xi = \int \frac{dv}{av^2 + bv + c} - \int x^{n-1}(\arctan x)^m\,dx, \qquad v = x^n y.$$

28. $\dfrac{\partial w}{\partial x} + [y^2 + \lambda(\operatorname{arccot} x)^n y - a^2 + a\lambda(\operatorname{arccot} x)^n]\dfrac{\partial w}{\partial y} = 0.$

Hauptintegral:

$$\Xi = \frac{e^{-2ax}E}{y+a} + \int e^{-2ax}E\,dx, \qquad E = \exp\left[\lambda \int (\operatorname{arccot} x)^n\,dx\right].$$

29. $\dfrac{\partial w}{\partial x} + [y^2 + \lambda x(\operatorname{arccot} x)^n y + \lambda(\operatorname{arccot} x)^n]\dfrac{\partial w}{\partial y} = 0.$

Hauptintegral:

$$\Xi = \frac{E}{x(xy+1)} + \int x^{-2}E\,dx, \qquad E = \exp\left[\lambda \int x(\operatorname{arccot} x)^n\,dx\right].$$

30. $\dfrac{\partial w}{\partial x} - [(k+1)x^k y^2 - \lambda(\operatorname{arccot} x)^n(x^{k+1}y - 1)]\dfrac{\partial w}{\partial y} = 0.$

Hauptintegral:

$$\Xi = \frac{E}{x^{k+1}(x^{k+1}y - 1)} - (k+1)\int x^{-k-2}E\,dx,$$

wobei $E = \exp\left[\lambda \int x^{k+1}(\operatorname{arccot} x)^n\,dx\right]$ ist.

31. $\dfrac{\partial w}{\partial x} + [\lambda(\operatorname{arccot} x)^n y^2 + ay + ab - b^2\lambda(\operatorname{arccot} x)^n n]\dfrac{\partial w}{\partial y} = 0.$

Hauptintegral:

$$\Xi = \frac{e^{ax}E}{y+b} + \lambda \int e^{ax}(\operatorname{arccot} x)^n E\,dx,$$

wobei $E = \exp\left[-2b\lambda \int (\operatorname{arccot} x)^n\,dx\right]$ ist.

32. $\dfrac{\partial w}{\partial x} + [\lambda(\operatorname{arccot} x)^n y^2 - b\lambda x^m (\operatorname{arccot} x)^n y + bmx^{m-1}]\dfrac{\partial w}{\partial y} = 0.$

Hauptintegral:

$$\Xi = \frac{E}{y - bx^m} + \lambda \int (\operatorname{arccot} x)^n E\,dx,$$

wobei $E = \exp\left[b\lambda \int x^m (\operatorname{arccot} x)^n\,dx\right]$ ist.

33. $\dfrac{\partial w}{\partial x} + [\lambda(\operatorname{arccot} x)^n y^2 + bmx^{m-1} - \lambda b^2 x^{2m} (\operatorname{arccot} x)^n]\dfrac{\partial w}{\partial y} = 0.$

Hauptintegral:

$$\Xi = \frac{E}{y - bm^m} + \lambda \int (\operatorname{arccot} x)^n E\,dx,$$

wobei $E = \exp\left[2b\lambda \int x^m (\operatorname{arccot} x)^n\,dx\right]$ ist.

34. $\dfrac{\partial w}{\partial x} + [\lambda(\operatorname{arccot} x)^n (y - ax^m - b)^2 + amx^{m-1}]\dfrac{\partial w}{\partial y} = 0.$

Hauptintegral:

$$\Xi = \frac{1}{y - ax^m - b} + \lambda \int (\operatorname{arccot} x)^n\,dx.$$

35. $x\dfrac{\partial w}{\partial x} + [\lambda(\operatorname{arccot} x)^n y^2 + ky + \lambda b^2 x^{2k} (\operatorname{arccot} x)^n]\dfrac{\partial w}{\partial y} = 0.$

Hauptintegral:

$$\Xi = \operatorname{arccot}\left(\frac{y}{bx^k}\right) - \lambda b \int x^{k-1} (\operatorname{arccot} x)^n\,dx.$$

36. $x\dfrac{\partial w}{\partial x} + [(\operatorname{arccot} x)^m (ax^{2n} y^2 + bx^n y + c) - ny]\dfrac{\partial w}{\partial y} = 0.$

Hauptintegral:

$$\Xi = \int \frac{dv}{av^2 + bv + c} - \int x^{n-1} (\operatorname{arccot} x)^m\,dx, \qquad v = x^n y.$$

6.8 Gleichungen mit willkürlichen Funktionen

1. $f(x)\dfrac{\partial w}{\partial x} + g(y)\dfrac{\partial w}{\partial y} = 0.$

Hauptintegral: $\Xi = \displaystyle\int \frac{dx}{f(x)} - \int \frac{dy}{g(y)}.$

2. $f(x)\dfrac{\partial w}{\partial x} + [g(x)y + h(x)]\dfrac{\partial w}{\partial y} = 0.$

Hauptintegral:

$$\Xi = e^{-F}y - \int e^{-F}\frac{h(x)}{f(x)}\,dx, \qquad F(x) = \int \frac{g(x)}{f(x)}\,dx.$$

3. $f(x)\dfrac{\partial w}{\partial x} + [g(x)y + h(x)y^n]\dfrac{\partial w}{\partial y} = 0.$

Hauptintegral:

$$\Xi = e^{-F}y^{1-n} - (1-n)\int e^{-F}\frac{h(x)}{f(x)}\,dx, \qquad F(x) = (1-n)\int \frac{g(x)}{f(x)}\,dx.$$

4. $\dfrac{\partial w}{\partial x} + f\left(\dfrac{x}{y}\right)\dfrac{\partial w}{\partial y} = 0.$

Hauptintegral:

$$\Xi = \int \frac{dv}{f(v) - v} - \ln|x|, \qquad v = \frac{y}{x}.$$

5. $f_y\dfrac{\partial w}{\partial x} - f_x\dfrac{\partial w}{\partial y} = 0.$

Hier bezeichnen f_x und f_y die partiellen Ableitungen der Funktion $f = f(x,y)$ nach x bzw. y.

Spezielle Lösungen: $w = \Phi(f(x,y))$, wobei $\Phi = \Phi(\xi)$ eine beliebige Funktion ist.

Bezeichnungen:

In den Gleichungen **6-50** *sind* $f = f(x)$, $g = g(x)$, $h = h(x)$ *beliebige Funktionen der Variablen* x; a, b, c, n, λ *bezeichnen beliebige Parameter.*

6. $\dfrac{\partial w}{\partial x} + (y^2 + fy - a^2 - af)\dfrac{\partial w}{\partial y} = 0.$

Hauptintegral:

$$\Xi = \frac{e^{2ax}E}{y-a} + \int e^{2ax}E\,dx, \qquad E = \exp\left(\int f\,dx\right).$$

7. $\dfrac{\partial w}{\partial x} + (fy^2 + ay - ab - b^2 f)\dfrac{\partial w}{\partial y} = 0.$

Hauptintegral:

$$\Xi = \frac{e^{2ax}E}{y-b} + \int e^{2ax}fE\,dx, \qquad E = \exp\left(2b\int f\,dx\right).$$

8. $\dfrac{\partial w}{\partial x} + (y^2 + xfy + f)\dfrac{\partial w}{\partial y} = 0.$

Hauptintegral:

$$\Xi = \frac{E}{x(xy+1)} + \int x^{-2}E\,dx, \qquad E = \exp\left(\int xf\,dx\right).$$

9. $\dfrac{\partial w}{\partial x} + (fy^2 - ax^n fy + anx^{n-1})\dfrac{\partial w}{\partial y} = 0.$

Hauptintegral:

$$\Xi = \frac{E}{y-ax^n} + \int fE\,dx, \qquad E = \exp\left(a\int x^n f\,dx\right).$$

10. $\dfrac{\partial w}{\partial x} + (fy^2 + anx^{n-1} - a^2x^{2n}f)\dfrac{\partial w}{\partial y} = 0.$

Hauptintegral:

$$\Xi = \frac{E}{y-ax^n} + \int fE,dx, \qquad E = \exp\left(2a\int x^n f\,dx\right).$$

11. $\dfrac{\partial w}{\partial x} - [(n+1)x^n y^2 - x^{n+1}fy + f]\dfrac{\partial w}{\partial y} = 0.$

Hauptintegral:

$$\Xi = \frac{E}{x^{n+1}(x^{n+1}y-1)} - (n+1)\int x^{-n-2}E\,dx,$$

wobei $E = \exp\left(\int x^{n+1}f\,dx\right)$ ist.

12. $x\dfrac{\partial w}{\partial x}+(fy^2+ny+ax^{2n}f)\dfrac{\partial w}{\partial y}=0.$

1°. Hauptintegral für $a>0$:

$$\Xi=\arctan\left(\frac{y}{\sqrt{a}x^n}\right)-\sqrt{a}\int x^{n-1}f\,dx.$$

2°. Hauptintegral für $a<0$:

$$\Xi=\operatorname{artanh}\left(\frac{y}{\sqrt{|a|}x^n}\right)+\sqrt{|a|}\int x^{n-1}f\,dx.$$

13. $x\dfrac{\partial w}{\partial x}+[x^{2n}fy^2+(ax^nf-n)y+bf]\dfrac{\partial w}{\partial y}=0.$

Hauptintegral:

$$\Xi=\int\frac{dv}{v^2+av+b}-\int x^{n-1}f\,dx,\qquad v=x^ny.$$

14. $\dfrac{\partial w}{\partial x}+(fy^2+gy-a^2f-ag)\dfrac{\partial w}{\partial y}=0.$

Hauptintegral:

$$\Xi=\frac{E}{y-a}+\int fE\,dx,\qquad E=\exp\int(2af+g)\,dx.$$

15. $\dfrac{\partial w}{\partial x}+(fy^2+gy+anx^{n-1}-ax^ng-a^2x^{2n}f)\dfrac{\partial w}{\partial y}=0.$

Hauptintegral:

$$\Xi=\frac{E}{y-ax^n}+\int fE\,dx,\qquad E=\exp\left[\int(2ax^nf+g)\,dx\right].$$

16. $\dfrac{\partial w}{\partial x}+[fy^2-ax^ngy+anx^{n-1}+a^2x^{2n}(g-f)]\dfrac{\partial w}{\partial y}=0.$

Hauptintegral:

$$\Xi=\frac{E}{y-ax^n}+\int fE\,dx,\qquad E=\exp\left[a\int x^n(2f-g)\,dx\right].$$

17. $\dfrac{\partial w}{\partial x} - (f'_x y^2 - fgy + g)\dfrac{\partial w}{\partial y} = 0.$

Hauptintegral:

$$\Xi = \frac{E}{f(fy-1)} - \int \frac{f'_x E}{f^2}\,dx, \qquad E = \exp\Bigl(\int fg\,dx\Bigr).$$

18. $\dfrac{\partial w}{\partial x} + (fy^2 - fgy + g'_x)\dfrac{\partial w}{\partial y} = 0.$

Hauptintegral:

$$\Xi = \frac{E}{y-g} + \int fE\,dx, \qquad E = \exp\Bigl(\int fg\,dx\Bigr).$$

19. $\dfrac{\partial w}{\partial x} + [g(y-f)^2 + f'_x]\dfrac{\partial w}{\partial y} = 0.$

Hauptintegral: $\Xi = \dfrac{1}{y-f} + \displaystyle\int g\,dx.$

20. $\dfrac{\partial w}{\partial x} + \left(\dfrac{f'_x}{g}y^2 - \dfrac{g'_x}{f}\right)\dfrac{\partial w}{\partial y} = 0.$

Hauptintegral:

$$\Xi = \frac{1}{f(fy+g)} + \int \frac{f'_x\,dx}{f^2 g}.$$

21. $f^2\dfrac{\partial w}{\partial x} + [f'_x y^2 - g(y-f)]\dfrac{\partial w}{\partial y} = 0.$

Hauptintegral:

$$\Xi = \frac{f^2 E}{y-f} + \int f^2 E\,dx, \qquad E = \exp\Bigl(-\int \frac{g\,dx}{f^2}\Bigr).$$

22. $\dfrac{\partial w}{\partial x} + \left(y^2 - \dfrac{f''_{xx}}{f}\right)\dfrac{\partial w}{\partial y} = 0.$

Hauptintegral:

$$\Xi = \frac{1}{f(fy+f'_x)} + \int \frac{dx}{f^2}.$$

23. $\dfrac{\partial w}{\partial x} + (ae^{\lambda x}y^2 + ae^{\lambda x}fy + \lambda f)\dfrac{\partial w}{\partial y} = 0.$

Hauptintegral:

$$\Xi = \frac{e^{-2\lambda x}E}{ay + \lambda e^{-\lambda x}} + \int e^{-\lambda x}E\,dx,$$

wobei $E = \exp\left(a \int e^{\lambda x} f\, dx\right)$ ist.

24. $\dfrac{\partial w}{\partial x} + (fy^2 - ae^{\lambda x} fy + a\lambda e^{\lambda x})\dfrac{\partial w}{\partial y} = 0.$

Hauptintegral:

$$\Xi = \frac{E}{y - ae^{\lambda x}} + \int fE\, dx, \qquad E = \exp\left(a \int e^{\lambda x} f\, dx\right).$$

25. $\dfrac{\partial w}{\partial x} + (fy^2 + a\lambda e^{\lambda x} a^2 e^{2\lambda x} f)\dfrac{\partial w}{\partial y} = 0.$

Hauptintegral:

$$\Xi = \frac{E}{y - ae^{\lambda x}} + \int fE\, dx, \qquad E = \exp\left(2a \int e^{\lambda x} f\, dx\right).$$

26. $\dfrac{\partial w}{\partial x} + (fy^2 + \lambda y + ae^{2\lambda x} f)\dfrac{\partial w}{\partial y} = 0.$

1°. Hauptintegral für $a > 0$:

$$\Xi = \arctan\left(\frac{e^{-\lambda x} y}{\sqrt{a}}\right) - \sqrt{a} \int e^{\lambda x} f\, dx.$$

2°. Hauptintegral für $a < 0$:

$$\Xi = \operatorname{artanh}\left(\frac{e^{-\lambda x} y}{\sqrt{|a|}}\right) + \sqrt{|a|} \int e^{\lambda x} f\, dx.$$

27. $\dfrac{\partial w}{\partial x} + [fy^2 - (ae^{\lambda x} + b)fy + a\lambda e^{\lambda x}]\dfrac{\partial w}{\partial y} = 0.$

Hauptintegral:

$$\Xi = \frac{E}{y - ae^{\lambda x} - b} + \int fE\, dx, \qquad E = \exp\left[\int (ae^{\lambda x} + b) f\, dx\right].$$

28. $\dfrac{\partial w}{\partial x} + [e^{\lambda x} fy^2 + (af - \lambda)y + be^{-\lambda x} f]\dfrac{\partial w}{\partial y} = 0.$

Hauptintegral:

$$\Xi = \int \frac{dv}{v^2 + av + b} - \int f(x)\, dx, \qquad v = e^{\lambda x} y.$$

29. $\dfrac{\partial w}{\partial x} + (fy^2 + gy + a\lambda e^{\lambda x} - ae^{\lambda x}g - a^2e^{2\lambda x}f)\dfrac{\partial w}{\partial y} = 0.$

Hauptintegral:

$$\Xi = \frac{E}{y - ae^{\lambda x}} + \int fE\,dx, \qquad E = \exp\left[\int (2ae^{\lambda x}f - g)\,dx\right].$$

30. $\dfrac{\partial w}{\partial x} + [fy^2 - ae^{\lambda x}gy + a\lambda e^{\lambda x} + a^2e^{2\lambda x}(g - f)]\dfrac{\partial w}{\partial y} = 0.$

Hauptintegral:

$$\Xi = \frac{E}{y - ae^{\lambda x}} + \int fE\,dx, \qquad E = \exp\left(a\int e^{\lambda x}g\,dx\right).$$

31. $\dfrac{\partial w}{\partial x} + (fy^2 + 2a\lambda xe^{\lambda x^2} - a^2fe^{2\lambda x^2})\dfrac{\partial w}{\partial y} = 0.$

Hauptintegral:

$$\Xi = \frac{E}{y - ae^{\lambda x^2}} + \int fE\,dx, \qquad E = \exp\left(2a\int e^{\lambda x^2}f\,dx\right).$$

32. $\dfrac{\partial w}{\partial x} + (fy^2 + 2\lambda xy + afe^{2\lambda x^2})\dfrac{\partial w}{\partial y} = 0.$

1°. Hauptintegral für $a > 0$:

$$\Xi = \arctan\left(\frac{e^{-\lambda x^2}y}{\sqrt{a}}\right) - \sqrt{a}\int e^{\lambda x^2}f\,dx.$$

2°. Hauptintegral für $a < 0$:

$$\Xi = \operatorname{artanh}\left(\frac{e^{-\lambda x^2}y}{\sqrt{|a|}}\right) + \sqrt{|a|}\int e^{\lambda x^2}f\,dx.$$

33. $\dfrac{\partial w}{\partial x} + (f'_x y^2 + ae^{\lambda x}fy + ae^{\lambda x})\dfrac{\partial w}{\partial y} = 0.$

Hauptintegral:

$$\Xi = \frac{E}{f(fy+1)} + \int \frac{f'_x E}{f^2}\,dx, \qquad E = \exp\left(a\int e^{\lambda x}f\,dx\right).$$

34. $\dfrac{\partial w}{\partial x} + (fy^2 + g'_x y + afe^{2g})\dfrac{\partial w}{\partial y} = 0.$

1°. Hauptintegral für $a > 0$:

$$\Xi = \arctan\left(\frac{e^{-g}y}{\sqrt{a}}\right) - \sqrt{a}\int fe^g\,dx.$$

2°. Hauptintegral für $a < 0$:

$$\Xi = \operatorname{artanh}\left(\frac{e^{-g}y}{\sqrt{|a|}}\right) + \sqrt{|a|}\int fe^g\,dx.$$

35. $\dfrac{\partial w}{\partial x} + [fy^2 - a(af + \lambda)\tanh^2(\lambda x) + a\lambda]\dfrac{\partial w}{\partial y} = 0.$

Hauptintegral:

$$\Xi = \frac{E}{y - a\tanh(\lambda x)} + \int fE\,dx,$$

wobei $E = \exp\left[2a\int f\tanh(\lambda x)\,dx\right]$ ist.

36. $\dfrac{\partial w}{\partial x} + [fy^2 - a(af + \lambda)\coth(2(\lambda x) + a\lambda]\dfrac{\partial w}{\partial y} = 0.$

Hauptintegral:

$$\Xi = \frac{E}{y - a\coth(\lambda x)} + \int fE\,dx,$$

wobei $E = \exp\left[2a\int f\coth(\lambda x)\,dx\right]$ ist.

37. $\dfrac{\partial w}{\partial x} + [fy^2 - a^2 f + a\lambda\sinh(\lambda x) - a^2 f\sinh^2(\lambda x)]\dfrac{\partial w}{\partial y} = 0.$

Hauptintegral:

$$\Xi = \frac{E}{y - a\cosh(\lambda x)} + \int fE\,dx, \qquad E = \exp\left[2a\int f\cosh(\lambda x)\,dx\right].$$

38. $x\dfrac{\partial w}{\partial x} + [fy^2 + a + a^2(\ln x)^2 f]\dfrac{\partial w}{\partial y} = 0.$

Hauptintegral:

$$\Xi = \frac{E}{y - a\ln x} + \int x^{-1}fE\,dx, \qquad E = \exp\left(2a\int x^{-1}f\ln x\,dx\right).$$

39. $x\frac{\partial w}{\partial x} + [(y + a\ln x)^2 f - a]\frac{\partial w}{\partial y} = 0.$

Hauptintegral:

$$\Xi = \frac{1}{y + a\ln x} + \int \frac{f(x)}{x}\,dx.$$

40. $\frac{\partial w}{\partial x} + [fy^2 - ax(\ln x)fy + a\ln x + a]\frac{\partial w}{\partial y} = 0.$

Hauptintegral:

$$\Xi = \frac{E}{y - ax\ln x} + \int fE\,dx, \qquad E = \exp\left(a\int xf\ln x\,dx\right).$$

41. $\frac{\partial w}{\partial x} - [ay^2\ln x - axy(\ln x - 1)f + f]\frac{\partial w}{\partial y} = 0.$

Hauptintegral:

$$\Xi = \frac{E}{x(\ln x - 1)[axy(\ln x - 1) - 1]} - \int \frac{E\ln x dx}{x^2(\ln x - 1)^2},$$

wobei $E = \exp\left[a\int xf(\ln x - 1)\,dx\right]$ ist.

42. $\frac{\partial w}{\partial x} + [\lambda\sin(\lambda x)y^2 + f\cos(\lambda x)y - f]\frac{\partial w}{\partial y} = 0.$

Hauptintegral:

$$\Xi = \frac{E}{\cos(\lambda x)[\cos(\lambda x)y - 1]} + \lambda\int \frac{\sin(\lambda x)}{\cos^2(\lambda x)}E\,dx,$$

wobei $E = \exp\left[\int f\cos(\lambda x)\,dx\right]$ ist.

43. $\frac{\partial w}{\partial x} + [fy^2 - a^2 f + a\lambda\sin(\lambda x) + a^2 f\sin^2(\lambda x)]\frac{\partial w}{\partial y} = 0.$

Hauptintegral:

$$\Xi = \frac{E}{y + a\cos(\lambda x)} + \int fE\,dx, \qquad E = \exp\left[-2a\int f\cos(\lambda x)\,dx\right].$$

44. $\frac{\partial w}{\partial x} + [fy^2 - a^2 f + a\lambda\cos(\lambda x) + a^2 f\cos^2(\lambda x)]\frac{\partial w}{\partial y} = 0.$

Hauptintegral:

$$\Xi = \frac{E}{y - a\sin(\lambda x)} + \int fE\,dx, \qquad E = \exp\left[2a\int f\sin(\lambda x)\,dx\right].$$

45. $\dfrac{\partial w}{\partial x} + [fy^2 - a(af - \lambda)\tan^2(\lambda x) + a\lambda]\dfrac{\partial w}{\partial y} = 0.$

Hauptintegral:

$$\Xi = \frac{E}{y - a\tan(\lambda x)} + \int fE\,dx, \qquad E = \exp\left[2a\int f\tan(\lambda x)\,dx\right].$$

46. $\dfrac{\partial w}{\partial x} + [fy^2 - a(af - \lambda)\cot^2(\lambda x) + a\lambda]\dfrac{\partial w}{\partial y} = 0.$

Hauptintegral:

$$\Xi = \frac{E}{y + a\cot(\lambda x)} + \int fE\,dx, \qquad E = \exp\left[-2a\int f\cot(\lambda x)\,dx\right].$$

47. $g\dfrac{\partial w}{\partial x} + [afgy^3 + (bfg^3 + g'_x)y + cfg^4]\dfrac{\partial w}{\partial y} = 0.$

Hauptintegral:

$$\Xi = \int \frac{dv}{av^3 + bv + c} - \int fg^2\,dx, \qquad v = \frac{y}{g}.$$

48. $\dfrac{\partial w}{\partial x} + [fy^3 + 3fhy^2 + (g + 3fh^2)y + fh^3 + gh - h'_x]\dfrac{\partial w}{\partial y} = 0.$

Hauptintegral:

$$\Xi = \frac{E}{(y+h)^2} + 2\int \frac{fE}{g}\,dx, \qquad E = \exp\left(2\int\frac{dx}{g}\right).$$

49. $\dfrac{\partial w}{\partial x} + \left[\dfrac{g'_x}{f^2(ag+b)^3}y^3 + \dfrac{f'_x}{f}y + fg'_x\right]\dfrac{\partial w}{\partial y} = 0.$

Hauptintegral:

$$\Xi = \int \frac{dv}{v^3 - av + 1} - \frac{1}{a}\ln|ag + b|, \qquad v = \frac{y}{f(ag+b)}.$$

50. $\dfrac{\partial w}{\partial x} + \left[(y-f)(y-g)\left(y - \dfrac{af+bg}{a+b}\right)h + \dfrac{y-g}{f-g}f'_x + \dfrac{y-f}{g-f}g'_x\right]\dfrac{\partial w}{\partial y} = 0.$

Hauptintegral:

$$\Xi = E|y-f|^a|y-g|^b\left|y - \frac{af+bg}{a+b}\right|^{-a-b}, \quad E = \exp\left[-\frac{ab}{a+b}\int (f-g)^2 h\,dx\right].$$

51. $\dfrac{\partial w}{\partial x} + f(ax + by + c)\dfrac{\partial w}{\partial y} = 0, \qquad b \neq 0.$

Hauptintegral:

$$\Xi = b\int \frac{dv}{f(v)} - x, \qquad v = ax + by + c.$$

52. $\dfrac{\partial w}{\partial x} + [f(y + ax^n + b) - anx^{n-1}]\dfrac{\partial w}{\partial y} = 0.$

Hauptintegral:

$$\Xi = \int \frac{dv}{f(v)} - x, \qquad v = y + ax^n + b.$$

53. $x\dfrac{\partial w}{\partial x} + yf(x^n y^m)\dfrac{\partial w}{\partial y} = 0.$

Hauptintegral:

$$\Xi = \int \frac{dv}{v[mf(v) + n]} - \ln|x|, \qquad v = x^n y^m.$$

54. $mx\dfrac{\partial w}{\partial x} - [ny - mxy^k f(x)g(x^n y^m)]\dfrac{\partial w}{\partial y} = 0.$

Hauptintegral:

$$\Xi = \int v^{\frac{1-k-m}{m}} \frac{dv}{g(v)} - \int x^{\frac{n(1-k)}{m}} f(x)\,dx, \qquad v = x^n y^m.$$

55. $y^{m-1}\dfrac{\partial w}{\partial x} + x^{n-1}f(ax^n + by^m)\dfrac{\partial w}{\partial y} = 0.$

Hauptintegral:

$$\Xi = \int \frac{dv}{an + bmf(v)} - \frac{1}{n}x^n, \qquad v = ax^n + by^m.$$

56. $y^n\dfrac{\partial w}{\partial x} - [ax^n + g(x)f(y^{n+1} + ax^{n+1})]\dfrac{\partial w}{\partial y} = 0.$

Hauptintegral:

$$\Xi = \int \frac{dv}{f(v)} + (n+1)\int g(x)\,dx, \qquad v = y^{n+1} + ax^{n+1}.$$

57. $[x^n f(y) + xg(y)]\dfrac{\partial w}{\partial x} + h(y)\dfrac{\partial w}{\partial y} = 0.$

Hauptintegral:

$$\Xi = x^{1-n}E + (n-1)\int \frac{f(y)E}{h(y)}\,dy, \qquad E = \exp\left[(n-1)\int \frac{g(y)}{h(y)}\,dy\right].$$

58. $\left[f\left(\dfrac{y}{x}\right) + x^a h\left(\dfrac{y}{x}\right)\right]\dfrac{\partial w}{\partial x} + \left[g\left(\dfrac{y}{x}\right) + yx^{a-1} h\left(\dfrac{y}{x}\right)\right]\dfrac{\partial w}{\partial y} = 0.$

Hauptintegral:

$$\Xi = x^{-a}E + a\int \frac{h(v)E\,dv}{g(v) - vf(v)}, \qquad v = \frac{y}{x},$$

wobei $E = \exp\left[a\displaystyle\int \frac{f(v)\,dv}{g(v) - vf(v)}\right]$ ist.

59. $[f(ax+by) + bxg(ax+by)]\dfrac{\partial w}{\partial x}$

$$+ [h(ax+by) - axg(ax+by)]\frac{\partial w}{\partial y} = 0.$$

Hauptintegral:

$$\Xi = xE - \int \frac{f(v)E\,dv}{af(v) + bh(v)}, \qquad v = ax + by,$$

wobei $E = \exp\left[-b\displaystyle\int \frac{g(v)\,dv}{af(v) + bh(v)}\right]$ ist.

60. $[f(ax+by) + byg(ax+by)]\dfrac{\partial w}{\partial x}$

$$+ [h(ax+by) - ayg(ax+by)]\frac{\partial w}{\partial y} = 0.$$

Hauptintegral:

$$\Xi = yE - \int \frac{h(v)E\,dv}{af(v) + bh(v)}, \qquad v = ax + by,$$

wobei $E = \exp\left[a\displaystyle\int \frac{g(v)\,dv}{af(v) + bh(v)}\right]$ ist.

61. $x[f(x^n y^m) + m x^k g(x^n y^m)]\dfrac{\partial w}{\partial x}$

$$+ y[h(x^n y^m) - n x^k g(x^n y^m)]\frac{\partial w}{\partial y} = 0.$$

Hauptintegral:

$$\Xi = x^{-k}E + km\int \frac{g(v)E\,dv}{v[nf(v)+mh(v)]}, \qquad v = x^n y^m,$$

wobei $E = \exp\left\{k\displaystyle\int \frac{f(v)\,dv}{y[nf(v)+mh(v)]}\right\}$ ist.

62. $x[f(x^n y^m) + m y^k g(x^n y^m)]\dfrac{\partial w}{\partial x}$

$$+ y[h(x^n y^m) - n y^k g(x^n y^m)]\frac{\partial w}{\partial y} = 0.$$

Hauptintegral:

$$\Xi = y^{-k}E - kn\int \frac{g(v)E\,dv}{v[nf(v)+mh(v)]}, \qquad v = x^n y^m.$$

$$E = \exp\left\{k\int \frac{h(v)\,dv}{v[nf(v)+mh(v)]}\right\}.$$

63. $x[sf(x^n y^m) - mg(x^k y^s)]\dfrac{\partial w}{\partial x}$

$$+ y[ng(x^k y^s) - kf(x^n y^m)]\frac{\partial w}{\partial y} = 0.$$

Hauptintegral:

$$\Xi = \int \frac{dv}{vg(v)} - \int \frac{dz}{zf(z)}, \qquad v = x^k y^s, \quad z = x^n y^m.$$

64. $[f(y) + amx^n y^{m-1}]\dfrac{\partial w}{\partial x} - [g(x) + anx^{n-1}y^m]\dfrac{\partial w}{\partial y} = 0.$

Hauptintegral:

$$\Xi = \int f(y)\,dy + \int g(x)\,dx + ax^n y^m.$$

65. $f(x,\ y)\dfrac{\partial w}{\partial x} - g(x,\ y)\dfrac{\partial w}{\partial y} = 0, \qquad \dfrac{\partial f}{\partial x} = \dfrac{\partial g}{\partial y}.$

Hauptintegral:

$$\Xi = \int_{y_0}^{y} f(x_0,\ t)\,dt + \int_{x_0}^{x} g(t,\ y)\,dt,$$

wobei x_0, y_0 beliebige Parameter sind.

66. $\dfrac{\partial w}{\partial x} + e^{-\lambda x} f(e^{\lambda x} y)\dfrac{\partial w}{\partial y} = 0.$

Hauptintegral:

$$\Xi = \int \frac{dv}{f(v)+\lambda v} - x, \qquad v = e^{\lambda x} y.$$

67. $\dfrac{\partial w}{\partial x} + e^{-\lambda y} f(e^{\lambda y} x)\dfrac{\partial w}{\partial y} = 0.$

Hauptintegral:

$$\Xi = \int \frac{dv}{v[\lambda v f(v)+1]} - \ln|x|, \qquad v = e^{\lambda y} x.$$

68. $\dfrac{\partial w}{\partial x} + y f(e^{\alpha x} y^m)\dfrac{\partial w}{\partial y} = 0.$

Hauptintegral:

$$\Xi = \int \frac{dv}{v[\alpha + m f(v)]} - x, \qquad v = e^{\alpha x} y^m.$$

69. $x\dfrac{\partial w}{\partial x} + f(x^n e^{\alpha y})\dfrac{\partial w}{\partial y} = 0.$

Hauptintegral:

$$\Xi = \int \frac{dv}{v[n + \alpha f(v)]} - \ln|x|, \qquad v = x^n e^{\alpha y}.$$

70. $\dfrac{\partial w}{\partial x} + [f(x)e^{\lambda y} + g(x)]\dfrac{\partial w}{\partial y} = 0.$

Hauptintegral:

$$\Xi = e^{-\lambda y} E + \lambda \int f(x) E\, dx, \qquad E = \exp\left[\lambda \int g(x)\, dx\right].$$

71. $x\dfrac{\partial w}{\partial x} + [x f(x) g(x^n e^y) - n]\dfrac{\partial w}{\partial y} = 0.$

Hauptintegral:

$$\Xi = \int \frac{dv}{v g(v)} - \int f(x)\, dx, \qquad v = x^n e^y.$$

72. $m\frac{\partial w}{\partial x} + [my^k f(x)g(e^{\alpha x}y^m) - \alpha y]\frac{\partial w}{\partial y} = 0.$

Hauptintegral:

$$\Xi = \int v^{\frac{1-k-m}{m}} \frac{dv}{g(v)} m \int f(x)\exp\Big[\frac{\alpha(1-k)}{m}x\Big]\,dx, \quad v = e^{\alpha x}y^m.$$

73. $\frac{\partial w}{\partial x} + e^{\alpha x-\beta y} f(ae^{\alpha x} + be^{\beta y})\frac{\partial w}{\partial y} = 0.$

Hauptintegral:

$$\Xi = \int \frac{dv}{a\alpha + b\beta f(v)} - \frac{1}{\alpha}e^{\alpha x}, \quad v = ae^{\alpha x} + be^{\beta y}.$$

74. $\frac{\partial w}{\partial x} + [f(y + ae^{\lambda x} + b) - a\lambda e^{\lambda x}]\frac{\partial w}{\partial y} = 0.$

Hauptintegral:

$$\Xi = \int \frac{dv}{f(v)} - x, \qquad v = y + ae^{\lambda x} + b.$$

75. $\alpha xy\frac{\partial w}{\partial x} + [\alpha f(x^n e^{\alpha y}) - ny]\frac{\partial w}{\partial y} = 0.$

Hauptintegral:

$$\Xi = yE - \frac{1}{\alpha}\int v^{-1}E\,dv, \qquad v = x^n - e^{\alpha y},$$

wobei $E = \exp\Big[\frac{n}{\alpha^2}\int \frac{dv}{vf(v)}\Big]$ ist.

76. $[f(ax + by) + be^{\alpha y}g(ax + by)]\frac{\partial w}{\partial x}$

$$+ [h(ax + by) - ae^{\alpha y}g(ax + by)]\frac{\partial w}{\partial y} = 0.$$

Hauptintegral:

$$\Xi = e^{-\alpha y}E - \alpha a\int \frac{g(v)E\,dv}{af(v) + bh(v)}, \qquad v = ax + by,$$

wobei $E = \exp\Big[\alpha\int \frac{h(v)\,dv}{af(v) + bh(v)}\Big]$ ist.

77. $$[f(ax+by)+be^{\alpha x}g(ax+by)]\frac{\partial w}{\partial x} + [h(ax+by)-ae^{\alpha x}g(ax+by)]\frac{\partial w}{\partial y} = 0.$$

Hauptintegral:

$$\Xi = e^{-\alpha x}E + \alpha b\int\frac{g(v)E\,dv}{af(v)+bh(v)}, \qquad v = ax+by,$$

wobei $E = \exp\left[\alpha\int\frac{f(v)\,dv}{af(v)+bh(v)}\right]$ ist.

78. $$[e^{\alpha x}f(y)+a\beta]\frac{\partial w}{\partial x} - [e^{\beta y}g(x)+a\alpha]\frac{\partial w}{\partial y} = 0.$$

Hauptintegral:

$$\Xi = \int e^{-\beta y}f(y)\,dy + \int e^{-\alpha x}g(x)\,dx - ae^{-\alpha x-\beta y}.$$

79. $$x[f(x^n e^{\alpha y})+\alpha y g(x^n e^{\alpha y})]\frac{\partial w}{\partial x} + [h(x^n e^{\alpha y})-nyg(x^n e^{\alpha y})]\frac{\partial w}{\partial y} = 0.$$

Hauptintegral:

$$\Xi = yE - \int\frac{h(v)E\,dv}{v[nf(v)+\alpha h(v)]}, \qquad v = x^n e^{\alpha y},$$

wobei $E = \exp\left\{n\int\frac{g(v)\,dv}{v[nf(v)+\alpha h(v)]}\right\}$ ist.

80. $$[f(e^{\alpha x}y^m)+mxg(e^{\alpha x}y^m)]\frac{\partial w}{\partial x} + y[h(e^{\alpha x}y^m)-\alpha xg(e^{\alpha x}y^m)]\frac{\partial w}{\partial y} = 0.$$

Hauptintegral:

$$\Xi = xE - \int\frac{f(v)E\,dv}{v[\alpha f(v)+mh(v)]}, \qquad v = e^{\alpha x}y^m,$$

wobei $E = \exp\left\{-m\int\frac{g(v)\,dv}{v[\alpha f(v)+mh(v)]}\right\}$ ist.

81. $x\frac{\partial w}{\partial x} + [xyf(x)g(x^n \ln y) - ny \ln y]\frac{\partial w}{\partial y} = 0.$

Hauptintegral:

$$\Xi = \int \frac{dv}{g(v)} - \int x^n f(x)\,dx, \qquad v = x^n \ln y.$$

82. $mx(\ln y)\frac{\partial w}{\partial x} + [myf(x^n y^m) - ny \ln y]\frac{\partial w}{\partial y} = 0.$

Hauptintegral:

$$\Xi = E \ln y - \frac{1}{m}\int v^{-1} E\,dv, \qquad v = x^n y^m,$$

wobei $E = \exp\left[\frac{n}{m}\int \frac{dv}{vf(v)}\right]$ ist.

83. $x[f(x^n y^m) + mg(x^n y^m)\ln y]\frac{\partial w}{\partial x}$

$$+\, y[h(x^n y^m) - ng(x^n y^m)\ln y]\frac{\partial w}{\partial y} = 0.$$

Hauptintegral:

$$\Xi = E \ln y - \int \frac{h(v)E\,dv}{v[nf(v) + mh(v)]}, \qquad v = x^n y^m,$$

wobei $E = \exp\left\{n \int \frac{g(v)\,dv}{v[nf(v) + mh(v)]}\right\}$ ist.

84. $x[f(x^n y^m) + mg(x^n y^m)\ln x]\frac{\partial w}{\partial x}$

$$+\, y[h(x^n y^m) - ng(x^n y^m)\ln x]\frac{\partial w}{\partial y} = 0.$$

Hauptintegral:

$$\Xi = E \ln x - \int \frac{f(v)E\,dv}{v[nf(v) + mh(v)]}, \qquad v = x^n y^m,$$

wobei $E = \exp\left\{-m \int \frac{g(v)\,dv}{v[nf(v) + mh(v)]}\right\}$ ist.

85. $\dfrac{\partial w}{\partial x} + [f(y + a\tan x) - a\tan^2 x]\dfrac{\partial w}{\partial y} = 0.$

Hauptintegral:

$$\Xi = \int \frac{dv}{a + f(v)} - x, \qquad v = y + a\tan x.$$

86. $\cos y\dfrac{\partial w}{\partial x} + [f(x)g(\sin x\sin y) - \cot x\sin y]\dfrac{\partial w}{\partial y} = 0.$

Hauptintegral:

$$\Xi = \int \frac{dv}{g(v)} - \int f(x)\sin x\,dx, \qquad v = \sin x\sin y.$$

87. $\sin 2x\dfrac{\partial w}{\partial x} + [\sin 2x\cos^2 y f(x)g(\tan x\tan y) - \sin 2y]\dfrac{\partial w}{\partial y} = 0.$

Hauptintegral:

$$\Xi = \int \frac{dv}{g(v)} - \int f(x)\tan x\,dx, \qquad v = \tan x\tan y.$$

88. $x\dfrac{\partial w}{\partial x} + [x\cos^2 y f(x)g(x^{2n}\tan y) - n\sin 2y]\dfrac{\partial w}{\partial y} = 0.$

Hauptintegral:

$$\Xi = \int \frac{dv}{g(v)} - \int x^{2n} f(x)\,dx, \qquad v = x^{2n}\tan y.$$

89. $\dfrac{\partial w}{\partial x} + [\cos^2 y f(x)g(e^{2x}\tan y) - \sin 2y]\dfrac{\partial w}{\partial y} = 0.$

Hauptintegral:

$$\Xi = \int \frac{dv}{g(v)} - \int e^{2x} f(x)\,dx, \qquad v = e^{2x}\tan y.$$

90. $e^{\lambda x}\dfrac{\partial w}{\partial x} + f(\lambda x + \ln y)\dfrac{\partial w}{\partial y} = 0.$

Hauptintegral:

$$\Xi = \int \frac{e^v\,dv}{f(v) + \lambda e^v} - x, \qquad v = \lambda x + \ln y.$$

91. $\dfrac{\partial w}{\partial x} + e^{\lambda y} f(\lambda y + \ln x)\dfrac{\partial w}{\partial y} = 0.$

Hauptintegral:

$$\Xi = \int \frac{dv}{\lambda e^{v} f(v) + 1} - \ln x, \qquad v = \lambda y + \ln x.$$

Kapitel 7

Gleichungen zweiter Ordnung

7.1 Einige Formeln und Bemerkungen

7.1.1 Die kanonische Form partieller Differentialgleichungen mit zwei unabhängigen Variablen

1. Einfachste Beispiele aus den Anwendungen.
Es werden drei Grundtypen partieller Differentialgleichungen zweiter Ordnung angegeben, deren Lösungen charakteristische Unterschiede aufweisen.

Ein typisches Beispiel einer *hyperbolischenDifferentialgleichung* ist die *Wellengleichung:*

$$\frac{\partial^2 w}{\partial t^2} - \frac{\partial^2 w}{\partial x^2} = 0. \qquad (1)$$

Hier werden t als Zeit- und x als Raumkoordinate gedeutet. Man beachte, daß die höchsten Ableitungen in (1) verschiedene Vorzeichen haben.

Ein typisches Beispiel einer *parabolischen Differentialgleichung* ist die *Wärmeleitungsgleichung:*

$$\frac{\partial w}{\partial t} - \frac{\partial^2 w}{\partial x^2} = 0, \qquad (2)$$

wo wieder t als Zeit- und x als Raumkoordinate zu deuten sind. Man beachte, daß in (2) nur eine Ableitung höchster Ordnung auftritt.

Ein typisches Beispiel einer *elliptischen Differentialgleichung* ist die *Laplacesche Gleichung:*

$$\frac{\partial^2 w}{\partial x^2} + \frac{\partial^2 w}{\partial y^2} = 0. \qquad (3)$$

Hier werden beide Variablen x und y als Raumkoordinaten gedeutet. Man beachte, daß in Gleichung (3) beide Glieder dasselbe Vorzeichen haben.

Eine beliebige lineare partielle Differentialgleichung zweiter Ordnung mit zwei unabhängigen Variablen kann mit Hilfe geeigneter Transformationen auf eine einfachere Form gebracht werden, in der die Glieder mit den höchsten Ableitungen sich wie in den oben angegebenen, konkreten Beispielen (1), (2) oder (3) verhalten (vgl. die Abschnitte 3 – 5).

2. Typen von Differentialgleichungen. Charakteristische Gleichungen. Wir betrachten allgemeiner eine partielle Differentialgleichung zweiter Ordnung in zwei Veränderlichen

$$a(x,y)\frac{\partial^2 w}{\partial x^2} + 2b(x,y)\frac{\partial^2 w}{\partial x \partial y} + c(x,y)\frac{\partial^2 w}{\partial y^2} = F\Big(x, y, w, \frac{\partial w}{\partial x}, \frac{\partial w}{\partial y}\Big), \qquad (4)$$

in der a, b, c Funktionen von x und y sind, die stetige partielle Ableitungen bis einschließlich zur zweiten Ordnung besitzen.

Man unterscheidet drei *Typen von Differentialgleichungen* der Gestalt (4):

$$\begin{aligned} &\textit{hyperbolischer Typ:} && b^2 - ac > 0, \\ &\textit{parabolischer Typ:} && b^2 - ac = 0, \\ &\textit{elliptischer Typ:} && b^2 - ac < 0. \end{aligned}$$

Um Gleichung (4) auf eine kanonische Form zu bringen, benötigt man die zugehörige *charakteristische Gleichung*

$$a dy^2 - 2b dx dy + c dx^2 = 0, \qquad (5)$$

die in zwei Gleichungen zerfällt:

$$a dy - (b + \sqrt{b^2 - ac}) dx = 0, \qquad (6)$$

$$a dy - (b - \sqrt{b^2 - ac}) dx = 0, \qquad (7)$$

und deren allgemeine Lösungen.

3. Kanonische Form einer Gleichung hyperbolischen Typs: $b^2 - ac > 0$. Die allgemeinen Lösungen

$$\varphi(x,y) = C_1, \qquad \psi(x,y) = C_2$$

der Gleichungen (6) und (7) sind reell und verschieden. Der Übergang von x, y zu den neuen unabhängigen Variablen ξ, η durch die Transformation

$$\xi = \varphi(x,y), \qquad \eta = \psi(x,y)$$

überführt Gleichung (4) in die *erste kanonische Form*

$$\frac{\partial^2 w}{\partial \xi \partial \eta} = F_1\Big(\xi, \eta, w, \frac{\partial w}{\partial \xi}, \frac{\partial w}{\partial \eta}\Big).$$

Die Transformation

$$\xi = t + z, \qquad \eta = t - z$$

überführt dann die erhaltene Gleichung in die ***zweite kanonische Form***

$$\frac{\partial^2 w}{\partial t^2} - \frac{\partial^2 w}{\partial z^2} = F_2\left(t, z, w, \frac{\partial w}{\partial t}, \frac{\partial w}{\partial z}\right).$$

Die linke Seite dieser Gleichung stimmt bis auf die Bezeichnungen mit der linken Seite der Wellengleichung (1) überein.

4. Kanonische Form einer Gleichung parabolischen Typs: $b^2 - ac = 0$. Die Gleichungen (6) und (7) stimmen in diesem Fall überein und haben dieselbe allgemeine Lösung:

$$\varphi(x, y) = C.$$

Der Übergang von x, y zu den neuen unabhängigen Variablen ξ, η mit Hilfe einer Transformation

$$\xi = \varphi(x, y), \qquad \eta = \eta(x, y),$$

für die $\eta = \eta(x, y)$ eine beliebige, zweifach stetig differenzierbare Funktion mit in dem betrachteten Gebiet von null verschiedener Funktionaldeterminante

$$\frac{D(\xi, \eta)}{D(x, y)} \neq 0$$

ist, überführt Gleichung (1) in die ***kanonische Form***

$$\frac{\partial^2 w}{\partial \eta^2} = F_3\left(\xi, \eta, w, \frac{\partial w}{\partial \xi}, \frac{\partial w}{\partial \eta}\right).$$

Als Funktion η kann man $\eta = x$ oder $\eta = y$ wählen.

Man beachte, daß in diesem Fall die transformierte Gleichung ebenso wie die Wärmeleitungsgleichung (2) nur ein Glied mit einer Ableitung zweiter Ordnung enthält.

5. Kanonische Form einer Gleichung elliptischen Typs: $b^2 - ac < 0$. Die allgemeinen Lösungen der Gleichungen (6) und (7) sind in diesem Fall komplex konjugiert und bestimmen zwei Familien *imaginärer Charakteristiken.*

Die allgemeine Lösung der Gleichung (6) möge die Form

$$\varphi(x, y) + i\psi(x, y) = C, \qquad i^2 = -1,$$

haben, wobei $\varphi(x, y)$ und $\psi(x, y)$ reelle Funktionen sind.

Der Übergang von x, y zu den neuen unabhängigen Variablen ξ, η durch die Transformation

$$\xi = \varphi(x, y), \qquad \eta = \psi(x, y)$$

überführt Gleichung (4) in die *kanonische Form*

$$\frac{\partial^2 w}{\partial \xi^2} + \frac{\partial^2 w}{\partial \eta^2} = F_4\left(\xi, \eta, w, \frac{\partial w}{\partial \xi}, \frac{\partial w}{\partial \eta}\right).$$

Die linke Seite dieser Gleichung stimmt bis auf die Bezeichnungen mit der linken Seite der Laplaceschen Gleichung (3) überein.

7.1.2 Rand- und Anfangsbedingungen

1. Vorbereitende Bemerkungen.
Für lineare partielle Differentialgleichungen zweiter Ordnung verwenden wir oft die kurze Schreibweise

$$\boldsymbol{L}\,[w(x,t)] = \Phi(x,t), \qquad x \in V. \tag{1}$$

Hierbei ist $\boldsymbol{L}$ ein linearer Differentialoperator ($\boldsymbol{L}\,[0] = 0$), V ein offenes (den Rand nicht enthaltendes) Gebiet des Raumes, in dem eine Lösung w gesucht wird, $x = \{x_1, x_2, \ldots, x_n\}$. Die Variable t deuten wir als Zeit und die x_1, x_2, …, x_n als Raumkoordinaten ($n = 2$ entspricht einem ebenen und $n = 3$ einem dreidimensionalem Gebiet V). Eine Differentialgleichung (1) heißt *homogen*, falls $\Phi(x,t) \equiv 0$ gilt.

Wir schildern typische Aufgaben, die bei der Beschreibung verschiedener Prozesse in dem Gebiet V mit dem Rand S auftreten. Die Gleichung (1) muß durch Rand- und Anfangsbedingungen ergänzt werden, die von ihrem Typ abhängen und sehr unterschiedlich sein können.

2. Gleichungen elliptischen Typs.
Elliptische Differentialgleichungen beschreiben Zustände, d.h. abgeschlossene Prozesse, die nicht von der Zeit t abhängen. In diesem Fall ist in Gleichung (1) $w(x,t) \equiv w(x)$ und $\Phi(x,t) \equiv \Phi(x)$ zu setzen.

Die gesuchte Funktion w soll einer *Randbedingung*

$$\boldsymbol{L}_S\,[w(x)] = f(x), \qquad x \in S \tag{2}$$

genügen; hier und im weiteren setzen wir voraus, daß der Operator L_S linear ist und die Bedingung $L_S\,[0] = 0$ erfüllt.

Die Randbedingung (2) heißt *homogen*, wenn $f(x) \equiv 0$ gilt; die *Randwertaufgabe* (1), (2) heißt *homogen*, wenn $\Phi \equiv 0$ und $f \equiv 0$ gelten.

3. Gleichungen parabolischen Typs.
Parabolische Gleichungen beschreiben Ausgleichsprozesse, die von der Zeit t abhängen ($t \geq 0$). Die gesuchte Funktion w soll in diesem Fall einer Rand- und einer Anfangsbedingung genügen:

$$\boldsymbol{L}_S\,[w(x,t)] = f(x,t), \quad x \in S, \quad \text{und} \quad w = g(x) \text{ für } t = 0 \ (x \in V). \tag{3}$$

Mit anderen Worten: Die gesuchte Funktion w soll auf dem Rand S des Gebiets V für alle $t \geq 0$ bekannt sein, und es sollen die Anfangswerte der Funktion w für $t = 0$ in dem Gebiet V gegeben sein.

Die Anfangsbedingungen in (3) heißen *homogen*, falls $g(x) \equiv 0$ gilt. Eine *Randwertaufgabe* (1), (3) heißt *homogen*, wenn $\Phi \equiv 0$, $f \equiv 0$ und $g \equiv 0$ gelten.

4. Gleichungen hyperbolischen Typs.
Eine hyperbolische Differentialgleichung beschreibt eine Wellenausbreitung, die von der Zeit t $(t \geq 0)$ abhängt. Die gesuchte Funktion w soll in diesem Fall einer Randbedingung und zwei Anfangsbedingungen genügen:

$$\begin{aligned} \boldsymbol{L}_S\,[w(x,t)] &= f(x,t) && \text{für } x \in S, \\ w &= g(x) && \text{für } t = 0, \quad x \in V, \\ \frac{\partial w}{\partial t} &= h(x) && \text{für } t = 0, \quad x \in V. \end{aligned} \tag{4}$$

Mit anderen Worten: Die Funktion w soll auf dem Rand S von V für alle $t \geq 0$ bekannt sein, und die Anfangswerte der Funktion w und ihrer Ableitung nach der Zeit $\partial w/\partial t$ für $t = 0$ sind in V gegeben.

Die Anfangsbedingungen in (4) heißen *homogen*, wenn $g(x) \equiv 0$ und $h(x) \equiv 0$ gelten. Die *Randwertaufgabe* (1), (4) wird *homogen* genannt, wenn $\Phi \equiv 0$, $f \equiv 0$, $g \equiv 0$, $h \equiv 0$ gelten.

5. Grundtypen von Randwertaufgaben.
Für beliebige (elliptische, parabolische und hyperbolische) Differentialgleichungen zweiter Ordnung unterscheidet man nach der Art der Randbedingungen in (2), (3) und (4) vier Grundtypen von Randwertaufgaben:

a) *Erste Randwertaufgabe.* Man finde die Lösung $w(x,t)$ der betrachteten Gleichung unter der Bedingung, daß sie auf dem Rand S vorgegebene Werte annimmt:

$$w(x,t) = f_1(x,t) \qquad \text{für } x \in S. \tag{5}$$

b) *Zweite Randwertaufgabe.* Auf dem Rand S sind die Ableitungen von w in Richtung der (äußeren) Normalen vorgegeben:

$$\frac{\partial w}{\partial \nu} = f_2(x,t) \qquad \text{für } x \in S. \tag{6}$$

c) *Dritte Randwertaufgabe.* Auf dem Rand S ist eine Linearkombination der gesuchten Funktion und ihrer Normalableitung vorgegeben:

$$\frac{\partial w}{\partial \nu} + s(x,t)w = f_3(x,t) \qquad \text{für } x \in S. \tag{7}$$

Hierbei wird gewöhnlich $s(x,t) = \text{const}$ vorausgesetzt.

d) *Gemischte Randwertaufgabe.* Bei dieser Aufgabe sind auf verschiedenen Teilen des Randes S verschiedene Randbedingungen der unter a), b) und c) beschriebenen Randwertaufgaben vorgegeben.

Gelten $f_1 \equiv 0$, $f_2 \equiv 0$ bzw. $f_3 \equiv 0$, so nennt man die entsprechenden Randbedingungen (5), (6) bzw. (7) *homogen*.

7.1.3 Greensche Funktion. Struktur der Lösungen von Aufgaben mit homogenen Rand- und Anfangsbedingungen

1. Gleichungen elliptischen Typs.
Die Lösung einer inhomogenen linearen elliptischen Differentialgleichung

$$\boldsymbol{L}\,[w(x)] = \Phi(x), \qquad x \in V, \tag{1}$$

mit homogener Randbedingung

$$\boldsymbol{L}_S\,[w(x)] = 0 \qquad x \in S. \tag{2}$$

kann man als Integral darstellen:

$$w(x) = \int_V G(x,\xi)\Phi(\xi)\,d\xi. \tag{3}$$

Die Funktion $G(x,\xi)$ heißt *Greensche Funktion* (auch Quellenfunktion). Methoden zur Konstruktion Greenscher Funktionen für verschiedene partielle Differentialgleichungen sind zum Beispiel in den Büchern R. Courant (1962), A.N. Tikhonov, A.A. Samarskiij (1972) und V. M. Babich, M. B. Kapilevic u. a. (1964) beschrieben.

2. Gleichungen parabolischen Typs.
Die Lösung einer linearen inhomogenen parabolischen Differentialgleichung

$$\boldsymbol{L}\,[w(x,t)] = \Phi(x,t), \qquad x \in V, \tag{4}$$

mit homogener Rand- und Anfangsbedingung

$$\boldsymbol{L}_S\,[w(x,t)] = 0, \quad x \in S; \qquad w = 0 \quad \text{für } \ t = 0 \qquad (x \in V), \tag{5}$$

kann man in der Form

$$w(x,t) = \int_0^t \int_V G(x,\xi,t,\tau)\Phi(\xi,\tau)\,d\xi\,d\tau \tag{6}$$

schreiben, wobei $G(x,\xi,t,\tau)$ eine *Greensche Funktion* ist.

Wenn die Koeffizienten der linken Seite der Gleichung (4) nicht von t abhängen (d.h., die linke Seite der Gleichung ändert sich beim Ersetzen von t durch $t+\text{const}$ nicht), so hängt die Greensche Funktion nur von drei Argumenten ab, und es gilt $G(x,\xi,t,\tau) = G(x,\xi,t-\tau)$.

Physikalische Deutung der Greenschen Funktion: Für die Wärmeleitungsgleichung 7.1.1, (2), ist $G(x,\xi,t)$ die Temperatur, die im Punkt x zur Zeit t von einer Wärmequelle der Intensität eins erzeugt wird, die zur Zeit $t = 0$ im Punkt ξ konzentriert ist.

3. Gleichungen hyperbolischen Typs.

Die Lösung einer linearen inhomogenen hyperbolischen Differentialgleichung mit der rechten Seite $\Phi(x,t)$ und homogenen Rand- und Anfangsbedingungen

$$\begin{aligned} \boldsymbol{L}_S\,[w(x,t)] &= 0 \qquad \text{für } x \in S, \\ w &= 0 \qquad \text{für } t = 0, \quad x \in V, \\ \frac{\partial w}{\partial t} &= 0 \qquad \text{für } t = 0, \quad x \in V, \end{aligned} \tag{7}$$

kann man ebenfalls in der Form (6) darstellen, wobei $G(x,\xi,t,\tau)$ die dieser Aufgabe entsprechende Greensche Funktion ist.

4. Transformationen, die auf homogene Rand- und Anfangsbedingungen führen.

Mit Hilfe der Greenschen Funktion (die hier als bekannt vorausgesetzt wird) lassen sich auch Aufgaben mit inhomogenen Rand- und Anfangsbedingungen lösen. Hierzu wird eine neue abhängige Variable

$$u(x,t) = w(x,t) - \psi(x,t) \tag{8}$$

eingeführt; hierbei soll die Funktion ψ die inhomogenen Rand- und Anfangsbedingungen erfüllen (das ist eine rein algebraische Bedingung, die nichts mit der betrachteten Gleichung zu tun hat). Auf diese Weise erhält man für die Funktion $u(x,t)$ eine inhomogene Differentialgleichung mit geänderter rechter Seite $\Phi_u(x,t)$ und homogenen Rand- und Anfangsbedingungen. Die Lösung dieser Aufgabe kann man nun mit Hilfe einer Greenschen Funktion nach (6) (oder (3)) darstellen, wobei in diesen Formeln w und Φ durch u und Φ_u zu ersetzen sind. Man beachte, daß die Funktion ψ in der Transformation (8) nicht eindeutig bestimmt ist.

In den Abschnitten 7.2.5 und 7.3.5 geben wir Beispiele für Transformationen der Form (8) an, die auf homogene Rand- und Anfangsbedingungen führen.

In den Abschnitten 7.2.3 und 7.3.3 geben wir Formeln an, die es gestatten, mit Hilfe Greenscher Funktionen inhomogene Gleichungen mit inhomogenen Anfangsbedingungen zu lösen.

7.2 Gleichungen parabolischen Typs

7.2.1 Die Wärmeleitungsgleichung $\frac{\partial w}{\partial t} = a^2 \frac{\partial^2 w}{\partial x^2}$

Diese Gleichung wird in der Theorie des Wärme- und Massentransports angewandt ($0 < t < +\infty$).

1. Einige spezielle Lösungen.
A, B, λ bezeichnen beliebige Konstanten.

$$\begin{aligned}
1.\quad w(x,t) &= Ax + B,\\
2.\quad w(x,t) &= A\exp(a^2\lambda^2 t \pm \lambda x) + B,\\
3.\quad w(x,t) &= A\exp(-a^2\lambda^2 t)\cos(\lambda x) + B,\\
4.\quad w(x,t) &= A\exp(-a^2\lambda^2 t)\sin(\lambda x) + B,\\
5.\quad w(x,t) &= A\frac{1}{\sqrt{t}}\exp\Bigl(-\frac{x^2}{4a^2 t}\Bigr) + B,\\
6.\quad w(x,t) &= A\frac{x}{t^{3/2}}\exp\Bigl(-\frac{x^2}{4a^2 t}\Bigr) + B,\\
7.\quad w(x,t) &= A\operatorname{erf}\Bigl(\frac{x}{2a\sqrt{t}}\Bigr) + B,
\end{aligned}$$

wobei $\operatorname{erf} z \equiv \frac{2}{\sqrt{\pi}}\int_0^z \exp(-\xi^2)\,d\xi$ das *Fehlerintegral* bezeichnet.

2. Gebiet: $-\infty < x < +\infty$.

$$w = f(x) \quad \text{für} \quad t = 0 \quad \text{(Anfangsbedingung).}$$

Lösung:

$$w(x,t) = \frac{1}{2a\sqrt{\pi t}}\int_{-\infty}^{+\infty}\exp\Bigl[-\frac{(x-\xi)^2}{4a^2 t}\Bigr]f(\xi)\,d\xi.$$

Spezialfall: $f(x) = \begin{cases} A & \text{für } |x| < x_0,\\ B & \text{für } |x| > x_0.\end{cases}$

Lösung:

$$w = \frac{1}{2}(A-B)\Bigl[\operatorname{erf}\Bigl(\frac{x_0 - x}{2a\sqrt{t}}\Bigr) + \operatorname{erf}\Bigl(\frac{x_0 + x}{2a\sqrt{t}}\Bigr)\Bigr] + B.$$

3. Gebiet: $0 < x < +\infty$. Erste Randwertaufgabe.

3.1. $w = f(x)$ für $t = 0$ (Anfangsbedingung),
$w = 0$ für $x = 0$ (Randbedingung).

Lösung:

$$w(x,t) = \frac{1}{2a\sqrt{\pi t}} \int_0^{+\infty} \left\{ \exp\Big[-\frac{(x-\xi)^2}{4a^2t}\Big] - \exp\Big[-\frac{(x+\xi)^2}{4a^2t}\Big] \right\} f(\xi)\, d\xi.$$

Spezialfall: $f(x) = A$.
Lösung:

$$w = A \operatorname{erf}\Big(\frac{x}{2a\sqrt{t}}\Big).$$

3.2. $w = 0$ für $t = 0$ (Anfangsbedingung),
$w = g(t)$ für $x = 0$ (Randbedingung).

Lösung:

$$w(x,t) = \frac{x}{2a\sqrt{\pi}} \int_0^t \exp\Big[-\frac{x^2}{4a^2(t-\tau)}\Big] \frac{g(\tau)\, d\tau}{(t-\tau)^{3/2}}.$$

Spezialfall: $g(x) = \begin{cases} A & \text{für } 0 < t < T, \\ B & \text{für } T < t. \end{cases}$
Lösung:

$$w = \begin{cases} A \operatorname{erfc}\Big(\dfrac{x}{2a\sqrt{t}}\Big) & \text{für } 0 < t < T, \\ A \operatorname{erfc}\Big(\dfrac{x}{2a\sqrt{t}}\Big) + (B-A) \operatorname{erfc}\Big(\dfrac{x}{2a\sqrt{t-T}}\Big) & \text{für } T < t, \end{cases}$$

wobei $\operatorname{erfc} x \equiv 1 - \operatorname{erf} x$ zu setzen ist.

3.3. $w = f(x)$ für $t = 0$ (Anfangsbedingung),
$w = g(t)$ für $x = 0$ (Randbedingung).

Lösung:

$$\begin{aligned} w(x,t) &= \frac{1}{2a\sqrt{\pi t}} \int_0^{+\infty} \left\{ \exp\Big[-\frac{(x-\xi)^2}{4a^2t}\Big] - \exp\Big[-\frac{(x+\xi)^2}{4a^2t}\Big] \right\} f(\xi)\, d\xi \\ &\quad + \frac{x}{2a\sqrt{\pi}} \int_0^t \exp\Big[-\frac{x^2}{4a^2(t-\tau)}\Big] \frac{g(\tau)\, d\tau}{(t-\tau)^{3/2}}. \end{aligned}$$

4. Gebiet: $0 < x < +\infty$. Zweite Randwertaufgabe.

4.1. $w = f(x)$ für $t = 0$ (Anfangsbedingung),
$\partial_x w = 0$ für $x = 0$ (Randbedingung).

Lösung:

$$w(x,t) = \frac{1}{2a\sqrt{\pi t}} \int_0^{+\infty} \left\{ \exp\left[-\frac{(x-\xi)^2}{4a^2 t}\right] + \exp\left[-\frac{(x+\xi)^2}{4a^2 t}\right] \right\} f(\xi)\, d\xi.$$

4.2. $w = 0$ für $t = 0$ (Anfangsbedingung),
$\partial_x w = g(t)$ für $x = 0$ (Randbedingung).

Lösung:

$$w(x,t) = -\frac{a}{\sqrt{\pi}} \int_0^t \exp\left[-\frac{x^2}{4a^2(t-\tau)}\right] \frac{g(\tau)}{\sqrt{t-\tau}} d\tau.$$

Spezialfall: $g(t) = -A$.
Lösung:

$$w = 2Aa\sqrt{\frac{t}{\pi}} \exp\left(-\frac{x^2}{4a^2 t}\right) - Ax \operatorname{erfc}\left(\frac{x}{2a\sqrt{t}}\right).$$

4.3. $w = f(x)$ für $t = 0$ (Anfangsbedingung),
$\partial_x w = g(t)$ für $x = 0$ (Randbedingung).

Lösung:

$$\begin{aligned} w(x,t) &= \frac{1}{2a\sqrt{\pi t}} \int_0^{+\infty} \left\{ \exp\left[-\frac{(x-\xi)^2}{4a^2 t}\right] + \exp\left[-\frac{(x+\xi)^2}{4a^2 t}\right] \right\} f(\xi)\, d\xi \\ &\quad -\frac{a}{\sqrt{\pi}} \int_0^t \exp\left[-\frac{x^2}{4a^2(t-\tau)}\right] \frac{g(\tau)}{\sqrt{t-\tau}} d\tau. \end{aligned}$$

5. Gebiet: $0 < x < +\infty$. Dritte Randwertaufgabe.

5.1. $w = f(x)$ für $t = 0$ (Anfangsbedingung),
$\partial_x w - kw = 0$ für $x = 0$ (Randbedingung).

Lösung:

$$w(x,t) = \frac{1}{2a\sqrt{\pi t}} \int_0^{+\infty} G(x,\xi,t) f(\xi)\, d\xi$$

mit

$$\begin{aligned} G(x,\xi,t) &= \exp\left[-\frac{(x-\xi)^2}{4a^2 t}\right] + \exp\left[-\frac{(x+\xi)^2}{4a^2 t}\right] \\ &\quad -2k \int_0^{+\infty} \exp\left[-\frac{(x+\xi+\eta)^2}{4a^2 t} - k\eta\right] d\eta. \end{aligned}$$

5.2. $w = 0$ für $t = 0$ (Anfangsbedingung),
$\partial_x w - kw = kg(t)$ für $x = 0$ (Randbedingung).

Lösung:

$$w(x,t) = -\frac{ak}{\sqrt{\pi}} \int_0^t \frac{g(\tau)}{\sqrt{t-\tau}} H(x, t-\tau)\, d\tau$$

mit

$$H(x,t) = \exp\Bigl(-\frac{x^2}{4a^2t}\Bigr) - k \int_0^{+\infty} \exp\Bigl[-\frac{(x+\eta)^2}{4a^2t} - k\eta\Bigr]\, d\eta.$$

Spezialfall: $g(t) = \begin{cases} -A & \text{für } 0 < t < T, \\ -B & \text{für } T < t. \end{cases}$

Lösung:

$$w = \begin{cases} AW(x,t) & \text{für } 0 < t < T, \\ AW(x,t) + (B-A)W(x, t-T) & \text{für } T < t, \end{cases}$$

mit

$$W(x,t) = \operatorname{erfc}\Bigl(\frac{x}{2a\sqrt{t}}\Bigr) - \exp(kx + a^2k^2t)\operatorname{erfc}\Bigl(\frac{x}{2a\sqrt{t}} + ak\sqrt{t}\Bigr).$$

5.3. $w = f(x)$ für $t = 0$ (Anfangsbedingung),
$\partial_x w - kw = kg(t)$ für $x = 0$ (Randbedingung).

Lösung:

$$w(x,t) = \frac{1}{2a\sqrt{\pi t}} \int_0^{+\infty} G(x,\xi,t) f(\xi)\, d\xi - \frac{ak}{\sqrt{\pi}} \int_0^t \frac{g(\tau)}{\sqrt{t-\tau}} H(x, t-\tau)\, d\tau,$$

$G(x,\xi,t)$ und $H(x,t)$ wie in 5.1 und 5.2.

6. Gebiet: $0 < x < l$. Erste Randwertaufgabe.

6.1. Homogene Randbedingungen:

$w = f(x)$ für $t = 0$ (Anfangsbedingung),
$w = 0$ für $x = 0$ (Randbedingung),
$w = 0$ für $x = l$ (Randbedingung).

Lösung:

$$\begin{aligned} w(x,t) &= \sum_{n=1}^{\infty} b_n \exp\Bigl(-\frac{a^2n^2\pi^2t}{l^2}\Bigr) \sin\Bigl(\frac{n\pi x}{l}\Bigr), \\ b_n &= \frac{2}{l} \int_0^l f(x) \sin\Bigl(\frac{n\pi x}{l}\Bigr)\, dx. \end{aligned}$$

Spezialfall: $f(x) = A$.
Lösung:

$$w(x,t) = \frac{4A}{\pi} \sum_{n=0}^{\infty} \frac{1}{(2n+1)} \exp\Big[-\frac{a^2(2n+1)^2\pi^2 t}{l^2}\Big] \sin\Big[\frac{(2n+1)\pi x}{l}\Big].$$

Spezialfall: $f(x) = Ax$.
Lösung:

$$w(x,t) = \frac{2Al}{\pi} \sum_{n=1}^{\infty} \frac{(-1)^{n-1}}{n} \exp\Big(-\frac{a^2 n^2 \pi^2 t}{l^2}\Big) \sin\Big(\frac{n\pi x}{l}\Big).$$

6.2. Inhomogene Randbedingungen:

$w = f(x)$	für $t = 0$	(Anfangsbedingung),
$w = g(t)$	für $x = 0$	(Randbedingung),
$w = h(t)$	für $x = l$	(Randbedingung).

Lösung:

$$w(x,t) = \frac{2}{l} \sum_{n=1}^{\infty} M_n(t) \exp\Big(-\frac{a^2 n^2 \pi^2 t}{l^2}\Big) \sin\Big(\frac{n\pi x}{l}\Big),$$

mit

$$\begin{aligned} M_n(t) &= \int_0^l f(x) \sin\Big(\frac{n\pi x}{l}\Big)\,dx + \frac{a^2 n\pi}{l} \int_0^t \exp\Big(\frac{a^2 n^2 \pi^2 t}{l^2}\Big) g(t)\,dt \\ &\quad -(-1)^n \frac{a^2 n\pi}{l} \int_0^t \exp\Big(\frac{a^2 n^2 \pi^2 t}{l^2}\Big) h(t)\,dt. \end{aligned}$$

7. Gebiet: $0 < x < l$. Zweite Randwertaufgabe.
7.1. Homogene Randbedingungen:

$w = f(x)$	für $t = 0$	(Anfangsbedingung),
$\partial_x w = 0$	für $x = 0$	(Randbedingung),
$\partial_x w = 0$	für $x = l$	(Randbedingung).

Lösung:

$$w(x,t) = \sum_{n=0}^{\infty} b_n \exp\Big(-\frac{a^2 n^2 \pi^2 t}{l^2}\Big) \cos\Big(\frac{n\pi x}{l}\Big),$$

mit

$$b_0 = \frac{1}{l} \int_0^l f(x)\,dx, \qquad b_n = \frac{2}{l} \int_0^l f(x) \cos\Big(\frac{n\pi x}{l}\Big)\,dx; \qquad n = 1,\ 2, \ldots$$

7.2. Inhomogene Randbedingungen:

$$\begin{aligned} &w = f(x) && \text{für } t = 0 && \text{(Anfangsbedingung)}, \\ &\partial_x w = g(t) && \text{für } x = 0 && \text{(Randbedingung)}, \\ &\partial_x w = h(t) && \text{für } x = l && \text{(Randbedingung)}. \end{aligned}$$

Zur Lösung dieser Aufgabe vgl. Abschnitt 6 in 7.2.2 mit $\Phi \equiv 0$.

8. Gebiet: $0 < x < l$. Dritte Randwertaufgabe.

8.1. Homogene Randbedingungen:

$$\begin{aligned} &w = f(x) && \text{für } t = 0 && \text{(Anfangsbedingung)}, \\ &\partial_x w - bw = 0 && \text{für } x = 0 && \text{(Randbedingung)}, \\ &\partial_x w + bw = 0 && \text{für } x = l && \text{(Randbedingung)} \end{aligned}$$

mit $b > 0$. Lösung:

$$w(x,t) = \sum_{n=1}^{\infty} \int_0^l \frac{y_n(x) y_n(\xi)}{\|y_n\|^2} \exp(-a^2 \lambda_n^2 t) f(\xi)\, d\xi,$$

wobei

$$y_n(x) = \cos(\lambda_n x) + \frac{b}{\lambda_n} \sin(\lambda_n x), \quad \|y_n\|^2 = \frac{b}{\lambda_n^2} + \frac{l}{2}\left(1 + \frac{b^2}{\lambda_n^2}\right)$$

gelten und λ_n die positiven Lösungen der transzendenten Gleichung

$$\frac{\tan(\lambda l)}{\lambda} = \frac{2b}{\lambda^2 - b^2}$$

sind.

8.2. Inhomogene Randbedingungen:

$$\begin{aligned} &w = f(x) && \text{für } t = 0 && \text{(Anfangsbedingung)}, \\ &\partial_x w - bw = g(t) && \text{für } x = 0 && \text{(Randbedingung)}, \\ &\partial_x w + cw = h(t) && \text{für } x = l && \text{(Randbedingung)} \end{aligned}$$

mit $b > 0$, $c > 0$. Zur Lösung dieser Aufgabe vgl. Abschnitt 7 in 7.2.2 mit $\Phi \equiv 0$.

9. Gebiet: $0 < x < l$. Gemischte Randwertaufgabe.

9.1a. Homogene Randbedingungen:

$$\begin{aligned} &w = f(x) && \text{für } t = 0 && \text{(Anfangsbedingung)}, \\ &w = 0 && \text{für } x = 0 && \text{(Randbedingung)}, \\ &\partial_x w = 0 && \text{für } x = l && \text{(Randbedingung)}. \end{aligned}$$

Lösung:

$$w = \int_0^l G(x,\xi,t) f(\xi)\,d\xi,$$

$$\begin{aligned} G(x,\xi,t) &= \vartheta\Big(\frac{x-\xi}{4l},\frac{a^2t}{l}\Big) - \vartheta\Big(\frac{x+\xi}{4l},\frac{a^2t}{l}\Big) \\ &+\vartheta\Big(\frac{x+\xi-2l}{4l},\frac{a^2t}{l}\Big) - \vartheta\Big(\frac{x-\xi-2l}{4l},\frac{a^2t}{l}\Big). \end{aligned}$$

Hier bezeichnet $\vartheta(x,t)$ die *Jacobische Funktion*

$$\vartheta(x,t) = 1 + 2\sum_{n=1}^{+\infty} \exp(-\pi^2 n^2 t)\cos(2\pi n x) = \sum_{n=-\infty}^{+\infty} \exp\Big[-\frac{(x-n)^2}{4t}\Big].$$

Die erste Reihe konvergiert schnell für große t und die zweite für kleine t.

9.1b. Inhomogene Randbedingungen:

$$\begin{aligned} &w = f(x) && \text{für } t = 0 && \text{(Anfangsbedingung)}, \\ &w = g(t) && \text{für } x = 0 && \text{(Randbedingung)}, \\ &\partial_x w = h(t) && \text{für } x = l && \text{(Randbedingung)}. \end{aligned}$$

Zur Lösung dieser Aufgabe vgl. Abschnitt 8 in 7.2.2 mit $\Phi \equiv 0$.

9.2a. Homogene Randbedingungen:

$$\begin{aligned} &w = f(x) && \text{für } t = 0 && \text{(Anfangsbedingung)}, \\ &\partial_x w = 0 && \text{für } x = 0 && \text{(Randbedingung)}, \\ &w = 0 && \text{für } x = l && \text{(Randbedingung)}. \end{aligned}$$

Lösung:

$$w = \int_0^l G(x,\xi,t) f(\xi)\,d\xi,$$

mit

$$\begin{aligned} G(x,\xi,t) &= \vartheta\Big(\frac{x-\xi}{4l},\frac{a^2t}{l}\Big) + \vartheta\Big(\frac{x+\xi}{4l},\frac{a^2t}{l}\Big) \\ &-\vartheta\Big(\frac{x+\xi-2l}{4l},\frac{a^2t}{l}\Big) - \vartheta\Big(\frac{x-\xi-2l}{4l},\frac{a^2t}{l}\Big). \end{aligned}$$

Wieder bezeichnet $\vartheta(x,t)$ die Jacobische Funktion (vgl. Aufgabe 9.1).

9.2b. Inhomogene Randbedingungen:

$$\begin{aligned} &w = f(x) && \text{für } t = 0 && \text{(Anfangsbedingung)}, \\ &\partial_x w = g(x) && \text{für } x = 0 && \text{(Randbedingung)}, \\ &w = h(x) && \text{für } x = l && \text{(Randbedingung)}. \end{aligned}$$

Zur Lösung dieser Aufgabe vgl. Abschnitt 8 in 7.2.2 mit $\Phi \equiv 0$.

7.2.2 Die Gleichung $\dfrac{\partial w}{\partial t} = a^2\dfrac{\partial^2 w}{\partial x^2} + \Phi(x,t)$.

1. Gebiet: $-\infty < x < +\infty$.

$$w = f(x) \qquad \text{für} \quad t = 0 \qquad \text{(Anfangsbedingung)}.$$

Lösung:

$$w(x,t) = \int_{-\infty}^{+\infty} G(x,\xi,t) f(\xi)\, d\xi + \int_0^t \int_{-\infty}^{+\infty} G(x,\xi,t-\tau)\Phi(\xi,\tau)\, d\xi\, d\tau,$$

wobei die Funktion $G(x,\xi,t)$ durch die Formel

$$G(x,\xi,t) = \frac{1}{2a\sqrt{\pi t}} \exp\Big[-\frac{(x-\xi)^2}{4a^2 t}\Big]$$

definiert wird.

2. Gebiet: $0 < x < +\infty$. Erste Randwertaufgabe.

$$\begin{aligned} w &= f(x) && \text{für } t = 0 \quad \text{(Anfangsbedingung)},\\ w &= g(t) && \text{für } x = 0 \quad \text{(Randbedingung)}. \end{aligned}$$

Lösung:

$$\begin{aligned} w(x,t) = \int_0^{+\infty} G(x,\xi,t) f(\xi)\, d\xi + \frac{x}{2a\sqrt{\pi}} \int_0^t \exp\Big[-\frac{x^2}{4a^2(t-\tau)}\Big] \frac{g(\tau)\, d\tau}{(t-\tau)^{3/2}} \\ + \int_0^t \int_0^{+\infty} G(x,\xi,t-\tau)\Phi(\xi,\tau)\, d\xi\, d\tau \end{aligned}$$

mit

$$G(x,\xi,t) = \frac{1}{2a\sqrt{\pi t}} \Big\{\exp\Big[-\frac{(x-\xi)^2}{4a^2 t}\Big] - \exp\Big[-\frac{(x+\xi)^2}{4a^2 t}\Big]\Big\}.$$

3. Gebiet: $0 < x < +\infty$. Zweite Randwertaufgabe.

$$\begin{aligned} w &= f(x) && \text{für } t = 0 \quad \text{(Anfangsbedingung)},\\ \partial_x w &= g(t) && \text{für } x = 0 \quad \text{(Randbedingung)}. \end{aligned}$$

Lösung:

$$\begin{aligned} w(x,t) = \int_0^{+\infty} G(x,\xi,t) f(\xi)\, d\xi - \frac{a}{\sqrt{\pi}} \int_0^t \exp\Big[-\frac{x^2}{4a^2(t-\tau)}\Big] \frac{g(\tau)}{\sqrt{t-\tau}} d\tau \\ + \int_0^t \int_0^{+\infty} G(x,\xi,t-\tau)\Phi(\xi,\tau)\, d\xi\, d\tau \end{aligned}$$

mit

$$G(x,\xi,t) = \frac{1}{2a\sqrt{\pi t}}\Big\{\exp\Big[-\frac{(x-\xi)^2}{4a^2t}\Big] + \exp\Big[-\frac{(x+\xi)^2}{4a^2t}\Big]\Big\}.$$

4. Gebiet: $0 < x < +\infty$. Dritte Randwertaufgabe.

$$\begin{aligned} &w = f(x) && \text{für } t = 0 \quad \text{(Anfangsbedingung)},\\ &\partial_x w - kw = kg(t) && \text{für } x = 0 \quad \text{(Randbedingung)}. \end{aligned}$$

Lösung:

$$\begin{aligned} w(x,t) = \frac{1}{2a\sqrt{\pi t}}\int_0^{+\infty} G(x,\xi,t)f(\xi)\,d\xi - \frac{ak}{\sqrt{\pi}}\int_0^t \frac{g(\tau)}{\sqrt{t-\tau}}H(x,t-\tau)\,d\tau\\ + \int_0^t\int_0^{+\infty} G(x,\xi,t-\tau)\Phi(\xi,\tau)\,d\xi\,d\tau \end{aligned}$$

mit

$$\begin{aligned} G(x,\xi,t) = \exp\Big[-\frac{(x-\xi)^2}{4a^2t}\Big] + \exp\Big[-\frac{(x+\xi)^2}{4a^2t}\Big]\\ - 2k\int_0^{+\infty} \exp\Big[-\frac{(x+\xi+\eta)^2}{4a^2t} - k\eta\Big]\,d\eta. \end{aligned}$$

$$H(x,t) = \exp\Big(-\frac{x^2}{4a^2t}\Big) - k\int_0^{+\infty} \exp\Big[-\frac{(x+\eta)^2}{4a^2t} - k\eta\Big]\,d\eta.$$

5. Gebiet: $0 < x < l$. Erste Randwertaufgabe.

5.1. Homogene Randbedingungen:

$$\begin{aligned} &w = f(x) && \text{für } t = 0 \quad \text{(Anfangsbedingung)},\\ &w = 0 && \text{für } x = 0 \quad \text{(Randbedingung)},\\ &w = 0 && \text{für } x = l \quad \text{(Randbedingung)}. \end{aligned}$$

Lösung:

$$w(x,t) = \int_0^t\int_0^l G(x,\xi,t-\tau)\Phi(\xi,\tau)\,d\xi\,d\tau + \int_0^l G(x,\xi,t)f(\xi)\,d\xi$$

mit

$$G(x,\xi,t) = \frac{2}{l}\sum_{n=1}^{\infty} \sin\Big(\frac{n\pi x}{l}\Big)\sin\Big(\frac{n\pi\xi}{l}\Big)\exp\Big(-\frac{a^2n^2\pi^2t}{l^2}\Big).$$

5.2. Inhomogene Randbedingungen:

$$
\begin{array}{lll}
w = f(x) & \text{für } t = 0 & \text{(Anfangsbedingung)},\\
w = g(t) & \text{für } x = 0 & \text{(Randbedingung)},\\
w = h(t) & \text{für } x = l & \text{(Randbedingung)}.
\end{array}
$$

Geht man zu der neuen abhängigen Variablen $u(x,t)$ nach der Formel

$$w(x,t) = g(t) + \frac{x}{l}[h(t) - g(t)] + u(x,t)$$

über, so erhält man eine analoge Gleichung mit homogenen Randbedingungen, wie sie eben in Aufgabe 5.1 behandelt wurde. Dabei ändern sich die Funktionen f und Φ entsprechend.

Lösung:

$$
\begin{aligned}
w(x,t) &= \int_0^t \int_0^l G(x,\xi,t-\tau)\Phi(\xi,\tau)\,d\xi\,d\tau\\
&\quad + \frac{2}{l}\sum_{n=1}^{\infty} M_n(t)\exp\Big(-\frac{a^2n^2\pi^2 t}{l^2}\Big)\sin\Big(\frac{n\pi x}{l}\Big)
\end{aligned}
$$

mit

$$
\begin{aligned}
G(x,\xi,t) &= \frac{2}{l}\sum_{n=1}^{\infty}\sin\Big(\frac{n\pi x}{l}\Big)\sin\Big(\frac{n\pi\xi}{l}\Big)\exp\Big(-\frac{a^2n^2\pi^2 t}{l^2}\Big),\\
M_n(t) &= \int_0^l f(x)\sin\Big(\frac{n\pi x}{l}\Big)\,dx + \frac{a^2 n\pi}{l}\int_0^t \exp\Big(\frac{a^2n^2\pi^2 t}{l^2}\Big)g(t)\,dt,\\
&\quad -(-1)^n\frac{a^2 n\pi}{l}\int_0^t \exp\Big(\frac{a^2n^2\pi^2 t}{l^2}\Big)h(t)\,dt.
\end{aligned}
$$

6. Gebiet: $0 < x < l$. Zweite Randwertaufgabe.

6.1. Homogene Randbedingungen:

$$
\begin{array}{lll}
w = f(x) & \text{für } t = 0 & \text{(Anfangsbedingung)},\\
\partial_x w = 0 & \text{für } x = 0 & \text{(Randbedingung)},\\
\partial_x w = 0 & \text{für } x = l & \text{(Randbedingung)}.
\end{array}
$$

Lösung:

$$w(x,t) = \int_0^t \int_0^l G(x,\xi,t-\tau)\Phi(\xi,\tau)\,d\xi\,d\tau + \int_0^l G(x,\xi,t)f(\xi)\,d\xi$$

mit

$$G(x,\xi,t) = \frac{2}{l}\sum_{n=1}^{\infty}\cos\Big(\frac{n\pi x}{l}\Big)\cos\Big(\frac{n\pi\xi}{l}\Big)\exp\Big(-\frac{a^2n^2\pi^2 t}{l^2}\Big).$$

6.2. Inhomogene Randbedingungen:

$$\begin{array}{lll} w = f(x) & \text{für } t = 0 & \text{(Anfangsbedingung),} \\ \partial_x w = g(t) & \text{für } x = 0 & \text{(Randbedingung),} \\ \partial_x w = h(t) & \text{für } x = l & \text{(Randbedingung).} \end{array}$$

Durch Übergang zu der neuen abhängigen Variablen $u(x,t)$ nach der Formel

$$w(x,t) = xg(t) + \frac{x^2}{2l}[h(t) - g(t)] + u(x,t)$$

erhält man eine analoge Gleichung mit homogenen Randbedingungen, wie sie eben in Aufgabe 6.1 betrachtet wurde; hierbei ändern sich die Funktionen f und Φ entsprechend.

7. Gebiet: $0 < x < l$. Dritte Randwertaufgabe.

7.1. Homogene Randbedingungen:

$$\begin{array}{lll} w = f(x) & \text{für } t = 0 & \text{(Anfangsbedingung),} \\ \partial_x w - bw = 0 & \text{für } x = 0 & \text{(Randbedingung),} \\ \partial_x w + cw = 0 & \text{für } x = l & \text{(Randbedingung)} \end{array}$$

mit $b > 0$, $c > 0$. Lösung:

$$w(x,t) = \int_0^t \int_0^l G(x,\xi,t-\tau)\Phi(\xi,\tau)\, d\xi\, d\tau + \int_0^l G(x,\xi,t) f(\xi)\, d\xi,$$

wobei

$$\begin{aligned} G(x,\xi,t) &= \sum_{n=1}^{\infty} \frac{1}{\|y_n\|^2} y_n(x) y_n(\xi) \exp(-a^2\lambda_n^2 t), \\ y_n(x) &= \cos(\lambda_n x) + \frac{b}{\lambda_n}\sin(\lambda_n x), \\ \|y_n)\|^2 &= \frac{c}{2\lambda_n^2}\frac{\lambda_n^2 + b^2}{\lambda_n^2 + c^2} + \frac{b}{2\lambda_n^2} + \frac{l}{2}\Big(1 + \frac{b^2}{\lambda_n^2}\Big) \end{aligned}$$

gelten und λ_n die positiven Lösungen der folgenden transzenten Gleichung sind:

$$\frac{\tan(\lambda l)}{\lambda} = \frac{b+c}{\lambda^2 - bc}.$$

7.2. Inhomogene Randbedingungen:

$$\begin{array}{lll} w = f(x) & \text{für } t = 0 & \text{(Anfangsbedingung),} \\ \partial_x w - bw = g(t) & \text{für } x = 0 & \text{(Randbedingung),} \\ \partial_x w + cw = h(t) & \text{für } x = l & \text{(Randbedingung).} \end{array}$$

Durch Übergang zu der neuen abhängigen Variablen $u(x,t)$ nach der Formel

$$w(x,t) = \frac{h(t) - (1+cl)g(t)}{b+c+bcl} + x\frac{cg(t)+bh(t)}{b+c+bcl} + u(x,t)$$

erhält man eine analoge Gleichung mit homogenen Randbedingungen, wie sie eben in Aufgabe 7.1 behandelt wurde; hierbei ändern sich die Funktionen f und Φ entsprechend.

8. Gebiet: $0 < x < l$. Gemischte Randwertaufgaben.

8.1a. Homogene Randbedingungen:

$$\begin{array}{lll} w = f(x) & \text{für } t=0 & \text{(Anfangsbedingung)}, \\ w = 0 & \text{für } x=0 & \text{(Randbedingung)}, \\ \partial_x w = 0 & \text{für } x=l & \text{(Randbedingung)}. \end{array}$$

Lösung:

$$w = \int_0^l G(x,\xi,t)f(\xi)\,d\xi + \int_0^t\int_0^l G(x,\xi,t-\tau)\Phi(\xi,\tau)\,d\xi\,d\tau,$$

$$\begin{aligned} G(x,\xi,t) &= \vartheta\Big(\frac{x-\xi}{4l},\frac{a^2t}{l}\Big) - \vartheta\Big(\frac{x+\xi}{4l},\frac{a^2t}{l}\Big) \\ &\quad +\vartheta\Big(\frac{x+\xi-2l}{4l},\frac{a^2t}{l}\Big) - \vartheta\Big(\frac{x-\xi-2l}{4l},\frac{a^2t}{l}\Big), \end{aligned}$$

wobei $\vartheta(x,t)$ die Jacobische Funktion aus Aufgabe 9 im Abschnitt 7.2.1 ist.

8.2a. Inhomogene Randbedingungen:

$$\begin{array}{lll} w = f(x) & \text{für } t=0 & \text{(Anfangsbedingung)}, \\ w = g(t) & \text{für } x=0 & \text{(Randbedingung)}, \\ \partial_x w = h(t) & \text{für } x=l & \text{(Randbedingung)}. \end{array}$$

Durch Übergang zu der neuen abhängigen Variablen $u(x,t)$ nach der Formel

$$w(x,t) = g(t) + xh(t) + u(x,t)$$

erhält man eine analoge Gleichung mit homogenen Randbedingungen, wie sie eben in Aufgabe 8.1a behandelt wurde; hierbei ändern sich die Funktionen f und Φ entsprechend.

8.1b. Homogene Randbedingungen:

$$\begin{array}{lll} w = f(x) & \text{für } t=0 & \text{(Anfangsbedingung)}, \\ \partial_x w = 0 & \text{für } x=0 & \text{(Randbedingung)}, \\ w = 0 & \text{für } x=l & \text{(Randbedingung)}. \end{array}$$

Lösung:

$$w = \int_0^l G(x,\xi,t)f(\xi)\,d\xi + \int_0^t \int_0^l G(x,\xi,t-\tau)\Phi(\xi,\tau)\,d\xi\,d\tau,$$

$$\begin{aligned} G(x,\xi,t) &= \vartheta\Big(\frac{x-\xi}{4l}, \frac{a^2t}{l}\Big) + \vartheta\Big(\frac{x+\xi}{4l}, \frac{a^2t}{l}\Big) \\ &\quad -\vartheta\Big(\frac{x+\xi-2l}{4l}, \frac{a^2t}{l}\Big) - \vartheta\Big(\frac{x-\xi-2l}{4l}, \frac{a^2t}{l}\Big), \end{aligned}$$

wobei $\vartheta(x,t)$ die Jacobische Funktion aus Aufgabe 9 im Abschnitt 7.2.1 ist.

8.2b. Inhomogene Randbedingungen:

$$\begin{array}{lll} w = f(x) & \text{für } t = 0 & \text{(Anfangsbedingung)}, \\ \partial_x w = g(t) & \text{für } x = 0 & \text{(Randbedingung)}, \\ w = h(t) & \text{für } x = l & \text{(Randbedingung)}. \end{array}$$

Durch Übergang zu der neuen abhängigen Variablen $u(x,t)$ nach der Formel

$$w(x,t) = (x-l)g(t) + h(t) + u(x,t)$$

erhält man eine analoge Gleichung mit homogenen Randbedingungen, wie sie eben in Aufgabe 8.1b behandelt wurde; hierbei ändern sich die Funktionen f und Φ entsprechend.

7.2.3 Andere Gleichungen mit konstanten Koeffizienten

A. Vorbereitende Bemerkungen und Formeln

In diesem Abschnitt werden oft nur Ausdrücke für die Greenschen Funktionen angegeben; die Lösungen der entsprechenden Aufgaben mit homogenen Randbedingungen sind dann durch Formel (1) bestimmt. Zur Lösung von Aufgaben mit inhomogenen Randbedingungen hat man zuerst die entsprechende Transformation aus (2)-(6) auszuführen; danach löst man die transformierte Aufgabe mit Hilfe der Formel (1).

1. Homogene Randbedingungen. Die Lösungen der in diesem Abschnitt betrachteten Randwertaufgaben im Gebiet $0 \le x \le l$ mit homogenen Randbedingungen und der allgemeinen Anfangsbedingung

$$w = f(x) \quad \text{für } t = 0 \qquad \text{Anfangsbedingung}$$

kann man in der Form

$$w(x,t) = \int_0^l G(x,\xi,t)f(\xi)\,d\xi + \int_0^t \int_0^l G(x,\xi,t-\tau)\Phi(\xi,\tau)\,d\xi\,d\tau, \tag{1}$$

darstellen, wobei $G(x,\xi,t)$ die Greensche Funktion bezeichnet.

2. Inhomogene Randbedingungen. Aufgaben mit inhomogenen Randbedingungen lassen sich mit Hilfe geeigneter linearer Transformationen der Form $w(x,t) = \psi(x,t) + u(x,t)$, in der u die neue gesuchte Funktion ist, auf Aufgaben mit homogenen Randbedingungen zurückführen, die man nach Formel (1) lösen kann; in (1) sind dazu die transformierten Funktionen f_u, g_u und Φ_u einzusetzen. Wir geben nun die konkrete Gestalt derartiger Transformationen für die wichtigsten Randwertaufgaben im Gebiet $0 < x < l$ an.

Erste Randwertaufgabe:

$$\begin{aligned} w &= g(t) \quad \text{für } x = 0 \quad \text{(Randbedingung)},\\ w &= h(t) \quad \text{für } x = l \quad \text{(Randbedingung)}. \end{aligned}$$

Transformation:

$$w(x,t) = g(t) + \frac{x}{l}[h(t) - g(t)] + u(x,t). \tag{2}$$

Zweite Randwertaufgabe:

$$\begin{aligned} \partial_x w &= g(t) \quad \text{für } x = 0 \quad \text{(Randbedingung)},\\ \partial_x w &= h(t) \quad \text{für } x = l \quad \text{(Randbedingung)}. \end{aligned}$$

Transformation:

$$w(x,t) = xg(t) + \frac{x^2}{2l}[h(t) - g(t)] + u(x,t). \tag{3}$$

Dritte Randwertaufgabe:

$$\begin{aligned} \partial_x w - bw &= g(t) \quad \text{für } x = 0 \quad \text{(Randbedingung)},\\ \partial_x w + cw &= h(t) \quad \text{für } x = l \quad \text{(Randbedingung)}. \end{aligned}$$

Transformation:

$$w(x,t) = \frac{h(t) - (1 + cl)g(t)}{b + c + bcl} + x\frac{cg(t) + bh(t)}{b + c + bcl} + u(x,t). \tag{4}$$

Gemischte Randwertaufgabe.

1. Fall:

$$\begin{aligned} w &= g(t) \quad \text{für } x = 0 \quad \text{(Randbedingung)},\\ \partial_x w &= h(t) \quad \text{für } x = l \quad \text{(Randbedingung)}. \end{aligned}$$

Transformation:

$$w(x,t) = g(t) + xh(t) + u(x,t). \tag{5}$$

2. Fall:

$$\partial_x w = g(t) \quad \text{für } x = 0 \quad \text{(Randbedingung)},$$
$$w = h(t) \quad \text{für } x = l \quad \text{(Randbedingung)}.$$

Transformation:

$$w(x,t) = (x-l)g(t) + h(t) + u(x,t). \tag{6}$$

B. Lösungen einiger Gleichungen.

1. $\dfrac{\partial w}{\partial t} = a^2 \dfrac{\partial^2 w}{\partial x^2} + bw.$

Im Falle $b < 0$ tritt diese Gleichung im Zusammenhang mit Problemen des Massentransports bei chemischen Volumenreaktionen auf.

1. 1. Einige spezielle Lösungen (A, B, λ bezeichnen beliebige Konstanten):

$$\begin{aligned}
1.\quad w(x,t) &= (Ax+B)e^{bt},\\
2.\quad w(x,t) &= A\exp\big[(a^2\lambda^2+b)t \pm \lambda x\big] + B,\\
3.\quad w(x,t) &= A\exp\big[(b-a^2\lambda^2)t\big]\cos(\lambda x) + B,\\
4.\quad w(x,t) &= A\exp\big[(b-a^2\lambda^2)t\big]\sin(\lambda x) + B,\\
5.\quad w(x,t) &= A\frac{1}{\sqrt{t}}\exp\Big(-\frac{x^2}{4a^2t} + bt\Big) + B,\\
6.\quad w(x,t) &= A\frac{x}{t^{3/2}}\exp\Big(-\frac{x^2}{4a^2t} + bt\Big) + B,\\
7.\quad w(x,t) &= Ae^{bt}\operatorname{erf}\Big(\frac{x}{2a\sqrt{t}}\Big) + B,
\end{aligned}$$

wobei $\operatorname{erf} z$ das Fehlerintegral ist.

1.2. Vereinfachende Transformation. Die Substitution $w(x,t) = e^{bt}u(x,t)$ führt auf die Gleichung $\partial_t u = a^2 \partial_{xx} u$, die im Abschnitt 7.2.1 behandelt wurde. Die Anfangsbedingung für die neue Variable u ändert sich nicht, und die inhomogenen Bestandteile der Randbedingungen werden mit der Funktion e^{-bt} multipliziert. Damit erhält man unschwer die Lösung der Ausgangsgleichung mit den Anfangs- und Randbedingungen, die im Abschnitt 7.2.1 behandelt wurden.

1.3. Gebiet: $-\infty < x < +\infty$.

$$w = f(x) \quad \text{für } t = 0 \quad \text{(Anfangsbedingung)}.$$

Lösung:

$$w(x,t) = \frac{1}{2a\sqrt{\pi t}} \int_{-\infty}^{+\infty} \exp\Big[-\frac{(x-\xi)^2}{4a^2t} + bt\Big] f(\xi)\, d\xi.$$

1.4. Gebiet: $0 < x < +\infty$. Erste Randwertaufgabe.

$$
\begin{aligned}
w &= f(x) \quad \text{für } t = 0 \quad \text{(Anfangsbedingung)},\\
w &= g(t) \quad \text{für } x = 0 \quad \text{(Randbedingung)}.
\end{aligned}
$$

Lösung:

$$
\begin{aligned}
w(x,t) \;=\; & \frac{1}{2a\sqrt{\pi t}} \int_0^{+\infty} \Big\{ \exp\Big[-\frac{(x-\xi)^2}{4a^2 t}\Big] - \exp\Big[-\frac{(x+\xi)^2}{4a^2 t}\Big] \Big\} e^{bt} f(\xi)\, d\xi \\
& + \frac{x}{2a\sqrt{\pi}} \int_0^t \exp\Big[-\frac{x^2}{4a^2(t-\tau)}\Big] \exp[b(t-\tau)] \frac{g(\tau)\, d\tau}{(t-\tau)^{3/2}}.
\end{aligned}
$$

Siehe auch die nächste Gleichung 7.2.3.2 mit $\Phi \equiv 0$.

2. $\displaystyle \frac{\partial w}{\partial t} = a^2 \frac{\partial^2 w}{\partial x^2} + bw + \Phi(x,t).$

Die Substitution $w(x,t) = e^{bt} u(x,t)$ führt auf die Gleichung $\partial_t u = a^2 \partial_{xx} u + e^{-bt} \Phi(x,t)$, die im Abschnitt 7.2.2 ausführlich behandelt wurde.

2.1. Gebiet: $-\infty < x < \infty$.

$$
w = f(x) \quad \text{für} \quad t = 0 \quad \text{(Anfangsbedingung)}.
$$

Lösung:

$$
w(x,t) = \int_{-\infty}^{\infty} G(x,\xi,t) f(\xi)\, d\xi + \int_0^t \int_{-\infty}^{\infty} G(x,\xi,t-\tau) \Phi(\xi,\tau)\, d\xi\, d\tau,
$$

$$
G(x,\xi,t) = \frac{1}{2a\sqrt{\pi t}} \exp\Big[-\frac{(x-\xi)^2}{4a^2 t} + bt\Big].
$$

2.2. Gebiet: $0 < x < l$. Erste Randwertaufgabe.

$$
\begin{aligned}
w &= f(x) \quad \text{für } t = 0 \quad \text{(Anfangsbedingung)},\\
w &= 0 \quad \text{für } x = 0 \quad \text{(Randbedingung)},\\
w &= 0 \quad \text{für } x = l \quad \text{(Randbedingung)}.
\end{aligned}
$$

Greensche Funktion:

$$
G(x,\xi,t) = \frac{2}{l} \sum_{n=1}^{\infty} \sin\Big(\frac{\pi n x}{l}\Big) \sin\Big(\frac{\pi n \xi}{l}\Big) \exp\Big(-\frac{a^2 \pi^2 n^2}{l^2} t + bt\Big).
$$

2.3. Gebiet: $0 < x < l$. Zweite Randwertaufgabe.

$$
\begin{aligned}
w &= f(x) \quad \text{für } t = 0 \quad \text{(Anfangsbedingung)},\\
\partial_x w &= 0 \quad \text{für } x = 0 \quad \text{(Randbedingung)},\\
\partial_x w &= 0 \quad \text{für } x = l \quad \text{(Randbedingung)}.
\end{aligned}
$$

Greensche Funktion:

$$G(x,\xi,t)=\frac{1}{l}\Big[1+2\sum_{n=1}^{\infty}\cos\Big(\frac{\pi n x}{l}\Big)\cos\Big(\frac{\pi n\xi}{l}\Big)\exp\Big(-\frac{a^2\pi^2 n^2}{l^2}t+bt\Big).$$

2.4. Gebiet: $0<x<l$. Dritte Randwertaufgabe.

$$\begin{array}{lll} w=f(x) & \text{für } t=0 & \text{(Anfangsbedingung)},\\ \partial_x w-c_1 w=0 & \text{für } x=0 & \text{(Randbedingung)},\\ \partial_x w+c_2 w=0 & \text{für } x=l & \text{(Randbedingung)}. \end{array}$$

Greensche Funktion:

$$\begin{aligned} G(x,\xi,t) &= \sum_{n=1}^{\infty}\frac{y_n(x)y_n(\xi)\exp\big[(b-a^2\lambda_n^2)t\big]}{\|y_n\|^2},\\ y_n(x) &= \cos(\lambda_n x)+\frac{c_1}{\lambda_n}\sin(\lambda_n x),\\ \|y_n\|^2 &= \frac{c_2}{2\lambda_n^2}\frac{\lambda_n^2+c_1^2}{\lambda_n^2+c_2^2}+\frac{c_1}{2\lambda_n^2}+\frac{l}{2}\Big(1+\frac{c_1^2}{\lambda_n^2}\Big). \end{aligned}$$

Hier bezeichnet λ_n die positiven Lösungen der transzendenten Gleichung

$$\frac{\tan(\lambda l)}{\lambda}=\frac{c_1+c_2}{\lambda^2-c_1c_2}.$$

2.5. Gebiet: $0<x<l$. Gemischte Randwertaufgabe.

$$\begin{array}{lll} w=f(x) & \text{für } t=0 & \text{(Anfangsbedingung)},\\ \partial_x w=0 & \text{für } x=0 & \text{(Randbedingung)},\\ w=0 & \text{für } x=l & \text{(Randbedingung)}. \end{array}$$

Greensche Funktion:

$$G(x,\xi,t)=\frac{2}{l}\sum_{n=1}^{\infty}\cos(\lambda_n x)\cos(\lambda_n\xi)\exp(-a^2\lambda_n t+bt),\qquad \lambda_n=\frac{\pi}{2l}(2n+1).$$

3. $$\frac{\partial w}{\partial t}=a^2\frac{\partial^2 w}{\partial x^2}+b\frac{\partial w}{\partial x}+\Phi(x,t).$$

Die Substitution $w(x,t)=\exp(\lambda t+\mu x)u(x,t)$ mit $\lambda=-\dfrac{b^2}{4a^2}$ und $\mu=-\dfrac{b}{2a^2}$ führt auf die Gleichung $\partial_t u=a^2\partial_{xx}u+\exp(-\lambda t-\mu x)\Phi(x,t)$, die ausführlich im Abschnitt 7.2.2 behandelt wurde.

3.1. Gebiet: $0 < x < l$. Erste Randwertaufgabe.

$$\begin{aligned} w &= f(x) && \text{für } t = 0 && \text{(Anfangsbedingung)},\\ w &= 0 && \text{für } x = 0 && \text{(Randbedingung)},\\ w &= 0 && \text{für } x = l && \text{(Randbedingung)}. \end{aligned}$$

Greensche Funktion:

$$G(x,\xi,t) = \frac{2}{l}\exp\Big[\frac{b}{2a^2}(\xi - x) - \frac{b^2}{4a^2}t\Big]\sum_{n=1}^{\infty}\sin\Big(\frac{\pi n x}{l}\Big)\sin\Big(\frac{\pi n \xi}{l}\Big)\exp\Big(-\frac{a^2\pi^2 n^2}{l^2}t\Big).$$

3.2. Gebiet: $0 < x < l$. Zweite Randwertaufgabe.

$$\begin{aligned} w &= f(x) && \text{für } t = 0 && \text{(Anfangsbedingung)},\\ \partial_x w &= 0 && \text{für } x = 0 && \text{(Randbedingung)},\\ \partial_x w &= 0 && \text{für } x = l && \text{(Randbedingung)}. \end{aligned}$$

Greensche Funktion:

$$\begin{aligned} G(x,\xi,t) = {}& -\frac{b\exp\Big(\frac{b\xi}{a^2}\Big)}{a^2\Big[1 - \exp\Big(\frac{bl}{a^2}\Big)\Big]}\\ &+ \frac{2}{l}\exp\Big[\frac{b}{2a^2}(\xi - x) - \frac{b^2}{4a^2}t\Big]\sum_{n=1}^{\infty}\frac{y_n(x)y_n(\xi)}{1+\mu_n^2}\exp\Big(-\frac{a^2\pi^2 n^2}{l^2}t\Big), \end{aligned}$$

$$y_n(x) = \cos\Big(\frac{\pi n x}{l}\Big) + \mu_n\sin\Big(\frac{\pi n x}{l}\Big), \qquad \mu_n = \frac{bl}{2a^2\pi n}.$$

3.3. Gebiet: $0 < x < l$. Dritte Randwertaufgabe.

$$\begin{aligned} w &= f(x) && \text{für } t = 0 && \text{(Anfangsbedingung)},\\ \partial_x w - c_1 w &= 0 && \text{für } x = 0 && \text{(Randbedingung)},\\ \partial_x w + c_2 w &= 0 && \text{für } x = l && \text{(Randbedingung)}. \end{aligned}$$

Greensche Funktion:

$$\begin{aligned} G(x,\xi,t) &= \exp\Big(\frac{b}{a^2}\xi - \frac{b^2}{4a^2}t\Big)\sum_{n=1}^{\infty}\frac{y_n(x)y_n(\xi)\exp(-a^2\lambda_n^2 t)}{\|y_n\|^2},\\ y_n(x) &= \exp\Big(\frac{b}{2a^2}x\Big)\Big[\cos(\lambda_n x) + \frac{1}{\lambda_n}\Big(c_1 + \frac{b}{2a^2}\Big)\sin(\lambda_n x)\Big], \end{aligned}$$

$$\|y_n\|^2 = \frac{1}{2\lambda_n^2}\left[\left(c_2 - \frac{b}{2a^2}\right)\frac{\lambda_n^2 + \dfrac{b^2}{4a^4} + c_1^2 + c_1\dfrac{b}{a^2}}{\lambda_n^2 + \dfrac{b^2}{4a^4} + c_2^2 - c_2\dfrac{b}{a^2}} + c_1 + \frac{b}{2a^2} + l\left(\lambda_n^2 + \frac{b^2}{4a^4} + c_1^2 + c_1\frac{b}{a^2}\right)\right].$$

Hier bezeichnet λ_n die positiven Lösungen der transzendenten Gleichung

$$\frac{\tan(\lambda l)}{\lambda} = \frac{c_1 + c_2}{\lambda^2 - c_1c_2 + \dfrac{b}{2a^2}(c_1 - c_2)}.$$

4. $\displaystyle \frac{\partial w}{\partial t} = a^2\frac{\partial^2 w}{\partial x^2} + b\frac{\partial w}{\partial x} + cw + \Phi(x,t).$

Die Substitution

$$w(x,t) = \exp(\lambda t + \mu x)u(x,t) \text{ mit } \lambda = c - \frac{b^2}{4a^2}, \quad \mu = -\frac{b}{2a^2}$$

führt auf die Gleichung $\partial_t u = a^2\partial_{xx}u + \exp(-\lambda t - \mu x)\Phi(x,t)$, die ausführlich im Abschnitt 7.2.2 behandelt wurde.

4.1. Gebiet: $0 < x < l$. Erste Randwertaufgabe.

$$\begin{aligned} &w = f(x) && \text{für } t = 0 && \text{(Anfangsbedingung)},\\ &w = 0 && \text{für } x = 0 && \text{(Randbedingung)},\\ &w = 0 && \text{für } x = l && \text{(Randbedingung)}. \end{aligned}$$

Greensche Funktion:

$$G(x,\xi,t) = \frac{2}{l}\exp\left[\frac{b}{2a^2}(\xi - x) + \left(c - \frac{b^2}{4a^2}\right)t\right]\sum_{n=1}^{\infty}\sin\left(\frac{\pi n x}{l}\right)\sin\left(\frac{\pi n \xi}{l}\right)\exp\left(-\frac{a^2\pi^2n^2}{l^2}t\right).$$

4.2. Gebiet: $0 < x < l$. Zweite Randwertaufgabe.

$$\begin{aligned} &w = f(x) && \text{für } t = 0 && \text{(Anfangsbedingung)},\\ &\partial_x w = 0 && \text{für } x = 0 && \text{(Randbedingung)},\\ &\partial_x w = 0 && \text{für } x = l && \text{(Randbedingung)}. \end{aligned}$$

Greensche Funktion:

$$G(x,\xi,t) = -\frac{b\exp\left(\frac{b\xi}{a^2}+ct\right)}{a^2\left[1-\exp\left(\frac{bl}{a^2}\right)\right]}$$

$$+\frac{2}{l}\exp\left[\frac{b}{2a^2}(\xi-x)+\left(c-\frac{b^2}{4a^2}\right)t\right]\sum_{n=1}^{\infty}\frac{y_n(x)y_n(\xi)}{1+\mu_n^2}\exp\left(-\frac{a^2\pi^2n^2}{l^2}t\right),$$

$$y_n(x) = \cos\left(\frac{\pi n x}{l}\right)+\mu_n\sin\left(\frac{\pi n x}{l}\right), \qquad \mu_n = \frac{bl}{2a^2\pi n}.$$

4.3. Gebiet: $0 < x < l$. Dritte Randwertaufgabe.

$$\begin{array}{lll} w = f(x) & \text{für } t=0 & \text{(Anfangsbedingung)},\\ \partial_x w - c_1 w = 0 & \text{für } x=0 & \text{(Randbedingung)},\\ \partial_x w + c_2 w = 0 & \text{für } x=l & \text{(Randbedingung)}. \end{array}$$

Greensche Funktion:

$$\begin{aligned} G(x,\xi,t) &= \exp\left[\frac{b}{a^2}\xi+\left(c-\frac{b^2}{4a^2}\right)t\right]\sum_{n=1}^{\infty}\frac{y_n(x)y_n(\xi)\exp(-a^2\lambda_n^2 t)}{\|y_n\|^2},\\ y_n(x) &= \exp\left(\frac{b}{2a^2}x\right)\left[\cos(\lambda_n x)+\frac{1}{\lambda_n}\left(c_1+\frac{b}{2a^2}\right)\sin(\lambda_n x)\right],\\ \|y_n\|^2 &= \frac{1}{2\lambda_n^2}\left[\left(c_2-\frac{b}{2a^2}\right)\frac{\lambda_n^2+\frac{b^2}{4a^4}+c_1^2+c_1\frac{b}{a^2}}{\lambda_n^2+\frac{b^2}{4a^4}+c_2^2-c_2\frac{b}{a^2}}\right.\\ &\qquad \left.+c_1+\frac{b}{2a^2}+l\left(\lambda_n^2+\frac{b^2}{4a^4}+c_1^2+c_1\frac{b}{a^2}\right)\right]. \end{aligned}$$

Hier sind λ_n die positiven Lösungen der transzendenten Gleichung

$$\frac{\tan(\lambda l)}{\lambda} = \frac{c_1+c_2}{\lambda^2-c_1c_2+\frac{b}{2a^2}(c_1-c_2)}.$$

7.2.4 Gleichungen mit veränderlichen Koeffizienten

1. $\displaystyle \frac{\partial w}{\partial t} = a^2\left(\frac{\partial^2 w}{\partial r^2}+\frac{1}{r}\frac{\partial w}{\partial r}\right).$

Diese Gleichung wird auf ebene Wärmeleitungsprobleme angewandt (Wärmeaustausch eines Kreiszylinders mit dem umgebenden Medium, r bezeichnet die radiale Koordinate).

1.1. Einige spezielle Lösungen:

$$
\begin{aligned}
1.\quad w(r,t) &= A + B\ln r,\\
2.\quad w(r,t) &= A + 4a^2Bt + Br^2,\\
3.\quad w(r,t) &= A + \frac{B}{t}\exp\Bigl(-\frac{r^2}{4a^2t}\Bigr),\\
4.\quad w(r,t) &= A + B\int_1^{\zeta} e^{-z}\frac{dz}{z},\quad \zeta = \frac{r^2}{4a^2t},\\
5.\quad w(r,t) &= \exp(-a^2\lambda^2 t)J_0(\lambda r),
\end{aligned}
$$

dabei sind A, B, λ beliebige Konstanten, und $J_0(z)$ ist eine Besselsche Funktion.

1.2. Gebiet: $0 < r < R$. Erste Randwertaufgabe.

1.2.1	$w = w_0$	für $t = 0$	(Anfangsbedingung),
	$w = w_R$	für $r = R$	(Randbedingung),
	$w \neq \infty$	für $r = 0$	(Randbedingung)

mit $w_0 = \text{const}$, $w_R = \text{const}$.
Lösung:

$$
\frac{w(r,t) - w_R}{w_0 - w_R} = \sum_{n=1}^{\infty} \frac{2}{\mu_n J_1(\mu_n)} \exp\Bigl(-\mu_n^2 \frac{a^2 t}{R^2}\Bigr) J_0\Bigl(\mu_n \frac{r}{R}\Bigr),
$$

wobei μ_n die Nullstellen der Besselschen Funktion $J_0(\mu_n) = 0$ sind. Die vierstellig abgerundeten Zahlenwerte der ersten fünf Nullstellen sind:

$$
\mu_1 = 2.4048, \mu_2 = 5.5201, \mu_3 = 8.6537, \mu_4 = 11.7915, \mu_5 = 14.9309.
$$

Für $n \to \infty$ gilt $\mu_{n+1} - \mu_n \to \pi$.

1.2.2	$w = f(r)$	für $t = 0$	(Anfangsbedingung),
	$w = 0$	für $r = R$	(Randbedingung),
	$w \neq \infty$	für $r = 0$	(Randbedingung).

Lösung:

$$
\begin{aligned}
w(r,t) &= \sum_{n=1}^{\infty} A_n \exp\Bigl(-\frac{a^2\mu_n^2 t}{R^2}\Bigr) J_0\Bigl(\mu_n \frac{r}{R}\Bigr),\\
A_n &= \frac{2}{R^2 J_1^2(\mu_n)} \int_0^R r f(r) J_0\Bigl(\mu_n \frac{r}{R}\Bigr)\, dr,
\end{aligned}
$$

wobei μ_n die Nullstellen der Besselschen Funktion $J_0(\mu_n) = 0$ sind.

1.3. Gebiet: $0 < r < R$. Zweite Randwertaufgabe.

1.3.1 $w = w_0$ für $t = 0$ (Anfangsbedingung),
$\partial_r w = g_R$ für $r = R$ (Randbedingung),
$w \neq \infty$ für $r = 0$ (Randbedingung)

mit $w_0 = \text{const}$, $g_R = \text{const}$.

Lösung:

$$\begin{aligned} w(r,t) &= w_0 + g_R R\Big[2\frac{a^2 t}{R^2} - \frac{1}{4}\Big(1 - 2\frac{r^2}{R^2}\Big) \\ &\quad - \sum_{n=1}^{\infty} \frac{2}{\mu_n^2 J_0(\mu_n)} \exp\Big(-\mu_n^2 \frac{a^2 t}{R^2}\Big) J_0\Big(\mu_n \frac{r}{R}\Big)\Big], \end{aligned}$$

wobei μ_n die Nullstellen der Besselschen Funktion $J_1(\mu_n) = 0$ sind. Die vierstellig abgerundeten Zahlenwerte der ersten fünf Nullstellen sind:

$$\mu_1 = 3.8317, \mu_2 = 7.0156, \mu_3 = 10.1735, \mu_4 = 13.3237, \mu_5 = 16.4706.$$

Für $n \to \infty$ gilt $\mu_{n+1} - \mu_n \to \pi$.

1.3.2 $w = f(r)$ für $t = 0$ (Anfangsbedingung),
$\partial_r w = g(t)$ für $r = R$ (Randbedingung),
$w \neq \infty$ für $r = 0$ (Randbedingung).

Lösung:

$$\begin{aligned} w(r,t) &= \frac{2}{R^2}\int_0^R r f(r)\,dr + \frac{2a}{R}\int_0^t g(\tau)\,d\tau \\ &\quad + \sum_{n=1}^{\infty} \exp\Big(-\frac{a^2\mu_n^2 t}{R^2}\Big) J_0\Big(\frac{\mu_n r}{R}\Big) H_n(r,t), \\ H_n(r,t) &= \frac{1}{J_0^2(\mu_n)}\Big[\frac{2}{R^2}\int_0^R r f(r) J_0\Big(\frac{\mu_n r}{R}\Big)\,dr \\ &\quad + \frac{2a}{R}\int_0^t g(\tau)\exp\Big(\frac{a^2\mu_n^2 \tau}{R^2}\Big)\,d\tau\Big], \end{aligned}$$

wobei μ_n die Nullstellen der Besselschen Funktion $J_1(\mu_n) = 0$ sind.

1.4. Gebiet: $0 < r < R$. Dritte Randwertaufgabe.

$w = w_0$ für $t = 0$ (Anfangsbedingung),
$\partial_r w = k(w_R - w)$ für $r = R$ (Randbedingung),
$w \neq \infty$ für $r = 0$ (Randbedingung)

mit $k = \text{const}$, $w_0 = \text{const}$, $w_R = \text{const}$.

Lösung:

$$\frac{w(r,t)-w_0}{w_R-w_0}=1-\sum_{n=1}^{\infty}A_n\exp\Big(-\frac{a^2\mu_n^2t}{R^2}\Big)J_0\Big(\frac{\mu_n r}{R}\Big),$$
$$A_n=\frac{2J_1(\mu_n)}{\mu_n[J_0^2(\mu_n)+J_1^2(\mu_n)]},$$

wobei μ_n die positiven Lösungen der transzendenten Gleichung $\mu_n J_1(\mu_n)-kRJ_0(\mu_n)=0$ sind.

2. $$\frac{\partial w}{\partial t}=a^2\Big(\frac{\partial^2 w}{\partial r^2}+\frac{2}{r}\frac{\partial w}{\partial r}\Big).$$

Diese Gleichung wird bei kugelsymmetrischen Wärmeleitungsproblemen angewandt (Wärmeaustausch einer Kugel mit einem umgebenden Medium, r bezeichnet die radiale Koordinate). Die Substitution $u(r,t)=rw(r,t)$ führt auf die Gleichung mit konstanten Koeffizienten $\partial_t u=a^2\partial_{rr}u$, die in Abschnitt 7.2.1 behandelt wurde.

2.1. Einige spezielle Lösungen:

$$\begin{aligned}
&1.\quad w(x,t) &=&\quad A+Br^{-1},\\
&2.\quad w(x,t) &=&\quad A+6a^2Bt+Br^2,\\
&3.\quad w(x,t) &=&\quad A+\frac{B}{t^{3/2}}\exp\Big(-\frac{r^2}{4a^2t}\Big),\\
&4.\quad w(x,t) &=&\quad A+\frac{B}{r\sqrt{t}}\exp\Big(-\frac{r^2}{4a^2t}\Big),\\
&5.\quad w(x,t) &=&\quad Ar^{-1}\exp(a^2\lambda^2t\pm\lambda r)+B,\\
&6.\quad w(x,t) &=&\quad Ar^{-1}\exp(-a^2\lambda^2t)\cos(\lambda r)+B,\\
&7.\quad w(x,t) &=&\quad Ar^{-1}\exp(-a^2\lambda^2t)\sin(\lambda r)+B,
\end{aligned}$$

dabei sind A, B, λ beliebige Konstanten.

2.2. Gebiet: $0<r<R$. Erste Randwertaufgabe.

2.2.1 $w=w_0$ für $t=0$ (Anfangsbedingung),
$w=w_R$ für $r=R$ (Randbedingung),
$w\neq\infty$ für $r=0$ (Randbedingung)

mit $w_0=\text{const}$, $w_R=\text{const}$.
Lösung:

$$\frac{w(r,t)-w_R}{w_0-w_R}=2\sum_{n=1}^{\infty}\frac{(-1)^{n+1}R}{\pi nr}\sin\Big(\frac{\pi nr}{R}\Big)\exp\Big(-\frac{a^2\pi^2n^2t}{R^2}\Big).$$

2.2.2 $w = f(r)$ für $t = 0$ (Anfangsbedingung),
$w = w_R$ für $r = R$ (Randbedingung),
$w \neq \infty$ für $r = 0$ (Randbedingung).

Lösung:

$$
\begin{aligned}
w(r,t) &= \sum_{n=1}^{\infty} \frac{A_n}{r} \sin\Big(\frac{\mu_n r}{R}\Big) \exp\Big(-\frac{a^2\mu_n^2 t}{R^2}\Big), \\
A_n &= \frac{2}{R}\int_0^R r f(r) \sin\Big(\frac{\mu_n r}{R}\Big)\, dr.
\end{aligned}
$$

2.3. Gebiet: $0 < r < R$. Zweite Randwertaufgabe.

2.3.1 $w = w_0$ für $t = 0$ (Anfangsbedingung),
$\partial_r w = g_R$ für $r = R$ (Randbedingung),
$w \neq \infty$ für $r = 0$ (Randbedingung)

mit $w_0 = \text{const}$, $g_R = \text{const}$.

Lösung:

$$
\begin{aligned}
w(r,t) &= w_0 + g_R R\Big[\frac{3a^2 t}{R^2} + \frac{5r^2 - 3R^2}{10R^2} \\
&\quad - \sum_{n=1}^{\infty} \frac{2R}{\mu_n^3 \cos(\mu_n) r} \sin\Big(\frac{\mu_n r}{R}\Big) \exp\Big(-\frac{a^2\mu_n^2 t}{R^2}\Big)\Big],
\end{aligned}
$$

wobei μ_n die positiven Lösungen der transzendenten Gleichung $\tan(\mu_n) - \mu_n = 0$ sind. Die vierstellig abgerundeten Zahlenwerte der ersten fünf Nullstellen sind: $\mu_1 = 4.4934, \mu_2 = 7.7253, \mu_3 = 10.9041, \mu_4 = 14.0662$, $\mu_5 = 17.2208$.

2.3.2 $w = f(r)$ für $t = 0$ (Anfangsbedingung),
$\partial_r w = g(t)$ für $r = R$ (Randbedingung),
$w \neq \infty$ für $r = 0$ (Randbedingung).

Lösung:

$$
\begin{aligned}
w(r,t) &= \frac{3}{R^3}\int_0^R r^2 f(r)\, dr + \frac{3a}{R}\int_0^t g(\tau)\, d\tau \\
&\quad + \sum_{n=1}^{\infty} \exp\Big(-\frac{a^2\mu_n^2 t}{R^2}\Big) \sin\Big(\frac{\mu_n r}{R}\Big) H_n(r,t), \\
H_n(r,t) &= \frac{2}{\mu_n^2 \cos(\mu_n) r}\Big[\frac{1}{R\mu_n}\int_0^R r f(r) \sin\Big(\frac{\mu_n r}{R}\Big)\, dr \\
&\quad + a\int_0^t g(\tau) \exp\Big(\frac{a^2\mu_n^2 \tau}{R^2}\Big)\, d\tau\Big],
\end{aligned}
$$

wobei μ_n die positiven Lösungen der transzendenten Gleichung $\tan(\mu_n) - \mu_n = 0$ sind.

2.4. Gebiet: $0 < r < R$. Dritte Randwertaufgabe.

$$\begin{aligned} &w = w_0 && \text{für } t = 0 \quad \text{(Anfangsbedingung)},\\ &\partial_r w = k(w_R - w) && \text{für } r = R \quad \text{(Randbedingung)},\\ &w \neq \infty && \text{für } r = 0 \quad \text{(Randbedingung)} \end{aligned}$$

mit $k = \text{const}$, $w_0 = \text{const}$, $w_R = \text{const}$.
Lösung:

$$\frac{w(r,t) - w_0}{w_R - w_0} = 1 - \sum_{n=1}^{\infty} A_n \frac{R}{r} \sin\Bigl(\frac{\mu_n r}{R}\Bigr) \exp\Bigl(-\frac{a^2\mu_n^2 t}{R^2}\Bigr),$$

$$A_n = \frac{2}{\mu_n} \frac{\sin\mu_n - \mu_n\cos\mu_n}{\mu_n - \sin\mu_n\cos\mu_n},$$

wobei μ_n die positiven Lösungen der transzendenten Gleichung $(kR - 1)\tan(\mu_n) + \mu_n = 0$ sind.

3. $$\frac{\partial w}{\partial t} = \frac{\partial^2 w}{\partial x^2} + \frac{1-2\beta}{x}\frac{\partial w}{\partial x}, \qquad 0 < \beta < 1.$$

Dieser Gleichung begegnet man in der Theorie der *Diffusionsgrenzschichten.*

3.1. Einige spezielle Lösungen:

$$\begin{aligned} w &= A + Bx^{2\beta},\\ w &= A + 4(1-\beta)Bt + Bx^2,\\ w &= A + Bt^{\beta-1}\exp\Bigl(-\frac{x^2}{4t}\Bigr),\\ w &= A + B\frac{x^{2\beta}}{t^{\beta+1}}\exp\Bigl(-\frac{x^2}{4t}\Bigr),\\ w &= A + B\int_0^{\zeta} z^{\beta-1}e^{-z}\,dz, \quad \zeta = \frac{x^2}{4t},\\ w &= A + B\frac{x^{\beta}}{t}\exp\Bigl(-\frac{x^2+\lambda^2}{4t}\Bigr) I_{\beta}\Bigl(\frac{\lambda x}{2t}\Bigr),\\ w &= A + B\frac{x^{\beta}}{t}\exp\Bigl(-\frac{x^2+\lambda^2}{4t}\Bigr) I_{-\beta}\Bigl(\frac{\lambda x}{2t}\Bigr), \end{aligned}$$

wobei A, B, λ beliebige Konstanten sind und $I_\beta(z)$ eine modifizierte Besselsche Funktion bezeichnet.

3.2. Gebiet: $0 \le x < \infty$. Erste Randwertaufgabe.

$$\begin{aligned} &w = f(x) && \text{für } t = 0 \quad \text{(Anfangsbedingung)},\\ &w = g(t) && \text{für } x = 0 \quad \text{(Randbedingung)}. \end{aligned}$$

Lösung:

$$w = \frac{x^\beta}{2t}\int_0^\infty f(\xi)\xi^{1-\beta}\exp\Big(-\frac{x^2+\xi^2}{4t}\Big)I_\beta\Big(\frac{\xi x}{2t}\Big)\,d\xi + \frac{x^{2\beta}}{2^{2\beta}\Gamma(\beta)}\int_0^t g(\tau)\exp\Big[-\frac{x^2}{4(t-\tau)}\Big]\frac{d\tau}{(t-\tau)^{1+\beta}}.$$

Spezialfall: $f(x) = a$, $g(x) = b$, wobei a und b konstant sind.
Lösung:

$$w = \frac{(a-b)}{\Gamma(\beta)}\gamma\Big(\beta, \frac{x^2}{4t}\Big) + b,$$

wobei

$$\gamma(\beta, z) = \int_0^z \xi^{\beta-1}e^{-\xi}d\xi$$

die unvollständige Gammafunktion ist und $\Gamma(\beta) = \gamma(\beta, +\infty)$ die Gammafunktion.

3.3. Gebiet: $0 \le x < \infty$. Zweite Randwertaufgabe.

$w = f(x)$ für $t = 0$ (Anfangsbedingung),
$x^{1-2\beta}\partial_x w = g(t)$ für $x = 0$ (Randbedingung).

Lösung:

$$w = \frac{x^\beta}{2t}\int_0^\infty f(\xi)\xi^{1-\beta}\exp\Big(-\frac{x^2+\xi^2}{4t}\Big)I_{-\beta}\Big(\frac{\xi x}{2t}\Big)\,d\xi - \frac{2^{2\beta-1}}{\Gamma(1-\beta)}\int_0^t g(\tau)\exp\Big[-\frac{x^2}{4(t-\tau)}\Big]\frac{d\tau}{(t-\tau)^{1-\beta}}.$$

3.4. Gebiet: $0 \le x < \infty$. Dritte Randwertaufgabe.

$w = 0$ für $t = 0$ (Anfangsbedingung),
$x^{1-2\beta}\partial_x w + a(w_s - w) = g(t)$ für $x = 0$ (Randbedingung),

wobei a und w_s Konstanten sind.
Lösung:

$$w = \frac{2^{2\beta-1}}{\Gamma(1-\beta)}\int_0^t \varphi(\tau)\exp\Big[-\frac{x^2}{4(t-\tau)}\Big]\frac{d\tau}{(t-\tau)^{1-\beta}};$$

hier ist die Funktion $\varphi(t)$ als Potenzreihe definiert, die für alle x konvergiert:

$$\varphi(t) = \sum_{n=0}^\infty \frac{(-\lambda t^\beta)^n}{\Gamma(n\beta+1)}, \qquad \lambda = \frac{2^{2\beta-1}a\Gamma(\beta)}{\Gamma(1-\beta)}.$$

4. $\displaystyle \frac{\partial w}{\partial t} = \frac{\partial^2 w}{\partial x^2} + \frac{1-2\beta}{x}\frac{\partial w}{\partial x} + \Phi(x,t), \qquad 0 < \beta < 1.$

4.1. Gebiet: $0 \le x < \infty$. Erste Randwertaufgabe.

$w = f(x)$ für $t = 0$ (Anfangsbedingung),
$w = g(t)$ für $x = 0$ (Randbedingung).

Lösung:

$$
\begin{aligned}
w &= \frac{x^\beta}{2t}\int_0^\infty f(\xi)\xi^{1-\beta}\exp\Big(-\frac{x^2+\xi^2}{4t}\Big)I_\beta\Big(\frac{\xi x}{2t}\Big)\,d\xi \\
&\quad + \frac{x^{2\beta}}{2^{2\beta}\Gamma(\beta)}\int_0^t g(\tau)\exp\Big[-\frac{x^2}{4(t-\tau)}\Big]\frac{d\tau}{(t-\tau)^{1+\beta}} \\
&\quad + \frac{1}{2}\int_0^t\int_0^\infty \Phi(\xi,\tau)\frac{\xi^\beta x^\beta}{t-\tau}\exp\Big[-\frac{x^2+\xi^2}{4(t-\tau)}\Big]I_p\Big(\frac{\xi x}{2(t-\tau)}\Big)\,d\xi\,d\tau.
\end{aligned}
$$

4.2. Gebiet: $0 \le x < \infty$. Zweite Randwertaufgabe.

$w = f(x)$ für $t = 0$ (Anfangsbedingung),
$x^{1-2\beta}\frac{\partial w}{\partial x} = g(t)$ für $x = 0$ (Randbedingung).

Lösung:

$$
\begin{aligned}
w &= \frac{x^\beta}{2t}\int_0^\infty f(\xi)\xi^{1-\beta}\exp\Big(-\frac{x^2+\xi^2}{4t}\Big)I_{-\beta}\Big(\frac{\xi x}{2t}\Big)\,d\xi \\
&\quad - \frac{2^{2\beta-1}}{\Gamma(1-\beta)}\int_0^t g(\tau)\exp\Big[-\frac{x^2}{4(t-\tau)}\Big]\frac{d\tau}{(t-\tau)^{1-\beta}} \\
&\quad + \frac{1}{2}\int_0^t\int_0^\infty \Phi(\xi,\tau)\frac{\xi^\beta x^\beta}{t-\tau}\exp\Big[-\frac{x^2+\xi^2}{4(t-\tau)}\Big]I_{-\beta}\Big(\frac{\xi x}{2(t-\tau)}\Big)\,d\xi\,d\tau.
\end{aligned}
$$

5. $\displaystyle \frac{\partial w}{\partial t} = ax^2\frac{\partial^2 w}{\partial x^2} + bx\frac{\partial w}{\partial x} + cw.$

Die Substitution $x = ke^z$ $(k \neq 0)$ führt auf eine homogene Gleichung mit konstanten Koeffizienten der Gestalt 7.2.3.4:
$\partial_t w = a\partial_{zz}w + (b-a)\partial_z w + cw.$

6. $\displaystyle \frac{\partial w}{\partial t} = ax^2\frac{\partial^2 w}{\partial x^2} + bx\frac{\partial w}{\partial x} + cw + \Phi(x,t).$

Die Substitution $x = ke^z$ $(k \neq 0)$ führt auf eine inhomogene Gleichung mit konstanten Koeffizienten der Gestalt 7.2.3.4:
$\partial_t w = a\partial_{zz}w + (b-a)\partial_z w + cw + \Phi(ke^z,\ t).$

7. $$\frac{\partial w}{\partial t} = (x^2 + a^2)^2 \frac{\partial^2 w}{\partial x^2} + \Phi(x,t).$$

Gebiet: $0 < x < l$. Erste Randwertaufgabe.
1. Homogene Randbedingungen:

$$\begin{aligned} &w = f(x) && \text{für } t = 0 && \text{(Anfangsbedingung)},\\ &w = 0 && \text{für } x = 0 && \text{(Randbedingung)},\\ &w = 0 && \text{für } x = l && \text{(Randbedingung)}. \end{aligned}$$

Lösung:

$$w(x,t) = \int_0^t \int_0^l G(x,\xi,t-\tau)\Phi(\xi,\tau)\,d\xi d\tau + \int_0^l G(x,\xi,t) f(\xi)\,d\xi$$

mit

$$G(x,\xi,t) = \sum_{n=1}^{\infty} \frac{y_n(x)y_n(\xi)\exp(-\lambda_n^2 t)}{\|y_n\|^2(\xi^2+a^2)^2}, \quad \lambda_n^2 = \left[\frac{\pi n a}{\arctan(l/a)}\right]^2 - a^2,$$

$$y_n(x) = \sqrt{x^2+a^2}\sin\left[\pi n \frac{\arctan(x/a)}{\arctan(l/a)}\right], \qquad \|y_n\|^2 = \frac{\arctan(l/a)}{2a},$$

$n = 1,\ 2,\ 3, \ldots$

2. Inhomogene Randbedingungen:

$$\begin{aligned} &w = f(x) && \text{für } t = 0 && \text{(Anfangsbedingung)},\\ &w = g(t) && \text{für } x = 0 && \text{(Randbedingung)},\\ &w = h(t) && \text{für } x = l && \text{(Randbedingung)}. \end{aligned}$$

Der Übergang zu der neuen abhängigen Variablen $u(x,t)$ nach der Formel

$$w(x,t) = g(t) + \frac{x}{l}[h(t) - g(t)] + u(x,t)$$

führt auf eine analoge Gleichung mit homogenen Randbedingungen, wie sie eben in 1. betrachtet wurde; hierbei ändern sich entsprechend die Funktionen f und Φ.

8. $$\frac{\partial w}{\partial t} = a^2 x^{1-k} \frac{\partial^2 w}{\partial x^2}, \qquad 0 < k < \infty.$$

Dieser Gleichung begegnet man in der Theorie der *Diffusionsgrenzschichten*. Die Transformation

$$\tau = \tfrac{1}{4}a^2(k+1)^2 t, \qquad \xi = x^{\frac{k+1}{2}}$$

führt auf eine Gleichung der Gestalt 7.2.4.3:

$$\frac{\partial w}{\partial \tau} = \frac{\partial^2 w}{\partial \xi^2} + \frac{1-2\beta}{\xi}\frac{\partial w}{\partial \xi} \quad \text{mit} \quad \beta = \frac{1}{k+1}.$$

Für $0 \le x < \infty$, unter den häufigsten Bedingungen

$$\begin{aligned} &w = w_0 && \text{für } t = 0 && \text{(Anfangsbedingung)},\\ &w = w_s && \text{für } x = 0 && \text{(Randbedingung)} \end{aligned}$$

mit $w_0 = \text{const}$, $w_s = \text{const}$, ist die Lösung:

$$\frac{w - w_s}{w_0 - w_s} = \frac{1}{\Gamma(\nu)}\gamma\Big(\nu,\ \nu^2\frac{x^{k+1}}{t}\Big), \qquad \nu = \frac{1}{k+1},$$

wobei $\Gamma(\nu) = \gamma(\nu,\infty)$ die Gammafunktion und $\gamma(\nu,\zeta) = \int_0^\zeta \zeta^{\nu-1}e^{-\zeta}d\zeta$ die unvollständige Gammafunktion bezeichnen.

9. $$\frac{\partial w}{\partial t} = a(x)\frac{\partial^2 w}{\partial x^2} + \Phi(x,t), \qquad 0 < a(x) < \infty.$$

Das ist eine Gleichung der Form 7.2.4.10, wenn dort $s(x) = 1/a(x)$, $p(x) \equiv 1$ und $q(x) \equiv 0$ gesetzt wird.

10. $$s(x)\frac{\partial w}{\partial t} = \frac{\partial}{\partial x}\Big[p(x)\frac{\partial w}{\partial x}\Big] - q(x)w + \Phi(x,t).$$

Es wird vorausgesetzt, daß die Funktionen s, p, p'_x, q stetig sind und $s(x) > 0$ gilt.

10.1. Gebiet: $0 < x < l$. Erste Randwertaufgabe.

10.1.1. Homogene Randbedingungen:

$$\begin{aligned} &w = f(x) && \text{für } t = 0 && \text{(Anfangsbedingung)},\\ &w = 0 && \text{für } x = 0 && \text{(Randbedingung)},\\ &w = 0 && \text{für } x = l && \text{(Randbedingung)}. \end{aligned}$$

Lösung:

$$w = \int_0^l G(x,\xi,t)s(\xi)f(\xi)\,d\xi + \int_0^t\int_0^l G(x,\xi,t-\tau)\Phi(\xi,\tau)\,d\xi\,d\tau. \tag{1}$$

Hierbei gelten

$$G(x,\xi,t) = \sum_{n=1}^{\infty}\exp(-\lambda_n t)\frac{y_n(\xi)y_n(x)}{\|y_n\|^2}, \qquad \|y_n\|^2 = \int_0^l s(x)y_n^2(x)\,dx, \tag{2}$$

λ_n und $y_n(x)$ sind die Eigenwerte und Eigenfunktionen der Sturm-Liouvilleschen Aufgabe für die lineare gewöhnliche Differentialgleichung zweiter Ordnung (vgl. E. Kamke (1956) oder J. Dieudonné (1971))

$$[p(x)y'_x]'_x + [\lambda s(x) - q(x)]y = 0; \tag{3}$$

$$y = 0 \quad \text{für} \quad x = 0, \qquad y = 0 \quad \text{für} \quad x = l. \tag{4}$$

Für $s(x) > 0$, $p(x) > 0$ und $q(x) \geq 0$ sind alle Eigenwerte λ_n positiv; sind die λ_n der Größe nach numeriert: $\lambda_1 < \lambda_2 < \ldots < \lambda_n < \lambda_{n+1} < \ldots$, so gelten für $n \to \infty$ für die Eigenwerte und die Eigenfunktionen folgende asymptotische Formeln:

$$\lambda_n = \frac{\pi^2 n^2}{\delta^2} + O(1) \quad \text{mit } \delta = \int_0^l \sqrt{\frac{s(x)}{p(x)}}\,dx,$$

$$\frac{y_n(x)}{\|y_n\|} = \left[\frac{4}{\delta^2 s(x) p(x)}\right]^{1/4} \sin\left[\frac{\pi n}{\delta} \int_0^x \sqrt{\frac{s(x)}{p(x)}}\,dx\right] + O\Big(\frac{1}{n}\Big).$$

10.1.2. Inhomogene Randbedingungen:

$$\begin{aligned} w &= f(x) && \text{für } t = 0 && \text{(Anfangsbedingung)},\\ w &= g(t) && \text{für } x = 0 && \text{(Randbedingung)},\\ w &= h(t) && \text{für } x = l && \text{(Randbedingung)}. \end{aligned}$$

Der Übergang zu der neuen abhängigen Variablen $u(x,t)$ nach der Formel

$$w(x,t) = g(t) + \frac{x}{l}[h(t) - g(t)] + u(x,t)$$

führt auf eine analoge Gleichung mit homogenen Randbedingungen, wie sie eben in 10.1.1. betrachtet wurde; hierbei ändern sich entsprechend die Funktionen f und Φ.

10.2. Gebiet: $0 < x < l$. Zweite Randwertaufgabe.

10.2.1. Homogene Randbedingungen:

$$\begin{aligned} w &= f(x) && \text{für } t = 0 && \text{(Anfangsbedingung)},\\ \partial_x w &= 0 && \text{für } x = 0 && \text{(Randbedingung)},\\ \partial_x w &= 0 && \text{für } x = l && \text{(Randbedingung)}. \end{aligned}$$

Die Lösung dieser Aufgabe wird durch die Formeln (1), (2) gegeben, wobei die Eigenwerte λ_n und die Eigenfunktionen $y_n(x)$ als Lösungen der gewöhnlichen linearen Differentialgleichung (3) mit den Randbedingungen

$$y'_x = 0 \quad \text{für} \quad x = 0, \qquad y'_x = 0 \quad \text{für} \quad x = l$$

bestimmt werden.

10.2.2. Inhomogene Randbedingungen:

$$\begin{array}{lll} w = f(x) & \text{für } t = 0 & \text{(Anfangsbedingung),} \\ \partial_x w = g(t) & \text{für } x = 0 & \text{(Randbedingung),} \\ \partial_x w = h(t) & \text{für } x = l & \text{(Randbedingung).} \end{array}$$

Der Übergang zu der neuen abhängigen Variablen $u(x,t)$ nach der Formel

$$w(x,t) = xg(t) + \frac{x^2}{2l}[h(t) - g(t)] + u(x,t)$$

führt auf eine analoge Gleichung mit homogenen Randbedingungen, wie sie eben in 10.2.1. betrachtet wurde; hierbei ändern sich entsprechend die Funktionen f und Φ.

10.3. Gebiet: $0 < x < l$. Dritte Randwertaufgabe.

10.3.1. Homogene Randbedingungen:

$$\begin{array}{lll} w = f(x) & \text{für } t = 0 & \text{(Anfangsbedingung),} \\ \partial_x w - bw = 0 & \text{für } x = 0 & \text{(Randbedingung),} \\ \partial_x w + cw = 0 & \text{für } x = l & \text{(Randbedingung),} \end{array}$$

wobei $b > 0$ und $c > 0$ gelten.

Die Lösung dieser Aufgabe wird durch die Formeln (1), (2) gegeben, wobei die Eigenwerte λ_n und die Eigenfunktionen $y_n(x)$ als Lösungen der gewöhnlichen linearen Differentialgleichung (3) mit den Randbedingungen

$$y'_x - by = 0 \quad \text{für} \quad x = 0, \qquad y'_x + cy = 0 \quad \text{für} \quad x = l$$

bestimmt werden.

10.3.2. Inhomogene Randbedingungen:

$$\begin{array}{lll} w = f(x) & \text{für } t = 0 & \text{(Anfangsbedingung),} \\ \partial_x w - bw = g(t) & \text{für } x = 0 & \text{(Randbedingung),} \\ \partial_x w + cw = h(t) & \text{für } x = l & \text{(Randbedingung).} \end{array}$$

Der Übergang zu der neuen abhängigen Variablen $u(x,t)$ nach der Formel

$$w(x,t) = \frac{h(t) - (1 + cl)g(t)}{b + c + bcl} + x\frac{cg(t) + bh(t)}{b + c + bcl} + u(x,t)$$

führt auf eine analoge Gleichung mit homogenen Randbedingungen, wie sie eben in 10.3.1. betrachtet wurde; hierbei ändern sich entsprechend die Funktionen f und Φ.

10.4. Gebiet: $0 < x < l$. Gemischte Randwertaufgabe.

10.4.1.a Homogene Randbedingungen:

$$\begin{aligned} &w = f(x) && \text{für } t = 0 && \text{(Anfangsbedingung)},\\ &w = 0 && \text{für } x = 0 && \text{(Randbedingung)},\\ &\partial_x w = 0 && \text{für } x = l && \text{(Randbedingung)}. \end{aligned}$$

Die Lösung dieser Aufgabe wird durch die Formeln (1), (2) gegeben, wobei die Eigenwerte λ_n und die Eigenfunktionen $y_n(x)$ als Lösungen der gewöhnlichen linearen Differentialgleichung (3) mit den Randbedingungen

$$y = 0 \quad \text{für} \quad x = 0, \qquad y'_x = 0 \quad \text{für} \quad x = l$$

bestimmt werden.

10.4.2.a Inhomogene Randbedingungen:

$$\begin{aligned} &w = f(x) && \text{für } t = 0 && \text{(Anfangsbedingung)},\\ &w = g(t) && \text{für } x = 0 && \text{(Randbedingung)},\\ &\partial_x w = h(t) && \text{für } x = l && \text{(Randbedingung)}. \end{aligned}$$

Der Übergang zu der neuen abhängigen Variablen $u(x,t)$ nach der Formel

$$w(x,t) = g(t) + xh(t) + u(x,t)$$

führt auf eine analoge Gleichung mit homogenen Randbedingungen, wie sie eben in 10.4.1.a betrachtet wurde; hierbei ändern sich entsprechend die Funktionen f und Φ.

10.4.1.b Homogene Randbedingungen:

$$\begin{aligned} &w = f(x) && \text{für } t = 0 && \text{(Anfangsbedingung)},\\ &\partial_x w = 0 && \text{für } x = 0 && \text{(Randbedingung)},\\ &w = 0 && \text{für } x = l && \text{(Randbedingung)}. \end{aligned}$$

Die Lösung dieser Aufgabe wird durch die Formeln (1), (2) gegeben, wobei die Eigenwerte λ_n und die Eigenfunktionen $y_n(x)$ als Lösungen der gewöhnlichen linearen Differentialgleichung (3) mit den Randbedingungen

$$y'_x = 0 \quad \text{für} \quad x = 0, \qquad y = 0 \quad \text{für} \quad x = l$$

bestimmt werden.

10.4.2.b Inhomogene Randbedingungen:

$$\begin{aligned} &w = f(x) && \text{für } t = 0 && \text{(Anfangsbedingung)},\\ &\partial_x w = g(t) && \text{für } x = 0 && \text{(Randbedingung)},\\ &w = h(t) && \text{für } x = l && \text{(Randbedingung)}. \end{aligned}$$

Der Übergang zu der neuen abhängigen Variablen $u(x,t)$ nach der Formel

$$w(x,t) = (x-l)g(t) + h(t) + u(x,t)$$

führt auf eine analoge Gleichung mit homogenen Randbedingungen, wie sie eben in 10.4.1.b betrachtet wurde; hierbei ändern sich entsprechend die Funktionen f und Φ.

11. $$\frac{\partial w}{\partial t} = a(x)\frac{\partial^2 w}{\partial x^2} + b(x)\frac{\partial w}{\partial x} + F(x,t), \qquad 0 < a(x) < \infty.$$

Diese Gleichung kann man auf die Form 7.2.4.10 bringen:

$$s(x)\frac{\partial w}{\partial t} = \frac{\partial}{\partial x}\left[p(x)\frac{\partial w}{\partial x}\right] + s(x)F(x,t);$$

hierbei ist

$$s(x) = \frac{1}{a(x)}\exp\left[\int \frac{b(x)}{a(x)}dx\right], \quad p(x) = \exp\left[\int \frac{b(x)}{a(x)}dx\right], \quad q(x) \equiv 0.$$

12. $$\frac{\partial w}{\partial t} = a(x)\frac{\partial^2 w}{\partial x^2} + b(x)\frac{\partial w}{\partial x} + c(x)w + F(x,t), \qquad 0 < a(x) < \infty.$$

Diese Gleichung kann man auf die Form 7.2.4.10 bringen:

$$s(x)\frac{\partial w}{\partial t} = \frac{\partial}{\partial x}\left[p(x)\frac{\partial w}{\partial x}\right] - q(x)w + s(x)F(x,t);$$

hierbei gelten

$$s(x) = \frac{1}{a(x)}\exp\left[\int \frac{b(x)}{a(x)}dx\right], \quad p(x) = \exp\left[\int \frac{b(x)}{a(x)}dx\right],$$

$$q(x) = -\frac{c(x)}{a(x)}\exp\left[\int \frac{b(x)}{a(x)}dx\right].$$

13. $$f(x)\frac{\partial w}{\partial x} + g(x)y\frac{\partial w}{\partial y} = \frac{\partial^2 w}{\partial y^2}.$$

Dieser Differentialgleichung begegnet man in der Theorie der *Diffusionsgrenzschichten* (Massenaustausch von Tropfen und Teilchen mit einem Strom).

Die Transformation

$$t = \int \frac{h^2(x)}{f(x)}dx + A, \quad z = yh(x) \text{ mit } \quad h(x) = B\exp\left[-\int \frac{f(x)}{g(x)}dx\right],$$

A, B beliebige Konstanten, führt auf eine Gleichung mit konstanten Koeffizienten: $\partial_t w = \partial_{zz} w$, die im Abschnitt 7.2.1. behandelt wurde.

14. $f(x)y^{n-1}\dfrac{\partial w}{\partial x} + g(x)y^n\dfrac{\partial w}{\partial y} = \dfrac{\partial^2 w}{\partial y^2}.$

Dieser Differentialgleichung begegnet man in der Theorie der *Diffusionsgrenzschichten*; dabei bedeutet x eine zur Oberfläche des Körpers tangentielle Koordinate und y eine Koordinate in Normalrichtung der Oberfläche.

Die Transformation

$$t = \int \frac{h^{n+1}(x)}{f(x)}dx + A, \quad z = yh(x) \quad \text{mit} \quad h(x) = B\exp\Big[-\int \frac{f(x)}{g(x)}dx\Big],$$

A, B beliebige Konstanten, führt auf die einfachere Gleichung der Form 7.2.4.8:

$$\frac{\partial w}{\partial t} = z^{1-n}\frac{\partial^2 w}{\partial z^2}.$$

7.2.5 Einige Formeln und Transformationen

1. Duhamelsches Integral. Eine homogene Gleichung mit inhomogenen Randbedingungen. Die Lösung der Randwertaufgabe

$$\frac{\partial w}{\partial t} = a(x)\frac{\partial^2 w}{\partial x^2} + b(x)\frac{\partial w}{\partial x} + c(x)w, \tag{1}$$

$$w = 0 \text{ für } t = 0 \quad \text{(Anfangsbedingung)}, \tag{2}$$

$$w = g(t) \text{ für } x = 0 \quad \text{(Randbedingung)}, \tag{3}$$

$$w = 0 \text{ für } x = l \quad \text{(Randbedingung)} \tag{4}$$

mit nicht stationären Randbedingungen an der Stelle $x = 0$ kann mit Hilfe des *Duhamelschen Integrals*

$$w(x,t) = \int_0^t \frac{\partial W}{\partial t}(x, t-\tau)g(\tau)\,d\tau$$

gewonnen werden; hier ist $W(x,t)$ die Lösung einer einfacheren Randwertaufgabe für die Gleichung (1) mit den Anfangs- und Randbedingungen (2), (4) (w ersetzt durch W), während die Randbedingung an der Stelle $x = 0$ nun wie folgt lautet:

$$W = 1 \text{ für } \quad x = 0 \quad \text{(Randbedingung)}. \tag{5}$$

Das Duhamelsche Integral kann auch für $l = \infty$ angewandt werden.

Eine analoge Formel gilt auch für eine homogene Randbedingung an der Stelle $x = a$ und eine inhomogene nichtstationäre Randbedingung an der Stelle $x = b$.

2. Duhamelsches Integral. Inhomogene Gleichung mit homogenen Randbedingungen. Die Lösung der Randwertaufgabe für die inhomogene Gleichung

$$\frac{\partial w}{\partial t} = a(x,t)\frac{\partial^2 w}{\partial x^2} + b(x,t)\frac{\partial w}{\partial x} + c(x,t)w + \Phi(x,t), \tag{6}$$

$$w = 0 \text{ für } t = 0 \quad \text{(Anfangsbedingung)}, \tag{7}$$

$$w = 0 \text{ für } x = 0 \quad \text{(Randbedingung)}, \tag{8}$$

$$w = 0 \text{ für } x = l \quad \text{(Randbedingung)} \tag{9}$$

kann ebenfalls durch ein *Duhamelsches Integral* ausgedrückt werden:

$$w(x,t) = \int_0^t U(x, t-\tau; \tau)\, d\tau;$$

hier bezeichnet $U(x,t;\tau)$ die Lösung der Randwertaufgabe für die homogene Differentialgleichung

$$\frac{\partial U}{\partial t} = a(x,t)\frac{\partial^2 U}{\partial x^2} + b(x,t)\frac{\partial U}{\partial x} + c(x,t)U \tag{10}$$

mit den Randbedingungen (8), (9) (mit w ersetzt durch U) und einer inhomogenen Anfangsbedingung, die vom Parameter τ abhängt:

$$U = \Phi(x,\tau) \text{ für } t = 0 \quad \text{(Anfangsbedingung)}. \tag{11}$$

Das Duhamelsche Integral gilt auch im Falle $l = \infty$.

3. Aufgaben mit "Volumenreaktion". Wir betrachten die Randwertaufgabe

$$\frac{\partial w}{\partial t} = a(x)\frac{\partial^2 w}{\partial x^2} + b(x)\frac{\partial w}{\partial x} - kw, \tag{12}$$

$$w = 0 \text{ für } t = 0 \quad \text{(Anfangsbedingung)}, \tag{13}$$

$$w = w_0 \text{ für } x = 0 \quad \text{(Randbedingung)}, \tag{14}$$

$$w = w_l \text{ für } x = l \quad \text{(Randbedingung)}, \tag{15}$$

wobei k, w_0 und w_l Konstanten sind.

Der Differentialgleichung (12) begegnet man häufig bei Aufgaben aus der chemischen Technologie; der Parameter k ist dann die Reaktionsgeschwindigkeit.

Die Lösung der Aufgabe (12)-(15) kann man durch die Formel

$$w(x,t) = k\int_0^t e^{-k\tau}\tilde{w}(x,\tau)\, d\tau + e^{-kt}\tilde{w}(x,t)$$

ausdrücken, in der $\tilde{w}(x,t)$ die Lösung einer einfacheren Gleichung ohne Volumenreaktion

$$\frac{\partial \tilde{w}}{\partial t} = a(x)\frac{\partial^2 \tilde{w}}{\partial x^2} + b(x)\frac{\partial \tilde{w}}{\partial x} \tag{16}$$

mit denselben Anfangs- und Randbedingungen (13)-(15) (mit Ersetzung von w durch $\tilde{w}$) bezeichnet. Die angegebene Formel gilt auch für $l = \infty$.

4. Transformationen, die auf homogene Rand- und Anfangsbedingungen führen. Die Lösung einer linearen parabolischen Differentialgleichung (6) im Gebiet $0 < x < l$ mit homogener Anfangsbedingung (7) und homogenen Randbedingungen kann man in der Form

$$w(x,t) = \int_0^t \int_0^l G(x,\xi,t,\tau)\Phi(\xi,\tau)\,d\xi\,d\tau, \tag{17}$$

darstellen, wobei $G(x,\xi,t,\tau)$ eine Greensche Funktion ist.

Wenn die Funktionen a, b, c in der Gleichung (6) nicht von t abhängen, so hängt die Greensche Funktion nur von drei Argumenten ab, d.h., es gilt $G(x,\xi,t,\tau) = G(x,\xi,t-\tau)$.

Bei Aufgaben mit inhomogenen Anfangs- und Randbedingungen kann man eine neue abhängige Variable nach der Formel

$$u(x,t) = w(x,t) - \psi(x,t) \tag{18}$$

einführen, wobei die Funktion ψ den inhomogenen Anfangs- und Randbedingungen genügen muß. Hierdurch erhält man eine inhomogene Gleichung für die Funktion $u(x,t)$ mit veränderter Funktion $\Phi_u(x,t)$ auf der rechten Seite von (6) und homogenen Anfangs- und Randbedingungen. Die Lösung dieser Aufgabe kann man dann mit Hilfe einer Greenschen Funktion nach der Formel (17) gewinnen, in der w und Φ durch u und Φ_u zu ersetzen sind.

Wir geben nun geeignete Funktionen ψ an, die es gestatten, nach (18) zu homogenen Anfangs- und Randbedingungen überzugehen.

4.1. Erste Randwertaufgabe:

$$\begin{aligned} w &= f(x) && \text{für } t = 0 && \text{(Anfangsbedingung)},\\ w &= g(t) && \text{für } x = 0 && \text{(Randbedingung)},\\ w &= h(t) && \text{für } x = l && \text{(Randbedingung)}. \end{aligned}$$

Es seien die Verträglichkeitsbedingungen $f(0) = g(0)$, $f(l) = h(0)$ für die Anfangs- und Randwerte erfüllt. Dann erhält man eine geeignete Funktion ψ durch

$$\psi(x,t) = f(x) + g(t) - g(0) + \frac{x}{l}\left[h(t) - g(t) + g(0) - h(0)\right].$$

4.2. Zweite Randwertaufgabe:

$$\begin{aligned} w &= f(x) && \text{für } t = 0 && \text{(Anfangsbedingung)},\\ \partial_x w &= g(t) && \text{für } x = 0 && \text{(Randbedingung)},\\ \partial_x w &= h(t) && \text{für } x = l && \text{(Randbedingung)}. \end{aligned}$$

Es seien die Verträglichkeitsbedingungen $f'(0) = g(0)$, $f'(l) = h(0)$ für die Anfangs- und Randwerte erfüllt. Dann erhält man eine geeignete Funktion ψ durch

$$\psi(x,t) = f(x) + x\big[g(t) - g(0)\big] + \frac{x^2}{2l}\big[h(t) - g(t) + g(0) - h(0)\big].$$

Wir verweisen noch auf Abschnitt 7.2.3, in dem andere nützliche Formeln angegeben wurden, die es gestatten, mit Hilfe einer Greenschen Funktion inhomogene Gleichungen mit inhomogenen Anfangsbedingungen zu lösen.

7.3 Gleichungen hyperbolischen Typs

7.3.1 Die Gleichung der schwingenden Saite

$$\frac{\partial^2 w}{\partial t^2} = a^2 \frac{\partial^2 w}{\partial x^2}$$

Dieser Gleichung begegnet man in der Elastizitätstheorie, der Akustik und der Elektrodynamik. Die Variable t genüge $0 < t < +\infty$.

1. Allgemeine Lösung:

$$w(x,t) = \varphi(x + at) + \psi(x - at),$$

wobei φ und ψ beliebige Funktionen sind.

Physikalische Deutung: Die Lösungist ein Paar von laufenden Wellen, die sich längs der x-Achse entsprechend nach links und rechts mit konstanter Geschwindigkeit a ausbreiten.

2. Gebiet: $-\infty < x < +\infty$.

$$\begin{aligned} w &= f(x) && \text{für } t = 0 \quad \text{(Anfangsbedingung)},\\ \partial_t w &= g(x) && \text{für } t = 0 \quad \text{(Anfangsbedingung)}. \end{aligned}$$

Lösung *(d'Alembertsche Formel)*:

$$w(x,t) = \frac{1}{2}[f(x + at) + f(x - at)] + \frac{1}{2a}\int_{x-at}^{x+at} g(\xi)\, d\xi.$$

3. Gebiet: $0 < x < +\infty$. Erste Randwertaufgabe.

3.1
$$\begin{aligned} w &= f(x) && \text{für } t = 0 \quad \text{(Anfangsbedingung)},\\ \partial_t w &= g(x) && \text{für } t = 0 \quad \text{(Anfangsbedingung)},\\ w &= 0 && \text{für } x = 0 \quad \text{(Randbedingung)}. \end{aligned}$$

Lösung:

$$w(x,t) = \begin{cases} \frac{1}{2}[f(x+at) + f(x-at)] + \frac{1}{2a}\int_{x-at}^{x+at} g(\xi)\,d\xi & \text{für } t < \frac{x}{a}, \\ \frac{1}{2}[f(x+at) - f(at-x)] + \frac{1}{2a}\int_{at-x}^{x+at} g(\xi)\,d\xi & \text{für } t > \frac{x}{a}. \end{cases}$$

3.2 $w = f(x)$ für $t = 0$ (Anfangsbedingung),
$\partial_t w = g(x)$ für $t = 0$ (Anfangsbedingung),
$w = h(t)$ für $x = 0$ (Randbedingung).

Lösung:

$$w(x,t) = \begin{cases} \frac{1}{2}[f(x+at) + f(x-at)] + \frac{1}{2a}\int_{x-at}^{x+at} g(\xi)\,d\xi & \text{für } t < \frac{x}{a}, \\ \frac{1}{2}[f(x+at) - f(at-x)] + \frac{1}{2a}\int_{at-x}^{x+at} g(\xi)\,d\xi + h\Big(t - \frac{x}{a}\Big) & \\ & \text{für } t > \frac{x}{a}. \end{cases}$$

In dem Gebiet $t < x/a$ hat die Randbedingung keinen Einfluß, der Ausdruck für die Lösung $w(x,t)$ stimmt mit der d'Alembertschen Lösung für die unendliche Gerade überein (vgl. 2.).

4. Gebiet: $0 < x < +\infty$. Zweite Randwertaufgabe.

4.1 $w = f(x)$ für $t = 0$ (Anfangsbedingung),
$\partial_t w = g(x)$ für $t = 0$ (Anfangsbedingung),
$\partial_x w = 0$ für $x = 0$ (Randbedingung).

Lösung:

$$w(x,t) = \begin{cases} \frac{1}{2}[f(x+at) + f(x-at)] + \frac{1}{2a}[G(x+at) - G(x-at)] & \\ & \text{für } t < \frac{x}{a}, \\ \frac{1}{2}[f(x+at) + f(at-x)] + \frac{1}{2a}[G(x+at) + G(at-x)] & \\ & \text{für } t > \frac{x}{a} \end{cases}$$

mit $G(z) = \int_0^z g(\xi)\,d\xi$.

4.2 $w = f(x)$ für $t = 0$ (Anfangsbedingung),
$\partial_t w = g(x)$ für $t = 0$ (Anfangsbedingung),
$\partial_x w = h(t)$ für $x = 0$ (Randbedingung).

Lösung:

$$w(x,t) = \begin{cases} \dfrac{1}{2}[f(x+at)+f(x-at)] + \dfrac{1}{2a}[G(x+at)-G(x-at)] \\ \hfill \text{für} \quad t < \dfrac{x}{a}, \\ \dfrac{1}{2}[f(x+at)+f(at-x)] + \dfrac{1}{2a}[G(x+at)+G(at-x)] \\ \hfill -aH\Big(t-\dfrac{x}{a}\Big) \quad \text{für} \quad t > \dfrac{x}{a}, \end{cases}$$

wobei

$$G(z) = \int_0^z g(\xi)\,d\xi, \; H(z) = \int_0^z h(\xi)\,d\xi$$

zu setzen ist. In dem Gebiet $t < x/a$ hat die Randbedingung keinen Einfluß, der Ausdruck für die Lösung $w(x,t)$ stimmt mit der d'Alembertschen Lösung für die unendliche Gerade überein (vgl. 2.).

5. Gebiet: $0 < x < l$. Erste Randwertaufgabe.

$$\begin{array}{lll} w = f(x) & \text{für } t = 0 & \text{(Anfangsbedingung)}, \\ \partial_t w = g(x) & \text{für } t = 0 & \text{(Anfangsbedingung)}, \\ w = 0 & \text{für } x = 0 & \text{(Randbedingung)}, \\ w = 0 & \text{für } x = l & \text{(Randbedingung)}. \end{array}$$

Lösung:

$$w(x,t) = \sum_{n=1}^{\infty} \big[A_n \cos(a\lambda_n t) + B_n \sin(a\lambda_n t)\big] \sin(\lambda_n x), \qquad \lambda_n = \frac{\pi n}{l},$$

$$A_n = \frac{2}{l}\int_0^l f(x)\sin(\lambda_n x)\,dx, \qquad B_n = \frac{2}{a\pi n}\int_0^l g(x)\sin(\lambda_n x)\,dx.$$

6. Gebiet: $0 < x < l$. Zweite Randwertaufgabe.

$$\begin{array}{lll} w = f(x) & \text{für } t = 0 & \text{(Anfangsbedingung)}, \\ \partial_t w = g(x) & \text{für } t = 0 & \text{(Anfangsbedingung)}, \\ \partial_x w = 0 & \text{für } x = 0 & \text{(Randbedingung)}, \\ \partial_x w = 0 & \text{für } x = l & \text{(Randbedingung)}. \end{array}$$

Lösung:

$$w(x,t) = A_0 + B_0 t + \sum_{n=1}^{\infty} \big[A_n \cos(a\lambda_n t) + B_n \sin(a\lambda_n t)\big] \cos(\lambda_n x),$$

$$\lambda_n = \frac{\pi n}{l}, \qquad A_0 = \frac{1}{l}\int_0^l f(x)\,dx, \qquad B_0 = \frac{1}{l}\int_0^l g(x)\,dx,$$

$$A_n = \frac{2}{l}\int_0^l f(x)\cos(\lambda_n x)\,dx, \qquad B_n = \frac{2}{a\pi n}\int_0^l g(x)\cos(\lambda_n x)\,dx.$$

7. Gebiet: $0 < x < l$. Dritte Randwertaufgabe.

$w = f(x)$ für $t = 0$ (Anfangsbedingung),
$\partial_t w = g(x)$ für $t = 0$ (Anfangsbedingung),
$\partial_x w - bw = 0$ für $x = 0$ (Randbedingung),
$\partial_x w + bw = 0$ für $x = l$ (Randbedingung).

Lösung:

$$\begin{aligned} w(x,t) &= \sum_{n=1}^{\infty}\left[A_n\cos(a\lambda_n t) + B_n\sin(a\lambda_n t)\right]\left[\lambda_n\cos(\lambda_n x) + b\sin(\lambda_n x)\right], \\ A_n &= \frac{1}{\|X_n\|^2}\int_0^l \left[\lambda_n\cos(\lambda_n x) + b\sin(\lambda_n x)\right] f(x)\,dx, \\ B_n &= \frac{1}{a\lambda_n\|X_n\|^2}\int_0^l \left[\lambda_n\cos(\lambda_n x) + b\sin(\lambda_n x)\right] g(x)\,dx, \\ \|X_n\|^2 &= \int_0^l \left[\lambda_n\cos(\lambda_n x) + b\sin(\lambda_n x)\right]^2 dx = \tfrac{1}{2}l(b^2 + \lambda_n^2) + b; \end{aligned}$$

hierbei bezeichnen λ_n die nichtnegativen Lösungen der transzendenten Gleichung:

$$\cot(\lambda l) = \frac{1}{2}\left(\frac{\lambda}{b} - \frac{b}{\lambda}\right).$$

8. Gebiet: $0 < x < l$. Gemischte Randwertaufgabe.

$w = f(x)$ für $t = 0$ (Anfangsbedingung),
$\partial_t w = g(x)$ für $t = 0$ (Anfangsbedingung),
$\partial_x w = 0$ für $x = 0$ (Randbedingung),
$w = 0$ für $x = l$ (Randbedingung).

Lösung:

$$w(x,t) = \sum_{n=0}^{\infty}\left[A_n\cos(a\lambda_n t) + B_n\sin(a\lambda_n t)\right]\cos(\lambda_n x), \quad \lambda_n = \frac{\pi(2n+1)}{2l},$$

$$A_n = \frac{2}{l}\int_0^l f(x)\cos(\lambda_n x)\,dx, \qquad B_n = \frac{2}{al\lambda_n}\int_0^l g(x)\cos(\lambda_n x)\,dx.$$

7.3.2 Die Gleichung $\dfrac{\partial^2 w}{\partial t^2} = a^2 \dfrac{\partial^2 w}{\partial x^2} + \Phi(x,t)$

1. Gebiet: $-\infty < x < +\infty$.

$$\begin{array}{lll} w = f(x) & \text{für } t = 0 & \text{(Anfangsbedingung)}, \\ \partial_t w = g(x) & \text{für } t = 0 & \text{(Anfangsbedingung)}. \end{array}$$

Lösung:

$$\begin{aligned} w(x,t) &= \frac{1}{2}[f(x-at) + f(x+at)] + \frac{1}{2a} \int\limits_{x-at}^{x+at} g(\xi)\, d\xi \\ &\quad + \frac{1}{2a} \int\limits_{0}^{t} \int\limits_{x-a(t-\tau)}^{x+a(t-\tau)} \Phi(\xi,\tau)\, d\xi\, d\tau. \end{aligned}$$

2. Gebiet: $0 < x < +\infty$. Erste Randwertaufgabe.

$$\begin{array}{lll} w = f(x) & \text{für } t = 0 & \text{(Anfangsbedingung)}, \\ \partial_t w = g(x) & \text{für } t = 0 & \text{(Anfangsbedingung)}, \\ w = h(t) & \text{für } x = 0 & \text{(Randbedingung)}. \end{array}$$

Lösung:

$$w(x,t) = w_1(x,t) + \frac{1}{2a} w_2(x,t)$$

mit

$$w_1(x,t) = \begin{cases} \dfrac{1}{2}[f(x+at) + f(x-at)] + \dfrac{1}{2a} \displaystyle\int\limits_{x-at}^{x+at} g(\xi)\, d\xi & \text{für } t < \dfrac{x}{a}, \\ \dfrac{1}{2}[f(x+at) - f(at-x)] + \dfrac{1}{2a} \displaystyle\int\limits_{at-x}^{x+at} g(\xi)\, d\xi + h\Big(t - \dfrac{x}{a}\Big) & \\ & \text{für } t > \dfrac{x}{a}, \end{cases}$$

$$w_2(x,t) = \begin{cases} \displaystyle\int\limits_{0}^{t} \int\limits_{x-a(t-\tau)}^{x+a(t-\tau)} \Phi(\xi,\tau)\, d\xi\, d\tau & \text{für } t < \dfrac{x}{a}, \\ \displaystyle\int\limits_{0}^{t-x/a} \int\limits_{a(t-\tau)-x}^{x+a(t-\tau)} \Phi(\xi,\tau)\, d\xi\, d\tau + \int\limits_{t-x/a}^{t} \int\limits_{x-a(t-\tau)}^{x+a(t-\tau)} \Phi(\xi,\tau)\, d\xi\, d\tau & \\ & \text{für } t > \dfrac{x}{a}. \end{cases}$$

3. Gebiet: $0 < x < +\infty$. Zweite Randwertaufgabe.

$$\begin{aligned} &w = f(x) && \text{für } t = 0 \quad \text{(Anfangsbedingung)},\\ &\partial_t w = g(x) && \text{für } t = 0 \quad \text{(Anfangsbedingung)},\\ &\partial_x w = h(t) && \text{für } x = 0 \quad \text{(Randbedingung)}. \end{aligned}$$

Lösung:

$$w(x,t) = w_1(x,t) + \frac{1}{2a} w_2(x,t)$$

mit

$$w_1(x,t) = \begin{cases} \dfrac{1}{2}[f(x+at) + f(x-at)] + \dfrac{1}{2a} \displaystyle\int_{x-at}^{x+at} g(\xi)\,d\xi & \text{für } t < \dfrac{x}{a},\\[2ex] \dfrac{1}{2}[f(x+at) + f(at-x)] + \dfrac{1}{2a} \displaystyle\int_{0}^{x+at} g(\xi)\,d\xi & \\ \qquad + \displaystyle\int_0^{at-x} g(\xi)\,d\xi - a \int_0^{t-x/a} h(\xi)\,d\xi & \text{für } t > \dfrac{x}{a}, \end{cases}$$

$$w_2(x,t) = \begin{cases} \displaystyle\int_0^t \int_{x-a(t-\tau)}^{x+a(t-\tau)} \Phi(\xi,\tau)\,d\xi\,d\tau & \text{für } t < \dfrac{x}{a},\\[2ex] \displaystyle\int_0^{t-x/a} \int_0^{x+a(t-\tau)} \Phi(\xi,\tau)\,d\xi\,d\tau + \int_0^{t-x/a} \int_0^{a(t-\tau)-x} \Phi(\xi,\tau)\,d\xi\,d\tau & \\ \qquad + \displaystyle\int_{t-x/a}^{t} \int_{x-a(t-\tau)}^{x+a(t-\tau)} \Phi(\xi,\tau)\,d\xi\,d\tau & \text{für } t > \dfrac{x}{a}. \end{cases}$$

7.3.3 Andere Gleichungen mit konstanten Koeffizienten

A. Vorbereitende Bemerkungen und Formeln

In diesem Abschnitt werden oft nur Ausdrücke für die Greenschen Funktionen angegeben; die Lösungen der entsprechenden Aufgaben mit homogenen Randbedingungen sind dann durch Formel (1) bestimmt. Um die Lösungen von Aufgaben mit inhomogenen Randbedingungen zu erhalten, ist zuerst eine geeignete der Transformationen (2)-(6) anzuwenden, danach erhält man die Lösung der transformierten Aufgabe aus Formel (1).

1. Homogene Randbedingungen. Die Lösungen der in diesem Abschnitt betrachteten Randwertaufgaben im Gebiet $0 \le x \le l$ mit homogenen Randbedingungen und den gemeinsamen Anfangsbedingungen

$$\begin{aligned} w &= f(x) \quad \text{für } t = 0 \quad \text{(Anfangsbedingung)}, \\ \partial_t w &= g(x) \quad \text{für } t = 0 \quad \text{(Anfangsbedingung)} \end{aligned}$$

lassen sich in der Gestalt

$$\begin{aligned} w(x,t) = & \int_0^l \frac{\partial}{\partial t}\Big[G(x,\xi,t)\Big] f(\xi)\,d\xi + \int_0^l G(x,\xi,t) g(\xi)\,d\xi \\ & + \int_0^t \int_0^l G(x,\xi,t-\tau)\Phi(\xi,\tau)\,d\xi\,d\tau \end{aligned} \tag{1}$$

darstellen; $G(x,\xi,t)$ bezeichnet eine Greensche Funktion.

2. Inhomogene Randbedingungen. Aufgaben mit inhomogenen Randbedingungen lassen sich durch geeignete lineare Transformationen der Gestalt $w(x,t) = \psi(x,t) + u(x,t)$, wobei u die neue gesuchte Funktion bezeichnet, auf Aufgaben mit homogenen Randbedingungen zurückführen, die man dann nach (1) lösen kann; in (1) sind dabei die transformierten Funktionen f_u, g_u und Φ_u einzusetzen. Im folgenden geben wir die konkrete Gestalt dieser Transformationen für die grundlegenden Randwertaufgaben im Gebiet $0 < x < l$ an.

Erste Randwertaufgabe:

$$\begin{aligned} w &= h_0(t) \quad \text{für } x = 0 \quad \text{(Randbedingung)}, \\ w &= h_l(t) \quad \text{für } x = l \quad \text{(Randbedingung)}. \end{aligned}$$

Transformation:

$$w(x,t) = h_0(t) + \frac{x}{l}[h_l(t) - h_0(t)] + u(x,t). \tag{2}$$

Zweite Randwertaufgabe:

$$\begin{aligned} \partial_x w &= h_0(t) \quad \text{für } x = 0 \quad \text{(Randbedingung)}, \\ \partial_x w &= h_l(t) \quad \text{für } x = l \quad \text{(Randbedingung)}. \end{aligned}$$

Transformation:

$$w(x,t) = x h_0(t) + \frac{x^2}{2l}[h_l(t) - h_0(t)] + u(x,t). \tag{3}$$

Dritte Randwertaufgabe:

$$\begin{aligned} \partial_x w - bw &= h_0(t) \quad \text{für } x = 0 \quad \text{(Randbedingung)}, \\ \partial_x w + cw &= h_l(t) \quad \text{für } x = l \quad \text{(Randbedingung)}. \end{aligned}$$

Transformation:

$$w(x,t) = \frac{h_l(t) - (1+cl)h_0(t)}{b+c+bcl} + x\frac{ch_0(t) + bh_l(t)}{b+c+bcl} + u(x,t). \tag{4}$$

Gemischte Randwertaufgabe:
1. Fall

$$\begin{aligned} w &= h_0(t) \quad &&\text{für } x = 0 \quad \text{(Randbedingung)},\\ \partial_x w &= h_l(t) \quad &&\text{für } x = l \quad \text{(Randbedingung)}. \end{aligned}$$

Transformation:

$$w(x,t) = h_0(t) + xh_l(t) + u(x,t). \tag{5}$$

2. Fall:

$$\begin{aligned} \partial_x w &= h_0(t) \quad &&\text{für } x = 0 \quad \text{(Randbedingung)},\\ w &= h_l(t) \quad &&\text{für } x = l \quad \text{(Randbedingung)}. \end{aligned}$$

Transformation:

$$w(x,t) = (x-l)h_0(t) + h_l(t) + u(x,t). \tag{6}$$

B. Lösungen einiger Randwertaufgaben

1. $\dfrac{\partial^2 w}{\partial t^2} = a^2 \dfrac{\partial^2 w}{\partial x^2} + bw.$

1.1. Einige spezielle Lösungen:

$$\begin{aligned}
&w = \cos(\lambda x)[A\cos(\mu t) + B\sin(\mu t)], \quad b = a^2\lambda^2 - \mu^2,\\
&w = \sin(\lambda x)[A\cos(\mu t) + B\sin(\mu t)], \quad b = a^2\lambda^2 - \mu^2,\\
&w = \exp(\pm\lambda x)[A\exp(\mu t) + B\exp(-\mu t)], \quad \mu = \sqrt{a^2\lambda^2 + b}, \quad b > -a^2\lambda^2,\\
&w = \exp(\pm\lambda x)[A\cos(\mu t) + B\sin(\mu t)], \quad \mu = \sqrt{|a^2\lambda^2 + b|}, \quad b < -a^2\lambda^2,\\
&w = \exp(\pm\mu t)[A\cos(\lambda x) + B\sin(\lambda x)], \quad a\lambda = \sqrt{b - \mu^2}, \quad b > \mu^2,\\
&w = \exp(\pm\lambda x)(At + B), \quad b = -a^2\lambda^2,\\
&w = \exp(\pm\mu t)(Ax + B), \quad b = \mu^2;
\end{aligned}$$

hierbei sind A, B beliebige Konstanten.

1.2 Gebiet: $-\infty < x < +\infty$.

$$\begin{array}{lll} w = f(x) & \text{für } t = 0 & \text{(Anfangsbedingung)}, \\ \partial_t w = g(x) & \text{für } t = 0 & \text{(Anfangsbedingung)}. \end{array}$$

Lösung für $b = c^2 > 0$:

$$w(x,t) = \frac{1}{2}[f(x+at) + f(x-at)] + \frac{ct}{2a}\int_{x-at}^{x+at} \frac{I_1\big(c\sqrt{t^2-(x-\xi)^2/a^2}\,\big)}{\sqrt{t^2-(x-\xi)^2/a^2}} f(\xi)\,d\xi$$
$$+ \frac{1}{2a}\int_{x-at}^{x+at} I_0\big(c\sqrt{t^2-(x-\xi)^2/a^2}\,\big) g(\xi)\,d\xi,$$

wobei $I_0(z)$, $I_1(z)$ modifizierte Besselsche Funktionen nullter und erster Ordnung sind.
Lösung für $b = -c^2 < 0$:

$$w(x,t) = \frac{1}{2}[f(x+at) + f(x-at)] - \frac{ct}{2a}\int_{x-at}^{x+at} \frac{J_1\big(c\sqrt{t^2-(x-\xi)^2/a^2}\,\big)}{\sqrt{t^2-(x-\xi)^2/a^2}} f(\xi)\,d\xi$$
$$+ \frac{1}{2a}\int_{x-at}^{x+at} J_0\big(c\sqrt{t^2-(x-\xi)^2/a^2}\,\big) g(\xi)\,d\xi,$$

wobei $J_0(z)$, $J_1(z)$ modifizierte Besselsche Funktionen nullter und erster Ordnung sind.

2. $$\frac{\partial^2 w}{\partial t^2} = a^2 \frac{\partial^2 w}{\partial x^2} + b^2 w + \Phi(x,t).$$

2.1 Gebiet: $0 < x < l$. Erste Randwertaufgabe.

$$\begin{array}{lll} w = f(x) & \text{für } t = 0 & \text{(Anfangsbedingung)}, \\ \partial_t w = g(x) & \text{für } t = 0 & \text{(Anfangsbedingung)}, \\ w = 0 & \text{für } x = 0 & \text{(Randbedingung)}, \\ w = 0 & \text{für } x = l & \text{(Randbedingung)}. \end{array}$$

Greensche Funkion:

$$G(x,\xi,t) = \frac{2}{l}\sum_{n=1}^{\infty} \sin(\lambda_n x)\sin(\lambda_n \xi)\frac{\sin\big(t\sqrt{a^2\lambda_n^2+b^2}\,\big)}{\sqrt{a^2\lambda_n^2+b^2}}, \qquad \lambda_n = \frac{\pi n}{l}.$$

2.2 Gebiet: $0 < x < l$. Zweite Randwertaufgabe.

$$\begin{array}{lll} w = f(x) & \text{für } t = 0 & \text{(Anfangsbedingung)}, \\ \partial_t w = g(x) & \text{für } t = 0 & \text{(Anfangsbedingung)}, \\ \partial_x w = 0 & \text{für } x = 0 & \text{(Randbedingung)}, \\ \partial_x w = 0 & \text{für } x = l & \text{(Randbedingung)}. \end{array}$$

Greensche Funktion:

$$G(x,\xi,t) = \frac{2}{al}\sum_{n=1}^{\infty}\cos(\lambda_n x)\cos(\lambda_n \xi)\frac{\sin\left(a\sqrt{\lambda_n^2+b^2}\,t\right)}{\sqrt{\lambda_n^2+b^2}}, \qquad \lambda_n = \frac{\pi n}{l}.$$

2.3 Gebiet: $0 < x < l$. Dritte Randwertaufgabe.

$$\begin{aligned}
&w = f(x) && \text{für } t=0 && \text{(Anfangsbedingung)},\\
&\partial_t w = g(x) && \text{für } t=0 && \text{(Anfangsbedingung)},\\
&\partial_x w - c_1 w = 0 && \text{für } x=0 && \text{(Randbedingung)},\\
&\partial_x w + c_2 w = 0 && \text{für } x=l && \text{(Randbedingung)}.
\end{aligned}$$

Greensche Funktion:

$$\begin{aligned}
G(x,\xi,t) &= \sum_{n=1}^{\infty}\frac{y_n(x)y_n(\xi)\sin\left(a\sqrt{\lambda_n^2+b^2}\,t\right)}{a\|y_n\|^2\sqrt{\lambda_n^2+b^2}},\\
y_n(x) &= \cos(\lambda_n x) + \frac{c_1}{\lambda_n}\sin(\lambda_n x),\\
\|y_n\|^2 &= \frac{c_2}{2\lambda_n^2}\frac{\lambda_n^2+c_1^2}{\lambda_n^2+c_2^2} + \frac{c_1}{2\lambda_n^2} + \frac{l}{2}\left(1+\frac{c_1^2}{\lambda_n^2}\right),
\end{aligned}$$

wobei λ_n die positiven Lösungen der Gleichung

$$\frac{\tan(\lambda l)}{\lambda} = \frac{c_1+c_2}{\lambda^2 - c_1 c_2}$$

bezeichnen.

3. $$\frac{\partial^2 w}{\partial t^2} = a^2\frac{\partial^2 w}{\partial x^2} - b\frac{\partial w}{\partial x} + \Phi(x,t).$$

3.1 Gebiet: $0 < x < l$. Erste Randwertaufgabe.

$$\begin{aligned}
&w = f(x) && \text{für } t=0 && \text{(Anfangsbedingung)},\\
&\partial_t w = g(x) && \text{für } t=0 && \text{(Anfangsbedingung)},\\
&w = 0 && \text{für } x=0 && \text{(Randbedingung)},\\
&w = 0 && \text{für } x=l && \text{(Randbedingung)}.
\end{aligned}$$

Greensche Funkion:

$$\begin{aligned}
G(x,\xi,t) &= \frac{2}{l}\exp\left[\frac{b}{2a^2}(x-\xi)\right]\sum_{n=1}^{\infty}\frac{1}{\sqrt{\mu_n}}\sin(\lambda_n x)\sin(\lambda_n\xi)\sin\left(t\sqrt{\mu_n}\right),\\
\lambda_n &= \frac{\pi n}{l}, \qquad \mu_n = \frac{b^2}{4a^2} + a^2\lambda_n^2.
\end{aligned}$$

3.2 Gebiet: $0 < x < l$. Zweite Randwertaufgabe.

$$\begin{aligned} &w = f(x) && \text{für } t = 0 && \text{(Anfangsbedingung)},\\ &\partial_t w = g(x) && \text{für } t = 0 && \text{(Anfangsbedingung)},\\ &\partial_x w = 0 && \text{für } x = 0 && \text{(Randbedingung)},\\ &\partial_x w = 0 && \text{für } x = l && \text{(Randbedingung)}. \end{aligned}$$

Greensche Funktion:

$$\begin{aligned} G(x,\xi,t) &= \frac{bt\exp\left(-\frac{b\xi}{a^2}\right)}{a^2\left[1-\exp\left(-\frac{bl}{a^2}\right)\right]} + \exp\left(-\frac{b\xi}{a^2}\right)\sum_{n=1}^{\infty}\frac{y_n(x)y_n(\xi)\sin(a\lambda_n t)}{a\lambda_n\|y_n\|^2},\\ y_n(x) &= \exp\left(\frac{bx}{2a^2}\right)\left[\cos(\mu_n x) - \frac{b}{2a^2}\frac{\sin(\mu_n x)}{\mu_n}\right],\\ \lambda_n &= \sqrt{\frac{\pi^2 n^2}{l^2}+\frac{b^2}{4a^4}},\quad \mu_n = \frac{\pi n}{l},\quad \|y_n\|^2 = \frac{l}{2}\left(1+\frac{b^2 l^2}{4a^4\pi^2 n^2}\right). \end{aligned}$$

3.3 Gebiet: $0 < x < l$. Dritte Randwertaufgabe.

$$\begin{aligned} &w = f(x) && \text{für } t = 0 && \text{(Anfangsbedingung)},\\ &\partial_t w = g(x) && \text{für } t = 0 && \text{(Anfangsbedingung)},\\ &\partial_x w - c_1 w = 0 && \text{für } x = 0 && \text{(Randbedingung)},\\ &\partial_x w + c_2 w = 0 && \text{für } x = l && \text{(Randbedingung)}. \end{aligned}$$

Greensche Funktion:

$$G(x,\xi,t) = \exp\left(-\frac{b}{a^2}\xi\right)\sum_{n=1}^{\infty}\frac{y_n(x)y_n(\xi)\sin(a\lambda_n t)}{a\lambda_n\|y_n\|^2},$$

$$y_n(x) = \exp\left(\frac{bx}{2a^2}\right)\left[\cos(\mu_n x) + \left(c_1 - \frac{b}{2a^2}\right)\frac{\sin(\mu_n x)}{\sqrt{\mu_n}}\right],\quad \mu_n = \sqrt{\lambda_n^2 - \frac{b^2}{4a^4}}$$

$$\|y_n\|^2 = \frac{c_2 + \frac{b}{2a^2}}{2\lambda_n^2 - \frac{b^2}{2a^4}}\,\frac{\lambda_n^2 + c_1^2 - c_1\frac{b}{a^2}}{\lambda_n^2 + c_2^2 + c_2\frac{b}{a^2}} + \frac{c_1 - \frac{b}{2a^2}}{2\lambda_n^2 - \frac{b^2}{2a^4}} + l\,\frac{\lambda_n^2 + c_1^2 - c_1\frac{b}{a^2}}{2\lambda_n^2 - \frac{b^2}{2a^4}},$$

wobei λ_n die positiven Lösungen der transzendenten Gleichung

$$\frac{\tan\left(l\sqrt{\lambda^2 - \frac{b^2}{4a^4}}\right)}{\sqrt{\lambda^2 - \frac{b^2}{4a^4}}} = \frac{c_1 + c_2}{\lambda^2 - c_1 c_2 + \frac{b}{2a^2}(c_2 - c_1)}$$

bezeichnen.

4. $$\frac{\partial^2 w}{\partial t^2} + k\frac{\partial w}{\partial t} = a^2\frac{\partial^2 w}{\partial x^2}.$$

Die Substitution $w(x,t) = \exp(-\frac{1}{2}kt)u(x,t)$ führt auf eine Gleichung der Form 7.3.3.1 für die Funktion u:

$$\frac{\partial^2 u}{\partial t^2} = a^2\frac{\partial^2 u}{\partial x^2} + \tfrac{1}{4}k^2 u.$$

Gebiet: $0 < x < l$. Erste Randwertaufgabe.

$$\begin{array}{lll} w = f(x) & \text{für } t = 0 & \text{(Anfangsbedingung)},\\ \partial_t w = g(x) & \text{für } t = 0 & \text{(Anfangsbedingung)},\\ w = 0 & \text{für } x = 0 & \text{(Randbedingung)},\\ w = 0 & \text{für } x = l & \text{(Randbedingung)}. \end{array}$$

Lösung:

$$\begin{aligned} w(x,t) &= \exp(-\tfrac{1}{2}kt)\sum_{n=1}^{\infty}[A_n\cos(\lambda_n t) + B_n\sin(\lambda_n t)]\sin\Big(\frac{\pi n x}{l}\Big),\\ \lambda_n &= \sqrt{\frac{a^2\pi^2 n^2}{l^2} - \frac{1}{4}k^2}, \quad A_n = \frac{2}{l}\int_0^l f(x)\sin\Big(\frac{\pi n x}{l}\Big)\,dx,\\ B_n &= \frac{k}{2\lambda_n}A_n + \frac{2}{l\lambda_n}\int_0^l g(x)\sin\Big(\frac{\pi n x}{l}\Big)\,dx. \end{aligned}$$

5. *Telegrafengleichung*

$$\frac{\partial^2 w}{\partial t^2} + k\frac{\partial w}{\partial t} = a^2\frac{\partial^2 w}{\partial x^2} + bw.$$

Die Substitution $w(x,t) = \exp(-\frac{1}{2}kt)u(x,t)$ führt auf eine Gleichung der Form 7.3.3.1 für die Funktion u:

$$\frac{\partial^2 u}{\partial t^2} = a^2\frac{\partial^2 u}{\partial x^2} + (b + \tfrac{1}{4}k^2)u.$$

6. $$\frac{\partial^2 w}{\partial t^2} + k\frac{\partial w}{\partial t} = a^2\frac{\partial^2 w}{\partial x^2} + b\frac{\partial w}{\partial x} + cw.$$

Die Substitution $w(x,t) = \exp(\lambda x + \mu t)u(x,t)$ mit $\lambda = -\dfrac{b}{2a^2}$, $\mu = -\dfrac{k}{2}$ führt auf eine Gleichung der Form 7.3.3.1:

$$\frac{\partial^2 u}{\partial t^2} = a^2\frac{\partial^2 u}{\partial x^2} + \Big(c + \frac{k^2}{4} - \frac{b^2}{4a^2}\Big)u.$$

Gebiet: $-\infty < x < +\infty$.

$$w = f(x) \quad \text{für } t = 0 \quad \text{(Anfangsbedingung)},$$
$$\partial_t w = g(x) \quad \text{für } t = 0 \quad \text{(Anfangsbedingung)}.$$

Lösung für $a = 1$:

$$\begin{aligned} w(x,t) &= \tfrac{1}{2}\exp(-\tfrac{1}{2}kt)\Big\{\exp(-\tfrac{1}{2}bt)f(x-t) + \exp(\tfrac{1}{2}bt)f(x+t) \\ &\quad + \int_{x-t}^{x+t}\Big[\tfrac{1}{2}kJ_0(\lambda z) - \lambda\frac{t}{z}J_1(\lambda z)\Big]\exp\big[-\tfrac{1}{2}b(x-\xi)\big]f(\xi)\,d\xi \\ &\quad + \int_{x-t}^{x+t} J_0(\lambda z)\exp\big[-\tfrac{1}{2}b(x-\xi)\big]g(\xi)\,d\xi\Big\}, \\ &\quad \lambda = \tfrac{1}{2}\sqrt{4c-b^2+k^2}, \quad z = \sqrt{(x-\xi)^2 - t^2}. \end{aligned}$$

7. $$\frac{\partial^2 w}{\partial t^2} + k\frac{\partial w}{\partial t} = a^2\frac{\partial^2 w}{\partial x^2} + b\frac{\partial w}{\partial x} + cw + \Phi(x,t).$$

7.1 Gebiet: $0 < x < l$. Erste Randwertaufgabe.

$$w = f(x) \quad \text{für } t = 0 \quad \text{(Anfangsbedingung)},$$
$$\partial_t w = g(x) \quad \text{für } t = 0 \quad \text{(Anfangsbedingung)},$$
$$w = 0 \quad \text{für } x = 0 \quad \text{(Randbedingung)},$$
$$w = 0 \quad \text{für } x = l \quad \text{(Randbedingung)}.$$

Greensche Funktion:

$$\begin{aligned} G(x,\xi,t) &= \frac{2}{l}\exp\Big[\frac{b}{2a^2}(\xi - x) - \frac{k}{2}t\Big]\Big[\sum_{n=1}^{N-1}\frac{1}{\mu_n}\sin(\lambda_n x)\sin(\lambda_n\xi)\sinh(\mu_n t) \\ &\quad + \sum_{n=N}^{\infty}\frac{1}{\nu_n}\sin(\lambda_n x)\sin(\lambda_n \xi)\sin(\nu_n t)\Big], \quad \lambda_n = \frac{\pi n}{l}, \\ \mu_n &= \sqrt{\frac{1}{4}k^2 + c - a^2\lambda_n^2 - \frac{b^2}{2a^2}}, \quad \nu_n = \sqrt{a^2\lambda_n^2 + \frac{b^2}{2a^2} - \frac{1}{4}k^2 - c}, \end{aligned}$$

wobei N die kleinste natürliche Zahl ist derart, daß für $n \geq N$ die Ungleichung $\frac{1}{4}k^2 + c - a^2\lambda_n^2 - \frac{b^2}{2a^2} \leq 0$ gilt.

7.2 Gebiet: $0 < x < l$. Zweite Randwertaufgabe.

$$w = f(x) \quad \text{für } t = 0 \quad \text{(Anfangsbedingung)},$$
$$\partial_t w = g(x) \quad \text{für } t = 0 \quad \text{(Anfangsbedingung)},$$
$$\partial_x w = 0 \quad \text{für } x = 0 \quad \text{(Randbedingung)},$$
$$\partial_x w = 0 \quad \text{für } x = l \quad \text{(Randbedingung)}.$$

Greensche Funktion:

$$G(x,\xi,t) = -\frac{b\exp\left(\frac{b}{a^2}\xi - \frac{k}{2}t\right)\sinh\left(t\sqrt{\frac{1}{4}k^2+c}\right)}{a^2\sqrt{\frac{1}{4}k^2+c}\left[1-\exp\left(\frac{bl}{a^2}\right)\right]}$$

$$+\frac{2}{l}\exp\left[\frac{b}{2a^2}(\xi - x) - \frac{k}{2}t\right]\left[\sum_{n=0}^{N-1}\frac{\sin(\lambda_n x)\sin(\lambda_n\xi)\sinh(\mu_n t)}{\mu_n\left(1+\frac{b^2l^2}{4a^4\pi^2n^2}\right)}\right.$$

$$\left.+\sum_{n=N}^{\infty}\frac{\sin(\lambda_n x)\sin(\lambda_n\xi)\sin(\nu_n t)}{\nu_n\left(1+\frac{b^2l^2}{4a^4\pi^2n^2}\right)}\right], \quad \lambda_n = \frac{\pi n}{l},$$

$$\mu_n = \begin{cases}\sqrt{\frac{1}{4}k^2+c} & \text{für } n=0,\\ \sqrt{\frac{1}{4}k^2+c-a^2\lambda_n^2-\frac{b^2}{2a^2}} & \text{für } n\ge 1,\end{cases}$$

$$\nu_n = \sqrt{a^2\lambda_n^2+\frac{b^2}{2a^2}-\frac{1}{4}k^2-c},$$

wobei N die kleinste natürliche Zahl ist derart, daß für $n \ge N$ die Ungleichung $\frac{1}{4}k^2 + c - a^2\lambda_n^2 - \frac{b^2}{2a^2} \le 0$ gilt.

7.3.4 Gleichungen mit veränderlichen Koeffizienten

1. $$\frac{\partial^2 w}{\partial t^2} = a^2\frac{\partial}{\partial x}\left(x\frac{\partial w}{\partial x}\right) + bw.$$

Das ist die Gleichung kleiner Schwingungen eines schweren homogenen Fadens, der sich mit konstanter Winkelgeschwindigkeit $\omega = \sqrt{b}$ um eine Achse dreht.

Gebiet: $0 < x < l$. Erste Randwertaufgabe.

$w = f(x)$	für $t = 0$	(Anfangsbedingung),
$\partial_t w = g(x)$	für $t = 0$	(Anfangsbedingung),
$w \neq \infty$	für $x = 0$	(Randbedingung),
$w = 0$	für $x = l$	(Randbedingung).

Lösung:

$$w(x,t) = \sum_{n=1}^{\infty}\left[A_n\cos(a\lambda_n t) + \frac{B_n}{a\lambda_n}\sin(a\lambda_n t)\right]J_0\left(\mu_n\sqrt{\frac{x}{l}}\right),$$

$$\lambda_n = \sqrt{\frac{\mu_n^2}{4l} - \frac{b}{a^2}}, \quad A_n = \frac{1}{lJ_1^2(\mu_n)} \int_0^l f(x) J_0\Big(\mu_n \sqrt{\frac{x}{l}}\Big)\, dx,$$
$$B_n = \frac{1}{lJ_1^2(\mu_n)} \int_0^l g(x) J_0\Big(\mu_n \sqrt{\frac{x}{l}}\Big)\, dx,$$

wobei μ_n die positiven Nullstellen der Besselschen Funktion J_0 sind.

2. $\displaystyle \frac{\partial^2 w}{\partial t^2} = a^2\Big(\frac{2}{2n+1} x \frac{\partial^2 w}{\partial x^2} + \frac{\partial w}{\partial x}\Big), \qquad n = 1,\ 2,\ \ldots$

Allgemeine Lösung:

$$w(x,t) = \frac{\partial^{n-1}}{\partial x^{n-1}}\Big[\frac{\Phi(\sqrt{2(2n+1)x} + at) + \Psi(\sqrt{2(2n+1)x} - at)}{\sqrt{x}}\Big],$$

wobei Φ und Ψ beliebige Funktionen sind.

3. $\displaystyle \frac{\partial^2 w}{\partial t^2} = ax^2 \frac{\partial^2 w}{\partial x^2} + bx \frac{\partial w}{\partial x} + cw.$

Die Substitution $x = ke^z$ $(k \neq 0)$ führt auf eine Gleichung der Form 7.3.3.3: $\partial_{tt} w = a\partial_{zz} w + (b-a)\partial_z w + cw$.

4. $\displaystyle \frac{\partial^2 w}{\partial t^2} = a^2\Big[(l^2 - x^2)\frac{\partial^2 w}{\partial x^2} - 2x\frac{\partial w}{\partial x}\Big].$

Gebiet: $0 \le x \le l$. Erste Randwertaufgabe.

$w = f(x)$	für $t = 0$	(Anfangsbedingung),
$\partial_t w = g(x)$	für $t = 0$	(Anfangsbedingung),
$w = 0$	für $x = 0$	(Randbedingung),
$w \neq \infty$	für $x = l$	(Randbedingung).

Lösung:

$$w(x,t) = \sum_{n=1}^{\infty} \Big[A_n \cos(a\lambda_n t) + \frac{B_n}{\lambda_n} \sin(a\lambda_n t)\Big] P_{2n-1}\Big(\frac{x}{l}\Big),$$
$$\lambda_n = \sqrt{2n(2n-1)}, \quad A_n = \frac{4n-1}{l} \int_0^l f(x) P_{2n-1}\Big(\frac{x}{l}\Big)\, dx,$$
$$B_n = \frac{4n-1}{al} \int_0^l g(x) P_{2n-1}\Big(\frac{x}{l}\Big)\, dx,$$

wobei $P_k(x) = \dfrac{1}{2^k k!} \dfrac{d^k}{dx^k}\big[(x^2-1)^k\big]$ die Legendreschen Polynome bezeichnen.

5. $$\frac{\partial^2 w}{\partial t^2} = a^2\Big(\frac{\partial^2 w}{\partial r^2} + \frac{1}{r}\frac{\partial w}{\partial r}\Big).$$

Gleichung der achsensymmetrischen Schwingungen eines Gases (r die radiale Koordinate).

5.1. Gebiet: $0 \le r < R$. Erste Randwertaufgabe.

$$\begin{array}{lll} w = f(r) & \text{für } t = 0 & \text{(Anfangsbedingung)},\\ \partial_t w = g(r) & \text{für } t = 0 & \text{(Anfangsbedingung)},\\ w \neq \infty & \text{für } r = 0 & \text{(Randbedingung)},\\ w = 0 & \text{für } r = R & \text{(Randbedingung)}. \end{array}$$

Lösung:

$$\begin{aligned} w(r,t) &= \sum_{n=1}^{\infty}\Big[A_n \cos\Big(\frac{a\lambda_n t}{R}\Big) + \frac{B_n}{\lambda_n}\sin\Big(\frac{a\lambda_n t}{R}\Big)\Big] J_0\Big(\frac{\lambda_n r}{R}\Big),\\ A_n &= \frac{2}{R^2 J_1^2(\lambda_n)}\int_0^R \xi f(\xi) J_0\Big(\frac{\lambda_n \xi}{R}\Big)\,d\xi,\\ B_n &= \frac{2}{aRJ_1^2(\lambda_n)}\int_0^R \xi g(\xi) J_0\Big(\frac{\lambda_n \xi}{R}\Big)\,d\xi, \end{aligned}$$

wobei λ_n die positiven Nullstellen der Besselschen Funktion J_0 sind.

5.2. Gebiet: $0 \le r < R$. Zweite Randwertaufgabe.

$$\begin{array}{lll} w = f(r) & \text{für } t = 0 & \text{(Anfangsbedingung)},\\ \partial_t w = g(r) & \text{für } t = 0 & \text{(Anfangsbedingung)},\\ w \neq \infty & \text{für } r = 0 & \text{(Randbedingung)},\\ \partial_r w = 0 & \text{für } r = R & \text{(Randbedingung)}. \end{array}$$

Lösung:

$$\begin{aligned} w(r,t) &= \frac{2}{R^2}\int_0^R [f(\xi) + t g(\xi)]\,\xi\, d\xi\\ &\quad + \sum_{n=1}^{\infty}\Big[A_n \cos\Big(\frac{a\lambda_n t}{R}\Big) + \frac{B_n}{\lambda_n}\sin\Big(\frac{a\lambda_n t}{R}\Big)\Big] J_0\Big(\frac{\lambda_n r}{R}\Big),\\ A_n &= \frac{2}{R^2 J_0^2(\lambda_n)}\int_0^R \xi f(\xi) J_0\Big(\frac{\lambda_n \xi}{R}\Big)\,d\xi,\\ B_n &= \frac{2}{aRJ_0^2(\lambda_n)}\int_0^R \xi g(\xi) J_0\Big(\frac{\lambda_n \xi}{R}\Big)\,d\xi, \end{aligned}$$

wobei λ_n die positiven Nullstellen der Besselschen Funktion J_1 sind.

6. $$\frac{\partial^2 w}{\partial t^2} = a^2\Big(\frac{\partial^2 w}{\partial r^2} + \frac{1}{r}\frac{\partial w}{\partial r}\Big) + \Phi(x,t).$$

Gebiet: $0 \le r < R$. Erste Randwertaufgabe.
1. Homogene Bedingungen:

$$\begin{array}{lll} w = 0 & \text{für } t = 0 & \text{(Anfangsbedingung)}, \\ \partial_t w = 0 & \text{für } t = 0 & \text{(Anfangsbedingung)}, \\ w \neq \infty & \text{für } r = 0 & \text{(Randbedingung)}, \\ w = 0 & \text{für } r = R & \text{(Randbedingung)}. \end{array}$$

Lösung:

$$w(r,t) = \sum_{n=1}^{\infty} A_n(t) J_0\Big(\frac{\lambda_n r}{R}\Big),$$

$$A_n(t) = \frac{R}{a\lambda_n}\int_0^t d\tau \int_0^R f(\xi,\tau) J_0\Big(\frac{\lambda_n \xi}{R}\Big)\sin\Big[\frac{a\lambda_n}{R}(t-\tau)\Big]\,d\xi,$$

wobei λ_n die positiven Nullstellen der Besselschen Funktion J_0 sind.
2. Inhomogene Bedingungen:

$$\begin{array}{lll} w = f(r) & \text{für } t = 0 & \text{(Anfangsbedingung)}, \\ \partial_t w = g(r) & \text{für } t = 0 & \text{(Anfangsbedingung)}, \\ w \neq \infty & \text{für } r = 0 & \text{(Randbedingung)}, \\ w = 0 & \text{für } r = R & \text{(Randbedingung)}. \end{array}$$

Die Lösung ist die Summe $w(r,t) = w_1(r,t) + w_2(r,t)$, wobei w_1 die Lösung der entsprechenden homogenen Gleichung 7.3.4.5 mit inhomogenen Anfangsbedingungen und w_2 die Lösung der inhomogenen Gleichung mit homogenen Anfangsbedingungen ist, die unter 1. angegeben wurde.

7. $$\frac{\partial^2 w}{\partial t^2} = a^2\Big(\frac{\partial^2 w}{\partial r^2} + \frac{2}{r}\frac{\partial w}{\partial r}\Big).$$

Gleichung kugelsymmetrischer Schwingungen eines Gases (r die radiale Koordinate).

7.1. Allgemeine Lösung:

$$w(t,r) = \frac{\varphi(r+at) + \psi(r-at)}{r},$$

wobei φ und ψ beliebige Funktionen sind.

7.2. Transformation auf eine Gleichung mit konstanten Koeffizienten.
Die Substitution $u(r,t) = rw(r,t)$ führt auf eine Gleichung mit konstanten Koeffizienten:

$$\frac{\partial^2 u}{\partial t^2} = a^2\frac{\partial^2 u}{\partial r^2},$$

die ausführlich im Abschnitt 7.3.1 behandelt wurde.

7.3. Gebiet $0 \le r < \infty$.

$$w = f(r) \quad \text{für } t = 0 \quad \text{(Anfangsbedingung)},$$
$$\partial_t w = g(r) \quad \text{für } t = 0 \quad \text{(Anfangsbedingung)}.$$

Lösung:

$$w(r,t) = \frac{1}{2r}\big[(r-at)F(r-at) + (r+at)F(r+at)\big] + \frac{1}{2ar}\int_{r-at}^{r+at} \xi G(\xi)\,d\xi,$$
$$F(\xi) = \begin{cases} f(\xi) & \text{für } \xi > 0, \\ f(-\xi) & \text{für } \xi < 0, \end{cases} \qquad G(\xi) = \begin{cases} g(\xi) & \text{für } \xi > 0, \\ g(-\xi) & \text{für } \xi < 0. \end{cases}$$

Lösung im Mittelpunkt der Sphäre:

$$w(0,t) = atf'(at) + f(at) + tg(at).$$

8. $$\frac{\partial^2 w}{\partial t^2} = a^2\left(\frac{\partial^2 w}{\partial r^2} + \frac{2}{r}\frac{\partial w}{\partial r}\right) + \Phi(r,t).$$

8.1. Transformation auf eine inhomogene Gleichung mit konstanten Koeffizienten.

Die Substitution $u(r,t) = rw(r,t)$ führt auf die inhomogene Gleichung mit konstanten Koeffizienten

$$\frac{\partial^2 u}{\partial t^2} = a^2\frac{\partial^2 u}{\partial r^2} + r\Phi(r,t),$$

die ausführlich im Abschnitt 7.3.2 behandelt wurde.

8.2. Gebiet $0 \le r < \infty$.

1. Homogene Bedingungen:

$$w = 0 \quad \text{für } t = 0 \quad \text{(Anfangsbedingung)},$$
$$\partial_t w = 0 \quad \text{für } t = 0 \quad \text{(Anfangsbedingung)}.$$

Lösung:

$$w(r,t) = \frac{1}{2ar}\int_0^t d\tau \int_{r-a(t-\tau)}^{r+a(t-\tau)} \xi\Psi(\xi,\tau)\,d\xi, \quad \Psi(\xi,\tau) = \begin{cases} \Phi(\xi,\tau) & \text{für } \xi > 0, \\ \Phi(-\xi,\tau) & \text{für } \xi < 0. \end{cases}$$

2. Inhomogene Bedingungen:

$$w = f(r) \quad \text{für } t = 0 \quad \text{(Anfangsbedingung)},$$
$$\partial_t w = g(r) \quad \text{für } t = 0 \quad \text{(Anfangsbedingung)}.$$

Die Lösung ist die Summe $w(r,t) = w_1(r,t) + w_2(r,t)$, wobei w_1 die Lösung der entsprechenden homogenen Gleichung 7.3.4.7 mit inhomogenen Anfangsbedingungen und w_2 die Lösung der inhomogenen Gleichung mit homogenen Anfangsbedingungen ist, die unter 1. angegeben wurde.

9. $$\frac{\partial^2 w}{\partial t^2} = a^2\left[\frac{\partial^2 w}{\partial r^2} + \frac{2}{r}\frac{\partial w}{\partial r} - \frac{n(n+1)}{r^2}w\right], \qquad n = 1,\ 2,\ 3,\ \ldots$$

Allgemeine Lösung:

$$w(t,r) = r^n\left(\frac{1}{r}\frac{\partial}{\partial r}\right)^n\left[\frac{\Phi(r+at) + \Psi(r-at)}{r}\right],$$

wobei Φ und Ψ beliebige Funktionen sind.

10. $$\frac{\partial^2 w}{\partial t^2} = \frac{\partial^2 w}{\partial x^2} + \frac{2a}{x}\frac{\partial w}{\partial x} + b^2 w, \qquad 0 < 2a < 1.$$

Allgemeine Lösung:

$$\begin{aligned} w(x,t) \ &= \ \int_0^1 \frac{\Phi[t + x(2\xi - 1)]}{[\xi(1-\xi)]^{1-a}}\bar{J}_{a-1}\Big(2bx\sqrt{\xi(1-\xi)}\Big)\,d\xi \\ &\quad + x^{1-2a}\int_0^1 \frac{\Psi[t + x(2\xi - 1)]}{[\xi(1-\xi)]^{a}}\bar{J}_{-a}\Big(2bx\sqrt{\xi(1-\xi)}\Big)\,d\xi, \end{aligned}$$

wobei $\bar{J}_{-\nu}(z) = \Gamma(1-\nu)2^{-\nu}z^{\nu}J_{-\nu}(z)$ gesetzt wurde; Φ und Ψ sind beliebige Funktionen.

11. $$\frac{\partial^2 w}{\partial t^2} = \frac{\partial}{\partial x}\left(x^m\frac{\partial w}{\partial x}\right).$$

11.1. Gebiet: $0 < x < l$. Erste Randwertaufgabe.

1.1. Fall $0 < m < 1$:

$$\begin{aligned} &w = f(x) && \text{für } t = 0 && \text{(Anfangsbedingung)},\\ &\partial_t w = g(x) && \text{für } t = 0 && \text{(Anfangsbedingung)},\\ &w = 0 && \text{für } x = 0 && \text{(Randbedingung)},\\ &w = 0 && \text{für } x = l && \text{(Randbedingung)}. \end{aligned}$$

Lösung:

$$w(x,t) = \sum_{n=1}^{\infty}\Big[A_n\cos(\lambda_n t) + \frac{B_n}{\lambda_n}\sin(\lambda_n t)\Big]X_n(x), \quad \lambda_n = \frac{\mu_n}{2}(2-m)l^{\frac{m-2}{2}},$$

$$A_n = \frac{1}{\|X_n\|^2}\int_0^l f(x)X_n(x)\,dx, \quad B_n = \frac{1}{\|X_n\|^2}\int_0^l g(x)X_n(x)\,dx,$$

$$X_n(x) = x^{\frac{1-m}{2}}J_p\bigg(\mu_n\Big(\frac{x}{l}\Big)^{\frac{2-m}{2}}\bigg), \quad \|X_n\|^2 = \int_0^l X_n^2(x)\,dx, \quad p = \left|\frac{1-m}{2-m}\right|,$$

wobei μ_n die n-te positive Nullstelle der Besselschen Funktion J_p bezeichnet.
1.2. Fall $1 \le m < 2$:

$$\begin{array}{lll} w = f(x) & \text{für } t = 0 & \text{(Anfangsbedingung)}, \\ \partial_t w = g(x) & \text{für } t = 0 & \text{(Anfangsbedingung)}, \\ w \neq \infty & \text{für } x = 0 & \text{(Randbedingung)}, \\ w = 0 & \text{für } x = l & \text{(Randbedingung)}. \end{array}$$

Die Lösung erhält man ebenfalls aus den unter 1.1 angegebenen Formeln.

11.2 Gebiet: $0 < x < l$. Gemischte Randwertaufgabe.

$$\begin{array}{lll} w = f(x) & \text{für } t = 0 & \text{(Anfangsbedingung)}, \\ \partial_t w = g(x) & \text{für } t = 0 & \text{(Anfangsbedingung)}, \\ (x^m \partial_x w) = 0 & \text{für } x = 0 & \text{(Randbedingung)}, \\ w = 0 & \text{für } x = l & \text{(Randbedingung)}. \end{array}$$

Lösung für $0 < m < 1$:

$$w(x,t) = \sum_{n=1}^{\infty} \left[A_n \cos(\lambda_n t) + \frac{B_n}{\lambda_n} \sin(\lambda_n t) \right] X_n(x), \quad \lambda_n = \frac{\mu_n}{2}(2-m) l^{\frac{m-2}{2}},$$

$$A_n = \frac{1}{\|X_n\|^2} \int_0^l f(x) X_n(x)\, dx, \quad B_n = \frac{1}{\|X_n\|^2} \int_0^l g(x) X_n(x)\, dx,$$

$$X_n(x) = x^{\frac{1-m}{2}} J_{-p}\left(\mu_n \left(\frac{x}{l}\right)^{\frac{2-m}{2}} \right), \quad \|X_n\|^2 = \int_0^l X_n^2(x)\, dx, \quad p = \frac{1-m}{2-m},$$

wobei μ_n die Nullstellen der Besselschen Funktion J_{-p} sind.

12. $$\frac{\partial^2 w}{\partial t^2} = t^m \frac{\partial^2 w}{\partial x^2}.$$

12.1. Gebiet $-\infty < x < +\infty$.

$$\begin{array}{lll} w = f(x) & \text{für } t = 0 & \text{(Anfangsbedingung)}, \\ \partial_t w = g(x) & \text{für } t = 0 & \text{(Anfangsbedingung)}. \end{array}$$

Lösung für $m > 0$:

$$\begin{aligned} w(x,t) &= \frac{\Gamma(2\beta)}{\Gamma^2(\beta)} \int_0^1 f\left(x + \frac{2}{m+2} t^{\frac{m+2}{2}} (2\xi - 1)\right) [\xi(1-\xi)]^{\beta-1} d\xi \\ &\quad + \frac{\Gamma(2-2\beta)}{\Gamma^2(1-\beta)} t \int_0^1 g\left(x + \frac{2}{m+2} t^{\frac{m+2}{2}} (2\xi - 1)\right) [\xi(1-\xi)]^{-\beta} d\xi \end{aligned}$$

mit

$$\beta = \frac{m}{2(m+2)}, \qquad \Gamma(z) = \int_0^{\infty} e^{-s} s^{z-1} ds.$$

12.2. Gebiet: $0 < x < l$. Erste Randwertaufgabe.

$$\begin{array}{lll} w = f(x) & \text{für } t = 0 & \text{(Anfangsbedingung)}, \\ \partial_t w = g(x) & \text{für } t = 0 & \text{(Anfangsbedingung)}, \\ w = 0 & \text{für } x = 0 & \text{(Randbedingung)}, \\ w = 0 & \text{für } x = l & \text{(Randbedingung)}. \end{array}$$

Lösung für $m > -1$:

$$\begin{aligned} w(x,t) &= \sqrt{t}\sum_{n=1}^{\infty}\Big[A_n J_{-p}\Big(2p\lambda_n t^{\frac{1}{2p}}\Big) + B_n J_p\Big(2p\lambda_n t^{\frac{1}{2p}}\Big)\Big]\sin(\lambda_n x), \\ A_n &= \Gamma(1-p)(\lambda_n p)^p \frac{2}{l}\int_0^l f(x)\sin(\lambda_n x)\,dx, \\ B_n &= \Gamma(1+p)(\lambda_n p)^{-p}\frac{2}{l}\int_0^l f(x)\sin(\lambda_n x)\,dx, \\ & \qquad p = \frac{1}{m+2}, \quad \lambda_n = \frac{\pi n}{l}, \end{aligned}$$

wobei $\Gamma(p)$ die Gammafunktion ist.

13. $$\frac{\partial^2 w}{\partial t^2} = t^m \frac{\partial^2 w}{\partial x^2} + b t^{\frac{m-2}{2}} \frac{\partial w}{\partial x}, \qquad m \geq 2.$$

Gebiet $-\infty < x < +\infty$.

$$\begin{array}{lll} w = f(x) & \text{für } t = 0 & \text{(Anfangsbedingung)}, \\ \partial_t w = g(x) & \text{für } t = 0 & \text{(Anfangsbedingung)}. \end{array}$$

1. Lösung für $|b| < \frac{1}{2}m$:

$$\begin{aligned} w(x,t) = {} & \frac{\Gamma(\alpha+\beta)}{\Gamma(\alpha)\Gamma(\beta)}\int_0^1 f\Big(x + \frac{2}{m+2}t^{\frac{m+2}{2}}(2\xi-1)\Big)\xi^{\beta-1}(1-\xi)^{\alpha-1}d\xi \\ & + \frac{\Gamma(2-\alpha-\beta)}{\Gamma(1-\alpha)\Gamma(1-\beta)}t\int_0^1 g\Big(x + \frac{2}{m+2}t^{\frac{m+2}{2}}(2\xi-1)\Big)\xi^{-\alpha}(1-\xi)^{-\beta}d\xi \end{aligned}$$

mit

$$\alpha = \frac{m-2b}{2(m+2)}, \quad \beta = \frac{m+2b}{2(m+2)}, \quad \Gamma(z) = \int_0^\infty e^{-s}s^{z-1}ds.$$

2. Lösung für $b = \frac{1}{2}m$:

$$\begin{aligned} w(x,t) &= f\Big(x + \frac{2}{m+2}t^{\frac{m+2}{2}}\Big) \\ & \quad + \frac{2t}{m+2}\int_0^1 g\Big(x + \frac{2}{m+2}t^{\frac{m+2}{2}}(2\xi-1)\Big)(1-\xi)^{-\frac{m}{m+2}}d\xi. \end{aligned}$$

3. Lösung für $b = -\frac{1}{2}m$:

$$\begin{aligned} w(x,t) &= f\Big(x - \frac{2}{m+2}t^{\frac{m+2}{2}}\Big) \\ &+ \frac{2t}{m+2}\int_0^1 g\Big(x + \frac{2}{m+2}t^{\frac{m+2}{2}}(2\xi-1)\Big)(1-\xi)^{-\frac{m}{m+2}}\,d\xi. \end{aligned}$$

14. $$t^2\frac{\partial^2 w}{\partial t^2} + kt\frac{\partial w}{\partial t} = a^2\frac{\partial^2 w}{\partial x^2} + b\frac{\partial w}{\partial x} + cw.$$

Die Substitution $t = Ae^{\tau}$ $(A \neq 0)$ führt auf eine Gleichung mit konstanten Koeffizienten der Gestalt 7.3.3.4:

$$\frac{\partial^2 w}{\partial \tau^2} + (k-1)\frac{\partial w}{\partial \tau} = a^2\frac{\partial^2 w}{\partial x^2} + b\frac{\partial w}{\partial x} + cw.$$

15. $$t^2\frac{\partial^2 w}{\partial t^2} + kt\frac{\partial w}{\partial t} = a^2x^2\frac{\partial^2 w}{\partial x^2} + bx\frac{\partial w}{\partial x} + cw.$$

Die Transformation :

$$t = Ae^{\tau}, \quad x = Be^{\xi}, \qquad A \neq 0,\ B \neq 0$$

führt auf eine Gleichung mit konstanten Koeffizienten der Form 7.3.3.4:

$$\frac{\partial^2 w}{\partial \tau^2} + (k-1)\frac{\partial w}{\partial \tau} = a^2\frac{\partial^2 w}{\partial \xi^2} + (b-a^2)\frac{\partial w}{\partial \xi} + cw.$$

16. $$s(x)\frac{\partial^2 w}{\partial t^2} = \frac{\partial}{\partial x}\Big[p(x)\frac{\partial w}{\partial x}\Big] - q(x)w + \Phi(x,t).$$

Wir setzen voraus, daß die Funktionen s, p, p'_x, q stetig sind und die Ungleichungen $s > 0$, $p > 0$ erfüllen.

16.1 Gebiet: $0 < x < l$. Erste Randwertaufgabe.

1.1. Homogene Randbedingungen:

$$\begin{aligned} &w = f(x) && \text{für } t = 0 && \text{(Anfangsbedingung)}, \\ &\partial_t w = g(x) && \text{für } t = 0 && \text{(Anfangsbedingung)}, \\ &w = 0 && \text{für } x = 0 && \text{(Randbedingung)}, \\ &w = 0 && \text{für } x = l && \text{(Randbedingung)}. \end{aligned}$$

Lösung:

$$w = \sum_{n=1}^{\infty}\Big[f_n\cos(\sqrt{\lambda_n}\,t) + \frac{g_n}{\sqrt{\lambda_n}}\sin(\sqrt{\lambda_n}\,t) + \varphi_n(t)\Big]y_n(x); \tag{1}$$

dabei werden die Eigenwerte λ_n und die Eigenfunktionen $y_n(x)$ durch die *Sturm-Liouvillesche Aufgabe* für die gewöhnliche lineare Differentialgleichung zweiter Ordnung

$$[p(x)y'_x]'_x + [\lambda s(x) - q(x)]y = 0; \tag{2}$$

$$y = 0 \text{ für } x = 0, \qquad y = 0 \text{ für } x = l \tag{3}$$

bestimmt; die Fourierkoeffizienten f_n und g_n der Funktionen $f(x)$ bzw. $g(x)$ bei Zerlegung nach den mit dem Gewicht $s(x)$ orthogonalen Eigenfunktionen $y_n(x)$ und die Funktionen $\varphi_n(t)$ werden nach den folgenden Formeln berechnet:

$$\begin{aligned}
f_n &= \frac{1}{\|y_n\|^2} \int_0^l s(x)f(x)y_n(x)\,dx, \\
g_n &= \frac{1}{\|y_n\|^2} \int_0^l s(x)g(x)y_n(x)\,dx, \\
\varphi_n(t) &= \frac{1}{\sqrt{\lambda_n}\|y_n\|^2} \int_0^t \sin\big[\sqrt{\lambda_n}(t-\tau)\big]\,d\tau \int_0^l \Phi(x,\tau)y_n(x)\,dx, \\
\|y_n\|^2 &= \int_0^l s(x)y_n^2(x)\,dx.
\end{aligned} \tag{4}$$

Über die Randwertaufgabe (2), (3) ist folgendes bekannt (vgl. J. Dieudonné (1971), E. Kamke (1956)):

1. Es existiert eine abzählbare Menge von Eigenwerten $\lambda_1 < \lambda_2 < \cdots < \lambda_n < \lambda_{n+1} < \cdots$, denen nicht triviale Lösungen der Randwertaufgabe, die Eigenfunktionen $y_1(x)$, $y_2(x)$, ..., $y_n(x)$, $y_{n+1}(x)$, ..., entsprechen.

2. Wenn $q \geq 0$ ist, sind alle Eigenwerte λ_n positiv.

3. Die Eigenfunktionen $y_n(x)$ und $y_m(x)$ sind für $n \neq m$ orthogonal mit dem Gewicht $s(x)$ auf dem Intervall $0 \leq x \leq l$:

$$\int_0^l y_n(x)y_m(x)s(x)\,dx = 0 \quad \text{für } n \neq m.$$

4. Eine beliebige, zweifach stetig differenzierbare Funktion $F(x)$, die die Randbedingungen $F(0) = F(l) = 0$ erfüllt, besitzt eine absolut und gleichmäßig konvergente Reihendarstellung nach den Eigenfunktionen $\{y_n(x)\}$:

$$F(x) = \sum_{n=1}^{\infty} F_n y_n(x), \quad F_n = \frac{1}{\|y_n\|^2} \int_0^l s(x)F(x)y_n(x)\,dx,$$

wobei $\|y_n\|^2$ aus (4) zu entnehmen ist.

1.2. Inhomogene Randbedingungen:

$$\begin{aligned}
w &= f(x) && \text{für } t = 0 \quad \text{(Anfangsbedingung)}, \\
\partial_t w &= g(x) && \text{für } t = 0 \quad \text{(Anfangsbedingung)}, \\
w &= h_0(t) && \text{für } x = 0 \quad \text{(Randbedingung)}, \\
w &= h_l(t) && \text{für } x = l \quad \text{(Randbedingung)}.
\end{aligned}$$

Durch Übergang zu der neuen abhängigen Variablen $u(x,t)$ nach der Formel

$$w(x,t) = h_0(t) + \frac{x}{l}[h_l(t) - h_0(t)] + u(x,t)$$

erhält man eine analoge Gleichung mit homogenen Randbedingungen, wie sie oben in 1.1 betrachtet wurde (hierbei ändern sich entsprechend die Funktionen f, g und Φ).

16.2. Gebiet: $0 < x < l$. Zweite Randwertaufgabe.

2.1. Homogene Randbedingungen:

$$\begin{array}{lll} w = f(x) & \text{für } t = 0 & \text{(Anfangsbedingung)}, \\ \partial_t w = g(x) & \text{für } t = 0 & \text{(Anfangsbedingung)}, \\ \partial_x w = 0 & \text{für } x = 0 & \text{(Randbedingung)}, \\ \partial_x w = 0 & \text{für } x = l & \text{(Randbedingung)}. \end{array}$$

Die Lösung dieser Aufgabe wird durch die Formeln (1), (4) gegeben, wobei die Eigenwerte λ_n und die Eigenfunktionen $y_n(x)$ aus der Randwertaufgabe für die gewöhnliche lineare Differentialgleichung (2) mit den Randbedingungen

$$y'_x = 0 \text{ für } x = 0, \qquad y'_x = 0 \text{ für } x = l \tag{5}$$

zu bestimmen sind.

2.2. Inhomogene Randbedingungen:

$$\begin{array}{lll} w = f(x) & \text{für } t = 0 & \text{(Anfangsbedingung)}, \\ \partial_t w = g(x) & \text{für } t = 0 & \text{(Anfangsbedingung)}, \\ \partial_x w = h_0(t) & \text{für } x = 0 & \text{(Randbedingung)}, \\ \partial_x w = h_l(t) & \text{für } x = l & \text{(Randbedingung)}. \end{array}$$

Durch Übergang zu der neuen abhängigen Variablen $u(x,t)$ nach der Formel

$$w(x,t) = xh_0(t) + \frac{x^2}{2l}[h_l(t) - h_0(t)] + u(x,t)$$

erhalten wir eine analoge Gleichung mit homogenen Randbedingungen, wie sie oben in 2.1 betrachtet wurde (dabei ändern sich die Funktionen f, g und Φ entsprechend).

16.3. Gebiet: $0 < x < l$. Dritte Randwertaufgabe.

3.1. Homogene Randbedingungen:

$$\begin{array}{lll} w = f(x) & \text{für } t = 0 & \text{(Anfangsbedingung)}, \\ \partial_t w = g(x) & \text{für } t = 0 & \text{(Anfangsbedingung)}, \\ \partial_x w - bw = 0 & \text{für } x = 0 & \text{(Randbedingung)}, \\ \partial_x w + cw = 0 & \text{für } x = l & \text{(Randbedingung)} \end{array}$$

mit $b > 0$, $c > 0$.

Die Lösung dieser Aufgabe wird durch die Formeln (1), (4) gegeben, wobei die Eigenwerte λ_n und die Eigenfunktionen $y_n(x)$ aus der Randwertaufgabe für die gewöhnliche lineare Differentialgleichung (2) mit den Randbedingungen

$$y'_x - by = 0 \text{ für } x = 0, \qquad y'_x + cy = 0 \text{ für } x = l \tag{6}$$

zu bestimmen sind.
3.2. Inhomogene Randbedingungen:

$$\begin{array}{lll} w = f(x) & \text{für } t = 0 & \text{(Anfangsbedingung)}, \\ \partial_t w = g(x) & \text{für } t = 0 & \text{(Anfangsbedingung)}, \\ \partial_x w - bw = h_0(t) & \text{für } x = 0 & \text{(Randbedingung)}, \\ \partial_x w + cw = h_l(t) & \text{für } x = l & \text{(Randbedingung)}. \end{array}$$

Durch Übergang zu der neuen abhängigen Variablen $u(x,t)$ nach der Formel

$$w(x,t) = \frac{h_l(t) - (1 + cl)h_0(t)}{b + c + bcl} + x\frac{ch_0(t) + bh_l(t)}{b + c + bcl} + u(x,t)$$

erhalten wir eine analoge Gleichung mit homogenen Randbedingungen, wie sie oben in 3.1 betrachtet wurde (dabei ändern sich die Funktionen f, g und Φ entsprechend).

16.4. Gebiet: $0 < x < l$. Gemischte Randwertaufgabe.

4.1a. Homogene Randbedingungen:

$$\begin{array}{lll} w = f(x) & \text{für } t = 0 & \text{(Anfangsbedingung)}, \\ \partial_t w = g(x) & \text{für } t = 0 & \text{(Anfangsbedingung)}, \\ w = 0 & \text{für } x = 0 & \text{(Randbedingung)}, \\ \partial_x w = 0 & \text{für } x = l & \text{(Randbedingung)}. \end{array}$$

Die Lösung dieser Aufgabe wird durch die Formeln (1), (4) gegeben, wobei die Eigenwerte λ_n und die Eigenfunktionen $y_n(x)$ aus der Randwertaufgabe für die gewöhnliche lineare Differentialgleichung (2) mit den Randbedingungen

$$y = 0 \text{ für } x = 0, \qquad y'_x = 0 \text{ für } x = l$$

zu bestimmen sind.
4.2a. Inhomogene Randbedingungen:

$$\begin{array}{lll} w = f(x) & \text{für } t = 0 & \text{(Anfangsbedingung)}, \\ \partial_t w = g(x) & \text{für } t = 0 & \text{(Anfangsbedingung)}, \\ w = h_0(t) & \text{für } x = 0 & \text{(Randbedingung)}, \\ \partial_x w = h_l(t) & \text{für } x = l & \text{(Randbedingung)}. \end{array}$$

Durch Übergang zu der neuen abhängigen Variablen $u(x,t)$ nach der Formel

$$w(x,t) = h_0(t) + xh_l(t) + u(x,t)$$

erhalten wir eine analoge Gleichung mit homogenen Randbedingungen, wie sie oben in 4.1a betrachtet wurde (dabei ändern sich die Funktionen f, g und Φ entsprechend).

4.1b. Homogene Randbedingungen:

$$\begin{array}{lll} w = f(x) & \text{für } t = 0 & \text{(Anfangsbedingung)}, \\ \partial_t w = g(x) & \text{für } t = 0 & \text{(Anfangsbedingung)}, \\ \partial_x w = 0 & \text{für } x = 0 & \text{(Randbedingung)}, \\ w = 0 & \text{für } x = l & \text{(Randbedingung)}. \end{array}$$

Die Lösung dieser Aufgabe wird durch die Formeln (1), (4) gegeben, wobei die Eigenwerte λ_n und die Eigenfunktionen $y_n(x)$ aus der Randwertaufgabe für die gewöhnliche lineare Differentialgleichung (2) mit den Randbedingungen

$$y'_x = 0 \text{ für } x = 0, \qquad y = 0 \text{ für } x = l.$$

zu bestimmen sind.

4.2b. Inhomogene Randbedingungen:

$$\begin{array}{lll} w = f(x) & \text{für } t = 0 & \text{(Anfangsbedingung)}, \\ \partial_t w = g(x) & \text{für } t = 0 & \text{(Anfangsbedingung)}, \\ \partial_x w = h_0(t) & \text{für } x = 0 & \text{(Randbedingung)}, \\ w = h_l(t) & \text{für } x = l & \text{(Randbedingung)}. \end{array}$$

Durch Übergang zu der neuen abhängigen Variablen $u(x,t)$ nach der Formel

$$w(x,t) = (x-l)h_0(t) + h_l(t) + u(x,t)$$

erhalten wir eine analoge Gleichung mit homogenen Randbedingungen, wie sie oben in 4.1b betrachtet wurde (dabei ändern sich die Funktionen f, g und Φ entsprechend).

Bemerkung. Die Formel (1) kann man auch folgendermaßen schreiben:

$$\begin{aligned} w(x,t) &= \int_0^l \frac{\partial}{\partial t}\Big[G(x,\xi,t)\Big] s(\xi) f(\xi)\, d\xi + \int_0^l G(x,\xi,t) s(\xi) g(\xi)\, d\xi \\ &\quad + \int_0^t \int_0^l G(x,\xi,t-\tau)\Phi(\xi,\tau)\, d\xi\, d\tau, \end{aligned}$$

wobei $G(x,\xi,t)$ folgende Greensche Funktion ist:

$$G(x,\xi,t) = \sum_{n=1}^{\infty} \frac{y_n(\xi) y_n(x) \sin(\sqrt{\lambda_n}\, t)}{\sqrt{\lambda_n}\, \|y_n\|^2}.$$

17. $$\frac{\partial^2 w}{\partial t^2} = a(x)\frac{\partial^2 w}{\partial x^2} + b(x)\frac{\partial w}{\partial x} + F(x,t), \qquad 0 < a(x) < \infty.$$

Diese Gleichung läßt sich in der Form 7.3.4.16 darstellen:

$$s(x)\frac{\partial^2 w}{\partial t^2} = \frac{\partial}{\partial x}\left[p(x)\frac{\partial w}{\partial x}\right] + s(x)F(x,t)$$

mit

$$s(x) = \frac{1}{a(x)} \exp\Big[\int \frac{b(x)}{a(x)} dx\Big], \quad p(x) = \exp\Big[\int \frac{b(x)}{a(x)} dx\Big], \quad q(x) \equiv 0.$$

18. $\dfrac{\partial^2 w}{\partial t^2} = a(x)\dfrac{\partial^2 w}{\partial x^2} + b(x)\dfrac{\partial w}{\partial x} + c(x)w + F(x,t).$

Diese Gleichung läßt sich in der Form 7.3.4.16 darstellen:

$$s(x)\frac{\partial^2 w}{\partial t^2} = \frac{\partial}{\partial x}\Big[p(x)\frac{\partial w}{\partial x}\Big] - q(x)w + s(x)F(x,t)$$

mit

$$s(x) = \frac{1}{a(x)} \exp\Big[\int \frac{b(x)}{a(x)} dx\Big], \quad p(x) = \exp\Big[\int \frac{b(x)}{a(x)} dx\Big],$$

$$q(x) = -\frac{c(x)}{a(x)} \exp\Big[\int \frac{b(x)}{a(x)} dx\Big].$$

19. $\dfrac{\partial^2 w}{\partial t^2} + a(t)\dfrac{\partial w}{\partial t} = b(t)\Big\{\dfrac{\partial}{\partial x}\Big[p(x)\dfrac{\partial w}{\partial x}\Big] - q(x)w\Big\}.$

19.1. Gebiet: $0 < x < l$. Erste Randwertaufgabe.

1.1. Homogene Randbedingungen:

$$\begin{aligned}
&w = f(x) && \text{für } t = 0 && \text{(Anfangsbedingung)},\\
&\partial_t w = g(x) && \text{für } t = 0 && \text{(Anfangsbedingung)},\\
&w = 0 && \text{für } x = 0 && \text{(Randbedingung)},\\
&w = 0 && \text{für } x = l && \text{(Randbedingung)}.
\end{aligned}$$

Lösung:

$$w = \sum_{n=1}^{\infty} [f_n U_n^1(t) + g_n U_n^2(t)] y_n(x) \tag{1}$$

mit

$$f_n = \frac{1}{\|y_n\|^2}\int_0^l f(x)y_n(x)\,dx, \quad g_n = \frac{1}{\|y_n\|^2}\int_0^l g(x)y_n(x)\,dx,$$
$$\|y_n\|^2 = \int_0^l y_n^2(x)\,dx. \tag{2}$$

Die Eigenwerte λ_n und die Eigenfunktionen $y_n(x)$ in Formel (1) werden aus der Sturm-Liouvilleschen Aufgabe für die gewöhnliche Differentialgleichung zweiter Ordnung:

$$[p(x)y'_x]'_x + [\lambda - q(x)]y = 0; \tag{3}$$
$$y = 0 \text{ für } x = 0, \qquad y = 0 \text{ für } x = l$$

bestimmt, und die Funktionen $U_n^1(t)$ und $U_n^2(t)$ sind linear unabhängige Lösungen der gewöhnlichen Differentialgleichung

$$U''_{tt} + a(t)U'_t + \lambda_n^2 b(t)U = 0$$

mit den Anfangsbedingungen

$$\begin{array}{lll} U_n^1 = 1, & (U_n^1)'_t = 0 & \text{für } t = 0, \\ U_n^2 = 0, & (U_n^2)'_t = 1 & \text{für } t = 0. \end{array}$$

1.2. Inhomogene Randbedingungen: Durch Anwendung der für die Gleichung 7.3.4.16, Fall 1.2, angegebenen Substitution kommt man auf die eben behandelten homogenen Randbedingungen.

19.2. Gebiet: $0 < x < l$. Zweite Randwertaufgabe.

2.1. Homogene Randbedingungen:

$$\begin{array}{lll} w = f(x) & \text{für } t = 0 & \text{(Anfangsbedingung)}, \\ \partial_t w = g(x) & \text{für } t = 0 & \text{(Anfangsbedingung)}, \\ \partial_x w = 0 & \text{für } x = 0 & \text{(Randbedingung)}, \\ \partial_x w = 0 & \text{für } x = l & \text{(Randbedingung)}. \end{array}$$

Die Lösung dieser Aufgabe wird durch die Formeln (1), (2) gegeben, wobei die Eigenwerte λ_n und die Eigenfunktionen $y_n(x)$ aus der Randwertaufgabe für die gewöhnliche lineare Differentialgleichung (3) mit den Randbedingungen

$$y'_x = 0 \text{ für } x = 0, \qquad y'_x = 0 \text{ für } x = l.$$

zu bestimmen sind.

2.2. Inhomogene Randbedingungen: Durch Anwendung der für die Gleichung 7.3.4.16, Fall 2.2, angegebenen Substitution kommt man auf die oben behandelten homogenen Randbedingungen.

19.3. Gebiet: $0 < x < l$. Dritte Randwertaufgabe.

3.1. Homogene Randbedingungen:

$$\begin{array}{lll} w = f(x) & \text{für } t = 0 & \text{(Anfangsbedingung)}, \\ \partial_t w = g(x) & \text{für } t = 0 & \text{(Anfangsbedingung)}, \\ \partial_x w - bw = 0 & \text{für } x = 0 & \text{(Randbedingung)}, \\ \partial_x w + cw = 0 & \text{für } x = l & \text{(Randbedingung)} \end{array}$$

mit $b > 0$, $c > 0$.

Die Lösung dieser Aufgabe wird durch die Formeln (1), (2) gegeben, wobei die Eigenwerte λ_n und die Eigenfunktionen $y_n(x)$ aus der Randwertaufgabe für die gewöhnliche lineare Differentialgleichung (3) mit den Randbedingungen

$$y'_x - by = 0 \text{ für } x = 0, \qquad y'_x + cy = 0 \text{ für } x = l$$

zu bestimmen sind.

3.2. Inhomogene Randbedingungen: Durch Anwendung der für die Gleichung 7.3.4.16, Fall 3.2, angegebenen Substitution kommt man auf die oben behandelten homogenen Randbedingungen.

19.4. Gebiet: $0 < x < l$. Gemischte Randwertaufgabe.

4.1a. Homogene Randbedingungen:

$$\begin{array}{lll} w = f(x) & \text{für } t = 0 & \text{(Anfangsbedingung),} \\ \partial_t w = g(x) & \text{für } t = 0 & \text{(Anfangsbedingung),} \\ w = 0 & \text{für } x = 0 & \text{(Randbedingung),} \\ \partial_x w = 0 & \text{für } x = l & \text{(Randbedingung).} \end{array}$$

Die Lösung dieser Aufgabe wird durch die Formeln (1), (2) gegeben, wobei die Eigenwerte λ_n und die Eigenfunktionen $y_n(x)$ aus der Randwertaufgabe für die gewöhnliche lineare Differentialgleichung (3) mit den Randbedingungen

$$y = 0 \text{ für } x = 0, \qquad y'_x = 0 \text{ für } x = l$$

zu bestimmen sind.

4.2a. Inhomogene Randbedingungen: Durch Anwendung der für die Gleichung 7.3.4.16, Fall 4.2a, angegebenen Substitution kommt man auf die oben behandelten homogenen Randbedingungen.

4.1b. Homogene Randbedingungen:

$$\begin{array}{lll} w = f(x) & \text{für } t = 0 & \text{(Anfangsbedingung),} \\ \partial_t w = g(x) & \text{für } t = 0 & \text{(Anfangsbedingung),} \\ \partial_x w = 0 & \text{für } x = 0 & \text{(Randbedingung),} \\ w = 0 & \text{für } x = l & \text{(Randbedingung).} \end{array}$$

Die Lösung dieser Aufgabe wird durch die Formeln (1), (2) gegeben, wobei die Eigenwerte λ_n und die Eigenfunktionen $y_n(x)$ aus der Randwertaufgabe für die gewöhnliche lineare Differentialgleichung (3) mit den Randbedingungen

$$y'_x = 0 \text{ für } x = 0, \qquad y = 0 \text{ für } x = l$$

zu bestimmen sind.

4.2b. Inhomogene Randbedingungen: Durch Anwendung der für die Gleichung 7.3.4.16, Fall 4.2b, angegebenen Substitution kommt man auf die oben behandelten homogenen Randbedingungen.

7.3.5 Einige Formeln und Transformationen

Die Lösung einer inhomogenen linearen hyperbolischen Differentialgleichung

$$\boldsymbol{L}\, w(x,t) = \Phi(x,t) \tag{1}$$

im Gebiet $0 < x < 1$ mit homogenen Anfangs- und Randbedingungen kann man mit Hilfe einer Greenschen Funktion $G(x,\xi,t,\tau)$ in der Form

$$w(x,t) = \int_0^t \int_0^l G(x,\xi,t,\tau)\Phi(\xi,\tau)\,d\xi\,d\tau \tag{2}$$

darstellen.

Bei Aufgaben mit inhomogenen Anfangs- und Randbedingungen kann man eine neue abhängige Variable nach der Formel

$$u(x,t) = w(x,t) - \psi(x,t) \tag{3}$$

einführen, in der ψ die inhomogenen Anfangs- und Randbedingungen erfüllt. Man erhält so eine inhomogene Differentialgleichung mit homogenen Anfangs- und Randbedingungen und veränderter rechter Seite $\Phi_u(x,t)$ für die Funktion $u(x,t)$. Die Lösung dieser Aufgabe kann man dann mit Hilfe einer Greenschen Funktion nach Formel (2) erhalten; hierbei ist w und Φ durch u und Φ_u zu ersetzen.

Wir geben nun für die Formel (3) geeignete Funktionen ψ an, mit deren Hilfe (3) die betrachtete Aufgabe auf homogene Bedingungen transformiert.

1. Erste Randwertaufgabe:

$$\begin{aligned} w &= f_1(x) && \text{für } t=0 \quad \text{(Anfangsbedingung)},\\ \partial_t w &= f_2(x) && \text{für } t=0 \quad \text{(Anfangsbedingung)},\\ w &= g(t) && \text{für } x=0 \quad \text{(Randbedingung)},\\ w &= h(t) && \text{für } x=l \quad \text{(Randbedingung)}. \end{aligned}$$

Die Anfangs- und Randbedingungen mögen die Verträglichkeitsbedingungen erfüllen:

$$f_1(0) = g(0), \quad f_1(l) = h(0), \quad f_2(0) = g'(0), \quad f_2(l) = h'(0).$$

Dann ist eine für die Transformation (3) geeignete Funktion:

$$\psi(x,t) = f_1(x) + tf_2(x) + g_\Delta(t) + \frac{x}{l}\left[h_\Delta(t) - g_\Delta(t)\right],$$
$$g_\Delta(t) = g(t) - g(0) - tg'(0), \quad h_\Delta(t) = h(t) - h(0) - th'(0).$$

2. Zweite Randwertaufgabe:

$$\begin{aligned} w &= f_1(x) && \text{für } t=0 \quad \text{(Anfangsbedingung)},\\ \partial_t w &= f_2(x) && \text{für } t=0 \quad \text{(Anfangsbedingung)},\\ \partial_x w &= g(t) && \text{für } x=0 \quad \text{(Randbedingung)},\\ \partial_x w &= h(t) && \text{für } x=l \quad \text{(Randbedingung)}. \end{aligned}$$

Die Anfangs- und Randbedingungen mögen die Verträglichkeitsbedingungen erfüllen:

$$f_1'(0) = g(0), \quad f_1'(l) = h(0), \quad f_2'(0) = g'(0), \quad f_2'(l) = h'(0).$$

Dann ist eine für die Transformation (3) geeignete Funktion:

$$\psi(x,t) = f_1(x) + tf_2(x) + xg_\Delta(t) + \frac{x^2}{2l}\left[h_\Delta(t) - g_\Delta(t)\right],$$

wobei die Funktionen $g_\Delta(t)$ und $h_\Delta(t)$ ebenso definiert sind wie für die erste Randwertaufgabe.

Im Abschnitt 7.3.3 wurden andere nützliche Formeln angegeben, die es gestatten, mit Hilfe einer Greenschen Funktion inhomogene Gleichungen mit inhomogenen Angangsbedingungen zu lösen.

7.4 Gleichungen elliptischen Typs

7.4.1 Die Laplacesche Gleichung $\Delta w = 0$

Die Laplacesche Gleichung kommt in vielen Gebieten der Mechanik und Physik vor, so in der Hydro- und Aeromechanik, in der Theorie des Wärme- und Massentransports, der Elastizitätstheorie und der Elektrostatik.

Eine physikalische Deutung der Laplaceschen Gleichung: sie beschreibt eine stationäre Temperaturverteilung bei Abwesenheit von Wärmequellen in dem betrachteten Gebiet.

1. Definition. Randwertaufgaben für die Laplacesche Gleichung.

Die *Laplacesche Gleichung* hat die Gestalt

$$\Delta w = 0, \qquad \Delta w \equiv \sum_{i=1}^{n} \frac{\partial^2 w}{\partial x_i^2}.$$

Erste Randwertaufgabe. Auf dem Rand S des Gebiets V sei eine Funktion w gegeben:

$$w = f(\mathbf{x}), \qquad \mathbf{x} \in S,$$

mit $\mathbf{x} = \{x_1, x_2, \ldots, x_n\}$. Gesucht wird die Lösung der Laplaceschen Gleichung im Gebiet V, die auf dem Rand S die Werte $f(\mathbf{x})$ ($\mathbf{x} \in S$) annimmt. Diese Aufgabe wird auch das *Dirichletsche Randwertproblem* genannt.

Zweite Randwertaufgabe. Auf dem Rand S des Gebiets V ist die Ableitung der gesuchten Funktion w nach der äußeren Normalen vorgegeben:

$$\frac{\partial w}{\partial \nu} = g(\mathbf{x}), \qquad \mathbf{x} \in S.$$

Die zweite Randwertaufgabe für die Laplacesche Gleichung wird oft auch das *Neumannsche Problem* genannt.

Dritte Randwertaufgabe. Auf dem Rand S des Gebiets V ist eine lineare Gleichung zwischen der gesuchten Funktion w und ihrer Ableitung vorgegeben:

$$\frac{\partial w}{\partial \nu} + a(\mathbf{x})w = h(\mathbf{x}), \qquad \mathbf{x} \in S,$$

wobei $a(\mathbf{x}) \geq 0$ vorausgesetzt wird. Gewöhnlich ist $a = \text{const}$.

Gemischte Randwertaufgabe. Hierbei sind auf verschiedenen Teilen des Randes S unterschiedliche Randbedingungen gestellt.

Sind die Funktionen f, g, h gleich null, so nennt man die entsprechende Randwertaufgabe *homogen.*

2. Der ebene (zweidimensionale) Fall.

2.1. Exakte Lösungen. In rechtwinkligen kartesischen Koordinaten x, y ist die Laplacesche Gleichung:

$$\Delta w \equiv \frac{\partial^2 w}{\partial x^2} + \frac{\partial^2 w}{\partial y^2} = 0.$$

Es sei $f(z) = u(x, y) + iv(x, y)$ eine beliebige analytische Funktion der komplexen Variablen $z = x + iy$ (u und v sind reelle Funktionen der reellen Variablen x und y, $i^2 = -1$). Dann genügen Real- und Imaginärteil der Funktion f der Laplaceschen Gleichung

$$\Delta u = 0, \qquad \Delta v = 0.$$

Wir erinnern an die Cauchy-Riemannschen Gleichungen:

$$\frac{\partial u}{\partial x} = \frac{\partial v}{\partial y}, \qquad \frac{\partial u}{\partial y} = -\frac{\partial v}{\partial x},$$

die eine notwendige und hinreichende Bedingung dafür sind, daß die Funktion f analytisch ist.

Hier sind einige spezielle Lösungen der Laplaceschen Gleichung in kartesischen Koordinaten:

$$\begin{aligned}
&w = ax + by + c,\\
&w = a(x^2 - y^2) + bxy,\\
&w = \exp(\pm kx)(a\cos ky + b\sin ky),\\
&w = (a\cos kx + b\sin kx)\exp(\pm ky),\\
&w = (a\sinh kx + b\cosh kx)(\alpha\cos ky + \beta\sin ky),\\
&w = (a\cos kx + b\sin kx)(\alpha\sinh ky + \beta\cosh ky),
\end{aligned}$$

a, b, k, α, β bezeichnen beliebige Konstanten.

Einige spezielle Lösungen der Laplaceschen Gleichung in Polarkoordinaten ρ, φ $(x = \rho\cos\varphi,\ y = \rho\sin\varphi)$:

$$w = a\ln\rho + b,$$
$$w = \left(a\rho^m + \frac{b}{\rho^m}\right)(\alpha\cos m\varphi + \beta\sin m\varphi),$$

mit $m = 0,\ 1,\ 2,\ \ldots;\ a,\ b,\ \alpha,\ \beta$ beliebige Konstanten.

2.2. Erste Randwertaufgabe für die Halbebene.
Randbedingung:

$$w = f(x) \qquad \text{für } y = 0.$$

Lösung $(y > 0)$:

$$w(x,y) = \frac{1}{\pi}\int_{-\infty}^{\infty}\frac{y f(x_0)\,dx_0}{(x_0 - x)^2 + y^2}.$$

2.3. Zweite Randwertaufgabe für die Halbebene.
Randbedingung:

$$\frac{\partial w}{\partial y} = f(x) \qquad \text{für } y = 0.$$

Lösung $(y > 0)$:

$$w(x,y) = \frac{1}{\pi}\int_{-\infty}^{\infty} f(x_0)\ln\sqrt{(x_0 - x)^2 + y^2}\,dx_0 + C,$$

wobei C eine beliebige Konstante ist.

2.3. Erste Randwertaufgabe für den Kreis.
Randbedingung:

$$w = f(\varphi) \qquad \text{für } \rho = R.$$

Lösung der inneren Aufgabe $(\rho \le R)$:

$$w(\rho,\varphi) = \frac{1}{2\pi}\int_{-\pi}^{\pi} f(\psi)\frac{R^2 - \rho^2}{\rho^2 - 2R\rho\cos(\varphi - \psi) + R^2}\,d\psi.$$

Diese Formel wird das *Poissonsche Integral* genannt.

Lösung der inneren Aufgabe in Gestalt einer Reihe:

$$w(\rho,\varphi) = \frac{a_0}{2} + \sum_{n=1}^{\infty}\left(\frac{\rho}{R}\right)^n(a_n\cos n\varphi + b_n\sin n\varphi),$$

$$a_0 = \frac{1}{2\pi}\int_{-\pi}^{\pi} f(\psi)\,d\psi,$$

$$a_n = \frac{1}{\pi}\int_{-\pi}^{\pi} f(\psi)\cos(n\psi)\,d\psi, \qquad n = 1,\ 2,\ 3,\ \ldots$$
$$b_n = \frac{1}{\pi}\int_{-\pi}^{\pi} f(\psi)\sin(n\psi)\,d\psi, \qquad n = 1,\ 2,\ 3,\ \ldots$$

Lösung der äußeren Aufgabe ($\rho \geq R$):

$$w(\rho,\varphi) = \frac{1}{2\pi}\int_{-\pi}^{\pi} f(\psi)\frac{\rho^2 - R^2}{\rho^2 - 2R\rho\cos(\varphi-\psi) + R^2}d\psi.$$

Lösung der äußeren Aufgabe in Gestalt einer Reihe:

$$w(\rho,\varphi) = \frac{a_0}{2} + \sum_{n=1}^{\infty}\left(\frac{R}{\rho}\right)^n (a_n\cos n\varphi + b_n \sin n\varphi),$$

wobei die Koeffizienten a_0, a_n, b_n durch dieselben Formeln wie im Fall der inneren Aufgabe bestimmt werden.

2.4. Zweite Randwertaufgabe für den Kreis.
Randbedingung:

$$\frac{\partial w}{\partial \rho} = f(\varphi) \qquad \text{für } \rho = R.$$

Die Funktion $f(\varphi)$ muß der folgenden Lösbarkeitsbedingung genügen:

$$\int_0^{2\pi} f(\varphi)\,d\varphi = 0.$$

Lösung der inneren Aufgabe ($\rho \leq R$):

$$w(\rho,\varphi) = \frac{R}{2\pi}\int_{-\pi}^{\pi} f(\psi)\ln\frac{\rho^2 - 2R\rho\cos(\varphi-\psi) + R^2}{R^2}d\psi + C,$$

wobei C eine beliebige Konstante ist. (Diese Formel wird auch *Dinisches Integral* genannt.)

Lösung der inneren Aufgabe in Gestalt einer Reihe:

$$w(\rho,\varphi) = \sum_{n=1}^{\infty}\frac{R}{n}\left(\frac{\rho}{R}\right)^n (a_n\cos n\varphi + b_n\sin n\varphi) + C,$$

$$a_n = \frac{1}{\pi}\int_{-\pi}^{\pi} f(\psi)\cos(n\psi)\,d\psi, \quad b_n = \frac{1}{\pi}\int_{-\pi}^{\pi} f(\psi)\sin(n\psi)\,d\psi,$$

C eine beliebige Konstante.

Lösung der äußeren Aufgabe ($\rho \geq R$):

$$w(\rho, \varphi) = -\frac{R}{2\pi} \int_{-\pi}^{\pi} f(\psi) \ln \frac{\rho^2 - 2R\rho\cos(\varphi - \psi) + R^2}{\rho^2} d\psi + C,$$

wobei C eine beliebige Konstante ist.

Lösung der äußeren Aufgabe in Gestalt einer Reihe:

$$w(\rho, \varphi) = -\sum_{n=1}^{\infty} \frac{R}{n} \left(\frac{R}{\rho}\right)^n (a_n \cos n\varphi + b_n \sin n\varphi) + C,$$

wobei die Koeffizienten a_n, b_n durch dieselben Formeln wie im Fall der inneren Aufgabe bestimmt werden und C eine beliebige Konstante ist.

2.5. Dritte Randwertaufgabe für den Kreis.
Randbedingung:

$$\frac{\partial w}{\partial \rho} + kw = f(\varphi) \qquad \text{für } \rho = R.$$

Lösung der inneren Aufgabe ($\rho \leq R$):

$$w(\rho, \varphi) = \frac{a_0}{2k} + \sum_{n=1}^{\infty} \frac{R}{kR + n} \left(\frac{\rho}{R}\right)^n (a_n \cos n\varphi + b_n \sin n\varphi),$$

$$\begin{aligned} a_0 &= \frac{1}{2\pi} \int_{-\pi}^{\pi} f(\psi)\, d\psi, \\ a_n &= \frac{1}{\pi} \int_{-\pi}^{\pi} f(\psi) \cos(n\psi)\, d\psi, \qquad n = 1,\ 2,\ 3,\ \ldots \\ b_n &= \frac{1}{\pi} \int_{-\pi}^{\pi} f(\psi) \sin(n\psi)\, d\psi, \qquad n = 1,\ 2,\ 3,\ \ldots \end{aligned}$$

Lösung der äußeren Aufgabe ($\rho \geq R$):

$$w(\rho, \varphi) = \frac{a_0}{2k} + \sum_{n=1}^{\infty} \frac{R}{kR - n} \left(\frac{R}{\rho}\right)^n (a_n \cos n\varphi + b_n \sin n\varphi),$$

wobei die Koeffizienten a_0, a_n, b_n durch dieselben Formeln wie im Fall der inneren Aufgabe bestimmt werden.

2.6. Erste Randwertaufgabe für den Kreisring ($R_1 \leq \rho \leq R_2$).
Randbedingungen:

$$\begin{aligned} w &= f_1(\varphi) \qquad \text{für } \rho = R_1, \\ w &= f_2(\varphi) \qquad \text{für } \rho = R_2. \end{aligned}$$

Lösung:

$$\begin{aligned} w(\rho,\varphi) &= A + B\ln\rho + \sum_{n=1}^{\infty} \rho^n (A_n \cos n\varphi + B_n \sin n\varphi) \\ &\quad + \sum_{n=1}^{\infty} \frac{1}{\rho^n} (C_n \cos n\varphi + D_n \sin n\varphi), \end{aligned}$$

wobei die Koeffizienten A, B, A_n, B_n, C_n, D_n durch folgende Formeln bestimmt werden:

$$A = \frac{1}{2} \frac{a_0^{(1)} - a_0^{(2)}}{\ln R_1 - \ln R_2}, \qquad B = \frac{a_0^{(2)} \ln R_1 - a_0^{(1)} \ln R_2}{\ln R_1 - \ln R_2},$$

$$A_n = \frac{R_2^n a_n^{(2)} - R_1^n a_n^{(1)}}{R_2^{2n} - R_1^{2n}}, \qquad B_n = \frac{R_2^n b_n^{(2)} - R_1^n b_n^{(1)}}{R_2^{2n} - R_1^{2n}},$$

$$C_n = \frac{R_2^n a_n^{(1)} - R_1^n a_n^{(2)}}{R_2^{2n} - R_1^{2n}}, \qquad D_n = \frac{R_2^n b_n^{(1)} - R_1^n b_n^{(2)}}{R_2^{2n} - R_1^{2n}},$$

die Größen $a_n^{(i)}$, $b_n^{(i)}$ $(i = 1,\ 2)$ sind die Fourierkoeffizienten der Funktionen $f_1(\varphi)$ und $f_2(\varphi)$:

$$\begin{aligned} a_0^{(i)} &= \frac{1}{2\pi} \int_{-\pi}^{\pi} f_i(\psi)\, d\psi, \\ a_n^{(i)} &= \frac{1}{\pi} \int_{-\pi}^{\pi} f_i(\psi) \cos(n\psi)\, d\psi, \qquad n = 1,\ 2,\ 3 \ldots \\ b_n^{(i)} &= \frac{1}{\pi} \int_{-\pi}^{\pi} f_i(\psi) \sin(n\psi)\, d\psi, \qquad n = 1,\ 2,\ 3 \ldots \end{aligned}$$

2.7. Zweite Randwertaufgabe für den Kreisring ($R_1 \le \rho \le R_2$).
Randbedingungen:

$$\begin{aligned} \frac{\partial w}{\partial \rho} &= f_1(\varphi) \qquad \text{für } \rho = R_1, \\ \frac{\partial w}{\partial \rho} &= f_2(\varphi) \qquad \text{für } \rho = R_2. \end{aligned}$$

Lösung:

$$\begin{aligned} w(\rho,\varphi) &= B\ln\rho + \sum_{n=1}^{\infty} \rho^n (A_n \cos n\varphi + B_n \sin n\varphi) \\ &\quad + \sum_{n=1}^{\infty} \frac{1}{\rho^n} (C_n \cos n\varphi + D_n \sin n\varphi) + C, \end{aligned}$$

wobei die Koeffizienten B, A_n, B_n, C_n, D_n durch folgende Formeln bestimmt werden:

$$A_n = \frac{R_2^{n+1} a_n^{(2)} - R_1^{n+1} a_n^{(1)}}{n(R_2^{2n} - R_1^{2n})}, \quad B_n = \frac{R_2^{n+1} b_n^{(2)} - R_1^{n+1} b_n^{(1)}}{n(R_2^{2n} - R_1^{2n})},$$

$$C_n = (R_1 R_2)^{n+1} \frac{R_1^{n-1} a_n^{(2)} - R_2^{n-1} a_n^{(1)}}{n(R_2^{2n} - R_1^{2n})}, \qquad B = \frac{1}{2} R_1 a_0^{(2)},$$

$$D_n = (R_1 R_2)^{n+1} \frac{R_1^{n-1} b_n^{(2)} - R_2^{n-1} b_n^{(1)}}{n(R_2^{2n} - R_1^{2n})};$$

die Konstanten $a_n^{(i)}$, $b_n^{(i)}$ $(i = 1,\ 2)$ werden durch dieselben Formeln bestimmt wie bei der ersten Randwertaufgabe und C ist eine beliebige Konstante.

Bemerkung. Für die Lösbarkeit muß die Bedingung $a_0^{(2)} R_1 = a_0^{(1)} R_2$ erfüllt sein, die sich als Folgerung aus der Lösbarkeitsbedingung

$$\int_{\rho = R_1} f_1\, dS + \int_{\rho = R_2} f_2\, dS = 0$$

ergibt.

2.8. Erste Randwertaufgabe für ein Rechteck.
Randbedingungen:

$$w = f_1(y) \;\text{ für } x = 0, \qquad w = f_2(y) \;\text{ für } x = a,$$
$$w = f_3(x) \;\text{ für } y = 0, \qquad w = f_4(x) \;\text{ für } y = b.$$

Lösung der inneren Aufgabe $(0 \le x \le a,\ \ 0 \le y \le b)$:

$$\begin{aligned} w(x,y) \;=\; & \sum_{n=1}^{\infty} A_n \sinh\Big[\frac{n\pi}{b}(a-x)\Big] \sin\Big(\frac{n\pi}{b} y\Big) \\ & + \sum_{n=1}^{\infty} B_n \sinh\Big(\frac{n\pi}{b} x\Big) \sin\Big(\frac{n\pi}{b} y\Big) \\ & + \sum_{n=1}^{\infty} C_n \sin\Big(\frac{n\pi}{a} x\Big) \sinh\Big[\frac{n\pi}{a}(b-y)\Big] \\ & + \sum_{n=1}^{\infty} D_n \sin\Big(\frac{n\pi}{a} x\Big) \sinh\Big(\frac{n\pi}{a} y\Big); \end{aligned}$$

hierbei werden die Koeffizienten A_n, B_n, C_n, D_n durch folgende Formeln bestimmt:

$$A_n = \frac{2}{\lambda_n} \int_0^b f_1(\xi) \sin\Big(\frac{n\pi\xi}{b}\Big)\, d\xi, \quad B_n = \frac{2}{\lambda_n} \int_0^b f_2(\xi) \sin\Big(\frac{n\pi\xi}{b}\Big)\, d\xi,$$

$$C_n = \frac{2}{\mu_n}\int_0^a f_3(\xi)\sin\Big(\frac{n\pi\xi}{a}\Big)\,d\xi, \quad D_n = \frac{2}{\mu_n}\int_0^a f_4(\xi)\sin\Big(\frac{n\pi\xi}{a}\Big)\,d\xi,$$

$$\lambda_n = b\sinh\Big(\frac{n\pi a}{b}\Big), \quad \mu_n = a\sinh\Big(\frac{n\pi b}{a}\Big).$$

2.9. Zweite Randwertaufgabe für ein Rechteck.
Randbedingungen:

$$\frac{\partial w}{\partial x} = f_1(y) \quad \text{für } x = 0, \qquad \frac{\partial w}{\partial x} = f_2(y) \quad \text{für } x = a,$$

$$\frac{\partial w}{\partial y} = f_3(x) \quad \text{für } y = 0, \qquad \frac{\partial w}{\partial y} = f_4(x) \quad \text{für } y = b.$$

Lösung der inneren Aufgabe ($0 \le x \le a,\ 0 \le y \le b$):

$$\begin{aligned} w(x,y) \;=\; & -\sum_{n=1}^{\infty} A_n \cosh\Big[\frac{n\pi}{b}(a-x)\Big]\cos\Big(\frac{n\pi}{b}y\Big) \\ & + \sum_{n=1}^{\infty} B_n \cosh\Big(\frac{n\pi}{b}x\Big)\cos\Big(\frac{n\pi}{b}y\Big) \\ & - \sum_{n=1}^{\infty} C_n \cos\Big(\frac{n\pi}{a}x\Big)\cosh\Big[\frac{n\pi}{a}(b-y)\Big] \\ & + \sum_{n=1}^{\infty} D_n \cos\Big(\frac{n\pi}{a}x\Big)\cosh\Big(\frac{n\pi}{a}y\Big) + K, \end{aligned}$$

wobei K eine beliebige Konstante ist und die Koeffizientem A_n, B_n, C_n, D_n durch folgende Formeln bestimmt werden:

$$A_n = \frac{2}{\lambda_n}\int_0^b f_1(\xi)\cos\Big(\frac{n\pi\xi}{b}\Big)\,d\xi, \quad B_n = \frac{2}{\lambda_n}\int_0^b f_2(\xi)\cos\Big(\frac{n\pi\xi}{b}\Big)\,d\xi,$$

$$C_n = \frac{2}{\mu_n}\int_0^a f_3(\xi)\cos\Big(\frac{n\pi\xi}{a}\Big)\,d\xi, \quad D_n = \frac{2}{\mu_n}\int_0^a f_4(\xi)\cos\Big(\frac{n\pi\xi}{a}\Big)\,d\xi,$$

$$\lambda_n = n\pi\sinh\Big(\frac{n\pi a}{b}\Big), \quad \mu_n = n\pi\sinh\Big(\frac{n\pi b}{a}\Big).$$

2.10. Gemischte Randwertaufgaben für das Rechteck.

1. Auf zwei gegenüberliegenden Seiten des Rechtecks seien Randbedingungen erster Art gegeben und auf den beiden anderen Randbedingungen zweiter Art:

$$w = f(x) \quad \text{für } y = 0, \qquad w = g(x) \quad \text{für } y = b,$$
$$\frac{\partial w}{\partial x} = h(y) \quad \text{für } x = 0, \qquad \frac{\partial w}{\partial x} = s(y) \quad \text{für } x = a.$$

Lösung ($0 \le x \le a,\ \ 0 \le y \le b$):

$$\begin{aligned} w(x,y) &= \sum_{n=1}^{\infty} \frac{f_n}{\lambda_{ba}} \cos\Big(\frac{\pi n x}{a}\Big) \sinh\Big[\frac{\pi n}{a}(b-y)\Big] \\ &+ \sum_{n=1}^{\infty} \frac{g_n}{\lambda_{ba}} \cos\Big(\frac{\pi n x}{a}\Big) \sinh\Big(\frac{\pi n y}{a}\Big) \\ &- \sum_{n=1}^{\infty} \frac{b h_n}{\pi n \lambda_{ab}} \cosh\Big[\frac{\pi n}{b}(a-x)\Big] \sin\Big(\frac{\pi n y}{b}\Big) \\ &+ \sum_{n=1}^{\infty} \frac{b s_n}{\pi n \lambda_{ab}} \cosh\Big(\frac{\pi n x}{b}\Big) \sin\Big(\frac{\pi n y}{b}\Big), \\ & \lambda_{ab} = \sinh\Big(\frac{\pi n a}{b}\Big), \qquad \lambda_{ba} = \sinh\Big(\frac{\pi n b}{a}\Big), \end{aligned}$$

wobei f_n, g_n, h_n, s_n die Fourierkoeffizienten der entsprechenden Funktionen sind:

$$f_n = \frac{2}{a}\int_0^a f(\xi)\cos\Big(\frac{\pi n \xi}{a}\Big)\,d\xi, \quad g_n = \frac{2}{a}\int_0^a g(\xi)\cos\Big(\frac{\pi n \xi}{a}\Big)\,d\xi,$$
$$h_n = \frac{2}{b}\int_0^b h(\xi)\sin\Big(\frac{\pi n \xi}{b}\Big)\,d\xi, \quad s_n = \frac{2}{b}\int_0^b s(\xi)\sin\Big(\frac{\pi n \xi}{b}\Big)\,d\xi.$$

2. Auf zwei benachbarten Seiten des Rechtecks seien Randbedingungen erster Art gegeben und auf den beiden anderen Randbedingungen zweiter Art:

$$w = f(y) \quad \text{für } x = 0, \qquad w = g(x) \quad \text{für } y = 0,$$
$$\frac{\partial w}{\partial x} = h(y) \quad \text{für } x = a, \qquad \frac{\partial w}{\partial y} = s(x) \quad \text{für } y = b$$

mit $f(0) = g(0)$.

Lösung $(0 \le x \le a,\ 0 \le y \le b)$:

$$\begin{aligned} w(x,y) &= f(0) + \sum_{n=1}^{\infty} \frac{\bar{f}_n}{\cosh \omega_{ab}} \cosh\Big(\omega_{ab}\frac{a-x}{a}\Big) \sin\Big(\omega_{ab}\frac{y}{a}\Big) \\ &+ \sum_{n=1}^{\infty} \frac{\bar{g}_n}{\cosh \omega_{ba}} \sin\Big(\omega_{ba}\frac{x}{b}\Big) \cosh\Big(\omega_{ba}\frac{b-y}{b}\Big) \\ &+ \sum_{n=1}^{\infty} \frac{2\pi h_n}{a(2n+1)\cosh \omega_{ab}} \sinh\Big(\omega_{ab}\frac{x}{a}\Big) \sin\Big(\omega_{ab}\frac{y}{a}\Big) \\ &+ \sum_{n=1}^{\infty} \frac{2\pi s_n}{b(2n+1)\cosh \omega_{ba}} \sin\Big(\omega_{ba}\frac{x}{b}\Big) \sinh\Big(\omega_{ba}\frac{y}{b}\Big), \\ \omega_{ab} &= \frac{\pi(2n+1)a}{2b}, \qquad \omega_{ba} = \frac{\pi(2n+1)b}{2a}, \end{aligned}$$

wobei $\bar{f}_n$, $\bar{g}_n$, h_n, s_n die Fourierkoeffizienten der entsprechenden Funktionen sind:

$$\bar{f}_n = \frac{2}{b}\int_0^b \bar{f}(\xi)\sin\Big[\frac{\pi(2n+1)}{b}\xi\Big]\,d\xi, \quad \bar{g}_n = \frac{2}{a}\int_0^a \bar{g}(\xi)\sin\Big[\frac{\pi(2n+1)}{a}\xi\Big]\,d\xi,$$

$$h_n = \frac{2}{b}\int_0^b h(\xi)\sin\Big[\frac{\pi(2n+1)}{b}\xi\Big]\,d\xi, \quad s_n = \frac{2}{a}\int_0^a s(\xi)\sin\Big[\frac{\pi(2n+1)}{a}\xi\Big]\,d\xi,$$

$$\bar{f}(y) = f(y) - f(0), \quad \bar{g}(x) = g(x) - g(0).$$

2.11. Allgemeine Gebiete. Methode der konformen Abbildungen. Jedes ebene, einfach zusammenhängende Gebiet, dessen Rand eine stückweise glatte Kurve ist, läßt sich umkehrbar eindeutig und konform auf den Einheitskreis abbilden. Die erste Randwertaufgabe für ein derartiges Gebiet wird hierdurch auf die erste Randwertaufgabe für den Kreis zurückgeführt, die wir schon betrachtet haben.

Es sei $\zeta = \zeta(z)$ die analytische Funktion, welche die *konforme Abbildung* des Gebiets V, $z = x + iy \in V$, auf das Gebiet W, $\zeta = u + iv \in W$ bewirkt, und es bezeichne $u = u(x,y)$, $v = v(x,y)$ die Transformation auf die neuen unabhängigen Variablen. Weil Real- und Imaginärteil einer analytischen Funktion durch die Cauchy-Riemannschen Differentialgleichungen $\partial_x u = \partial_y v$, $\partial_y u = -\partial_x v$ verknüpft sind, erhalten wir

$$\frac{\partial^2 w}{\partial x^2} + \frac{\partial^2 w}{\partial y^2} = \Big|\frac{d\zeta}{dz}\Big|\Big(\frac{\partial^2 w}{\partial u^2} + \frac{\partial^2 w}{\partial v^2}\Big).$$

Daher geht bei dieser Transformation die Laplacesche Gleichung der x,y-Ebene in die Laplacesche Gleichung der u,v-Ebene über. Natürlich sind dabei auch die Randbedingungen zu transformieren.

Eine große Anzahl durch analytische Funktionen definierter konformer Abbildungen für verschiedene Gebiete findet man zum Beispiel in den Büchern L. Bieberbach (1949), R. Courant (1980), V. I. Lavrik, B. N. Savenkov (1970) und M. A. Lavrent'ev, B. V. Shabat (1987).

3. Der dreidimensionale Fall.

3.1. Exakte Lösungen. Die Laplacesche Gleichung in orthogonalen kartesischen Koordinaten x, y, z hat die Form

$$\Delta w \equiv \frac{\partial^2 w}{\partial x^2} + \frac{\partial^2 w}{\partial y^2} + \frac{\partial^2 w}{\partial z^2} = 0.$$

Hier sind einige spezielle Lösungen in diesen Koordinaten:

$$\begin{aligned}
w &= ax + by + cz + d,\\
w &= ax^2 + by^2 - (a+b)z^2 + \alpha xy + \beta xz + \gamma yz,\\
w &= \cos(k_1 x + k_2 y)\exp(\pm kz),\\
w &= \sin(k_1 x + k_2 y)\exp(\pm kz),\\
w &= \exp(k_1 x + k_2 y)\cos(kz + a),\\
w &= \exp(\pm kx)\cos(k_1 y + a)\cos(k_2 z + b),\\
w &= \cosh(k_1 x)\cosh(k_2 y)\cos(kz + b),\\
w &= \cosh(k_1 x)\sinh(k_2 y)\cos(kz + b),\\
w &= \cosh(kx)\cos(k_1 y + a)\cos(k_2 z + b),\\
w &= \sinh(k_1 x)\sinh(k_2 y)\sin(kz + b),\\
w &= \sinh(kx)\sin(k_1 y + a)\sin(k_2 z + b);
\end{aligned}$$

hier bezeichnen a, b, c, d, α, β, γ, k_1, k_2 beliebige Konstanten und es gilt $k = \sqrt{k_1^2 + k_2^2}$.

Einige spezielle Lösungen der Laplaceschen Gleichung in *Kugelkoordinaten* r, θ, φ $(x = r\sin\theta\,\cos\varphi,\ y = r\sin\theta\,\sin\varphi,\ z = r\cos\theta)$:

$$\begin{aligned}
w &= \frac{a}{r} + b,\\
w &= \left(ar^n + \frac{b}{r^{n+1}}\right)P_n(\cos\theta),\\
w &= \left(ar^n + \frac{b}{r^{n+1}}\right)P_n^m(\cos\theta)(\alpha\cos m\varphi + \beta\sin m\varphi)
\end{aligned}$$

mit $n = 0, 1, 2, \ldots$; $m = 0, 1, 2, \ldots, n$; a, b, α, β beliebige Konstanten, $P_n(\xi)$ Legendresche Polynome, $P_n^m(\xi)$ zugeordnete Legendresche Funktionen (Kugelfunktionen).

Einige spezielle Lösungen der Laplaceschen Gleichung in *Zylinderkoordinaten* ρ, φ, z $(x = \rho\cos\varphi,\ y = \rho\sin\varphi)$:

$$w = \left(a\rho^m + \frac{b}{\rho^m}\right)(\alpha\cos m\varphi + \beta\sin m\varphi)(A + Bz),$$

$$w = J_m(k\rho)(\alpha\cos m\varphi + \beta\sin m\varphi)\exp(\pm kz),$$

$$w = Y_m(k\rho)(\alpha\cos m\varphi + \beta\sin m\varphi)\exp(\pm kz),$$

$$w = I_m(k\rho)(\alpha\cos m\varphi + \beta\sin m\varphi)(A\cos kz + B\sin kz),$$

$$w = K_m(k\rho)(\alpha\cos m\varphi + \beta\sin m\varphi)(A\cos kz + B\sin kz)$$

mit $m = 0, 1, 2, \ldots$; $A, B, a, b, k, \alpha, \beta$ beliebige Konstanten, $J_m(\xi)$ und $Y_m(\xi)$ Besselsche Funktionen, $I_m(\xi)$ und $K_m(\xi)$ modifizierte Besselsche Funktionen.

3.2. Die erste Randwertaufgabe für den Halbraum.
Randbedingung:

$$w = f(x, y) \qquad \text{für } z = 0.$$

Lösung $(z > 0)$:

$$w(x, y, z) = \frac{1}{2\pi}\int_{-\infty}^{\infty}\int_{-\infty}^{\infty}\frac{z f(x_0, y_0)\,dx_0\,dy_0}{\left[(x_0 - x)^2 + (y_0 - y)^2 + z^2\right]^{3/2}}.$$

3.3. Die zweite Randwertaufgabe für den Halbraum.
Randbedingung:

$$\frac{\partial w}{\partial z} = f(x, y) \qquad \text{für } z = 0.$$

Lösung $(z > 0)$:

$$w(x, y, z) = \frac{1}{2\pi}\int_{-\infty}^{\infty}\int_{-\infty}^{\infty}\frac{f(x_0, y_0)\,dx_0\,dy_0}{\sqrt{(x_0 - x)^2 + (y_0 - y)^2 + z^2}} + C,$$

wobei C eine beliebige Konstante ist.

3.4. Die erste Randwertaufgabe für die Sphäre.
Randbedingung:

$$w = f(\theta, \varphi) \qquad \text{für } r = R.$$

Lösung der inneren Aufgabe $(r \leq R)$:

$$w(r, \theta, \varphi) = \frac{R}{4\pi}\int_0^{2\pi}\int_0^{\pi} f(\theta_0, \varphi_0)\frac{R^2 - r^2}{(r^2 - 2Rr\cos\gamma + R^2)^{3/2}}\sin\theta_0\,d\theta_0 d\varphi_0,$$

$$\cos\gamma = \cos\theta\,\cos\theta_0 + \sin\theta\,\sin\theta_0\cos(\varphi - \varphi_0).$$

Diese Formel nennt man auch das *Poissonsche Integral für die Sphäre.*

Lösung in Gestalt einer Reihe:

$$\begin{aligned} w(r,\theta,\varphi) &= \sum_{n=0}^{\infty}\left(\frac{r}{R}\right)^n Y_n(\theta,\varphi), \\ Y_n(\theta,\varphi) &= \sum_{m=0}^{n}(A_{nm}\cos m\varphi + B_{nm}\sin m\varphi)P_n^m(\cos\theta) \end{aligned}$$

mit

$$A_{00} = \frac{1}{4\pi}\int_0^{2\pi}\int_0^{\pi} f(\theta,\varphi)\,d\theta\,d\varphi,$$

$$A_{nm} = \frac{(2n+1)(n-m)!}{2\pi(n+m)!}\int_0^{2\pi}\int_0^{\pi} f(\theta,\varphi)P_n^m(\cos\theta)\cos m\varphi\sin\theta\,d\theta\,d\varphi,$$

$$B_{nm} = \frac{(2n+1)(n-m)!}{2\pi(n+m)!}\int_0^{2\pi}\int_0^{\pi} f(\theta,\varphi)P_n^m(\cos\theta)\sin m\varphi\sin\theta\,d\theta\,d\varphi,$$

$$P_n^m(x) = (1-x^2)^{m/2}\frac{d^m}{dx^m}P_n(x), \qquad P_n(x) \text{ Legendresche Polynome.}$$

Lösung der äußeren Aufgabe ($r \geq R$):

$$w(r,\theta,\varphi) = \frac{R}{4\pi}\int_0^{2\pi}\int_0^{\pi} f(\theta_0,\varphi_0)\frac{r^2-R^2}{(r^2-2Rr\cos\gamma+R^2)^{3/2}}\sin\theta_0\,d\theta_0 d\varphi_0,$$

wobei $\cos\gamma$ ebenso wie im Fall der inneren Aufgabe definiert wird.

Lösung in Gestalt einer Reihe:

$$\begin{aligned} w(r,\theta,\varphi) &= \sum_{n=0}^{\infty}\left(\frac{R}{r}\right)^{n+1} Y_n(\theta,\varphi), \\ Y_n(\theta,\varphi) &= \sum_{m=0}^{n}(A_{nm}\cos m\varphi + B_{nm}\sin m\varphi)P_n^m(\cos\theta), \end{aligned}$$

wobei die Koeffizienten A_{nm} und B_{nm} wie im Fall der inneren Aufgabe definiert sind.

3.5. Die zweite Randwertaufgabe für die Sphäre.

Randbedingung:

$$\frac{\partial w}{\partial r} = f(\theta,\varphi) \qquad \text{für } r = R.$$

Die Funktion $f(\theta, \varphi)$ muß der folgenden Lösbarkeitsbedingung genügen:

$$\int_0^{2\pi} \int_0^{\pi} f(\theta, \varphi) \sin\theta \, d\theta \, d\varphi = 0.$$

Lösung der inneren Aufgabe ($r \le R$):

$$w(r, \theta, \varphi) = \sum_{n=1}^{\infty} \sum_{m=0}^{n} \frac{R}{n} \left(\frac{r}{R}\right)^n (A_{nm} \cos m\varphi + B_{nm} \sin m\varphi) P_n^m(\cos\theta) + C,$$

wobei die Größen A_{nm} und B_{nm} ebenso definiert werden wie im Fall der inneren ersten Randwertaufgabe; C ist eine beliebige Konstante.

Lösung der äußeren Aufgabe ($r \ge R$):

$$w(r, \theta, \varphi) = -\sum_{n=0}^{\infty} \sum_{m=0}^{n} \frac{R}{n+1} \left(\frac{R}{r}\right)^{n+1} (A_{nm} \cos m\varphi + B_{nm} \sin m\varphi) P_n^m(\cos\theta),$$

wobei die Größen A_{nm} und B_{nm} ebenso definiert werden wie im Fall der inneren ersten Randwertaufgabe; die beliebige Konstante wurde fortgelassen.

3.6. Die erste Randwertaufgabe für den Zylinder.
Randbedingungen:

$$w = f(\varphi, z) \quad \text{für } \rho = a,$$
$$w = g_1(\rho, \varphi) \quad \text{für } z = 0,$$
$$w = g_2(\rho, \varphi) \quad \text{für } z = b.$$

Lösung der inneren Aufgabe ($0 \le \rho \le a, \;\; 0 \le z \le b$):

$$w(\rho, \varphi, z) = \sum_{n=0}^{\infty} \sum_{m=1}^{\infty} \frac{I_n\left(\frac{\pi m \rho}{b}\right)}{I_n\left(\frac{\pi m a}{b}\right)} (A_{nm} \cos n\varphi + B_{nm} \sin n\varphi) \sin\left(\frac{\pi m z}{b}\right)$$

$$+ \sum_{n=0}^{\infty} \sum_{m=1}^{\infty} J_n\left(\frac{\mu_m^n \rho}{a}\right) (C_{nm}^{(1)} \cos n\varphi + D_{nm}^{(1)} \sin n\varphi) \frac{\sinh\left[\frac{\mu_m^n (b - z)}{a}\right]}{\sinh\left(\frac{\mu_m^n b}{a}\right)}$$

$$+ \sum_{n=0}^{\infty} \sum_{m=1}^{\infty} J_n\left(\frac{\mu_m^n \rho}{a}\right) (C_{nm}^{(2)} \cos n\varphi + D_{nm}^{(2)} \sin n\varphi) \frac{\sinh\left(\frac{\mu_m^n z}{a}\right)}{\sinh\left(\frac{\mu_m^n b}{a}\right)},$$

wobei die konstanten Koeffizienten durch folgende Formeln definiert werden:

$$A_{nm} = \frac{2}{\pi b(1+\delta_{n0})} \int_0^{2\pi} \int_0^b f(\varphi, z) \cos(n\varphi) sin\Big(\frac{\pi m z}{b}\Big)\, d\varphi\, dz,$$

$$B_{nm} = \frac{2}{\pi b} \int_0^{2\pi} \int_0^b f(\varphi, z) \sin(n\varphi) sin\Big(\frac{\pi m z}{b}\Big)\, d\varphi\, dz,$$

$$C_{nm}^{(i)} = \frac{2}{\pi a^2 (1+\delta_{n0})[J_n'(\mu_n)]^2} \int_0^{2\pi} \int_0^a g_i(\rho, \varphi) \cos(n\varphi) J_n\Big(\frac{\mu_m^n \rho}{a}\Big) \rho\, d\rho\, d\varphi,$$

$$D_{nm}^{(i)} = \frac{2}{\pi a^2 [J_n'(\mu_n)]^2} \int_0^{2\pi} \int_0^a g_i(\rho, \varphi) \sin(n\varphi) J_n\Big(\frac{\mu_m^n \rho}{a}\Big) \rho\, d\rho\, d\varphi,$$

$$\delta_{n0} = \begin{cases} 1 & \text{für } n = 0, \\ 0 & \text{für } n \neq 0, \end{cases} \qquad i = 1,\ 2,$$

$J_n(\rho)$ ist eine Besselsche Funktion und μ_m^n die m-te Nullstelle von $J_n(\mu) = 0$.

3.7. Die erste Randwertaufgabe für ein rechtwinkliges Parallelepiped.
Randbedingungen:

$$\begin{aligned} &w = f_1(y,z) \ \text{ für } x = 0, && w = f_2(y,z) \ \text{ für } x = a, \\ &w = f_3(x,z) \ \text{ für } y = 0, && w = f_4(x,z) \ \text{ für } y = b, \\ &w = f_5(x,y) \ \text{ für } z = 0, && w = f_6(x,y) \ \text{ für } z = c. \end{aligned}$$

Lösung der inneren Aufgabe ($0 \le x \le a,\ \ 0 \le y \le b,\ \ 0 \le z \le c$):

$$w(x,y) =$$

$$\sum_{m=1}^{\infty} \sum_{n=1}^{\infty} \frac{f_{mn}^2 \sinh(\lambda_{mn}^1 x) + f_{mn}^1 \sinh[\lambda_{mn}^1 (a-x)]}{\sinh(\lambda_{mn}^1 a)} \sin\Big(\frac{\pi m y}{b}\Big) \sin\Big(\frac{\pi n z}{c}\Big)$$

$$+ \sum_{m=1}^{\infty} \sum_{n=1}^{\infty} \frac{f_{mn}^4 \sinh(\lambda_{mn}^2 y) + f_{mn}^3 \sinh[\lambda_{mn}^2 (b-y)]}{\sinh(\lambda_{mn}^2 b)} \sin\Big(\frac{\pi m x}{a}\Big) \sin\Big(\frac{\pi n z}{c}\Big)$$

$$+ \sum_{m=1}^{\infty} \sum_{n=1}^{\infty} \frac{f_{mn}^5 \sinh(\lambda_{mn}^3 z) + f_{mn}^6 \sinh[\lambda_{mn}^3 (c-z)]}{\sinh(\lambda_{mn}^3 c)} \sin\Big(\frac{\pi m x}{a}\Big) \sin\Big(\frac{\pi n y}{b}\Big),$$

wobei die konstanten Koeffizienten durch folgende Formeln definiert werden:

$$\lambda_{mn}^1 = \pi \sqrt{\frac{m^2}{b^2} + \frac{n^2}{c^2}}, \quad \lambda_{mn}^2 = \pi \sqrt{\frac{m^2}{a^2} + \frac{n^2}{c^2}}, \quad \lambda_{mn}^3 = \pi \sqrt{\frac{m^2}{a^2} + \frac{n^2}{b^2}},$$

$$f^i_{mn} = \begin{cases} \dfrac{4}{bc}\displaystyle\int_0^b\int_0^c f_i(y,z)\sin\Big(\frac{\pi m y}{b}\Big)\sin\Big(\frac{\pi n z}{c}\Big)\,dy\,dz & \text{für } i = 1,\ 2,\\ \dfrac{4}{ac}\displaystyle\int_0^a\int_0^c f_i(x,z)\sin\Big(\frac{\pi m x}{a}\Big)\sin\Big(\frac{\pi n z}{c}\Big)\,dx\,dz & \text{für } i = 3,\ 4,\\ \dfrac{4}{ab}\displaystyle\int_0^a\int_0^b f_i(x,y)\sin\Big(\frac{\pi m x}{a}\Big)\sin\Big(\frac{\pi n y}{b}\Big)\,dx\,dy & \text{für } i = 5,\ 6. \end{cases}$$

7.4.2 Die Poissonsche Gleichung $\Delta w + \Phi(x) = 0$

1. Vorbereitende Bemerkungen.

Ebenso wie die Laplacesche Gleichung kommt auch die Poissonsche Gleichung in vielen Gebieten der Mechanik und Physik vor, so in der Hydro- und Aeromechanik, in der Theorie des Wärme- und Massentransports, der Elastizitätstheorie und der Elektrostatik.

Physikalische Deutung: Die Poissonsche Gleichung beschreibt eine stationäre Temperaturverteilung bei Anwesenheit von Wärmequellen in dem betrachteten Gebiet.

Die Laplacesche Gleichung ist ein Spezialfall der Poissonschen Gleichung für $\Phi \equiv 0$. Die Randwertaufgaben für die Poissonsche Gleichung werden ebenso formuliert wie für die Laplacesche Gleichung (s. 7.4.1).

Die Lösung der Poissonschen Gleichung mit homogenen Randbedingungen für ein Gebiet V mit dem Rand S kann man in der Gestalt

$$w = \int_V G(\boldsymbol{x}, \boldsymbol{x}_0)\Phi(\boldsymbol{x}_0)\,dv_0 \tag{1}$$

darstellen, wobei $G(\boldsymbol{x}, \boldsymbol{x}_0)$ eine Greensche Funktion ist und $\boldsymbol{x} = \{x^1, x^2, \dots, x^n\}$, $\boldsymbol{x}_0 = \{x_0^1, x_0^2, \dots, x_0^n\}$ gelten. Die Integration in (1) erfolgt nach den Variablen x_0^i. Die Greensche Funktion ist symmetrisch:

$$G(\boldsymbol{x}, \boldsymbol{x}_0) = G(\boldsymbol{x}_0, \boldsymbol{x}).$$

Die Lösung einer inhomogenen Randwertaufgabe für die Poissonsche Gleichung ist die Summe der Lösung (1) der Poissonschen Gleichung mit homogenen Randbedingungen und der Lösung der Laplaceschen Gleichung mit den gegebenen inhomogenen Randbedingungen, die für einige Gebiete im Abschnitt 7.4.1 behandelt wurden.

Die Lösung der ersten Randwertaufgabe für die Poissonsche Gleichung mit den inhomogenen Randbedingungen

$$w = f(\boldsymbol{x}), \qquad \boldsymbol{x} \in S,$$

hat die Form

$$w = \int_V G(\boldsymbol{x}, \boldsymbol{x}_0)\Phi(\boldsymbol{x}_0)\, dv_0 - \int_S f(\boldsymbol{x}_0)\frac{\partial G}{\partial \nu_0}\, ds_0, \tag{2}$$

wobei $\dfrac{\partial G}{\partial \nu_0}$ die Ableitung der Greenschen Funktion in Richtung der äußeren Normalen des Randes S bezeichnet.

Im folgenden werden oft nur homogene Randwertaufgaben betrachtet; dazu werden Greensche Funktionen angegeben, die es gestatten, eine Lösung mit Hilfe der Formeln (1) oder (2) zu finden.

2. Der ebene (zweidimensionale) Fall.

2.1. Das Gebiet $-\infty < x, y < +\infty$.
Lösung:

$$w(x,y) = \frac{1}{2\pi}\int_{-\infty}^{+\infty}\int_{-\infty}^{+\infty} \Phi(x_0, y_0) \ln \frac{1}{\sqrt{(x-x_0)^2 + (y-y_0)^2}}\, dx_0\, dy_0.$$

2.2. Erste Randwertaufgabe für die Halbebene.
Randbedingung:

$$w = f(x) \qquad \text{für } y = 0.$$

Lösung ($y > 0$):

$$\begin{aligned} w(x,y) &= \frac{1}{2\pi}\int_{-\infty}^{+\infty}\int_{-\infty}^{+\infty} \Phi(x_0, y_0) \ln \frac{\sqrt{(x-x_0)^2 + (y+y_0)^2}}{\sqrt{(x-x_0)^2 + (y-y_0)^2}}\, dx_0\, dy_0 \\ &\quad + \frac{1}{\pi}\int_{-\infty}^{\infty} \frac{y f(x_0)\, dx_0}{(x_0 - x)^2 + y^2}. \end{aligned}$$

2.3. Erste Randwertaufgabe für einen Quadranten.
Randbedingungen:

$$\begin{aligned} w &= 0 \qquad \text{für } x = 0, \\ w &= 0 \qquad \text{für } y = 0. \end{aligned}$$

Greensche Funktion ($x > 0$, $y > 0$):

$$G(x, y, x_0, y_0) = \frac{1}{2\pi} \ln \frac{\sqrt{(x-x_0)^2 + (y+y_0)^2}\sqrt{(x+x_0)^2 + (y-y_0)^2}}{\sqrt{(x-x_0)^2 + (y-y_0)^2}\sqrt{(x+x_0)^2 + (y+y_0)^2}}.$$

2.4. Erste Randwertaufgabe für den Kreis.
Randbedingung:

$$w = 0 \qquad \text{für } \rho = R.$$

Greensche Funktion für die innere Aufgabe ($\rho \le R$):

$$G(x,y,x_0,y_0) = \frac{1}{2\pi}\Big[\ln\frac{1}{\rho} - \ln\Big(\frac{R}{\rho_0}\frac{1}{\rho_*}\Big)\Big]$$

mit

$$\rho = \sqrt{(x-x_0)^2 + (y-y_0)^2}, \qquad \rho_* = \sqrt{(x-x_*)^2 + (y-y_*)^2},$$
$$\rho_0 = \sqrt{x_0^2 + y_0^2}, \qquad x_* = \frac{R^2}{\rho_0^2}x_0, \qquad y_* = \frac{R^2}{\rho_0^2}y_0.$$

Greensche Funktion für die innere Aufgabe in Gestalt einer Reihe ($\rho \le R$):

$$G(\rho,\varphi,\rho_0,\varphi_0) = \frac{1}{2\pi}\begin{cases} -\ln\rho + \displaystyle\sum_{n=1}^{\infty}\frac{1}{n}\Big(\frac{\rho_0}{\rho}\Big)^n \cos[n(\varphi-\varphi_0)] \\ \qquad\qquad \text{für } 0 \le \rho_0 < \rho \le R, \\ -\ln\rho_0 + \displaystyle\sum_{n=1}^{\infty}\frac{1}{n}\Big(\frac{\rho}{\rho_0}\Big)^n \cos[n(\varphi-\varphi_0)] \\ \qquad\qquad \text{für } 0 \le \rho < \rho_0 \le R, \end{cases}$$

2.5. Erste Randwertaufgabe für ein Rechteck.
Randbedingungen:

$$w = 0 \quad \text{für } x = 0, \qquad w = 0 \quad \text{für } x = a,$$
$$w = 0 \quad \text{für } y = 0, \qquad w = 0 \quad \text{für } y = b.$$

Greensche Funktion ($0 \le x \le a,\ 0 \le y \le b$):

$$w(x,y,x_0,y_0) = \frac{1}{ab}\sum_{n=1}^{\infty}\sum_{m=1}^{\infty}\frac{\sin(\lambda_n x)\sin(\lambda_m y)\sin(\lambda_n x_0)\sin(\lambda_m y_0)}{\lambda_n^2 + \lambda_m^2},$$
$$\lambda_n = \frac{\pi n}{a}, \qquad \lambda_m = \frac{\pi m}{b}.$$

2.6. Allgemeine Gebiete. Konforme Abbildungen. Jedes ebene, einfach zusammenhängende Gebiet V, dessen Rand eine stückweise glatte Kurve ist, läßt sich umkehrbar eindeutig und konform auf die obere Halbebene oder auf den Einheitskreis abbilden. Bei einer konformen Abbildung geht die Poissonsche Gleichung in der Urbildebene in die Poissonsche Gleichung in der Bildebene über; hierbei sind die Funktion Φ und bei Randwertaufgaben die Funktion f ebenfalls zu transformieren. Daher geht die erste Randwertaufgabe für das ebene Gebiet V in die erste Randwertaufgabe für die obere Halbebene oder den Kreis über, die wir bereits behandelten.

Die Greensche Funktion für das Gebiet V ist

$$G(x,y,x_0,y_0) = \frac{1}{2\pi}\ln\left|\frac{\omega(z)-\bar{\omega}(\zeta)}{\omega(z)-\omega(\zeta)}\right|, \qquad z = x+iy,\ \zeta = x_0+iy_0,$$

wobei $\omega(z)$ die konforme Abbildung des Gebiets V der z-Ebene auf die obere Halbebene der ζ-Ebene bezeichnet; $\bar{\omega}$ bezeichnet die zu ω konjugierte Größe.

Eine große Anzahl durch analytische Funktionen definierter konformer Abbildungen für verschiedene Gebiete findet man zum Beispiel in den Büchern L. Bieberbach (1949), R. Courant (1950), V. I. Lavrik, B. N. Savenkov (1970) und M. A. Lavrentjev, B. V. Schabat (1973).

3. Der dreidimensionale Fall.

3.1. Das Gebiet $-\infty < x,\ y,\ z < +\infty$.
Lösung:

$$w(x,y,z) = \frac{1}{4\pi}\int_{-\infty}^{+\infty}\int_{-\infty}^{+\infty}\int_{-\infty}^{+\infty}\frac{\Phi(x_0,y_0,z_0)\,dx_0\,dy_0\,dz_0}{\sqrt{(x-x_0)^2+(y-y_0)^2+(z-z_0)^2}}.$$

3.2. Erste Randwertaufgabe für den Halbraum.
Gebiet: $-\infty < x,\ y < +\infty,\ 0 \le z < +\infty$.
Randbedingung:

$$w = f(x,y) \qquad \text{für } z = 0.$$

Lösung:

$$w(x,y,z) = \frac{1}{2\pi}\int_{-\infty}^{\infty}\int_{-\infty}^{\infty}\frac{z f(x_0,y_0)\,dx_0\,dy_0}{\left[(x_0-x)^2+(y_0-y)^2+z^2\right]^{3/2}}$$
$$+\frac{1}{4\pi}\int_0^{+\infty}\int_{-\infty}^{+\infty}\int_{-\infty}^{+\infty}\left(\frac{1}{R_-}-\frac{1}{R_+}\right)\Phi(x_0,y_0,z_0)\,dx_0\,dy_0\,dz_0$$

mit

$$R_- = \sqrt{(x-x_0)^2+(y-y_0)^2+(z-z_0)^2},$$
$$R_+ = \sqrt{(x-x_0)^2+(y-y_0)^2+(z+z_0)^2}.$$

3.3. Zweite und dritte Randwertaufgabe für den Halbraum.
Gebiet: $-\infty < x,\ y < +\infty,\ 0 \le z < +\infty$.
Randbedingung:

$$\frac{\partial w}{\partial z} + aw = 0 \qquad \text{für } z = 0.$$

Dem Wert $a = 0$ entspricht die zweite Randwertaufgabe.
Greensche Funktion:

$$G(x,y,z,x_0,y_0,z_0) = \frac{1}{4\pi}\Big[\frac{1}{\sqrt{(x-x_0)^2+(y-y_0)^2+(z-z_0)^2}} + \frac{1}{\sqrt{(x-x_0)^2+(y-y_0)^2+(z+z_0)^2}} - 2\int_{z_0}^{+\infty}\frac{\exp[-a(z_0-t)]\,dt}{\sqrt{(x-x_0)^2+(y-y_0)^2+(z+t)^2}}\Big].$$

3.4. Erste Randwertaufgabe für ein Zweiflach.
Gebiet: $-\infty < x < +\infty,\ 0 \le y,\ z < +\infty$.
Randbedingungen:

$$w = 0 \quad \text{für } y = 0,$$
$$w = 0 \quad \text{für } z = 0.$$

Greensche Funktion:

$$G(x,y,z,x_0,y_0,z_0) = \frac{1}{4\pi}\Big[\frac{1}{\sqrt{(x-x_0)^2+(y-y_0)^2+(z-z_0)^2}} - \frac{1}{\sqrt{(x-x_0)^2+(y-y_0)^2+(z+z_0)^2}} - \frac{1}{\sqrt{(x-x_0)^2+(y+y_0)^2+(z-z_0)^2}} + \frac{1}{\sqrt{(x-x_0)^2+(y+y_0)^2+(z+z_0)^2}}\Big].$$

3.5. Erste Randwertaufgabe für einen Oktanten.
Gebiet: $0 \le x < +\infty,\ 0 \le y < +\infty,\ 0 \le z < +\infty$.
Randbedingungen:

$$w = 0 \quad \text{für } x = 0,$$
$$w = 0 \quad \text{für } y = 0,$$
$$w = 0 \quad \text{für } z = 0.$$

Greensche Funktion:

$$G(x,y,z,x_0,y_0,z_0) = \frac{1}{4\pi}\sum_{m=0}^{1}\sum_{n=0}^{1}\sum_{k=0}^{1}\frac{(-1)^{m+n+k}}{\sqrt{X_m^2+Y_n^2+Z_k^2}},$$

$$X_m = x-(-1)^m x_0,\quad Y_n = y-(-1)^n y_0,\quad Z_k = z-(-1)^k z_0.$$

3.6. Erste Randwertaufgabe für eine Schicht.
Gebiet: $-\infty < x,\ y < +\infty,\ \ 0 \le z \le l$.
Randbedingungen:

$$w = 0 \qquad \text{für } z = 0,$$
$$w = 0 \qquad \text{für } z = l.$$

Greensche Funktion:

$$\begin{aligned} G(x,y,z,x_0,y_0,z_0) &= \frac{1}{4\pi}\sum_{n=-\infty}^{+\infty}\Big[\frac{1}{\sqrt{(x-x_0)^2+(y-y_0)^2+(z-z_0-2nl)^2}} \\ &\quad - \frac{1}{\sqrt{(x-x_0)^2+(y-y_0)^2+(z+z_0-2nl)^2}}\Big]. \end{aligned}$$

3.7. Erste Randwertaufgabe für die Kugel.
Gebiet: $x^2+y^2+z^2 \le R^2$.
Randbedingung:

$$w = 0 \qquad \text{für } r = R.$$

Greensche Funktion:

$$G(x,y,z,x_0,y_0,z_0) = \frac{1}{4\pi}\Big(\frac{1}{r} - \frac{R}{r_0}\frac{1}{r_*}\Big)$$

mit

$$r = \sqrt{(x-x_0)^2+(y-y_0)^2+(z-z_0)^2},$$

$$r_* = \sqrt{(x-x_*)^2+(y-y_*)^2+(z-z_*)^2},$$

$$r_0 = \sqrt{x_0^2+y_0^2+z_0^2}, \quad x_* = \frac{R^2}{r_0^2}x_0,\ y_* = \frac{R^2}{r_0^2}y_0,\ z_* = \frac{R^2}{r_0^2}z_0.$$

7.4.3 Die Helmholtzsche Gleichung $\Delta w + \lambda w = \Phi(x)$

Die Helmholtzsche Gleichung wird zur Beschreibung stabiler (mechanischer, akustischer, elektromagnetischer und anderer) Schwingungen angewandt.

1. Vorbereitende Bemerkungen.

1.1. Einige Definitionen. Ist $\Phi = 0$, so heißt die Helmholtzsche Gleichung *homogen*, anderenfalls *inhomogen*.

Die Randwertaufgaben für die Helmholtzsche Gleichung werden ebenso formuliert wie für die Laplacesche Gleichung, s. Abschnitt 7.4.1. Unter einer *homogenen Randwertaufgabe* verstehen wir eine Randwertaufgabe für die homogene Gleichung mit homogenen Randbedingungen. Stets ist $w = 0$ eine spezielle, die *triviale* Lösung der homogenen Randwertaufgabe.

Diejenigen Werte des Parameters $\lambda = \lambda_n$, für die eine nichttriviale Lösung einer homogenen Randwertaufgabe existiert, heißen *Eigenwerte* und die ihnen entsprechenden Lösungen $w = w_n$ *Eigenfunktionen der Randwertaufgabe.* Im folgenden wird vorausgesetzt, daß das Gebiet V endlich ist.

1.2. Eigenschaften der Eigenwerte und Eigenfunktionen.

1.2.1. Es existiert eine unendliche Menge von Eigenwerten $\{\lambda_n\}$, die das *diskrete Spektrum* der betrachteten Randwertaufgabe bilden.

1.2.2. Mit Ausnahme der zweiten Randwertaufgabe, für die der Eigenwert $\lambda_0 = 0$ mit der Eigenfunktion $w_0 = \text{const}$ existiert, sind alle Eigenwerte positiv; sie bilden eine wachsende Folge $\lambda_1 < \lambda_2 < \lambda_3 < \dots$

1.2.3. Die Eigenwerte λ_n streben mit wachsendem n gegen unendlich. Es gelten folgende asymptotische Abschätzungen:

$$\lim_{n\to\infty} \frac{n}{\lambda_n} = \frac{V_2}{4\pi} \quad \text{für ein zweidimensionales Gebiet,}$$

$$\lim_{n\to\infty} \frac{n}{\lambda_n^{3/2}} = \frac{V_3}{6\pi^2} \quad \text{für ein dreidimensionales Gebiet,}$$

wobei V_2 den Flächeninhalt bzw. V_3 das Volumen des betrachteten Gebiets bezeichnen.

1.2.4. Die Eigenfunktionen sind bis auf einen konstanten Faktor bestimmt. Eigenfunktionen, die zu verschiedenen Eigenwerten $\lambda_n \neq \lambda_m$ gehören, sind orthogonal:

$$\int_V w_n w_m \, dv = 0.$$

1.2.5. Jede zweimal stetig differenzierbare Funktion $f = f(\mathbf{x})$, die die Randbedingungen der entsprechenden Randwertaufgabe erfüllt, kann in eine gleichmäßig konvergente Reihe nach den Eigenfunktionen dieser Randwertaufgabe zerlegt werden:

$$f = \sum_{n=1}^{\infty} a_n w_n \qquad \text{mit } a_n = \frac{1}{\|w_n\|^2} \int_V f w_n \, dv, \quad \|w_n\|^2 = \int_V w_n^2 \, dv.$$

Ist f quadratisch summierbar, so konvergiert die Reihe im Mittel.

1.2.6. Die Eigenwerte der ersten Randwertaufgabe wachsen bei Vergrößerung des Gebiets nicht.

1.3. Lösung der inhomogenen Helmholtzschen Gleichung mit homogenen Randbedingungen. Es gibt drei Möglichkeiten:

1) Wenn der Parameter λ kein Eigenwert ist, so existiert eine durch die folgende Reihe definierte Lösung der Aufgabe:

$$w = \sum_{n=1}^{\infty} \frac{A_n}{\lambda - \lambda_n} w_n \quad \text{mit} \quad A_n = \frac{1}{\|w_n\|^2} \int_V \Phi w_n \, dv, \quad \|w_n\|^2 = \int_V w_n^2 \, dv.$$

2) Wenn $\lambda = \lambda_k$ ein Eigenwert ist, so existiert eine Lösung, wenn Φ zur Eigenfunktion w_k orthogonal ist:

$$\int_V \Phi w_k \, dv = 0.$$

Die Lösung ist dann

$$w = \sum_{n=1}^{k-1} \frac{A_n}{\lambda_k - \lambda_n} w_n + \sum_{n=k+1}^{\infty} \frac{A_n}{\lambda_k - \lambda_n} w_n + C w_k, \quad A_n = \frac{1}{\|w_n\|^2} \int_V \Phi w_n \, dv$$

mit $\|w_n\|^2 = \int_V w_n^2 \, dv$, C eine beliebige Konstante.

3) Ist $\lambda = \lambda_k$ ein Eigenwert und gilt $\int_V \Phi w_k \, dv \neq 0$, so hat die Randwertaufgabe für die inhomogene Gleichung keine Lösung.

1.4. Lösung der inhomogenen Helmholtzschen Gleichung mit inhomogenen Randbedingungen. Für diese Randwertprobleme transformiert man die abhängige Variable so, daß eine homogene Randwertaufgabe entsteht; es gibt unendlich viele derartige Substitutionen. Die Lösung der transformierten homogenen Aufgabe wird dann erhalten, wie eben unter 1.3. geschildert.

Im folgenden geben wir die Eigenwerte und Eigenfunktionen der wichtgsten homogenen Randwertaufgaben für die Helmholtzsche Gleichung an. Die Lösung der entsprechenden inhomogenen Randwertaufgaben erhält man dann nach den oben in 1.3., 1.4. angegebenen Verfahren.

2. Der ebene (zweidimensionale) Fall.

2.1. Exakte Lösungen. Die homogene Helmholtzsche Gleichung in einem rechtwinkligen kartesischen Koordinatensystem x, y hat die Form

$$\frac{\partial^2 w}{\partial x^2} + \frac{\partial^2 w}{\partial y^2} + \lambda w = 0.$$

Einige spezielle Lösungen der homogenen Helmholtzschen Gleichung in diesen Koordinaten sind:

$$w = (ax + b)(\alpha \cos ky + \beta \sin ky), \qquad \lambda = k^2,$$
$$w = (ax + b)(\alpha \cosh ky + \beta \sinh ky), \qquad \lambda = -k^2,$$
$$w = (a \cos kx + b \sin kx)(\alpha y + \beta), \qquad \lambda = k^2,$$
$$w = (a \cosh kx + b \sinh kx)(\alpha y + \beta), \qquad \lambda = -k^2,$$
$$w = (a \cos k_1 x + b \sin k_1 x)(\alpha \cos k_2 y + \beta \sin k_2 y), \qquad \lambda = k_1^2 + k_2^2,$$
$$w = (a \cos k_1 x + b \sin k_1 x)(\alpha \cosh k_2 y + \beta \sinh k_2 y), \qquad \lambda = k_1^2 - k_2^2,$$
$$w = (a \cosh k_1 x + b \sinh k_1 x)(\alpha \cos k_2 y + \beta \sin k_2 y), \qquad \lambda = -k_1^2 + k_2^2,$$
$$w = (a \cosh k_1 x + b \sinh k_1 x)(\alpha \cosh k_2 y + \beta \sinh k_2 y), \qquad \lambda = -k_1^2 - k_2^2,$$

wobei a, b, α, β beliebige Konstanten sind.

Einige spezielle Lösungen der homogenen Helmholtzschen Gleichung in Polarkoordinaten ρ, φ $(x = \rho \cos \varphi,\ y = \rho \sin \varphi)$:

$$w = [aJ_0(k\rho) + bY_0(k\rho)](\alpha\varphi + \beta), \qquad \lambda = k^2,$$
$$w = [aI_0(k\rho) + bK_0(k\rho)](\alpha\varphi + \beta), \qquad \lambda = -k^2,$$
$$w = [aJ_m(k\rho) + bY_m(k\rho)](\alpha \cos m\varphi + \beta \sin m\varphi), \qquad \lambda = k^2,$$
$$w = [aI_m(k\rho) + bK_m(k\rho)](\alpha \cos m\varphi + \beta \sin m\varphi), \qquad \lambda = -k^2$$

mit $m = 1, 2, \ldots$; a, b, α, β beliebige Konstanten; $J_m(\rho)$ und $Y_m(\rho)$ Besselsche Funktionen, $I_m(\rho)$ und $K_m(\rho)$ modifizierte Besselsche Funktionen.

***2.2. Erste Randwertaufgabe für das Rechteck* $0 \le x \le a,\ 0 \le y \le b$.**
Randbedingungen:

$$w = 0 \quad \text{für } x = 0, \qquad w = 0 \quad \text{für } x = a,$$
$$w = 0 \quad \text{für } y = 0, \qquad w = 0 \quad \text{für } y = b.$$

Eigenwerte (es ist zweckmäßig, sie mit zwei Indizes zu numerieren):

$$\lambda_{nm} = \pi^2 \left(\frac{n^2}{a^2} + \frac{m^2}{b^2} \right)$$

mit $n = 1, 2, \ldots, m = 1, 2, \ldots$
Eigenfunktionen und ihr Normquadrat:

$$w_{nm} = \sin\left(\frac{n\pi x}{a}\right) \sin\left(\frac{m\pi y}{b}\right), \qquad \|w_{nm}\|^2 = \frac{ab}{4}.$$

***2.3. Zweite Randwertaufgabe für das Rechteck* $0 \le x \le a$, $0 \le y \le b$.**
Randbedingungen:

$$\frac{\partial w}{\partial x} = 0 \quad \text{für } x = 0, \qquad \frac{\partial w}{\partial x} = 0 \quad \text{für } x = a,$$

$$\frac{\partial w}{\partial y} = 0 \quad \text{für } y = 0, \qquad \frac{\partial w}{\partial y} = 0 \quad \text{für } y = b.$$

Eigenwerte:

$$\lambda_{nm} = \pi^2\left(\frac{n^2}{a^2} + \frac{m^2}{b^2}\right)$$

mit $n = 0, 1, 2, \ldots, m = 0, 1, 2, \ldots$
Eigenfunktionen und ihr Normquadrat:

$$w_{nm} = \cos\left(\frac{n\pi x}{a}\right)\cos\left(\frac{m\pi y}{b}\right), \qquad \|w_{nm}\|^2 = \frac{ab}{4}(1 + \delta_{n0})(1 + \delta_{m0})$$

mit $\delta_{ij} = \begin{cases} 1 & \text{für } i = j, \\ 0 & \text{für } i \neq j. \end{cases}$

***2.4. Dritte Randwertaufgabe für das Rechteck* $0 \le x \le a$, $0 \le y \le b$.**
Randbedingungen:

$$\frac{\partial w}{\partial x} - c_1 w = 0 \quad \text{für } x = 0, \qquad \frac{\partial w}{\partial x} + c_2 w = 0 \quad \text{für } x = a,$$

$$\frac{\partial w}{\partial y} - c_3 w = 0 \quad \text{für } y = 0, \qquad \frac{\partial w}{\partial y} + c_4 w = 0 \quad \text{für } y = b.$$

Eigenwerte:

$$\lambda_{nm} = \mu_n^2 + \nu_m^2,$$

wobei μ_n und ν_m die Lösungen der transzendenten Gleichungen

$$\tan(\mu a) = \frac{(c_1 + c_2)\mu}{\mu^2 - c_1 c_2}, \qquad \tan(\nu b) = \frac{(c_3 + c_4)\nu}{\nu^2 - c_3 c_4}$$

sind.
Eigenfunktionen:

$$w_{nm} = (\mu_n \cos \mu_n x + c_1 \sin \mu_n x)(\nu_n \cos \nu_n y + c_3 \sin \nu_n y).$$

Normquadrate der Eigenfunktionen:

$$\|w_{nm}\|^2 = \frac{\left[\dfrac{a}{2} + \dfrac{(c_1 + c_2)(\mu_n^2 + c_1 c_2)}{(\mu_n^2 + c_1^2)(\mu_n^2 + c_2^2)}\right]}{\sqrt{\mu_n + c_1^2}} \frac{\left[\dfrac{b}{2} + \dfrac{(c_3 + c_4)(\nu_m^2 + c_3 c_4)}{(\nu_m^2 + c_3^2)(\nu_m^2 + c_4^2)}\right]}{\sqrt{\nu_m + c_2^2}}.$$

2.5. Gemischte Randwertaufgabe für ein Rechteck.

1. Auf zwei gegenüberliegenden Seiten des Rechtecks sind Randbedingungen erster Art gegeben und auf den beiden anderen Randbedingungen zweiter Art:

$$w = 0 \quad \text{für } x = 0, \qquad w = 0 \quad \text{für } x = a,$$
$$\frac{\partial w}{\partial y} = 0 \quad \text{für } y = 0, \qquad \frac{\partial w}{\partial y} = 0 \quad \text{für } y = b.$$

Eigenwerte:

$$\lambda_{nm} = \pi^2\left(\frac{n^2}{a^2} + \frac{m^2}{b^2}\right)$$

mit $n = 1, 2, 3, \ldots, m = 0, 1, 2, \ldots$
Eigenfunktionen und ihr Normquadrat:

$$w_{nm} = \sin\left(\frac{n\pi x}{a}\right)\cos\left(\frac{m\pi y}{b}\right), \qquad \|w_{nm}\|^2 = \frac{ab}{4}(1 + \delta_{m0})$$

mit $\delta_{ij} = \begin{cases} 1 & \text{für } i = j, \\ 0 & \text{für } i \neq j. \end{cases}$

2. Auf zwei benachbarten Seiten des Rechtecks sind Randbedingungen erster Art gegeben und auf den beiden anderen Randbedingungen zweiter Art:

$$w = 0 \quad \text{für } x = 0, \qquad w = 0 \quad \text{für } y = 0,$$
$$\frac{\partial w}{\partial x} = 0 \quad \text{für } x = a, \qquad \frac{\partial w}{\partial y} = 0 \quad \text{für } y = b.$$

Eigenwerte:

$$\lambda_{nm} = \frac{\pi^2}{4}\left[\frac{(2n+1)^2}{a^2} + \frac{(2m+1)^2}{b^2}\right]$$

mit $n = 0, 1, 2, \ldots, m = 0, 1, 2, \ldots$
Eigenfunktionen und ihr Normquadrat:

$$w_{nm} = \sin\left[\frac{\pi(2n+1)x}{2a}\right]\sin\left[\frac{\pi(2m+1)y}{2b}\right], \qquad \|w_{nm}\|^2 = \frac{ab}{4}.$$

2.6. Erste Randwertaufgabe für den Kreis.

Randbedingung:

$$w = 0 \qquad \text{für } \rho = R.$$

Eigenwerte:

$$\lambda_{nm} = \frac{\xi_{nm}^2}{R^2},$$

wobei ξ_{nm} die Nullstellen der Besselschen Funktion J_n bezeichnen.
Eigenfunktionen:

$$w_{nm}^{(1)} = J_n(\rho\sqrt{\lambda_{nm}})\cos n\varphi, \qquad w_{nm}^{(2)} = J_n(\rho\sqrt{\lambda_{nm}})\sin n\varphi.$$

Achsensymmetrische Eigenfunktionen:

$$w_{0m}^{(1)} = J_0(\rho\sqrt{\lambda_{0m}}).$$

Normquadrat der Eigenfunktionen:

$$\|w_{nm}^{(k)}\|^2 = \frac{\pi R^2(1+\delta_{n0})}{2\xi_{nm}^2}[J_n'(\xi_{nm})]^2, \qquad k = 1,\ 2; \qquad \delta_{ij} = \begin{cases} 1 & \text{für } i = j, \\ 0 & \text{für } i \neq j. \end{cases}$$

2.7. Zweite Randwertaufgabe für den Kreis.
Randbedingung:

$$\frac{\partial w}{\partial \rho} = 0 \qquad \text{für } \rho = R.$$

Eigenwerte:

$$\lambda_{nm} = \frac{\xi_{nm}^2}{R^2},$$

wobei ξ_{nm} die Nullstellen der Besselschen Funktion J_n' bezeichnen.
Eigenfunktionen:

$$w_{nm}^{(1)} = J_n(\rho\sqrt{\lambda_{nm}})\cos n\varphi, \qquad w_{nm}^{(2)} = J_n(\rho\sqrt{\lambda_{nm}})\sin n\varphi.$$

In diesen Formeln gilt $n = 0,\ 1,\ 2,\ldots$; für $n \neq 0$ durchläuft m für die Werte $m = 1,\ 2,\ 3,\ldots$; für $n = 0$ gibt es eine Nullstelle $\xi_{00} = 0$, die entsprechende Eigenfunktion ist $w_{00} = 1$.
Achsensymmetrische Eigenfunktionen:

$$w_{0m}^{(1)} = J_0(\rho\sqrt{\lambda_{0m}}).$$

Normquadrate der Eigenfunktionen:

$$\|w_{nm}^{(k)}\|^2 = \frac{\pi^2 R^2(1+\delta_{n0})}{2\xi_{nm}^2}(\xi_{nm}^2 - n^2)[J_n(\xi_{nm})]^2, \qquad \|w_{00}\|^2 = \pi R^2$$

mit $\delta_{ij} = \begin{cases} 1 & \text{für } i = j, \\ 0 & \text{für } i \neq j. \end{cases}$

2.8. Dritte Randwertaufgabe für den Kreis.
Randbedingung:

$$\frac{\partial w}{\partial \rho} + cw = 0 \qquad \text{für } \rho = R.$$

Eigenwerte:

$$\lambda_{nm} = \frac{\xi_{nm}^2}{R^2},$$

wobei ξ_{nm} die m-te Lösung der transzendenten Gleichung $zJ_n'(\xi) + cRJ_n(\xi) = 0$ bezeichnet.
Eigenfunktionen:

$$w_{nm}^{(1)} = J_n(\rho\sqrt{\lambda_{nm}})\cos n\varphi, \qquad w_{nm}^{(2)} = J_n(\rho\sqrt{\lambda_{nm}})\sin n\varphi$$

mit $n = 0,\ 1,\ 2, \ldots;\ m = 1,\ 2,\ 3, \ldots.$
Normquadrate der Eigenfunktionen:

$$\|w_{nm}^{(k)}\|^2 = \frac{\pi R^2(1+\delta_{n0})}{2\xi_{nm}^2}(c^2R^2 + \xi_{nm}^2 - n^2)[J_n(\xi_{nm})]^2, \quad k = 1,\ 2$$

mit $\delta_{ij} = \begin{cases} 1 & \text{für } i = j, \\ 0 & \text{für } i \neq j. \end{cases}$

2.9. Erste Randwertaufgabe für den Kreisring $R_1 \leq \rho \leq R_2$.
Randbedingungen:

$$w = 0 \quad \text{für } \rho = R_1, \qquad w = 0 \quad \text{für } \rho = R_2.$$

Eigenwerte:

$$\lambda_{nm} = \xi_{nm}^2, \qquad n = 0,\ 1,\ 2, \ldots, \qquad m = 1,\ 2,\ 3, \ldots,$$

wobei ξ_{nm} die Lösungen der transzendenten Gleichung

$$J_n(zR_1)Y_n(\xi R_2) - J_n(\xi R_2)Y_n(zR_1) = 0$$

bezeichnen.
Eigenfunktionen:

$$\begin{aligned} w_{nm}^{(1)} &= [J_n(\xi_{nm}\rho)Y_n(\xi_{nm}R_1) - J_n(\xi_{nm}R_1)Y_n(\xi_{nm}\rho)]\cos n\varphi, \\ w_{nm}^{(2)} &= [J_n(\xi_{nm}\rho)Y_n(\xi_{nm}R_1) - J_n(\xi_{nm}R_1)Y_n(\xi_{nm}\rho)]\sin n\varphi. \end{aligned} \tag{1}$$

Normquadrate der Eigenfunktionen:

$$\|w_{nm}^{(k)}\|^2 = \frac{2(1+\delta_{n0})}{\pi\xi_{nm}^2}\,\frac{J_n^2(\xi_{nm}R_1) - J_n^2(\xi_{nm}R_2)}{J_n^2(\xi_{nm}R_2)}, \qquad \delta_{ij} = \begin{cases} 1 & \text{für } i = j, \\ 0 & \text{für } i \neq j. \end{cases}$$

2.10. Zweite Randwertaufgabe für den Kreisring $R_1 \leq \rho \leq R_2$.
Randbedingungen:

$$\frac{\partial w}{\partial \rho} = 0 \quad \text{für } \rho = R_1, \qquad \frac{\partial w}{\partial \rho} = 0 \quad \text{für } \rho = R_2.$$

Eigenwerte:

$$\lambda_{nm} = \xi_{nm}^2, \qquad n = 0,\ 1,\ 2, \ldots, \qquad m = 1,\ 2,\ 3, \ldots,$$

wobei ξ_{nm} die Lösungen der transzendenten Gleichung

$$J_n'(\xi R_1)Y_n'(\xi R_2) - J_n'(\xi R_2)Y_n'(\xi R_1) = 0$$

bezeichnen. Für $n = 0$ existiert eine Nullstelle $\xi_{00} = 0$, und die ihr entsprechende Eigenfunktion ist $w_{00}^{(1)} = 1$.
Eigenfunktionen:

$$w_{nm}^{(1)} = [J_n(\xi_{nm}\rho)Y_n(\xi_{nm}R_1) - J_n(\xi_{nm}R_1)Y_n(\xi_{nm}\rho)] \cos n\varphi,$$
$$w_{nm}^{(2)} = [J_n(\xi_{nm}\rho)Y_n(\xi_{nm}R_1) - J_n(\xi_{nm}R_1)Y_n(\xi_{nm}\rho)] \sin n\varphi.$$

Normquadrate der Eigenfunktionen:

$$\|w_{nm}^{(k)}\|^2 = \frac{2(1+\delta_{n0})}{\pi\xi_{nm}^2}\left\{\left(1 - \frac{n^2}{R_2^2\xi_{nm}^2}\right)\left[\frac{J_n'(\xi_{nm}R_1)}{J_n'(\xi_{nm}R_2)}\right]^2 - \left(1 - \frac{n^2}{R_1^2\xi_{nm}^2}\right)\right\},$$
$$\|w_{00}^{(1)}\|^2 = \pi(R_2^2 - R_1^2); \quad k = 1,\ 2; \quad \delta_{ij} = \begin{cases} 1 & \text{für } i = j, \\ 0 & \text{für } i \neq j. \end{cases}$$

2.11. Erste Randwertaufgabe für einen Sektor vom Radius R mit dem Winkel α.
Randbedingungen:

$$\begin{aligned} w &= 0 \quad \text{für } \rho = R, \\ w &= 0 \quad \text{für } \varphi = 0, \\ w &= 0 \quad \text{für } \varphi = \alpha. \end{aligned}$$

Eigenwerte:

$$\lambda_{nm} = \frac{\xi_{nm}^2}{R^2},$$

wobei ξ_{nm} die Nullstellen der Besselschen Funktion $J_{\frac{n\pi}{\alpha}}$ sind.
Eigenfunktionen:

$$w_{nm} = J_{\frac{n\pi}{\alpha}}\left(\xi_{nm}\frac{\rho}{R}\right) \sin\left(\frac{n\pi}{\alpha}\varphi\right).$$

Normquadrate der Eigenfunktionen:

$$\|w_{nm}\|^2 = \frac{\alpha R^2}{4}\left[J_{\frac{n\pi}{\alpha}}'(\xi_{nm})\right]^2.$$

2.12. Zweite Randwertaufgabe für einen Sektor vom Radius R mit dem Winkel α.
Randbedingungen:

$$\frac{\partial w}{\partial \rho} = 0 \qquad \text{für } \rho = R,$$
$$\frac{\partial w}{\partial \varphi} = 0 \qquad \text{für } \varphi = 0,$$
$$\frac{\partial w}{\partial \varphi} = 0 \qquad \text{für } \varphi = \alpha.$$

Eigenwerte:

$$\lambda_{nm} = \frac{\xi_{nm}^2}{R^2},$$

wobei ξ_{nm} die Nullstellen der Besselschen Funktion $J_{\frac{n\pi}{\alpha}}$ sind.
Eigenfunktionen:

$$w_{nm} = J_{\frac{n\pi}{\alpha}}\left(\xi_{nm}\frac{\rho}{R}\right)\cos\left(\frac{n\pi}{\alpha}\varphi\right), \qquad w_{00} = 1.$$

Normquadrate der Eigenfunktionen:

$$\|w_{nm}\|^2 = \frac{\alpha R^2}{4}(1+\delta_{n0})\left(1 - \frac{n^2}{\xi_{nm}^2}\right)\left[J_{\frac{n\pi}{\alpha}}(\xi_{nm})\right]^2, \qquad \|w_{00}\|^2 = \frac{\alpha R^2}{2}.$$

2.13. Erste Randwertaufgabe für einen Kreisringsektor.
Der Kreisringsektor sei definiert durch die Ungleichungen
$R_1 \leq \rho \leq R_2,\ 0 \leq \varphi \leq \alpha.$
Randbedingungen:

$$w = 0 \quad \text{für } \rho = R_1, \quad w = 0 \quad \text{für } \rho = R_2,$$
$$w = 0 \quad \text{für } \varphi = 0, \quad w = 0 \quad \text{für } \varphi = \alpha.$$

Eigenwerte:

$$\lambda_{nm} = \frac{\xi_{nm}^2}{R^2},$$

wobei ξ_{nm} die Lösungen der transzendenten Gleichung

$$J_{\frac{n\pi}{\alpha}}(\xi R_1)Y_{\frac{n\pi}{\alpha}}(\xi R_2) - J_{\frac{n\pi}{\alpha}}(\xi R_2)Y_{\frac{n\pi}{\alpha}}(\xi R_1) = 0$$

bezeichnen.
Eigenfunktionen:

$$w_{nm} = \left[J_{\frac{n\pi}{\alpha}}(\xi_{nm}\rho)Y_{\frac{n\pi}{\alpha}}(\xi_{nm}R_1) - J_{\frac{n\pi}{\alpha}}(\xi_{nm}R_1)Y_{\frac{n\pi}{\alpha}}(\xi_{nm}\rho)\right]\sin\left(\frac{n\pi}{\alpha}\varphi\right).$$

Normquadrate der Eigenfunktionen:

$$\|w_{nm}^{(k)}\|^2 = \frac{\alpha}{\pi^2 \xi_{nm}^2} \frac{\left[J_{\frac{n\pi}{\alpha}}(\xi_{nm} R_1)\right]^2 - \left[J_{\frac{n\pi}{\alpha}}(\xi_{nm} R_2)\right]^2}{\left[J_{\frac{n\pi}{\alpha}}(\xi_{nm} R_2)\right]^2}.$$

3. Der dreidimensionale Fall.

3.1. Exakte Lösungen.

Die homogene Helmholtzsche Gleichung hat in rechtwinkligen kartesischen Koordinaten x, y, z die Gestalt:

$$\frac{\partial^2 w}{\partial x^2} + \frac{\partial^2 w}{\partial y^2} + \frac{\partial^2 w}{\partial z^2} + \lambda w = 0.$$

Einige spezielle Lösungen dieser Gleichung sind:

$$w = (a_k \cos kx + b_k \sin kx)(a_n \cos ny + b_n \sin ny)(\alpha z + \beta), \quad \lambda = k^2 + n^2;$$
$$w = (a_k \cos kx + b_k \sin kx)(a_n \cosh ny + b_n \sinh ny)(\alpha z + \beta), \quad \lambda = k^2 - n^2;$$
$$w = (a_k \cos kx + b_k \sin ky)(a_n \cos ny + b_n \sin ny)(a_m \cos mz + b_m \sin mz),$$
$$\lambda = k^2 + n^2 + m^2;$$
$$w = (a_k \cosh kx + b_k \sinh ky)(a_n \cos ny + b_n \sin ny)(a_m \cos mz + b_m \sin mz),$$
$$\lambda = -k^2 + n^2 + m^2;$$
$$w = (a_k \cosh kx + b_k \sinh ky)(a_n \cosh ny + b_n \sinh ny)(a_m \cos mz + b_m \sin mz),$$
$$\lambda = -k^2 - n^2 + m^2;$$
$$w = (a_k \cosh kx + b_k \sinh ky)(a_n \cosh ny + b_n \sinh ny)(a_m \cosh mz + b_m \sinh mz),$$
$$\lambda = -k^2 - n^2 - m^2$$

mit $k, m, n = 0,\ 1,\ 2,\ \ldots$; a_k, a_n, a_m, b_k, b_n, b_m, α, β sind beliebige Konstanten.

Einige spezielle Lösungen der homogenen Helmholtzschen Gleichung in Kugelkoordinaten r, θ, φ $(x = r \sin\theta \cos\varphi,\ y = r \sin\theta \sin\varphi,\ z = r\cos\theta)$:

$$w = \frac{1}{r}(a \sin kr + b \cos br), \qquad \lambda = k^2,$$
$$w = \frac{1}{r}(a \sinh kr + b \cosh br), \qquad \lambda = -k^2,$$
$$w = \frac{1}{\sqrt{r}} J_{n+1/2}(kr) \sum_{m=0}^{n} P_n^m(\cos\theta)(\alpha_m \cos m\varphi + \beta_m \sin m\varphi), \quad \lambda = k^2,$$
$$w = \frac{1}{\sqrt{r}} Y_{n+1/2}(kr) \sum_{m=0}^{n} P_n^m(\cos\theta)(\alpha_m \cos m\varphi + \beta_m \sin m\varphi), \quad \lambda = k^2,$$
$$w = \frac{1}{\sqrt{r}} I_{n+1/2}(kr) \sum_{m=0}^{n} P_n^m(\cos\theta)(\alpha_m \cos m\varphi + \beta_m \sin m\varphi), \quad \lambda = -k^2,$$
$$w = \frac{1}{\sqrt{r}} K_{n+1/2}(kr) \sum_{m=0}^{n} P_n^m(\cos\theta)(\alpha_m \cos m\varphi + \beta_m \sin m\varphi), \quad \lambda = -k^2$$

mit $n = 1, 2, \ldots$; a, b, α_m, β_m beliebige Konstanten; $P_n^m(\xi)$ assoziierte Legendresche Funktionen (Kugelfunktionen); $J_\nu(\xi)$, $Y_\nu(\xi)$ Besselsche Funktionen, $I_\nu(\xi)$, $K_\nu(\xi)$ modifizierte Besselsche Funktionen.

Einige spezielle Lösungen der homogenen Helmholtzschen Gleichung in Zylinderkoordinaten ρ, φ, z $(x = \rho\cos\varphi,\ y = \rho\sin\varphi)$:

$$w = [aJ_m(\rho\sqrt{\lambda}) + bY_m(\rho\sqrt{\lambda})](\alpha_1\varphi + \beta_1)(\alpha_2 z + \beta_2 b),$$

$$w = J_m(\rho\sqrt{\lambda + k^2})(a\cos m\varphi + b\sin m\varphi)\exp(\pm kz),$$

$$w = Y_m(\rho\sqrt{\lambda + k^2})(a\cos m\varphi + b\sin m\varphi)\exp(\pm kz),$$

$$w = I_m(\rho\sqrt{\lambda - k^2})(a\cos m\varphi + b\sin m\varphi)(\alpha\cos kz + \beta\sin kz),$$

$$w = K_m(\rho\sqrt{\lambda - k^2})(a\cos m\varphi + b\sin m\varphi)(\alpha\cos kz + \beta\sin kz)$$

mit $m = 0, 1, 2, \ldots$; a, b, k, α, β beliebige Konstanten, $J_m(\xi)$ und $Y_m(\xi)$ Besselsche Funktionen, $I_m(\xi)$ und $K_m(\xi)$ modifizierte Besselsche Funktionen.

3.2. Erste Randwertaufgabe für das rechtwinklige Parallelepiped $0 \le x \le a,\ 0 \le y \le b,\ 0 \le z \le c$.

Randbedingungen:

$$w = 0 \quad \text{für } x = 0, \qquad w = 0 \quad \text{für } x = a,$$
$$w = 0 \quad \text{für } y = 0, \qquad w = 0 \quad \text{für } y = b,$$
$$w = 0 \quad \text{für } z = 0, \qquad w = 0 \quad \text{für } z = c.$$

Eigenwerte:

$$\lambda_{mnk} = \pi^2\left(\frac{m^2}{a^2} + \frac{n^2}{b^2} + \frac{k^2}{c^2}\right)$$

mit $m, n, k = 1, 2, 3, \ldots$

Eigenfunktionen und ihre Normquadrate:

$$w_{mnk} = \sin\left(\frac{\pi m x}{a}\right)\sin\left(\frac{\pi n y}{b}\right)\sin\left(\frac{\pi k z}{c}\right), \qquad \|w_{mnk}\|^2 = \frac{abc}{8}.$$

3.3. Zweite Randwertaufgabe für das rechtwinklige Parallelepiped $0 \le x \le a,\ 0 \le y \le b,\ 0 \le z \le c$.

Randbedingungen:

$$\frac{\partial w}{\partial x} = 0 \quad \text{für } x = 0, \qquad \frac{\partial w}{\partial x} = 0 \quad \text{für } x = a,$$
$$\frac{\partial w}{\partial y} = 0 \quad \text{für } y = 0, \qquad \frac{\partial w}{\partial y} = 0 \quad \text{für } y = b,$$
$$\frac{\partial w}{\partial z} = 0 \quad \text{für } z = 0, \qquad \frac{\partial w}{\partial z} = 0 \quad \text{für } z = c.$$

Eigenwerte:

$$\lambda_{mnk} = \pi^2\left(\frac{m^2}{a^2} + \frac{n^2}{b^2} + \frac{k^2}{c^2}\right)$$

mit $m,\ n,\ k = 0,\ 1,\ 2,\ \ldots$
Eigenfunktionen:

$$w_{mnk} = \cos\left(\frac{\pi m x}{a}\right) \cos\left(\frac{\pi n y}{b}\right) \cos\left(\frac{\pi k z}{c}\right).$$

Normquadrate der Eigenfunktionen:

$$\|w_{mnk}\|^2 = \frac{abc}{8}(1+\delta_{m0})(1+\delta_{n0})(1+\delta_{k0}), \qquad \delta_{ij} = \begin{cases} 1 & \text{für } i = j, \\ 0 & \text{für } i \neq j. \end{cases}$$

3.4. Dritte Randwertaufgabe für das rechtwinklige Parallelepiped $0 \le x \le a,\ 0 \le y \le b,\ 0 \le z \le c$.

Randbedingungen:

$$\begin{aligned}
&\frac{\partial w}{\partial x} - h_1 w = 0 \quad \text{für } x = 0, && \frac{\partial w}{\partial x} + h_2 w = 0 \quad \text{für } x = a, \\
&\frac{\partial w}{\partial y} - h_3 w = 0 \quad \text{für } y = 0, && \frac{\partial w}{\partial y} + h_4 w = 0 \quad \text{für } y = b, \\
&\frac{\partial w}{\partial z} - h_5 w = 0 \quad \text{für } z = 0, && \frac{\partial w}{\partial z} + h_6 w = 0 \quad \text{für } z = c
\end{aligned}$$

mit $h_i = \text{const.}$
Eigenwerte:

$$\lambda_{mnk} = (\mu_m)^2 + (\nu_n)^2 + (\sigma_k)^2,$$

wobei μ_n, ν_n, σ_k die positiven Lösungen der folgenden transzendenten Gleichungen sind:

$$\tan(\mu a) = \frac{(h_1+h_2)\mu}{\mu^2 - h_1 h_2}, \quad \tan(\nu b) = \frac{(h_3+h_4)\nu}{\nu^2 - h_3 h_4}, \quad \tan(\sigma c) = \frac{(h_5+h_6)\sigma}{\sigma^2 - h_5 h_6}.$$

Eigenfunktionen:

$$w_{mnk} = (\mu_m \cos \mu_m x + h_1 \sin \mu_m x)(\nu_n \cos \nu_n y + h_3 \sin \nu_n y)(\sigma_k \cos \sigma_k z + h_5 \sin \sigma_k z).$$

Normquadrate der Eigenfunktionen:

$$\|w_{mnk}\|^2 = \frac{[a + F(\mu_n, h_1, h_2)][b + F(\nu_m, h_3, h_4)][c + F(\sigma_k, h_5, h_6)]}{8(\mu_m^2 + h_1^2)(\nu_n^2 + h_3^2)(\sigma_k^2 + h_5^2)}$$

mit

$$F(\alpha, \beta, \gamma) = 2\frac{(\beta+\gamma)(\alpha^2+\beta\gamma)}{(\alpha^2+\beta^2)(\alpha^2+\gamma^2)}.$$

3.5. Erste Randwertaufgabe für die Kugel $0 \le r \le R$.
Randbedingung:

$$w = 0 \qquad \text{für } r = R.$$

Eigenwerte:

$$\lambda_{nk} = \frac{\xi_{nk}^2}{R^2},$$

wobei ξ_{nk} die Nullstellen der Besselschen Funktion $J_{n+1/2}$ bezeichnet; diese Funktion läßt sich durch elementare Funktionen ausdrücken, vgl. Anhang 2.
Eigenfunktionen:

$$w_{mnk}^{(1)} = \frac{1}{\sqrt{r}} J_{n+1/2}\Big(\xi_{nk}\frac{r}{R}\Big) P_n^m(\cos\theta)\cos m\varphi,$$
$$w_{mnk}^{(2)} = \frac{1}{\sqrt{r}} J_{n+1/2}\Big(\xi_{nk}\frac{r}{R}\Big) P_n^m(\cos\theta)\sin m\varphi,$$

wobei $P_n^m(t) = (1-t^2)^{m/2}\dfrac{d^m}{dt^m}P_n(t)$ gilt und $P_n(t)$ Legendresche Polynome sind.
Kugelsymmetrische Eigenfunktionen:

$$w_{00k}^{(1)} = J_{1/2}\Big(\xi_{0k}\frac{r}{R}\Big).$$

Achsensymmetrische Eigenfunktionen (sie sind unabhängig von φ):

$$w_{0nk}^{(1)} = J_{n+1/2}\Big(\xi_{nk}\frac{r}{R}\Big) P_n(\cos\theta).$$

Normquadrate der Eigenfunktionen:

$$\|w_{mnk}^{(i)}\|^2 = \frac{2\pi(1+\delta_{m0})(m+n)!\,R^3}{(2n+1)(n-m)!\,\xi_{nk}}\left[J'_{n+1/2}(\xi_{nk})\right]^2, \qquad i = 1,\ 2,$$

wobei δ_{m0} das Kroneckersymbol bezeichnet.

3.6. Zweite Randwertaufgabe für die Kugel $0 \le r \le R$.
Randbedingung:

$$\frac{\partial w}{\partial r} = 0 \qquad \text{für } r = R.$$

Eigenwerte:

$$\lambda_{00} = 0, \qquad \lambda_{nk} = \frac{\xi_{nk}^2}{R^2},$$

wobei ξ_{nk} die Lösungen der folgenden transzendenten Gleichung sind:

$$2\xi J'_{n+1/2}(\xi) - J_{n+1/2}(\xi) = 0.$$

Eigenfunktionen:

$$w^{(1)}_{mnk} = \frac{1}{\sqrt{r}} J_{n+1/2}\Big(\xi_{nk}\frac{r}{R}\Big) P^m_n(\cos\theta)\cos m\varphi, \quad w^{(1)}_{000} = 1,$$
$$w^{(2)}_{mnk} = \frac{1}{\sqrt{r}} J_{n+1/2}\Big(\xi_{nk}\frac{r}{R}\Big) P^m_n(\cos\theta)\sin m\varphi,$$

wobei $P^m_n(t)$ die assoziierten Legendreschen Funktionen (Kugelfunktionen) bezeichnen.
Normquadrate der Eigenfunktionen:

$$\|w^{(i)}_{mnk}\|^2 = \frac{2\pi(1+\delta_{m0})(m+n)!\,R^3}{(2n+1)(n-m)!\,\xi^2_{nk}}\Big[1 - \frac{n(n+1)}{\xi^2_{nk}}\Big]\big[J_{n+1/2}(\xi_{nk})\big]^2$$

mit $i = 1,\ 2,\ \delta_{m0}$ das Kroneckersymbol.

3.7. Dritte Randwertaufgabe für die Kugel $0 \le r \le R$.
Randbedingung:

$$\frac{\partial w}{\partial r} + hw = 0 \qquad \text{für } r = R.$$

Die Eigenwerte λ_{nk} und die Eigenfunktionen $w^{(1)}_{mnk}$, $w^{(2)}_{mnk}$ werden durch dieselben Formeln definiert wie bei der ersten Randwertaufgabe, wobei nun die ξ_{nk} die Lösungen der folgenden transzendenten Gleichung sind:

$$2\xi J'_{n+1/2}(\xi) - (1-2Rh)J_{n+1/2}(\xi) = 0.$$

Normquadrate der Eigenfunktionen:

$$\|w^{(i)}_{mnk}\|^2 =$$
$$\frac{2\pi(1+\delta_{m0})(m+n)!\,R^3}{(2n+1)(n-m)!\,\xi^2_{nk}}\Big[1 - \frac{n(n+1)+4Rh(1-Rh)}{\xi^2_{nk}}\Big]\big[J_{n+1/2}(\xi_{nk})\big]^2$$

mit $i = 1,\ 2,\ \delta_{m0}$ das Kroneckersymbol.

3.8. Erste Randwertaufgabe für den Kreiszylinder $0 \le \rho \le R,\ 0 \le z \le a$.
Randbedingungen:

$$w = 0 \quad \text{für } \rho = R,$$
$$w = 0 \quad \text{für } z = 0,$$
$$w = 0 \quad \text{für } z = a.$$

Eigenwerte:

$$\lambda_{mnk} = \frac{\pi^2 m^2}{a^2} + \frac{\xi^2_{nk}}{R^2}; \qquad n = 0,\ 1,\ \ldots; \quad m,\ k = 1,\ 2,\ \ldots,$$

wobei $\xi_{nk} > 0$ die Nullstellen der Besselschen Funktion J_n sind.
Eigenfunktionen:

$$w^{(1)}_{mnk} = J_n\left(\xi_{nk}\frac{\rho}{R}\right) \cos n\varphi \sin\left(\frac{\pi m z}{a}\right),$$
$$w^{(2)}_{mnk} = J_n\left(\xi_{nk}\frac{\rho}{R}\right) \sin n\varphi \sin\left(\frac{\pi m z}{a}\right), \qquad (1 \leq n).$$

Achsensymmetrische Eigenfunktionen:

$$w^{(1)}_{0mk} = J_0\left(\xi_{0k}\frac{\rho}{R}\right) \sin\left(\frac{\pi m z}{a}\right).$$

Normquadrate der Eigenfunktionen:

$$\|w^{(i)}_{mnk}\|^2 = \frac{\pi R^2 a}{4}(1+\delta_{n0})\left[J'_n(\xi_{nk})\right]^2, \quad i = 1,\ 2,$$

wobei δ_{m0} das Kroneckersymbol ist.

3.9. Zweite Randwertaufgabe für den Kreiszylinder $0 \leq \rho \leq R$, $0 \leq z \leq a$.

Randbedingungen:

$$\frac{\partial w}{\partial \rho} = 0 \quad \text{für } \rho = R,$$
$$\frac{\partial w}{\partial z} = 0 \quad \text{für } z = 0,$$
$$\frac{\partial w}{\partial z} = 0 \quad \text{für } z = a.$$

Eigenwerte:

$$\lambda_{000} = 0, \quad \lambda_{mnk} = \frac{\pi^2 m^2}{a^2} + \frac{\xi^2_{nk}}{R^2}; \qquad n = 0,\ 1,\ \ldots; \quad m,\ k = 0,\ 1,\ \ldots,$$

wobei ξ_{nk} die Nullstellen der abgeleiteten Besselschen Funktion J'_n sind.
Eigenfunktionen:

$$w^{(1)}_{mnk} = J_n\left(\xi_{nk}\frac{\rho}{R}\right) \cos n\varphi \cos\left(\frac{\pi m z}{a}\right), \qquad w^{(1)}_{000} = 1,$$
$$w^{(2)}_{mnk} = J_n\left(\xi_{nk}\frac{\rho}{R}\right) \sin n\varphi \cos\left(\frac{\pi m z}{a}\right), \qquad (1 \leq n).$$

Normquadrate der Eigenfunktionen:

$$\|w^{(i)}_{mnk}\|^2 = \frac{\pi R^2 a}{4\xi^2_{nk}}(1+\delta_{n0})(\xi^2_{nk} - n^2)\left[J_n(\xi_{nk})\right]^2, \quad \|w^{(1)}_{000}\|^2 = \pi R^2 a$$

mit $i = 1,\ 2,\ \ \delta_{m0}$ das Kroneckersymbol.

3.10. Dritte Randwertaufgabe für den Kreiszylinder $0 \le \rho \le R,\ 0 \le z \le a$.
Randbedingungen:

$$\frac{\partial w}{\partial \rho} + h_0 w = 0 \quad \text{für } \rho = R,$$
$$\frac{\partial w}{\partial z} - h_1 w = 0 \quad \text{für } z = 0,$$
$$\frac{\partial w}{\partial z} + h_2 w = 0 \quad \text{für } z = a,$$

wobei die h_i konstant sind.
Eigenwerte:

$$\lambda_{mnk} = \nu_m^2 + \frac{\xi_{nk}^2}{R^2};$$

hier bezeichnen ν_m und ξ_{nk} die Lösungen der transzendenten Gleichungen:

$$\tan(\nu a) = \frac{(h_1 + h_2)\nu}{\nu^2 - h_1 h_2}, \qquad \xi J_n'(\xi) + R h_0 J_n(\xi) = 0.$$

Eigenfunktionen:

$$w_{mnk}^{(1)} = J_n\Big(\xi_{nk}\frac{\rho}{R}\Big) \cos n\varphi \, \frac{\nu_m \cos \nu_m z + h_1 \sin \nu_m z}{\sqrt{\nu_m^2 + h_1^2}},$$
$$w_{mnk}^{(2)} = J_n\Big(\xi_{nk}\frac{\rho}{R}\Big) \sin n\varphi \, \frac{\nu_m \cos \nu_m z + h_1 \sin \nu_m z}{\sqrt{\nu_m^2 + h_1^2}}, \qquad (1 \le n).$$

Normquadrate der Eigenfunktionen:

$$\|w_{mnk}^{(i)}\|^2 = \frac{\pi R^2}{2\xi_{nk}^2}(1+\delta_{n0})(R^2h_0^2+\xi_{nk}^2-n^2)\left[J_n(\xi_{nk})\right]^2\left[\frac{a}{2}+\frac{(h_1+h_2)(\nu_m^2+h_1h_2)}{(\nu_m^2+h_1^2)(\nu_m^2+h_2^2)}\right].$$

3.11. Erste Randwertaufgabe für den hohlen Kreiszylinder $R_1 \le \rho \le R_2,\ 0 \le z \le a$.
Randbedingungen:

$$w = 0 \quad \text{für } \rho = R_1, \qquad w = 0 \quad \text{für } \rho = R_2,$$
$$w = 0 \quad \text{für } z = 0, \qquad w = 0 \quad \text{für } z = a.$$

Eigenwerte:

$$\lambda_{mnk} = \frac{\pi^2 k^2}{a^2} + \xi_{mn}^2; \qquad n = 0,\ 1,\ \ldots;\ m,\ k = 1,\ 2,\ \ldots,$$

wobei ξ_{mn} die Lösungen der folgenden transzendenten Gleichung sind:

$$J_n(\xi R_1)Y_n(\xi R_2) - J_n(\xi R_2)Y_n(\xi R_1) = 0.$$

Eigenfunktionen:

$$w^{(1)}_{mnk} = [J_n(\xi_{mn}\rho)Y_n(\xi_{mn}R_1) - J_n(\xi_{mn}R_1)Y_n(\xi_{mn}\rho)] \cos n\varphi \sin\Big(\frac{\pi k z}{a}\Big),$$
$$w^{(2)}_{mnk} = [J_n(\xi_{mn}\rho)Y_n(\xi_{mn}R_1) - J_n(\xi_{mn}R_1)Y_n(\xi_{mn}\rho)] \sin n\varphi \sin\Big(\frac{\pi k z}{a}\Big)$$

mit $1 \leq n$ in der letzten Gleichung.
Normquadrate der Eigenfunktionen:

$$\|w^{(i)}_{mnk}\|^2 = \frac{a}{\pi \xi_{mn}}(1+\delta_{n0})\frac{[J_n(\xi_{mn}R_1)]^2 - [J_n(\xi_{mn}R_2)]^2}{[J_n(\xi_{mn}R_2)]^2}, \qquad i = 1,\ 2,$$

wobei δ_{m0} das Kroneckersymbol ist.

7.4.4 Der Laplacesche Operator in orthogonalen krummlinigen Koordinaten

1. Allgemeine orthogonale Koordinatensysteme. Es seien die krummlinigen Koordinaten x^1, x^2, x^3 als Funktionen der orthogonalen kartesischen Koordinate x, y, z gegeben:

$$x^1 = x^1(x,y,z), \quad x^2 = x^2(x,y,z), \quad x^3 = x^3(x,y,z).$$

Durch Umkehrung dieser Koordinatentransformation erhält man x, y, z als Funktionen der krummlinigen Koordinaten x^1, x^2, x^3:

$$x = x(x^1,x^2,x^3), \quad y = y(x^1,x^2,x^3), \quad z = z(x^1,x^2,x^3).$$

Die Komponenten des *metrischen Tensors* g_{ij} werden definiert durch

$$g_{ij}(x^1,x^2,x^3) = \Big(\frac{\partial x}{\partial x^i}\frac{\partial x}{\partial x^j} + \frac{\partial y}{\partial x^i}\frac{\partial y}{\partial x^j} + \frac{\partial z}{\partial x^i}\frac{\partial z}{\partial x^j}\Big).$$

Offenbar gilt

$$g_{ij}(x^1,x^2,x^3) = g_{ji}(x^1,x^2,x^3); \qquad i,j = 1,\ 2,\ 3.$$

Das Koordinatensystem ist *orthogonal*, wenn

$$g_{ij}(x^1,x^2,x^3) = 0 \quad \text{für } i \neq j.$$

In dem orthogonalen krummlinigen Koordinatensystem x^1, x^2, x^3 hat der Laplacesche Operator die Gestalt:

$$\Delta w \equiv \frac{1}{\sqrt{g}}\Big[\frac{\partial}{\partial x^1}\Big(\frac{\sqrt{g}}{g_{11}}\frac{\partial w}{\partial x^1}\Big) + \frac{\partial}{\partial x^2}\Big(\frac{\sqrt{g}}{g_{22}}\frac{\partial w}{\partial x^2}\Big) + \frac{\partial}{\partial x^3}\Big(\frac{\sqrt{g}}{g_{33}}\frac{\partial w}{\partial x^3}\Big)\Big],$$

wobei $g = g_{11}g_{22}g_{33}$ gilt.

2. Zylinderkoordinaten ρ, φ, z. (Anwendbar auch auf *Polarkoordinaten* in der xy-Ebene.)
Koordinatentransformation ($0 \le \varphi \le 2\pi$):

$$\begin{aligned} \rho &= \sqrt{x^2+y^2} & \qquad x &= \rho\cos\varphi \\ \tan\varphi &= \frac{y}{x}\ \Big(\sin\varphi = \frac{y}{\rho}\Big) & \qquad y &= \rho\sin\varphi \\ z &= z & \qquad z &= z \end{aligned}$$

Komponenten des metrischen Tensors:

$$g_{\rho\rho} = 1, \quad g_{\varphi\varphi} = \rho^2, \quad g_{zz} = 1, \quad \sqrt{g} = \rho.$$

Laplacescher Operator:

$$\Delta w = \frac{1}{\rho}\frac{\partial}{\partial\rho}\Big(\rho\frac{\partial w}{\partial\rho}\Big) + \frac{1}{\rho^2}\frac{\partial^2 w}{\partial\varphi^2} + \frac{\partial^2 w}{\partial z^2}.$$

3. Kugelkoordinaten r, θ, φ.
Koordinatentransformation ($0 \le \theta \le \pi$, $0 \le \varphi \le 2\pi$):

$$\begin{aligned} r &= \sqrt{x^2+y^2+z^2} & \qquad x &= r\sin\theta\cos\varphi \\ \theta &= \arccos\frac{z}{r} & \qquad y &= r\sin\theta\sin\varphi \\ \tan\varphi &= \frac{y}{x}\ \Big(\sin\varphi = \frac{y}{\sqrt{x^2+y^2}}\Big) & \qquad z &= r\cos\theta \end{aligned}$$

Komponenten des metrischen Tensors:

$$g_{rr} = 1, \quad g_{\theta\theta} = r^2, \quad g_{\varphi\varphi} = r^2\sin^2\theta, \quad \sqrt{g} = r^2\sin\theta.$$

Laplacescher Operator:

$$\Delta w = \frac{1}{r^2}\frac{\partial}{\partial r}\Big(r^2\frac{\partial w}{\partial r}\Big) + \frac{1}{r^2\sin\theta}\frac{\partial}{\partial\theta}\Big(\sin\theta\frac{\partial w}{\partial\theta}\Big) + \frac{1}{r^2\sin^2\theta}\frac{\partial^2 w}{\partial\varphi^2}.$$

4. Gestreckte rotationsellipsoidale Koordinaten σ, τ, φ.
Koordinatentransformation ($\sigma \geq 1 \geq \tau \geq -1$):

$$x^2 = a^2(\sigma^2-1)(1-\tau^2)\cos^2\varphi, \quad y^2 = a^2(\sigma^2-1)(1-\tau^2)\sin^2\varphi, \quad z = a\sigma\tau.$$

Das spezielle Koordinatensystem u, v, φ $(0 \leq u < \infty,\ 0 \leq v \leq \pi,\ 0 \leq \varphi \leq 2\pi)$:

$$\begin{aligned} \sigma &= \cosh u & x &= a\sinh u \sin v \cos\varphi \\ \tau &= \cos v & y &= a \sinh u \sin v \sin\varphi \\ \varphi &= \varphi & z &= a\cosh u \cos v \end{aligned}$$

Komponenten des metrischen Tensors:

$$g_{\sigma\sigma} = a^2\frac{\sigma^2-\tau^2}{\sigma^2-1}, \quad g_{\tau\tau} = a^2\frac{\sigma^2-\tau^2}{1-\tau^2}, \quad g_{\varphi\varphi} = a^2(\sigma^2-1)(1-\tau^2),$$
$$g_{uu} = g_{vv} = a^2(\sinh^2 u + \sin^2 v), \quad g_{\varphi\varphi} = a^2\sinh^2 u \sin^2 v.$$

Laplacescher Operator:

$$\Delta w = \frac{1}{a^2(\sigma^2-\tau^2)}\left\{\frac{\partial}{\partial\sigma}\left[(\sigma^2-1)\frac{\partial w}{\partial\sigma}\right] + \frac{\partial}{\partial\tau}\left[(1-\tau^2)\frac{\partial w}{\partial\tau}\right] + \frac{\sigma^2-\tau^2}{(\sigma^2-1)(1-\tau^2)}\frac{\partial^2 w}{\partial\varphi^2}\right\}.$$

5. Gestauchte rotationsellipsoidale Koordinaten σ, τ, φ.
Koordinatentransformation ($\sigma \geq 0,\ -1 \leq \tau \leq 1$):

$$x^2 = a^2(1+\sigma^2)(1-\tau^2)\cos^2\varphi, \quad y^2 = a^2(1+\sigma^2)(1-\tau^2)\sin^2\varphi, \quad z = a\sigma\tau.$$

Das spezielle Koordinatensystem u, v, φ $(0 \leq u < \infty,\ 0 \leq v \leq \pi,\ 0 \leq \varphi \leq 2\pi)$:

$$\begin{aligned} \sigma &= \sinh u & x &= a\cosh u \sin v \cos\varphi \\ \tau &= \cos v & y &= a \cosh u \sin v \sin\varphi \\ \varphi &= \varphi & z &= a\sinh u \cos v \end{aligned}$$

Komponenten des metrischen Tensors:

$$g_{\sigma\sigma} = a^2\frac{\sigma^2+\tau^2}{1+\sigma^2}, \quad g_{\tau\tau} = a^2\frac{\sigma^2+\tau^2}{1-\tau^2}, \quad g_{\varphi\varphi} = a^2(1+\sigma^2)(1-\tau^2),$$
$$g_{uu} = g_{vv} = a^2(\sinh^2 u + \cos^2 v), \quad g_{\varphi\varphi} = a^2\cosh^2 u \sin^2 v.$$

Laplacescher Operator:

$$\begin{aligned} \Delta w &= \frac{1}{a^2(\sigma^2+\tau^2)}\left\{\frac{\partial}{\partial\sigma}\left[(1+\sigma^2)\frac{\partial w}{\partial\sigma}\right] + \frac{\partial}{\partial\tau}\left[(1-\tau^2)\frac{\partial w}{\partial\tau}\right]\right. \\ &\quad \left. + \frac{\sigma^2+\tau^2}{(1+\sigma^2)(1-\tau^2)}\frac{\partial^2 w}{\partial\varphi^2}\right\}. \end{aligned}$$

6. Elliptische Zylinderkoordinaten σ, τ, z (gilt auch für *elliptische Koordinaten* in der xy-Ebene).
Koordinatentransformation ($\sigma \geq 0$, $-1 \leq \tau \leq 1$):

$$x = a\sigma\tau, \quad y^2 = a^2(\sigma^2 - 1)(1 - \tau^2), \quad z = z.$$

Das spezielle Koordinatensystem u, v, z ($0 \leq u < \infty$, $0 \leq v \leq \pi$):

$$\begin{aligned} \sigma &= \cosh u & \qquad x &= a \cosh u \cos v \\ \tau &= \cos v & y &= a \sinh u \sin v \\ z &= z & z &= z \end{aligned}$$

Komponenten des metrischen Tensors:

$$g_{\sigma\sigma} = a^2 \frac{\sigma^2 - \tau^2}{\sigma^2 - 1}, \quad g_{\tau\tau} = a^2 \frac{\sigma^2 - \tau^2}{1 - \tau^2}, \quad g_{zz} = 1,$$
$$g_{uu} = g_{vv} = a^2(\sinh^2 u + \sin^2 v), \quad g_{zz} = 1.$$

Laplacescher Operator:

$$\begin{aligned} \Delta w &= \frac{1}{a^2(\sinh^2 u + \sin^2 v)} \left(\frac{\partial^2 w}{\partial u^2} + \frac{\partial^2 w}{\partial v^2} \right) + \frac{\partial^2 w}{\partial z^2} \\ &= \frac{\sqrt{\sigma^2 - 1}}{a^2(\sigma^2 - \tau^2)} \frac{\partial}{\partial \sigma} \left(\sqrt{\sigma^2 - 1} \frac{\partial w}{\partial \sigma} \right) + \frac{\sqrt{1 - \tau^2}}{a^2(\sigma^2 - \tau^2)} \frac{\partial}{\partial \tau} \left(\sqrt{1 - \tau^2} \frac{\partial w}{\partial \tau} \right) + \frac{\partial^2 w}{\partial z^2}. \end{aligned}$$

7. Parabolische Koordinaten σ, τ, φ.
Koordinatentransformation:

$$x = \sigma\tau \cos \varphi, \quad y = \sigma\tau \sin \varphi, \quad z = \tfrac{1}{2}(\tau^2 - \sigma^2).$$

Komponenten des metrischen Tensors:

$$g_{\sigma\sigma} = g_{\tau\tau} = \sigma^2 + \tau^2, \quad g_{\varphi\varphi} = \sigma^2\tau^2.$$

Laplacescher Operator:

$$\Delta w = \frac{1}{\sigma^2 + \tau^2} \left[\frac{1}{\sigma} \frac{\partial}{\partial \sigma} \left(\sigma \frac{\partial w}{\partial \sigma} \right) + \frac{1}{\tau} \frac{\partial}{\partial \tau} \left(\tau \frac{\partial w}{\partial \tau} \right) + \left(\frac{1}{\sigma^2} + \frac{1}{\tau^2} \right) \frac{\partial^2 w}{\partial \varphi^2} \right].$$

8. Parabolische Zylinderkoordinaten σ, τ, z (gilt auch für *parabolische Koordinaten* in der xy-Ebene).
Koordinatentransformation:

$$x = \sigma\tau, \quad y = \tfrac{1}{2}(\tau^2 - \sigma^2), \quad z = z.$$

Komponenten des metrischen Tensors:

$$g_{\sigma\sigma} = g_{\tau\tau} = \sigma^2 + \tau^2, \quad g_{zz} = 1.$$

Laplacescher Operator:

$$\Delta w = \frac{1}{\sigma^2 + \tau^2}\left(\frac{\partial^2 w}{\partial \sigma^2} + \frac{\partial^2 w}{\partial \tau^2}\right) + \frac{\partial^2 w}{\partial z^2}.$$

9. Bizylindrische Koordinaten σ, τ, z (gilt auch für *bipolare Koordinaten* in der xy-Ebene).
Koordinatentransformation:

$$x = \frac{a \sinh \tau}{\cosh \tau - \cos \sigma}, \quad y = \frac{a \sin \sigma}{\cosh \tau - \cos \sigma}, \quad z = z.$$

Komponenten des metrischen Tensors:

$$g_{\sigma\sigma} = g_{\tau\tau} = \frac{a^2}{(\cosh \tau - \cos \sigma)^2}, \quad g_{zz} = 1.$$

Laplacescher Operator:

$$\Delta w = \frac{1}{a^2}(\cosh \tau - \cos \sigma)^2\left(\frac{\partial^2 w}{\partial \sigma^2} + \frac{\partial^2 w}{\partial \tau^2}\right) + \frac{\partial^2 w}{\partial z^2}.$$

10. Toroidale Koordinaten σ, τ, φ.
Koordinatentransformation ($-\pi \le \sigma \le \pi,\ 0 \le \tau < \infty,\ 0 \le \varphi < 2\pi$):

$$x = \frac{a \sinh \tau \cos \varphi}{\cosh \tau - \cos \sigma}, \quad y = \frac{a \sinh \tau \sin \varphi}{\cosh \tau - \cos \sigma}, \quad z = \frac{a \sin \sigma}{\cosh \tau - \cos \sigma}.$$

Komponenten des metrischen Tensors:

$$g_{\sigma\sigma} = g_{\tau\tau} = \frac{a^2}{(\cosh \tau - \cos \sigma)^2}, \quad g_{\varphi\varphi} = \frac{a^2 \sinh^2 \tau}{(\cosh \tau - \cos \sigma)^2}.$$

Laplacescher Operator:

$$\Delta w = \frac{(\sinh \tau - \cos \sigma)^3}{a^2 \sinh \tau}\left[\frac{\partial}{\partial \sigma}\left(\frac{\sinh \tau}{\cosh \tau - \cos \sigma}\frac{\partial w}{\partial \sigma}\right)\right.$$
$$\left. + \frac{\partial}{\partial \tau}\left(\frac{\sinh \tau}{\cosh \tau - \cos \sigma}\frac{\partial w}{\partial \tau}\right) + \frac{1}{\sinh \tau(\cosh \tau - \cos \sigma)}\frac{\partial^2 w}{\partial \varphi^2}\right].$$

11. Bipolare Koordinaten σ, τ, φ.
Koordinatentransformation ($-\infty < \sigma < \infty,\ 0 \le \tau < \pi,\ 0 \le \varphi < 2\pi$):

$$x = \frac{a \sin\tau \cos\varphi}{\cosh\sigma - \cos\tau}, \quad y = \frac{a \sin\tau \sin\varphi}{\cosh\sigma - \cos\tau}, \quad z = \frac{a \sinh\sigma}{\cosh\sigma - \cos\tau}.$$

Komponenten des metrischen Tensors:

$$g_{\sigma\sigma} = g_{\tau\tau} = \frac{a^2}{(\cosh\sigma - \cos\tau)^2}, \quad g_{\varphi\varphi} = \frac{a^2 \sin^2\tau}{(\cosh\sigma - \cos\tau)^2}.$$

Laplacescher Operator:

$$\Delta w = \frac{(\cosh\sigma - \cos\tau)^3}{a^2 \sin\tau} \Big[\frac{\partial}{\partial\sigma}\Big(\frac{\sin\tau}{\cosh\sigma - \cos\tau}\frac{\partial w}{\partial\sigma}\Big) + \frac{\partial}{\partial\tau}\Big(\frac{\sin\tau}{\cosh\sigma - \cos\tau}\frac{\partial w}{\partial\tau}\Big) + \frac{1}{\sin\tau(\cosh\sigma - \cos\tau)}\frac{\partial^2 w}{\partial\varphi^2}\Big].$$

Anhang A

Eigenschaften elementarer Funktionen

Wenn nicht ausdrücklich anders vermerkt, bedeutet in Anhang A das Zeichen n stets eine positive ganze Zahl.

A.1 Trigonometrische Funktionen

A.1.1 Einfachste Relationen

$$
\begin{aligned}
&\sin^2 x + \cos^2 x = 1, && \tan x \cot x = 1,\\
&\sin(-x) = -\sin x, && \cos(-x) = \cos x,\\
&\tan x = \frac{\sin x}{\cos x}, && \cot x = \frac{\cos x}{\sin x},\\
&\tan(-x) = -\tan x, && \cot(-x) = -\cot x.
\end{aligned}
$$

A.1.2 Relationen zwischen trigonometrischen Funktionen eines Arguments

$$
\begin{aligned}
\sin x &= \pm\sqrt{1-\cos^2 x} = \pm\frac{\tan x}{\sqrt{1+\tan^2 x}} = \pm\frac{1}{\sqrt{1+\cot^2 x}},\\
\cos x &= \pm\sqrt{1-\sin^2 x} = \pm\frac{1}{\sqrt{1+\tan^2 x}} = \pm\frac{\cot x}{\sqrt{1+\cot^2 x}},\\
\tan x &= \pm\frac{\sin x}{\sqrt{1-\sin^2 x}} = \pm\frac{\sqrt{1-\cos^2 x}}{\cos x} = \frac{1}{\cot x},\\
\cot x &= \pm\frac{\sqrt{1-\sin^2 x}}{\sin x} = \pm\frac{\cos x}{\sqrt{1-\cos^x}} = \frac{1}{\tan x}.
\end{aligned}
$$

A.1.3 Reduktionsformeln

$$\sin(x \pm n\pi) = (-1)^n \sin x, \qquad \cos(x \pm n\pi) = (-1)^n \cos x,$$
$$\sin\Big(x \pm \frac{2n+1}{2}\pi\Big) = \pm(-1)^n \cos x, \qquad \cos\Big(x \pm \frac{2n+1}{2}\pi\Big) = \mp(-1)^n \sin x,$$
$$\tan(x \pm n\pi) = \tan x, \qquad \cot(x \pm n\pi) = \cot x,$$
$$\tan\Big(x \pm \frac{2n+1}{2}\pi\Big) = -\cot x, \qquad \cot\Big(x \pm \frac{2n+1}{2}\pi\Big) = -\tan x,$$
$$\sin\Big(x \pm \frac{\pi}{4}\Big) = \frac{\sqrt{2}}{2}(\sin x \pm \cos x), \qquad \cos\Big(x \pm \frac{\pi}{4}\Big) = \frac{\sqrt{2}}{2}(\cos x \mp \sin x),$$
$$\tan\Big(x \pm \frac{\pi}{4}\Big) = \frac{\tan x \pm 1}{1 \mp \tan x}, \qquad \cot\Big(x \pm \frac{\pi}{4}\Big) = \frac{\cot x \mp 1}{1 \pm \cot x}.$$

A.1.4 Additionsformeln

$$\sin(x \pm y) = \sin x \cos y \pm \sin y \cos x, \qquad \cos(x \pm y) = \cos x \cos y \mp \sin x \sin y,$$
$$\tan(x \pm y) = \frac{\tan x \pm \tan y}{1 \mp \tan x \tan y}, \qquad \cot(x \pm y) = \frac{1 \mp \tan x \tan y}{\tan x \pm \tan y}.$$

A.1.5 Summen und Differenzen trigonometrischer Funktionen

$$\begin{aligned} \sin x \pm \sin y &= 2\sin\Big(\frac{x \pm y}{2}\Big)\cos\Big(\frac{x \mp y}{2}\Big), \\ \cos x + \cos y &= 2\cos\Big(\frac{x+y}{2}\Big)\cos\Big(\frac{x-y}{2}\Big), \\ \cos x - \cos y &= -2\sin\Big(\frac{x+y}{2}\Big)\sin\Big(\frac{x-y}{2}\Big). \end{aligned}$$

Ferner gilt

$$a\cos x + b\sin x = r\sin(x+\varphi) = r\cos(x-\psi)$$

mit

$$r = \sqrt{a^2+b^2},$$
$$\sin\varphi = a/r,\ \cos\varphi = b/r,\ \sin\psi = b/r,\ \cos\psi = a/r.$$

$$\sin^2 x - \sin^2 y = \cos^2 y - \cos^2 x = \sin(x+y)\sin(x-y),$$
$$\sin^2 x - \cos^2 y = -\cos(x+y)\cos(x-y),$$
$$\tan x \pm \tan y = \frac{\sin(x \pm y)}{\cos x \cos y}, \quad \cot x \pm \cot y = -\frac{\sin(x \pm y)}{\sin x \sin y}.$$

A.1.6 Produkte trigonometrischer Funktionen

$$\begin{aligned}
\sin x \sin y &= \tfrac{1}{2}[\cos(x-y) - \cos(x+y)],\\
\cos x \cos y &= \tfrac{1}{2}[\cos(x-y) + \cos(x+y)],\\
\sin x \cos y &= \tfrac{1}{2}[\sin(x-y) + \sin(x+y)].
\end{aligned}$$

A.1.7 Potenzen trigonometrischer Funktionen

$$\begin{aligned}
\cos^2 x &= \tfrac{1}{2}\cos 2x + \tfrac{1}{2},\\
\cos^3 x &= \tfrac{1}{4}\cos 3x + \tfrac{3}{4}\cos x,\\
\cos^4 x &= \tfrac{1}{8}\cos 4x + \tfrac{1}{2}\cos 2x + \tfrac{3}{8},\\
\cos^5 x &= \tfrac{1}{16}\cos 5x + \tfrac{5}{16}\cos 3x + \tfrac{5}{8}\cos x,\\
\sin^2 x &= -\tfrac{1}{2}\cos 2x + \tfrac{1}{2},\\
\sin^3 x &= -\tfrac{1}{4}\sin 3x + \tfrac{3}{4}\sin x,\\
\sin^4 x &= \tfrac{1}{8}\cos 4x - \tfrac{1}{2}\cos 2x + \tfrac{3}{8},\\
\sin^5 x &= \tfrac{1}{16}\sin 5x - \tfrac{5}{16}\sin 3x + \tfrac{5}{8}\sin x.
\end{aligned}$$

$$\cos^{2n} x = \frac{1}{2^{2n-1}} \sum_{k=0}^{n-1} C_{2n}^k \cos[2(n-k)x] + \frac{1}{2^{2n}} C_{2n}^n,$$

$$\cos^{2n+1} x = \frac{1}{2^{2n}} \sum_{k=0}^{n} C_{2n+1}^k \cos[(2n-2k+1)x],$$

$$\sin^{2n} x = \frac{1}{2^{2n-1}} \sum_{k=0}^{n-1} (-1)^{n-k} C_{2n}^k \cos[2(n-k)x] + \frac{1}{2^{2n}} C_{2n}^n,$$

$$\sin^{2n+1} x = \frac{1}{2^{2n}} \sum_{k=0}^{n} (-1)^{n-k} C_{2n+1}^k \sin[(2n-2k+1)x],$$

wobei $C_m^k = \dfrac{m!}{k!(m-k)!}$ die Binomialkoeffizienten bezeichnet.

A.1.8 Trigonometrische Funktionen von Vielfachen eines Arguments

$$\cos 2x = 2\cos^2 x - 1, \qquad \sin 2x = 2\sin x \cos x,$$
$$\cos 3x = -3\cos x + 4\cos^3 x, \qquad \sin 3x = 3\sin x - 4\sin^3 x,$$
$$\cos 4x = 1 - 8\cos^2 x + 8\cos^4 x, \qquad \sin 4x = 4\cos x(\sin x - 2\sin^3 x),$$
$$\cos 5x = 5\cos x - 20\cos^3 x + 16\cos^5 x, \qquad \sin 5x = 5\sin x - 20\sin^3 x + 16\sin^5 x,$$

$$\cos(2nx) = 1 + \sum_{k=1}^{n}(-1)^k \frac{n^2(n^2-1)\dots[n^2-(k-1)^2]}{(2k)!} 4^k \sin^{2k} x,$$

$$\cos[2(n+1)x] = \cos x \left\{ 1 + \sum_{k=1}^{n}(-1)^k \frac{[(2n+1)^2-1][(2n+1)^2-3^2]\dots[(2n+1)^2-(2k-1)^2]}{(2k)!} \sin^{2k} x \right\},$$

$$\sin(2nx) = 2n\cos x \left[\sin x + \sum_{k=1}^{n}(-4)^k \frac{(n^2-1)(n^2-2^2)\dots(n^2-k^2)}{(2k-1)!} \sin^{2k-1} x \right],$$

$$\sin[2(n+1)x] = (2n+1)\left\{ \sin x + \sum_{k=1}^{n}(-1)^k \frac{[(2n+1)^2-1][(2n+1)^2-3^2]\dots[(2n+1)^2-(2k-1)^2]}{(2k+1)!} \sin^{2k+1} x \right\},$$

$$\tan 2x = \frac{2\tan x}{1-\tan^2 x}, \quad \tan 3x = \frac{3\tan x - \tan^3 x}{1 - 3\tan^2 x}, \quad \tan 4x = \frac{4\tan x - 4\tan^3 x}{1 - 6\tan^2 x + \tan^4 x}.$$

A.1.9 Formeln von Euler und Moivre, Übergang zu hyperbolischen Funktionen

$$e^{z+ix} = e^z(\cos x + i\sin x), \quad (\cos x + i\sin x)^n = \cos(nx) + i\sin(nx), \quad i^2 = -1,$$
$$\sin(ix) = i\sinh x, \quad \cos(ix) = \cosh x, \quad \tan(ix) = i\tanh x, \quad \cot(ix) = -i\coth x.$$

A.1.10 Ableitungen und Integrale

$$\frac{d\sin x}{dx} = \cos x, \qquad \frac{d\cos x}{dx} = -\sin x,$$
$$\frac{d\tan x}{dx} = \frac{1}{\cos^2 x}, \qquad \frac{d\cot x}{dx} = -\frac{1}{\sin^2 x}.$$

$$\int \sin x\, dx = -\cos x + C,$$

$$\int \cos x\, dx = \sin x + C,$$

$$\int \tan x\, dx = -\ln|\cos x| + C,$$

$$\int \cot x\, dx = \ln|\sin x| + C,$$

$$\int \sin^{2n} x\, dx = \frac{1}{2^{2n}} C_{2n}^{n} x + \frac{(-1)^n}{2^{2n-1}} \sum_{k=0}^{n-1} (-1)^k C_{2n}^{k} \frac{\sin[(2n-2k)x]}{2n-2k} + C,$$

$$\int \sin^{2n+1} x\, dx = \sum_{k=0}^{n} \frac{(-1)^{k+1}}{2k+1} C_n^k \cos^{2k+1} x + C,$$

$$\int \cos^{2n} x\, dx = \frac{1}{2^{2n}} C_{2n}^{n} x + \frac{1}{2^{2n-1}} \sum_{k=0}^{n-1} C_{2n}^{k} \frac{\sin[(2n-2k)x]}{2n-2k} + C,$$

$$\int \cos^{2n+1} x\, dx = \sum_{k=0}^{n} \frac{(-1)^{k}}{2k+1} C_n^k \sin^{2k+1} x + C,$$

$$\int \tan^{2n} x\, dx = (-1)^n x - \sum_{k=1}^{n} \frac{(-1)^k (\tan x)^{2n-2k+1}}{2n-2k+1} + C,$$

$$\int \tan^{2n+1} x\, dx = (-1)^{n+1} \ln|\cos x| - \sum_{k=1}^{n} \frac{(-1)^k (\tan x)^{2n-2k+2}}{2n-2k+2} + C,$$

$$\int \cot^{2n} x\, dx = (-1)^n x + \sum_{k=1}^{n} \frac{(-1)^k (\cot x)^{2n-2k+1}}{2n-2k+1} + C,$$

$$\int \cot^{2n+1} x\, dx = (-1)^{n} \ln|\sin x| + \sum_{k=1}^{n} \frac{(-1)^k (\cot x)^{2n-2k+2}}{2n-2k+2} + C,$$

wobei $C_m^k = \dfrac{m!}{k!\,(m-k)!}$ die Binomialkoeffizienten bezeichnet.

A.2 Hyperbolische Funktionen

A.2.1 Einfachste Relationen

$$\sinh x = \frac{e^x - e^{-x}}{2}, \qquad \cosh x = \frac{e^x + e^{-x}}{2},$$

$$\tanh x = \frac{e^x - e^{-x}}{e^x + e^{-x}}, \qquad \coth x = \frac{e^x + e^{-x}}{e^x - e^{-x}}.$$

$$\cosh^2 x - \sinh^2 x = 1, \qquad \tanh x \cdot \coth x = 1,$$

$$\sinh(-x) = -\sinh x, \qquad \cosh(-x) = \cosh x,$$

$$\tanh x = \frac{\sinh x}{\cosh x}, \qquad \coth x = \frac{\cosh x}{\sinh x},$$

$$\tanh(-x) = -\tanh x, \qquad \coth(-x) = -\coth x.$$

A.2.2 Beziehungen zwischen hyperbolischen Funktionen

$$\sinh x = \pm\sqrt{\cosh^2 x - 1} = \pm\frac{\tanh x}{\sqrt{1 - \tanh^2 x}} = \pm\frac{1}{\sqrt{\coth^2 x - 1}},$$

$$\cosh x = \sqrt{\sinh^2 x + 1} = \pm\frac{1}{\sqrt{1 - \tanh^2 x}} = \pm\frac{\coth x}{\sqrt{\coth^2 x - 1}},$$

$$\tanh x = \frac{\sinh x}{\sqrt{\sinh^2 x + 1}} = \pm\frac{\sqrt{\cosh^2 x - 1}}{\cosh x} = \frac{1}{\coth x},$$

$$\coth x = \frac{\sqrt{\sinh^2 x + 1}}{\sinh x} = \pm\frac{\cosh x}{\sqrt{\cosh^2 x - 1}} = \frac{1}{\tanh x}.$$

A.2.3 Additionsformeln

$$\sinh(x \pm y) = \sinh x \cosh y \pm \sinh y \cosh x,$$

$$\cosh(x \pm y) = \cosh x \cosh y \pm \sinh x \sinh y,$$

$$\tanh(x \pm y) = \frac{\tanh x \pm \tanh y}{1 \pm \tanh x \tanh y}, \qquad \coth(x \pm y) = \frac{\coth x \coth y \pm 1}{\coth y \pm \coth x}.$$

A.2.4 Summen und Differenzen hyperbolischer Funktionen

$$\sinh x \pm \sinh y = 2\sinh\left(\frac{x \pm y}{2}\right)\cosh\left(\frac{x \mp y}{2}\right),$$

$$\cosh x + \cosh y = 2\cosh\left(\frac{x+y}{2}\right)\cosh\left(\frac{x-y}{2}\right),$$

$$\cosh x - \cosh y = 2\sinh\left(\frac{x+y}{2}\right)\sinh\left(\frac{x-y}{2}\right),$$

$$\sinh^2 x - \sinh^2 y = \cosh^2 x - \cosh^2 y = \sinh(x+y)\sinh(x-y),$$

$$\sinh^2 x + \cosh^2 y = \cosh(x+y)\cosh(x-y),$$

$$\tanh x \pm \tanh y = \frac{\sinh(x \pm y)}{\cosh x \cosh y}, \quad \coth x \pm \coth y = \pm\frac{\sinh(x \pm y)}{\sinh x \sinh y}.$$

A.2.5 Produkte hyperbolischer Funktionen

$$\sinh x \sinh y = \tfrac{1}{2}[\cosh(x+y) - \cosh(x-y)],$$

$$\cosh x \cosh y = \tfrac{1}{2}[\cosh(x+y) + \cosh(x-y)],$$

$$\sinh x \cosh y = \tfrac{1}{2}[\sinh(x+y) + \sinh(x-y)].$$

A.2.6 Potenzen hyperbolischer Funktionen

$$\cosh^2 x = \tfrac{1}{2}\cosh 2x + \tfrac{1}{2}, \qquad \sinh^2 x = \tfrac{1}{2}\cosh 2x - \tfrac{1}{2},$$

$$\cosh^3 x = \tfrac{1}{4}\sinh 3x + \tfrac{3}{4}\sinh x, \qquad \sinh^3 x = \tfrac{1}{4}\sinh 3x - \tfrac{3}{4}\sinh x,$$

$$\cosh^4 x = \tfrac{1}{8}\cosh 4x + \tfrac{1}{2}\cosh 2x + \tfrac{3}{8}, \qquad \sinh^4 x = \tfrac{1}{8}\cosh 4x - \tfrac{1}{2}\cosh 2x + \tfrac{3}{8},$$

$$\cosh^5 x = \tfrac{1}{16}\sinh 5x + \tfrac{5}{16}\sinh 3x + \tfrac{5}{8}\sinh x,$$

$$\sinh^5 x = \tfrac{1}{16}\sinh 5x - \tfrac{5}{16}\sinh 3x + \tfrac{5}{8}\sinh x,$$

$$\cosh^{2n} x = \frac{1}{2^{2n-1}}\sum_{k=0}^{n-1} C_{2n}^k \cosh[2(n-k)x] + \frac{1}{2^{2n}} C_{2n}^n,$$

$$\cosh^{2n+1} x = \frac{1}{2^{2n}}\sum_{k=0}^{n} C_{2n+1}^k \cosh[(2n-2k+1)x],$$

$$\sinh^{2n} x = \frac{1}{2^{2n-1}}\sum_{k=0}^{n-1} (-1)^k C_{2n}^k \cosh[2(n-k)x] + \frac{(-1)^n}{2^{2n}} C_{2n}^n,$$

$$\sinh^{2n+1} x = \frac{1}{2^{2n}}\sum_{k=0}^{n} (-1)^k C_{2n+1}^k \sinh[(2n-2k+1)x],$$

wobei $C_m^k = \dfrac{m!}{k!\,(m-k)!}$ die Binomialkoeffizienten bezeichnet.

A.2.7 Hyperbolische Funktionen von Vielfachen eines Arguments

$$\cosh 2x = 2\cosh^2 x - 1, \qquad \sinh 2x = 2\sinh x \cosh x,$$

$$\cosh 3x = -3\cosh x + 4\cosh^3 x, \qquad \sinh 3x = 3\sinh x + 4\sinh^3 x,$$

$$\cosh 4x = 1 - 8\cosh^2 x + 8\cosh^4 x, \qquad \sinh 4x = 4\cosh x(\sinh x + 2\sinh^3 x),$$

$$\cosh 5x = 5\cosh x - 20\cosh^3 x + 16\cosh^5 x,$$

$$\sinh 5x = 5\sinh x + 20\sinh^3 x + 16\sinh^5 x.$$

$$\cosh(nx) = 2^{n-1}\cosh^n x + \frac{n}{2}\sum_{k=0}^{[n/2]} \frac{(-1)^{k+1}}{k+1} C_{n-k-2}^{k-2} 2^{n-2k-2}(\cosh x)^{n-2k-2},$$

$$\sinh(nx) = \sinh x \sum_{k=0}^{[(n-1)/2]} 2^{n-k-1} C_{n-k-1}^{k} (\cosh x)^{n-2k-1},$$

wobei $C_m^k = \dfrac{k!}{m!\,(k-m)!}$ die Binomialkoeffizienten bezeichnet; $[A]$ ist die größte ganze Zahl kleiner oder gleich A.

A.2.8 Zusammenhang mit den trigonometrischen Funktionen

$$\sinh(ix) = i\sin x, \qquad \cosh(ix) = \cos x, \qquad i^2 = -1,$$

$$\tanh(ix) = i\tan x, \qquad \coth(ix) = -i\cot x.$$

A.2.9 Ableitungen und Integrale

$$\frac{d\sinh x}{dx} = \cosh x, \qquad \frac{d\cosh x}{dx} = \sinh x,$$

$$\frac{d\tanh x}{dx} = \frac{1}{\cosh^2 x}, \qquad \frac{d\coth x}{dx} = -\frac{1}{\sinh^2 x}.$$

$$\int \sinh x\,dx = \cosh x + C,$$

$$\int \cosh x\,dx = \sinh x + C,$$

$$\int \tanh x\,dx = \ln\cosh x + C,$$

$$\int \coth x\, dx = \ln|\sinh x| + C,$$

$$\int \sinh^{2n} x\, dx = \frac{(-1)^n}{2^{2n}} C_{2n}^n x + \frac{1}{2^{2n-1}} \sum_{k=0}^{n-1} (-1)^k C_{2n}^k \frac{\sinh[(2n-2k)x]}{2n-2k} + C,$$

$$\int \sinh^{2n+1} x\, dx = \sum_{k=0}^{n} \frac{(-1)^{n+k}}{2k+1} C_n^k \cosh^{2k+1} x + C,$$

$$\int \cosh^{2n} x\, dx = \frac{1}{2^{2n}} C_{2n}^n x + \frac{1}{2^{2n-1}} \sum_{k=0}^{n-1} C_{2n}^k \frac{\cosh[(2n-2k)x]}{2n-2k} + C,$$

$$\int \cosh^{2n+1} x\, dx = \sum_{k=0}^{n} \frac{1}{2k+1} C_n^k \sinh^{2k+1} x + C,$$

$$\int \tanh^{2n} x\, dx = x - \sum_{k=1}^{n} \frac{(\tanh x)^{2n-2k+1}}{2n-2k+1} + C,$$

$$\int \tanh^{2n+1} x\, dx = \ln\cosh x - \sum_{k=1}^{n} \frac{(\tanh x)^{2n-2k+2}}{2n-2k+2} + C,$$

$$\int \coth^{2n} x\, dx = x - \sum_{k=1}^{n} \frac{(\coth x)^{2n-2k+1}}{2n-2k+1} + C,$$

$$\int \coth^{2n+1} x\, dx = \ln|\sinh x| - \sum_{k=1}^{n} \frac{(\coth x)^{2n-2k+2}}{2n-2k+2} + C,$$

wobei $C_m^k = \dfrac{m!}{k!\,(m-k)!}$ die Binomialkoeffizienten bezeichnet.

A.3 Trigonometrische Umkehrfunktionen

A.3.1 Einfachste Relationen

Die Hauptwerte der trigonometrischen Umkehrfunktionen werden durch folgende Ungleichungen bestimmt:

$$-\frac{\pi}{2} \le \arcsin x \le \frac{\pi}{2}, \qquad 0 \le \arccos x \le \pi, \qquad \text{mit } -1 \le x \le 1,$$

$$-\frac{\pi}{2} < \arctan x < \frac{\pi}{2}, \qquad 0 < \operatorname{arccot} x < \pi, \qquad \text{mit } -\infty < x < +\infty.$$

$$\begin{aligned} \arcsin(-x) &= -\arcsin x, & \arccos(-x) &= \pi - \arccos x, \\ \arctan(-x) &= -\arctan x, & \operatorname{arccot}(-x) &= \pi - \operatorname{arccot} x, \end{aligned}$$

$$\begin{aligned} \sin(\arcsin x) &= x, & \cos(\arccos x) &= x, \\ \tan(\arctan x) &= x, & \cot(\operatorname{arccot} x) &= x, \end{aligned}$$

$$\arcsin(\sin x) = \begin{cases} x - 2n\pi & \text{für } 2n\pi - \frac{1}{2}\pi \le x \le 2n\pi + \frac{1}{2}\pi, \\ -x+2(n+1)\pi & \text{für } (2n+1)\pi - \frac{1}{2}\pi \le x \le 2(n+1)\pi + \frac{1}{2}\pi, \end{cases}$$

$$\arccos(\cos x) = \begin{cases} x - 2n\pi & \text{für } 2n\pi \le x \le (2n+1)\pi, \\ -x + 2(n+1)\pi & \text{für } (2n+1)\pi \le x \le 2(n+1)\pi, \end{cases}$$

$$\begin{aligned} \arctan(\tan x) &= x - n\pi & \text{für } & n\pi - \tfrac{1}{2}\pi < x < n\pi + \tfrac{1}{2}\pi, \\ \operatorname{arccot}(\cot x) &= x - n\pi & \text{für } & n\pi < x < (n+1)\pi. \end{aligned}$$

A.3.2 Beziehungen zwischen den trigonometrischen Umkehrfunktionen

$$\arcsin x + \arccos x = \frac{\pi}{2}, \qquad \arctan x + \operatorname{arccot} x = \frac{\pi}{2}.$$

$$\arcsin x = \begin{cases} \arccos\sqrt{1-x^2} & \text{für } 0 \le x \le 1, \\ -\arccos\sqrt{1-x^2} & \text{für } -1 \le x \le 0, \\ \arctan\dfrac{x}{\sqrt{1-x^2}} & \text{für } -1 < x < 1, \\ \operatorname{arccot}\dfrac{\sqrt{1-x^2}}{x} - \pi & \text{für } -1 \le x < 0, \end{cases}$$

$$\arccos x = \begin{cases} \arcsin\sqrt{1-x^2} & \text{für } 0 \le x \le 1, \\ \pi - \arcsin\sqrt{1-x^2} & \text{für } -1 \le x \le 0, \\ \arctan\dfrac{\sqrt{1-x^2}}{x} & \text{für } 0 < x \le 1, \\ \operatorname{arccot}\dfrac{x}{\sqrt{1-x^2}} & \text{für } -1 \le x \le 1. \end{cases}$$

$$\arctan x = \begin{cases} \arcsin\dfrac{x}{\sqrt{1+x^2}} & \text{für beliebiges } x, \\ \arccos\dfrac{1}{\sqrt{1+x^2}} & \text{für } x \ge 0, \\ -\arccos\dfrac{1}{\sqrt{1+x^2}} & \text{für } x \le 0, \\ \operatorname{arccot}\dfrac{1}{x} & \text{für } x > 0. \end{cases}$$

$$\operatorname{arccot} x = \begin{cases} \arcsin \dfrac{1}{\sqrt{1+x^2}} & \text{für} \quad x > 0, \\ \pi - \arcsin \dfrac{1}{\sqrt{1+x^2}} & \text{für} \quad x < 0, \\ \arctan \dfrac{1}{x} & \text{für} \quad x > 0, \\ \pi + \arctan \dfrac{1}{x} & \text{für} \quad x < 0. \end{cases}$$

A.3.3 Summe und Differenzen trigonometrischer Umkehrfunktionen

$$\begin{aligned} \arcsin x + \arcsin y &= \arcsin\left(x\sqrt{1-y^2} + y\sqrt{1-x^2}\right) \quad \text{für } x^2+y^2 \le 1, \\ \arccos x + \arccos y &= \arccos\left[xy - \sqrt{(1-x^2)(1-y^2)}\right] \quad \text{für } x+y \ge 0, \\ \arccos x - \arccos y &= -\arccos\left[xy + \sqrt{(1-x^2)(1-y^2)}\right] \quad \text{für } x-y \ge 0, \\ \arctan x + \arctan y &= \arctan \frac{x+y}{1-xy} \quad \text{für} \quad xy < 1, \\ \arctan x - \arctan y &= \arctan \frac{x-y}{1+xy} \quad \text{für} \quad xy > -1. \end{aligned}$$

A.3.4 Ableitungen und Integrale

$$\frac{d}{dx} \arcsin x = \frac{1}{\sqrt{1-x^2}}, \qquad \frac{d}{dx} \arccos x = -\frac{1}{\sqrt{1-x^2}},$$

$$\frac{d}{dx} \arctan x = \frac{1}{1+x^2}, \qquad \frac{d}{dx} \operatorname{arccot} x = -\frac{1}{1+x^2},$$

$$\begin{aligned} \int \arcsin x \, dx &= x \arcsin x + \sqrt{1-x^2} + C, \\ \int \arccos x \, dx &= x \arccos x - \sqrt{1-x^2} + C, \\ \int \arctan x \, dx &= x \arctan x - \frac{1}{2} \ln(x^2+1) + C, \\ \int \operatorname{arccot} x \, dx &= x \operatorname{arccot} x + \frac{1}{2} \ln(x^2+1) + C. \end{aligned}$$

A.4 Hyperbolische Umkehrfunktionen

A.4.1 Zusammenhang mit dem Logarithmus, einfachste Eigenschaften

$$\operatorname{arsinh} x = \ln\left(x + \sqrt{x^2+1}\right), \qquad \operatorname{arcosh} x = \pm\ln\left(x + \sqrt{x^2-1}\right),$$
$$\operatorname{artanh} x = \frac{1}{2}\ln\frac{1+x}{1-x}, \qquad \operatorname{arcoth} x = \frac{1}{2}\ln\frac{1+x}{x-1},$$

$$\operatorname{arsinh}(-x) = -\operatorname{arsinh} x, \qquad \operatorname{arcosh}(-x) = \operatorname{arcosh} x,$$
$$\operatorname{artanh}(-x) = -\operatorname{artanh} x, \qquad \operatorname{arcoth}(-x) = -\operatorname{arcoth} x.$$

A.4.2 Beziehungen zwischen den hyperbolischen Umkehrfunktionen

$$\operatorname{arsinh} x = \operatorname{arcosh}\sqrt{x^2+1} = \operatorname{artanh}\frac{x}{\sqrt{x^2+1}},$$
$$\operatorname{arcosh} x = \operatorname{arsinh}\sqrt{x^2-1} = \operatorname{artanh}\frac{\sqrt{x^2-1}}{x},$$

$$\operatorname{artanh} x = \operatorname{arsinh}\frac{x}{\sqrt{1-x^2}} = \operatorname{arcosh}\frac{1}{\sqrt{1-x^2}}x = \operatorname{arcoth}\frac{1}{x}.$$

A.4.3 Summen und Differenzen hyperbolischer Umkehrfunktionen

$$\operatorname{arsinh} x \pm \operatorname{arsinh} y = \operatorname{arsinh}\left(x\sqrt{1+y^2} \pm y\sqrt{1+x^2}\right),$$
$$\operatorname{arcosh} x \pm \operatorname{arcosh} y = \operatorname{arcosh}\left[xy \pm \sqrt{(x^2-1)(y^2-1)}\right],$$
$$\operatorname{arsinh} x \pm \operatorname{arcosh} y = \operatorname{arsinh}\left[xy \pm \sqrt{(x^2+1)(y^2-1)}\right],$$
$$\operatorname{artanh} x \pm \operatorname{artanh} y = \operatorname{artanh}\frac{x \pm y}{1 \pm xy},$$
$$\operatorname{artanh} x \pm \operatorname{arcoth} y = \operatorname{artanh}\frac{xy \pm 1}{y \pm x}.$$

A.4.4 Ableitungen und Integrale

$$\frac{d}{dx}\operatorname{arsinh} x = \frac{1}{\sqrt{x^2+1}}, \qquad \frac{d}{dx}\operatorname{arcosh} x = \frac{\pm 1}{\sqrt{x^2-1}},$$
$$\frac{d}{dx}\operatorname{artanh} x = \frac{1}{1-x^2} \quad (x^2 < 1), \qquad \frac{d}{dx}\operatorname{arcoth} x = \frac{1}{1-x^2} \quad (x^2 > 1),$$

$$\int \operatorname{arsinh} x\, dx = x \operatorname{arsinh} x - \sqrt{x^2+1} + C,$$

$$\int \operatorname{arcosh} x\, dx = x \operatorname{arcosh} x \mp \sqrt{x^2-1} + C,$$

$$\int \operatorname{artanh} x\, dx = x \operatorname{artanh} x + \frac{1}{2}\ln(1-x^2) + C,$$

$$\int \operatorname{arcoth} x\, dx = x \operatorname{arcoth} x + \frac{1}{2}\ln(x^2-1) + C.$$

A.5 Einige Symbole und Koeffizienten

A.5.1 Fakultät

$$0! = 1! = 1, \quad n! = 1\cdot 2\cdot 3\ldots(n-1)n, \qquad n = 2,\ 3,\ 4,\ \ldots,$$

$$(2n)!! = 2\cdot 4\cdot 6\ldots(2n-2)(2n) = 2^n n!,$$

$$(2n+1)!! = 1\cdot 3\cdot 5\ldots(2n-1)(2n+1) = \frac{2^{n+1}}{\sqrt{\pi}}\Gamma\Big(n+\frac{3}{2}\Big),$$

$$n!! = \begin{cases} (2k)!! & \text{für } n = 2k, \\ (2k+1)!! & \text{für } n = 2k+1, \qquad 0!!=1. \end{cases}$$

A.5.2 Binomialkoeffizienten

$$C_a^b = \frac{\Gamma(a+1)}{\Gamma(b+1)\Gamma(a-b+1)},$$

wobei $\Gamma(x)$ die Gammafunktion ist.

$$C_a^k = (-1)^k \frac{(-a)_k}{k!} = \frac{a(a-1)\ldots(a-k+1)}{k!}, \qquad k = 1,\ 2,\ 3,\ldots$$

$$C_n^k = \frac{n!}{k!(n-k)!}, \qquad k = 1,\ 2,\ 3,\ \ldots,\ n,$$

$$C_a^0 = 1, \quad C_n^k = 0 \quad \text{für } k = -1,\ -2,\ -3,\ \ldots \quad \text{oder} \quad k > n,$$

$$C_a^{b+1} = \frac{a}{b+1} C_{a-1}^b = \frac{a-b}{b+1} C_a^b, \quad C_a^b + C_a^{b+1} = C_{a+1}^{b+1},$$

$$C_{-1/2}^n = \frac{(-1)^n}{2^{2n}} C_{2n}^n = (-1)^n \frac{(2n-1)!!}{(2n)!!},$$

$$C_{1/2}^n = \frac{(-1)^{n-1}}{n 2^{2n-1}} C_{2n-2}^{n-1} = \frac{(-1)^{n-1}}{n} \frac{(2n-3)!!}{(2n-2)!!},$$

$$C_{n+1/2}^{2n+1} = (-1)^n 2^{-4n-1} C_{2n}^n, \quad C_{2n+1/2}^n = 2^{-2n} C_{4n+1}^{2n},$$

$$C_n^{1/2} = \frac{2^{2n+1}}{\pi C_{2n}^n}, \quad C_n^{n/2} = \frac{2^{2n}}{\pi} C_n^{(n-1)/2}.$$

A.5.3 Das Pochhammersche Symbol

$$(a)_n = a(a+1)\dots(a+n-1) = \frac{\Gamma(a+n)}{\Gamma(a)} = (-1)^n \frac{\Gamma(1-a)}{\Gamma(1-a-n)},$$
$$(a)_0 = 1, \quad (a)_{n+k} = (a)_n(a+n)_k, \quad (n)_k = \frac{(n+k-1)!}{(n-1)!},$$
$$(a)_{-n} = \frac{\Gamma(a-n)}{\Gamma(a)} = \frac{(-1)^n}{(1-a)_n}, \quad \text{mit } a \neq 1,\ 2,\ \dots,\ n;\ k = 1,\ 2,\ 3,\ \dots,$$
$$(1)_n = n!, \quad (1/2)_n = 2^{-2n}\frac{(2n)!}{n!}, \quad (3/2)_n = 2^{-2n}\frac{(2n+1)!}{n!},$$
$$(a+mk)_{nk} = \frac{(a)_{mk+nk}}{(a)_{mk}}, \quad (a+n)_n = \frac{(a)_{2n}}{(a)_n}, \quad (a+n)_k = \frac{(a)_k(a+k)_n}{(a)_n}.$$

Anhang B

Eigenschaften spezieller Funktionen

Wenn nicht ausdrücklich anders vermerkt, bedeutet in Anhang B das Zeichen n stets eine positive ganze Zahl.

B.1 Die Gammafunktion

Die Gammafunktion $\Gamma(z)$ ist eine analytische Funktion von z für alle z, außer in den Punkten $z = 0, -1, -2, \ldots$

Für $\operatorname{Re} z > 0$ gilt

$$\Gamma(z) = \int_0^\infty t^{z-1} e^{-t}\, dt.$$

Im Gebiet $-(n+1) < \operatorname{Re} z < -n$, mit $n = 0,\ 1,\ 2, \ldots$, ist

$$\Gamma(z) = \int_0^\infty \left[e^{-t} - \sum_{m=0}^{n} \frac{(-1)^m}{m!} \right] t^{z-1}\, dt.$$

Die Gammafunktion besitzt folgende Eigenschaften:

$$\Gamma(z+1) = z\Gamma(z), \qquad \Gamma(n+1) = n!, \qquad \Gamma(1) = \Gamma(2) = 1,$$

$$\Gamma(z)\Gamma(-z) = -\frac{\pi}{z \sin(\pi z)}, \quad \Gamma(z)\Gamma(1-z) = \frac{\pi}{\sin(\pi z)},$$

$$\Gamma\Big(\frac{1}{2} + z\Big)\Gamma\Big(\frac{1}{2} - z\Big) = \frac{\pi}{\cos(\pi z)},$$

$$\Gamma(2z) = \frac{2^{2z-1}}{\sqrt{\pi}} \Gamma(z)\Gamma\Big(z + \frac{1}{2}\Big), \qquad \Gamma(3z) = \frac{3^{3z-1/2}}{2\pi} \Gamma(z)\Gamma\Big(z + \frac{1}{3}\Big)\Gamma\Big(z + \frac{2}{3}\Big),$$

$$\Gamma(nz) = (2\pi)^{(1-n)/2} n^{nz-1/2} \prod_{k=0}^{n-1} \Gamma\left(z + \frac{k}{n}\right),$$

$$\Gamma\left(\frac{1}{2}\right) = \sqrt{\pi}, \qquad \Gamma\left(n + \frac{1}{2}\right) = \frac{\sqrt{\pi}}{2^n}(2n-1)!!,$$

$$\Gamma\left(-\frac{1}{2}\right) = -2\sqrt{\pi}, \quad \Gamma\left(\frac{1}{2} - n\right) = (-1)^n \frac{2^n \sqrt{\pi}}{(2n-1)!!},$$

$$\frac{\Gamma(z+n)}{\Gamma(z)} = (z)_n, \qquad \frac{\Gamma(z+1)}{\Gamma(w+1)\Gamma(z-w+1)} = C_z^w.$$

B.2 Besselsche Funktionen $J_\nu(x)$ und $Y_\nu(x)$

B.2.1 Grundlegende Formeln

Die *Besselschen Funktionen erster und zweiter Art* $J_\nu(x)$ und $Y_\nu(x)$ (letztere werden auch *Neumannsche Funktionen* genannt) sind Lösungen der *Besselschen Differentialgleichung*

$$x^2 y''_{xx} + x y'_x + (x^2 - \nu^2) y = 0.$$

Sie werden definiert durch

$$J_\nu(x) = \sum_{k=0}^{\infty} \frac{(-1)^k (x/2)^{\nu+2k}}{k!\,\Gamma(\nu+k+1)}, \qquad Y_\nu(x) = \frac{J_\nu(x)\cos\pi\nu - J_{-\nu}(x)}{\sin\pi\nu}. \tag{1}$$

Für $Y_\nu(x)$ gilt Gleichung (1) für die Werte $\nu \neq 0, \pm 1, \pm 2, \ldots$; die Fälle $\nu = 0, \pm 1, \pm 2, \ldots$ werden im Abschnitt B.2.3 betrachtet.

Die Besselschen Funktionen haben folgende Eigenschaften:

$$2\nu Z_\nu(x) = x[Z_{\nu-1}(x) + Z_{\nu+1}(x)],$$

$$\frac{d}{dx} Z_\nu(x) = \frac{1}{2}[Z_{\nu-1}(x) - Z_{\nu+1}(x)] = \pm\frac{1}{x}[\nu Z_\nu(x) - Z_{\nu\pm 1}(x)],$$

$$\frac{d}{dx}[x^\nu Z_\nu(x)] = x^\nu Z_{\nu-1}(x), \qquad \frac{d}{dx}[x^{-\nu} Z_\nu(x)] = -x^{-\nu} Z_{\nu+1}(x),$$

$$\left(\frac{d}{x\,dx}\right)^n [x^\nu J_\nu(x)] = x^{\nu-n} J_{\nu-n}(x),$$

$$\left(\frac{d}{x\,dx}\right)^n [x^{-\nu} J_\nu(x)] = (-1)^n x^{-\nu-n} J_{\nu+n}(x),$$

$$J_{-n}(x) = (-1)^n J_n(x), \quad Y_{-n}(x) = (-1)^n Y_n(x) \qquad n = 0,\ 1,\ 2,\ \ldots$$

Die allgemeine Lösung der Besselschen Gleichung hat die Gestalt $Z_\nu(x) = C_1 J_\nu(x) + C_2 Y_\nu(x)$; derartige Funktionen heißen *Zylinderfunktionen.*

B.2.2 Besselsche Funktionen für $\nu = \pm n \pm \frac{1}{2}$; $n = 0, 1, \ldots$

$$J_{1/2}(x) = \sqrt{\frac{2}{\pi x}}\sin x, \qquad J_{-1/2}(x) = \sqrt{\frac{2}{\pi x}}\cos x,$$

$$J_{3/2}(x) = \sqrt{\frac{2}{\pi x}}\left(\frac{1}{x}\sin x - \cos x\right), \qquad J_{-3/2}(x) = \sqrt{\frac{2}{\pi x}}\left(-\frac{1}{x}\cos x - \sin x\right),$$

$$J_{n+1/2}(x) = \sqrt{\frac{2}{\pi x}}\left[\sin\left(x - \frac{n\pi}{2}\right)\sum_{k=0}^{[n/2]}\frac{(-1)^k(n+2k)!}{(2k)!\,(n-2k)!\,(2x)^{2k}}\right.$$
$$\left. + \cos\left(x - \frac{n\pi}{2}\right)\sum_{k=0}^{[(n-1)/2]}\frac{(-1)^k(n+2k+1)!}{(2k+1)!\,(n-2k-1)!\,(2x)^{2k+1}}\right],$$

$$J_{-n-1/2}(x) = \sqrt{\frac{2}{\pi x}}\left[\cos\left(x + \frac{n\pi}{2}\right)\sum_{k=0}^{[n/2]}\frac{(-1)^k(n+2k)!}{(2k)!\,(n-2k)!\,(2x)^{2k}}\right.$$
$$\left. - \sin\left(x + \frac{n\pi}{2}\right)\sum_{k=0}^{[(n-1)/2]}\frac{(-1)^k(n+2k+1)!}{(2k+1)!\,(n-2k-1)!\,(2x)^{2k+1}}\right],$$

$$Y_{1/2}(x) = -\sqrt{\frac{2}{\pi x}}\cos x, \qquad Y_{-1/2}(x) = \sqrt{\frac{2}{\pi x}}\sin x,$$

$$Y_{n+1/2}(x) = (-1)^{n+1}J_{-n-1/2}(x), \qquad Y_{-n-1/2}(x) = (-1)^n J_{n+1/2}(x),$$

B.2.3 Besselsche Funktionen für $\nu = \pm n$; $n = 0, 1, 2, \ldots$

Es sei $\nu = n$ eine beliebige ganze Zahl. Dann gelten:

$$J_{-n}(x) = (-1)^n J_n(x), \quad Y_{-n}(x) = (-1)^n Y_n(x).$$

Die Funktion $J_n(x)$ erhält man aus (1) durch die Spezialisierung $\nu = n$, und die Funktion $Y_n(x)$ findet man durch den Grenzübergang $\nu \to n$; für nichtnegatives n läßt sie sich folgendermaßen darstellen:

$$Y_n(x) = \frac{2}{\pi}J_n(x)\ln\frac{x}{2} - \frac{1}{\pi}\sum_{k=0}^{n-1}\frac{(n-k-1)!}{k!}\left(\frac{2}{x}\right)^{n-2k}$$
$$-\frac{1}{\pi}\sum_{k=0}^{\infty}(-1)^k\left(\frac{x}{2}\right)^{n+2k}\frac{\psi(k+1)+\psi(n+k+1)}{k!\,(n+k)!};$$

hierbei gelten $\psi(1) = -\gamma$ und $\psi(n) = -\gamma + \sum_{k=1}^{n-1} k^{-1}$; $\gamma = 0.5572\ldots$ ist die *Eulersche Konstante* und $\psi(x) = [\ln\Gamma(x)]'_x$ die *logarithmische Ableitung der Gammafunktion*.

B.2.4 Wronskische Determinante und analoge Formeln

Bezeichnung: $W(f,g) = fg'_x - f'_x g$.

$$W(J_\nu, J_{-\nu}) = -\frac{2}{\pi x}\sin(\pi\nu), \qquad W(J_\nu, Y_\nu) = \frac{2}{\pi x},$$

$$J_\nu(x)J_{-\nu+1}(x) + J_{-\nu}(x)J_{\nu-1}(x) = \frac{2\sin(\pi\nu)}{\pi x},$$
$$J_\nu(x)Y_{\nu+1}(x) - J_{\nu+1}(x)Y_\nu(x) = -\frac{2}{\pi x}.$$

B.2.5 Integraldarstellungen

Die Funktionen J_ν und Y_ν kann man für $x > 0$ als bestimmte Integrale darstellen:

$$\pi J_\nu(x) = \int_0^\pi \cos(x\sin\theta - \nu\theta)\,d\theta - \sin\pi\nu \int_0^\infty \exp(-x\sinh t - \nu t)\,dt,$$
$$\pi Y_\nu(x) = \int_0^\pi \sin(x\sin\theta - \nu\theta)\,d\theta - \int_0^\infty (e^{\nu t} + e^{-\nu t}\cos\pi\nu)e^{-x\sinh t}\,dt.$$

Für $|\nu| < \frac{1}{2}$, $x > 0$ gelten:

$$J_\nu(x) = \frac{2^{1+\nu}x^{-\nu}}{\pi^{1/2}\Gamma(\frac{1}{2}-\nu)}\int_1^\infty \frac{\sin(xt)\,dt}{(t^2-1)^{\nu+1/2}},$$
$$Y_\nu(x) = -\frac{2^{1+\nu}x^{-\nu}}{\pi^{1/2}\Gamma(\frac{1}{2}-\nu)}\int_1^\infty \frac{\cos(xt)\,dt}{(t^2-1)^{\nu+1/2}}.$$

Für $\nu = 0$, $x > 0$ gelten:

$$J_0(x) = \frac{2}{\pi}\int_0^\infty \sin(x\cosh t)\,dt, \qquad Y_0(x) = -\frac{2}{\pi}\int_0^\infty \cos(x\cosh t)\,dt.$$

B.2.6 Integrale mit Besselschen Funktionen

$$\int_0^x x^\lambda J_\nu(x)dx = \frac{x^{\lambda+\nu+1}}{2^\nu(\lambda+\nu+1)\,\Gamma(\nu+1)}F\Big(\frac{\lambda+\nu+1}{2},\ \frac{\lambda+\nu+3}{2},\ \nu+1;\ -\frac{x^2}{4}\Big),$$

wobei $\mathrm{Re}(\lambda+\nu) > -1$ gilt und $F(a,b,c;x)$ die hypergeometrische Reihe ist, vgl. Gleichung 2.2.158;

$$\int_0^x x^\lambda Y_\nu(x)dx = -\frac{\cos(\nu\pi)\Gamma(-\nu)}{2^\nu\pi(\lambda+\nu+1)}x^{\lambda+\nu+1}F\Big(\frac{\lambda+\nu+1}{2},\ \nu+1, \frac{\lambda+\nu+3}{2},\ -\frac{x^2}{4}\Big)$$
$$-\frac{2^\nu\Gamma(\nu)}{\lambda-\nu+1}x^{\lambda-\nu+1}F\Big(\frac{\lambda-\nu+1}{2},\ 1-\nu, \frac{\lambda-\nu+3}{2},\ -\frac{x^2}{4}\Big),$$

hierbei ist $\mathrm{Re}\,\lambda > |\mathrm{Re}\,\nu| - 1$.

B.2.7 Asymptotische Darstellungen für $|x| \to \infty$

Bezeichnung:

$$(\nu, m) = \frac{1}{2^{2m} m!}(4\nu^2 - 1)(4\nu^2 - 3^2) \dots [4\nu^2 - (2m-1)^2] = \frac{\Gamma(\frac{1}{2} + \nu + m)}{m!\,\Gamma(\frac{1}{2} + \nu - m)}.$$

Es gelten:

$$J_\nu(x) = \sqrt{\frac{2}{\pi x}} \left\{ \cos\left(\frac{4x - 2\nu\pi - \pi}{4}\right) \left[\sum_{m=0}^{M-1} (-1)^m (\nu, 2m)(2x)^{-2m} + O(|x|^{-2M}) \right] \right.$$

$$\left. - \sin\left(\frac{4x - 2\nu\pi - \pi}{4}\right) \left[\sum_{m=0}^{M-1} (-1)^m (\nu, 2m+1)(2x)^{-2m-1} + O(|x|^{-2M-1}) \right] \right\},$$

$$Y_\nu(x) = \sqrt{\frac{2}{\pi x}} \left\{ \sin\left(\frac{4x - 2\nu\pi - \pi}{4}\right) \left[\sum_{m=0}^{M-1} (-1)^m (\nu, 2m)(2x)^{-2m} + O(|x|^{-2M}) \right] \right.$$

$$\left. + \cos\left(\frac{4x - 2\nu\pi - \pi}{4}\right) \left[\sum_{m=0}^{M-1} (-1)^m (\nu, 2m+1)(2x)^{-2m-1} + O(|x|^{-2M-1}) \right] \right\},$$

Für nichtnegative ganze n und große x gelten

$$\sqrt{\pi x}\, J_{2n}(x) = (-1)^n (\cos x + \sin x) + O(x^{-2}),$$
$$\sqrt{\pi x}\, J_{2n+1}(x) = (-1)^{n+1} (\cos x - \sin x) + O(x^{-2}).$$

B.3 Modifizierte Besselsche Funktionen $I_\nu(x)$ und $K_\nu(x)$

B.3.1 Grundlegende Formeln

Die *modifizierten Besselschen Funktionen erster* und *zweiter Art* $I_\nu(x)$ und $K_\nu(x)$ (die K_ν heißen auch *Macdonaldsche Funktionen*) sind Lösungen der *modifizierten Besselschen Gleichung*

$$x^2 y''_{xx} + x y'_x - (x^2 + \nu^2) y = 0.$$

Sie werden durch die folgenden Formeln definiert:

$$I_\nu(x) = \sum_{k=0}^{\infty} \frac{(x/2)^{2k+\nu}}{k!\,\Gamma(\nu + k + 1)}, \qquad K_\nu(x) = \frac{\pi}{2} \frac{I_{-\nu} - I_\nu}{\sin \pi\nu}.$$

(Zu den $K_\nu(x)$ mit $\nu = 0,\ 1,\ 2,\ \dots$ vgl. Abschnitt B.3.3.)

Die modifizierten Besselschen Funktionen haben folgende Eigenschaften:

$$K_{-\nu}(x) = K_\nu(x); \qquad I_{-n}(x) = (-1)^n I_n(x), \quad n = 0,\ 1,\ 2,\ \ldots$$

$$2\nu I_\nu(x) = x[I_{\nu-1}(x) - I_{\nu+1}(x)], \qquad 2\nu K_\nu(x) = -x[K_{\nu-1}(x) - K_{\nu+1}(x)],$$

$$\frac{d}{dx} I_\nu(x) = \frac{1}{2}[I_{\nu-1}(x) + I_{\nu+1}(x)], \qquad \frac{d}{dx} K_\nu(x) = -\frac{1}{2}[K_{\nu-1}(x) + K_{\nu+1}(x)].$$

B.3.2 Modifizierte Besselsche Funktionen für $\nu = \pm n \pm \frac{1}{2}$; $n = 0,\ 1,\ 2,\ \ldots$

$$\begin{aligned}
I_{1/2}(x) &= \sqrt{\frac{2}{\pi x}} \sinh x, \quad I_{-1/2}(x) = \sqrt{\frac{2}{\pi x}} \cosh x, \\
I_{3/2}(x) &= \sqrt{\frac{2}{\pi x}} \left(-\frac{1}{x} \sinh x + \cosh x \right), \\
I_{-3/2}(x) &= \sqrt{\frac{2}{\pi x}} \left(\frac{1}{x} \cosh x + \sinh x \right), \\
I_{n+1/2}(x) &= \frac{1}{\sqrt{2\pi x}} \left[e^x \sum_{k=0}^{n} \frac{(-1)^k (n+k)!}{k!\,(n-k)!\,(2x)^k} \right. \\
&\qquad \left. -(-1)^n e^{-x} \sum_{k=0}^{n} \frac{(n+k)!}{k!\,(n-k)!\,(2x)^k} \right], \\
I_{-n-1/2}(x) &= \frac{1}{\sqrt{2\pi x}} \left[e^x \sum_{k=0}^{n} \frac{(-1)^k (n+k)!}{k!\,(n-k)!\,(2x)^k} \right. \\
&\qquad \left. +(-1)^n e^{-x} \sum_{k=0}^{n} \frac{(n+k)!}{k!\,(n-k)!\,(2x)^k} \right],
\end{aligned}$$

$$K_{\pm 1/2}(x) = \sqrt{\frac{\pi}{2x}}\, e^{-x}, \qquad K_{\pm 3/2}(x) = \frac{\pi}{2x} \left(1 + \frac{1}{x} \right) e^{-x},$$

$$K_{n+1/2}(x) = K_{-n-1/2}(x) = \sqrt{\frac{\pi}{2x}}\, e^{-x} \sum_{k=0}^{n} \frac{(n+k)!}{k!\,(n-k)!\,(2x)^k}.$$

B.3.3 Modifizierte Besselsche Funktionen $K_\nu(x)$ für $\nu = n$; $n = 0,\ 1,\ 2,\ \ldots$

Ist $\nu = n$ eine nichtnegative ganze Zahl, so gilt

$$K_n(x) = (-1)^{n+1} I_n(x) \ln\frac{x}{2} + \frac{1}{2}\sum_{m=0}^{n-1}(-1)^m\Big(\frac{x}{2}\Big)^{2m-n}\frac{(n-m-1)!}{m!}$$

$$+\frac{1}{2}(-1)^n\sum_{m=0}^{\infty}\Big(\frac{x}{2}\Big)^{n+2m}\frac{\psi(n+m+1)+\psi(m+1)}{m!\,(n+m)!};\quad n = 0, 1, 2, \ldots;$$

hierbei ist $\psi(z)$ die logarithmische Ableitung der Gammafunktion; für $n = 0$ ist die erste Summe fortzulassen.

B.3.4 Wronskische Determinante und analoge Formeln

Bezeichnung: $W(f, g) = f g'_x - f'_x g$.

$$W(I_\nu, I_{-\nu}) = -\frac{2}{\pi x}\sin(\pi\nu), \qquad W(I_\nu, K_\nu) = -\frac{1}{x},$$

$$I_\nu(x) I_{-\nu+1}(x) + I_{-\nu}(x) I_{\nu-1}(x) = -\frac{2\sin(\pi\nu)}{\pi x},$$

$$I_\nu(x) K_{\nu+1}(x) + I_{\nu+1}(x) K_\nu(x) = \frac{1}{x}.$$

B.3.5 Integraldarstellungen

Die Funktionen $I_\nu(x)$ und $K_\nu(x)$ kann man für $x > 0$, $\nu > -\frac{1}{2}$ als bestimmte Integrale darstellen:

$$I_\nu(x) = \frac{x^\nu}{\pi^{1/2} 2^\nu \Gamma(\nu + \frac{1}{2})}\int_{-1}^{1}\exp(-xt)(1-t^2)^{\nu-1/2}\,dt,$$

$$K_\nu(x) = \int_0^\infty \exp(-x\cosh t)\cosh(\nu t)\,dt.$$

B.3.6 Integrale mit modifizierten Besselschen Funktionen

$$\int_0^x x^\lambda I_\nu(x)dx = \frac{x^{\lambda+\nu+1}}{2^\nu(\lambda+\nu+1)\Gamma(\nu+1)} F\Big(\frac{\lambda+\nu+1}{2},\ \frac{\lambda+\nu+3}{2},\ \nu+1;\ \frac{x^2}{4}\Big),$$

wobei $\operatorname{Re}(\lambda+\nu) > -1$ gilt und $F(a,b,c;x)$ die hypergeometrische Reihe bezeichnet, vgl. Gleichung 2.2.158.

$$\int_0^x x^\lambda K_\nu(x)\,dx = \frac{2^{\nu-1}\Gamma(\nu)}{\lambda-\nu+1} x^{\lambda-\nu+1} F\Big(\frac{\lambda-\nu+1}{2},\ 1-\nu,\ \frac{\lambda-\nu+3}{2},\ \frac{x^2}{4}\Big)$$

$$+\frac{2^{-\nu-1}\Gamma(-\nu)}{\lambda+\nu+1} x^{\lambda+\nu+1} F\Big(\frac{\lambda+\nu+1}{2},\ 1+\nu,\ \frac{\lambda+\nu+3}{2},\ \frac{x^2}{4}\Big) \text{ für } \operatorname{Re}\lambda > |\operatorname{Re}\nu|-1.$$

B.3.7 Asymptotische Darstellungen für $x \to +\infty$

$$I_\nu(x) = \frac{e^x}{\sqrt{2\pi x}}\Big[1+\sum_{m=1}^{M}(-1)^m \frac{(4\nu^2-1)(4\nu^2-3^2)\dots[4\nu^2-(2m-1)^2]}{m!\,(8x)^m}\Big],$$

$$K_\nu(x) = \sqrt{\frac{\pi}{2x}}\,e^{-x}\Big[1+\sum_{m=1}^{M} \frac{(4\nu^2-1)(4\nu^2-3^2)\dots[4\nu^2-(2m-1)^2]}{m!\,(8x)^m}\Big].$$

In den eckigen Klammern dieser Formeln wurden die Glieder der Ordnung $O(x^{-M-1})$ fortgelassen.

B.4 Ausgeartete hypergeometrische Funktionen

B.4.1 Definitionen

Die *ausgearteten hypergeometrischen Funktionen* $\Phi(a,b;x)$ und $\Psi(a,b;x)$ sind Lösungen der *ausgearteten hypergeometrischen Differentialgleichung*

$$xy''_{xx} + (b-x)y'_x - ay = 0.$$

Gilt $b \neq 0, -1, -2, -3, \dots$, so kann man $\Phi(a,b;x)$ als *Kummersche Reihe* darstellen:

$$\Phi(a,b;x) = 1 + \sum_{k=1}^{\infty} \frac{(a)_k}{(b)_k}\frac{x^k}{k!}$$

mit $(a)_k = a(a+1)\dots(a+k-1)$, $(a)_0 = 1$.

In der Tabelle 2.1 sind einige Spezialfälle angegeben, in denen sich Φ durch einfachere Funktionen ausdrücken läßt.

Die Funktion $\Psi(a,b;x)$ wird folgendermaßen definiert:

$$\Psi(a,b;x) = \frac{\Gamma(1-b)}{\Gamma(a-b+1)}\Phi(a,b;x) + \frac{\Gamma(b-1)}{\Gamma(a)}x^{1-b}\Phi(a-b+1,\ 2-b;\ x).$$

B.4.2 Grundlegende Eigenschaften

Kummersche Transformationen:

$$\Phi(a,b;x) = e^x\Phi(b-a,b;-x), \qquad \Psi(a,b;x) = x^{1-b}\Psi(1+a-b,2-b;x).$$

Lineare Relationen für die Funktion Φ:

$$\begin{aligned}
&(b-a)\Phi(a-1,b;x) + (2a-b+x)\Phi(a,b;x) - a\Phi(a+1,b;x) = 0,\\
&b(b-1)\Phi(a,b-1;x) - b(b-1+x)\Phi(a,b;x) + (b-a)x\Phi(a,b+1;x) = 0,\\
&(a-b+1)\Phi(a,b;x) - a\Phi(a+1,b;x) + (b-1)\Phi(a,b-1;x) = 0,\\
&b\Phi(a,b;x) - b\Phi(a-1,b;x) - x\Phi(a,b+1;x) = 0,\\
&b(a+x)\Phi(a,b;x) - (b-a)x\Phi(a,b+1;x) - ab\Phi(a+1,b;x) = 0,\\
&(a-1+x)\Phi(a,b;x) + (b-a)\Phi(a-1,b;x) - (b-1)\Phi(a,b-1;x) = 0.
\end{aligned}$$

Lineare Relationen für die Funktion Ψ:

$$\begin{aligned}
&\Psi(a-1,b;x) - (2a-b+x)\Psi(a,b;x) + a(a-b+1)\Psi(a+1,b;x) = 0,\\
&(b-a-1)\Psi(a,b-1;x) - (b-1+x)\Psi(a,b;x) + x\Psi(a,b+1;x) = 0,\\
&\Psi(a,b;x) - a\Psi(a+1,b;x) - \Psi(a,b-1;x) = 0,\\
&(b-a)\Psi(a,b;x) - x\Psi(a,b+1;x) + \Psi(a-1,b;x) = 0,\\
&(a+x)\Psi(a,b;x) + a(b-a-1)\Psi(a+1,b;x) - x\Psi(a,b+1;x) = 0,\\
&(a-1+x)\Psi(a,b;x) - \Psi(a-1,b;x) + (a-c+1)\Psi(a,b-1;x) = 0.
\end{aligned}$$

Ableitungen:

$$\begin{aligned}
&\frac{d}{dx}\Phi(a,b;x) = \frac{a}{b}\Phi(a+1,b+1;x),\\
&\frac{d}{dx}\Psi(a,b;x) = -a\Psi(a+1,b+1;x),\\
&\frac{d^n}{dx^n}\Phi(a,b;x) = \frac{(a)_n}{(b)_n}\Phi(a+n,b+n;x),\\
&\frac{d^n}{dx^n}\Psi(a,b;x) = (-1)^n(a)_n\Psi(a+n,b+n;x).
\end{aligned}$$

Wronskische Determinante:

$$W(\Phi,\Psi) = \Phi\Psi'_x - \Phi'_x\Psi = -\frac{\Gamma(b)}{\Gamma(a)}x^{-b}e^x.$$

B.4.3 Ausgeartete hypergeometrische Funktionen für $n = 0,\ 1,\ \ldots$

$$\begin{aligned}\Psi(a,n;x) &= \frac{(-1)^{n-1}}{n!\,\Gamma(a-n)}\Bigg\{\Phi(a,n{+}1;x)\ln x \\ &\quad + \sum_{r=0}^{\infty}\frac{(a)_r}{(n+1)_r}\left[\psi(a+r)-\psi(1+r)-\psi(1+n+r)\right]\frac{x^r}{r!}\Bigg\} \\ &\quad + \frac{(n-1)!}{\Gamma(a)}\sum_{r=0}^{n-1}\frac{(a-n)_r}{(1-n)_r}\frac{x^{r-n}}{r!}\end{aligned}$$

mit $n = 0,\ 1,\ 2,\ \ldots$ (die letzte Summe ist für $n = 0$ fortzulassen); $\psi(z) = [\ln\Gamma(z)]'_z$ bezeichnet die *logarithmische Ableitung der Gammafunktion*:

$$\psi(1) = -\gamma, \quad \psi(n) = -\gamma + \sum_{k=1}^{n-1} k^{-1},$$

$\gamma = 0.5572\ldots$ ist die *Eulersche Konstante.*

Ist b negativ, so gilt für alle Werte von x:

$$\Psi(a,b;x) = x^{1-b}\Psi(a-b+1,\ 2-b;\ x).$$

Gilt $b \neq 0,\ -1,\ -2,\ -3,\ \ldots$, so erhält man die allgemeine Lösung der ausgearteten hypergeometrischen Gleichung in der Form

$$y = C_1\Phi(a,b;x) + C_2\Psi(a,b;x)$$

und für $b = 0,\ -1,\ -2,\ -3,\ldots$ in der Gestalt

$$y = x^{1-b}\left[C_1\Phi(a-b+1,\ 2-b;\ x) + C_2\Psi(a-b+1,\ 2-b;\ x)\right].$$

B.4.4 Integraldarstellungen

$$\Phi(a,b;x) = \frac{\Gamma(b)}{\Gamma(a)\,\Gamma(b-a)}\int_0^1 e^{xt}t^{a-1}(1-t)^{b-a-1}\,dt \quad \text{für } b > a > 0,$$

$$\Psi(a,b;x) = \frac{1}{\Gamma(a)}\int_0^\infty e^{-xt}t^{a-1}(1+t)^{b-a-1}\,dt \quad \text{für } a > 0, x > 0,$$

wobei $\Gamma(a)$ die Gammafunktion bezeichnet.

B.4.5 Integrale mit ausgearteten hypergeometrischen Funktionen

$$\int \Phi(a,b;x)\,dx = \frac{b-1}{a-1}\Psi(a-1,b-1;x) + C,$$

$$\int \Phi(a,b;x)\,dx = \frac{1}{1-a}\Psi(a-1,b-1;x) + C,$$

$$\int x^n\Phi(a,b;x)\,dx = n!\sum_{k=1}^{n+1}\frac{(-1)^{k+1}(1-b)_k x^{n-k+1}}{(1-a)_k(n-k+1)!}\Phi(a-k,b-k;x) + C,$$

$$\int x^n\Psi(a,b;x)\,dx = n!\sum_{k=1}^{n+1}\frac{(-1)^{k+1}x^{n-k+1}}{(1-a)_k(n-k+1)!}\Phi(a-k,b-k;x) + C.$$

B.4.6 Asymptotische Darstellungen für $|x| \to \infty$

$$\Phi(a,b;x) = \frac{\Gamma(b)}{\Gamma(a)}e^x x^{a-b}\left[\sum_{n=0}^{N}\frac{(c-a)_n(1-a)_n}{n!}x^{-n} + \varepsilon\right], \quad x > 0,$$

$$\Phi(a,b;x) = \frac{\Gamma(b)}{\Gamma(b-a)}(-x)^{-a}\left[\sum_{n=0}^{N}\frac{(a)_n(a-b+1)_n}{n!}(-x)^{-n} + \varepsilon\right], \quad x < 0,$$

$$\Psi(a,b;x) = x^{-a}\left[\sum_{n=0}^{N}(-1)^n\frac{(a)_n(a-b+1)_n}{n!}x^{-n} + \varepsilon\right], \quad -\infty < x < +\infty,$$

wobei $\varepsilon = O(x^{-N-1})$ gilt.

B.5 Die hypergeometrische Funktion

B.5.1 Definition

Die *hypergeometrische Funktion* $F(\alpha,\beta,\gamma;x)$ ist eine Lösung der *Gaußschen hypergeometrischen Differentialgleichung*:

$$x(x-1)y''_{xx} + [(\alpha+\beta+1)x - \gamma]y'_x + \alpha\beta y = 0.$$

Für $\gamma \neq 0,\ -1,\ -2,\ -3,\ \dots$ kann man die Funktion $F(\alpha,\beta,\gamma;x)$ mit Hilfe der *hypergeometrischen Reihe* darstellen:

$$F(\alpha,\beta,\gamma;x) = 1 + \sum_{k=1}^{\infty}\frac{(\alpha)_k(\beta)_k}{(\gamma)_k}\frac{x^k}{k!}, \quad (\alpha)_k = \alpha(\alpha+1)\dots(\alpha+k-1),$$

die offensichtlich für $|x| < 1$ konvergiert.

In der Tabelle 2.3 sind einige Spezialfälle angegeben, in denen sich F durch elementare Funktionen ausdrücken läßt.

B.5.2 Grundlegende Eigenschaften

Die Funktion F besitzt folgende Eigenschaften:

$$\begin{aligned}
F(\alpha,\beta,\gamma;x) &= F(\beta,\alpha,\gamma;x), \\
F(\alpha,\beta,\gamma;x) &= (1-x)^{\gamma-\alpha-\beta}F(\gamma-\alpha,\ \gamma-\beta,\ \gamma;\ x), \\
F(\alpha,\beta,\gamma;x) &= (1-x)^{-\alpha}F(\alpha,\ \gamma-\beta,\ \gamma;\ \frac{x}{x-1}), \\
\frac{d^n}{dx^n}F(\alpha,\beta,\gamma;x) &= \frac{(\alpha)_n(\beta)_n}{(\gamma)_n}F(\alpha+n,\ \beta+n,\ \gamma+n;\ x).
\end{aligned}$$

Wenn γ keine ganze Zahl ist, so erhält man die allgemeine Lösung der hypergeometrischen Gleichung in der Gestalt

$$y = C_1F(\alpha,\beta,\gamma;x) + C_2x^{1-\gamma}F(\alpha-\gamma+1,\ \beta-\gamma+1,\ 2-\gamma;\ x).$$

B.5.3 Integraldarstellungen

Ist $\gamma > \beta > 0$, so läßt sich die hypergeometrische Funktion als bestimmtes Integral darstellen:

$$F(\alpha,\beta,\gamma;x) = \frac{\Gamma(\gamma)}{\Gamma(\beta)\,\Gamma(\gamma-\beta)}\int_0^1 t^{\beta-1}(1-t)^{\gamma-\beta-1}(1-tx)^{-\alpha}\,dt;$$

$\Gamma(\beta)$ bezeichnet die Gammafunktion.

Ausführlicher beschrieben ist die hypergeometrische Funktion in den Büchern M. Abramowitz, I. A. Stegun (1964) und H. Bateman, A. Erdélyi, Bd. 1 (1953).

B.6 Die Legendreschen Funktionen

B.6.1 Definitionen

Die *assoziierten Legendreschen Funktionen erster* und *zweiter Art* $P_\nu^\mu(z)$ und $Q_\nu^\mu(z)$ sind linear unabhängige Lösungen der Legendreschen Gleichung 2.2.212:

$$(1-z^2)y''_{zz} - 2zy'_z + [\nu(\nu+1) - \mu^2(1-z^2)^{-1}]y = 0,$$

wobei die Parameter ν, μ und die Variable z beliebige reelle oder komplexe Werte annehmen können.

Für $|1-z|<2$ gelten folgende Formeln:

$$P_\nu^\mu(z)=\frac{1}{\Gamma(1-\mu)}\Big(\frac{z+1}{z-1}\Big)^{\mu/2}F\Big(-\nu,\ 1+\nu,\ 1-\mu,\ \frac{1-z}{2}\Big),$$

$$Q_\nu^\mu(z)=A\Big(\frac{z-1}{z+1}\Big)^{\frac{\mu}{2}}F\Big(-\nu,\ 1+\nu,\ 1+\mu,\ \frac{1-z}{2}\Big)$$
$$+B\Big(\frac{z+1}{z-1}\Big)^{\frac{\mu}{2}}F\Big(-\nu,\ 1+\nu,\ 1-\mu,\ \frac{1-z}{2}\Big),$$
$$A=e^{i\mu\pi}\frac{\Gamma(-\mu)\,\Gamma(1+\nu+\mu)}{2\,\Gamma(1+\nu-\mu)},\qquad B=e^{i\mu\pi}\frac{\Gamma(\mu)}{2},\quad i^2=-1,$$

wobei $F(a,b,c;z)$ die hypergeometrische Reihe bezeichnet (s. Gleichung 2.2.158).

Für $|z|>1$ gelten folgende Formeln:

$$\begin{aligned}P_\nu^\mu(z) &= \frac{2^{-\nu-1}\Gamma(-\frac{1}{2}-\nu)}{\sqrt{\pi}\,\Gamma(-\nu-\mu)}z^{-\nu+\mu-1}(z^2-1)^{-\mu/2}\\ &\quad\times F\Big(\frac{1+\nu-\mu}{2},\ \frac{2+\nu-\mu}{2},\ \frac{2\nu+3}{2},\ \frac{1}{z^2}\Big)\\ &\quad+\frac{2^\nu\Gamma(\frac{1}{2}+\nu)}{\sqrt{\pi}\,\Gamma(1+\nu-\mu)}z^{\nu+\mu}(z^2-1)^{-\mu/2}\\ &\quad\times F\Big(-\frac{\nu+\mu}{2},\ \frac{1-\nu-\mu}{2},\ \frac{1-2\nu}{2},\ \frac{1}{z^2}\Big),\\ Q_\nu^\mu(z) &= e^{i\pi\mu}\frac{\sqrt{\pi}\,\Gamma(\nu+\mu+1)}{2^{\nu+1}\Gamma(\nu+\frac{3}{2})}z^{-\nu-\mu-1}(z^2-1)^{\mu/2}\\ &\quad\times F\Big(\frac{2+\nu+\mu}{2},\frac{1+\nu+\mu}{2},\frac{2\nu+3}{2},\frac{1}{z^2}\Big).\end{aligned}$$

Die Funktionen

$$P_\nu(z)\equiv P_\nu^0(z),\qquad Q_\nu(z)\equiv Q_\nu^0(z)$$

heißen *Legendresche Funktionen*; sie sind Lösungen der Legendreschen Gleichung 2.2.148.

Die *modifizierten assoziierten Legendreschen Funktionen* werden auf dem Schnitt der reellen Achse $z=x$, $-1<x<1$, mit Hilfe der folgenden Formeln definiert:

$$P_\nu^\mu(x)=\frac{1}{2}\Big[e^{\frac{1}{2}i\mu\pi}P_\nu^\mu(x+i0)+e^{-\frac{1}{2}i\mu\pi}P_\nu^\mu(x-i0)\Big],$$

$$Q_\nu^\mu(x)=\frac{1}{2}e^{-i\mu\pi}\Big[e^{-\frac{1}{2}i\mu\pi}Q_\nu^\mu(x+i0)+e^{\frac{1}{2}i\mu\pi}Q_\nu^\mu(x-i0)\Big].$$

B.6.2 Trigonometrische Zerlegungen

Auf dem Intervall $-1 < x < 1$ lassen sich die modifizierten assoziierten Legendreschen Funktionen als trigonometrische Reihen darstellen:

$$
\begin{aligned}
P_\nu^\mu(\cos\theta) &= \frac{2^{\mu+1}}{\sqrt{\pi}}\frac{\Gamma(\nu+\mu+1)}{\Gamma(\nu+\frac{3}{2})}(\sin\theta)^\mu \\
&\quad\times\sum_{k=0}^{\infty}\frac{(\frac{1}{2}+\mu)_k(1+\nu+\mu)_k}{k!\,(\nu+\frac{3}{2})_k}\sin[(2k+\nu+\mu+1)\theta], \\
Q_\nu^\mu(\cos\theta) &= \sqrt{\pi}\,2^\mu\frac{\Gamma(\nu+\mu+1)}{\Gamma(\nu+\frac{3}{2})}(\sin\theta)^\mu \\
&\quad\times\sum_{k=0}^{\infty}\frac{(\frac{1}{2}+\mu)_k(1+\nu+\mu)_k}{k!\,(\nu+\frac{3}{2})_k}\cos[(2k+\nu+\mu+1)\theta]
\end{aligned}
$$

mit $0 < \theta < \pi$.

B.6.3 Einige Relationen

$$
P_\nu^\mu(z) = P_{-\nu-1}^\mu(z), \quad P_\nu^n(z) = \frac{\Gamma(\nu+n+1)}{\Gamma(\nu-n+1)}P_\nu^{-n}(z), \qquad n = 0,\ 1,\ 2,\ \ldots
$$

$$
Q_\nu^\mu(z) = \frac{\pi}{2\sin(\mu\pi)}e^{i\pi\mu}\left[P_\nu^\mu(z) - \frac{\Gamma(1+\nu+\mu)}{\Gamma(1+\nu-\mu)}P_\nu^{-\mu}(z)\right].
$$

Für $-1 < x < 1$:

$$
\begin{aligned}
P_{\nu+1}^\mu(x) &= \frac{2\nu+1}{\nu-\mu+1}xP_\nu^\mu(x) - \frac{\nu+\mu}{\nu-\mu+1}P_{\nu-1}^\mu(x), \\
P_{\nu+1}^\mu(x) &= P_{\nu-1}^\mu(x) - (2\nu+1)(1-x^2)^{1/2}P_\nu^{\mu-1}(x), \\
\frac{d}{dx}P_\nu^\mu(x) &= \frac{\nu x}{x^2-1}P_\nu^\mu(x) - \frac{\nu+\mu}{x^2-1}P_{\nu-1}^\mu(x).
\end{aligned}
$$

Für $0 < x < 1$:

$$
\begin{aligned}
P_\nu^\mu(-x) &= P_\nu^\mu(x)\cos[\pi(\nu+\mu)] - 2\pi^{-1}Q_\nu^\mu(x)\sin[\pi(\nu+\mu)], \\
Q_\nu^\mu(-x) &= -Q_\nu^\mu(x)\cos[\pi(\nu+\mu)] - \tfrac{1}{2}\pi P_\nu^\mu(x)\sin[\pi(\nu+\mu)].
\end{aligned}
$$

Wronskische Determinante:

$$
W(P_\nu, Q_\nu) = \frac{1}{1-x^2}, \qquad W(P_\nu^\mu, Q_\nu^\mu) = \frac{k}{1-x^2},
$$

mit $k = 2^{2\mu}\dfrac{\Gamma(\frac{\nu+\mu+1}{2})\Gamma(\frac{\nu+\mu+2}{2})}{\Gamma(\frac{\nu-\mu+1}{2})\Gamma(\frac{\nu-\mu+2}{2})}$.

Für $n = 0, 1, 2, \ldots$ gelten

$$P_\nu^n(x) = (-1)^n(1-x^2)^{n/2}\frac{d^n}{dx^n}P_\nu(x),$$

$$Q_\nu^n(x) = (-1)^n(1-x^2)^{n/2}\frac{d^n}{dx^n}Q_\nu(x).$$

Die *Legendreschen Polynome* $P_n(x)$ und die *Legendreschen Funktionen* $Q_n(x)$ werden definiert durch

$$P_n(x) = \frac{1}{n!\,2^n}\frac{d^n}{dx^n}(x^2-1)^n,$$

$$Q_n(x) = \frac{1}{2}P_n(x)\ln\frac{1+x}{1-x} - \sum_{m=1}^{n}\frac{1}{m}P_{m-1}(x)P_{n-m}(x).$$

Die Polynome $P_n = P_n(x)$ kann man iterativ mit Hilfe der folgenden Rekursion ausrechnen:

$$P_0 = 1, \quad P_1 = x, \quad P_2 = \frac{1}{2}(3x^2-1), \ \ldots, \ P_{n+1} = \frac{2n+1}{n+1}xP_n - \frac{n}{n+1}P_{n-1}.$$

Die ersten drei Funktionen $Q_n = Q_n(x)$ sind

$$Q_0 = \frac{1}{2}\ln\frac{1+x}{1-x}, \quad Q_1 = \frac{x}{2}\ln\frac{1+x}{1-x} - 1, \quad Q_2 = \frac{3x^2-1}{4}\ln\frac{1+x}{1-x} - \frac{3}{2}x.$$

Alle Nullstellen der Polynome $P_n(x)$ sind reell, sie liegen im Intervall $-1 < x < +1$; die Polynome $P_n(x)$ bilden auf dem Intervall $-1 \leq x \leq +1$ ein orthogonales System. Dabei gilt

$$\int_{-1}^{+1} P_n(x)P_m(x)\,dx = \begin{cases} 0 & \text{für } n \neq m, \\ \dfrac{2}{2n+1} & \text{für } n = m. \end{cases}$$

B.6.4 Integraldarstellungen

Für $n = 0, 1, 2, \ldots$ gelten

$$P_\nu^n(z) = \frac{\Gamma(\nu+n+1)}{\pi\Gamma(\nu+1)}\int_0^\pi \left(z + \cos t\sqrt{z^2-1}\right)^\nu \cos(nt)\,dt, \qquad \operatorname{Re} z > 0,$$

$$Q_\nu^n(z) = (-1)^n\frac{\Gamma(\nu+n+1)}{2^{\nu+1}\Gamma(\nu+1)}(z^2-1)^{-n/2}$$

$$\times \int_0^\pi (z+\cos t)^{n-\nu-1}(\sin t)^{2\nu+1}\,dt, \quad \operatorname{Re}\nu > -1.$$

In der letzten Formel sei $z \neq x$ für alle x mit $-1 < x < 1$.

Literatur

Abramowitz, M., Stegun, I. A., *Handbook of Mathematical Functions with Formulas, Graphs and Mathematical Tables*, National Bureau of Standards Applied Mathematics, Washington 1964.

Babich, V. M., Kapilevic, M. B., Mikhlin, S. G. u. a., *Lineare Gleichungen der mathematischen Physik*, (russ.), Nauka, Moskau 1964.

Bateman, H., Erdélyi, A., *Higher Transcendental Functions, Vol. 1*, McGraw-Hill Book Comp., New York 1953.

Bateman, H., Erdélyi, A., *Higher Transcendental Functions, Vol. 2*, McGraw-Hill Book Comp., New York 1953.

Bateman, H., Erdélyi, A., *Higher Transcendental Functions, Vol. 3*, McGraw-Hill Book Comp., New York 1955.

Bieberbach, L., *Einführung in die konforme Abbildung*, Sammlung Göschen Bd. 768, Walter de Gruyter, Berlin 1949.

Bitsadze, A. V., Kalinichenko, D. F., *Aufgabensammlung zu den Gleichungen der mathematischen Physik*, (russ.), Nauka, Moskau 1985. Engl. Ausgabe: Mir, Moskau 1983.

Budak, B. M., Samarskij, A. A., Tikhonov, A. N., *Aufgabensammlung zur mathematischen Physik*, (russ.), Nauka, Moskau 1980.

Butkovskij, A. G., *Charakteristiken von Systemen mit verteilten Parametern*, (russ.), Nauka, Moskau 1979.

Carslaw, H. S., Jaeger, J. C., *Conduction of Heat in Solids*, Clarendon Press, Oxford 1959.

Courant, R., *Dirichlet's Principle, Conformal Mapping, and Minimal Surfaces* with an Appendix by M. Schiffer, Interscience Publishers, New York 1950.

Courant, R., *Partial Differential Equations*, (R. Courant, D. Hilbert, Methods of Mathematical Physics, vol. II), Interscience Publishers, New York, London, 1962.

Dieudonné, J., *Grundzüge der modernen Analysis*, Deutscher Verlag der Wissenschaften, Berlin 1971.

Fedoryuk, M. V., *Asymptotische Methoden für lineare gewöhnliche Differentialgleichungen.*, (russ.), Nauka, Moskau 1983. Engl. Ausgabe: Springer, Berlin etc. 1993.

Gradshteyn, I. S., Ryzhik, I. M., *Tables of Integrals, Series, and Products*, Academic Press, New York 1980. (S.a. Ryzhik, I. M., Gradstein, I. S., 1957.)

Hartman, P., *Ordinary Differential Equations*, John Wiley & Sons, New York 1964.

Ince, E. L., *Ordinary Differential Equations*, Dover Publications, New York 1964.

Kamke, E., *Differentialgleichungen reeller Funktionen*, 3. Aufl., Akademische Verlagsgesellschaft Geest & Portig, Leipzig 1956.

Kamke, E., *Differentialgleichungen: Lösungsmethoden und Lösungen, I. Gewöhnliche Differentialgleichungen*, 7. Aufl., Akademische Verlagsgesellschaft Geest & Portig, Leipzig 1961.

Kamke, E., *Differentialgleichungen: Lösungsmethoden und Lösungen, II. Partielle Differentialgleichungen 1. Ordnung für eine gesuchte Funktion*, 5. Aufl., Akademische Verlagsgesellschaft Geest & Portig, Leipzig 1965.

Korn, G. A., Korn, T. M., *Mathematical Handbook for Scientists and Engineers*, McGraw-Hill, New York 1961.

Lavrent'ev, M. A., Shabat, B. V., *Methoden der Theorie der Funktionen einer komplexen Variablen*, (russ.), 5. Aufl., Nauka, Moskau 1987. (Deutsch s. Lawrentjew, M. A., Schabat, B. W.)

Lavrik, V. I., Savenkov, V. N., *Handbuch der konformen Abbildungen*, (russ.), Naukova Dumka, Kiew 1970.

Lawrentjew, M. A., Schabat, B. W. *Methoden der komplexen Funktionentheorie*, Deutscher Verlag der Wissenschaften, Berlin 1967.

Lebedev, N. N., Skal'skaya,I. P., Uflyand, Ya. S., *Aufgabensammlung zur mathematischen Physik*, (russ.), Gostechisdat, Moskau 1955.

Lykov, A. V., *Theorie der Wärmeleitung*, (russ.), Vysshaya Shkola, Moskau 1967.

Matveev, N. M., *Methoden der Integration gewöhnlicher Differentialgleichungen*, (russ.), Vysshaya Shkola, Moskau 1967.

Misyurkeev, I. V., *Aufgabensammlung zu den Methoden der mathematischen Physik*, (russ.), Prosveshchenie, Moskau 1975.

Murphy, G. M., *Ordinary Differential Equations and their Solutions*, D. Van Nostrand, New York 1960.

Polyanin, A. D., Zaitsev, V. F., *Handbook of Exact Solutions for Ordinary Differential Equations*, CRC Press, Boca Raton 1995.

Prudnikov, A. P., Brychkov, Yu. A., Marichev, O. I., *Integrals and Series, Vol. 1, Elementary Functions*, Gordon & Breach, New York 1986.

Prudnikov, A. P., Brychkov, Yu. A., Marichev, O. I., *Integrals and Series, Vol. 2, Special Functions*, Gordon & Breach, New York 1986.

Prudnikov, A. P., Brychkov, Yu. A., Marichev, O. I., *Integrals and Series, Vol. 3, More Special Functions*, Gordon & Breach, New York 1988.

Ryzhik, I. M., Gradstein, I. S., *Summen-, Produkt- und Integraltafeln*, Deutscher Verlag der Wissenschaften, Berlin 1957. (S. a. Gradshteyn, I. S., Ryzhik, I. M., 1980.)

Smirnov, M. M., *Aufgaben zu den Gleichungen der mathematischen Physik*, (russ.), Nauka, Moskau 1975. (Deutsch s. Smirnow, M. M.)

Smirnow, M. M., *Aufgaben zu den partiellen Differentialgleichungen der mathematischen Physik*, Deutscher Verlag der Wissenschaften, Berlin 1955.

Tikhonov, A. N., Samarskij, A. A., *Gleichungen der mathematischen Physik*, (russ.), Nauka, Moskau 1972. (Deutsch s. Tychonoff, A. N., Samarski, A. A.)

Tychonoff, A. N., Samarski, A. A. *Differentialgleichungen der mathematischen Physik*, Deutscher Verlag der Wissenschaften, Berlin 1959.

Vladimirov, V. S., Mikhailov, V. P. u. a., *Aufgabensammlung zu den Gleichungen der mathematischen Physik*, (russ.), Nauka, Moskau 1974. (Engl. s. Vladimirov, V. S.)

Vladimirov, V. S. (ed.) *A Collection of Problems on the Equations of Mathematical Physics*, Mir, Moskau 1986.

Zaitsev, V. F., Polyanin, A. D., *Handbuch der nichtlinearen Differentialgleichungen: Anwendungen in der Mechanik, exakte Lösungen*, (russ.), Nauka, Moskau 1993.

Zaitsev, V. F., Polyanin, A. D., *Handbuch der gewöhnlichen Differentialgleichungen: exakte Lösungen*, (russ.), Nauka, Moskau 1995.

Zwillinger, D., *Handbook of Differential Equations*, Academic Press, Boston, MA, etc. 1989.

Index